KABELTECHNIK

DIE THEORIE, BERECHNUNG UND HERSTELLUNG DES ELEKTRISCHEN KABELS

VON

DIPL.-ING., DR. PHIL. **M. KLEIN**
BERLIN

MIT 474 TEXTABBILDUNGEN
UND 149 TABELLEN

BERLIN
VERLAG VON JULIUS SPRINGER
1929

ISBN-13:978-3-642-89946-1 e-ISBN-13:978-3-642-91803-2
DOI: 10.1007/978-3-642-91803-2

Softcover reprint of the hardcover 1st edition 1929

Vorwort.

Das Buch, welches ich hiermit der Öffentlichkeit übergebe, hat die Fabrikationstechnik des elektrischen Bleikabels zum Gegenstande und ist auf Grund der praktischen Erfahrungen entstanden, die ich im Laufe von mehr als zwei Jahrzehnten auf diesem Gebiet zu sammeln Gelegenheit hatte. Die bis jetzt erschienene einschlägige Literatur ist entweder veraltet und zum Teil im Buchhandel vergriffen oder bietet nicht dasselbe, was ich zu bieten die Absicht hatte. Dieses Buch ist für Leser bestimmt, die sich über Herstellung und Eigenschaften des Bleikabels informieren wollen. Der wirtschaftlichen Bedeutung des Bleikabels entsprechend ist der Kreis dieser Personen groß; außer den Ingenieuren der Kabelfabriken und Elektrizitätswerke sowie den technischen Beamten staatlicher Telegraphenverwaltungen gehören zu ihm auch Personen, die ohne schulmäßige technische Bildung zu besitzen, berufliches Bedürfnis haben, sich kabeltechnische Kenntnisse zu erwerben oder solche zu vertiefen. Alle diese Leser werden das Buch nicht ohne Nutzen in die Hand nehmen; sie finden darin eine leicht verständliche und zusammenhängende Darstellung der Berechnung, Konstruktion, Herstellung, Prüfung und Montage des Bleikabels.

Die aus handwerksmäßigen Anfängen hervorgegangene Kabeltechnik stand schon zu Beginn ihrer Entwicklung unter dem Einfluß der wissenschaftlichen Erkenntnis; später hat sich dieser Einfluß in zunehmendem Maße verstärkt. Es war deshalb erforderlich, der eigentlichen Kabeltechnik eine Theorie des Kabels vorauszuschicken, die einerseits die Notwendigkeit oder Zweckmäßigkeit einzelner technischer Maßnahmen begründet, andererseits die Qualitätsforderungen der Kabelverbraucher kritisch zu prüfen gestattet. Dieser Aufgabe kann eine Theorie des Kabels mit Nutzen für den Leser nur dann entsprechen, wenn sie nicht einfach hingeschrieben, sondern aus den allgemeinen Grundbegriffen und Grundgesetzen der Physik hergeleitet wird. Zu diesem Zweck ist vor der Kabeltheorie der Abschnitt „Allgemeine theoretische Grundlagen" eingeschaltet. In diesem habe ich mich bemüht, den Energietransport mit Hilfe eines Stromkreises als den Sonderfall der Ausstrahlung elektromagnetischer Energie im leeren Raum darzustellen und diese in leicht verständlichen Ausdrücken ohne mathematische Formelsprache zu beschreiben; dabei habe ich die Wiedergabe moderner Elektrizitätstheorien, die zwar tiefer in das Wesen der Elektrizität eindringen, aber für die Kabeltechnik — wenigstens vorläufig — nicht von Bedeutung sind, absichtlich vermieden. Natürlich ist dieser Abschnitt nicht als Ersatz für ein physikalisches Lehrbuch gedacht; er soll nur eine kurze Zusammenfassung der zum Verständnis der folgenden Abschnitte notwendigen Kenntnisse sein.

In den verschiedenen Produktionsländern hat die Kabelindustrie infolge der Verschiedenheit ihrer Daseinsbedingungen verschiedene Wege eingeschlagen; dadurch ist die Mannigfaltigkeit, die auch innerhalb einzelner Länder auf allen Gebieten der Kabeltechnik herrscht, noch größer geworden. Um diesen Verhältnissen wenigstens einigermaßen gerecht zu werden, habe ich nicht nur die deutsche Kabelindustrie, sondern auch diejenige von einigen anderen Ländern — soweit sie mir zugänglich war — berücksichtigt.

Die im ersten Abschnitt enthaltene „Entstehungsgeschichte des Bleikabels" ist eine beschränkte Auswahl aus der reichen Fülle des in der Literatur des 18. und 19. Jahrhunderts vorhandenen Materials. Sie gewährt einen Einblick in das technische Denken einer vergangenen Zeit und läßt die Zähigkeit erkennen, mit welcher der menschliche Geist sich die Herrschaft über das Dielektrikum in hundertjährigem Kampf erstritten hat.

Die im sechsten Abschnitt entwickelte Vorausberechnung der Kapazität von Luftraumkabeln mit Hilfe von empirischen Formeln ist nur als eine Anregung anzusehen; sie läßt sich vereinfachen und verbessern, wenn man die Dielektrizitätskonstante und das Raumverhältnis zwischen Papier und Luft im Querschnitt des Kabels als Funktionen der Leiterstärke durch empirische Kurven darstellt und der Berechnung diese zugrunde legt. Solche Berechnungen führen allerdings nur dann zum Ziel, wenn die Präzision der Herstellung eine gewisse Höhe erreicht hat.

Ich habe es vorgezogen, an Stelle des vom VDE eingeführten Wortes Fernmeldekabel die alte Bezeichnung Schwachstromkabel zu benutzen. Zwischen Starkstromkabel und Schwachstromkabel besteht eine sehr wesentliche physikalische Gegensätzlichkeit, die man kurz so formulieren kann: bei dem Starkstromkabel ist der Einfluß des starken Feldes auf das Kabel, bei dem Schwachstromkabel der Einfluß des Kabels auf das schwache Feld von hauptsächlichem Interesse. Die Worte Starkstrom und Schwachstrom sind somit am besten zur Kennzeichnung der beiden Kabelkategorien geeignet, wenn man das Wortteil Strom als Symbol für elektromagnetisches Feld auffassen will.

Das Reichspostministerium in Berlin, die Schweizerische Ober-Telegraphen-Direktion in Bern und die Direktion der Berliner Städtischen Elektrizitätswerke haben mir amtliche Unterlagen zur Verfügung gestellt; deutsche und ausländische Industrieunternehmungen überließen Abbildungen und erteilten technische und historische Auskünfte. In der Fertigstellung von Zeichnungen haben mir die Herren Dipl.-Ing. Dietrich Franke und cand. ing. Georg Wendt Hilfe geleistet. Allen diesen Behörden und Gesellschaften sowie meinen Mitarbeitern möchte ich auch an dieser Stelle bestens danken, ebenso der Verlagsbuchhandlung Julius Springer für die Sorgfalt bei der Drucklegung und für die gute Ausstattung des Buches.

Berlin-Friedrichshagen, Mai 1929.

M. Klein.

Inhaltsverzeichnis.

Abkürzungen.

Behörden.

Reichspostministerium, Berlin	RPM
Obertelegraphendirektion, Bern	OTD
Berliner Städt. Elektr. Werke	Bewag

Firmen.

Allgemeine Elektrizitäts-Gesellschaft, Berlin	AEG
American Telephon and Telegraph Co, New York	ATTC
Eisenwerk Gebr. Arndt, Berlin	Arndt
Emil Haefely & Co., Basel	Haefely
Emil Paßburg, Maschinenfabrik, Berlin	Paßburg
Felten & Guilleaume Carlswerk, Köln-Mülheim	F. & G.
Fried. Krupp Grusonwerk, Magdeburg	Krupp-Grusonwerk
Hartmann & Braun, Frankfurt a. M.	H. & B.
International Standard Electric Corp., London	St. E. C.
Julius Pintsch, Berlin	Pintsch
Koch & Sterzel, Dresden	K. & St.
Land- & Seekabelwerke, Köln	L. & S.
Maschinenbauanstalt Humboldt, Köln	Humboldt
Maschinenfabrik für die Kabelfabrikation Johann Konstantin Knefel, Berlin	Knefel
Maschinenfabrik W. Niehaus (vorm. Sistig), Düsseldorf	Niehaus
Norddeutsche Kabelwerke, Berlin	NKW.
Siemens & Halske, Berlin	S. & H.
Soc. Ital. Pirelli, Mailand	Pirelli
Western Electric Co., New York	WEC.

Zeitschriften und Bücher.

Archiv für Elektrotechnik, Berlin	A. f. E.
Electrical Communication, New York	El. Comm.
Elektrotechnische Zeitschrift, Berlin	ETZ
Journal of the Institution of Electrical Engineers, London	Journ. I. E. E.
Journal of the American Institution of Electrical Engineers, New York	Journ. A. I. E. E.
The Electrician, London	Electr.
F. Breisig: Theoretische Telegraphie. Braunschweig:	
Erste Auflage 1910	Theor. Tel. I
Zweite Auflage 1924	Theor. Tel. II
H. Schering: Die Isolierstoffe der Elektrotechnik. Berlin 1924	Isolierstoffe
I. C. Maxwell: Lehrbuch der Elektrizität und des Magnetismus. Berlin 1883	Lehrbuch

Deutsches Reichspatent	D.R.P.
Amerikanisches Patent	U.S.Pat.

I. Einleitung.

1. Begriffe und Definitionen. Seinem begrifflichen Inhalte nach bedeutet das Wort Kabel ein seilförmiges Gebilde; ursprünglich bezeichnete es Seile aus Hanf, Jute oder Draht, wie sie auf Schiffen, Brücken usw. Verwendung finden. Etymologisch führt man das Wort auf das spätlateinische „capulum" vom Zeitwort „capere" = halten zurück, doch ist die Berechtigung dieser Ableitung nicht erwiesen. Das Wort erscheint fast unverändert in den meisten Kultursprachen.

Als Draht bezeichnet man ein faden- oder stabförmiges, durch Walzen oder Ziehen geformtes Metallstück; entsprechend der Herstellungsweise ist der zur Längsachse senkrechte Querschnitt von konstanter Form und Größe und sehr klein im Verhältnis zur herstellungsmäßigen Länge. Ein etwa durch Gießen oder Hämmern geformtes zylindrisches Metallstück ist drahtähnlich, aber kein Draht[1]. Das Wort Draht stammt vom Zeitwort „drehen" und bedeutete früher wahrscheinlich soviel wie etwas Gedrehtes, also ein Faden. In einigen lateinischen Sprachen besitzt man für die Begriffe Draht und Faden nur ein Wort und man spricht von „fil de fer", „fil metallique" usw., wie man auch im Deutschen für sehr dünne Drähte das Wort Metallfaden benutzt. Die englische Bezeichnung für Draht „wire" wird von dem gallisch-lateinischen Wort „viriae" (Windungen), womit man einen in Gallien verbreitet gewesenen spiralförmigen Armschmuck bezeichnet hat, hergeleitet; diese Windungen hatten eine gewisse Ähnlichkeit mit einer aus Draht hergestellten Spirale. Unter den europäischen Sprachen besitzt anscheinend nur die russische für den Begriff Draht ein eigens geprägtes Wort „prowoloka"; es stammt vom Zeitwort „wolotschitj" (ziehen) und bedeutet soviel wie etwas Gezogenes.

Unter einem elektrischen Kabel versteht man eine isolierte, mit einer Schutzhülle versehene biegsame elektrische Leitung. Bei dem Bleikabel besteht die biegsame Schutzhülle aus einem nahtlos aufgepreßten Bleirohr, welches meistens noch mit einer weiteren Schutzhülle gegen mechanische und chemische Schädigungen versehen ist. In den letzten Jahrzehnten hat das elektrische Kabel in Wirtschaft und Technik eine so große Bedeutung gewonnen, daß man in der Regel das elektrische Kabel meint, wenn man kurz vom Kabel spricht.

Rein äußerlich lassen sich die elektrischen Kabel in drei Hauptgruppen teilen:

---

[1] Döhner, O. H.: Geschichte der Eisendrahtindustrie. Berlin: Julius Springer 1925.

a) Bleikabel,

b) Guttapercha-Unterseekabel,

c) Isolierte Leitungen aller Art, die auf Grund der gegebenen Definition als Kabel bezeichnet werden können.

Das vorliegende Buch befaßt sich überwiegend mit dem Bleikabel, besonders mit dessen beiden wichtigsten Arten, dem Hochspannungskabel mit getränkter Papierisolierung und dem Telephonkabel mit trockener Papier-Luftisolierung (Luftraumkabel).

Seine große Bedeutung verdankt das Bleikabel dem biegsamen, licht-, luft- und wasserdichten Bleimantel, unter dessen Schutz Isolierstoffe und Isolierverfahren Verwendung finden können, welche die Leistungsfähigkeit dieser Kabel bedingen und deren Gebrauch ohne den sicheren und dauerhaften Schutz des Bleimantels unmöglich wäre.

2. Die Entstehungsgeschichte des Bleikabels. Die Herstellungs- und Verlegungstechnik des unterirdisch oder unter Wasser verlegten elektrischen Bleikabels haben eine gemeinsame Entstehungsgeschichte. In der Anfangsperiode der Entwickelung fehlte noch die Vorstellung von einem auf Isolatoren aufgehängten unbedeckten Draht als Freileitung; die unterirdische Verlegung war das Näherliegende und die Aufgabe bestand darin, einen Draht unterirdisch isoliert zu verlegen. In der Folge entwickelte sich die Herstellungstechnik als die Vervollkommnung der Verlegungstechnik.

Von der Geburtsstunde der elektrischen Leitung an gerechnet hat es 150 Jahre gedauert, bis das moderne Bleikabel entstanden ist.

Jahrtausende[1] hindurch begnügte sich die Menschheit auf dem Gebiete der Elektrizität mit der bescheidenen Kenntnis von der Eigenschaft des Bernsteins, nach vorhergehender Reibung leichte Körper an sich zu ziehen. Die wissenschaftliche Erforschung dieser Naturkraft beginnt erst im 16. Jahrhundert mit den Arbeiten des englischen Arztes William Gilbert (1540—1603), der verschiedene quantitative Feststellungen gemacht und als erster das Wort Elektrizität benutzt hat. Etwa 100 Jahre später baut Otto von Guericke (1602—1686) in Magdeburg die erste leistungsfähige Elektrisiermaschine, bestehend aus einer mit Handkurbel zu drehenden Wachskugel, die durch Reibung elektrisiert wurde[2].

1744 berichtet der Leipziger Philologe J. H. Winkler[3] (1703—1770) über Versuche mit der von ihm verbesserten Elektrisiermaschine. Er war der erste, der auf den Gedanken kam, den Entladungsfunken auf größere Entfernung zu leiten; etwas anderes zu leiten, einen „elektrischen Strom", hatte man damals noch nicht. Man ist daher berechtigt, die Winklerschen Versuche als den Ausgangspunkt der hier beschrie-

---

[1] Thales von Milet soll schon Kenntnis von der Eigentümlichkeit des Bernsteins gehabt haben. Er wurde im Jahre 640 v. Chr. geboren.

[2] Zetsche, E. K.: Geschichte der elektrischen Telegraphie. Berlin 1877. — Fahie, J. J.: A history of electric telegraphie to the year 1837. London 1884.

[3] Winkler, Johann Heinrich: Gedanken von den Eigenschaften, Wirkungen und Ursachen der Elektrizität, nebst einer Beschreibung zwo neuer elektrischen Maschinen. Leipzig 1744.

benen Entstehungsgeschichte anzusehen. Winkler zog aus diesen die Schlußfolgerung, daß mit Hilfe einer isoliert aufgehängten Leitung die Elektrizität „sich bis an die Grenzen der Welt fortpflanzen ließe und merklich sein würde". Er zeigte als erster, daß der Stromkreis durch Wasser, d. h. „Erde" geschlossen sein kann; er erkannte auch die große Geschwindigkeit, mit welcher die Fortpflanzung erfolgt, „daß sie nicht nur das Feuer des angezündeten Pulvers, sondern auch eine geschossene Kugel ... bei weitem übertrifft".

Kurz nach dem ersten Erscheinen der aufsehenerregenden Winklerschen Publikation erfolgte die Entdeckung der Leydener Flasche[1]. Über die Bedeutung dieser Entdeckung für die allgemeine Geistesbildung der damaligen Zeit schreibt Tiberius Cavallo, ein in England lebender italienischer Gelehrter (1749—1809) folgendes[2]:

„Obgleich die Lehre von der Elektrizität durch die unermüdlichen Bemühungen von so vielen scharfsinnigen Gelehrten und durch die täglich in ihr gemachten Erfahrungen die Wißbegierde der Naturforscher reizte und ihre Aufmerksamkeit auf sich zog, so fand doch auch bei ihr statt, was man gemeiniglich bemerkt, daß man auf die Ursachen der Dinge ... selten eher aufmerksam wird, als bis man von ihnen erstaunenswürdige und sonderbare Wirkungen gewahr wird. So wurde auch die Elektrizität bis auf das Jahr 1745 von niemand außer von den Naturforschern bearbeitet, weil niemand etwas Seltsames an ihr fand; ... bis endlich ... die große Entdeckung ihrer verstärkten Gewalt in der sog. Leydener Flasche gemacht wurde. Dann erst, und nicht eher, ward das Studium der Elektrizität allgemein, setzte jeden Beobachter in Erstaunen und führte zu den Wohnungen der Naturlehrer weit größere Mengen Zuschauer, als sich vorher jemals zur Betrachtung irgendeines physikalischen Versuches versammelt hatte."

Ähnlich der heutigen Popularität der drahtlosen Telephonie war diejenige der elektrostatischen Experimente in der Zeit nach der Entdeckung der Leydener Flasche; in Ermangelung einer praktischen Verwendung der Elektrizität beschäftigte man sich mit elektrischen Spielereien. Zu diesen gehörten z. B. besonders geformte, durch elektrostatische Kräfte in Bewegung gesetzte Körperchen, sodann Entladungen, wobei entweder Gegenstände durch die Entladungsfunken beleuchtet wurden, oder zahlreiche, entsprechend angeordnete Funkenstrecken Linienzüge durch „elektrisches Feuer" dargestellt haben. Nollet[3] klebte kleine quadratische Staniolplättchen in den Linienzügen von Zeichnungen (Verzierungen, Blumen usw.) oder Buchstaben so auf eine Glasplatte, daß die kleinen Quadrate stets mit ihren Spitzen einander gegenüberstanden und eine Reihe hintereinandergeschalteter Funkenstrecken bildeten. Die so präparierte Platte benutzte Nollet zum Entladen geladener Körper; im Moment der Entladung leuchteten die Funkenstrecken auf und ließen die Zeichnung oder Schrift erkennen. Zur Darstellung geschlossener Linien, also auch der meisten Buchstaben, verlegte Nollet einen Teil der Plättchen auf die Rückseite der

---

[1] Dezember 1745 durch den Geistlichen Kleist in Kamin (Ostpreußen) und Januar 1746 durch Professor Cuneus in Leyden.

[2] Cavallo, Tiberius: Vollständige Abhandlung der theoretischen und praktischen Lehre von der Elektrizität. Aus dem Englischen übersetzt von D. J. S. Traugott Gehler. Leipzig 1783.

[3] Lettres sur l'Electricité, par M. l'Abbé Nollet. Paris 1767.

Glasplatte, wie das die in der Abb. 1 wiedergegebene Nolletsche Zeichnung des Wortes „France“ zeigt; die schraffierten Plättchen befinden sich auf der Rückseite. Die Entladung dieser Vielfachfunkenstrecke erfolgt zwischen den Kontakten unten links und oben.

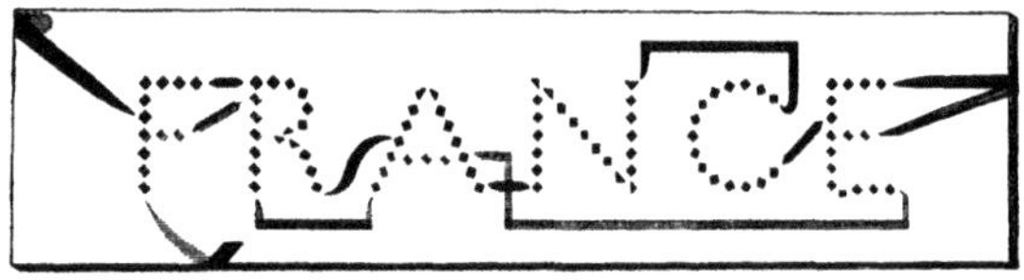

Abb. 1. Vielfachfunkenstrecke von Nollet.

„Inschriften dieser Art“ — schreibt Nollet — „können bei geschickter Anordnung sehr überraschend wirken, wenn sie durch natürliche Elektrizität betrieben werden: ich meine die im Gewitter auftretende Elektrizität; wir können diese in das Zimmer leiten und mit ihr alle Wirkungen herbeiführen, welche wir sonst in unseren Laboratorien erregen: mit der Glasplatte verbunden würde sie die Schrift aufleuchten lassen. Stellen Sie sich den Schrecken eines Menschen vor, der durch heftige Donnerschläge plötzlich aus dem Schlafe geweckt, an der Wand seines Zimmers die Worte ‚Du stirbst!‘ oder einen ähnlichen Spruch liest! Würde man nicht der Menschheit einen großen Dienst erweisen, indem man ihr durch solche Beispiele zeigt, welche Wirkungen mit natürlichen Mitteln erzeugt werden können?“

In diesem Gedanken Nollets wird die Grundidee des Telegraphen, d. h. die Idee, einem Abwesenden mit Hilfe der Elektrizität eine schriftliche Mitteilung augenblicklich zukommen zu lassen, zum erstenmal ausgesprochen. Wenige Jahre nach der Veröffentlichung der Nolletschen Briefe tauchen in der Öffentlichkeit verschiedene Vorschläge auf, welche das neue Spielzeug, den elektrischen Telegraphen, zum Gegenstande haben.

So wird ein System im Journal de Paris vom 30. Mai 1782 wie folgt beschrieben:

„Man denke sich die beiden Orte durch zwei vergoldete Eisendrähte verbunden, die je in einem unterirdischen mit Harz gefüllten Holzkanal gebettet und an ihren Enden mit Klemmen versehen sind. An einem Endpunkt setzt man zwischen die Klemmen einen aus Metallfolie hergestellten Buchstaben, wie solche in elektrischen Spielgeräten benutzt werden; entladet man dann am anderen Endpunkt eine Leydener Flasche mit Hilfe der beiden Drähte, so erscheint im gleichen Moment der Buchstabe hell erleuchtet. Mit 24 solcher Einrichtungen wird man, wenn die entsprechende Zahl geladener Flaschen zu Verfügung steht, alles, was man will, genügend schnell schreiben können.“

Weiter gibt der Verfasser verschiedene Vereinfachungen an; er bemerkt z. B., daß auch fünf Apparate, also nur fünf Paar Leitungen, genügen, wenn die Buchstaben durch Kombinationen gleichzeitiger Entladungen angezeigt werden. Er vermutet, daß auch die Holzkanäle überflüssig sind, empfiehlt trotzdem aus Sicherheitsgründen deren Beibehaltung.

In der Nummer vom 15. Juni derselben Zeitung ist ein Verbesserungsvorschlag enthalten, wonach für jeden Buchstaben ein einziger Draht genügt, wenn abwechselnd positive und negative Entladungen benutzt werden. „Man kann sogar mehrere Drähte in einen und denselben Holzkanal legen, wenn man diese mit den bekannten Vorsichtsmaßnahmen voneinander isoliert.“

Über die Fertigkeiten, welche sich Forscher und Amateure in der Handhabung und Isolierung elektrischer Leitungen erworben haben, findet man einige Angaben. Im Jahre 1752 machte Franklin seinen ersten Versuch mit dem elektrischen Drachen bei Philadelphia. Der französische Regierungsassessor de Romas, der die Priorität der Entdeckung für sich beansprucht[1], benutzte für seine Drachenversuche aus Hanffäden und Drähten zusammengedrehte Seile, um diese gut leitend, biegsam und fest zu machen. Cavallo fand Seile dieser Art für unzweckmäßig, weil der Draht oft und an vielen Stellen bricht. Gute Erfolge erzielte er durch das Verseilen von dünnen Bindfäden mit „Kupferfäden", wie man sie „zu unechten Stickereien u. dgl. gebraucht, um die Goldfäden nachzuahmen. Es sind seidene oder leinene Fäden mit einem dünnen Kupferblättchen überzogen". Cavallo[2] gibt auch eine Methode an, einen Leitungsdraht zu isolieren. Man spannt den ausgeglühten Kupfer- oder Messingdraht aus, erhitzt ihn in der Flamme einer Kerze oder mit einem Stück glühenden Eisens, bestreicht ihn mit Pech und bewickelt ihn mit einem gleichfalls mit Pech bestrichenen Stück Leinenstreifen. Den so isolierten Draht näht man in eine mit Ölanstrich versehene Hülle aus Wolle ein. Solche Stücke werden in Längen von 20 bis 30 Fuß angefertigt und aneinandergeschlossen, wobei die Verbindungsstellen sorgfältig mit Ölseide abgebunden werden.

Am 22. Juni 1782 schreibt der Genfer Gelehrte Le Sage seinem in Berlin wohnenden Freunde Pierre Prévost[3], daß er schon vor 30 bis 35 Jahren ein elektrisches System einer „momentanen Korrespondenz" erfunden hat, welches einfacher ist, als das jetzt im Journal de Paris vom 30. Mai mitgeteilte. Nach diesem, im Journal des Scavans (September 1782) beschriebenen System wird eine unterirdisch verlegte Tonröhre vorgeschlagen, welche in bestimmten Abständen Querscheiben aus glasiertem Ton oder Glas enthält; die Querscheiben sind mit je 24 Öffnungen versehen, durch welche 24 Drähte für die ebenso vielen Buchstaben des Alphabets geführt werden.

Am 20. Juni 1782 berichtet das Journal de Paris über den Vorschlag des Cisterziensermönches Dom-Gauthey, der, angeregt durch die Idee der unterirdisch, in Rohren zu verlegenden Leitungen, gleichfalls unterirdische Rohre verlegen, aber durch diese nur Schallwellen fortpflanzen lassen wollte. Eine Prüfungskommission fand die Idee ausführbar, geistreich, neu und verschieden von den bisher gemachten Vorschlägen. Diese Diskussion zeigt, wie wenig man die Tragweite des damals schon erfunden gewesenen elektrischen Telegraphen erkannt hat; der Karlsruher Professor Boeckmann[4] war noch im Jahre 1794 der Meinung, daß „die ungeheueren Kosten und andere Hindernisse ...

[1] Briefe von Nollet.

[2] Dritte englische Ausgabe, Bd. 3, S. 285. London 1795. Cavallo befaßte sich nicht mit dem nur als Spielerei angesehenen elektrischen Telegraphen, sondern mit dem damals wichtigeren militärischen Problem, Schießpulver mit Hilfe der Elektrizität aus großer Entfernung zur Explosion zu bringen. Anscheinend stellt dieses Problem die erste praktische Aufgabe der Elektrotechnik dar.

[3] Prévost, Pierre: Notice de la vie et des écrits de George-Louis Le Sage. Genève 1805.

[4] Boeckmann, Johann Lorenz: Versuch über Telegraphie und Telegraphen. Karlsruhe 1794.

es nie erlauben können, im Ernst den Gebrauch derselben (d. h. der elektrischen Telegraphie) anzuraten".

Im Jahre 1795 trug der spanische Arzt Francisco Salva[1] (1751 bis 1828) in der Akademie der Wissenschaften zu Barcelona sein System eines elektrischen Telegraphen vor und beschrieb die dazu von ihm empfohlene und erprobte Leitung. Auch Salva benötigte für jeden Buchstaben einen besonderen Draht;

„doch sei es nicht nötig, die Drähte voneinander entfernt zu halten, man kann sie zu einem Kabel zusammendrehen und in großer Höhe aufhängen. Bei meinen ersten Versuchen mit Kabeln dieser Art war jeder Draht mit geteertem Papier bewickelt; ich habe die Drähte zusammengeschnürt und das Ganze mit viel Papier umgeben, um das seitliche Entweichen der Elektrizität zu verhindern".

Salva empfahl versuchsweise die 30 Meilen lange Strecke Barcelona—Mataro zu bauen, war aber überzeugt, daß auch größere Entfernungen überbrückt werden können.

„Es muß auch möglich sein" — führt er weiter aus — „das Kabel so zu bauen oder zu umhüllen, daß es für Wasser undurchdringlich wird. Auf dem Meeresgrunde würde ein solches Kabel gut gebettet liegen und nur selten eine Störung erleiden."

1811 sind Professor Sömmering und der im russischen Dienst stehende Baron Paul Schilling mit Flußkabelversuchen an der Isar bei München beschäftigt; dieses erste Unterwasserkabel enthielt fünf isolierte und miteinander verseilte Leitungen. Im nächsten Jahr gelang es Schilling, in Petersburg am Newa-Ufer gelegte Minen vom anderen Ufer aus mit Hilfe von durch den Fluß gelegten Leitungen zu sprengen. Später sollte auf Schillings Vorschlag ein Unterseekabel von Kronstadt nach Petersburg durch den Finnischen Meerbusen gelegt werden; an seinem frühzeitigen Tod scheiterte die Verwirklichung des Projektes.

1836 empfiehlt Davy, mit getränkter Seide isolierte Drähte in eisernen Röhren zu verlegen. Zur Erleichterung der Auffindung einzelner Drähte bei etwaigen Ausbesserungsarbeiten sollen die Isolierhüllen der Drähte durch verschiedene Farben gekennzeichnet werden.

Gleichzeitig mit den Bemühungen, die Telegraphenleitungen unterirdisch zu verlegen, fing man nach dem Vorschlag Salvas auch an, isolierte Leitungen auf Maste aufzuhängen. Zu solchen Zwecken verwendete man mit Baumwolle umsponnene Drähte; die Umspinnung wurde zuerst mit Schellack, dann mit aus Asphalt, Bienenwachs, Harz, Leinöl u. dgl. bestehenden Mischungen getränkt[2].

Getränkte Baumwolle benutzte man auch für unterirdisch zu verlegende Leitungen. Der mit Baumwolle umsponnene Draht wurde in eine heiße, Wachs, Talg, Harz usw. enthaltende Masse getaucht, abermals besponnen und mit einer ähnlichen Masse bestrichen. Die so isolierten Drähte verlegte man in Eisen- oder Tonröhren. 1840 verlegte Wheatstone in England eine 20 Meilen lange Telegraphenleitung in

[1] Zitiert nach Fahie, a. a. O.

[2] Vail, Alfred: The american electro-magnetic telegraph. Philadelphia 1854.

Eisenröhren. Im gleichen Jahre empfahl in Berlin O'Etzel dem König von Preußen, die Telegraphendrähte unterirdisch zu verlegen, „um sie der öffentlichen Ansicht zu entziehen" und Röhren aus Asphalt zu benutzen. „Zur Erschwerung einer absichtlichen Verletzung wird die Leitung zweckmäßig drei Fuß tief unter einer Chaussee zu legen sein."

Etwa zu derselben Zeit suchte der Petersburger Professor M. H. Jacobi[1] die Lösung des Problems auf einem anderen Weg. Er schrieb hierüber:

„Die Erfahrungen, welche hier bei Legung der eisernen Gasleitungsröhren gemacht worden sind, haben die außerordentliche Beweglichkeit des hiesigen Bodens gezeigt, die so weit geht, daß nicht selten die eisernen Röhren entweder in der Mitte oder in den Verbindungsstellen quer durchbrochen werden. Sobald eine galvanische Leitung unter der Erde fortgeführt werden soll, scheint eine Röhrenleitung unumgänglich zu sein, nicht nur deshalb, weil nur auf solche Weise eine vollständige Isolierung möglich ist, sondern auch, um bei vorfallenden Beschädigungen eine leichtere Zugänglichkeit der Drähte zu gewähren. Eine früher über den Admiralitätsplatz gelegte Probeleitung, bei welcher die Drähte nicht frei in Röhren lagen, sondern in eine Art besonders geformter Hülsen von Eisenblech eingekittet waren, haben die große Unbequemlichkeit eines solchen Systems gezeigt. Da nun Metallröhren hier nicht leicht zu erlangen waren und da sie außerdem den Nachteil haben, die Chancen der Nebenverbindungen zu vermehren und gefährlicher zu machen, so entschloß ich mich geradezu, gläserne Röhren zu wählen, obgleich ein solches Material zu ähnlichen Zwecken wohl noch nie gebraucht worden sein mag und keine Erfahrungen hierüber vorlagen."

Jacobi verlegte eine 9000 Fuß lange Linie in 5 Fuß lange Glasröhren von ¾ Zoll lichter Weite.

„Die Enden sind matt geschliffen und miteinander durch Kautschukröhren verbunden, so daß das ganze System leicht jeder Bewegung des Terrains folgen kann. Die Röhren wurden anfänglich auf flach gelegte, nach der Rundung der Röhren ausgehauene Ziegel gelegt, später wurde es aber vorgezogen, die Ziegel ganz wegzulassen, die Röhren auf eine Lage feinen Sandes zu betten und dieselben mit einer 6 Zoll hohen, von Steinen sorgfältig gereinigten Schicht ebensolchen Sandes zu bedecken. Die Tiefe unter dem Terrain beträgt im Durchschnitt 21 Zoll. Es wäre freilich besser gewesen, die Röhren noch mit einem hölzernen Kasten zu umgeben, hierdurch wären aber die Kosten bedeutend angewachsen und das Holz hätte sich, der abwechselnden Feuchtigkeit unterworfen, nicht lange erhalten."

Der Versuch mißlang.

In England verlegte die Magnetic Telegraph Co. isolierte Leitungen in die rinnenförmige Aushöhlung schwerer rechteckig behauener und mit Kreosot getränkter Balken. Die bis zu zehn Drähte fassende Rinne war mit einem Holzdeckel, später mit einer überlappenden verzinkten Eisenplatte verschlossen. In den gepflasterten Straßen der Städte wurden die isolierten Drähte in unterirdisch verlegte 3-Zoll-Gasrohre eingezogen. Beim Einziehen hat die Isolierung oft Schaden erlitten, oft ist der Draht in der Isolierung gebrochen; infolge des beim Einziehen aufgewendeten starken Zuges setzten sich die Drähte bisweilen so fest, daß sie bei der geringsten Senkung des Bodens, was in der Regel bald nach der Verlegung eintrat, in den Röhren gerissen sind. Zur Vermeidung dieses Übelstandes ging man im Jahre 1852 zu zweiteiligen Röhren über, in deren zuerst verlegte untere Teile die Drähte

[1] Dub, Julius: Die Anwendung des Elektromagnetismus mit besonderer Berücksichtigung der neueren Telegraphie. Berlin 1873.

eingelegt werden konnten. Die Röhren lagen gewöhnlich zwei Fuß tief; Hindernisse, wie durchquerende Rohrleitungen, wurden stets unten umgangen[1].

Allen diesen Bemühungen ist ein dauernder Erfolg versagt geblieben, weil man die Hauptbedingung der Güte einer Faserstoffisolierung, die gründliche Entfernung und dauernde Fernhaltung der Feuchtigkeit, noch nicht erfüllen konnte. Die entscheidende Wendung zum Aufstieg trat erst als die Folge von zwei Neuerungen ein, welche nach einigen Irrungen im Anfang, dann aber verhältnismäßig schnell, zur Entstehung des modernen elektrischen Kabels geführt haben: die Entdeckung der Guttapercha als Isoliermaterial und die Einführung des Bleirohres als Schutzrohr für isolierte Leitungen.

Das erste Guttaperchakabel hat Werner Siemens im Jahre 1846 hergestellt, drei Jahre nach der ersten Vorführung indischer Guttaperchagegenstände in London. Das Herstellungsverfahren war mangelhaft, die Verlegung primitiv und übereilt, die Kabel versagten.

Die erste Verwendung des Bleirohres zum Schutz der Telegraphenleitungen erfolgte 1837 in England; man griff zum Bleirohr an Stellen, wo die Leitungen Wasserläufe oder schädliche Dämpfe enthaltende Räume zu durchqueren hatten. Auch bei Morses erster mißlungener Versuchsleitung im Jahre 1843 wurden Bleirohre verwendet. 1845 verlegte man eine zweidrähtige, mit Baumwolle und Kautschuk isolierte, in Bleirohr gezogene Leitung in den Hudson-Fluß zwischen Fort Lee und New York; die Leitung arbeitete einige Monate hindurch, wurde aber im Frühjahr 1846 durch den Eisgang zerstört. Auch in Berlin griff man zum Bleirohr, um die ersten, unterirdisch verlegten mangelhaften Guttaperchaleitungen zu schützen; der Erfolg blieb jedoch aus, weil das ungeschützt im Erdboden liegende Rohr an vielen Stellen durch chemische und andere Einflüsse zerstört wurde[2].

Nach dem Mißerfolg der Berliner Guttaperchakabel suchte man für unterirdische Leitungen neue Wege.

Im Winter 1850/51 verlegte W. B. O'Shaughnessy, Direktor der Ostindischen Telegraphen-Gesellschaft, die 15 Meilen lange unterirdische Linie Alipore—Rajhat, Teilstrecke der Linie Kalkutta—Kedgeree in Indien[3]. Als Leiter dienten $^3/_8$ Zoll dicke Rundeisenstäbe von je 13 Fuß und 6 Zoll Länge. In der Brückenbauanstalt zu Alipore wurden zunächst je 15 solcher Stäbe aneinandergeschweißt; dann wurden die ca. 200 Fuß langen Stücke in Bündeln zu 10 Stück an Ort und Stelle gebracht, auf dem Boden aneinandergereiht und ebenfalls zusammengeschweißt. Zur Herstellung der Isolierung befestigte man den Leiter in 3 Fuß Höhe auf Bambusrohrgestellen. Die Isolierung bestand aus zwei je 2,5 Zoll breiten Streifen getränkten Madrasleinen, welche „einem chirurgischen Verbande ähnlich" mit Überlappung und in entgegengesetzten Richtungen um den vorher erwärmten

---

[1] Shaffner, Tal. B.: The Telegraph Manual. New York 1859.

[2] Bright, Ch.: Submarine Telegraph. London 1898.

[3] O'Shaughnessy, W. B.: Report on the electric telegraph between Calcutta and Kedgeree. Kalkutta 1852.

Leiter übereinandergewickelt wurden, so daß praktisch vier Lagen einer schmiegsamen Schutzhülle entstanden, die für Wasser und Säuren undurchdringlich war und den Angriffen von Würmern und Insekten widerstehen konnte. Das zur Tränkung benutzte Pech wurde durch Beimischung von Teer so weich gemacht, daß die Isolierung auch im kalten Zustande schmiegsam blieb.

Zum mechanischen Schutz legte man die isolierte Leitung in aneinandergereihte halbzylinderförmige Dachziegel, die mit einer geschmolzenen Mischung aus drei Gewichtsteilen trockenen Sandes und einem Gewichtsteil Harz zur Hälfte gefüllt waren und nach Einlegen der Leitung mit derselben Masse ganz gefüllt wurden. Erkaltet bildet diese Füllung eine steinharte und bei sachgemäßer Ausführung der Arbeit vollkommen wasserdichte Masse. Der benutzte Sand wurde zuerst gesiebt, um grobe Verunreinigungen, wie Stroh, Holz usw. zu entfernen, dann gewaschen, um von Lehm und salzigen Bestandteilen befreit zu werden; schließlich wurde er auf eisernen Platten über Feuer getrocknet. Trocken und erkaltet wurde der gebrauchsfertige Sand in Fässer gefüllt. Zur Ausführung der Arbeit brachte man den Sand in Säcken zu 10 Pfund, das Harz in solchen zu 30 Pfund an Ort und Stelle und mischte sie über Feuer in eisernen Kesseln. Während das Harz schmolz, wurde die Mischung herumgerührt und mit langstieligen Löffeln in die Ziegelsteinhöhlung eingegossen.

Nach beendetem Vergießen und Erkalten der Masse wurde der Graben mit Lehm zugeworfen, festgestampft und die Straßenoberfläche glatt wiederhergestellt. Der zwei Fuß tiefe und ebenso breite Graben verlief am Chausseerande. Die tägliche Arbeitsleistung betrug im Isolieren: 20 Eingeborene 2000 Fuß, im Fertigstellen: 50 Eingeborene 1300 bis 1700 Fuß. Die Arbeit wurde am 5. November 1851 angefangen und am 7. Februar 1852 beendet.

1855 wurde in Paris die folgende Verlegungsart ausprobiert[1]:

„Zehn Drähte wurden in dem zu ihrer Aufnahme bestimmten Graben auf einer Länge von 60 bis 80 m straff gespannt und auf der ganzen Länge in Abständen von je 25 cm durch eiserne Kämme in ihrer Lage festgehalten. Nachdem unter die zehn gespannten Drähte grobes Papier auf den Boden gelegt und vertikale Seitenwände von Holz aufgestellt waren, goß man die so durch die Kämme bebegrenzten Kästen abwechselnd mit Asphalt aus. Waren die zuerst ausgegossenen Abteilungen erhärtet, so wurden die Kämme herausgenommen und nun die zwischenliegenden Abteilungen ausgegossen. Durch die Hitze der zuletzt eingegossenen Masse wurden die benachbarten, schon erkalteten Blöcke an der Grenzfläche wieder geschmolzen, so daß eine innige Vereinigung der ganzen Masse hergestellt und ein zusammenhängender Asphaltblock gebildet ward, in welchem die Drähte wohl isoliert lagen."

Als Leiter verwendete man 4 mm starke verzinkte Eisendrähte; die Ausgußmasse bestand aus 65% Asphalt und Bitumen und 35% gut gewaschenem Kies.

„Der laufende Meter dieses Asphaltlagers mit den zehn Leitungsdrähten ... kostete $6^1/_2$ Fr., wogegen sich der Preis einer Leitung von sechs Drähten auf $4^1/_2$ Fr. berechnet."

---

[1] Dub, J.: a. a. O.

Man scheint sich von dieser Verlegungsart Erfolg versprochen zu haben; denn noch im Jahre 1857 sah Shaffner[1] in Paris eine ähnliche Verlegung ausführen:

„Im Boden des 4 Fuß tiefen und 3 Fuß breiten Grabens befand sich ein zweiter kleinerer Graben von 10 Zoll Tiefe und 12 Zoll Breite und diente zur Aufnahme der Drähte. Diese wurden, etwa 30 an der Zahl, im kleinen Graben, dessen Wände durch Bretter gestützt waren, straff gespannt. Dann wurde der kleinere Graben mit einem Gemisch von Asphalt und Kies ausgegossen und zuletzt wurden die Bretter entfernt. Die Leitungsdrähte waren mit einer schellackgetränkten Baumwollumspinnung versehen."

Die Eignung der Guttapercha für Unterwasserkabel kam erst nach der Erfindung der Guttaperchapresse durch Werner Siemens zur vollen Auswirkung; von dieser Zeit an ist für Seekabel Guttapercha das ausschließliche Isoliermaterial. Als Telegraphenlandlinien verwendete man auf Masten aufgehängte isolierte Leitungen. Zur Durchquerung von Flüssen wurden zuerst hohe Maste aufgestellt, man überzeugte sich aber bald von der Unzweckmäßigkeit dieser Methode und konstruierte Flußkabel. Das erste Guttapercha-Flußkabel verlegte O'Shaughnessy durch den Fluß Hoogly bei dem Bau der schon erwähnten indischen Telegraphenlinie. Auf dem mit Guttapercha umpreßten und mit getränkter Leinwand bewickelten eisernen Leitern saßen geschlitzte Eisenringe und diese wurden mit einer dicht geschlossenen Lage $^3/_8$ Zoll dicker, zum Leiter parallel liegender Rundeisenstäbe, „einem römischen Liktorstab ähnlich", umgeben. Zum Zusammenhalten der Schutzdrähte diente ein spiralförmig umwickelter Eisendraht. Ähnliche Flußkabel verlegte 1853 Shaffner in Amerika.

Inzwischen bemühte man sich auch, den Bleirohrschutz wirksamer zu machen. Von größter Bedeutung auf diesem Gebiete waren die Arbeiten von Werner Siemens, der trotz der ungünstigen Entscheidung des preußischen Handelsministeriums, welches 1851 die unterirdische Verlegung „endgültig" aufgegeben hat[2], an seiner Idee festhielt, aus den begangenen Fehlern lernte[3] und schließlich das meiste dazu beitrug, die hier geschilderte Entwicklung in die entscheidende Phase zu bringen. Diese trat ein, als man aufhörte, die isolierten Leitungen in Bleiröhren zu verlegen und anfing, sie in der Fabrik mit der Bleihülle zu umgeben. Dadurch verwandelte sich das Bleirohr in den Bleimantel und von dieser Zeit an spricht man vom Bleikabel.

Schon zu Beginn der fünfziger Jahre verlegte Werner Siemens für die städtischen Behörden Berlins „mit äußerem Bleimantel umgebene Leitungen", bei deren Herstellung das folgende Verfahren angewendet wurde[4]:

„Es wurden Bleiröhren gerade ausgestreckt, dann eine Hanfschnur mittels eines Gebläses durch sie hindurchgeblasen und mit ihrer Hilfe der mit Gutta-

[1] a. a. O.

[2] Fünfzig Jahre elektrische Telegraphie, 1849—1899. Gedruckt in der Reichsdruckerei.

[3] Siemens, Werner: Kurze Darstellung der an den preußischen Telegraphenlinien bis jetzt gemachten Erfahrungen. Berlin: Julius Springer 1851.

[4] Siemens, Werner: Lebenserinnerungen. Berlin: Julius Springer 1922.

percha isolierte Leitungsdraht in das Rohr gezogen. Darauf ließ man das Rohr durch ein Zieheisen gehen, um es zum festen Anschluß an die Isolierschicht zu bringen."

Der Weg von der bleiumpreßten Guttaperchaader bis zum modernen Bleikabel war lang und mühevoll. Bei den ersten mehradrigen Telegraphenkabeln sieht man bald Blei-, bald Eisenrohre in Gebrauch. Eine der ältesten Konstruktionen für mehradrige Bleikabel ist diejenige von W. A. Marshall[1]; er hat die Drähte mit Baumwolle, die vorher in Paraffin ausgekocht wurde, in zwei in entgegengesetzten Richtungen gewickelten Lagen umgeben und dann in ein Bleirohr gezogen, welches nachher auf eine Trommel gewickelt und mit der Trommel zusammen in ein mit flüssigem (heißem) Paraffin gefülltes Gefäß gestellt wurde. Das eine Ende des Bleirohres war an eine Luftpumpe angeschlossen, welche das Paraffin in das Rohr hineinsog. Dann wurde das Kabel in vertikaler Richtung langsam in ein mit kaltem Wasser gefülltes Gefäß nach unten geführt, damit das heiße Paraffin der Zusammenschrumpfung des erkaltenden Paraffins schnell folgen und die entstehenden Hohlräume gleich nachfüllen konnte. Eine Verbesserung dieses Verfahrens bestand darin, „daß die Röhre und der Draht unten befestigt und nach oben gezogen und das geschmolzene Isoliermittel am unteren Ende der Röhre eingeführt wurde; dasselbe steigt in der Röhre, seiner eigenen Schwerkaft entgegen, in die Höhe und drängt daher alle Luft vor sich her[2]".

Neue Gesichtspunkte enthält das Verfahren von David Brooks[3] in Philadelphia. Hiernach wurden die mit Baumwolle bewickelten Telegraphendrähte zuerst in einem Ofen getrocknet und dann in geschmolzenem Paraffin oder in Paraffinöl getränkt, oder aber im heißen Paraffinbad ohne vorhergehende Trocknung ausgekocht. Eine Gruppe so isolierter Leiter wurde mit Jute, Hanf oder anderem Faserstoff bewickelt und in gleicher Weise wie vorhin der Einzelleiter behandelt. Die fertige Kabelseele zog man mit Hilfe von Drähten in ein schmiedeeisernes Rohr, welches während des Einziehens durch Anwärmen getrocknet wurde. Das Rohr war am einen Ende mit einem T-förmigen Verbindungsstück, am andern Ende provisorisch mit einer Kappe verschlossen; durch das T-Stück wurden die Hohlräume zwischen dem Kabel und der Rohrwand mit Paraffinöl gefüllt. Bei der Verlegung von Kabelstrecken führte man die von den Kappen befreiten Enden der Längen sinngemäß in die T-Stücke der vorhergehenden Längen ein und verband die entsprechenden Adern im Querarm des T-Stückes miteinander. Nach Fertigstellung der Spleißung wurde das T-Stück durch Erwärmen ausgetrocknet, mit Paraffinöl gefüllt und verschlossen. Für unterirdische Verlegung war vorgesehen, das Ölniveau im Rohr durch vertikale Rohre, welche mit an erhöhten Punkten aufgestellten Ölbehältern in Verbindung stehen, aufrechtzuerhalten. An Stelle des

[1] Engl. Pat. Nr. 3587 v. 11. 12. 1869.
[2] D.R.P. Nr. 15109 v. 11. 4. 1880, von M. M. und R. P. Manly und W. J. Philips, Philadelphia.
[3] U. S. Pat. Nr. 165135 v. 13. 7. 1875, Engl. Pat. Nr. 4824 v. 19. 12. 1877.

Paraffinöles konnte man auch Luft oder ein anderes Gas unter erhöhtem Druck benutzen; dieser Druck sollte ebenso, wie der Druck, unter welchem die Ölfüllung stand, bewirken, daß im Falle einer Undichtigkeit Öl aus dem Rohr und nicht Feuchtigkeit in das Rohr tritt.

Die Brookssche Idee statt Öl Druckluft zu verwenden, eröffnet einen neuen Abschnitt in der Geschichte des Kabels. Wenige Jahre später schlägt A. E. Dolbear[1] eine Kabelkonstruktion vor, bei welcher das Dielektrikum zum Teil aus Luft besteht, und zwar zum ausdrücklich angegebenen Zweck, die Kapazität des Kabels zu verkleinern. Dolbear umwickelt den Leiter mit einer Kordel aus gezwirnter Baumwolle in offener Spirale; die Kordel trägt die Isolierhülle und trennt sie vom Leiter. Die Isolierhülle besteht aus mehreren Lagen von wasserdichtem und mit Kautschuklösung behandeltem Papier.

Vorerst legte man noch große Hoffnungen auf das Brookssche Kabel. W. R. Patterson, der bekannte Pionier der Telephonkabeltechnik, wurde von seiner Gesellschaft, der Western El. Mfg. Co. in New York mit der Verlegung von Brooksschen Unterwasserkabeln beauftragt; die Mißerfolge, die er hierbei erlitten hat, führten ihn zu der Erkenntnis, daß die Ölfüllung keine Funktion verrichtet, solange die Rohrleitung dicht ist, im Falle einer Undichtigkeit dagegen entweicht und die Leiter der eindringenden Feuchtigkeit schutzlos gegenüberstehen. Patterson erkannte[2], daß das Wichtigste, worauf es ankommt, gerade das ist, was der unheilbare Mangel des Brooksschen Systems war, nämlich die gute Abdichtung.

„Paraffin, Harz und andere wachsähnliche Stoffe isolieren gut und ergeben eine kleine Kapazität, sind jedoch mit einem gemeinsamen Mangel behaftet: sie dehnen sich beim Schmelzen aus und füllen, in flüssiger Form in das Rohr gegossen, dieses nur in flüssigem Zustande aus. Nach der Abkühlung schrumpfen sie erheblich zusammen und im Falle einer Undichtigkeit dringt die Feuchtigkeit ungehindert bis an den Leiter. Der Gedanke, das Rohr der Schrumpfung der Füllmasse entsprechend zwischen Walzen auf einen kleineren Durchmesser zusammenzudrücken, war mit Rücksicht auf die Baumwollisolierung der Drähte undurchführbar; außerdem wäre das Rohr bei der nächsten Erwärmung wieder aufgetrieben worden. In Anbetracht des Umstandes, daß das geschmolzene Paraffin beim Abkühlen langsam erhärtet und verschiedene Grade der Plastizität durchläuft, kam ich auf die Idee, das flüssige Paraffin mit einem Gas unter Druck[3] zu mischen, in der Annahme, daß während der Abkühlung und Schrumpfung des Paraffins die in vereinzelten Blasen eingeschlossenen Gasmengen dem abnehmenden äußeren Druck entsprechend sich ausdehnen werden."

Das Ergebnis eines Versuches entsprach der Erwartung: das erkaltete Paraffin war porös und nicht zusammengeschrumpft.

Brooks gab bei der Ausarbeitung seiner Konstruktion das Bleirohr wegen seiner zu geringen mechanischen Festigkeit auf. Patterson griff wieder auf das biegsame Blei zurück; um mit kleinen Wandstärken auszukommen, versuchte er als erster, die Festigkeit des Bleirohres durch Beimischung von Zinn zu erhöhen[4].

---

[1] Engl. Pat. Nr. 1368 v. 21. 3. 1882.

[2] Patterson, W. R.: Cables and Cable making — some stray recollections. Western Electris News, Heft 5. New York 1915.

[3] U. S. Pat. Nr. 248209 v. 11. 10. 1881.

[4] U. S. Pat. Nr. 296774 v. 15. 4. 1884.

Schon im nächsten Jahr verlegte die WEC 3- bis 75-adrige Telephonkabel mit 0,4 und 0,9 mm starken Drähten unter Wasser, unter Erde und auf Masten von insgesamt über 7000 m Länge[1]. Es zeigte sich, daß die künstlich eingeführten, im Paraffin verteilten Gasblasen die Kapazität der Kabel um etwa 15% verkleinert haben. Damit war der weitere, zum Luftraumkabel führende Weg vorgezeichnet.

Im Jahre 1883 wird eine Konstruktion von L. A. Fortin-Herrmann in Paris[2] bekannt, bei welcher auf die Leiter kurze, mit Paraffin getränkte Holzröhrchen (Holzperlen) aufgereiht wurden; das in elektrischer Hinsicht befriedigende Kabel erwies sich jedoch als unwirtschaftlich, weil die Holzperlen den Querschnitt zu sehr vergrößerten. Die Patente von Dolbear und Fortin-Herrmann lenkten die Aufmerksamkeit auf das Papier; es dauerte jedoch noch eine Weile, bis man das Papier in der verlangten Form von schmalen Bändern im Handel erhalten konnte. Die ersten Versuche der WEC mit Papierkonstruktionen fielen in die Jahre 1886 bis 1889; man verwandte Papierbänder aus Manilahanf, welche in geschlossenen Spiralen mit überlappenden Kanten lose um die Leiter gewickelt waren. 1889 stellte die Norwich Insulated Wire Co. die ersten guten Kabel her; im Frühjahr 1890 waren die in der Stadt New York verlegten Kabel praktisch erprobt, 1891 wurde ihr Gebrauch allgemein.

In den Jahren nach der Erfindung des Telephons stand das Telephonkabel im Vordergrund des Interesses; nicht nur das Dielektrikum, sondern auch der übrige Aufbau des mehradrigen Kabels wurde studiert und bildete den Gegenstand von zahlreichen Patenten. Man beobachtete frühzeitig die gegenseitige Induktion in mehradrigen Kabeln und fand zur Überwindung der Störung zwei Maßnahmen: die in kleinen Anlagen bis heute noch übliche Umhüllung der isolierten Adern mit dünnen, geerdeten Metallmänteln und die Verwendung von je zwei nahe zusammenliegenden, als Hin- und Rückleitung dienenden Adern für jeden Stromkreis für sich unter Ausschaltung der Erde als gemeinsame Rückleitung. Die älteste Konstruktion der ersten Art stammt von A. Foucaut aus dem Jahre 1869[3]. Die Erfindung betraf ein Telegraphenkabel, dessen Leiter mit Guttapercha und geteerter Baumwolle isoliert sind.

„Über die Baumwolle wird eine Hülle aus Stanniol gelegt, aus welchem zu diesem Zweck Bänder von etwa 8 bis 9 mm Breite geschnitten und diese spiralförmig um jeden Leiter gewickelt werden."

An diesem Verfahren hat sich bis heute nichts geändert. Viele Jahre später machte Franz Clouth in Köln[4] den Vorschlag, das Stanniolband, um dessen häufiges Reißen in der Fabrikation zu vermeiden, auf dem Papierband, welches nachher die Außenhülle der Aderisolierung wurde, vor dem Aufbringen auf die Ader zu befestigen; die spätere Vervollkommnung der Umspinnmaschinen machte diese Maßnahme überflüssig. Eine der ältesten Doppeladerkonstruktionen ist diejenige von O. Lugo[5],

[1] Kingsbury, J. E.: The telephone and telephone exchange. London 1915.
[2] D.R.P. Nr. 26759 v. 24. 2. 1883. [3] Engl. Pat. Nr. 2008 v. 2. 7. 1869.
[4] D.R.P. Nr. 72714 v. 3. 5. 1892. [5] Engl. Pat. Nr. 2394 v. 31. 5. 1881.

New York; die eine Ader wurde spiralförmig um die andere, gerade ausgestreckte gewickelt, und zum Ausgleich der sich hieraus ergebenden Widerstands-Ungleichheit wurden in den Spleißstellen Kerndraht und Spirale abwechselnd miteinander verbunden. H. A. Clark in Boston[1] empfiehlt die Kabelleiter in Bündeln zusammenzufassen und die Lage der einzelnen Drähte in den Bündeln in den aufeinanderfolgenden Abschnitten zu variieren (Abb. 2).

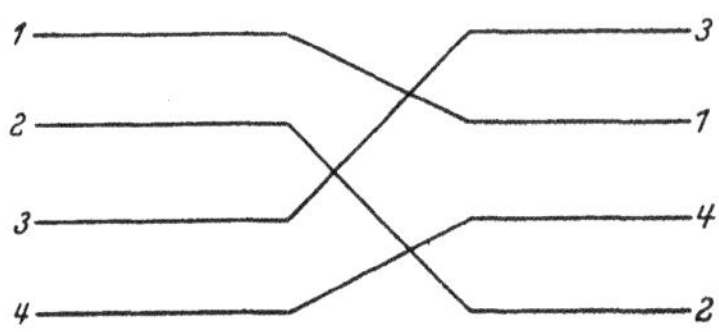

Abb. 2. Auskreuzverfahren nach Clark (1882).

In demselben Jahr schlägt Frank Jacob, Ingenieur der Firma Siemens Brothers in London[2], ein Verfahren zur erhöhten Ausnutzbarkeit der zu einem Kabel verseilten Leiter vor. Sind A und B zwei nebeneinander liegende Sprechkreise, jeder mit eigener Batterie, eigenem Sender und Empfänger und mit je zwei Leitern im Kabel, der eine für die Hin-, der andere für die Rückleitung, dann kann mit Hilfe der vier Drähte ein dritter Stromkreis C mit eigenen Apparaten gebildet werden, wobei das Adernpaar des Kreises A als die Hin-, das Adernpaar des Kreises B als die Rückleitung dient; die drei Stromkreise stören sich gegenseitig nicht, wenn die Apparate der Kreise in den Brückenzweigen von Wheatstoneschen Schaltungen[3] liegen. Ein vierter Stromkreis mit eigenen Apparaten kann bei ähnlicher Anordnung der Apparate des Kreises C dadurch gebildet werden, daß man die vier Leiter des Kreises C als Hin-, die Erde als Rückleitung benutzt. Ähnlich ergeben 8 Leiter (vier Adernpaare) 8 Stromkreise, usw.

„Die zwei Adern eines Stromkreises werden oft miteinander verseilt, um eine Induktion durch benachbarte Leiter zu verhindern. . . Wenn zwei solche Paare zu einem dritten Stromkreis kombiniert werden, dann ist es von Vorteil, die beiden verseilten Paare miteinander zu verseilen; sollen vier Paare kombiniert werden, dann werden auch die beiden, je 4 Leiter enthaltenden doppelt verseilten Vierer miteinander verseilt usw. entsprechend der Gesamtzahl der Paare, welche in die Kombination aufgenommen werden sollen."

In den Ver. Staaten wurden die ersten Versuche mit Jacobschen Kabeln gegen 1889 gemacht; die gegenseitige Induktion im Kabel war so groß, daß der aus der Kombination der beiden Adernpaare gebildete sog. „Phantom-Kreis" nur bei ganz kurzen Kabellängen brauchbar gewesen ist. Da zu jener Zeit ein Bedürfnis nach doppelt verseilten Kabeln noch nicht vorlag, ließ man die Angelegenheit vorerst auf sich beruhen.

Die Ursache des Mißerfolges war die damals schon bekannt gewesene Tatsache, daß allein durch die Verseilung der Adern zu Paaren das Nebensprechen nicht vollständig beseitigt wird. Diese Tatsache glaubte man dadurch erklären zu können, daß Drähte, die zu verschiedenen Paaren gehören, auf großen Teilstrecken ihrer Längen zueinander parallel verlaufen; und zwar sollte dieser schädliche „Parallelismus" entweder infolge gleicher Steigwinkel benachbarter Doppel-

---

[1] D.R.P. Nr. 19778 v. 24. 1. 1882. [2] Engl. Pat. Nr. 231 v. 17. 7. 1882.

[3] Vgl. die Beschreibung der Wheatstoneschen Brücke im 9. Abschnitt.

adern oder infolge von ungleichmäßiger Zugspannung der Adern während der Verseilung entstehen. Fr. Welles in Berlin[1] empfiehlt die Drähte mit periodisch sich veränderndem Steigwinkel zusammenzudrehen, S. W. Holman in New York[2] verseilt nebeneinander liegende Paare mit unveränderlichen, aber verschieden großen Steigwinkeln und läßt zum Ausgleich der Folgen einer ungleichmäßigen Zugspannung die Verseilrichtung während der Herstellung eines Paares in symmetrischen Perioden ändern.

Nach einem anderen, von S. F. Shelbourne in New York im Jahre 1886 vorgeschlagenen Verfahren[3] werden vier gleichstarke Adern so zusammengelegt und verseilt, daß in jedem zur Längsachse senkrechten Querschnitt des Kabels ihre Mittelpunkte in den Eckpunkten eines Quadrates liegen; je zwei diagonal einander gegenüberstehende Adern bilden ein Paar und die beiden Paare sind frei von gegenseitiger Induktion. Auch diese sog. „Sternverseilung" findet heute vielfache Anwendung.

In Deutschland wurde das Papier-Luftraumkabel von Felten & Guilleaume[4] eingeführt, nachdem Theodor Guilleaume auf einer Reise in den Ver. Staaten das neue Isoliermaterial kennengelernt und seine große Bedeutung für die Kabelfabrikation erkannt hat. Das erste deutsche, von Felten & Guilleaume hergestellte Papier-Luftraumkabel (1892) enthält in konaxialen Schichten verseilte Doppeladern, zu deren Herstellung man die beiden Kupferdrähte durch einen zwischen sie gelegten, mehrfach gefalteten Papierstreifen voneinander trennte, spiralförmig verdrehte und die Spirale mit einem Streifen aus dünnem Papier umwickelte.

Zu erwähnen ist eine Aderkonstruktion von Siemens & Halske[5] aus demselben Jahr, die in ihrer einfachsten Ausführung (Abb. 3) prinzipiell dem Dolbearschen Patent entspricht; der Leiter ist

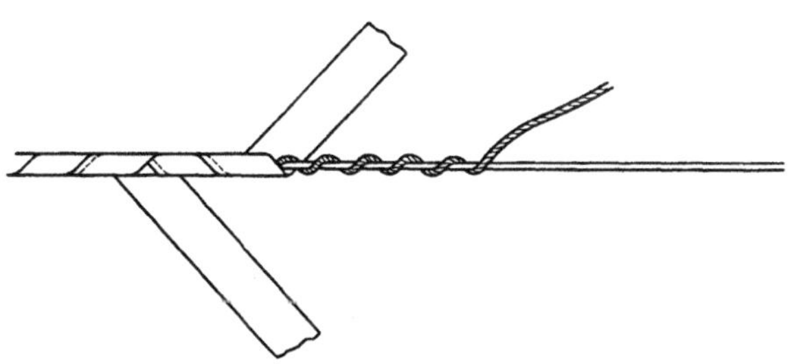

Abb. 3. Luftraumader von S. & H. (1892).

mit Fäden oder einem Seil aus Hanf, Baumwolle, Seide oder einem ähnlichen Isolierstoff in offener Spirale umwickelt und darüber mit der „eigentlichen Isolierschicht", die in der Abbildung aus zwei über-

[1] D.R.P. Nr. 68264 v. 6. 4. 1892. [2] U. S. Pat. Nr. 491109 v. 7. 2. 1893.
[3] U. S. Pat. Nr. 343676 v. 15. 6. 1886.
[4] Herrmann, C.: Die Bedeutung des Carlswerkes in der Kabelindustrie. Köln-Mülheim 1927.
[5] Schweiz. Pat. Nr. 4546 v. 4. 1. 1892, Engl. Pat. Nr. 798 v. 4. 14. 1. 1892.

einander und in entgegengesetzten Richtungen überlappend gewickelten Papierstreifen besteht, versehen.

Es ist auch versucht worden, das Papierband zur Vereinfachung der Herstellung der Länge nach um den Leitungsdraht zu falzen. Abb. 4 zeigt eine Konstruktion der Deutschen Kabelwerke Akt.-Ges. in Berlin[1], bei welchem das Papierrohr mit Hilfe einer Preßvorrichtung so umformt wird, daß ein um den Leiter schraubenförmig verlaufender Hohlraum entsteht; zur Festhaltung des Papieres in dieser Gestalt dient ein unmittelbar nach der Umformung fortlaufend in die schraubenförmige Rille gelegter Faden.

Abb. 4. „Ballon"-Ader der Deutschen Kabelwerke Akt. Ges. (1897).

Mit der Entstehung des Luftraumkabels und der verschiedenen Verseilarten mehradriger Kabel beginnt aus der mehr handwerksmäßigen Herstellung isolierter Drähte die maschinelle Kabelfabrikation rasch hervorzugehen. Die Untersee-Telegraphenkabel mit Guttaperchaisolierung erhalten Armierungen aus Eisendrähten, die nicht gebündelt, sondern in verseilten Lagen um das Kabel gelegt werden. An Stelle der zeitraubenden Lufttrocknung in Öfen und Trockenkammern trat das gründlichere und raschere, die mechanische Beschaffenheit des faserstoffartigen Isoliermaterials schonende Trocknen im Vakuum. 1880 führt Siemens & Halske das Tränken im Vakuum ein[2], welches sich an das vorhergehende Trocknen im Vakuum unmittelbar anschließt.

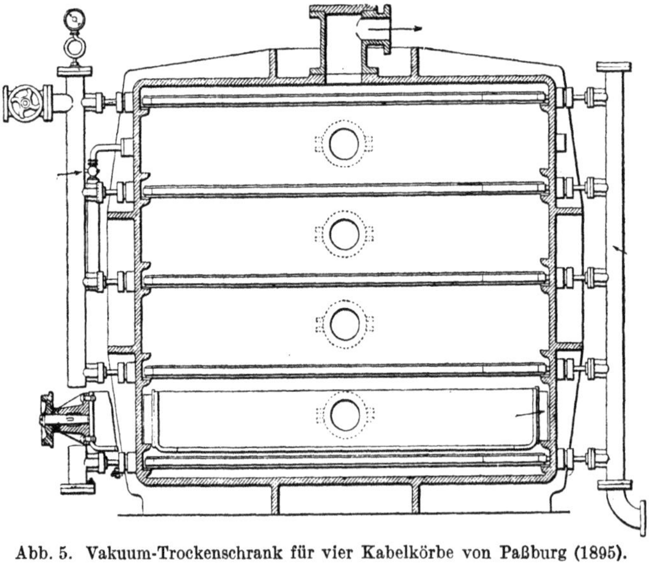

Abb. 5. Vakuum-Trockenschrank für vier Kabelkörbe von Paßburg (1895).

In Abb. 5 ist der Querschnitt des ersten im Jahre 1895 von Emil Paßburg gebauten Kabel-Trockenschrankes dargestellt.

[1] D.R.P. Nr. 98740 v. 23. 5. 1897. [2] D.R.P. Nr. 12176 v. 4. 3. 1880.

Die Erfindung der Guttaperchapresse durch Werner Siemens, seine Methode, den Bleimantel an den Durchmesser mit Zieheisen anzupassen und die Verwendung der hydraulischen Presse zur Herstellung nahtloser Bleirohre führten zur Erfindung der hydraulischen Kabelbleipresse. Das erste deutsche Patent erhielt die schweizerisch-französische Firma Berthoud-Borel[1], das zweite Siemens & Halske[2].

Von großer Bedeutung war die Einführung der Bandeisenarmierung durch Siemens & Halske im Jahre 1885[3]. In der Patentschrift heißt es:

„Um die in mäßiger Tiefe in die Erde einzulegenden Leitungskabel gegen äußere Beschädigungen, wie z. B. das Eindringen eines mit großer Kraft geführten Hiebes mittels einer Spitzhacke od. dgl. zu schützen, wozu die bisher gebräuchliche Umspinnung mit Eisendraht nicht hinreicht, erhält das Kabel folgende Bewicklung: Dasselbe wird mit doppelten Eisenbandspiralen umwickelt, deren einzelne Schraubengänge nicht unmittelbar zusammenstoßen, also nicht eine geschlossene Zylinderfläche bilden, vielmehr eine spiralförmige Lücke zwischen sich offen lassen, und von welchen die obere die zwischen den Spiralgängen der unteren Bewicklung gelassene spiralförmige Lücke zudeckt. Durch diese Anordnung wird auch die Biegsamkeit des umwickelten Kabels gewährt.“

Die Frage der elektrischen Energieübertragung wurde erst nach der Erfindung und allgemeinen Verbreitung der elektrischen Glühlampe aktuell, als man anfing, elektrische Beleuchtungszentralen zu errichten; an eine elektrische Energieübertragung im weiteren Sinne glaubte weder die Allgemeinheit noch die Mehrzahl der Fachleute. Als Ch. William Siemens im Jahre 1877 dem Gedanken Ausdruck gab, daß man mit Hilfe der Dynamomaschine Energie auf größere Entfernungen übertragen könnte, da „wurde diese Ansicht immer noch mehr oder weniger als Hirngespinst betrachtet[4]“. Die unterirdische Leitungsanlage einer elektrischen Lichtzentrale stellte sich William Siemens folgender Art vor:

„Vier Röhren von je 10 Zoll Durchmesser würden erforderlich sein, um von der Zentralstation nach verschiedenen Richtungen hin auszugehen; jede davon würde 16 Leiter von je 1 Zoll Durchmesser aufnehmen, wovon jeder für sich isoliert und eine Unterabteilung von 1000 Lampen mit elektrischer Energie zu versehen hätte ... Ich habe unterirdische Leitungen angenommen, sowohl was die Dauerhaftigkeit der Anlage, als auch was die Sicherheit und Bequemlichkeit des Publikums anbelangt.“

In Deutschland wurde das erste Starkstromkabel im Jahre 1880 verlegt; das Kabel enthielt 7 mit Guttapercha isolierte Kupferleiter von je 4 mm² Querschnitt. Hermann Meyer, ein Mitarbeiter von Werner Siemens, berichtet über dieses Kabel und seine Verlegung[5]:

„Vier Adern dienten als Zuleitungen für vier Stromkreise, drei Adern, parallelgeschaltet, bildeten die gemeinschaftliche Rückleitung. Das Kabel führte vom Maschinenhause der Rohrpost in der Artilleriestraße bis zum Gebäude der Paketpost und kreuzte die Oranienburger Straße in einer Länge von 110 m. Es diente zur Stromzuführung für Bogenlampen und führte einen Strom von 7 Ampere bei einer Spannung von 220 Volt. Um das Kabel nötigenfalls auswechseln zu

[1] D.R.P. Nr. 9980 v. 7. 10. 1879. [2] D.R.P. Nr. 23176 v. 23. 11. 1882.
[3] D.R.P. Nr. 32993 v. 1. 2. 1885.
[4] Siemens, Ch. William: Einige wissenschaftlich-technische Fragen der Gegenwart. Berlin 1883.
[5] Meyer, Hermann: Fünfzig Jahre bei Siemens, S. 34. Berlin 1927.

können, ohne den Straßendamm aufzureißen, wurde ein Eisenrohr von entsprechendem Durchmesser in die Erde gebettet. Mit einem eingelegten Draht wurde das Kabel hindurchgezogen."

1883 verlegte Meyer Siemenssche Gleichstromkabel für die Beleuchtungsanlage der Hygieneausstellung am Lehrter Bahnhof; über die Ausführung einiger notwendig gewordener Spleißungen gibt er die folgende Schilderung[1]:

„An den Enden zweier zu verbindender Kabel wurden die Kupferleiter je etwa 40 mm und die Umspinnungen sowie die Bleimäntel durch Abtrennen der darüberliegenden Schichten stufenweise noch weiter je 20 mm lang freigelegt. Dann wurden die beiden Enden der Kupferleiter etwa 25 mm abgeschrägt, gegen die schrägen Flächen zusammengelegt, mit schwachem Kupferdraht umwickelt und mit Zinn verlötet. Darauf wurden das verlötete Stück und die freiliegenden Enden der Umspinnung bis zum Bleimantel mit Isolierband umwickelt und in einen aus starkem Zinkblech angefertigten zweiteiligen, länglich geformten Kasten gelegt, der, nachdem die Schlußränder verlötet, sowie die Einführungsöffnungen gedichtet waren, mit einer aus Wachs, Kolophonium und etwas Terpentin bestehenden Masse zwecks Isolierung ausgegossen wurde. Die Verbindungsstellen sind dann derart verlegt worden, daß sie leicht zugänglich waren und nachgesehen werden konnten. Die Kabel wurden täglich geprüft, die Isolation war und blieb bis zum Schluß der Ausstellung gut.

Später hat sich auch an Kabeln, die nicht in die Erde verlegt, sondern durch Rohre und Kanäle hindurchgezogen oder freiliegend befestigt wurden, als notwendig erwiesen, Verbindungsstellen herzustellen. Für diese Arbeiten nahm ich an Stelle eines Blechkastens ein Stück Bleirohr von entsprechender Weite und Länge, das über den freigelegten Bleimantel des einen Kabelendes geschoben und nach Bewicklung der verlöteten Verbindung über diese zurückgezogen und an beiden Enden der Bleimäntel verlötet wurde. Diese Verbindungsstellen erhielten ebenfalls eine gute Isolation."

Die ersten, außerhalb Deutschlands am Anfang der achtziger Jahre versuchsweise verlegten Starkstromkabel bestanden aus mit geteertem Papier isolierten Kupferstangen, die in eisernen, mit Asphalt gefüllten Röhren lagen. Noch im Jahre 1890 schlug S. Z. de Ferranti[2] in Hempstead (England) vor, Kabel für elektrische Lichtleitungen aus kurzen starren Stücken zusammenzustellen; doch konnte die Eroberung der Starkstromleitung durch das in den Händen der Telegraphentechniker entwickelte Bleikabel nicht mehr zweifelhaft werden. Im Frühjahr 1889 stellte Werner Siemens[3] mit Genugtuung fest, daß die in den Jahren 1885 bis 1888 von S. & H. für das Berliner Lichtnetz unterirdisch verlegten 138 km Bleikabel mit Bandeisenarmierung sich gut bewährt haben und keinerlei Verschlechterung zeigten.

Gegen 1890 beginnt man getränktes Papier als Isoliermittel für Starkstromkabel zu verwenden; man geht vorsichtig ans Werk und wickelt abwechselnd Papier- und Juteschichten um den Leiter. Mit der Zeit dringt die Erkenntnis von der Überlegenheit des Papieres, dessen Herstellung allmählich auch verbessert wird, durch, und im ersten Jahrfünft des neuen Jahrhunderts sieht man das getränkte Papier zum wichtigsten und meist verwendeten Isoliermittel für Starkstromkabel werden. Damit war auch auf diesem Gebiete eine Ent-

---

[1] Meyer, H.: a. a. O. S. 71. [2] D.R.P. Nr. 58895 v. 29. 10. 1890.

[3] Siemens, Werner: Wissenschaftliche und technische Arbeiten Bd. 2, S. 529. Berlin: Julius Springer 1891.

wicklung zum Abschluß gekommen, welche im ersten Viertel des 20. Jahrhunderts eine große Vervollkommnung des Bleikabels, Erhöhung seiner Betriebssicherheit und Leistungsfähigkeit bei praktisch unbegrenzter Lebensdauer ermöglichte.

3. Die Bestandteile des elektrischen Kabels. Der Definition entsprechend sind drei Bestandteile, Leiter, Isolierhülle und Schutzhülle zu unterscheiden; Leiter und Isolierhülle zusammen bezeichnet man als Kabelseele, die Schutzhülle als Kabelmantel. Als Leitermetall dient fast ausschließlich Kupfer von höchster Reinheit und bester Leitfähigkeit. Die wichtigste Isolierhülle für Starkstromkabel ist getränktes, für Schwachstromkabel trockenes Papier. Als Tränkmittel für Starkstromkabel benutzt man Mineralöle, meistens dickflüssige Mineralöle, oft mit einem Zusatz von Harz. Andere gebräuchliche Isolierstoffe sind Pflanzenfasernstoffe (Jute, Baumwolle, Leinen usw.), Seide, Kautschuk, Guttapercha, Balata und künstliche Stoffe dieser Art, Asphalt, Bitumen, Teer, Pech usw., Erdwachse, Bienenwachs, Paraffin, Kunstharze und verschiedene Arten von Lack. Der Hauptbestandteil der Schutzhülle ist bei dem wichtigsten Kabeltyp der Bleimantel; dieser besitzt zwar eine gewisse mechanische Festigkeit, doch ist seine Hauptaufgabe die Isolierhülle luft- und wasserdicht abzuschließen. Wegen seiner Eignung für diese Aufgabe wird das Blei bevorzugt, wenn auch sein hohes spez. Gewicht die Wirtschaftlichkeit der Kabel ungünstig beeinflußt. Zum mechanischen Schutz des Bleimantels oder des bleimantellosen Kabels dient die Armierung, eine aus eisernen Drähten oder Bändern bestehende Metallhülle.

Bietet die Art der Verlegung genügend Sicherheit gegen mechanische Beschädigungen, dann kann das Kabel mit blankem Bleimantel verlegt werden. In solchen Fällen wird zur Erhöhung der mechanischen Festigkeit des Mantels oft an Stelle des weichen Bleies eine härtere und widerstandsfähigere Bleilegierung (Blei mit kleinem Zusatz von Zinn, Antimon, Kadmium usw.) verwendet. Ist die Möglichkeit einer chemischen Beschädigung nicht ausgeschlossen, dann ist die Anbringung einer leichten, metallfreien Schutzhülle (z. B. aus asphaltiertem Faserstoff) notwendig.

4. Die gebräuchlichen Arten des elektrischen Kabels. Nicht nur die Anzahl der gebräuchlichen Arten des Kabels, sondern auch die Anzahl der Gesichtspunkte, nach welchen man sie unterscheidet, ist sehr groß. Die wichtigsten Unterscheidungsmerkmale sind der Gebrauchszweck, die Anzahl oder Art der Leiter, die Beschaffenheit des Dielektrikums oder der äußeren Schutzhülle und bei Starkstromkabeln die Höhe der Betriebsspannung. Man spricht z. B. von Lichtkabel, Speisekabel, Stark- und Schwachstromkabel[1], Telephon-, Telegraphen-, Signalkabel, Nieder- oder Hochspannungskabel, Ein-, Zwei-, Drei- oder Mehrleiterkabel, Sektorkabel usw. Unter einem getränkten Papierkabel versteht man ein Kabel mit getränktem Papier als Dielektrikum im

[1] Der Verband Deutscher Elektrotechniker (VDE) hat für diese die Bezeichnung „Fernmeldekabel" eingeführt.

Gegensatz zum getränkten Faserstoff. Ähnlich bezeichnen die Ausdrücke Lack-Papierkabel, Papier-Baumwollkabel, Faserstoff-, Kautschuk-, Bitumen- usw. Kabel Kabel mit Dielektrika aus den in den Bezeichnungen angegebenen Stoffen. Bezeichnungen wie Flußkabel, Schachtkabel, Abteufkabel usw. deuten auf die besondere, durch die Art der Verlegung bedingte Beschaffenheit der äußeren Schutzhülle hin, ohne über die Kabelseele selbst etwas auszusagen.

Nach dem Gebrauchszweck lassen sich alle Arten von Kabeln auf zwei Hauptgruppen: Starkstrom- und Schwachstromkabel einteilen. Bei der ersten Gruppe ist die Energieübertragung Selbstzweck, während bei der zweiten sie nur dazu dient, am Empfangsende erkennbare Signale (Sprache) zu erzeugen.

Die Beschreibung der gebräuchlichen Kabelarten kann sich nach dem folgenden Schema gliedern:

Gruppe A: Bleikabel.

Gruppe B: Untersee-Guttaperchakabel.

Gruppe C: Andere Kabelarten.

Gruppe A.

Starkstrombleikabel. Als Leiter von Starkstromkabeln werden bei kleinen Querschnitten massive kreisrunde Drähte, bei größeren Querschnitten Drahtlitzen verwendet, wobei die Feinheit der Unterteilung der durch den Verwendungszweck bzw. die Verlegungsart bestimmten Biegsamkeit des Kabels entspricht. Als Dielektrikum kommt getränktes Papier, getränkter Faserstoff, vulkanisierter Kautschuk, in England bei Spannungen bis 3000 Volt auch vulkanisiertes Bitumen in Frage.

Die Anzahl der Leiter bewegt sich meistens zwischen eins und vier, wenn man von Hilfsleitern und Spezialkonstruktionen absieht. Einleiterkabel finden Verwendung in Gleichstromnetzen sowie Wechselstrom-Hochspannungsnetzen bei getrennter Phasenführung; Zweileiterkabel in Gleich- und Wechselstromnetzen, Drei- und Vierleiter-

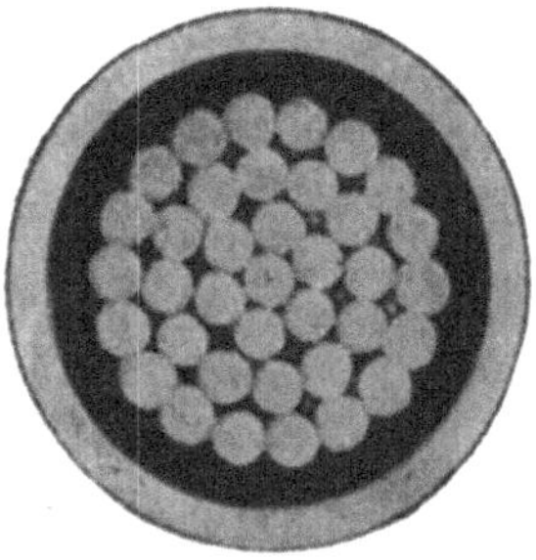

Abb. 6. Gleichstromkabel (Pirelli).

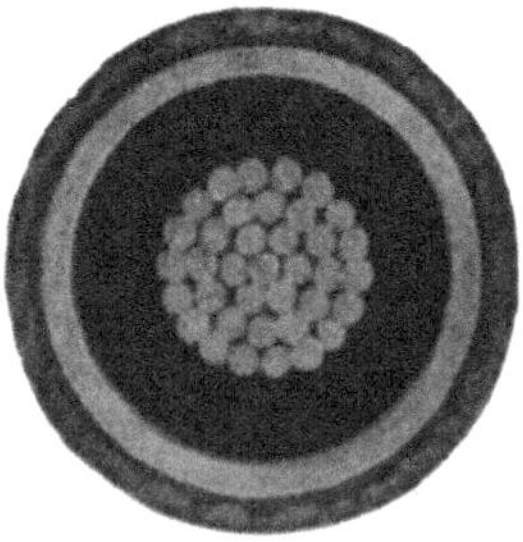

Abb. 7. Einleiterkabel für Hochspannung (Pirelli).

kabel in Drehstromnetzen, wobei der meist schwächere vierte Leiter die Aufgabe hat, zusammen mit je einem der drei anderen Leiter am Kabelende die Phasenspannung zur Verfügung zu halten. Dreileiterkabel finden auch in Zweiphasennetzen und Dreileitergleichstromanlagen Verwendung.

Die Mehrleiterkabel sind verseilt oder konaxial; hauptsächlich verwendet man verseilte Kabel. Bei diesen werden zuerst die Leiter isoliert, dann die isolierten Leiter, die Adern, miteinander verseilt, und die zwischen den Adern entstehenden Raumzipfel mit Papier oder Faserstoff ausgefüllt.

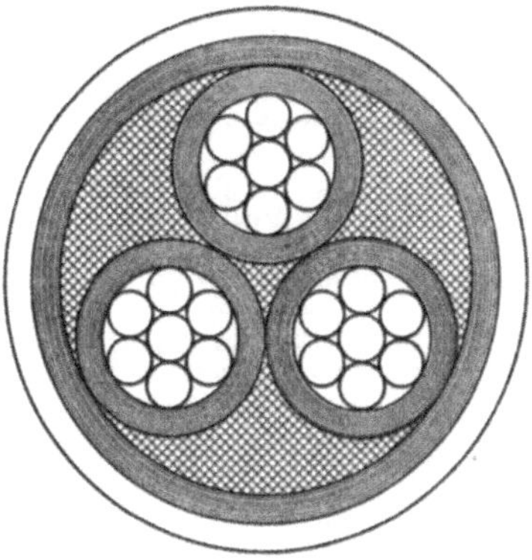

Abb. 8. Verseiltes Dreileiterkabel

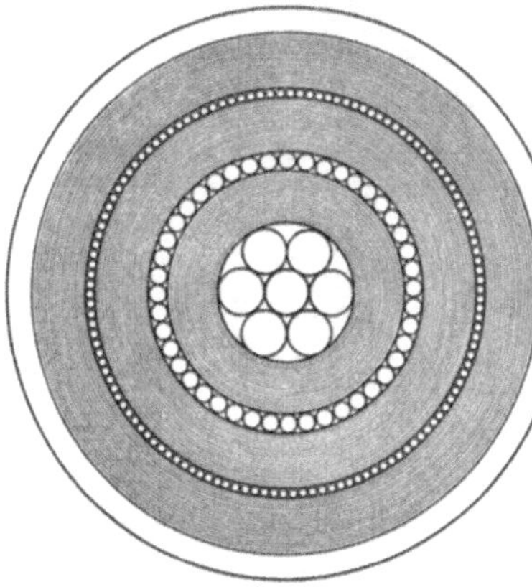

Abb. 9. Konaxiales Dreileiterkabel.

Die Isolierungsdicke, d. h. der radiale Abstand zwischen zwei benachbarten Leitern ist doppelt so groß, als die Schichtdicke auf dem einzelnen Leiter. Für die betriebsmäßige Spannung zwischen einem Leiter und dem Bleimantel ist diese Schichtdicke meistens zu klein,

Abb. 10. Konaxiales Zweileiterkabel mit Außenleiter aus Flachdrähten (Pirelli).

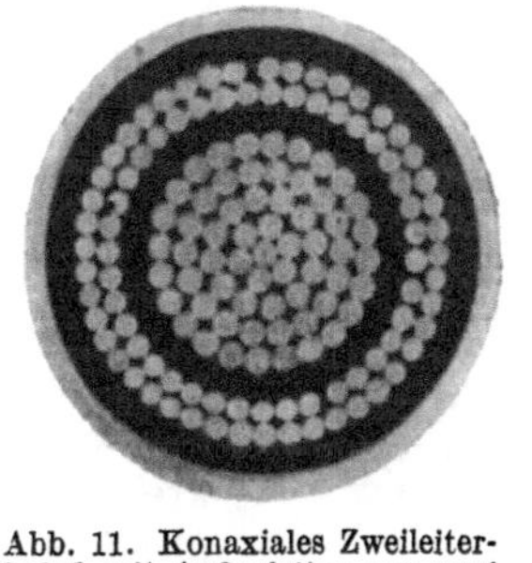

Abb. 11. Konaxiales Zweileiterkabel mit Außenleiter aus zwei Drahtlagen (Pirelli).

weshalb die verseilten Adern noch mit einer zusätzlichen gemeinschaftlichen, der sog. Gürtelisolierung versehen werden.

Abb. 6 stellt den Querschnitt eines Einleitergleichstromkabels, Abb. 7 den eines Einleiterhochspannungskabels dar; in beiden Fällen besteht der Leiter aus einer 37-drähtigen Litze. Abb. 8 ist der Querschnitt eines verseilten, Abb. 9 der eines konaxialen Dreileiterkabels; bei gleichem Leiterquerschnitt ($3 \times 95\,\mathrm{mm}^2$) und gleicher Isolierungsdicke (5 mm) ist der Seelendurchmesser des verseilten Kabels 44, des konaxialen 48 mm. Weitere Nachteile der konaxialen Ausführung sind die Umständlichkeit der Fabrikation und die elektrische Unsymmetrie der Adern. Bei dem in elektrischer Hinsicht symmetrischen, verseilten

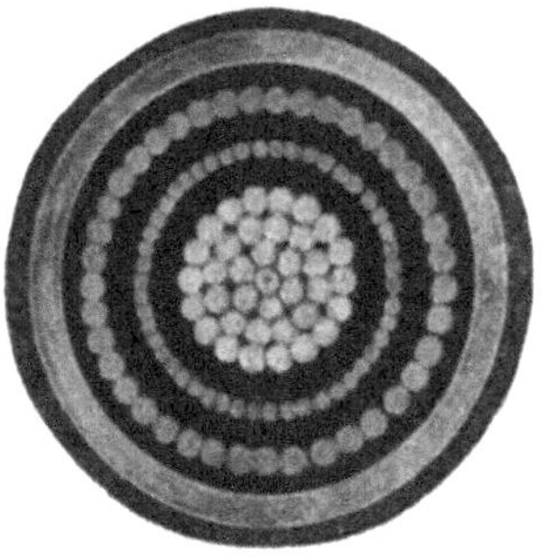

Abb. 12. Konaxiales Dreileiterkabel (260 + 130 + 260 mm²) (Pirelli).

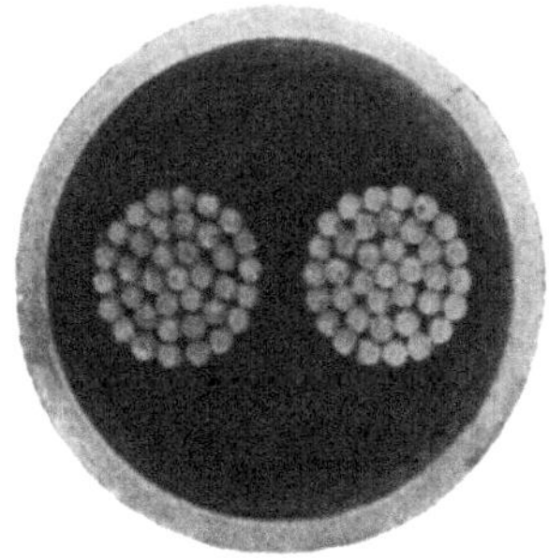

Abb. 13. Verseiltes Zweileiterkabel mit runden Leitern (Pirelli).

Kabel erfolgt die Verseilung der Adern, das Ausfüllen der Raumzipfel und die Aufbringung der Gürtelisolierung in einem Arbeitsgange.

Abb. 10 zeigt den Querschnitt eines konaxialen Kabels von $2 \times 25\,\text{mm}^2$, bei welchem der Außenleiter aus Flachdrähten besteht. Abb. 11 stellt ein Kabel von $2 \times 700\,\text{mm}^2$ dar; den Außenleiter bilden hier zwei Drahtlagen übereinander. Bei dem Dreileiterkabel nach Abb. 12 ist der Querschnitt des Mittelleiters halb so groß, wie diejenigen des Außen- und des Innenleiters.

Der in den Zipfeln der verseilten Mehrleiterkabel entstehende Raumverlust erfordert einen Mehraufwand für Füllmaterial, Gürtelisolierung, Bleimantel und äußere Schutzhülle. Zur Verringerung dieses Verlustes gibt man den Leitern in vielen Fällen nicht kreisrunde, sondern kreissektor- oder kreissegmentförmige Querschnitte. Die Abb. 13 und 14 zeigen Zweileiterkabel mit kreis- und mit segmentförmigen Leiterquerschnitten; die Abb. 15 zeigt ein Dreileiterkabel, Abb. 16 ein Vierleiterkabel mit sektorförmigen Querschnitten. Bei dem Vierleiterkabel nach Abb. 17 ist der Querschnitt des vierten Leiters nur halb so groß wie diejenigen der drei Hauptleiter; in solchen Fällen wird der schwächere Leiter auf die Stärke der anderen Adern isoliert. Abb. 18 stellt ein Vierleiterkabel dar, bei welchem die drei Hauptleiter sektorförmige Querschnitte besitzen, während der vierte Leiter

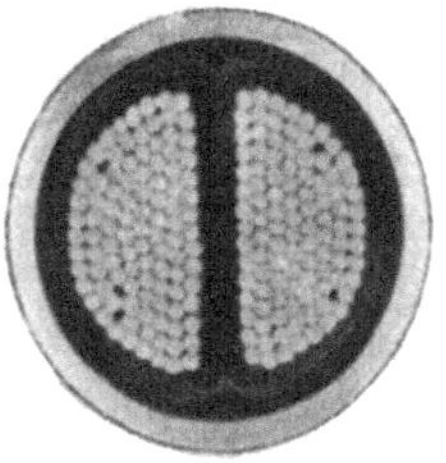

Abb. 14. Verseiltes Zweileiterkabel mit segmentförmigen Leitern (Pirelli).

Abb. 15. Dreileiter-Sektorkabel (Pirelli).

von der halben Querschnittsgröße kreiszylinderförmig ausgebildet ist. Bei dem in Abb. 19 dargestellten Vierleiterkabel mit runden Leiterquerschnitten ist der Querschnitt des vierten Leiters so klein ge-

Abb. 16. Vierleiter-Sektorkabel (Pirelli).

Abb. 17. Vierleiter-Sektorkabel mit schwächerem vierten Leiter (Pirelli).

wählt, daß dieser bei normaler Isolierung genau in einen der Zipfel hineinpaßt.

Für einen bestimmten, im zehnten Abschnitt besprochenen Zweck (Selektivschutzschaltung) werden, namentlich in England, Kabel mit unterteilten Leitern[1], sog. „Spalt-Leiter“ (Split-conductor) hergestellt; vorzugsweise wird das Verfahren bei Dreileiterkabeln angewendet. Das in Abb. 20 dargestellte Sechsleiterkabel ist die am häufigsten benutzte derartige Konstruktion; die 6 Adern sind um eine gleich dicke „blinde“ Ader verseilt, und je zwei einander gegenüberliegende Adern zusammen bilden eine Phase des Drehstrom-Systems. Das

Abb. 18. Vierleiterkabel (St. E. C.).

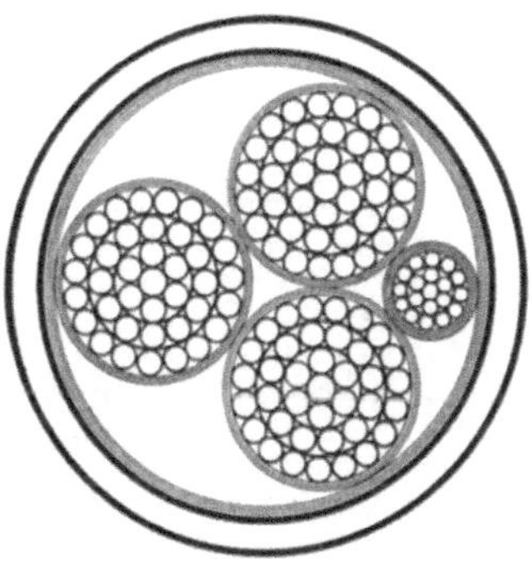

Abb. 19. Vierleiterkabel (St. E. C.).

Kabel nach Abb. 21 besteht aus 6 einzeln schwach isolierten segmentförmigen Leitern, die, paarweise verseilt und mit einer gemeinsamen Isolierung versehen, drei Phasen von kreisrunden Querschnitten bilden,

[1] Bei den in England üblichen Systemen wird jeder Leiter auf zwei gleiche Hälften geteilt.

welche wie normale kreisrunde Adern miteinander verseilt werden. Die Abb. 22 und 23 zeigen zwei verschiedene Aufteilungen von Drei-

Abb. 20. Spaltleiterkabel für Drehstrom.

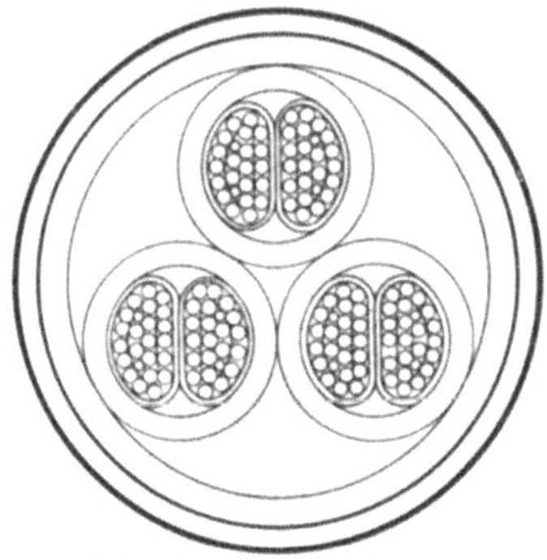

Abb. 21. Spaltleiterkabel für Drehstrom (St. E. C.).

Abb. 22. Spaltleiterkabel für Drehstrom (St. E. C.).

Abb. 23. Spaltleiterkabel für Drehstrom (St. E. C.).

Abb. 24. Kombiniertes Dreileiterkabel (St. E. C.).

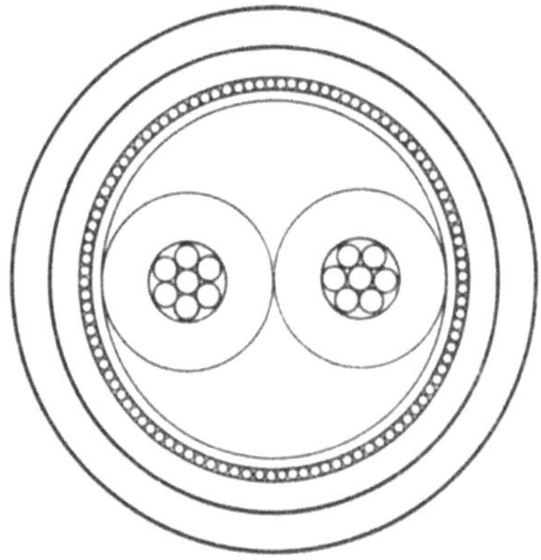

Abb. 25. Kombiniertes Dreileiterkabel (St. E. C.).

fach-Sektorkabeln, die Abb. 24, 25 und 26 drei weitere in England eingeführte abnormale Konstruktionen.

In vielen Fällen werden den der Energieübertragung dienenden Hauptleitern Hilfsleiter von kleinen Querschnitten zugeordnet, welche verschiedenen Zwecken dienen können und meistens auf dem Potential der zugehörigen Hauptleiter gehalten werden. Man benutzt sie z. B. zur Messung der Spannung an einem fernen Speisepunkt vor Einschaltung der Hauptleiter (Abb. 27); sie werden daher gewöhnlich Prüfdrähte genannt. Bei Einleiterkabeln verseilt man den Prüfdraht in die Leiterlitze; infolge der Potentialgleichheit genügt hierbei dem Hauptleiter gegenüber eine schwache Isolierung des Prüfdrahtes. Man legt den Prüfdraht in die äußerste Lage der Litze und dimensioniert ihn so, daß er einschließlich seiner Isolierung ebenso dick wird wie die Drähte der Litze (Abb. 28). Bei verseilten Mehrleiterkabeln bringt man die Prüfdrähte in den Zipfeln zwischen den Hauptleitern unter; bei dem Vierleiterkabel nach Abb. 29 sind zwei Prüfdrähte zwischen Zipfeln der runden Leiter untergebracht.

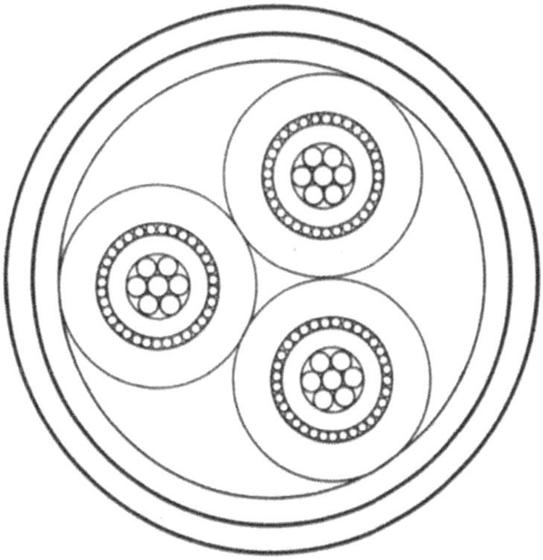

Abb. 26. Kombiniertes Sechsleiterkabel (St. E. C.).

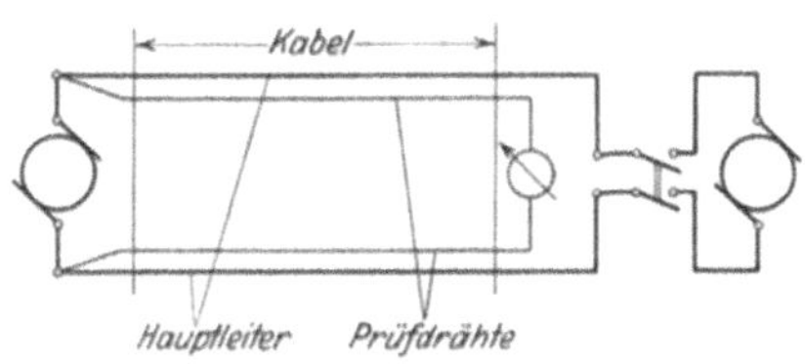

Abb. 27. Schaltung der Prüfdrähte.

Schwachstrombleikabel. Als Leiter benützt man massive runde Kupferdrähte von 0,5 bis höchstens etwa 3,0 mm, meistens weniger als 2,0 mm Dicke und isoliert sie mit Papier, Baumwolle, Jute, Leinen, Seide, mit Kautschuk, Guttapercha oder Lack; die Papier- und Faserstoffisolierung kann auch mit Öl, Paraffin, Erdwachs, Bienenwachs u. dgl. getränkt sein.

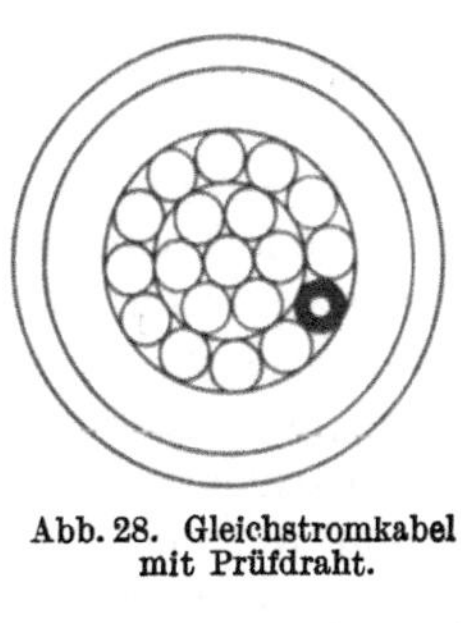

Abb. 28. Gleichstromkabel mit Prüfdraht.

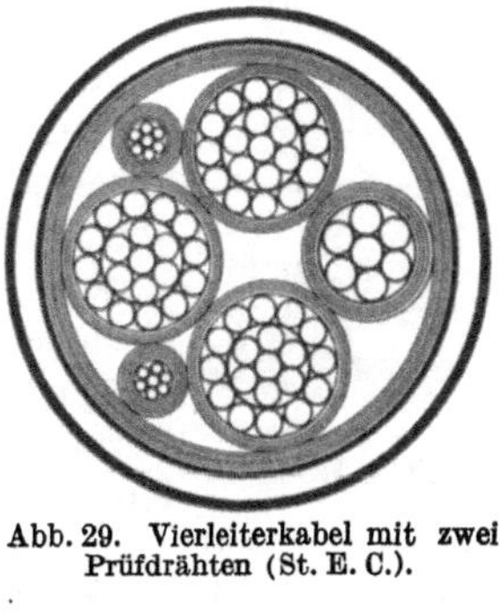

Abb. 29. Vierleiterkabel mit zwei Prüfdrähten (St. E. C.).

Die wirtschaftlich wichtigsten Schwachstromkabel sind die Telephonkabel. Die Kabelanlagen des öffentlichen Telephondienstes bestehen aus Haupt- und Nebenkabeln. Als Hauptkabel bezeichnet man die Kabel zwischen den Teilnehmern und den Vermittlungszentralen, sowie die Verbindungskabel zwischen den letzteren unter sich; die ersten heißen Anschluß- oder Teilnehmerkabel, die letzteren Bezirkskabel, wenn sie von relativ kurzen Längen sind, und Fernkabel, wenn sie weit voneinander liegende Vermittlungszentralen miteinander verbinden. Als Nebenkabel bezeichnet man die übrigen Bestandteile der Kabelanlagen, soweit sie nicht lediglich als isolierte Leitungen anzusehen sind.

Die Nebenkabel dienen zum Abschluß der Hauptkabel und zur Führung der Telephonleitungen in Gebäuden; ihre Isolierung erfolgt dem Verwendungszweck und Verwendungsort entsprechend. Die Lack-Papierkabel, deren mit einer isolierenden Lackschicht überzogene Leiter noch mit einer festen Umspinnung aus dünnen Papierbändern versehen sind, werden in den Telephon-Vermittlungszentralen verwendet; sie sind billiger und dünner als die früher benutzten Kabel, deren Leiter mit Seide und Baumwolle isoliert waren.

Die Kabelleitungen des öffentlichen Telephondienstes sind immer aus Doppeladern, Sternvierern oder aus doppelt verseilten Vierern aufgebaut. Die Sternverseilung wird der besseren Raumausnutzung wegen bei Teilnehmerkabeln, die doppelte Verseilung zur besseren Ausnutzung der Leitungen bei Verbindungskabeln verwendet.

Adern, Paare und Vierer — ausnahmsweise auch Achter — verseilt man in konaxialen Schichten abwechselnd nach rechts und nach links. Im folgenden wird die Verseilung der Adern zu Paaren, zu Stern-Vierern und zu doppelt-verseilten Vierern als P-, S- und D-Verseilung, Sternvierer und doppelt-verseilte Vierer werden als S- bzw. D-Vierer bezeichnet.

Abb. 30 zeigt das abgestufte Endstück eines dreipaarigen mit Papier isolierten Kabels, dessen Leiter zur Erhöhung der Leistungsfähigkeit des Kabels mit feinem Eisendraht dicht bewickelt sind; Kabel dieser Art werden nach dem Erfinder der Konstruktion, dem dänischen Telegrapheningenieur Krarup, als Krarupkabel bezeichnet.

Abb. 30. Krarupkabel (Pirelli).

Außer für Telephonie dienen Schwachstromkabel für Telegraphie und Signalanlagen verschiedener Art; in den meisten Fällen genügen Einzeladern mit Erdrückleitung ohne Induktionsschutzhülle. Die Bedeutung der im öffentlichen Dienst stehenden Ferntelegraphenkabel geht mit der Zunahme des Ferntelephonverkehrs und mit der Vervollkommnung der Telegraphiersysteme mehr und mehr zurück. Signalkabel dienen für Feuermelder, Uhrenanlagen, Wasserstandfernmelder, Klingelleitungen, sowie für Signaleinrichtungen in den Eisenbahnbetrieben, Bergwerken usw.; von den letzteren wird in erster Linie höchste Betriebssicherheit erfordert, weil jede an und für sich vielleicht unbedeutende und leicht zu beseitigende Störung die Gefährdung von Menschenleben zur Folge haben kann.

Der Mantel der Bleikabel. Bei Bleikabeln ist der hauptsächliche, in manchen Fällen einzige Bestandteil der Schutzhülle der Bleimantel, so bei Kabeln, die in unterirdische Rohre eingezogen (Röhrenkabel) oder im Freien auf Maste aufgehängt werden (Luftkabel). Zum Schutz gegen chemische Beschädigungen allein dient eine Schutzbedeckung aus geteertem oder asphaltiertem Faserstoff (asphaltierte Kabel). In allen anderen Fällen werden die Kabel mit eisernen Armierungen versehen, deren Beschaffenheit von der Art der Verlegung abhängig ist.

Zum Schutze des Bleimantels gegen Verletzungen durch das Armierungseisen selbst während dessen Aufbringung oder bei der Verlegung des Kabels umgibt man den Bleimantel zuerst mit einer asphaltierten Jutehülle und bettet die Armierungsdrähte auf diese weiche Unterlage. Zum Schutze des Armierungseisens gegen Verrosten wird es mit einer äußeren Hülle aus asphaltierter Jute umgeben. Zur Unterscheidung wird die untere Jutehülle als Polster, die obere als Außenhülle bezeichnet.

Die unmittelbar in den Erdboden gelegten Erdkabel erhalten meistens eine aus zwei eisernen Bändern bestehende Bandeisenarmierung, die bis heute gemäß der Beschreibung in der Siemensschen Patentschrift hergestellt wird. Die Bandeisenarmierung darf nur dann verwendet werden, wenn eine Zugbeanspruchung des Kabels sowohl während als auch nach der Verlegung sicher zu vermeiden ist. Die Schutzwirkung des Bandeisens gegen Beschädigungen durch Pickenhiebe bei Erdarbeiten ist in der alten Patentschrift überschätzt; die so armierten Kabel erfordern daher bei der Verlegung noch einen zusätzlichen mechanischen Schutz. Abb. 31 zeigt den Querschnitt eines mit Bandeisen armierten 250-paarigen Telephonkabels.

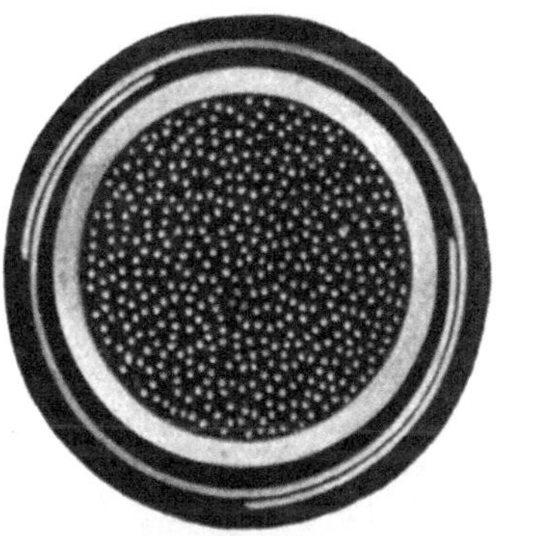

Abb. 31. 250-paariges Telephonkabel mit Bandeisenarmierung (Pirelli).

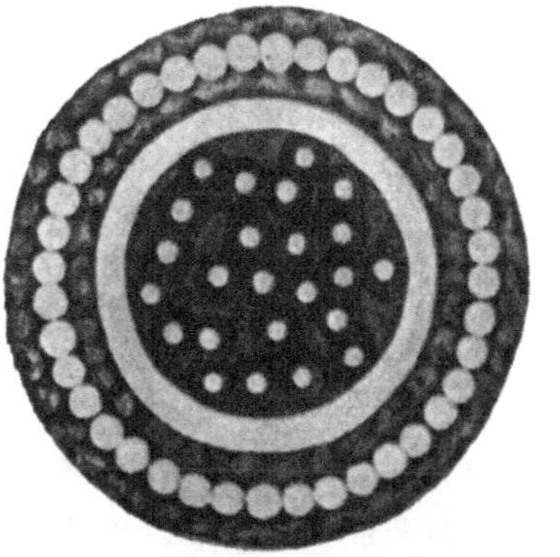

Abb. 32. 12-paariges Telephonkabel mit Runddrahtarmierung (Pirelli).

Die Drahtarmierung kann aus runden (Abb. 32), flachen oder in besonderer Weise profilierten Drähten (Abb. 33 und 34) bestehen; Profildrähte bieten infolge ihres Übereinandergreifens einen besonders wirksamen Schutz des Kabels.

Schachtkabel werden während der Verlegung in die Schächte eingehängt; ihre Armierung muß daher imstande sein das ganze Gewicht des Kabels zu tragen. Auch Flußkabel und Unterseekabel unterliegen während der Verlegung großen Zugbeanspruchungen. In flachen Gewässern, Hafenanlagen usw. verlegte Unterwasserkabel müssen gegen Beschädigungen durch schleppende Anker geschützt werden.

Abb. 33. 7-adriges Guttapercha-Telegraphenkabel mit Profildrahtarmierung im St. Gotthard-Tunnel (F. & G.).

Abb. 34. 20-paariges Telephonflußkabel mit Profildrahtarmierung (Pirelli).

In allen solchen Fällen sind sehr kräftige Armierungen erforderlich; häufig hilft man sich durch die Anordnung von zwei Armierungen übereinander. So ist z. B. das Unterwasserkabel nach Abb. 35 mit einer Bandeisenarmierung und darüber mit einer Flachdrahtarmierung versehen.

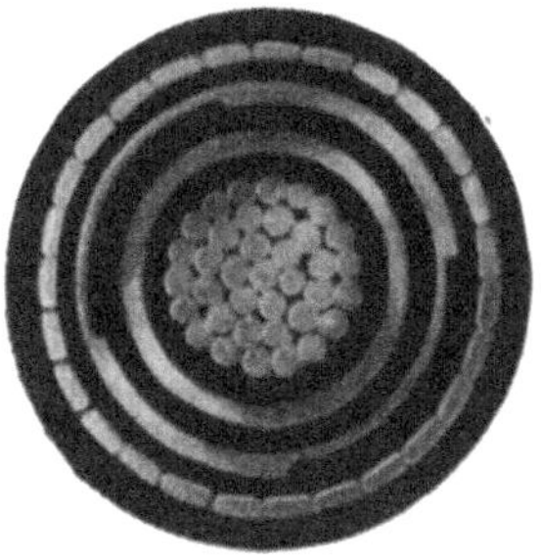

Abb. 35. Gleichstromflußkabel mit kombinierter (Bandeisen- und Flachdraht-) Armierung (Pirelli).

In einigen Ausnahmefällen, z. B. bei Installationen auf Schiffen, erhalten Bleikabel eine Armierung, die aus einer Umflechtung mit dünnen Eisen- oder Stahldrähten besteht.

Gruppe B.

Die wichtigsten mit Guttapercha isolierten Kabel sind die Transozean-Telegraphenkabel; die Guttaperchahülle wird in einer oder mehreren Schichten nahtlos aufgebracht. Die Armierung ist um so kräftiger, in je geringerer Tiefe das Kabel verlegt wird. Abb. 36

Abb. 36. Untersee-Krarupkabel Stretto—Messina (Pirelli).

zeigt ein 2-paariges Guttapercha-Krarupkabel mit Runddrahtarmierung von Pirelli, verlegt zwischen dem italienischen Festland und Sizilien; die Kupferleiter bestehen aus runden, mit Flachkupferbändern umgebenen Drähten, die Kraruphülle besteht aus zwei dicht gewickelten Lagen feinen Eisendrahtes. Die zwei Paare sind miteinander verseilt, die Zwischenräume mit Jute ausgefüllt, und das Ganze ist mit Jute umwickelt. Die Armierungsdrähte sind einzeln mit Jute umwickelt und die Armierung im ganzen ist mit einer äußeren Juteschutzhülle umgeben.

Gruppe C.

Die meisten in diese Gruppe gehörenden Kabel dienen zum Anschluß nicht ortsfester Stromverbraucher; daher ist für sie eine Beweglichkeit und Biegsamkeit erforderlich, welche die Verwendung des Bleimantels ausschließt. Die Bezeichnungen wie Handlampenkabel, Bohrmaschinenkabel, Dreschkabel, Baggerkabel, Bühnenkabel, Abteufkabel usw. deuten den Verwendungszweck an, dessen besonderen Anforderungen die Kabelkonstruktion angepaßt sein muß. Die Leiter bestehen aus feindrähtigen Litzen, als Isolierung wird getränkter Faserstoff, hauptsächlich Kautschuk verwendet. Als Bestandteile der Schutzhülle, an welche verschiedene Anforderungen gestellt werden, kommen in Betracht

Umflechtungen aus getränkter Baumwolle oder Hanfkordel,

Umflechtungen aus dünnen verzinkten Eisendrähten,

eine in Gestalt eines Metallschlauches aufgebrachte Metallbandarmierung,

eine Stahl- oder Eisendrahtspirale,

ein Ledermantel, in welchen das Kabel eingenäht wird, usw.

Eine viel benutzte Form dieser Kabelgattung ist unter dem Namen „Schlauchkabel“ bekannt; der Mantel besteht aus einer Kautschukhülle, welche fest um die Seele gepreßt bei mehradrigen Kabeln auch die Zipfel zwischen den runden Adern ausfüllt. Bei den in Bergwerken benutzten Abteufkabeln erhält das an und für sich sehr biegsame und mit Kautschuk isolierte Kabel eine besonders biegsame Armierung, bestehend aus vieldrähtigen starken Eisen- oder Stahldrahtlitzen, welche genau so, wie runde Einzeldrähte, um die Kabelseele gelegt werden.

Abb. 37. Dreileiter-Bitumenkabel mit doppelter Runddrahtarmierung (Pirelli).

In einem bekannten Fall gab man starken, mit getränktem Papier isolierten Hochspannungskabeln einen nach der Art von Gartenschläuchen hergestellten biegsamen und wasserdichten Mantel, worüber noch ein Stahlblechmantel gelegt war, um das Gewicht des Kabels, welches auf Maste gehängt werden sollte, möglichst klein zu halten[1].

In England verwendet man oft mit Bitumen isolierte Kabel; bei

[1] Meyer, E. B.: Electrical World, S. 699. New York 1917.

Mehrleiterkabeln werden die Bitumenadern untereinander verseilt und den obengenannten Schlauchkabeln ähnlich mit einem gemeinsamen Bitumenmantel umgeben. Abb. 37 zeigt ein Dreileiterkabel mit Bitumenisolierung und -mantel; die Armierung besteht aus einer doppelten Lage von Rundeisendrähten.

II. Allgemeine theoretische Grundlagen.

1. Physikalische Grundlagen.

1. Kraft und Arbeit. Der Begriff Kraft entspricht dem Gefühl der Anstrengung, mit welcher menschliche Arbeit verbunden ist. Arbeit heißt die Überwindung eines Widerstandes durch die Kraft längs eines Weges. Zur Verrichtung von Arbeit ist Zeit erforderlich; die auf die Zeiteinheit bezogene Arbeit heißt Leistung. Die Wirkung von mechanischer Kraft besteht in der Veränderung des Ortes, der Gestalt, der Beschaffenheit usw. von Massen. Man definiert die Kraft als das Produkt der Masse in die ihr mitgeteilte Beschleunigung, die Arbeit als das Produkt der Kraft in den von der beschleunigten Masse zurückgelegten Weg und führt so die Größen Kraft und Arbeit auf die meßbaren Größen Masse, Länge und Zeit zurück.

Die Masse (die Materie) existiert im Raum und in der Zeit; sie kann weder verschwinden noch aus dem Nichts entstehen, noch in derselben Zeit an verschiedenen Stellen des Raumes sein (Kontinuitätsgesetz).

Die Fähigkeit, Arbeit zu leisten, heißt Energie; jede Arbeitsleistung erfolgt auf Kosten eines Energievorrates und bringt neue Energiemengen hervor. Die aufgewendeten und hervorgebrachten Energiemengen sind einander gleich. Die Arbeit kann demnach als Wanderung oder Änderung der Energie aufgefaßt werden, wobei die Gesamtmenge sich nicht ändert. Energie kann ebensowenig wie Materie aus dem Nichts entstehen oder verschwinden.

Man kann die Energie als eine Fähigkeit der Materie oder als eine Eigentümlichkeit des Raumes ansehen; in beiden Fällen hat es einen Sinn, vom Energieinhalt eines Raumausschnittes zu sprechen.

2. Magnetismus. Der Magneteisenstein (Fe_2O_3) zeigt die als Magnetismus bezeichnete Fähigkeit, Eisenstücke an sich zu ziehen; die gleiche Fähigkeit erhalten Eisenstücke, die mit ihm bestrichen oder in seine Nähe gebracht werden. Man spricht von natürlichen und künstlichen Magneten. Die Fähigkeit tritt am stärksten an zwei entgegengesetzten Enden des Magneten auf; diese sind seine Pole, deren Verbindungslinie ist seine Achse. Die beiden Pole eines Magneten sind verschieden geartet; gleichartige stoßen sich ab, verschiedenartige ziehen sich an. Die beiden Pole eines Magneten können nicht voneinander isoliert werden; jedes kleinste Teilstück eines Magneten ist wieder ein Magnet mit zwei verschiedenartigen Polen.

Die scheinbar von dem Magneten ausgehende Kraftwirkung beruht auf einem besonderen Zustand des den Magneten umgebenden Raumes.

In jedem Punkte dieser Umgebung wirkt eine magnetische Kraft von bestimmter Größe und Richtung; in jedem Punkte ist eine bestimmte Menge magnetischer Energie vorhanden. Ein solcher Raum heißt ein magnetisches Feld. Die Verteilung und Aufspeicherung der Energie im Feld unterliegt, wie das auch bei anderen Energiearten der Fall ist, einer besonderen Gesetzmäßigkeit, welche in der mathematischen Ausdrucksweise durch die Existenz einer stetigen, von der Zeit unabhängigen Funktion ausgesprochen ist. Diese sogenannte Kräftefunktion oder Potential hat in jedem Punkte des Feldes einen bestimmten Wert; ihr in einer bestimmten Richtung genommener Differentialquotient ist gleich der in dieser Richtung wirksamen Komponente der magnetischen Kraft. Den geometrischen Ort von Punkten gleichen Potentials nennt man eine Niveaufläche; zu ihr steht die magnetische Kraft überall senkrecht. Den Weg, den ein punktförmig kleines Eisenstück im magnetischen Feld allein unter Wirkung der magnetischen Kraft beschreiben würde, nennt man eine magnetische Kraftlinie; sie durchsetzt alle Niveauflächen senkrecht. Durch einen Punkt des Feldes geht nur eine Kraftlinie. Die magnetischen Kraftlinien sind geschlossene Linien, die an einen Pol aus dem Magneten heraustretend das Feld durchsetzen, am anderen Pol des Magneten landen und durch das Innere des Magneten hindurch den ersten Pol erreichen. Als Feldrichtung bezeichnet man die Richtung der magnetischen Kraft in einem Punkt des Feldes, als Feldstärke die Anzahl der Kraftlinien, von welchen die zur Feldrichtung senkrechte Flächeneinheit durchsetzt wird.

Die Magnetisierung eines Eisenstückes, allgemein die viel geringere Magnetisierung eines beliebigen Körpers, kann verschieden stark sein; meistens ruft ein stärkeres Feld eine stärkere Magnetisierung hervor. Der vom Feld im Körper erzeugte magnetische Zustand heißt magnetische Induktion, das Verhältnis der Induktion zur Feldstärke magnetische Permeabilität. Im leeren Raum ist die Induktion mit der Feldstärke identisch und die Permeabilität hat den Wert 1.

Das in das Feld gebrachte Eisenstück wird von den ursprünglich vorhandenen Kraftlinien des Feldes und von den in ihm hervorgerufenen Magnetisierungslinien durchsetzt. Außerhalb des Eisenstückes setzen sich die Magnetisierungslinien als Kraftlinien fort; somit wird das ursprüngliche Feld durch das Hineinbringen des Eisens verstärkt.

Nach ihrem Verhalten im magnetischen Felde unterscheidet man paramagnetische, diamagnetische und ferromagnetische Stoffe[1].

Die Magnetisierung der paramagnetischen Stoffe erfolgt in der Feldrichtung und ist der Feldstärke immer proportional. Die Permeabilität ist eine sehr kleine, positive, von den magnetischen Verhältnissen des Körpers unabhängige Zahl. Paramagnetisch sind einige Gase, einige Metalle und einige Salze.

Die Magnetisierung der diamagnetischen Stoffe ist auch der Feldstärke proportional, erfolgt aber in dem der Feldrichtung entgegengesetzten Sinne. Die Permeabilität ist eine sehr kleine, negative, von

[1] Weiß, P., u. G. Foex: Le Magnétisme. Paris 1926.

den magnetischen Verhältnissen des Körpers unabhängige Konstante. Die meisten Körper sind diamagnetisch.

Die Stoffe der ferromagnetischen Gruppe zeichnen sich durch sehr starke Magnetisierbarkeit aus. Die Magnetisierung ist der Feldstärke nicht proportional; mit zunehmender Feldstärke nähert sich ihre Intensität einem Endwert, der magnetischen Sättigung. Eine besondere Eigentümlichkeit der ferromagnetischen Stoffe besteht darin, daß die Magnetisierung nicht nur von der Feldstärke, sondern auch von der magnetischen, thermischen und mechanischen Vorgeschichte des Versuchsstückes abhängig ist. Die Permeabilität ist eine positive, veränderliche, in vielen Fällen sehr große Zahl. In diese Gruppe gehören die Metalle Eisen, Nickel, Kobalt und einige Legierungen dieser und anderer Metalle.

3. Elektrizität. Ein durch Reibung elektrisierter und in diesem Zustand erhaltener Körper zeigt die Fähigkeit, leichte Körperchen an sich zu ziehen oder von sich abzustoßen. Man kennt zwei Arten von Elektrizität, positive und negative; gleichnamig elektrisierte Körper stoßen sich ab, verschiedenartig elektrisierte ziehen sich an. In der Umgebung des elektrisierten Körpers besteht ein elektrisches Feld; dieses ist ein dem magnetischen ähnlicher Zwangszustand, in ihm ist der Raum elektrisch polarisiert.

Neben verschiedenen Ähnlichkeiten besteht zwischen Magnetismus und Elektrizität der Unterschied, daß in manchen Stoffen ein elektrisches Feld nicht bestehen kann. Bringt man einen aus solchem Stoff bestehenden Körper in ein elektrisches Feld, so wird er allgemein mehrere Niveauflächen durchschneiden und an verschiedenen Stellen des Körpers werden verschiedene Potentiale herrschen. Infolgedessen beginnt im Körper ein Vorgang sich abzuspielen, den man sich als eine Art von Strömung vorstellt und der so lange andauert, bis die Oberfläche des Körpers sich in eine Niveaufläche verwandelt hat und das elektrische Feld im Innern des Körpers verschwunden ist. Die Strömung kann als die Bewegung kleinster elektrischer Teilchen zur Oberfläche des Körpers aufgefaßt werden; als bewegende Kraft erkennt man das Vorhandensein verschiedener Potentiale im Körper, weshalb man eine Potentialdifferenz (Spannung) als elektromotorische Kraft (EMK) bezeichnet. Die elektrischen Kraftlinien enden auf der zur Niveaufläche verwandelten Oberfläche des Körpers und stehen zu ihr senkrecht; sie enden in den elektrischen Mengen, welche aus dem Innern des Körpers an die Oberfläche geströmt sind. Ihre Gesamtheit wird als die Ladung, das Verhältnis der Ladung zum Potential der Oberfläche als die Kapazität des Körpers bezeichnet. Mit ihren anderen Enden münden die elektrischen Kraftlinien in Teilchen von der anderen Art, die auf der Oberfläche von Körpern sitzen, in welchen gleichfalls kein elektrisches Feld bestehen kann. Stoffe, die sich durch diese Eigenschaft auszeichnen, nennt man Leiter der Elektrizität, im Gegensatz zu den Nichtleitern (Dielektrika, Isolatoren), in welchen das elektrische Feld Polarisation, aber keine Strömung hervorruft.

Die Kapazität (und die Ladung) eines Leiters ist von seiner Lage gegenüber benachbarter Leiter abhängig; außerdem ist sie einer Eigenschaft des zwischen den Leitern befindlichen Nichtleiters proportional. Diese Eigenschaft der Nichtleiter heißt die Dielektrizitätskonstante (DK); als ihre Einheit gilt ihr kleinster Wert, derjenige im leeren Raum.

Je nach Art und Größe der Beweglichkeit der elektrischen Teilchen unterscheidet man vier verschiedene Gruppen der Stoffe:

In den guten Elektrizitätsleitern bewegen sich die elektrischen Teilchen leicht und frei. Die besten Leiter sind die Metalle, man spricht daher von metallischer Leitung.

In den Elektrolyten bewegen sich die elektrischen Teilchen leicht, sind aber an kleinste Teile der Stoffe gebunden, die an der Bewegung teilnehmen; es findet eine Zersetzung des Elektrolyten statt. Der Vorgang wird als elektrolytische Leitung bezeichnet.

In den Nichtleitern besitzen die elektrischen Teilchen nur eine beschränkte Bewegungsfreiheit; sie sind an kleine Stoffteilchen gebunden und können nur innerhalb dieser pendelnde Bewegungen ausführen. Diese Bewegung wird Verschiebung genannt; sie ist der Feldstärke proportional. Der Proportionalitätsfaktor ist die durch 4π dividierte Dielektrizitätskonstante.

Gasförmige Stoffe sind in unbeeinflußtem Zustande nicht leitend. Sie können durch Spaltung ihrer Moleküle leitend werden; die Leitung ist der elektrolytischen ähnlich, weil hier wie dort Transport elektrischer Teilchen durch bewegte Stoffteilchen erfolgt. Der Vorgang heißt Ionisierung.

Die meisten Nichtleiter besitzen eine mehr oder weniger große Leitfähigkeit; sie sind niemals vollständig homogen und die Bestandteile können sehr verschiedene Werte der Leitfähigkeit und der DK aufweisen. Da eine bestimmte Beziehung zwischen Leitfähigkeit und DK eines Körpers nicht besteht, sind die Vorgänge in einem elektrisierten Nichtleiter meistens sehr verwickelt.

In einem Nichtleiter bringt das elektrische Feld einen Verschiebungsstrom hervor; nachdem die der Feldstärke entsprechende Verschiebung zustande gekommen ist, hört der Verschiebungsstrom auf. Im Leiter ruft die EMK einen Leitungsstrom hervor. Verschiebung und Leitungsstrom bestehen unter dauernder Wirkung einer EMK. Ändert sich die EMK dauernd, so entsteht im Nichtleiter eine dauernd veränderliche Verschiebung, d. h. ein dauernder Verschiebungsstrom, und im Leiter ein dauernd veränderlicher Leitungsstrom. Die Verschiebung ist ein Ruhezustand; Verschiebungs- und Leitungsströme sind Änderungszustände.

4. Elektromagnetismus. Im veränderlichen magnetischen Feld ändert sich die magnetische Polarisation genau so, wie die elektrische im veränderlichen elektrischen Feld. In diesem Sinne kann man von magnetischer Verschiebung (Ruhezustand) und magnetischem Verschiebungsstrom (Änderungszustand) sprechen.

Zwischen elektrischen und magnetischen Verschiebungsströmen und elektrischen Leitungsströmen besteht eine als Elektromagnetismus bezeichnete Wechselwirkung: in der Umgebung jedes elektrischen Stromes ist ein magnetisches Feld, in der Umgebung jedes magnetischen Verschiebungsstromes ein elektrisches Feld vorhanden. Veränderliche magnetische Kräfte treten nur in Begleitung veränderlicher elektrischer Kräfte auf und umgekehrt. Der Schauplatz dieser Vorgänge ist das elektromagnetische Feld; diese Bezeichnung spricht das gleichzeitige und räumlich ineinander verschlungene Bestehen andauernd wechselnder elektrischer und magnetischer Felder aus. Der Inhalt dieser Felder an elektrischer und magnetischer Energie übergeht andauernd von der einen Form in die andere. Elektromagnetische Energie eines Raumausschnittes ist die gesamte in ihm vorhandene elektrische und magnetische Energie.

Elektrische und magnetische Kraft im elektromagnetischen Feld sind Funktionen des Ortes und der Zeit. In einem Punkte P des Raumes wirke eine elektrische Kraft E*, welche die folgenden regelmäßigen Änderungen erfährt: In einem Moment hat sie den Wert Null, dann wächst sie in einer bestimmten Richtung bis zu einem Höchstwert an, nimmt ohne Richtungsänderung auf Null ab, wächst in der entgegengesetzten Richtung bis auf denselben Höchstwert an, nimmt auf Null ab und so fort regelmäßig mit gleichbleibender Geschwindigkeit. Die Kraft E ändert sich dann periodisch. Mit ihr ändert sich nach der gleichen Periodizität das sie umgebende magnetische Feld. Denkt man sich um den Punkt P senkrecht zu E einen Kreis mit sehr kleinem Radius gezeichnet, dann gibt eine Tangente des Kreises in einem Punkte P_1 die Richtung der magnetischen Kraft im Punkte P_1 (sehr nahe zu P) an. Diese magnetische Kraft sei M; sie ist um so größer, je schneller sich E ändert. M ändert sich zwischen zwei Höchstwerten genau so periodisch wie E. Die Tangente in einem Punkte P_2 des Kreises mit sehr kleinem Radius um den Punkt P_1 senkrecht zu M gibt die Richtung der elektrischen Kraft E_1 an, die im Punkte P_2 infolge der zeitlichen Änderung von M im Punkte P_1 auftritt. Setzt man diese Betrachtung fort, so erkennt man, wie die Ausbreitung des elektromagnetischen Feldes in allen radialen Richtungen um den Punkt P senkrecht zu E zustande kommt.

Die Verkettung der magnetischen und elektrischen Kraft bedeutet somit die Ausbreitung des elektromagnetischen Feldes; die Ausbreitung ist eine Ausstrahlung elektromagnetischer Energie.

Bleibt die Kraft E im Punkte P dauernd in der angegebenen Weise veränderlich, so tritt in der Ausbreitung des elektrischen Feldes ein Beharrungszustand ein, d. h. in jedem Punkte des Feldes spielen sich dauernd dieselben periodischen Veränderungen ab. Die plötzliche Änderung eines Beharrungszustandes nennt man eine elektromagnetische Störung.

5. Verwandlung elektromagnetischer Energie in Wärme. Der elektrische Strom erwärmt den durchflossenen Leiter; die so erzeugte Wärme wird als Stromwärme bezeichnet.

* Chwolson, O. D.: Die Evolution des Geistes der Physik. Braunschweig 1925.

Auch bei Verschiebungsströmen entsteht Wärme; besitzt das Dielektrikum ein Leitvermögen, so trägt auch dieses zur Temperaturerhöhung bei. Die Summe der im Dielektrikum in Wärme umgesetzten Energiemengen wird als dielektrischer Energieverlust bezeichnet.

6. Der elektrische Stromkreis. Bei der Ausbreitung durch Strahlung wird die elektromagnetische Energie zerstreut. Will man sie aus einer Stelle des Raumes in eine andere überführen, so bedient man sich eines elektrischen Stromkreises. Dessen Wirkung beruht auf der Eigenschaft der Leiter, daß in ihnen elektrische Felder nicht bestehen können.

AB sei ein drahtförmiger Leiter von der Länge l und dem Querschnitt q (Abb. 38). Solche Leiter nennt man lineare Leiter; erfolgt die Leitung in der Richtung von l, dann spricht man von einer linearen Leitung. Werden an den Enden dauernd die Potentiale P_a und P_b aufrechterhalten, wobei $P_a > P_b$, dann wird dauernd von A nach B ein der EMK ($P_a - P_b$) proportionaler Strom i fließen. Schreibt man $P_a - P_b = e$, dann ist

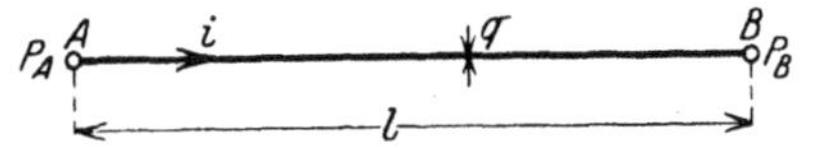

Abb. 38. Linearer Leiter.

$$i = \lambda \cdot e.$$

λ heißt die Leitfähigkeit des Drahtstückes *AB*. Der reziproke Wert der Leitfähigkeit ist der Leitungswiderstand W. Er ist der Länge direkt, dem Querschnitt umgekehrt proportional, also

$$W = \sigma \cdot \frac{l}{q}.$$

Der Faktor σ heißt der spezifische Widerstand des Leitermetalls; er ist eine von der Temperatur abhängige Materialkonstante.

Es sei jetzt das Drahtstück *AB* zu einer geradegestreckten Schleife (Abb. 39) zusammengebogen. In der Umgebung des Leiters besteht ein magnetisches Feld; die Kraftlinien kreisen um den Leiter. Die elektrischen Kraftlinien verlaufen senkrecht zur Schleifenrichtung von der einen Schleifenhälfte nach der anderen; dem Schleifenende zu nimmt die elektrische Feldstärke ab. Die Stromstärke ist der magnetischen, die EMK der elektrischen Feldstärke proportional. Bezeichnet man die elektrische Feldstärke mit E, die magnetische mit M, dann ist

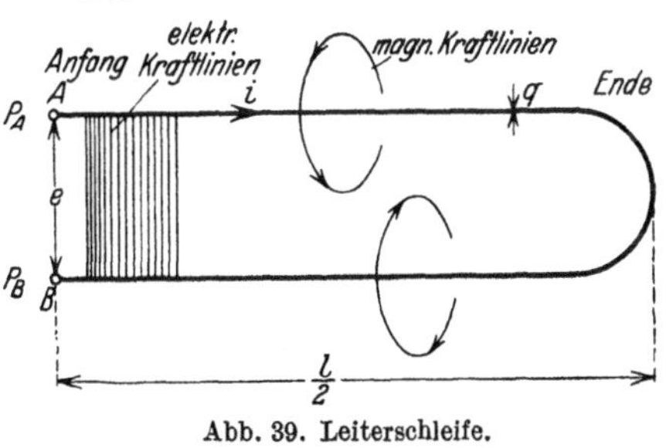

Abb. 39. Leiterschleife.

$$M = Li \quad \text{und} \quad E = Ke.$$

Hier sind L und K Proportionalitätsfaktoren, abhängig von den Eigenschaften der Stoffe und von den geometrischen Verhältnissen der Schleife; L heißt die Selbstinduktivität, K die Kapazität der Schleife. Als Faktor ist in L die Permeabilität μ, in K die DK ε des die Leitung umgebenden Mediums enthalten.

Durch die Schleife strömt vom Anfang dem Ende zu die Energie S; sie ist dem Produkt aus elektrischer und magnetischer Feldstärke proportional. Es ist

$$S = f \cdot M \cdot E = f \cdot L \cdot i \cdot K \cdot e = i \cdot e\,,$$

wenn man willkürlich $f = \frac{1}{LK}$ setzt. Für S erhält man weiter

$$S = i \cdot e = \frac{e^2}{W} = i^2 W\,.$$

Die gesamte, an den Klemmen A und B der Schleife zugeführte Energie wird in Stromwärme verwandelt.

Ist die am Anfang der Schleife wirksame EMK e eine periodische, veränderliche Größe, so ändert sich mit ihr auch das magnetische Feld periodisch; es entsteht eine periodische Umwandlung der Energie von der elektrischen in die magnetische Form und umgekehrt und inzwischen findet ein Energieverbrauch entsprechend dem Schleifenwiderstande R statt.

Der Vorgang wird verwickelter, wenn das die Schleife umgebende Medium eine Leitfähigkeit besitzt, oder wenn aus anderen Gründen ein Energieverbrauch auch im Medium stattfindet. Die auf die Schleife selbst bezogene Leitfähigkeit der Umgebung wird als Ableitung bezeichnet; Widerstand, Selbstinduktivität, Kapazität und Ableitung sind die elektrischen Eigenschaften des Stromkreises.

Ist am Ende der Leitung (Abb. 40) ein Energieverbraucher mit dem Widerstand W_0 angeschlossen, dann ist

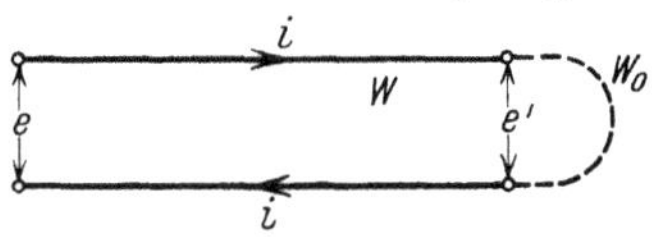

Abb. 40. Leiterschleife mit Stromverbraucher.

$$e' \cdot i = i^2 \cdot W_0\,,$$

die dem Stromverbrauch zugeführte und

$$(e - e')\,i = i^2 \cdot W$$

die in der Zuleitung als Wärme verlorene Energie. Um diesen Verlust möglichst klein zu halten, wird man eine Leitung mit kleinem W wählen, d. h. bei gegebener Entfernung dem Leiter möglichst großen Querschnitt geben und ihn aus einem Metall mit möglichst kleinem spezifischen Widerstand herstellen. Man kann den Verlust auch dadurch verkleinern, daß man den Faktor i^2 verkleinert, indem man e vergrößert.

Die dem Stromverbraucher zugeführte Energie befindet sich auf dem Transport durch die Zuleitung abwechselnd in elektrischer und magnetischer Form in der isolierenden Umgebung des Leiters aufgespeichert; die Aufspeicherung ist von den Koeffizienten K und L bedingt, welche die charakteristischen Eigenschaften μ und ε des Mediums enthalten. Da bei dem Bleikabel das wirksame Dielektrikum mit dem Leiter zusammen innerhalb des Kabelmantels eingeschlossen ist, strömt bei Kabelübertragung die Energie im buchstäblichen Sinne durch das Kabel, wenn auch nicht durch den Leiter.

7. Die Materialkonstanten. Die wichtigsten Materialkonstanten der Leitungstechnik sind

1. der spezifische Leitungswiderstand,
2. die Dielektrizitätskonstante der Nichtleiter,
3. die magnetische Permeabilität der ferromagnetischen Metalle.

Der spezifische Leitungswiderstand. Der Leitungswiderstand eines homogen und isotrop gedachten Körpers ist proportional der in die Stromrichtung fallenden Länge und umgekehrt proportional dem zur Stromrichtung senkrechten Querschnitt. Den spezifischen Widerstand bezieht man allgemein auf einen Würfel von 1 cm Seitenlänge; bei Drähten wählt man für die Länge 1 m, und für den Querschnitt 1 mm^2. Die praktische Einheit des Widerstandes ist das Ohm; das ist der Widerstand einer 1063 mm langen Quecksilbersäule von 1 mm^2 Querschnitt bei 0^0 C. Der Widerstand ist von der Temperatur abhängig; entsprechen die Werte R_1 und R_2 den Temperaturen t_1 bzw. t_2, dann kann R_2 als Funktion von R_1 in der Form

$$R_2 = R_1 \{1 + \alpha_1 (t_2 - t_1) + \alpha_2 (t_2 - t_1)^2 + \cdots\}$$

dargestellt werden, wo die Koeffizienten α_1, α_2 usw. rasch abnehmen. Für Kupfer genügt die einfache Beziehung

$$R_2 = R_1 \{1 + \alpha \cdot (t_2 - t_1)\}.$$

α ist der Temperaturkoeffizient des Leitungswiderstandes. Die Bezugstemperatur t_1 ist meistens 20^0 C, in England 60^0 F.

Der Leitungswiderstand der Nichtleiter wird als Isolationswiderstand bezeichnet; er ist von dem Leitungswiderstand der Metalle nicht nur quantitativ, sondern auch qualitativ verschieden. Der spezifische Widerstand der gebräuchlichen Isolatoren ist sehr groß; als Einheit dient das Megohm = 10^6 Ohm.

Die Dielektrizitätskonstante. Für zahlreiche Gase ist die DK nur um ganz geringe Beträge größer als die Einheit. Bei der Messung der DK von festen und flüssigen Stoffen wird von dieser geringfügigen Differenz abgesehen und die DK von Luft gleich 1 angenommen.

Unter allen Isolatoren hat reines Wasser die größte DK, etwa 80. Die Werte der DK der in der Kabeltechnik gebräuchlichen Isolierstoffe liegen etwa zwischen 1 und 5.

Die Permeabilität. Da die Permeabilität der ferromagnetischen Metalle nicht nur von der Feldstärke, sondern auch von der Vorgeschichte des Versuchskörpers abhängig ist, muß, um sie eindeutig zu bestimmen, die Bedingung ihrer Messung festgelegt sein. Diese Bedingung lautet so: In dem vorher vollständig entmagnetisierten[1] Versuchsstück wird die Feldstärke vom Wert 0 stufenweise vergrößert. Man findet stets einen ähnlichen Verlauf: die Permeabilität beginnt mit kleinen Werten, erreicht ein Maximum und strebt nachher langsam fallend dem Endwert 1 zu. Durch mechanische Härtung tritt eine Verkleinerung der Permeabilität ein; durch bestimmte Zusammensetzung hochmagnetisier-

---

[1] Die Entmagnetisierung erfolgt durch die Wirkung eines allmählich auf 0 verringerten Wechselfeldes oder durch Erhitzen des Stückes auf über 800^0 C und durch allmähliches Abkühlen unter Fernhaltung aller magnetisierender Kräfte.

barer Metalle können nahezu unmagnetische Legierungen hervorgebracht werden. Ein sog. Manganstahl mit 12% Mangan und 1% Kohlenstoff oder ein Nickelstahl mit 25% Nickelgehalt haben eine konstante Permeabilität von etwa 1,4.

Der Einfluß der Temperatur auf die Permeabilität äußert sich in mannigfaltiger Weise. Für die ferromagnetischen Metalle besteht eine kritische Temperaturgrenze, bei welcher das Metall plötzlich in den paramagnetischen Zustand übergeht.

Die Anfangspermeabilität. Der Wert der Permeabilität in schwachen Feldern, der sog. Anfangswert, hat für die Schwachstromtechnik große praktische Bedeutung. Er ist nahezu proportional der Feldstärke, so daß man $\mu = a + b \cdot H$ schreiben kann, wo a und b zwei Konstanten sind; a ist der eigentliche Anfangswert.

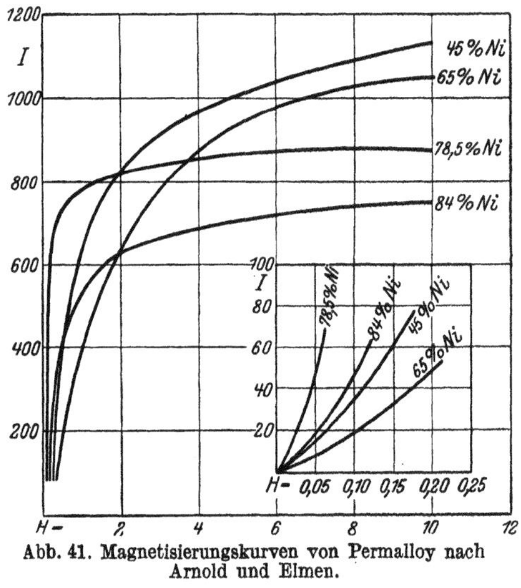

Abb. 41. Magnetisierungskurven von Permalloy nach Arnold und Elmen.

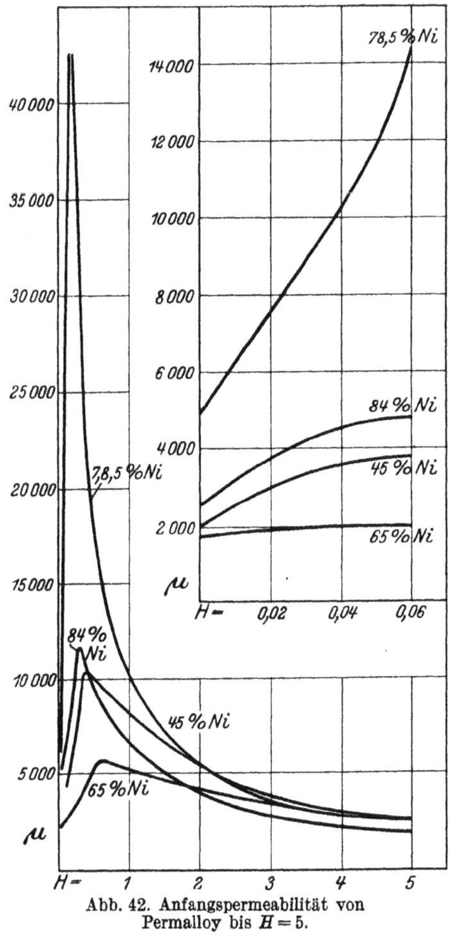

Abb. 42. Anfangspermeabilität von Permalloy bis $H = 5$.

Zur erhöhten Wirksamkeit schwacher magnetischer Felder sind Stoffe mit größtmöglicher Anfangspermeabilität wünschenswert.

Ursprünglich galt reines, weiches, mit Holzkohle verhüttetes Eisen als das beste Material; eine kleine weitere Verbesserung wurde durch Zusatz von Silizium erreicht.

H. E. Arnold und G. W. Elmen[1] richteten ihre Aufmerksamkeit auf die wegen ihres in verschiedener Hinsicht merkwürdigen Verhaltens

[1] Journ. Frankl. Inst. 1923, S. 621.

schon längst eine Sonderstellung einnehmenden Eisen-Nickel-Legierungen[1] und fanden, daß bei einem bestimmten Prozentsatz Nickelgehalt die Anfangspermeabilität auf einen außerordentlich hohen Wert ansteigt. Die Untersuchung zahlreicher, als Permalloy bezeichneter Legierungen mit 35 bis 90% Nickelgehalt ergab den Höchstwert bei 78,5%, während die Sättigungsgrenze mit zunehmendem Nickelgehalt, wie das nicht anders zu erwarten war, tiefer gesunken ist. In Abb. 41 sind die Magnetisierungskurven für vier Legierungen, in Abb. 42 die daraus berechneten Werte der Anfangspermeabilität bis $H = 5$ dargestellt. Die große Überlegenheit des Permalloy bei kleinen Feldstärken illustriert die folgende Gegenüberstellung:

Tabelle 1. Werte der Anfangspermeabilität.

Material	Feldstärke $H =$		
	0,0	0,1	0,2
Schwedisches Holzkohleneisen . . .	470	890	1225
Legiertes Dynamoblech	530	805	1035
Eisen mit 4,5% Si	510	1035	1408
Permalloy mit 45% Ni	2000	6000	8800
,, ,, 65% Ni	1750	2500	3000
,, ,, 78,5% Ni	4900	28000	42500
,, ,, 84% Ni	2500	5900	11000

Durch Zugbeanspruchung ändert sich die Anfangspermeabilität des Permalloy erheblich[2]. Eine Zugbelastung von 2,5 kg/mm² vergrößert die Permeabilität der 78,5%-Legierung in einem Feld von $H = 0{,}2$ von 42000 auf 283000. Für die Legierung mit 81% Nickelgehalt verlaufen die Magnetisierungskurven mit und ohne Zugbelastung dicht beisammen, einander öfter schneidend, wobei Belastungen bis 7 kg/mm² angewendet wurden.

2. Rechnerische Grundlagen.

1. Die Maxwellschen Gleichungen. Maxwell hat in den Faradayschen Versuchen das elektromagnetische Naturgesetz in seiner allgemeinen Geltung erkannt und mathematisch formuliert. Bezogen auf ein rechtwinkliges Koordinatensystem XYZ wird das elektromagnetische Feld in einem Punkte $P\,(xyz)$ des Raumes durch die folgenden partiellen Differentialgleichungen beschrieben:

$$\left.\begin{aligned} c\left[\frac{\partial M_z}{\partial y}-\frac{\partial M_y}{\partial z}\right] &= 4\pi\left[\frac{\varepsilon}{4\pi}\cdot\frac{\partial E_x}{\partial t}+\lambda\cdot E_x\right]\\ c\left[\frac{\partial M_x}{\partial z}-\frac{\partial M_z}{\partial x}\right] &= 4\pi\left[\frac{\varepsilon}{4\pi}\cdot\frac{\partial E_y}{\partial t}+\lambda\cdot E_y\right]\\ c\left[\frac{\partial M_y}{\partial x}-\frac{\partial M_x}{\partial y}\right] &= 4\pi\left[\frac{\varepsilon}{4\pi}\cdot\frac{\partial E_z}{\partial t}+\lambda\cdot E_z\right] \end{aligned}\right\}\qquad (\mathrm{I})$$

[1] Ewing: Magnetische Induktion in Eisen und verwandten Metallen. Berlin 1892.

[2] Buckley, O. E., and L. W. McKeehan: Phys. Rev. 1925, S. 261.

$$\left.\begin{aligned} c\left[\frac{\partial E_z}{\partial y}-\frac{\partial E_y}{\partial z}\right] &= -\mu\cdot\frac{\partial M_x}{\partial t} \\ c\left[\frac{\partial E_x}{\partial z}-\frac{\partial E_z}{\partial x}\right] &= -\mu\cdot\frac{\partial M_y}{\partial t} \\ c\left[\frac{\partial E_y}{\partial x}-\frac{\partial E_x}{\partial y}\right] &= -\mu\cdot\frac{\partial M_z}{\partial t} \end{aligned}\right\} \qquad \text{(II)}$$

Hier bedeuten M_x, M_y, M_z, E_x, E_y und E_z die Koordinaten der magnetischen bzw. elektrischen Kraft M und E im Punkte P, ε die DK, μ die Permeabilität, λ die Leitfähigkeit des den Raum ausfüllenden Mediums und c die Lichtgeschwindigkeit. Die rechten Seiten der Gleichungen (I) und (II) stellen zeitliche Änderungen im Punkte P vor, die linken Seiten die hierdurch bedingten räumlichen Änderungen in der Umgebung des Punktes P.

$\frac{\varepsilon}{4\pi}\cdot E$ ist die dielektrische Verschiebung

$$\frac{\varepsilon}{4\pi}\cdot\frac{\partial E}{\partial t}$$

der Verschiebungsstrom, λE der in Leitern auftretende Leitungsstrom; die Summe

$$\frac{\varepsilon}{4\pi}\cdot\frac{\partial E}{\partial t}+\lambda\cdot E$$

ist der wahre Strom. Die linken Seiten der Gleichungen (I) und (II) bezeichnet man als die Linienintegrale der magnetischen bzw. elektrischen Kraft längs eines geschlossenen Weges. Die Maxwellschen Gesetze werden wie folgt in Worten ausgedrückt:

I. Das Linienintegral der magnetischen Kraft längs eines geschlossenen Weges ist gleich dem mit 4π multiplizierten wahren Strom, der durch die vom Weg umschlossene Fläche fließt.

II. Das Linienintegral der elektrischen Kraft längs eines geschlossenen Weges ist gleich der zeitlichen Abnahme der magnetischen Induktion durch die vom Weg umschlossene Fläche.

2. Das Kontinuitätsgesetz. Das Gesetz der Kontinuität gilt für den elektrischen Strom ebenso, wie für Materie und Energie. Wie die magnetischen Kraftlinien immer geschlossene Linien sind, können auch Ströme nur in geschlossenen Kreisen (Stromkreisen) auftreten, wobei die Kreise beliebig verzweigt und beliebig aus Leitungs- und Verschiebungsströmen zusammengesetzt sein können. Die Summe der in ein Raumelement eintretenden Ströme ist der Summe der aus demselben Element tretenden Ströme gleich.

3. Die Darstellung periodischer Vorgänge. Eine periodisch veränderliche Größe, z. B. die in einem Punkt P wirksame elektrische Kraft e kann als Funktion der Zeit t allgemein in der Form

$$\begin{aligned} e_t = {} & A_1\sin\omega t + A_2\sin 2\omega t + A_3\sin 3\omega t + \cdots \\ & + B_1\cos\omega t + B_2\cos 2\omega t + B_3\cos 3\omega t + \cdots \end{aligned}$$

dargestellt werden. Hier ist $\omega = 2\pi n$ und n die Periodenzahl pro Sekunde. Zum Studium der periodischen Vorgänge genügt meistens die Untersuchung eines Gliedes der Reihe, also der Ansatz

$$e_t = E \sin \omega t \quad \text{oder} \quad e_t = E \cos \omega t .$$

Die beiden Ausdrücke unterscheiden sich nur in bezug auf die Wahl des Zeitpunktes $t = 0$. Geometrisch kann e_t als die Projektion einer Geraden OA von der Länge E dargestellt werden, welche um ihren Endpunkt O mit der konstanten Winkelgeschwindigkeit ω rotiert (Abb. 43).

Enthält ein System mehrere Größen derselben Periodizität, dann können alle durch je eine rotierende Gerade dargestellt werden. Schließen (Abb. 44) $E_1 = OA$ und $E_2 = OB$ den Winkel φ miteinander ein, und beginnt man die Zeitzählung in einem Zeitpunkt, in welchem $e_1 = 0$ ist, dann wird zur Zeit t

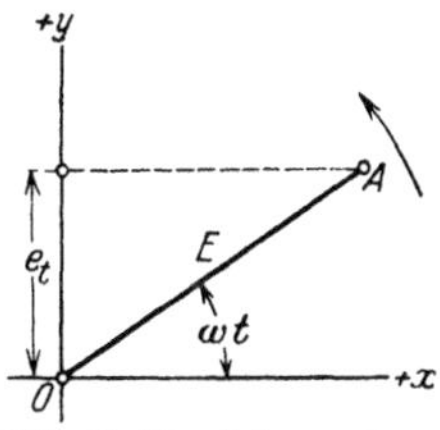

Abb. 43. Darstellung einer sinusförmig veränderlichen Größe.

$$e_{2_t} = E_2 \cdot \sin(\omega t + \varphi)$$

sein. Das ist der allgemeine Ausdruck für den Zeitwert einer sinusförmig veränderlichen Größe.

Gleichartige periodische Größen eines Systems werden geometrisch addiert. Die Summe von

$$e_1 = E_1 \cdot \sin(\omega t + \alpha_1)$$

und

$$e_2 = E_2 \cdot \sin(\omega t + \alpha_2)$$

ist

$$e_R = E_R \cdot \sin(\omega t + \alpha_R) ,$$

wo

$$E_R = \sqrt{E_1^2 + E_2^2 + 2 \cdot E_1 \cdot E_2 \cdot \cos(\alpha_2 - \alpha_1)}$$

und

$$\sin \alpha_R = \frac{E_2}{E_R} \cdot \sin \alpha_2 = \frac{E_1}{E_R} \cdot \sin \alpha_1 .$$

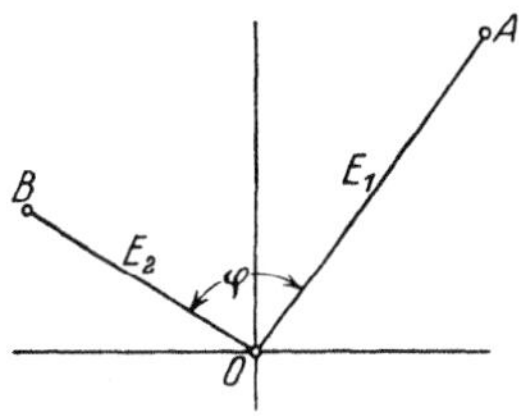

Abb. 44. System mit zwei veränderlichen Größen.

Bezeichnen a_1, b_1 bzw. a_2, b_2 die Koordinaten von E_1 bzw. E_2, dann ist

$$E_R = \sqrt{(a_1 + a_2)^2 + (b_1 + b_2)^2}$$

und

$$\alpha_R = \operatorname{arc\,tg} \frac{b_2 + b_1}{a_2 + a_1} .$$

Man gelangt zu einer bequemen Schreibweise, wenn man als Koordinatenanfangspunkt den Nullpunkt der komplexen Zahlenebene, deren Achsen als Koordinatenachsen wählt. Anstatt

$$E_1 = \sqrt{a^2 + b^2}$$

schreibt man dann

$$E_1 = a + i \cdot b ,$$

wo die komplexe Schreibweise als Symbol für die geometrisch auszuführende Addition gilt. Es hat sich eingebürgert, in der komplexen Darstellung deutsche Buchstaben zu benutzen:

$$\mathfrak{E} = a + i \cdot b .$$

Aus a und b ergibt sich die Amplitude

$$E = \sqrt{a^2 + b^2},$$

der Phasenwinkel

$$\alpha = \operatorname{arc\,tg} \frac{b}{a}$$

und der Zeitwert

$$e_t = \sqrt{a^2 + b^2} \sin\left(\omega t + \operatorname{arc\,tg} \frac{b}{a}\right).$$

Da außerdem

$$a = E \cos\alpha \quad \text{und} \quad b = E \sin\alpha$$

bietet sich die weitere Vereinfachung

$$\mathfrak{E} = a + i \cdot b = E (\cos\alpha + i \cdot \sin\alpha) = E \cdot e^{i\alpha}$$

4. Die Telegraphengleichung. Im leeren Raum pflanzt sich die elektromagnetische Energie mit Lichtgeschwindigkeit fort. In der wägbaren Substanz ist ihre Fortpflanzungsgeschwindigkeit kleiner, aber von einer ähnlichen Größenordnung, so daß für die meisten praktischen Fälle der Energieübertragung mit Stromkreisen die Fortpflanzungsgeschwindigkeit als unendlich groß angenommen werden kann. Man trifft diese Annahme stets stillschweigend, wenn man Kapazität und Selbstinduktivität von Leitern als verschwindend klein vernachlässigt. Bei der Berechnung von Stromkreisen muß die Endlichkeit der Ausbreitungsgeschwindigkeit berücksichtigt werden. Zu diesem Zweck untersucht man das elektromagnetische Feld in einem unendlich kurzen Stück der Leitung und dehnt nachher die Untersuchung durch Integration auf die ganze Leitung aus.

Den einfachsten Fall bietet die homogene Leitung, deren auf die Längeneinheit bezogene elektrische Eigenschaften R, L, G und K überall dieselben Werte haben. Bezeichnet x den Abstand eines Punktes der Leitung vom Anfang ($x = 0$) und dx die Länge des unendlich kurzen Leitungsstückes, dann sind $R \cdot dx$, $L \cdot dx$, $G \cdot dx$ und $K \cdot dx$ die Eigenschaften dieses kurzen Stückes. Es sei nun angenommen, daß am Anfang der Leitung irgendein elektrischer Zustand aufrechterhalten wird, infolgedessen im Punkte x in irgendeinem bestimmten Zeitpunkt eine Spannung p herrscht; dann herrscht im Punkte $x + dx$ die Spannung

$$p - \frac{\partial p}{\partial x} \cdot dx.$$

Der an der Stelle x fließende Strom i erleidet die zeitliche Abnahme

$$L \cdot dx \cdot \frac{\partial i}{\partial t}$$

und für die zweite Maxwellsche Gleichung erhält man

$$-\frac{\partial p}{\partial x} = i \cdot R + L \cdot \frac{\partial i}{\partial t}. \tag{1}$$

Die räumliche Abnahme des Stromes ist die Folge des Umstandes, daß Verschiebungs- und Ableitungsströme in das Dielektrikum fließen; das Kontinuitätsgesetz ergibt

$$-\frac{\partial i}{\partial x} = p \cdot G + K \cdot \frac{\partial p}{\partial t}. \qquad (2)$$

Eliminiert man aus den Gleichungen (1) und (2) entweder e oder i, und ersetzt die verbleibende Größe durch die allgemeine Variable V, dann erhält man die Telegraphengleichung

$$\frac{\partial^2 V}{\partial x^2} = G \cdot R \cdot V \cdot + (G \cdot L + K \cdot R) \frac{\partial V}{\partial t} + K \cdot L \frac{\partial^2 V}{\partial t^2}. \qquad (I)$$

In vielen Fällen ist die Ableitung praktisch bedeutungslos; dann benutzt man die Telegraphengleichung in der vereinfachten Form

$$\frac{\partial^2 V}{\partial x^2} = K \cdot R \frac{\partial V}{\partial t} + K \cdot L \frac{\partial^2 V}{\partial t^2}. \qquad (II)$$

5. Lösungen der Telegraphengleichung. Eine allgemeine Lösung der Telegraphengleichung ist nicht bekannt; es sind nur Lösungen gegeben worden, welche den Verlauf von Strom und Spannung unter gewissen einfachen Bedingungen darstellen. Der den Leitungstechniker am meisten interessierende Fall ist derjenige einer endlichen homogenen Leitung, die am Ende isoliert oder an einen Stromverbraucher geschlossen ist, während an ihrem Anfang eine periodisch veränderliche EMK von konstanter Amplitude und Frequenz dauernd herrscht. Dieser Fall kann unter der Voraussetzung berechnet werden, daß der Beharrungszustand bereits eingetreten ist. Theorie und Erfahrung zeigen nämlich, daß elektromagnetische Störungen gewisse Übergangsvorgänge erzeugen, welche den früheren Beharrungszustand in den neuen überführen und dann schnell verschwinden. Die Berechnung[1] dieser flüchtigen Vorgänge ist sehr verwickelt und nicht immer möglich; ihre Kenntnis ist jedoch in vielen praktischen Fällen von großer Bedeutung. Es sei daher im folgenden zuerst der von F. Breisig berechnete Verlauf der Fortpflanzung eines sehr kurzen Stoßes auf einer unendlich langen homogenen Leitung kurz wiedergegeben.

Die unendlich lange homogene Leitung sei durch die Eigenschaften K, R und L gekennzeichnet. Der kurze Stoß soll darin bestehen, daß die strom- und spannungslos gedachte Leitung in einem Punkt $x = 0$ zur Zeit $t = 0$ auf das konstante Potential $+E$ gebracht wird. Diese Störung breitet sich in beiden Richtungen in derselben Weise aus.

Schreibt man zunächst für V in Gl. (II)

$$V = U \cdot e^{-\alpha \cdot t},$$

wo

$$\alpha = \frac{R}{2 \cdot L}$$

[1] Wagner, K. W.: Elektromagnetische Ausgleichsvorgänge in Freileitungen und Kabeln. Leipzig 1908. — Steinmetz, Ch. P.: Theory and calculation of transient electric phenomena and oscillations. New York 1909. — Breisig, F.: Theor. Tel. II, S. 310.

sein soll und führt weiter die Ausdrücke

$$v = \frac{1}{\sqrt{K \cdot L}} \quad \text{und} \quad \lambda = \frac{R}{2}\sqrt{\frac{K}{L}}$$

ein, dann erhält man die Bestimmungsgleichung

$$\frac{\partial^2 U}{\partial x^2} + \lambda^2 U = \frac{1}{v^2} \cdot \frac{\partial^2 U}{\partial t^2}.$$

Wie Breisig in der angegebenen Stelle beweist, ist v die gleichförmige Geschwindigkeit, mit welcher die im Punkte $x = 0$ zur Zeit $t = 0$ hervorgerufene Störung sich auf der unendlich langen homogenen Leitung ausbreitet. Führt man hier noch eine neue Veränderliche

$$y = \sqrt{t^2 - \frac{x^2}{v^2}}$$

ein, dann geht die Bestimmungsgleichung in

$$\frac{d^2 U}{d y^2} + \frac{1}{y} \cdot \frac{d U}{d y} - \lambda^2 \cdot v^2 \cdot U = 0$$

über und als Lösung der Telegraphengleichung erhält man

$$V = a_0 \cdot e^{-at} \left\{ 1 + \sum_1^{\infty} \frac{1}{(n!)^2} \left(\frac{1}{2} \sqrt{(\lambda v t)^2 - (\lambda x)^2} \right)^{2n} \right\}.$$

Hier kann an Stelle der allgemeinen Variabeln V die Größe J gesetzt werden, das ist der Strom an der Stelle x der Leitung zur Zeit t, wobei stets

$$t > \frac{x}{v}$$

vorausgesetzt wird, da in einem Zeitpunkt $t < \frac{x}{v}$ die Störung den Punkt x noch nicht erreicht hat. Die Konstante a_0 hat den Wert $E\sqrt{\frac{K}{L}}$ und das ist gleich dem Strom J_0, der im Punkt $x = 0$ infolge der Störung in die Leitung fließt. Schreibt man noch der Kürze halber

$$\lambda \cdot v \cdot t = T \quad \text{und} \quad \lambda \cdot x = \sigma,$$

dann ist

$$J = J_0 \cdot e^{-T} \left\{ 1 + \sum_1^{\infty} \frac{1}{(n!)^2} \left(\frac{1}{2} \sqrt{T^2 - \sigma^2} \right)^{2n} \right\}.$$

Die in Klammer stehende unendliche Reihe ist mit der Besselschen Funktion $J_0(i\xi)$ identisch. Schreibt man dafür das Zeichen F, dann kann der letzte Ausdruck auf die Form

$$\log \frac{J}{J_0} = \log F - T \cdot \log e = m(T, \sigma)$$

gebracht und daraus J berechnet werden. Für kleine Argumente ξ

sind die Werte F in Tabellen dargestellt[1]; für größere Werte F ist

$$\log F = \log e \cdot \xi - \frac{1}{2}\log\xi - \frac{1}{2}\log 2\pi + \frac{\log e}{8\xi} + \frac{\log e}{16\xi^2}.$$

Soll jetzt der im Punkte x zur Zeit t herrschende Stromwert berechnet werden, dann bildet man

$$\sigma = \lambda x, \quad T = \lambda v t \quad \text{und} \quad \xi = \sqrt{T^2 - \sigma^2}$$

und erhält daraus

$$J = J_0 \cdot 10^m.$$

Man kann so den Verlauf des Vorganges nach dem Beispiel von Breisig mit Hilfe der allgemeinen Einheiten T und σ als Funktion des Ortes für einen gegebenen Zeitpunkt oder als Funktion der Zeit für einen gegebenen Punkt der Leitung zeichnerisch darstellen. Abb. 45 zeigt den Stromverlauf als Funktion des Ortes für elf verschiedene Zeitpunkte, Abb. 46 als Funktion der Zeit für elf verschiedene Raumpunkte. An den zum Ausgangspunkt naheliegenden Stellen erscheint der Strom mit einem Höchstwert als Anfangswert, der langsam auf Null abnimmt. Mit wachsender Entfernung vom Ausgangspunkt wird der Anfangswert kleiner und der ebenfalls abnehmende Höchstwert tritt nach Eintreffen des Anfangswertes, der sich mit der Geschwindigkeit v bewegt, mit zunehmender Verzögerung auf. Die „Störungswelle" wird gedämpft und verzerrt, indem ihre Stirn mit zunehmender Entfernung kleiner und flacher wird; an einer vom Anfangspunkt hinreichend fernen Stelle wird sie erst einige Zeit nach Eintreffen merklich groß.

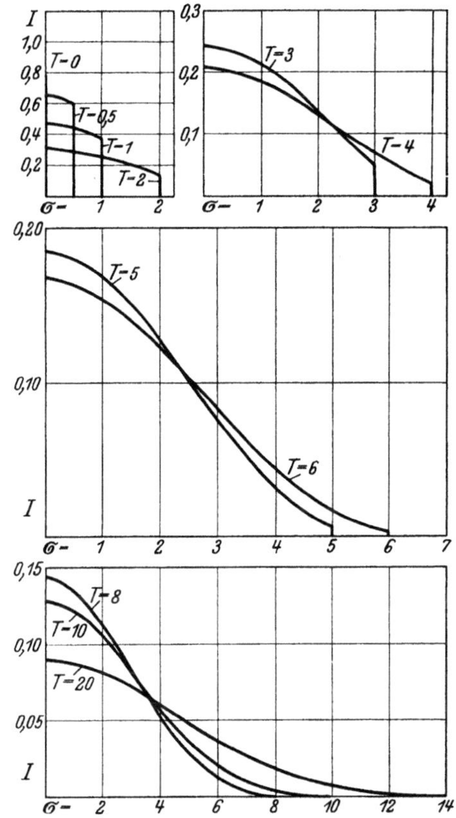

Abb. 45. Fortpflanzung einer Störung auf der unendlich langen homogenen Leitung.

Die Ausbreitungsgeschwindigkeit v der Störung auf der Leitung ist um so größer, je kleiner K und L sind, kann aber nicht größer als die Lichtgeschwindigkeit sein. Kapazität und Selbstinduktivität erweisen

[1] Jahnke, E., und F. Emde: Funktionstafeln mit Formeln und Kurven. Leipzig 1909. — Breisig: Theor. Tel. II, S. 533.

sich somit als nicht wegdenkbare Eigenschaften der elektrischen Leitung, wenn sie auch bei Berechnungen häufig wegen ihrer Kleinheit außer acht bleiben können.

Für praktische Berechnungen sind die Zahlenwerte aus den Definitionsgleichungen $\lambda \cdot v \cdot t = T$ und $\lambda \cdot x = \sigma$ zu ermitteln. Es sei z. B. $R = 50$ Ohm/km, $k = 0{,}04 \cdot 10^{-6}$ Farad/km und $L = 0{,}000625$ Henry/km; das sind die Eigenschaften einer Luftraumkabel-Doppelader mit 0,95 mm starken Kupferleitern. Dann ist

$$v = 200000 \text{ km/sek}, \quad \lambda = 0{,}2$$

und man erhält mit $T = 1$ für die Zeiteinheit $0{,}025 \cdot 10^{-3}$ sek und mit $\sigma = 1$ für die Längeneinheit 5 km. In diesem Fall breitet sich der Vorgang auf eine Entfernung von 30 km in 0,0025 sek aus.

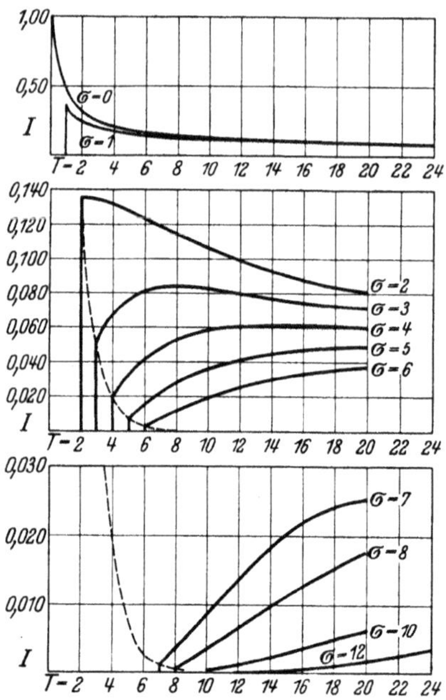

Abb. 46. Zeitlicher Verlauf einer Störung an verschieden Punkten der unendlich langen homogenen Leitung.

Die Berechnung des Beharrungszustandes auf der homogenen Leitung von der Länge l, an deren Anfang eine periodische EMK von der Kreisfrequenz ω herrscht, nimmt ihren Ausgang von den Gleichungen (1) und (2) auf S. 42 u. 43. Schreibt man für Strom und Spannung im Punkte x zur Zeit t in der komplexen Schreibweise

$$\mathfrak{J} \cdot e^{i\omega t} \quad \text{und} \quad \mathfrak{V} \cdot e^{i\omega t},$$

dann erhält man zunächst die Gleichungen (1) und (2) in der vereinfachten Form

$$-\frac{\partial \mathfrak{V}}{\partial x} = (R + i \cdot \omega L) \cdot \mathfrak{J}, \qquad -\frac{\partial \mathfrak{J}}{\partial x} = (G + i \cdot \omega K) \cdot \mathfrak{V}$$

Mit den Ausdrücken

$$\gamma = \sqrt{(R + i \cdot \omega L) \cdot (G + i \cdot \omega K)}$$

$$\mathfrak{Z} = \sqrt{(R + i \cdot \omega L)/(G + i \cdot \omega K)}\,.$$

erhält man die Differentialgleichungen

$$\frac{\partial^2 \mathfrak{V}}{\partial x^2} = \gamma^2 \mathfrak{V}, \qquad \frac{\partial^2 \mathfrak{J}}{\partial x^2} = \gamma^2 \mathfrak{J},$$

und deren Integrale

$$\mathfrak{V} = a_1 \cdot e^{\gamma x} + a_2 \cdot e^{-\gamma x}, \qquad \mathfrak{J} = -\frac{a_1}{\mathfrak{Z}} \cdot e^{\gamma x} + \frac{a_2}{\mathfrak{Z}} \cdot e^{-\gamma x}.$$

Mit Einführung der Anfangs- und der Endwerte für Strom und Spannung ($\mathfrak{V}_a$, $\mathfrak{J}_a$, $\mathfrak{V}_e$, $\mathfrak{J}_e$) ist

$$\mathfrak{V} = \mathfrak{V}_a \cdot \cosh \gamma x - \mathfrak{Z} \cdot \mathfrak{J}_a \cdot \sinh \gamma x \,,$$
$$\mathfrak{J} = \mathfrak{J}_a \cdot \cosh \gamma x - \frac{\mathfrak{V}_a}{\mathfrak{Z}} \cdot \sinh \gamma x$$

oder

$$\mathfrak{V} = \mathfrak{V}_e \cdot \cosh \gamma (l - x) + \mathfrak{Z} \cdot \mathfrak{J}_e \cdot \sinh \gamma (l - x) \,,$$
$$\mathfrak{J} = \mathfrak{J}_e \cdot \cosh \gamma (l - x) + \frac{\mathfrak{V}_e}{\mathfrak{Z}} \cdot \sinh \gamma (l - x) \,.$$

Die Größe γ ist die Fortpflanzungskonstante, die Größe $\mathfrak{Z}$ der Wellenwiderstand der homogenen Leitung; schreibt man $\gamma = \beta + i \cdot \alpha$, dann ist

$$\beta = \sqrt{\frac{1}{2}\left\{\sqrt{(R^2 + \omega^2 L^2)(G^2 + \omega^2 k^2)} + RG - \omega^2 KL\right\}} \,,$$
$$\alpha = \sqrt{\frac{1}{2}\left\{\sqrt{(R^2 + \omega^2 L^2)(G^2 + \omega^2 k^2)} - RG + \omega^2 KL\right\}} \,.$$

In welcher Weise β und α den Verlauf von Strom und Spannung beeinflussen, erkennt man aus deren Zeitwerten; die Berechnung[1] ergibt Gleichungen von der Form

$$(v) = e^{\beta y} \cdot E_1 \cdot \cos(\omega t + \alpha y + \xi_1) + e^{-\beta y} \cdot E_2 \cdot \cos(t - \alpha y + \xi_2) \, ^*$$
$$(i) = e^{\beta y} \cdot I_1 \cdot \cos(\omega t + \alpha y + \chi_1) + e^{-\beta y} \cdot I_2 \cdot \cos(t - \alpha y + \chi_2) \,.$$

In dieser Darstellung setzen sich die Augenblickswerte aus je zwei fortschreitenden Wellen zusammen, von welchen die eine vom Anfang der Leitung deren Ende zu, die andere in der entgegengesetzten Richtung läuft; beide sind räumlich gedämpft, die erste hat am Anfang, die zweite am Ende ihren größten Wert. Das Zustandekommen dieses Verlaufes stellt man sich so vor, daß die vom Anfang der Leitung ausgehenden Wellen am Leitungsende zurückgeworfen werden, und da die periodische EMK dauernd neue Impulse in die Leitung schickt, diese sich im Beharrungszustande zu den zwei Wellenzügen zusammensetzen. Diese Wellen eines Beharrungszustandes sind verschieden von den wandernden Wellen eines Ausgleichsvorganges.

Die Größe β ist für die Dämpfung, α für die Länge der Wellen maßgebend; β heißt Dämpfungskonstante oder spezifische Dämpfung, α Wellenlängenkonstante. Die Größe βl gibt die Dämpfung der ganzen Länge an und wird als Dämpfungsmaß bezeichnet, αl ist das Winkelmaß. Die Wellenlänge beider Wellen beträgt $\lambda = \frac{2\pi}{\alpha}$, und ihre Fortpflanzungsgeschwindigkeit ist $v = \frac{\omega}{\alpha}$.

In den meisten Fällen interessieren nur die End- und Anfangswerte von Strom und Spannung. Zwischen diesen bestehen die Beziehungen

$$\mathfrak{V}_a = \mathfrak{A} \cdot \mathfrak{V}_e + \mathfrak{B} \cdot \mathfrak{J}_e$$
$$\mathfrak{J}_a = \mathfrak{A} \cdot \mathfrak{J}_e + \mathfrak{C} \cdot \mathfrak{V}_e \,,$$

wenn man

$$\cosh \gamma l = \mathfrak{A}, \quad \mathfrak{Z} \cdot \sinh \gamma l = \mathfrak{B}, \quad \frac{1}{\mathfrak{Z}} \cdot \sinh \gamma l = \mathfrak{C}$$

[1] Breisig: Theor. Tel. II, S. 332. * $y = l - x$.

setzt. Ist am Ende der Leitung ein Stromverbraucher vom Scheinwiderstande $\mathfrak{R}$ angeschlossen, dann ist der Beharrungszustand durch den Wert der Spannung oder des Stromes in einem einzigen Punkt der Leitung eindeutig bestimmt. Ist z. B. die Endspannung $\mathfrak{B}_e$ gegeben, dann ist

$$\mathfrak{J}_e = \mathfrak{B}_e \cdot \frac{1}{\mathfrak{R}}$$

$$\mathfrak{B}_a = \mathfrak{B}_e \cdot \left(\mathfrak{A} + \frac{\mathfrak{B}}{\mathfrak{R}}\right)$$

$$\mathfrak{J}_a = \mathfrak{B}_e \cdot \left(\frac{\mathfrak{A}}{\mathfrak{R}} + \mathfrak{C}\right)$$

und der Scheinwiderstand der Leitung $\mathfrak{U}$ ist

$$\mathfrak{U} = \frac{\mathfrak{B}_a}{\mathfrak{J}_a} = \frac{\mathfrak{A}\mathfrak{R} + \mathfrak{B}}{\mathfrak{A} + \mathfrak{C}\mathfrak{R}};$$

zwei besondere Werte des Scheinwiderstandes erhält man für $\mathfrak{R} = \infty$ (Leerlauf) und $\mathfrak{R} = 0$ (Kurzschluß). Im ersten Fall ist

$$\mathfrak{U}_l = \mathfrak{Z} \cdot \coth \gamma l$$

und im zweiten Fall

$$\mathfrak{U}_k = \mathfrak{Z} \cdot \operatorname{tgh} \gamma l .$$

Aus $\mathfrak{U}_l$, $\mathfrak{U}_k$, ω und l können die elektrischen Eigenschaften der Leitung berechnet werden; der Rechnungsgang ist hierbei der folgende.

Man bildet zunächst $\sqrt{\mathfrak{U}_l \cdot \mathfrak{U}_k} = \mathfrak{Z}$ und

$$h = \sqrt{\frac{\mathfrak{U}_k}{\mathfrak{U}_e}} = \frac{e^{2\gamma l} - 1}{e^{2\gamma l} + 1}.$$

Daraus ist

$$e^{2\gamma l} = \frac{1 + h}{1 - h}$$

und

$$\gamma = \frac{1}{2l} \cdot \ln \cdot \frac{1 + h}{1 - h} = \frac{1}{2l} \cdot \ln \cdot \frac{\sqrt{\mathfrak{U}_l} + \sqrt{\mathfrak{U}_k}}{\sqrt{\mathfrak{U}_l} - \sqrt{\mathfrak{U}_k}}.$$

Aus $\mathfrak{Z}$ und γ ist schließlich

$$\gamma \cdot \mathfrak{Z} = R + i \cdot \omega L, \qquad \frac{\gamma}{\mathfrak{Z}} = G + i \cdot \omega K .$$

Durch Trennung der reellen Glieder von den Imaginären erhält man die vier gesuchten Größen.

Zahlenbeispiel. An einer 2 km langen Schleife wurde bei $\omega = 5000$ gemessen:

$$\mathfrak{U}_k = 195 \cdot e^{+i\, 58^0\, 56'}, \qquad \mathfrak{U}_l = 2455 \cdot e^{-i\, 78^0\, 42'} .$$

Hieraus ist

$$\mathfrak{Z} = 692 \cdot e^{-i\, 9^0\, 53'}, \qquad h = 0{,}282 \cdot e^{+i\, 68^0\, 49'} = 0{,}102 + i \cdot 0{,}263 ,$$

$$e^{2\gamma l} = \frac{1 + h}{1 - h} = \frac{1{,}102 + i \cdot 0{,}263}{0{,}898 - i \cdot 0{,}263} = 1{,}210 \cdot e^{+i\, 29^0\, 48'} ,$$

$$2\gamma l = 0{,}191 + i \cdot 0{,}520 = 0{,}554 \cdot e^{+i\, 79^0\, 46'} ,$$

$$\gamma = 0{,}1385 \cdot e^{+i\,79^0\,46'},$$

$$\frac{\gamma}{\mathfrak{Z}} = 0{,}00020 \cdot e^{+i\,89^0\,39'} = 1{,}2 \cdot 10^{-6} + i \cdot 200 \cdot 10^{-6},$$

$$\gamma \cdot \mathfrak{Z} = 95{,}85 \cdot e^{+i\,69^0\,53'} = 33 + i \cdot 90\,.$$

Damit ist

$$R = 33\ \text{Ohm/km}, \qquad L = 0{,}018\ \text{H/km}\,,$$

$$G = 1{,}2\ \mu\text{S/km}\,*, \qquad K = 0{,}04\ \mu\text{F/km}\,.$$

Aus γ können auch β und α berechnet werden; es ist

$$\gamma = \beta + i \cdot \alpha = 0{,}1385 \cdot e^{+i\,79^0\,46'} = 0{,}0246 + i \cdot 0{,}136$$

$$\beta = 0{,}0246 \quad \text{und} \quad \alpha = 0{,}136\,.$$

Die Welle bewegt sich mit einer Geschwindigkeit von

$$v = \frac{\omega}{\alpha} = \frac{5000}{0{,}136} = 36\,800\ \text{km/sek.}$$

und ihre Länge beträgt

$$\lambda = \frac{2\pi}{\alpha} = 46{,}1\ \text{km}\,.$$

Sind die elektrischen Eigenschaften der Leitung und des Stromverbrauchers, die Länge der Leitung, die Kreisfrequenz und z. B. die am Ende der Leitung herrschende Spannung gegeben, dann können Anfangsstrom, Anfangsspannung, Energieaufnahme und Wirkungsgrad der Leitung berechnet werden.

Es seien gegeben:
Leitungskonstanten: R, L, G, K.
Stromverbraucherkonstanten: R_0, L_0.
Länge der Leitung: l.
Kreisfrequenz: ω.
Spannung am Leitungsende: V_e.
Zuerst berechnet man β und α und hieraus γ. Aus

$$\gamma \cdot \mathfrak{Z} = R + i \cdot \omega L$$

ist

$$\mathfrak{Z} = \frac{R + i\omega L}{\gamma} = \frac{R + i\omega L}{\beta + i\alpha} = z_1 + i \cdot z_2\,,$$

wo

$$z_1 = \frac{R\beta + \omega L \alpha}{\alpha^2 + \beta^2}, \qquad z_2 = \frac{\omega L \cdot \beta - R \cdot \alpha}{\alpha^2 + \beta^2}\,.$$

Weiter ist

$$e^{\gamma l} = e^{\beta l} \cdot e^{i\alpha l} = e^{\beta l} \cos \alpha l + i \cdot e^{\beta l} \sin \alpha l = m_1 + i \cdot n_1\,,$$

$$e^{-\gamma l} = e^{-\beta l} \cdot e^{-i\alpha l} = e^{-\beta l} \cos \alpha l - i \cdot e^{-\beta l} \sin \alpha l = m_2 - i \cdot n_2\,.$$

Damit können die komplexen Koeffizienten $\mathfrak{A}$, $\mathfrak{B}$ und $\mathfrak{C}$ berechnet werden. Es ist

$$\cosh \gamma l = \frac{e^{\gamma l} + e^{-\gamma l}}{2} = \frac{m_1 + m_2}{2} + i\,\frac{n_1 - n_2}{2} = a_1 + i \cdot a_2 = \mathfrak{A}\,,$$

$$\sinh \gamma l = \frac{e^{\gamma l} - e^{-\gamma l}}{2} = \frac{m_1 - m_2}{2} + i\,\frac{n_1 + n_2}{2} = m_3 + i \cdot n_3\,,$$

$$\mathfrak{B} = \mathfrak{Z} \cdot \sinh \gamma l = (z_1 + i \cdot z_2)\,(m_3 + i \cdot n_3) = b_1 + i \cdot b_2\,,$$

* 1 Mikrosiemens = 10^{-6} Siemens ist die praktische Einheit der Ableitung.

wo

$$b_1 = z_1 \cdot m_3 - z_2 \cdot n_3 \quad \text{und} \quad b_2 = z_2 \cdot m_3 + z_1 \cdot n_3 .$$

$$\mathfrak{C} = \frac{1}{\mathfrak{Z}} \cdot \sinh \gamma l = \frac{m_3 + i n_3}{z_1 + i z_2} = c_1 + i \cdot c_2 ,$$

wo

$$c_1 = \frac{z_1 m_3 + z_2 n_3}{z_1^2 + z_2^2} \quad \text{und} \quad c_2 = \frac{z_1 n_3 - z_2 n_3}{z_1^2 + z_2^2} .$$

Die Zurückführung der Größen $\mathfrak{J}_e$, $\mathfrak{V}_a$ und $\mathfrak{J}_a$ auf $\mathfrak{V}_e$ geschieht nach den Ausdrücken auf S. 48; man erhält

$$\mathfrak{J}_e = \mathfrak{V}_e (b_3 - i \cdot b_4)$$

$$\mathfrak{V}_a = \mathfrak{V}_e (a_3 + i \cdot a_4)$$

und

$$\mathfrak{J}_a = \mathfrak{V}_e (c_3 + i \cdot c_4);$$

wie man sich leicht überzeugen kann, ist hier

$$b_3 = \frac{R_0}{R_0^2 + \omega^2 L_0^2}, \qquad b_4 = \frac{\omega L_0}{R_0^2 + \omega^2 L_0^2},$$

$$a_3 = a_1 + \frac{b_1 R_0 + b_2 \omega L_0}{R_0^2 + \omega^2 L_0^2}, \qquad a_4 = a_2 + \frac{b_2 R_0 - b_1 \omega L_0}{R_0^2 + \omega^2 L_0^2},$$

$$c_3 = c_1 + \frac{a_1 R_0 + a_2 \omega L_0}{R_0^2 + \omega^2 L_0^2}, \qquad c_4 = c_2 + \frac{a_2 R_0 - a_1 \omega L_0}{R_0^2 + \omega^2 L_0^2}.$$

Zählt man die Winkel von der Richtung der Endspannung aus, indem man $\mathfrak{V}_e = V$ setzt, dann wird

$$I_e = I_{e1} - i \cdot I_{e2}$$

$$I_a = I_{a1} + i \cdot I_{a2}$$

$$V_a = V_{a1} + i \cdot V_{a2}$$

wo

$$I_{e1} = V_e \cdot b_3 \qquad I_{e2} = V_e \cdot b_4$$

$$I_{a1} = V_e \cdot c_3 \qquad I_{a2} = V_e \cdot c_4$$

$$V_{a1} = V_e \cdot a_3 \qquad V_{a2} = V_e \cdot a_4 .$$

Zahlenbeispiel. Die vorstehend angegebene Berechnung soll für sechs verschiedene Leitungen ausgeführt werden; fünf Leitungen sind je 20 km lang, die sechste ist von derselben Type wie die fünfte, hat jedoch eine Länge von 60 km. Die gegebenen Größen sind in der Tabelle 2 zusammengestellt. Die

Tabelle 2. Elektrische Eigenschaften der Stromkreise.

	I	II	III	IV	V	VI
R Ohm .	1,0	1,0	6,0	12,0	47,0	47,0
K μF . .	0,01	0,2	0,006	0,04	0,037	0,037
L H . .	0,003	0,0004	0,002	0,006	0,0006	0,0006
G μS . .	0,5	0,5	0,5	0,8	0,8	0,8
l km. . .	20	20	20	20	20	60
R_0 . . .	64	64	200	200	200	200
L_0. . . .	0,16	0,16	0,05	0,05	0,05	0,05
ω	300	300	5000	5000	5000	5000
β	0,00097	0,00518	0,00514	0,03069	0,0640	
α	0,00177	0,00579	0,01798	0,03914	0,0679	
Z_1	628	97	602	196	369	
Z_2	— 220	— 86	— 161	— 153	— 344	
L_0 . . .	48	48	250	250	250	

Typen I und II stellen Starkstromleitungen, die drei anderen Telephonleitungen dar, und zwar sind die Typen I und III Freileitungen, die Typen II, IV und V

Kabel. Die gewählten elektrischen Eigenschaften und Frequenzen entsprechen normalen Verhältnissen; die Telephonkabel sind als Luftraumkabel, das Starkstromkabel ist als verseiltes Zweileiterkabel mit getränkter Papierisolierung angenommen. Die Spannung beträgt am Ende der Starkstromleitungen 10000 Volt, am Ende der Telephonleitungen 10 Volt. Die Berechnung ist in der Tabelle 3 enthalten.

Tabelle 3.
Berechnung der Energieübertragung in sechs Stromkreisen.

	I	II	III	IV	V	VI
βl	0,0194	0,1036	0,1028	0,614	1,280	3,840
	$2^0 2'$	$6^0 40'$	$20^0 35'$	$44^0 50'$	$77^0 50'$	$233^0 25'$
$e^{\beta l}$	1,0196	1,1091	1,1083	1,8478	3,5967	46,528
m_1	1,0190	1,1016	1,0375	1,3105	0,7582	27,7310
n_1	0,0362	0,1288	0,3896	1,3027	3,5158	37,3620
m_2	0,9802	0,8955	0,8446	0,3838	0,0586	0,0128
n_2	0,0348	0,1047	0,3172	0,3815	0,2717	0,0173
m_3	0,0194	0,1030	0,0965	0,4634	0,3498	13,8590
n_3	0,0355	0,1168	0,3534	0,8421	1,8938	18,6896
a_1	1,0000	0,9985	0,9410	0,8472	0,4084	13,8717
a_2	0,0007	0,0121	0,0362	0,4606	1,7220	18,6723
b_1	19,9932	20,0200	114,990	219,668	780,543	11543,2
b_2	18,0260	2,5478	197,210	94,151	578,481	2129,0
c_1	0	0	0	0	— 0,0021	— 0,0052
c_2	0	0,0012	0,0006	0,0031	0,0032	0,0458
a_3	1,335	1,219	1,646	1,1506	3,343	41,588
a_4	0,031	—0,113	0,140	0,108	0,847	— 5,338
b_3	0,010	0,010	0,002	0,002	0,002	0,002
b_4	0,0075	0,0075	0,0024	0,0024	0,0024	0,0024
c_3	0,010	0,010	0,002	0,002	0,003	0,067
c_4	— 0,007	— 0,006	— 0,002	0,002	0,004	0,048
V_e	10,000	10,000	10	10	10	10
I_{e1}	100	100	0,0195	0,0195	0,0195	0,0195
I_{e2}	75	75	0,0243	0,0243	0,0243	0,0243
I_e	125	125	0,0312	0,0312	0,0312	0,0312
$(V_e I_e)$	$-36^0 50'$	$-36^0 50'$	$-51^0 15'$	$-51^0 15'$	$-51^0 15'$	$-51^0 15'$
V_{a1}	13330	12190	16,46	15,06	33,43	415,9
V_{a2}	310	— 1130	1,40	1,08	8,47	— 53,4
V_a	13350	12242	16,52	15,10	34,5	419,4
$(V_e V_a)$	$1^0 20'$	$-5^0 20'$	$4^0 50'$	$4^0 10'$	$14^0 15'$	$-7^0 20'$
I_{a1}	100	100	0,02	0,02	0,03	0,67
I_{a2}	— 70	— 60	— 0,02	0,02	0,04	0,48
I_a	122	117	0,03	0,03	0,05	0,82
$(V_e I_a)$	$-35^0 0'$	$-31^0 0'$	$-45^0 0'$	$+45^0 0'$	$53^0 5'$	$59^0 40'$
$(V_a I_a)$	$36^0 20'$	$25^0 40'$	$49^0 50'$	$40^0 50'$	$38^0 50'$	$67^0 0'$
$\cos (V_e I_e)$	0,80	0,80	0,63	0,63	0,63	0,63
$\cos (V_a I_a)$	0,81	0,90	0,66	0,76	0,78	0,39
Nutzleistung (Watt)	1000000	1000000	0,195	0,195	0,195	0,195
Aufwand (Watt)	1303000	1289000	0,325	0,343	1,344	134,47
Verlust (%)	23,25	22,42	40,0	43,2	85,50	99,85

Diskussion der Ergebnisse. Die Starkstromleitungen weisen einen Energieverlust von rund 23% auf. Wesentlich größer sind die Verluste in den Telephonleitungen; sie betragen bei der Freileitung 40, bei dem starkdrähtigen Kabel 43, bei dem schwachdrähtigen von

20 km Länge 86 und bei dem 60 km langen Kabel sogar 99,85 % der aufgewandten Energie. Während ein Verlust von 23 % für eine Starkstromübertragung viel zu hoch ist (man würde im äußersten Fall etwa die Hälfte dieses Verlustes zulassen), sind die prozentual viel größeren Verluste der Telephonleitungen weder für deren Wirtschaftlichkeit noch für die Güte der Übertragung von Bedeutung; selbst das 60 km lange Kabel gibt die Sprache zwar sehr leise, aber hinreichend verständlich wieder.

Schon diese Gegenüberstellung läßt den prinzipiellen Unterschied zwischen Stark- und Schwachstromleitung erkennen. Die zu einer telephonischen Übertragung benötigten Energiemengen sind so geringfügig, daß ihre Herstellungskosten neben den Anlage- und übrigen Betriebskosten kaum in Betracht kommen, während bei der Starkstromleitung, die große Energiemengen zu übertragen hat, schon ein kleiner Prozentbetrag von Verlusten wesentlich ins Gewicht fällt. Für die Wirtschaftlichkeit einer Leitungskonstruktion spielt die zu übertragende Energie bei der Telephonleitung gar keine, bei der Starkstromleitung eine ausschlaggebende Rolle.

Eine zweite Verschiedenheit besteht nur bei Kabeln, und zwar in bezug auf die Beanspruchung des Dielektrikums durch die übertragene Energie. Bei dem Telephonkabel bleibt diese Beanspruchung unmerklich klein, bei dem Starkstromkabel ist sie groß; sie bildet den Hauptgegenstand der Theorie des Starkstromkabels.

Ein Nachteil des Kabels gegenüber der Freileitung ist die höhere Kapazität. Bei dem Starkstromkabel vergrößert sie den Stromwärmeverlust, bei dem Telephonkabel die Dämpfung; in beiden Fällen beschränkt sie die Entfernung, auf welche ein Kabel bestimmter Konstruktion die Energie, bzw. die Sprache übertragen kann.

Die praktisch vorkommenden Kabellängen sind infolge dieser Beschränkung meistens kleine Bruchteile der im stationären Zustande sich einstellenden Strom- und Spannungswellen; das Winkelmaß der sechs Leitungen des Zahlenbeispiels beträgt

bei der Hochspannungsfreileitung	2°	2′
„ dem Hochspannungskabel	6	40
„ der Telephonfreileitung	20	35
„ dem starkdrähtigen Telephonkabel . .	44	50
„ „ schwachdrähtigen Telephonkabel.	77	50
„ „ 60 km langen Telephonkabel . .	233	25

Ist das Winkelmaß klein, dann ist man berechtigt, von dem wellenförmigen Verlauf von Strom und Spannung entlang der Leitung abzusehen und die elektrischen Eigenschaften der Leitungen nicht als gleichförmig verteilt, sondern als in einem oder in zwei Punkten (Anfang und Ende oder Mitte) der Leitung konzentriert vorauszusetzen und die Berechnung in dieser vereinfachten Form durchzuführen. Solche Leitungen pflegt man auch als in elektrischer Hinsicht kurz zu bezeichnen, im Gegensatz zu den elektrisch langen Leitungen, bei welchen die Vorgänge der Energieübertragung hauptsächlich von den Eigenschaften der Leitung selbst bedingt sind. Bei den elektrisch kurzen

Leitungen spielen die Größen β und α keine Rolle. Wie aus der Tabelle 4 ersichtlich, stellen die im Zahlenbeispiel angenommenen Leitungslängen

Tabelle 4. Charakteristische Größen der sechs Stromkreise.

Leitung	L	ω	l	v	t
2 × 35 mm² Freileitung .	20	300	3550	169500	120
2×35 „ Kabel . . .	20	300	1090	51800	390
2 × 3 mm Freileitung .	20	5000	350	278100	70
2 × 2 „ Kabel . . .	20	5000	200	127700	160
2 × 1 „ „ . . .	20	5000	90	73600	270
2 × 1 „ „ . . .	60	5000	90	73600	810

Zeichenerklärung:

L Länge der Leitung in km,
ω Kreisfrequenz,
l Wellenlänge in km,
v Fortpflanzungsgeschwindigkeit in km/sek,
t Durchlaufzeit der Leitung in 10^{-6} Sek.

nur Bruchteile der Wellenlängen dar und in allen Fällen, selbst im Falle des 60 km langen Kabels, breiten sich die Wellen über die ganze Leitung schneller als in 10^{-3} Sekunden aus. Diese Ausbreitungsgeschwindigkeit kann praktisch als unendlich groß angenommen werden. Periodische Vorgänge, welche diese Annahme zulassen, werden als quasistationäre Vorgänge bezeichnet.

Den bisherigen Ausführungen folgend, wird in den beiden folgenden Abschnitten die Theorie des Starkstrom-, hauptsächlich Hochspannungskabels und die des Schwachstrom-, hauptsächlich Telephonkabels getrennt behandelt.

III. Theorie des Starkstromkabels.

Bei der Übertragung elektromagnetischer Energie verwandelt sich diese andauernd aus der elektrischen Form in die magnetische und umgekehrt. Die wichtigste Wirkung des magnetischen Feldes auf das Dielektrikum besteht in dessen Erwärmung durch die Fortleitung der im Leiter entstandenen Wärme; die Wirkung des elektrischen Feldes wird als dielektrische Beanspruchung bezeichnet. Bei hinreichender Steigerung des elektrischen Feldes wird das Dielektrikum durchgeschlagen; das Bild der Zerstörung an der Durchschlagsstelle läßt die Größe der zerstörenden Gewalt und indirekt die Größe der Beanspruchung erkennen, welcher das Dielektrikum bis zum Durchschlag unterworfen war.

Alle verwickelten und mit Energieverlusten verbundenen Vorgänge, welche sich unter der Einwirkung des elektrischen Feldes im Kabeldielektrikum abspielen, kommen infolge der geringen Leitfähigkeit des Dielektrikums zustande. In einem idealen Dielektrikum ohne Leitfähigkeit würden keine Energieverluste auftreten; ein solches Dielektrikum könnte auch nicht durchgeschlagen werden.

Es ist zweckmäßig, die Theorie des Starkstromkabels der Energieform entsprechend zu gliedern, und das Verhalten des Dielektrikums im elektrischen und im magnetischen Feld getrennt zu untersuchen.

1. Das Starkstromkabel im elektrischen Feld.

A. Das (ideale) homogene Dielektrikum.

1. Die Kapazität. Es sei zuerst ein homogenes und ideales Dielektrikum angenommen, dessen Verhalten im elektrischen Feld von der Kapazität allein bestimmt wird. Die Kapazität eines Leiters in einem Mehrleitersystem (Mehrleiterkabel) ist das Verhältnis seiner Ladung zu seinem Potential, wenn alle anderen Leiter des Systems mit der Erde verbunden sind. Zwischen den Ladungen und den Potentialen eines Mehrleitersystems bestehen lineare Gleichungen[1] von der Form

$$e_1 = q_{11} \cdot V_1 + q_{12} \cdot V_2 + q_{13} \cdot V_3 + \cdots + q_{1n} \cdot V_n \text{ usw.},$$

wo $e_1, e_2, \ldots, e_n$ die Ladungen, $V_1, V_2, \ldots, V_n$ die Potentiale der Leiter $1, 2, \ldots, n$ bezeichnen.

Da man meistens mit Potentialdifferenzen (Spannungen) und nicht mit Potentialen zu rechnen hat, ist es bequem, die Maxwellschen Gleichungen in der Form

$$e_1 = K_{12} \cdot (V_1 - V_2) + K_{13} \cdot (V_1 - V_3) + \cdots + K_{1n} \cdot (V_1 - V_n)$$

usw. zu schreiben, wo

$$q_{11} = K_{12} + K_{13} + \cdots + K_{1n}$$
$$q_{22} = K_{21} + K_{23} + \cdots + K_{2n}$$
$$q_{nn} = K_{n1} + K_{n2} + \cdots + K_{n(n-1)}$$
$$q_{rs} = -K_{rs}, \qquad K_{rs} = K_{sr}$$

ist. Die Koeffizienten K werden als die Teilkapazitäten des Systems bezeichnet.

Betriebsmäßige Kapazität oder kurz Betriebskapazität eines Leiters im System ist das Verhältnis zwischen der Ladung und dem Potential des Leiters, wenn alle Leiter auf die betriebsmäßigen Potentiale gebracht sind.

2. Die Berechnung der Kapazität. Da die DK des homogenen Dielektrikums an allen Stellen im Kondensator denselben Wert hat, können alle Kapazitätsgrößen (Teil- und Betriebskapazitäten) in der Form $k = \varepsilon \cdot k_0$ geschrieben werden, wo k_0 eine nur von den Abmessungen abhängige konstante Größe ist, die in einigen Fällen genau, in anderen Fällen angenähert genau berechnet werden kann.

Der Plattenkondensator. Zwei ebene Platten von der Fläche F im Abstande a zueinander parallel aufgestellt, bilden den Plattenkondensator in seiner einfachsten Form. Sind die Platten auf die Potentiale V_1 bzw. V_2 geladen, dann ist die Feldstärke

$$E = \frac{V_1 - V_2}{a}.$$

Für die Ladung e_1 der Platten pro Flächeneinheit kann, da einer will-

[1] Maxwell: Lehrbuch Bd. 1, S. 106.

kürlichen Definition zufolge die Anzahl der aus einer Ladung e_1 hervorgehenden Kraftlinien

$$\frac{1}{\varepsilon}\cdot 4\pi c^2 \cdot e_1$$

beträgt, der Ausdruck

$$e_1 = \frac{\varepsilon}{4\pi c^2}\cdot\frac{V_1 - V_2}{a}$$

und für die Ladung e einer ganzen Platte

$$e = F\cdot e_1 = \frac{\varepsilon}{4\pi c^2}\cdot\frac{F}{a}(V_1 - V_2).$$

geschrieben werden. Da andererseits

$$e = k\cdot(V_1 - V_2)$$

ist, erhält man für die Kapazität des Plattenkondensators

$$k = \frac{\varepsilon}{4\pi c^2}\cdot\frac{F}{a}$$

oder in Mikrofarad ausgedrückt

$$k = \frac{\varepsilon}{4\pi c^2}\cdot\frac{F}{a}\cdot 10^{15},$$

c bezeichnet die Lichtgeschwindigkeit.

Das Einleiterbleikabel. Abb. 47 stellt den Querschnitt eines Einleiterkabels dar; $2r$ ist der Leiterdurchmesser, $2R$ die lichte Bleimantelweite. Der Leiter sei auf das Potential V geladen, das Potential des geerdeten Bleimantels sei Null. Die Kraftlinien verlaufen in radialer Richtung von der Leiteroberfläche zum Mantel, die Niveauflächen sind konaxiale Kreiszylinder.

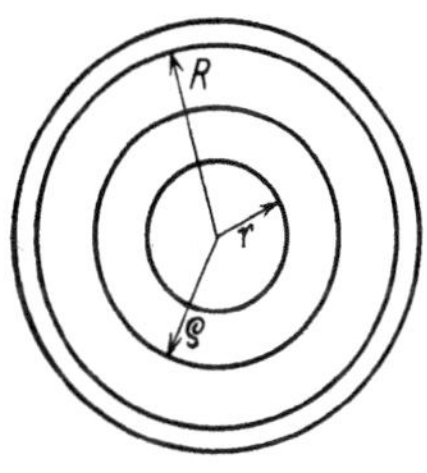

Abb. 47. Berechnung der Kapazität des Einleiterbleikabels.

Das Potential an der Niveaufläche mit dem Radius ϱ sei V_ϱ, dasjenige an der Niveaufläche mit dem Radius $\varrho + d\varrho$ ist dann $V_\varrho - dV_\varrho$. Man kann die von den beiden Niveauflächen begrenzte unendlich dünne Schicht als einen Plattenkondensator von der Dicke $d\varrho$ und von der Flächengröße von $2\varrho\pi$ (pro Längeneinheit des Kabels) auffassen; mit e als Ladung des Leiters ist dann

$$e = \frac{\varepsilon}{4\pi c^2}\cdot\frac{2\varrho}{d\varrho}\cdot(-dV_\varrho)$$

oder

$$-\frac{dV_\varrho}{d\varrho} = \frac{4\pi c^2}{\varepsilon}\cdot\frac{e}{2\varrho\pi}.$$

Durch Lösung dieser Gleichung erhält man mit Umrechnung auf Briggsche Logarithmen die Kapazität des Kabels, ausgedrückt in Mikrofarad und bezogen auf eine Kabellänge von 1000 m

$$k = \varepsilon\cdot\frac{0{,}02413}{\log\frac{R}{r}}.$$

Verseilte Zwei- und Dreileiterkabel mit kreisförmigen Leiterquerschnitten. Die Betriebskapazität des Zweileiterkabels für $V_1 = +\frac{P}{2}$, $V_2 = -\frac{P}{2}$ und des mit Drehstrom symmetrisch belasteten Dreileiterkabels ($V_1 + V_2 + V_3 = 0$) berechnete L. Lichtenstein[1] auf Grund der Thomson-Maxwellschen Theorie der elektrischen Bilder[2].

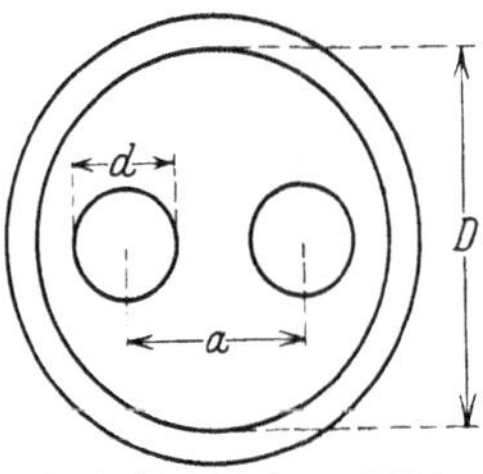

Abb. 48. Betriebskapazität des verseilten Zweileiterkabels.

Für das Zweileiterkabel (Abb. 48) ist

$$k_2 = 0{,}0121 \cdot \varepsilon \cdot \frac{1}{\log\left[\frac{2a}{d} \cdot \frac{D^2 - a^2}{D^2 + a^2}\right]}\ \mu\mathrm{F/km}$$

und für das Dreileiterkabel (Abb. 49)

$$k_3 = 0{,}0483 \cdot \varepsilon \cdot \frac{1}{\log\left[\frac{4a^2}{d^2} \cdot \frac{(3D^2 - 4a^2)^3}{(3D^2)^3 - (4a^2)^3}\right]}\ \mu\mathrm{F/km}\,.$$

3. Die Berechnung der Feldverteilung. Eine genaue Berechnung ist nur bei dem konaxialen Kabel möglich. Im Gegensatz zu dem ebenen Plattenkondensator ist das Feld nicht homogen; die Feldstärke nimmt in der Richtung vom Leiter zum Bleimantel stetig ab. Zur Berechnung seines Verlaufes bedient man sich des von den Niveauflächen mit den Radien ϱ und $\varrho + d\varrho$ begrenzten und von der Spannung dV_ϱ belasteten Elementar-Kondensators von der Kapazität

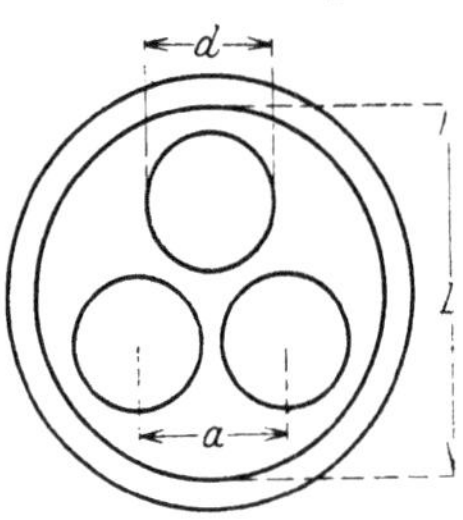

Abb. 49. Betriebskapazität des verseilten Dreileiterkabels.

$$k' = \frac{\varepsilon}{4\pi} \cdot \frac{2\pi\varrho}{d\varrho}\,.$$

Die Kapazität des von der Spannung V belasteten Kabels beträgt

$$k = \frac{\varepsilon}{2\ln\frac{R}{r}}$$

da die Kapazitäten zu den Spannungen im umgekehrten Verhältnis stehen, ist

$$\frac{k}{k'} = \frac{dV_\varrho}{V}$$

und

$$\frac{dV_\varrho}{d\varrho} = \frac{V}{\varrho \cdot \ln\frac{R}{r}} = \frac{0{,}4343\,V}{\varrho \cdot \log\frac{R}{r}}\,.$$

Der Differentialquotient $p_\varrho = \frac{dV_\varrho}{d\varrho}$, das Potentialgefälle in der Richtung des wachsenden Radius wird als Spannungsgradient bezeichnet; sein größter Wert tritt an der Oberfläche des Leiters ($\varrho = r$), sein kleinster Wert an dem Bleimantel ($\varrho = R$) auf. Diese Werte sind

$$p_r = \frac{0{,}4343\,V}{r\log\frac{R}{r}} \quad \text{und} \quad p_R = \frac{0{,}4343\,V}{R\log\frac{R}{r}}\,.$$

[1] ETZ 1904, S. 126. [2] Lehrbuch Bd. 1, S. 249.

Damit ist die Verteilung des elektrischen Feldes im Einleiterkabel genau angegeben.

Wesentlich verwickelter ist das Bild in verseilten Mehrleiterkabeln; seine genaue Berechnung ist nicht möglich. Dagegen hat Atkinson[1] die Feldverteilung in Dreileiterkabeln experimentell untersucht, indem er das elektrische Feld des Kabels durch das Stromfeld eines elektrolytischen Bades ersetzte, bei welchem vertikale Blechzylinder als Gefäßwandungen und zugleich als Elektroden dienten und die Querschnitte von Bleimantel und Leitern im Kabelquerschnitt nachgeahmt haben[2]. Nach seinen Ergebnissen tritt die größte Feldstärke in der Verbindungslinie von Leitermittelpunkt und Kabelmittelpunkt auf; dieser Wert ist in allen praktisch wichtigen Fällen gleich dem Höchstwert in einem Einleiterkabel vom gleichen Leiterdurchmesser, dessen Betriebsspannung gleich der Phasenspannung des Dreileiterkabels ist und dessen Isolierungsdicke gleich ist dem Abstande zwischen Leiteroberfläche und Kabelmittelpunkt im Querschnittsbilde. Ist d der Leiterdurchmesser, δ die Isolierungsdicke sowohl zwischen den Leitern als auch zwischen je einem Leiter und dem Bleimantel, dann ist der Abstand a zwischen Leiteroberfläche und Kabelmittelpunkt

$$a = 0{,}0775\, d + 0{,}5775\, \delta$$

und für den Höchstwert erhält man, wenn V die verkettete Spannung bezeichnet,

$$p = \frac{0{,}5 \cdot V}{d \log \frac{1{,}155\,(d+\delta)}{d}}.$$

Bei litzenförmigen Leitern entspricht dem kleineren Krümmungsradius des Einzeldrahtumfanges eine größere elektrische Flächendichte, damit eine größere Kraftlinienzahl als bei glatter Oberfläche. Atkinson hat an seinem elektrolytischen Modell auch diese Frage untersucht und eine Vergrößerung des Höchstwertes um rund 20% festgestellt. Zu einem ähnlichen Ergebnis kam W. Deutsch[3] auf rechnerischem Wege; er fand, daß die Vergrößerung des Höchstwertes mit zunehmender Feinheit der Drähte im Seil bis auf 30% anwachsen kann.

Zur Vermeidung dieser Vergrößerung umpreßte M. J. P. O'Gorman[4] die Litze mit einem dünnen Bleimantel; es ließ sich jedoch kein merklicher Einfluß auf die Durchschlagsfestigkeit des Kabels nachweisen[5].

Bei Leitern mit sektorförmigen Querschnitten ist der Höchstwert nach einer von Atkinson gegebenen Regel gleich demjenigen des um 50% größeren kreisförmigen Querschnittes.

4. Der Begriff der elektrischen Festigkeit. Es sei jetzt ein festes Dielektrikum angenommen, welches eine kleine Leitfähigkeit besitzt und

---

[1] Proc. A.I.E.E. 1919, S. 815; ETZ 1921, S. 108.

[2] Das elektrolytische Modell zur Untersuchung elektrischer Felder ist von Walther Estorff in Berlin bereits im Jahre 1913 angewendet worden. Berliner Dissertation vorgelegt am 8. 12. 1913, veröffentlicht 1915. ETZ 1918, S. 53.

[3] ETZ 1911, S. 1175.

[4] Engl. Pat. Nr. 21170 v. 22. 10. 1901.

[5] Jona, E.: Trans. Intern. Congr. St. Louis 1904, S. 530 (zitiert nach A. Russell: The theory of electric cables and networks, London 1925).

dementsprechend eine Beanspruchung durch das Feld erfährt, wobei jedoch die Feldverteilung nach wie vor allein von der Kapazität bestimmt wird, und das Feld bis zum etwaigen Eintritt des Durchschlages seine ursprüngliche Verteilung beibehält. Der Begriff der elektrischen Festigkeit ergibt sich aus dem Vergleich der Feldstärke, die man dauernd anwenden will, mit der Feldstärke, welche den Durchschlag herbeiführen würde; ein Kabel besitzt hinreichende elektrische Festigkeit, wenn es allen elektrischen Kräften, welche betriebsmäßig auftreten können, sicher standhält. Bei der ungleichmäßigen Feldverteilung im Kabel sind die Höchstwerte des Spannungsgradienten maßgebend; zwei verschiedene, mit demselben Isolierstoff hergestellte Kabel besitzen die gleiche Festigkeit, wenn der Spannungsgradient in beiden denselben Höchstwert hat.

Bei Niederspannungskabeln sowie bei Kabeln für mäßige Hochspannungen spielt die elektrische Festigkeit eine untergeordnete Rolle, weil das Dielektrikum mit Rücksicht auf die notwendige mechanische Festigkeit stärker, als in elektrischer Hinsicht notwendig, bemessen

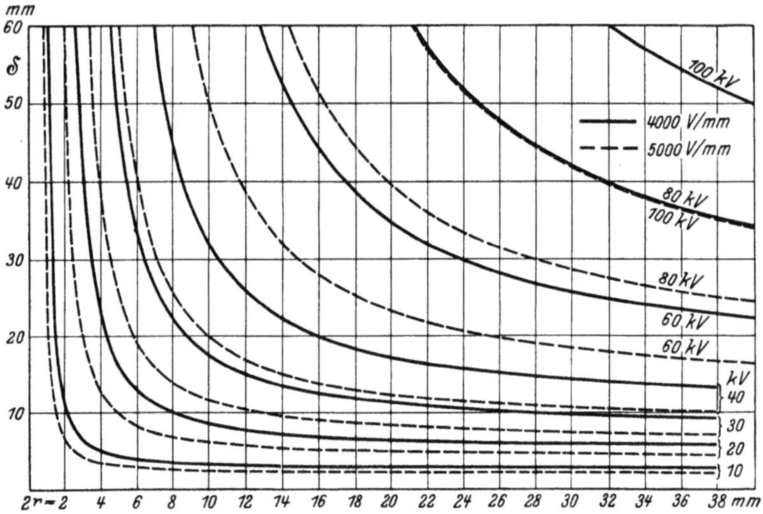

Abb. 50. Isolierungsdicken von Einleiterkabeln mit getränkter Papierisolierung.

wird. Hochspannungskabel, die mit der üblichen Sorgfalt und in der üblichen Art hergestellt wurden, sind erfahrungsgemäß praktisch betriebssicher, wenn der bei der Betriebsspannung auftretende Gradientenhöchstwert etwa 4000 V/mm beträgt. Mit der Festlegung einer solchen Zahl kann die Isolierungsdicke aus dem Leiterquerschnitt und der Betriebsspannung berechnet werden.

Die Abb. 50 enthält die Isolierungsdicken von Einleiterpapierkabeln mit $p = 4000$ und $p = 5000$ V/mm für 7 verschiedene Betriebsspannungen und 14 verschiedene Leiterdurchmesser. Die Kurven folgen der Gleichung

$$\delta = \frac{d}{2}\left(e^{\frac{Z}{d}} - 1\right), \quad \text{wo} \quad Z = \frac{2V}{p},$$

und V die Betriebsspannung bezeichnet. Mit wachsendem d nähert sich δ einem Mindestwert, während er für sehr kleine Leiterstärken sehr groß wird. Folglich kann für jede Betriebsspannung ein Leiterdurchmesser angegeben werden, bei welchem der Durchmesser der Kabelseele unter Annahme eines bestimmten Höchstwertes des Gradienten ein Minimum ist. Bezeichnet D den Seelendurchmesser, dann erhält man die Bestimmungsgleichung

$$\ln \frac{D}{d} = \frac{2V}{p \cdot d}$$

und daraus durch Differenzieren

$$D_{\min} = e \cdot d_{\min} = e \cdot \frac{2V}{p}.$$

wo $D_{\min}$ den kleinsten Seelendurchmesser, $d_{\min}$ den entsprechenden Leiterdurchmesser und e die Grundzahl der natürl. Logarithmen bezeichnet. In Abb. 51 sind die den Isolierungsdicken nach Abb. 50 entsprechenden Seelendurchmesser angegeben; die Minima der Kurven liegen auf einer durch den Koordinatenanfangspunkt gehenden Geraden.

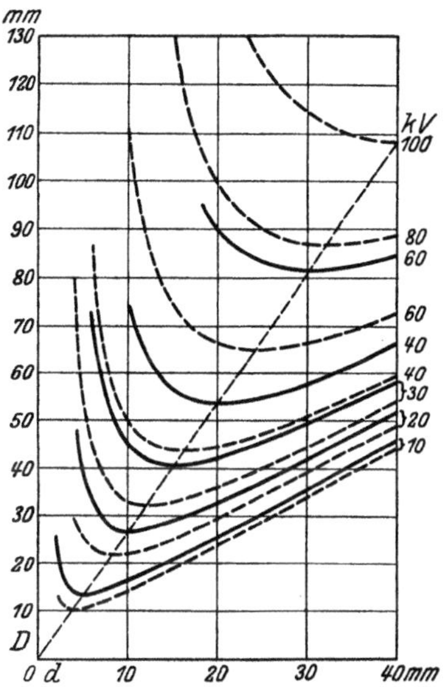

Abb. 51 Seelendurchmesser der Kabel nach Abb. 50.

Abb. 52 zeigt für ein Einleiterkabel $d = 20$ mm, $D = 44$ mm und $V = 40000$ Volt den Verlauf des Spannungsgradienten und die Lage der Niveauflächen in Abständen von 4000 Volt; die Gradientenwerte in Abständen von 1 mm in V/mm und die Abstände der 4000-Volt-Niveaufläche in mm sind in der Tabelle 5 enthalten.

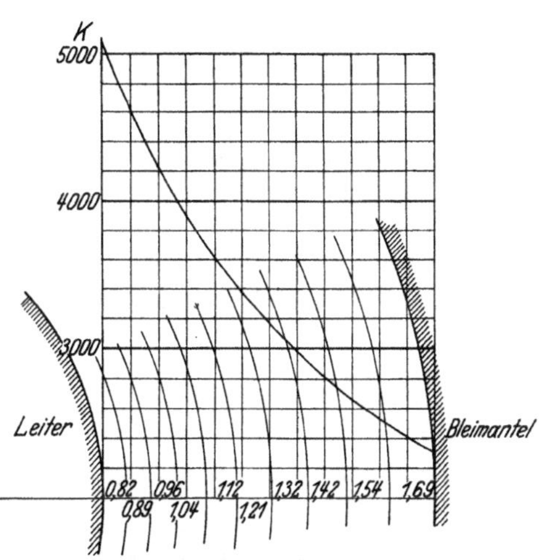

Abb. 52. Gradientenverlauf und Niveauflächen in einem Einleiterkabel.

5. Verbesserung der Feldverteilung. Infolge der Ungleichmäßigkeit der Feldverteilung im Kabel kann die elektrische Festigkeit des Isolierstoffes nur an Stellen der höchsten Feldstärke voll ausgenutzt werden.

Tabelle 5. Verschiedenen Durchmessern (d') entsprechenden Gradientenwerte (P) und gegenseitige Abstände (Δ) der in gleichen Spannungsstufen aufeinanderfolgenden Niveauflächen (P') in einem Einleiterkabel.

d' mm	P V/mm	d' mm	P V/mm	d' mm	P V/mm
20	5076,0	30	3384,0	40	2538,0
22	4614,5	32	3172,5	42	2417,1
24	4230,0	34	2985,9	44	2307,3
26	3904,6	36	2920,0		
28	3625,7	38	2671,6		

P' V	Δ mm	P' V	Δ mm	P' V	Δ mm
40000		28000		12000	
	0,82		1,04		1,42
36000		24000		8000	
	0,89		1,12		1,54
32000		20000		4000	
	0,96		1,21		1,69
28000		16000		0	
			1,32		
		12000			

Zur Erzielung einer besseren Wirtschaftlichkeit der Hochspannungskabel hat M. J. P. O'Gorman[1] im Jahre 1901 eine Kabelkonstruktion vorgeschlagen, bei welcher die Isolierhülle aus mehreren verschiedenen Stoffschichten mit verschiedenen Dicken und Dielektrizitätskonstanten besteht, und die so zusammengesetzt sind, daß der Gradient in allen Schichten annähernd gleiche Werte hat. Mit Kabeln derselben Bauart beschäftigte sich E. Jona[2] schon im Jahre 1896 und ein nach diesem Prinzip von Pirelli in Mailand gebautes Kabel wurde im Jahre 1906 in der Mailänder Ausstellung gezeigt. Die Isolierung des Kabels bestand aus 3 Kautschukschichten und darüber einer Schicht aus getränkten Papierlagen. Die Schichten waren von innen nach außen zu nach abnehmenden Dielektrizitätskonstanten geordnet:

	Durchmesser mm	DK
Leiter mit Blei umpreßt	18,0	—
1. Kautschukschicht	23,0	6,1
2. ,,	27,6	4,7
3. ,,	36,6	4,2
Papierschicht	47,0	4,0

Hieraus ergeben sich die Kapazitäten und die Teilspannungen

Schicht	μF/km	% der Spannung
1	$k_1 = 1,383$	19,3
2	$k_2 = 1,423$	18,6
3	$k_3 = 0,827$	32,1
4	$k_4 = 0,889$	30,0

[1] Engl. Pat. Nr. 1568 v. 31. 1. 1901, D.R.P. Nr. 155098 v. 28. 2. 1901.
[2] Beaver, C. J.: Insulated Electric Cables Bd. 1, S. 225. London 1926.

und die Höchst-, Mittel- und Mindestwerte des Gradienten für jede Schicht in Prozenten der Betriebsspannung

Schicht	Maximum	Mittel	Minimum
1	8,74	7,68	6,84
2	8,87	8,07	7,40
3	8,24	7,08	6,21
4	6,55	5,74	5,10

In einem Kabel von dem gleichen Querschnitt, aber ohne Unterteilung des Dielektrikums hätte der Höchstwert des Gradienten 11,6%, sein Mindestwert 4,43% der Gesamtspannung betragen. Abb. 53 zeigt den Gradientenverlauf beider Kabel in graphischer Darstellung.

Ein anderes Verfahren zur Verbesserung der Feldverteilung besteht darin, daß leitende Zwischenmäntel in das Dielektrikum eingefügt und mit Anzapfpunkten der Transformatorwicklung verbunden werden. Wird z. B. in einem mit lder Spannung V belasteten Kabel ein Zwischenmantel so an die Transformatorwicklung geschlossen, daß in der Innenschicht die Spannung V_1, in der Außenschicht die Spannung V_2 zustande kommt und bezeichnet d den Leiterdurchmesser, d_1 die lichte Weite des Zwischenmantels und D diejenige des Kabelmantels, dann ist der Höchstwert des Gradienten in der Innenschicht

$$p_1 = \frac{2V_1}{d \cdot \ln \frac{d_1}{d}}$$

und in der Außenschicht

$$p_2 = \frac{2V_2}{d_1 \ln \frac{D}{d_1}}.$$

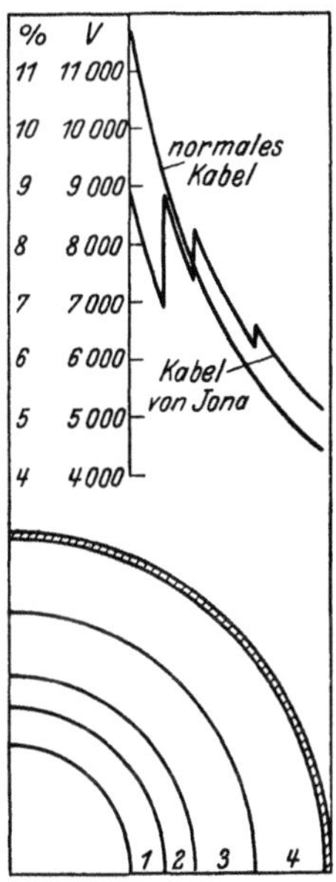

Abb. 53. Gradientenverlauf im Kabel von Jona.

Bestehen beide Schichten aus demselben Isolierstoff, dann wird man sie zweckmäßig in gleichem Maße belasten, also $p_1 = p_2$ setzen; das gibt

$$\frac{V_1}{V_2} = \frac{d}{d_1} \cdot \frac{\ln \frac{d_1}{d}}{\ln \frac{D}{d_1}}.$$

Hieraus können bei gegebenen Größen V, d und D die Teilspannungen V_1 und V_2 als Funktionen von d_1 berechnet werden. Für $d = 18$ mm, $D = 47$ mm (Dimensionen des Kabels von Jona) erhält man für Zwischenmäntel vom Durchmesser d^1 und für gleiche Höchstbeanspruchungen in beiden Schichten:

$d_1 = 22$ mm	$V_1 = 17{,}9\%$	$V_1 = 82{,}1\%$	$p = 9{,}9\%$
26	30,1	69,9	9,1
30	40,5	59,5	8,8
34	51,0	49,0	8,9
38	62,4	37,6	9,3
42	76,5	23,5	10,0

Die Zahlen bedeuten Prozente von V. Etwa bei $d_1 = 30$ mm liegt ein Optimum mit $p = 8{,}8\%$; der entsprechende kleinste Gradientenwert beträgt in der Innenschicht 5,3%, in der Außenschicht 5,6% von V. Das Zwischenmantelkabel erweist sich somit noch etwas günstiger, als das Jona-O'Gormansche Kabel.

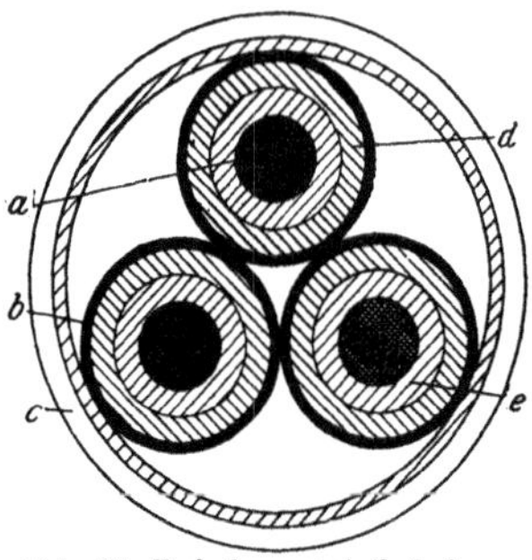

Abb. 54. Zwischenmantelkabel von Geoffroy & Delore.
a: Leiter; *b*: Außenmantel der Adern; *c*: Bleimantel; *d*: Außenschicht der Isolierung; *e*: Innenschicht der Isolierung. *d* und *e* sind durch Zwischenmäntel voneinander getrennt.

Abb. 54 zeigt den Querschnitt eines von der Firma Geoffroy & Delore[1] in Clichy (Paris) konstruierten Dreileiterkabels; hier ist jede Ader mit einem Zwischen- und einem Außenmantel versehen und die drei Außenmäntel stehen miteinander und mit dem Bleimantel in leitender Verbindung. Eine Gürtelisolierung besitzt das Kabel nicht.

Der wirtschaftliche Vorteil der beschriebenen Maßnahmen besteht in der Verkleinerung der einem gegebenen Höchstwert entsprechenden Isolierungsdicke. Mit $p = 4000$ V/mm im letzten Zahlenbeispiel findet man für das Zwischenmantelkabel $d = 18$ mm, $d_1 = 30$ mm und $D = 47$ mm eine Betriebsspannung von $V = 45{,}5$ kV; ein normales Kabel mit demselben Leiterdurchmesser und für dieselbe Betriebsspannung würde eine Isolierungsdicke von 23 mm erfordern und einen Durchmesser von 64 mm aufweisen. Das normale Kabel mit $d = 18$ mm und $D = 47$ mm wäre für eine Betriebsspannung von nur 34 kV verwendbar. Sucht man umgekehrt für eine Betriebsspannung von 45,5 kV das normale Kabel mit dem kleinsten Leiterdurchmesser, dann findet man $d = 22{,}7$ m,

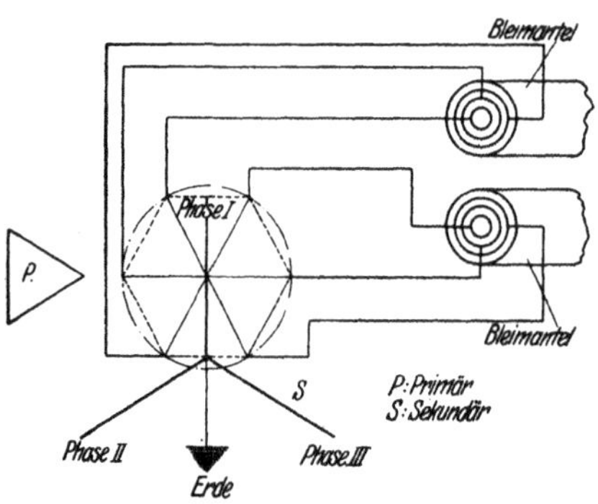

Abb. 55. Schaltungsschema des Sechsphasenstromsystems nach Taylor.

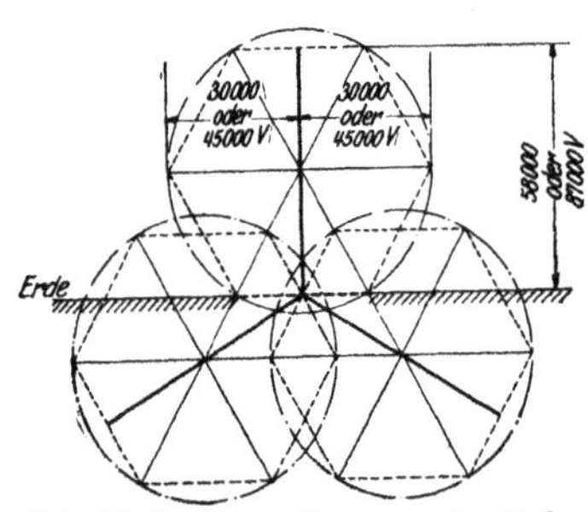

Abb. 56. Spannungsdiagramm des Sechsphasenstromsystems nach Taylor.

$\delta = 19{,}4$ mm und $D = 61{,}5$ mm, d. h. die Wirtschaftlichkeit des Zwischenmantelkabels überragt auch diejenige des normalen Kabels mit erhöhtem Leiterdurchmesser.

[1] Franz. Pat. Nr. 367774 v. 5. 7. 1906.

Auf dem Zwischenmantelprinzip beruht ein Vorschlag von A. M. Taylor[1], zur Überbrückung großer Entfernungen mit sehr hohen Spannungen ein Sechsphasenstromsystem mit Einleiterkabeln zu verwenden. Abb. 55 zeigt das Schaltungsschema, Abb. 56 das Vektordiagramm. Für jede der sechs Phasen ist je ein Kabel mit zwei Zwischenmänteln erforderlich. Einer Betriebsspannung von 100 bzw. 150 kV entspricht eine Phasenspannung von 30 bzw. 45 kV. Der Querschnitt des vorgeschlagenen Kabels ist für 100 kV in Abb. 57 dargestellt; die Zwischenmäntel bestehen aus je einer Drahtlage, bei dem äußeren Zwischenmantel ist diese um ein Bleirohr gewickelt. Bei der angegebenen Betriebsspannung von 100 kV betragen die Gradientenhöchstwerte in der Innenschicht 3800, in der Mittelschicht 2900 und in der Außenschicht 2000 V/mm.

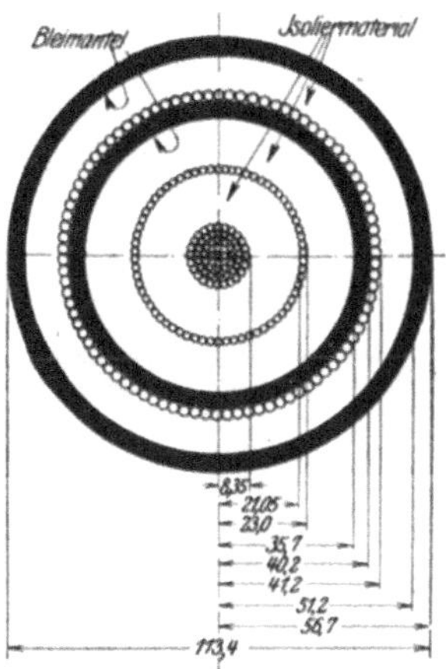

Abb. 57. Zwischenmantelkabel für 150 kV. Betriebsspannung nach Taylor.

Der Zwischenmantel wird manchmal lediglich als Mittel zur Vergrößerung des Leiterdurchmessers verwendet, um dadurch den Gradientenhöchstwert zu verkleinern. Abb. 58 zeigt den Querschnitt, Abb. 59 die Ansicht des abgestuften Endes eines von der AEG im Jahre 1914 gelieferten Einleiterkabels; es wird mit 80 kV verketteter Spannung ($p = 3550$ V/mm) betrieben. Eine ähnliche Konstruktion weist das von Felten & Guilleaume[2] hergestellte und in Neuenahr verlegte Ein-

Abb. 58. Querschnitt eines Einleiterkabels für 80 kV verketteter Spannung im Drehstromsystem (AEG. 1914)

Abb. 59. Abgestuftes Ende eines Einleiterkabels für 80 kV verketteter Spannung im Drehstromsystem. (AEG 1914).

[1] Journ. I. E. E. Bd. 61, S. 220. 1923; ETZ 1924, S. 335; D.R.P. Nr. 420817 v. 11. 6. 1921.

[2] Meurer, H.: Konstruktion und Betrieb von Höchstspannungskabeln. (Im Sammelwerk: 6 Vorträge, herausgegeben vom El. Ver. des Rhein.-Westf. Industriebezirks. Essen 1926.)

leiter-Drehstromkabel von 95 mm² Querschnitt für 110 kV verkettete Spannung auf. Der Leiter besteht aus einem massiven runden Draht (Abb. 60), der mit Papierlagen auf eine Dicke von 19 mm bewickelt und darüber mit einer geschlossenen Lage von Flachkupferdrähten bedeckt ist.

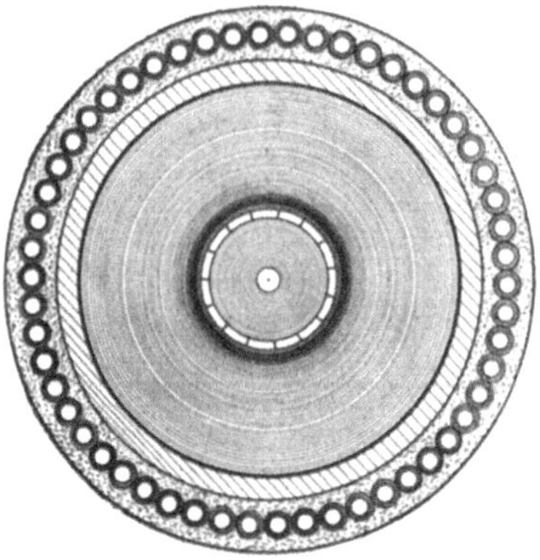

Abb. 60. Einleiterkabel für 110 kV verketteter Spannung (F. & G.).

Eine einfache Zwischenmantelkonstruktion zur Erzielung des kleinsten Kabeldurchmessers rührt von S. Silbermann[1] her. Ist d der Leiterdurchmesser, p der zugelassene Höchstwert des Spannungsgradienten und V die Betriebsspannung, dann ergibt sich der Seelendurchmesser D aus der Gleichung

$$D = d \cdot e^{\frac{2V}{p \cdot d}} .$$

Durch Vergrößerung von d auf d_1 erhält man den dem gegebenen Wert p entsprechenden kleinsten Seelendurchmesser D_1 für $D_1 = e \cdot d_1$ mit

$$P = \frac{2V}{d_1} \quad \text{und} \quad d_1 = \frac{2V}{P} .$$

Nach dem Vorschlag von Silbermann isoliert man den Leiter d zuerst auf den Durchmesser d_1 und versieht diese Isolierung mit einem feinen auf das Potential des Leiters gebrachten Metallbelag. Dann gilt für die Feldverteilung d_1 als Leiterdurchmesser und als Seelendurchmesser erhält man den kleinsten Wert D_1.

Ist z. B. $V = 35$ kV, $d = 10{,}9$ mm (Leiterquerschnitt 70 mm² und $p = 4$ kV/mm, dann ergibt die obige Berechnung

$$d_1 = 17{,}5\,\text{mm}, \quad D = 54{,}4\,\text{mm} \quad \text{und} \quad D_1 = 47{,}6\,\text{mm} .$$

Durch Zwischenschaltung des beliebig dünnen Metallbelages erhält man somit einen um 12,5% kleineren Seelendurchmesser.

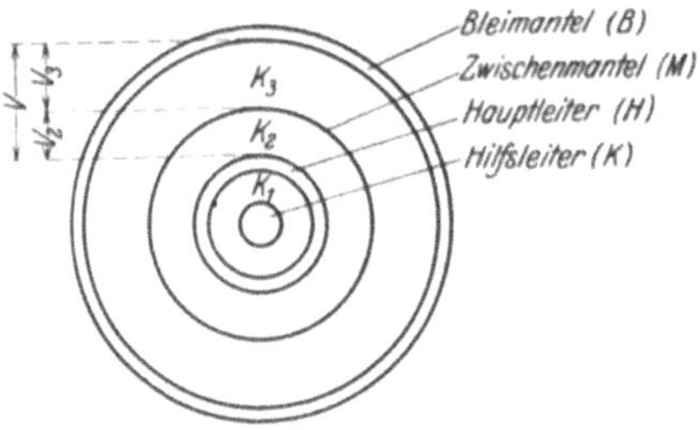

Abb. 61. Zwischenmantelkabel von Silbermann.

Eine andere wirksame Verbesserung der Feldverteilung erzielt S. Silbermann durch eine zweite Konstruktion[1], bei welcher der Kernleiter des Kabels mit zwei konaxialen Zwischenmänteln umgeben ist. Der innere Zwischenmantel ist der als Hohlleiter ausgebildete Hauptleiter, der Kernleiter ist ein zu dem äußeren Zwischenmantel parallel geschalteter Hilfsleiter. In der Abb. 61 bezeichnet K den Kernleiter, H den Hauptleiter, M den Zwischenmantel, B den Bleimantel, K_1

[1] D.R.P. Nr. 446343 v. 29. 4. 1924. [2] D.R.P. Nr. 408517 v. 1. 7. 1923.

die kilometrische Kapazität zwischen K und H, K_2 zwischen H und M und K_3 zwischen M und B. Ist V die zwischen H und B wirksame Betriebsspannung und sind V_2 und V_3 die Teilspannungen zwischen H und M bzw. M und B, dann ist

$$V_2 = V \frac{K_3}{K_1 + K_2 + K_3},$$

während ohne Parallelschaltung des Kernleiters zum Zwischenmantel diese Teilspannung den größeren Wert

$$V_2' = V \frac{K_3}{K_2 + K_3}$$

aufweisen würde. Durch passende Wahl von K_1 kann somit der an der Leiteroberfläche wirksame Höchstwert des Spannungsgradienten herabgesetzt werden.

B. Das (wirkliche) feste Dielektrikum.

Das Verhalten des festen Dielektrikums im elektrischen Feld wird durch folgende Merkmale gekennzeichnet:

a) Es besitzt einen endlich großen Isolationswiderstand, der durch Anlegung einer konstanten EMK gemessen werden kann.

b) In einem periodisch veränderlichen Feld wird es von einem Strom durchflossen, der dem reinen Verschiebungsstrom gegenüber etwas zurückbleibt; der auftretende Energieverlust ist viel größer als der Wert, den man aus dem mit Gleichspannung gemessenen Isolationswiderstand berechnet.

c) Von einer hinreichend großen EMK wird es durchgeschlagen.

1. Der Isolationswiderstand. Schließt man ein an den Enden offenes Einleiterkabel, Leiter und Bleimantel als Pole benutzend, mit einer Akkumulatorenbatterie und einem empfindlichen Galvanometer zu einem Stromkreis, dann zeigt das Galvanometer nach einiger Zeit einen Gleichstrom J an; ist E die EMK der Batterie, dann ist $R_0 = E/J$ der Isolationswiderstand des Kabels.

Der durch das Dielektrikum fließende Strom sinkt von einem sehr viel größeren Anfangswert auf den Wert J. Diese langsame Verkleinerung des Isolationsstromes nach dem Einschalten gehört zu einer besonderen Gruppe von für feste Isolierstoffe charakteristischen und als dielektrische Nachwirkung bezeichneten Erscheinungen. Es hat sich eingebürgert, als Isolationswiderstand denjenigen Wert der veränderlichen Größe E/Strom festzulegen, der 1 Minute nach Einschaltung oder wie man sich ausdrückte: „nach einer Elektrisierungsdauer von 1 Minute“ gemessen wird.

Der Isolationswiderstand ist von der EMK nahezu unabhängig und nimmt mit steigender Temperatur ab; er verhält sich somit wie ein elektrolytischer Widerstand.

2. Der Energieverbrauch. Unterwirft man das vorhin betrachtete Kabel einer sinusförmig veränderlichen EMK vom effektiven Wert E und von der Frequenz ω und mißt man einen das Dielektrikum durchfließenden Strom J und einen Leistungsverbrauch W, dann ist

$$W = JE \cos \varphi ,$$

wo φ den Voreilungswinkel des Stromes gegenüber der EMK bezeichnet. Da bei guten Kabeldielektrika φ nahezu 90^0 ist, pflegt man den Energieverbrauch mit dem als „Verlustwinkel" bezeichneten Winkel $\delta = (90^0 - \varphi)$ auszudrücken; für kleine Winkel δ ist mit großer Annäherung

$$\cos \varphi = \operatorname{tg} \delta .$$

Die Gleichstrommessung eines 200 m langen Einleiterkabels von 50 mm² Querschnitt und 6 mm Isolierungsdicke ergäbe z. B. eine Kapazität von 0,225 μF/km, und einen Isolationswiderstand von 600 Megohm/km; bei der Messung mit einer Wechselspannung von 10 kV von der Kreisfrequenz $\omega = 300$ finde man einen Verlustwinkel von 50 Minuten. Damit läßt sich ein „wahrer" Isolationswiderstand von 1 Megohm/km berechnen. Die Wechselstrommessung ergibt somit einen 600mal kleineren Wert des Isolationswiderstandes, als die Gleichstrommessung. Diese Diskrepanz zwischen den Ergebnissen der Gleichstrom- und der Wechselstrommessung hat die Praxis veranlaßt, die Bezeichnung „Isolationswiderstand" für die zur Qualitätskontrolle bequeme Gleichstrommessung zu reservieren, für die Wechselstrommessung dagegen den reziproken Begriff, die Ableitung zu benutzen; mit dem Verlustwinkel steht nur die Ableitung, nicht aber der Isolationswiderstand in Zusammenhang. Das Zahlenbeispiel ergibt eine Ableitung von 1 μS/km.

Der Widerspruch zwischen Gleich- und Wechselstrommessung ist darauf zurückzuführen, daß bei der Wechselstrommessung der Beginn des Vorganges sich in jeder halben Periode wiederholt und der Strom keine Zeit hat, auf einen merklich kleineren Wert zu sinken; die verfügbare Zeit ist bei 50 Per/s 6000mal kleiner als bei der Gleichstrommessung.

Erfahrungsgemäß ist der Energieverbrauch W in festen Dielektrika dem Quadrate der Spannung proportional; der Winkel hat den Charakter einer von der Temperatur abhängigen Materialkonstante.

3. Die Durchschlagsfestigkeit. Während Isolationswiderstand und dielektrischer Energieverlust wirtschaftlich kaum oder nur wenig ins Gewicht fallen, bildet eine hinreichende Durchschlagsfestigkeit der Kabel die Voraussetzung für deren Verwendbarkeit. Als Durchschlagsfestigkeit eines Isolierstoffes bezeichnet man diejenige Feldstärke, bei welcher der Durchschlag erfolgt. Die Kenntnis einer solchen Grenze ermöglicht die Wahl eines für den Betrieb zuzulassenden Gradientenhöchstwertes und die Berechnung der Isolierungsdicke. Durchschlagssicherheit oder Sicherheitsgrad heißt der Quotient aus Durchschlagsfestigkeit und zugelassener Feldstärke. Der praktische Wert dieser der mechanischen Festigkeitslehre entlehnten Begriffe wird leider dadurch sehr wesentlich verkleinert, daß die Durchschlagsfestigkeit sich nicht genau bestimmen läßt. Bei Prüfungen wird daher eine möglichst große Anzahl von Durchschlagswerten unter möglichst gleichen Bedingungen ermittelt; für die Durchschlagsfestigkeit kommt der Mittelwert, für den Sicherheitsgrad lediglich als wahrscheinliches Maß der kleinste beobachtete Wert in Betracht. Im folgenden werden die Ergebnisse einer solchen vor 16 Jahren aufgenommenen Versuchsreihe[1] wiedergegeben. Die Versuche erstrecken sich auf 6 verschiedene Typen von Einleiterkabeln mit getränkter Papierisolierung; sie hatten die folgenden Abmessungen[2]:

Tabelle 6. Konstruktionsdaten von sechs Einleiterkabeln.

Type	Q_2 mm	δ mm	d mm	D mm
I	16	3	5,1	11,1
II	50	3	9,2	15,2
III	240	3	20,2	26,2
IV	16	6	5,1	17,1
V	50	6	9,2	21,2
VI	240	6	20,2	32,2

Die für diesen Versuch hergestellten Kabel[3] wurden auf kurze Stücke zerlegt und diese einzeln der Durchschlagsprüfung unterworfen. Das Ergebnis der aus 430 Durchschlägen bestehenden Versuchsreihe ist in den Tabellen 7 und 8 zusammengestellt.

Tabelle 7. Ergebnisse der Durchschlagsversuche an den sechs Einleiterkabeln nach Tabelle 6.

Durchschlags-Spannung in kV	$\delta = 3$ $Q = 16$	3 50	3 240	6 16	6 50	6 240
20 bis 30	1	2	3	—	—	—
30 „ 40	22	35	41	2	2	—
40 „ 50	47	28	21	3	11	—
50 „ 60	—	—	5	33	11	5
60 „ 70	—	—	—	26	33	26
70 „ 80	—	—	—	1	18	27
80 „ 90	—	—	—	—	5	19
90 „ 100	—	—	—	—	—	3

Die den mittleren Durchschlagsspannungen entsprechenden Gradientenhöchstwerte erweisen sich als von der Isolierungsdicke nahezu unabhängig, mit abnehmendem Leiterdurchmesser werden sie größer. Aus dieser Gesetzmäßigkeit kann die Schlußfolgerung gezogen werden, daß für das Zustandekommen des Durchschlags die für ein homogenes und ideales Dielektrikum berechnete Feldverteilung nicht allein ausschlaggebend ist, wenigstens soweit die untersuchten Kabel in Frage kommen. Die vereinzelt beobachteten niedrigsten Werte der Durchschlagsspannung können mit der aus den Mittelwerten berechneten

[1] Klein: Dielektrische Messungen an Kabeln. ETZ 1913, S. 850.

[2] Es bedeutet Q den Leiterquerschnitt, δ die Isolierungsdicke, d und D die Durchmesser von Leiter bzw. Seele.

[3] Von der Kabelwerk Rheydt Akt.-Ges. in Rheydt.

Tabelle 8.
Berechnung der Versuchsergebnisse aus den Tabellen 6 und 7.

δ mm Q mm²	3 16	3 50	3 240	6 16	6 50	6 240
Betriebsspannung (kV)	3	3	3	10	10	10
Durchschlagsspannung (kV)						
Minimum	20,	20	20	35	30	50
Mittel	40,3	36,6	37,2	56,5	62,0	70,3
Maximum	49	49	54	70	84	95
Gradientenhöchstwert (kV/mm)						
bei Betriebsspannung	1,5	1,3	1,1	3,2	2,6	2,0
bei Durchschlagsspannung						
Minimum	10,1	8,7	7,7	11,3	7,8	10,6
Mittel	20,3	15,8	14,3	18,3	16,1	14,9
Maximum	24,8	21,2	20,8	22,7	21,8	20,2
Mittlere Durchschlagsfestigkeit (kV/mm)	20,3	15,8	14,3	18,3	16,1	14,9
n-facher Sicherheitsgrad . . . $n =$	6,7	6,6	6,7	3,5	3,0	5,3

Durchschnittsqualität des Stoffes in keinem Zusammenhange stehen, setzen aber den Sicherheitsgrad des Kabels sehr erheblich herab.

Die Unsicherheit, mit welcher die Einzelwerte behaftet sind, ist der experimentelle Ausdruck für die Ungleichmäßigkeit des Isolierstoffes. Die pro 1 km Kabellänge angegebenen Werte der Kapazität und der Ableitung sind ihrer Natur nach Durchschnittswerte, welche über die wirkliche Verteilung dieser Eigenschaften z. B. für je 1 cm Länge des Kabels keine Auskunft geben.

Neben dieser Unsicherheit wird die Bestimmung eines Sicherheitsgrades auch dadurch erschwert, daß die Durchschlagsfestigkeit von der Dauer der Belastung abhängig ist und zwar in der Weise, daß sie mit zunehmender Belastungsdauer kleiner wird und sich einem Endwert asymptotisch nähert.

Ein charakteristisches Merkmal des elektrischen Durchschlages fester Stoffe ist die Plötzlichkeit, mit welcher der Vorgang sich abspielt; stoffliche Veränderungen, welche den nahenden Durchschlag ankündigen oder einleiten, sind nicht wahrnehmbar. Das Fehlen eines merklichen Übergangszustandes erschwert die Erkenntnis der Beziehung zwischen Energieverlust durch elektrische Beanspruchung und Durchschlag; an dem Bestehen eines solchen Zusammenhanges kann aber nicht gezweifelt werden, da das Ergebnis des Durchschlages im Verbrennen des Isolierstoffes an der Durchschlagsstelle besteht, also die Folge einer Erwärmung ist.

C. Baur [1] erkannte schon im Jahre 1892 den thermischen Charakter des Durchschlages fester Isolatoren; die restlose Erklärung des hierbei sich abspielenden physikalischen Vorganges hat K. W. Wagner gegeben[2]. Wagner denkt sich das ganze elektrische Feld auf Fäden von sehr kleinem Querschnitt zerlegt, die den Isolierstoff in der Rich-

[1] Baur, C.: Das elektrische Kabel, 1. Aufl. S. 38. Berlin 1903.

[2] Wagner, K. W.: Der physikalische Vorgang beim elektrischen Durchschlag von festen Isolatoren. Sitzungsberichte der Preuß. Akademie der Wissenschaften 1922, S. 438.

tung der Kraftlinien durchsetzen; allgemein wird die Leitfähigkeit dieser Fäden, und damit die in ihnen entwickelte Wärmemenge, verschieden groß sein. Ist die Leitfähigkeit eines der Fäden größer als diejenige der umgebenden Fäden, dann wird sich in ihm eine Übertemperatur einstellen, deren Höhe von dem Verhältnis seiner elektrischen Leitfähigkeit zu der Wärmeableitungsfähigkeit der Umgebung anhängt. Da die Wärmeabgabe des Fadens der Übertemperatur proportional ist, wird sich das Gleichgewicht bei derjenigen Übertemperatur einstellen, bei welcher die elektrische Leitfähigkeit des Fadens genau soviel Wärme produziert, als die Umgebung weiterleiten kann. Es können also bei unveränderter Feldstärke auf eine konstante Übertemperatur erwärmte Stellen vorhanden sein, die nicht durchgeschlagen werden. Läßt man jedoch die Feldstärke auf höhere Werte steigen, dann steigt auch die Wärmeentwicklung, die elektrische Leitfähigkeit der Fäden wird größer, bis schließlich an irgendeiner Stelle die Wärmeproduktion größer wird als die Wärmeabgabe. Die Folge davon ist die weitere Erhöhung der Temperatur und damit der Leitfähigkeit des Fadens; es tritt — bei unveränderter Feldstärke — eine in automatischer Wechselwirkung erfolgende und „lawinenartig“ beschleunigte Steigerung der Temperatur und der Leitfähigkeit des Fadens ein, bis schließlich die Verbrennungstemperatur des Isolierstoffes erreicht wird und der Durchschlag erfolgt. Wagner hat in zahlreichen Versuchsreihen nachgewiesen, daß der Durchschlag nach Labilwerden des thermisch-elektrischen Gleichgewichtes auch bei Verkleinerung der Feldstärke eintritt. Es ist somit keine „elektrisch schwächste Stelle“, die bei Steigerung der Spannung zuerst durchgeschlagen wird; vielmehr ist die ungleichmäßige Beschaffenheit der festen Isolierstoffe das wesentliche Merkmal, welches den eigenartigen Charakter des Durchschlages bestimmt.

Der Durchschlag eines festen Isolierstoffes von bekannter mittlerer Durchschlagsfestigkeit erfolgt demnach bei einer relativ um so höheren Spannung, je größer seine Gleichmäßigkeit ist[1].

4. Das Maxwellsche geschichtete Dielektrikum. Eine zweite Folge der ungleichmäßigen Beschaffenheit der festen Isolierstoffe ist die sogenannte „dielektrische Nachwirkung“; die Annahme eines nur aus zwei Schichten bestehenden Dielektrikums genügt unter einer bestimmten, meistens zutreffenden Voraussetzung für die Erklärung sehr verwickelter Vorgänge. Die Theorie des geschichteten Dielektrikums rührt von Maxwell[2] her; auf ihre überraschenden Konsequenzen haben K. W. Wagner[3] und Ch. P. Steinmetz[4] hingewiesen.

[1] Mit der Theorie des Durchschlages fester Isolatoren beschäftigen sich mehrere, nach der K. W. Wagnerschen Veröffentlichung erschienenen Arbeiten, welche den Durchschlag nicht nur auf thermische, sondern auch auf elektrische Ursachen zurückführen. Vgl. V. Rogowski: A. f. E. 1924, S. 154; 1927, S. 123 und die dort angeführte Literatur.

[2] Lehrbuch Bd. 1, S. 471.

[3] A. f. E. 1914, S. 67 u. 371; ETZ 1915, S. 111; ferner im „Isolierstoffe.“

[4] Cable charge and discharge, Journ. A. I. E. E. 1924, S. 525; ETZ 1924, S. 1448.

Das Dielektrikum eines ebenen Plattenkondensators bestehe aus zwei verschiedenen, je für sich homogenen Schichten I und II, deren Trennungsfläche eine zu den Belegungen parallele ebene Fläche ist; ε_1 und ε_2 sind die DK, ϱ_1 und ϱ_2 die Isolationswiderstände der beiden Schichten.

Die Anordnung stellt die Hintereinanderschaltung zweier Kondensatoren dar, wobei die Ladung des Kondensators I durch den Widerstand ϱ_2, die des Kondensators II durch den Widerstand ϱ_1 erfolgt. Wird ein Kondensator von der Kapazität K durch den Widerstand R auf die Spannung E geladen und ist e_t der Zeitwert der Kondensatorspannung, dann ist[1]

$$e_t = E\left(1 - e^{-\frac{t}{KR}}\right).$$

Z. B. für $k = 0{,}05\,\mu\mathrm{F}$ ist die Ladung bis auf 99% der Ladespannung beendet bei

$R = 10^3$ Ohm in $0{,}23 \cdot 10^{-3}$ Sekunden
10^6 „ „ 0,23 „
10^9 „ „ 3 Minuten und 50 Sekunden.

Angesichts des großen Isolationswiderstandes der gebräuchlichen Isolierstoffe nimmt hiernach das Aufladen des Zwei-Schichten-Kondensators eine längere Zeit in Anspruch, und man begeht einen kleinen Fehler, wenn man annimmt, daß die flüchtigen Ausgleichsvorgänge des Einschaltens schon verschwunden sind, als das Aufladen des Kondensators begonnen hat. In diesem Zeitpunkt besteht in beiden Schichten dieselbe Verschiebung und die an den Schichten herrschenden Spannungen sind den Dielektrizitätskonstanten umgekehrt proportional. Der Isolationsstrom beginnt zu fließen; er ist proportional der Leitfähigkeit und der Spannung, im Anfang somit umgekehrt proportional der Dielektrizitätskonstante und allgemein diesseits und jenseits der Grenzfläche verschieden stark. Infolge dieser Verschiedenheit, welche, wie man sich leicht überzeugt, besteht, wenn $\varepsilon_1 \varrho_1 \neq \varepsilon_2 \varrho_2$ ist, speichert sich auf der Grenzfläche eine Ladung auf, die ihrerseits das Feld und dadurch auch die Ströme verändert. Die größeren Werte werden verkleinert, die kleineren vergrößert; die Aufspeicherung verlangsamt sich und hört ganz auf, sobald der Strom in beiden Schichten denselben Wert erreicht hat. Dieser ist der Endwert des Isolationsstromes. Jetzt sind die Spannungen den Widerständen proportional und richten sich nicht mehr nach den Dielektrizitätskonstanten.

Im Wechselfeld erfolgt die periodische Änderung der Spannung selbst im Falle technischer Wechselströme von 50 und weniger Perioden pro Sekunde im Vergleich zu dem langsamen Verlauf der hier beschriebenen Vorgänge sehr schnell. Es besteht dauernd der Anfangszustand, die Spannungsverteilung richtet sich nach dem Verschiebungsstrom, eine Aufladung der Grenzfläche findet nicht statt.

---

[1] Vgl. z. B. R. Rüdenberg: Elektrische Schaltvorgänge. Berlin: Julius Springer 1923.

Entladet man das Zwei-Schichten-Dielektrikum nach vorhergehender Gleichspannungsbelastung mit einem momentanen Kurzschluß und isoliert die Belegungen, so erscheinen auf diesen nach einiger Zeit neue Ladungen, weil die Grenzflächenladung nach Verschwinden der aufgedrückten EMK unter der Wirkung ihres eigenen Feldes zu den Außenbelegungen strömt; infolge des großen Isolationswiderstandes ist dieser Vorgang ebenso langsam wie der analoge bei der Ladung. Entfernt man von den Belegungen die neu erschienene Ladung abermals, so erscheint nach einiger Zeit wieder eine neue, schwächere Ladung, usw.

Im Sinne dieser von Maxwell begründeten Theorie muß jedes feste Dielektrikum als nicht homogen angesehen werden. Da die DK-Werte und Leitfähigkeiten der Bestandteile allgemein unbekannt sind, scheint der Begriff der Dielektrizitätskonstante fester Dielektrika hierdurch schwankend zu werden; da jedoch die Definition Kapazität × Spannung = Ladung ein Dielektrikum ohne Leitfähigkeit voraussetzt und keine in das Dielektrikum eindringende Ladungen kennt, kann als die wahre Kapazitat (und wahre Dielektrizitätskonstante) des Kondensators nur der am Anfang des Ladevorganges wirksame Wert gelten.

Die beschriebenen Vorgänge sind in ihrem Verlauf von der Temperatur in starkem Maße abhängig, da die Leitfähigkeit der meisten Isolierstoffe eine Funktion der Temperatur ist und die Temperaturkoeffizienten der verschiedenen Stoffe verschieden groß sind. Dadurch werden die Vorgänge noch viel unübersichtlicher.

C. Das getränkte Papierkabel.

1. Veränderlichkeit des Aggregatzustandes. Zum Tränken benutzt man meistens Isolierstoffe, die im kalten Zustande dickflüssig oder fest sind und zum Tränken durch Erhitzung in dünnflüssigem Zustand übergeführt werden müssen; auch in dem durch die betriebsmäßige Belastung erwärmten Kabel sind sie mehr oder weniger flüssig. Das Verhalten des getränkten Papierkabels im elektrischen Feld wird wesentlich dadurch bestimmt, daß der Energieverlust in der Tränkmasse bei dem Übergang von dem einen Aggregatzustand in den anderen seine physikalische Natur ändert. Eine grundlegende Untersuchung über die Änderungen im Übergangsgebiet rührt von L. Pungs[1] her, der die Verluste in einem Gemisch von Bienenwachs und Kolophonium bei Feldstärken von ca. 1000 V/mm zwischen Temperaturen von 10 und 80° C und in Wechselfeldern von 25 und 60 Per/s gemessen hat. Die Ergebnisse sind in der Abb. 62 wiedergegeben; Kurve I stellt den Verlauf des Stromes, Kurve II die Verluste bei 60 Peiroden, Kurve III die Verluste bei 25 Perioden dar. Pungs beschreibt den Abkühlungsvorgang wie folgt:

„Von 77° bis 57° fällt der Verlust außerordentlich schnell ab, dabei fallen beide Kurven in diesem Bereiche vollständig zusammen, der Verlust ist somit unabhängig von der Periodenzahl. Das Gemisch ist in diesem Bereich dünnflüssig, fängt bei 57° an zähflüssig zu werden, gleichzeitig sieht man beide Kurven aus-

[1] Pungs, L.: Über das dielektrische Verhalten flüssiger Isolierstoffe bei hohen Wechselspannungen. Berlin 1913.

einandergehen, d. h. es tritt ein von der Periodenzahl abhängiger Verlust auf, der sich immer deutlicher ausprägt, da die Kurven immer mehr voneinander abweichen. Gleichzeitig erreicht der Verlust bei ca. 43° ein Minimum, worauf er schnell zu steigen anfängt. Um 43° wird die Masse zähe, bei 30° ist sie schon spröde. Bei dieser Temperatur erreicht der Verlust ein Maximum, ungefähr gleichzeitig bei beiden Kurven. Dann sinkt der Verlust rasch, um bei Zimmertemperatur die früher beobachteten Werte anzunehmen. Diese Untersuchung wurde auch bei anderen Spannungen und Periodenzahlen stets mit dem gleichen Ergebnis wiederholt. Sie zeigt sehr deutlich, wie der dielektrische Verlust vom molekularen Zustand des Isolators abhängt. Beim Übergang in den flüssigen Zustand wird der bei 30° z. B. sehr beträchtliche Hystereseverlust[1] ganz unmerklich, und es tritt ein elektrolytischer Leitungsverlust an seine Stelle."

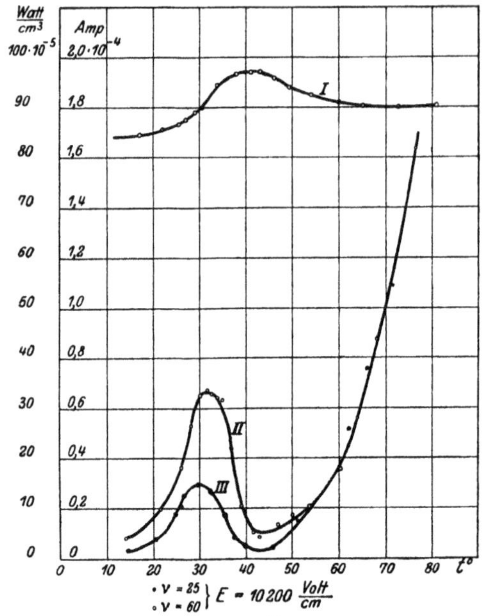

Abb. 62. Energieverlust bei Änderung des Aggregatzustandes (Pungs).

Zahlreiche Messungen anderer Beobachter an Kabeltränkmassen und getränkten Papierkabeln führen zu ähnlichen Ergebnissen; erwärmt man das im Anfang auf Raumtemperatur gehaltene Dielektikum auf höhere Temperaturen, dann nehmen die Verluste zuerst langsam ab, erreichen bei 35 bis 40° C ein Minimum und steigen nachher rasch an. Abb. 63[2] zeigt nach Messungen von Proos den Verlauf des Verlustwinkels zwischen 10 und 65° C bei sechs verschiedenen Wechselspannungen zwischen 15 und 45 kV. Nach Emanueli[3], der diese Messungen an Tränkmassen und getränkten Kabeln mit niedrigen Wechselspannungen von 22 bis 1000 Per/s bis auf Temperaturen von — 20° C ausgedehnt hat,

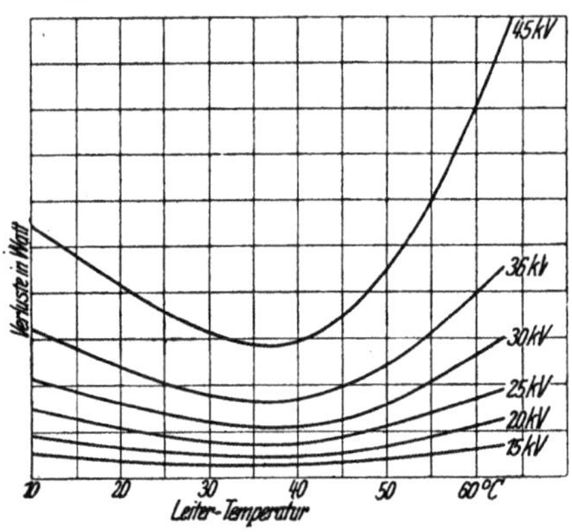

Abb. 63. Dielektrische Verluste eines Kabels als Funktion der Temperatur bei verschiedenen Spannungen (Proos).

[1] Das heißt der von der Periodenzahl abhängige Verlust.
[2] van Staveren, J. C.: Betrachtungen über die von niederländischer Seite vorgeschlagene neue Methode zur Prüfung von Hochspannungskabeln. ETZ 1924, S. 129.
[3] Journ. I. E. E. 1926, S. 125.

wächst der Verlustwinkel bei Temperaturen unterhalb des Minimums bis zu einem Höchstwert, der in der Nähe von 0° liegt, an, um bei noch tieferen Temperaturen abermals auf kleinere Werte zu sinken; ein Verlauf, der dem von Pungs an der Bienenwachs-Kolophonium-Mischung konstatierten entspricht. Ferner hat Emanueli festgestellt, daß das Minimum des Verlustwinkels von der Frequenz unabhängig ist und

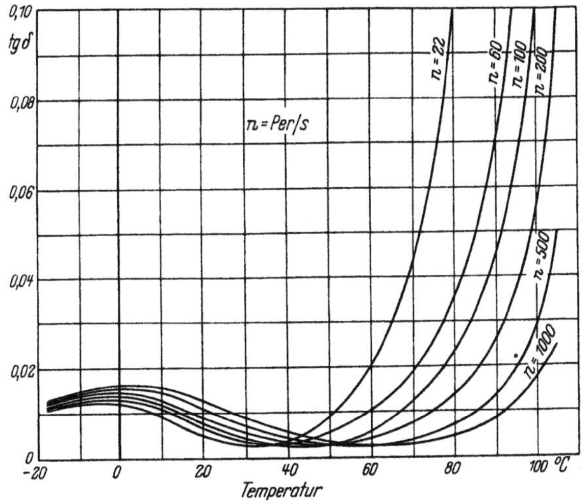

Abb. 64. Verlustwinkel eines Kabels als Funktion der Temperatur bei verschiedenen Frequenzen (Emanueli).

bei um so höheren Temperaturen eintritt, je höher die Frequenz ist; oberhalb der Minima wächst der Verlustwinkel mit der Temperatur bei hohen Frequenzen langsamer als bei den niedrigen[1] (Abb. 64).

Es treten also zwei verschiedene Arten des Energieverlustes auf: der Hysteresisverlust im festen bzw. dickflüssigen Zustande und der Leitungsverlust im dünnflüssigen Zustande. Im Übergangsgebiet sind beide vertreten, während im dickflüssigen Zustand die Leitungsverluste, im dünnflüssigen die Hysteresisverluste verschwindend klein werden. Der Hysteresisverlust gehorcht dem Quadratgesetz und nimmt mit wachsender Temperatur ab, der Leitungsverlust wächst schneller als es dem Quadratgesetz entsprechen würde und nimmt mit der Temperatur oberhalb des Minimums ebenfalls rasch zu. Die Abweichung des Leitungsverlustes vom Quadratgesetz ist die Folge der bekannten, von S. Evershed[2] erklärten Erfahrungstatsache, wonach der Leitungswiderstand von Flüssigkeiten, insbesondere auch der in Faserstoffen enthaltenen Flüssigkeiten der Quadratwurzel der Spannung umgekehrt proportional ist. Mit ϱ als Isolationswiderstand, E als

[1] Die Frequenzabhängigkeit des Verlustwinkels bei hohen Temperaturen widerspricht der Abb. 62; es wird hier dazu weiter keine Stellung genommen.

[2] Evershed, S.: Journ. I. E. E. 1913, S. 51; Wagner, K. W.: ETZ 1914, S. 887; sowie im „Isolierstoffe".

Spannung und w als Leitungsverlust im Dielektrikum wird

$$\varrho = \frac{\text{konst}}{\sqrt{E}} \quad \text{und} \quad w = \frac{E^2}{\varrho} = \frac{1}{\text{konst}} \cdot E^{2,5}.$$

Bei sehr hohen Temperaturen verschwindet diese Abhängigkeit des Leitungswiderstandes von der Spannung und das Quadratgesetz tritt wieder in Gültigkeit. Bezeichnet w den Gesamtverlust, w_H den Hysteresisverlust, w_L den Leitungsverlust, n die sekundliche Periodenzahl und sind a und b zwei Koeffizienten, dann ist

$$w = w_H + w_L = a \cdot n \cdot E^2 + b \cdot E^{2,5} = \omega \cdot k \cdot E^2 \cdot \operatorname{tg} \delta,$$

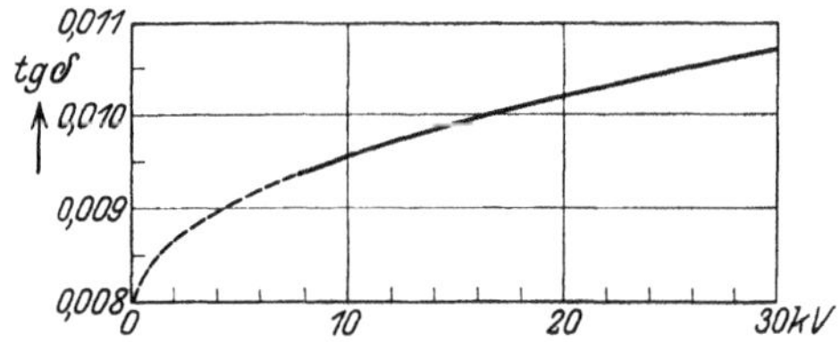

Abb. 65. Theoretische Verlustwinkelkurve im Übergangsgebiet.

woraus

$$\operatorname{tg} \delta = \frac{a n}{\omega k} + \frac{b}{\omega k} \cdot \sqrt{E},$$

und das ist die Gleichung einer mit E ansteigenden Linie. Ist z.B. $k = 0,2\ \mu\text{F}$, $n = 50$, $a = 10^{-9}$, $b = 10^{-10}$, dann ergibt sich für die Verlustwinkelkurve im Bereich bis $E = 30$ kV der in der Abb. 65 dargestellte Verlauf. Die Verlustwinkelkurven von Hochspannungskabeln zeigen oft diese Form. Abb. 66 stellt diejenige eines Einleiterkabels von 70 mm² Querschnitt für eine Betriebsspannung von 20 kV im Spannungsbereich von 10 bis 60 kV dar; ihr geradlinig ansteigender Verlauf stimmt mit der Abb. 65 gut überein.

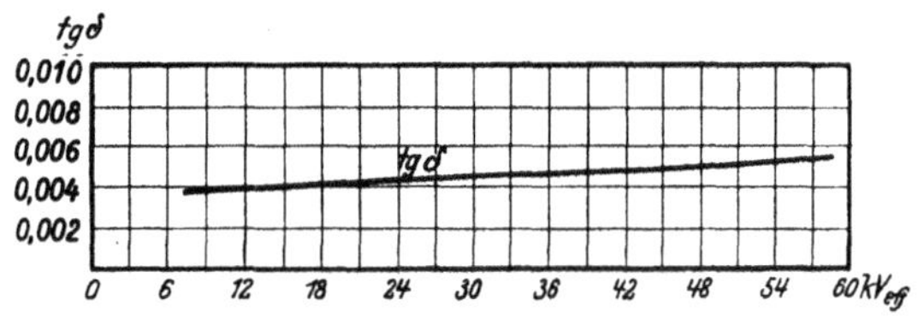

Abb. 66. Verlustwinkelkurve eines Einleiterkabels für 20 kV Betriebsspannung (NKW.).

Die Koeffizienten a und b können je nach Beschaffenheit der Tränkmasse sehr verschiedene Werte haben; mit der Temperatur nehmen sie zu.

Das Verlustminimum der gebräuchlichen Kabeltränkmassen liegt etwa bei 40° C; Messungen des Verlustwinkels an Kabeln im Prüffeld, welche die Raumtemperatur angenommen haben, fallen daher meistens in das Übergangsgebiet. Die in solchen Fällen oft beobachtete kleine Zunahme des Verlustwinkels mit der Spannung erweist sich somit als eine Abweichung vom Quadratgesetz, bedingt durch das Verhalten flüssiger Isolierstoffe. Kühlt man das Kabel auf so tiefe Temperaturen herunter, daß die Tränkmasse sich vom Übergangsgebiet entfernt und fest wird, dann gehorcht das Kabel dem für feste Isolierstoffe gültigen Quadratgesetz. Dasselbe tritt auch ein, wenn man das Kabel auf so hohe Temperaturen erhitzt, daß der Leitungswiderstand der Tränkmasse von der Spannung unabhängig wird; dabei werden die Verluste sehr groß.

Während die beschriebene Abweichung der Verlustwinkelkurven getränkter Papierkabel von dem Quadratgesetz auf das Verhalten der

Tränkmasse zurückgeführt werden konnte, beobachtet man an solchen Kabeln andere Erscheinungen, welche durch deren bisher beschriebenen Eigenschaften nicht erklärt werden können.

Häufig findet man bei Kabeln eine Abweichung vom quadratischen Gesetz in dem Sinne, daß der Leistungsfaktor nur bis zu einer bestimmten Spannung dem Quadratgesetz gehorcht und oberhalb dieser Grenze mit der Spannung zunimmt.

In der Abb. 67 sind die Verlustwinkelkurven der sechs Einleiterkabel dargestellt, welche nach Beendigung dieser Messungen zur Durch-

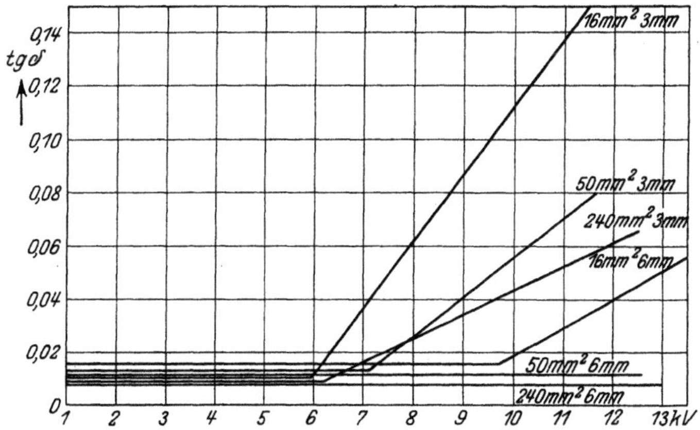

Abb. 67. Verlustwinkelkurven von Einleiterkabeln (1913).

führung der auf S. 67 beschriebenen Durchschlagsversuche gedient haben. Die Messungen wurden mit Spannungen von 1000 bis 13000 Volt ausgeführt; in diesem Meßbereich verhalten sich die Kabel V und VI dem Quadratgesetz entsprechend, die Verlustwinkel der vier anderen Kabel sind bis zu einer Spannung E_0 konstant und steigen von da mit der Spannung E linear an. Bezeichnet α den Verlustwinkel, α_0 den konstanten Wert des Verlustwinkels für $E \leqq E_0$ und A eine Konstante, dann können die aus je zwei Geraden bestehenden Verlustwinkelkurven im Bereich $E > E_0$ durch den Ausdruck

$$\operatorname{tg}\alpha = \operatorname{tg}\alpha_0 + A\,(E - E_0)$$

dargestellt werden. Aus der Abb. 67 lassen sich für die Konstanten α_0 und A die folgenden Werte berechnen.

Tabelle 9. Auswertung der Verlustwinkelkurven der Abb. 67.

Kabel Nr.	Q mm²	δ mm	E_0	α_0	A
I	16	3	5950	0,0205	$0{,}0226 \cdot 10^{-3}$
II	50	3	7100	0,0235	0,0124
III	240	3	6200	0,0195	0,0072
IV	16	6	9700	0,0255	0,0092
V	50	6	> 13000	0,0220	?
VI	240	6	> 13000	0,0180	?

Die den Spannungen E_0 entsprechenden Gradientenhöchstwerte sind

bei dem Kabel	I	3020 V/mm
,, ,, ,,	II	3120 ,,
,, ,, ,,	III	2360 ,,
,, ,, ,,	IV	3140 ,,

also im Mittel etwa 3000 V/mm; die Vermutung, daß auch die Verlustwinkelkurven der Kabel V und VI eine ähnliche ,,Knickstelle" bei demselben Gradientenhöchstwert besitzen, führt für das Kabel V zum Wert $E_0 = 11300$ Volt und für das Kabel VI zum Wert $E_0 = 14100$. Demnach wird die Annahme, daß die Gültigkeit des Quadratgesetzes bei gleicher Beschaffenheit des Dielektrikums von den Querschnittsdimensionen unabhängig bei einem bestimmten Gradientenhöchstwert aufhört, für die untersuchten Kabel durch die Versuchsreihe näherungsweise bestätigt.

Eine andere an getränkten Papierkabeln beobachtete Erscheinung widerspricht der auf S. 68 erwähnten Eigenschaft fester Dielektrika, wonach bei diesen der Durchschlag durch keine stofflichen Veränderungen eingeleitet wird. So schreibt z. B. K. W. Wagner in seiner zitierten Arbeit[1]:

,,Unterbricht man die Stromzufuhr, bevor der Durchschlag eingetreten ist, und untersucht man die erhitzte Stelle nach dem Abkühlen, so findet man, daß sie sich in ihren elektrischen Eigenschaften von anderen, kühl gebliebenen Stellen praktisch nicht unterscheidet."

Trotzdem hat man es für denkbar gehalten, daß die Kabel unter sehr lange dauernder Einwirkung des periodischen Wechselfeldes sich allmählich verschlechtern, ,,altern" können. Eine experimentelle Prüfung dieser Frage[2] führte zu dem Ergebnis, daß übermäßige elektrische Belastung eines Kabels eine vorübergehende Herabsetzung der Durchschlagsfestigkeit, also eine Art dielektrischer Ermüdung herbeiführen kann. Zu diesem Versuch wurde ein Einleiterkabel von 50 mm² Querschnitt und 6 mm Isolierungsdicke gleich nach der Fertigstellung ohne vorhergehende Spannungsprüfung auf zwei gleiche Längen geteilt, die eine Länge 30 Minuten lang mit 21000 Volt, die andere viele Stunden hindurch mit höheren Spannungen belastet. Dann wurden von beiden Hälften eine größere Anzahl je 3 m langer Stücke abgeschnitten und der Durchschlagsprüfung unterworfen; die Ergebnisse sind in der Tabelle 10 zusammengestellt.

Die Nummern 1 bis 40 ergeben eine mittlere Durchschlagsfestigkeit von 90,8 kV, die Nummern 41 bis 90 eine von 82,8 kV. Die Durchschlagsfestigkeit des überlasteten Kabels erscheint demnach um ca. 9% verkleinert; für diese Verschlechterung gibt es keine andere Erklärung, als daß sie infolge der Überlastung eingetreten ist.

Faßt man die Durchschlagsziffern in Tabelle 11 in übersichtliche Gruppen zusammen, dann tritt die Verschlechterung augenfällig in Erscheinung.

[1] Vgl. Fußnote 2 auf S. 68.
[2] Klein, M.: Ermüdung von Hochspannungskabeln. ETZ 1923, S. 234.

Tabelle 10. Herabsetzung der Durchschlagsfestigkeit eines Kabels infolge dielektrischer Überlastung.

40 Durchschläge an Stücken des normal belasteten Kabels.

Nr.	kV	Nr.	kV	Nr.	kV	Nr.	kV
1	90	11	98	21	90	31	100
2	95	12	100	22	100	32	95
3	85	13	95	23	92	33	85
4	50	14	91	24	98	34	90
5	90	15	96	25	95	35	42
6	95	16	100	26	90	36	93
7	86	17	90	27	97	37	89
8	100	18	97	28	88	38	95
9	90	19	96	29	89	39	90
10	95	20	90	30	91	40	94

50 Durchschläge an Stücken des überbelasteten Kabels.

Nr.	kV	Nr.	kV	Nr.	kV	Nr.	kV	Nr.	kV
41	70	51	86	61	81	71	85	81	85
42	74	52	80	62	76	72	90	82	85
43	80	53	85	63	83	73	85	83	83
44	85	54	88	64	85	74	65	84	78
45	85	55	91	65	85	75	85	85	80
46	94	56	91	66	80	76	89	86	82
47	74	57	85	67	83	77	85	87	85
48	84	58	89	68	86	78	86	88	87
49	90	59	80	69	91	79	91	89	86
50	86	60	78	70	95	80	85	90	85

Tabelle 11.

Übersichtliche Gruppierung der Versuchsergebnisse nach Tab. 10.

Durchschlagsspannung	Anzahl der Durchschläge	
	mit Überlastung	ohne Überlastung
bis 50 kV	—	2
von 51 kV bis 69 kV	1	—
„ 70 kV „ 79 kV	6	—
„ 80 kV „ 84 kV	11	—
„ 85 kV „ 89 kV	24	6
„ 90 kV „ 99 kV	8	27
über 99 kV	—	5

Die vom überlasteten Kabel noch verbliebene ungeteilte Länge wurde einer abermaligen mehrstündigen Dauerüberlastung unterworfen, nach deren Beendigung 20 weitere Durchschlagsversuche auf Stücken dieser Länge in genau derselben Weise, wie vorher, ausgeführt wurden. Diese ergaben die mittlere Durchschlagsfestigkeit von 79,5 kV, somit die ursprüngliche Verschlechterung von 9% auf 12,4% gestiegen ist.

Einige Wochen später wurden beiden restlichen Längen weitere Stücke entnommen und der Durchschlagsprüfung unterworfen; hierbei zeigten sich keine Unterschiede mehr zwischen dem überlasteten und dem nicht überlasteten Kabel.

Der Versuch beweist das Auftreten einer langsam vorübergehenden Verschlechterung der Durchschlagsfestigkeit infolge übermäßiger dielektrischer Beanspruchung des Kabels.

Eine dritte, an getränkten Papierkabeln beobachtete Erscheinung, die Veränderlichkeit der Verlustwinkelkurve steht offenbar mit den nachgewiesenen langsamen Veränderungen im Zusammenhange. Oft erhält man für den Verlustwinkel, bei wiederholten Messungen mit einer bestimmten Spannung, Frequenz und bei derselben Temperatur verschiedene Werte, wenn das Kabel zwischen den Messungen Spannungsbelastungen oder Temperaturveränderungen ausgesetzt war.

Alle diese Erscheinungen können durch die Annahme des Vorhandenseins gasförmiger Bestandteile im Dielektrikum erklärt werden.

2. Hohlräume im Dielektrikum. In einem Einleiterkabel seien r und R die Radien des Leiters und der Seele, ε sei die DK. Bei einer Spannung E zwischen Leiter und Bleimantel hat der Spannungsgradient p am Leiter seinen Höchstwert

$$p_r = \frac{E}{r \cdot \ln \frac{R}{r}} = f \cdot E \,,$$

am Bleimantel seinen Mindestwert

$$p_R = \frac{E}{R \cdot \ln \frac{R}{r}} = \frac{r}{R} \cdot f \cdot E$$

und am Radius ϱ den Wert

$$p_\varrho = \frac{E}{\varrho \cdot \ln \frac{R}{r}} = \frac{r}{\varrho} \cdot f \cdot E \,.$$

Diese Ausdrücke gelten für homogene Dielektrika.

Es sei jetzt angenommen, daß an einer Stelle des Kabels, im Abstande ϱ von der Kabelachse, sich ein kleiner mit Gas gefüllter Hohlraum befindet; da die Verschiebung in und um dem Hohlraum dieselbe ist, erscheint in ihm eine ε-mal größere Feldstärke und ein Gradient

$$p_{L \cdot \varrho} = \varepsilon \cdot \frac{r}{\varrho} \cdot f \cdot E \,.$$

Die Feldstärke in einem Hohlraum unter dem Bleimantel kann unter Umständen größer sein als der für den Fall eines homogenen Dielektrikums berechnete Höchstwert an der Leiteroberfläche.

Steigert man die Spannung E, dann tritt, sobald die Feldstärke im Hohlraum eine bestimmte Grenze überschreitet, Ionisierung ein; das im Hohlraum eingeschlossene Gas wird leitend, und es entsteht plötzlich, mit einem endlichen Wert beginnend, ein Leitungsverlust, der sich zu den übrigen dielektrischen Verlusten addiert. Vereinzelte Hohlräume würden durch die Messung der Verluste vermutlich nicht nachzuweisen sein; sind jedoch im Kabel als Folge der Herstellungsart oder aus anderen Ursachen viele Hohlräume vorhanden, dann werden diese den dielektrischen Gesamtverlust merklich vergrößern.

Die Feldstärke, bei welcher Ionisierung einsetzt, wächst etwas mit abnehmender Dicke des Hohlraumes in der Feldrichtung und ist dem im Hohlraum herrschenden Gasdruck nahezu proportional; der niedrigste Wert E_0 der Spannung E, bei welcher eine merkliche Ionisierung beginnt, wird als die Ionisierungsspannung des Kabels bezeichnet.

Bei steigender Spannung beginnen die Hohlräume nach Überschreiten des Wertes E_0 nacheinander, je nach ihrer Größe, Lage und Form und je nach Größe des in ihnen herrschenden Gasdruckes zu ionisieren; hierbei nähert sich in jedem Hohlraum der Ionisierungsstrom mit zunehmender Feldstärke einem Endwert, dem Sättigungswert. Solange dieser nicht erreicht ist, nimmt der Energieverlust durch Ionisierung mit der Spannungsdifferenz $E - E_0$ zu.

Die in der Abb. 67 nachgewiesene Unstetigkeitsstelle E_0 kann nur als die Ionisierungsspannung des Kabels gedeutet werden. Nimmt man die Verlustwinkelkurve bei einer hinreichend niedrigen Temperatur auf, so daß die mit $E^{2,5}$ wachsenden Leitungsverluste noch verschwindend klein sind, dann verläuft sie bis zum Punkte E_0 parallel zur E-Achse und nimmt von da an mit wachsenden Werten E die Richtung mehr und mehr nach oben, entsprechend der Abhängigkeit des Isolierungsverlustes von der Spannungsdifferenz $E - E_0$. Diese Abhängigkeit pflegt man durch Ausdrücke darzustellen, die für ionisierende Hochspannungsfreileitungen („Korona-Erscheinung") empirisch gewonnen wurden. Der Ionisierungsverlust W_j beträgt nach Peek[1]

$$w_j = k_1 \cdot (n + 25)\,(E - E_0)^2\,,$$

nach Weidig und Jaensch[2]

$$w_j' = k_2\,(n + 25) \cdot e^{k_3 (E - E_0)}\,,$$

wo n in beiden Fällen die Periodenzahl bezeichnet; sie ergeben für die Verlustwinkelkurve die Gleichung (vgl. S. 74)

$$\operatorname{tg} \delta = \frac{a \cdot n}{k} + \frac{k_1\,(n + 25)}{k} \left(1 - \frac{E_0}{E}\right)^2$$

bzw.

$$\operatorname{tg} \delta' = \frac{a \cdot n}{k} + \frac{k_2\,(n + 25)}{k} \cdot \frac{e^{k_3 (E - E_0)}}{E^2}\,.$$

Beide Ausdrücke weichen von der auf S. 75 angegebenen Gleichung ab, welche den Verlauf der Verlustwinkelkurve in vielen Fällen gut wiedergibt. Man findet aber sehr oft auch von der geradlinigen abweichende, unregelmäßige Anstiege, auch ist der Ionisierungspunkt nicht immer scharf ausgeprägt. Die zeitliche Veränderlichkeit macht sich schon nach kurzen Zeiträumen bemerkbar. Die Form des Anstieges wird somit auch von der Geschwindigkeit, mit welcher die Messung erfolgt, beeinflußt. Man kann daher nur allgemein sagen, daß die Verteilung und Beschaffenheit der Hohlräume und die übliche Art der Messung meistens einen scharf ausgeprägten Ionisierungspunkt

[1] Zitiert nach A. Roth: Hochspannungstechnik. Berlin: Julius Springer 1927.
[2] Weidig und Jaensch: ETZ 1913, S. 637.

und einen mehr oder weniger geradlinigen Anstieg der Verlustwinkelkurve oberhalb des Ionisierungspunktes ergeben.

Es ist die Möglichkeit nicht von der Hand zu weisen, daß das Dielektrikum durch die Ionisierung Schaden erleidet[1]; das Glimmen des ionisierenden Hohlraumes kann eine Verkohlung der angrenzenden Papierschichten, Oxydation der Tränkmasse oder andere Verschlechterungen herbeiführen. Man ist daher bestrebt, die Hohlraumbildung zu verhindern oder die Ionisierungsspannung möglichst weit über die Betriebsspannung hinaufzudrücken.

Zwei amerikanische Autoren, W. S. Clark und G. S. Shanklin[2], welche die Verlustwinkelkurve zur Kennzeichnung des Kabels zuerst verwendet und die Existenz einer Ionisierungsspannung („Ionisierungspunkt") entdeckt haben, empfehlen zur Erreichung des zweitgenannten Zieles eine zwar sehr radikale, aber dafür unwirtschaftliche Maßnahme, nämlich die Herabsetzung des höchstzulässigen Gradientenhöchstwertes.

Die Kabeltechnik hat einen anderen Weg eingeschlagen, welcher zur Erhöhung der Ionisierungsspannung durch erfolgreiche Bekämpfung der Hohlräume geführt hat.

3. Die Entstehung der Hohlräume. Als Ursachen der Hohlraumbildung während der Fabrikation kommen zunächst vier Möglichkeiten in Frage.

1. Das Trocknen und Tränken der Kabel erfolgt im Vakuum; da ein absolutes Vakuum nicht erreicht wird, bleiben kleine Luftmengen in den Papierfasern und auch zwischen den Papierschichten zurück; ist die Tränkmasse nicht genug dünnflüssig oder die Tränkung aus anderen Gründen nicht sachgemäß, so kommt ein ungenügend getränktes, ein schlecht gefülltes Kabel zustande.

2. Die gebräuchlichen Tränkmassen haben eine große Wärmeausdehnung; der Raumausdehnungskoeffizient hat einen mittleren Wert von etwa 0,07% pro 1° C. Die Tränktemperatur liegt etwa 110° C über der Raumtemperatur und das Volumen der Tränkmasse beim Tränken ist um rund 8% größer, als im fertigen abgekühlten Kabel. Es können somit während das Abkühlens verdünnte Luft enthaltende Hohlräume entstehen, welche schon bei relativ kleinen Feldstärken zu ionisieren beginnen.

3. Bestandteile der Tränkmasse, welche bei der Tränktemperatur sich verflüchtigen, können Anlaß zur Bildung von Hohlräumen geben.

Zur Illustrierung der Punkte 2 und 3 sind in der Tabelle 12 die Werte des Ausdehnungskoeffizienten, des spez. Gewichtes und des Verdampfungsverlustes einiger Kabeltränkmassen zusammengestellt.

---

[1] C. Baur beobachtete bei Durchschlagsversuchen an Kabeln mit getränkter Juteisolierung eine Erwärmung des Dielektrikums, die er „nicht einer mangelhaften lokalen Isolation", sondern „besonderen Verhältnissen, die das Durchschlagen eines Luftfunkens in dem porösen Material erleichtern", zuschreibt. („Das elektrische Kabel", 1. Aufl., S. 38. Berlin 1903.)

[2] Clark, W. S., and G. S. Shanklin: Insulation characteristics of high voltage cables. Proc. A. I. E. E. 1917, S. 465.

Tabelle 12. Eigenschaften von Kabeltränkmassen.
(Ermittelt im Laboratorium von NKW.)

Nr. der Tränkmasse	Mittlerer Ausdehnungskoeffizient	Spez. Gewicht	Verdampfungsverlust bei 130° C nach 6 Stunden ‰	Verdampfungsverlust bei 130° C nach 18 Stunden ‰
1	0,000654	0,899	0,37	0,63
2	643	0,900	0,96	1,92
3	503	0,897	1,09	3,72
4	529	0,900	0,44	1,10
5	638	0,876	1,61	1,61
6	613	0,897	1,48	3,45
7	658	0,908	0,85	0,99
8	739	0,897	0,76	1,87
9	847	0,915	1,39	3,09
10	598	0,897	1,05	2,87
11	698	0,912	0,98	1,33
12	693	0,954	1,27	0,53

4. Wird der Bleimantel nicht genügend fest aufgepreßt, dann bleiben zwischen ihm und der Seele Hohlräume bestehen.

Alle vier Ursachen können zur Hohlraumbildung Anlaß geben; aus der Tatsache jedoch, daß getränkte Papierkabel schon zu einer Zeit ionisierungsfrei hergestellt wurden, als man an besondere Maßnahmen zur Bekämpfung der Ionisierung noch nicht gedacht hat, folgt ohne weiteres, daß die Hauptquelle der Ionisierung nicht unter diesen vier Ursachen zu suchen ist.

4. Ionisierung in verseilten Kabeln. Am 22. 3. 1910 hielt M. Höchstädter[1] im Elektrotechnischen Verein Berlin einen Vortrag über die Ergebnisse seiner Untersuchungen an Siemensschen Hochspannungskabeln. Es fiel ihm auf, daß während Einleiterkabel hinsichtlich der dielektrischen Verluste bis zu den höchsten Meßspannungen dem Quadratgesetz gehorchen, die Verluste in den verseilten Kabeln schneller als mit dem Quadrat der Spannung wachsen. Abb. 68 zeigt die aus den Angaben Höchstädters berechneten Verlustwinkelkurven eines Einleiter- und eines Dreileiterkabels.

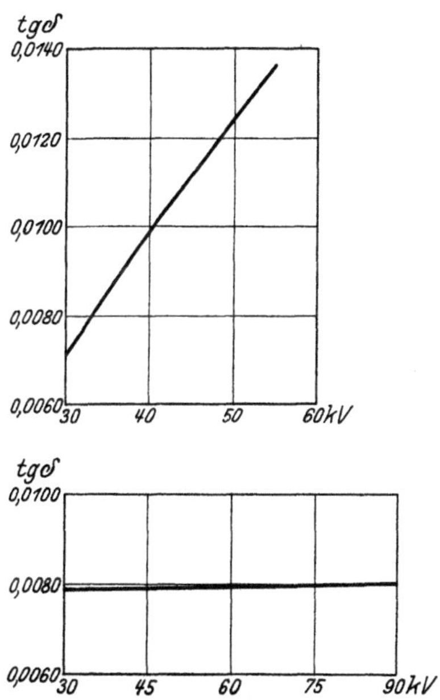

Abb. 68. Aus Angaben Höchstädters (1910) berechnete Verlustwinkelkurven von Siemens-Kabeln.

Der Verlustwinkel des Einleiterkabels bleibt im Bereich von 30 bis 90 kV konstant, während derjenige des Dreileiterkabels mit der Spannung

[1] ETZ 1910, S. 467.

fast linear wächst und bei 55 kV etwa doppelt so groß ist als bei 30 kV. Da die Ader- und Gürtelisolierung der verseilten Kabel genau so wie die Isolierung der Einleiterkabel hergestellt wurde,

„lag — für Höchstädter[1] — die Vermutung nahe, der Jutebeilauf, welcher in stark isolierten Kabeln mit runden Leitern einen großen Teil des Querschnitts einnimmt, möge vielleicht Schuld tragen an dem raschen Anstieg der Verlustkurve solcher Kabel. Wenn man sich das elektrische Kraftlinienfeld eines normalen verseilten Drehstromkabels über seinen Querschnitt aufskizziert, so sieht man leicht, daß, elektrische Gleichwertigkeit des Füllstoffes Jute mit der Papierisolation vorausgesetzt, die Jute einen Teil des Gesamtfeldes in sich aufnehmen muß. Mit anderen Worten, die Jute wird der Dicke nach in radialem Sinn, und die Berührungsfläche zwischen Jute und Papierleitern wird tangential auf Spannung beansprucht. Ist nun die Jute aber weniger widerstandsfähig als das Papier, oder, was noch wahrscheinlicher ist, wird die zulässige Oberflächenspannung überschritten, so muß die Inhomogenität des Querschnittes zur Folge haben, daß sich eine neue Feldverteilung einstellt unter teilweiser Leitung des Ladestromes durch die Jute und Ausgleich der Grenzfläche. Die Folgen dieser ‚inneren Strahlung' lassen sich bei Spannungen von 100000 bis 200000 V durch Brandflecke auf den Papierleitern schon nach relativ kurzer Zeit feststellen."

Von diesem Vortrag Höchstädters nimmt die Entwicklung des Höchstspannungskabels ihren Anfang. Durch die Verbesserung der Fabrikation ist es zwar gelungen, den Ionisierungspunkt verseilter Dreileiterkabel hinaufzusetzen; entscheidend wurde jedoch die Erkenntnis, daß nicht die vier angegebenen Ursachen, sondern das Füllmaterial in den Raumzipfeln zwischen den Adern verseilter Kabel als die unvermeidliche Quelle der Ionisierung angesehen werden muß.

Durch die Weiterentwicklung seiner Idee wurde Höchstädter zu einer konstruktiven Maßnahme geführt, die er im Jahre 1913 zum Patent angemeldet hat[2], und die in der Umhüllung der isolierten Adern verseilter Kabel bzw. der Seele von Einleiterkabeln mit einer feinen Metallhülle besteht. Durch eine elektrisch leitende Verbindung der Metallhüllen mit dem Bleimantel werden alle Bestandteile des Dielektrikums außerhalb den metallischen Aderhüllen aus dem Bereiche des elektrischen Feldes entfernt und die in ihnen vorhandenen Hohlräume bleiben unwirksam.

In einem verseilten Kabel mit „metallisierten" Adern wird die Dicke der Aderisolierung der zwischen Leiter und Bleimantel wirksamen Spannung entsprechend bemessen und die Gürtelisolierung fällt fort. Ein solches Kabel ist in seinem Aufbau mit dem in der Abb. 54 (S. 62) wiedergegebenen Kabel bis auf die Unterteilung des Aderdielektrikums vollkommen identisch. In beiden Fällen verwandelt sich das verseilte Dreileiterkabel in drei miteinander verseilte, elektrisch von einander getrennte Einleiterkabel.

Die erste Lizenznehmerin des Höchstädter-Patentes, die Standard Underground Cable Co. in Pittsburgh, stellt die Metallhülle aus 0,07 bis 0,08 mm starken Kupferbändern her[3] und umgibt die drei mit-

---

[1] ETZ 1910, S. 558. Vgl. auch ETZ 1915 S. 617.
[2] U. S. Pat. Nr. 1199789 v. 27. 3. 1913; D.R.P. Nr. 288446 v. 17. 7. 1913.
[3] Simons, D. M.: El. Review 1927, S. 412.

einander verseilten Adern zur Verbesserung des Kontaktes zwischen Metallhüllen und Bleimantel mit einer feinen Stahlbandspirale. In der europäischen Praxis benutzt man — eine von Höchstädter angegebene Konstruktion — etwa 0,008 mm starke, auf Isolierungspapier aufgeklebte perforierte Aluminiumbänder und zur Sicherung des Kontaktes mit dem Bleimantel bewickelt man die Kabelseele mit einem Faserstoffband, in welches Kupferdrähte eingewebt sind[1] (Abb. 69).

Ein anderes Verfahren zur Bekämpfung der Ionisierung in verseilten Kabeln beruht ebenfalls auf der zuerst von Höchstädter erkannten Wirkung der Raumzipfel, und besteht darin, daß man Einleiterbleikabel miteinander verseilt und mit einer gemeinschaftlichen Armierung versieht. Dreileiterkabel dieser Art werden im folgenden als „Dreimantel-Kabel" bezeichnet.

Abb. 69. Dreileiter-H-Kabel (Kabelfabrik Tedeschi in Turin).

5. Die thermische Stabilität. Die Existenz ionisierender Hohlräume in getränkten Papierkabeln ist direkt nicht nachweisbar; sie ist eine Hypothese, allerdings eine von größter Wahrscheinlichkeit, da sie alle beschriebenen Eigentümlichkeiten des Kabeldielektrikums im elektrischen Wechselfeld erklärt und durch eine andere Hypothese nicht ersetzt werden kann. Die Unstetigkeit der Verlustwinkelkurve im Ionisierungspunkt wurde durch den mit einem endlichen Wert einsetzenden Ionisierungsverlust erklärt. Auch die infolge von Temperaturänderungen eintretende zeitliche Veränderlichkeit der Verlustwinkelkurve findet als Wirkung der Gaseinschlüsse ihre Erklärung; in einem hohlraumfreien Dielektrikum muß die Verlustwinkelkurve eine eindeutige und reproduzierbare Funktion der Temperatur sein. Ein Kabel, welches dieses Verhalten zeigt, ist thermisch stabil.

Zur Erklärung der thermischen Unstabilität ist es notwendig, die mutmaßliche Bewegung der sich erwärmenden Tränkmasse z. B. in einem normalen Dreileiterkabel zu verfolgen. Es sei angenommen, daß die erste Messung eines Kabels einen Ionisierungspunkt E_0 bei einer Temperatur t_1 ergeben hat. Bei Steigerung der Temperatur durch Strombelastung drückt die sich ausdehnende Tränkmasse die eingeschlossenen Gasmengen auf kleinere Volumina zusammen; dabei steigt die kleinste ionisierende Feldstärke schneller auf höhere Werte, als der dem abnehmenden Volumen umgekehrt proportionale Gasdruck, weil auch die Gastemperatur steigt und weil die kleinste ioni-

[1] D.R.P. Nr. 374 409 v. 12. 5. 1920 und D.R.P. Nr. 412 611 v. 3. 12. 1923.

sierende Feldstärke auch mit der abnehmenden Dicke des Hohlraumes größer wird. Der Ionisierungspunkt rückt somit bei einer Temperatur $t_2 > t_1$ auf einen Wert $E_0' > E_0$, bis er schließlich die höchste angewandte Meßspannung erreicht. Bei dieser Temperatur ist das Kabel ionisierungsfrei.

Während dieser Erwärmungsperiode tritt die erweichende Tränkmasse in Bewegung. So gierig das getrocknete Papier in der Fabrikation die etwa 130° C heiße, unter Vakuum zuströmende Tränkmasse aufsaugt, so gering ist ihre Durchlässigkeit im getränkten Zustande für dieselbe Tränkmasse bei niedrigeren Temperaturen; die Bewegung erfolgt auch nicht durch das Papier, sondern zwischen den Lücken der Papierwindungen. Die Tränkmasse der innersten Papierlagen führt ein zweiter Weg in die Hohlräume der Leiterlitze. Der Querschnittsraum einer aus gleich starken Drähten hergestellten normalen Litze ist etwa 30% größer als der Metallquerschnitt und ist bei Beginn der Erwärmung nur zum Teil mit Tränkmasse gefüllt, weil er beim Tränken mit einer viel heißeren, also auf viel größeren Raum ausgedehnten Tränkmasse gefüllt war. Diese innerhalb der Litze vorhandenen Hohlräume befinden sich nicht im Bereiche des elektrischen Feldes, haben somit an den Ionisierungsverlusten keinen Anteil.

Die Strömung im Gürtel erfolgt prinzipiell in derselben Weise wie in den Adern, nur herrscht hier eine tiefere Temperatur, und die Tränkmasse kommt, wenn überhaupt, erst später und in geringerem Umfange in Bewegung.

Was die Raumzipfel betrifft, so ist zunächst klar, daß die höchste Temperatur in dem zentralen Zipfel herrschen wird, da diesem die Wärme aus drei Richtungen (Abb. 70) zuströmt; hier wird sich die Tränkmasse zuerst ausdehnen und — da sie an den Aderoberflächen auf den Gegendruck der dort schon früher sich ausgedehnten Masse stößt — sich in den radialen Richtungen OA, OB und OC nach den drei Außenzipfeln hin bewegen. In diesen nimmt die Temperatur nach außen hin ab, und damit wird in deren Außenteilen auch die Bewegung der Masse weniger lebhaft; dabei ist jedoch zu beachten, daß in den mit Jute- und Papierfäden nur unvollkommen gefüllten Zipfeln die sich ausdehnende Masse eine viel größere

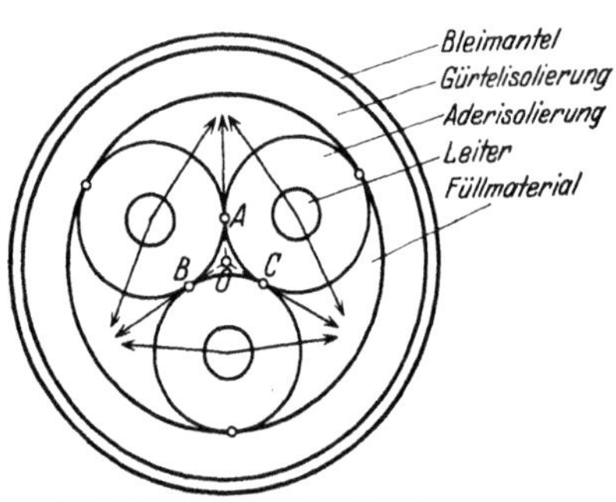

Abb. 70. Strömung der Tränkmasse in dem durch die Belastung sich erwärmenden Dreileiterkabel.

Bewegungsfreiheit besitzt, als innerhalb der gewickelten Papierlagen der Aderisolierung. Nach Eintritt des ionisierungsfreien Endzustandes sind die in den zentralen Teilen gelegenen Hohlräume aus den vorhin erörterten Gründen, die in den kälteren Außenteilen befindlichen, dagegen deshalb ionisierungsfrei geworden, weil die stärker sich ausdehnende Masse des Zentrums auf die kältere Peripherie einen Druck ausübt und in den Gasmengen, welche in dieser eingeschlossen sind, den Gasdruck bis zur Ionisierungsfreiheit erhöht.

Nach Ausschaltung des Heizstromes kühlt sich das Kabel langsam ab; die Tränkmasse zieht sich zusammen, die Hohlräume dehnen sich aus, der Gasdruck und damit die ionisierende Mindestfeldstärke wird kleiner und die Ionisierung tritt wieder in Erscheinung, nur liegt jetzt der Ionisierungspunkt tiefer als vorhin. Die Ursache dieser Veränderung ist in der Verlagerung der Tränkmasse zu suchen. Die während der Heizperiode an der Peripherie zusammengedrückte Tränkmasse bleibt an Ort und Stelle, und die Hohlräume konzentrieren sich mehr in den zentralen Gebieten, weil die unter einem starken hydraulischen Druck aus dem zentralen Zipfel hinausgetriebene Masse den Weg zurück nicht so leicht findet, da die drei Adern sich längs der drei Erzeugenden A, B und C (Abb. 70) fest aneinanderdrücken. Die ursprüngliche Verteilung der Tränkmasse in den Zipfeln, die irgendeiner mechanisch-hydraulischen Gleichgewichtslage entspricht, stellt sich nur langsam wieder ein.

Diese Vorgänge, deren einzige mögliche Kontrolle die wiederholte Aufnahme der Verlustwinkelkurve ist, werden wesentlich dadurch kompliziert, daß die auf längere Zeiträume sich erstreckenden Beobachtungen an Kabeln vorgenommen werden, deren Enden offen stehen[1]. In dem neu hergestellten Kabel enthalten die Hohlräume verdünnte Luft; durch die offenen Enden[2] dringt allmählich Luft in das Kabel, die den inneren Gasdruck und damit den Ionisierungspunkt erhöht. Läßt man ein ionisierendes Kabel längere Zeit mit offenen Enden im Prüffeld stehen, so beobachtet man in den meisten Fällen ein Hinaufrücken des Ionisierungspunktes. Die durch Aufnahmen der Verlustwinkelkurve nachgewiesene thermische Stabilität von Kabeln dürfte in manchen Fällen eine scheinbare sein und von der eindringenden Luft herrühren.

Die Beschreibung der mutmaßlichen Bewegungsweise der Tränkmasse im Kabel läßt erkennen, weshalb die Zeitabhängigkeit der Verlustwinkelkurve je nach Beschaffenheit der verarbeiteten Rohstoffe und der Art des Herstellungsverfahrens in weiten Grenzen verschieden sein kann. Der erste, der diese Zeitabhängigkeit erkannt hat, war Höchstädter[3]; nach seiner Beobachtung sank der dielektrische Verlust eines mit 50 kV belasteten Kabels in den ersten $4^1/_2$ Stunden linear mit der Zeit, nachher langsamer und erreichte in 8 Stunden einen kleinsten Wert im Betrage von 60% seines Anfangswertes. Einen anderen Verlauf beobachtete Proos[4] an einem verlegten Einleiterkabel von 300 m Länge, 95 mm² Querschnitt und 8,5 mm Isolierungsdicke; hier stieg der Verlust bei einer Dauerbelastung von 40 kV in 72 Stunden auf einen um 35% vergrößerten Endwert. Wiederholte Kontrollmessungen nach dem Ausschalten der Spannung zeigten ein langsames Zurückgehen auf den Anfangswert.

[1] Del Mar, W. A.: Journ. A. I. E. E. 1926, S. 627.
[2] Insbesondere durch die Hohlräume litzenförmiger Leiter.
[3] ETZ 1910, S. 659 (Abb. 8). [4] van Staveren, J. C.: a. a. O.

6. Ionisierungspunkt und Betriebssicherheit. Es ist jetzt die praktisch wichtige Frage zu untersuchen, ob die Existenz eines Ionisierungspunktes die Betriebssicherheit des Kabels beeinträchtigt; zur Beantwortung dieser Frage steht eine Reihe von Beobachtungen als Material zur Verfügung.

1. Die Ergebnisse der auf S. 76 beschriebenen Durchschlagsversuche können so gedeutet werden, daß die Ionisierung des Kabels nach der elektrischen Überlastung und Wiederabkühlung vergrößert und dadurch seine Durchschlagsfestigkeit verkleinert wurde; nach Wiedereintritt des ursprünglichen Gleichgewichtszustandes stellte sich auch die mittlere Durchschlagsfestigkeit auf ihren ursprünglichen Wert ein.

Das für diesen Versuch im Jahre 1920 hergestellte Kabel hatte dieselbe Konstruktion wie das Kabel Nr. V der auf S. 67 beschriebenen Versuchsreihe, besaß aber eine wesentlich höhere Durchschlagsfestigkeit. Während das Kabel mit der geringeren Durchschlagsfestigkeit bis zur höchsten angewendeten Meßspannung keinen Ionisierungspunkt zeigte, mußte das Kabel aus dem Jahre 1920 als nicht ionisierungsfrei angenommen werden; andererseits sind die Verluste des Kabels aus dem Jahre 1913 sehr hoch. Demnach kann aus dem Vorhandensein eines Ionisierungspunktes allein beim Vergleich von Kabeln verschiedener Herkunft kein Rückschluß auf die Durchschlagsfestigkeit gezogen werden.

Tabelle 13. Vergleich der elektrischen Festigkeit von zwei Kabeln derselben Konstruktion.

Durchschlagsspannung in kV	Kabel 1 (1913)	Kabel 2 (1920)
30 bis 40	2	—
40 „ 50	11	2
50 „ 60	11	—
60 „ 70	33	—
70 „ 80	18	—
80 „ 90	5	6
90 „ 100	—	27
über 100	—	5

2. Versuche von H. Kramer[1]. Aus dem Vergleich von Höchstädter-Kabeln und normalen Dreileiterkabeln (H- und N-Kabel) ging hervor, daß bei normaler Raumtemperatur die Durchschlagsfestigkeit des N-Kabels um 16,5% geringer ist als die des H-Kabels, daß aber bei 50° C die Durchschlagsfestigkeit beider Typen auf denselben Wert, auf $^2/_3$ des Wertes des kalten H-Kabels heruntersinkt. Dieses Ergebnis stimmt vollständig mit der Tatsache überein, daß die Ionisierung des N-Kabels bei 50° C verschwindet, daß also bei dieser Temperatur ein Unterschied im Verhalten des H- und des N-Kabels nicht besteht; andererseits ist die Feststellung von Wichtigkeit, daß die Durchschlagsfestigkeit bei der hohen Temperatur ohne Ionisierung niedriger ist als bei niedriger Temperatur mit Ionisierung.

3. Heiße Stellen im Kabel. Die geschilderte Gesetzmäßigkeit im Auftreten des Ionisierungspunktes in normalen verseilten Kabeln läßt die Schlußfolgerung zu, daß die Hohlräume im Querschnitt und

[1] Dissertation Techn. Hochschule Darmstadt. ETZ 1926, S. 85.

längs des Kabels mit einer gewissen Gleichmäßigkeit, einer Art von „regelmäßiger Unregelmäßigkeit" verteilt sind. Hiermit ist das Verhalten der Kabel nicht restlos gekennzeichnet. Bei Dauerbelastungsprüfungen auch kurzer Kabelstücke mit hohen Wechselspannungen findet man am Kabelmantel vereinzelte übermäßig erwärmte Stellen, welche bei Fortdauer der Belastung oder Erhöhung der Spannung durchgeschlagen werden. Dieser Durchschlag erfolgt nicht im Sinne der Wagnerschen Theorie, da mit steigender Temperatur das feste Dielektrikum in flüssige Form übergeht und die eintretende Bewegung der Flüssigkeit die Voraussetzungen jener Theorie verändert; dagegen kann angenommen werden, daß an solchen Stellen besonders ungünstig verteilte oder wirkende Hohlräume vorhanden sind, vielleicht eine Anhäufung von Hohlräumen, in welchen die Ionisierungsströme auf große Stärken anwachsen.

Da heiße Stellen an betriebsmäßig belasteten Kabeln nicht beobachtet werden, ist die Schlußfolgerung zulässig, daß die Ursachen, welche die heißen Stellen bei hohen Spannungsbelastungen hervorrufen, unter normalen Verhältnissen die Betriebssicherheit der Kabel nicht gefährden.

4. Einfluß des Bleimantels. In der Fabrikation wird die Hohlraumbildung unter dem Bleimantel durch festes Aufpressen des Mantels verhindert. Trotzdem können sich bei der Verlegung Hohlräume unter dem Mantel bilden, weil bei der Auslegung des von der Trommel heruntergewickelten Kabels diejenige Hälfte des Bleimantels, welche das Kabel auf der Trommel von außen umgeben hat, sich staut und infolge der ungenügenden Elastizität des Bleies in kleine, kaum sichtbare Falten wirft. Es ist aber bis jetzt nicht nachgewiesen, daß diese Hohlräume eine merkliche Herabsetzung des im Prüffeld gemessenen Ionisierungspunktes hervorrufen.

Die ungenügende Elastizität des Bleimantels kann die Ionisierung in verlegten Kabeln, wenn diese durch Stromüberlastung auf hohe Temperaturen erwärmt werden, verstärken; der Bleimantel, dessen Raumausdehnungskoeffizient etwa 8- bis 9mal kleiner ist als derjenige der Tränkmasse, wird von dieser aufgetrieben, zieht sich aber nach Abkühlung nicht auf das ursprüngliche Volumen zurück[1]. Der gesamte Hohlrauminhalt des Kabels wird größer, der Gasdruck und damit der Ionisierungspunkt sinken auf niedrigere Werte[2]. Es ist also möglich, daß durch übermäßig hohe Strombelastung der Ionisierungspunkt eines Kabels tiefer sinkt; dann ist eine Schädigung des schwach belasteten (abgekühlten), aber unter Betriebsspannung stehenden Kabels durch die dauernde Ionisierung denkbar. Die Gefahr einer solchen Schädigung wächst mit der Betriebstemperatur des Kabels, wird somit etwa in den Ver. Staaten und Japan, wo die höchsten Betriebstemperaturen zugelassen werden, am größten sein. Nach einer von der National Electric Light Association veröffentlichten Stati-

---

[1] Del Mar, W. A.: a. a. O.

[2] In der fertig montierten Kabelanlage ist das Dielektrikum luftdicht abgeschlossen; eine Druckerhöhung durch Luftzutritt kann somit nicht erfolgen.

stik[1] fanden im Jahr 1923 in Drehstromkabelnetzen von 15 Gesellschaften mit 8650 km Kabeln 484 Kabeldurchschläge statt, wovon 72 Fälle auf zu hohe Temperaturen bzw. auf zu große Temperaturschwankungen zurückgeführt wurden.

Starke Kurzschlußströme können natürlich zu den gleichen Schädigungen des Kabels führen.

Demnach verschlechtert eine übermäßig hohe Temperatur das normale Kabel ebenso wie das H-Kabel; die aus den gewickelten Papierlagen hinausgetriebene Tränkmasse findet den Rückweg im H-Kabel mindestens ebenso schwer wie im normalen Kabel.

Eine in jüngster Zeit veröffentlichte Theorie[2] stellt den mechanischen Vorgang in dem durch Strombelastung erwärmten Kabel in anderer Weise dar und führt zu einem anderen Ergebnis. Dem zwischen Leiter und Bleimantel herrschenden Temperaturgefälle entsprechend wird die Tränkmasse sich hauptsächlich in der Nähe des Leiters (oder der Leiter) erwärmen und ausdehnen, während in der Nähe des Bleimantels sie relativ kalt bleibt und ihr Volumen und ihren Aggregatzustand gar nicht oder nur wenig ändert. Die sich ausdehnende Tränkmasse der inneren Teile übt auf die kälteren Außenschichten und auf den Bleimantel einen Druck aus, wodurch das gewickelte Papier ausgedehnt und der Bleimantel aufgeweitet wird. Bleibt die Beanspruchung des Papieres unterhalb der Elastizitätsgrenze, dann zieht sich das Papier nach der Abkühlung auf den früheren Durchmesser zusammen; der unelastische Bleimantel dagegen bleibt aufgeweitet, und im abgekühlten Kabel erscheinen zwischen Mantel und Seele neu entstandene Hohlräume mit sehr geringem Gasdruck. Wird die Elastizitätsgrenze des Papieres (infolge von zu großem Druck — nach dieser Theorie bei zu hoher Temperatur) überschritten, dann wird das Papier — auch im H-Kabel — rissig und es tritt eine bleibende Verschlechterung des Kabels ein.

Dieser Theorie zufolge ruft somit die erste Strombelastung eines neu angefertigten Kabels nach dessen Abkühlung neue Hohlräume unter dem Bleimantel hervor, die nur bei den H-Kabeln unwirksam bleiben. Die hierdurch bedingte große Überlegenheit des H-Kabels auch gegenüber dem ionisierungsfrei hergestellten Einleiterkabel wird in der zitierten Veröffentlichung durch die Darstellung der Verlustwinkelkurven (Abb. 71) illustriert, die an einem Einleiterkabel (150 mm-Leiterquerschnitt, 15 mm Isolierungsdicke) und an einem Dreileiter H-Kabel ($3 \times 100\,\text{mm}^2$, 12 mm) aufgenommen wurden. Die Kurven *1*, *2* und *3* gehören zu dem Einleiterkabel; *1* ist die Verlustwinkelkurve vor der Erwärmung des Kabels, *2* nach einer ersten Erwärmung auf 50° C und Wiederabkühlung, *3* nach einer zweiten Erwärmung auf 47° C und Wiederabkühlung. Die Kurve *4* stellt die Verluste des H-Kabels vor der Erwärmung auf 50° C und nach der Wiederabkühlung dar. Das in dieser Abbildung charakterisierte Verhalten guter

[1] El. World 1924, S. 1087.

[2] Höchstädter, M., et R. Barrat: Sur la stabilité en service des câbles souterrains pour transmission d'énergie. Rev. gén. d'électr. 1927, S. 1175.

Einleiterkabel normaler Bauart stimmt mit Feststellungen anderer Beobachter überein. So z. B. sind in Abb. 72 drei von P. Dunsheath[1] gezeichneten Verlustwinkelkurven eines Einleiterkabels von 0,2 Quadratzoll (ca. 130 mm²) Leiterquerschnitt

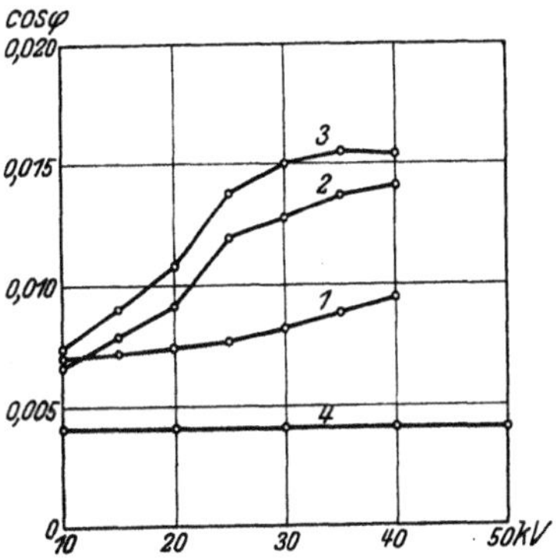

Abb. 71. Verlustwinkelkurven eines unstabilen Einleiterkabels und eines stabilen H-Kabels (Höchstädter und Barrat).

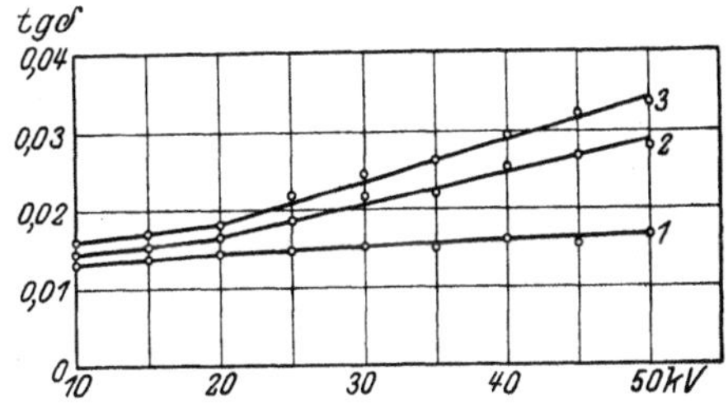

Abb. 72. Verlustwinkelkurven eines unstabilen Einleiterkabels (Dunsheath).

wiedergegeben, die einen genau ähnlichen Verlauf zeigen. Kurve *1* wurde nach der Fertigstellung des Kabels, Kurve *2* nach einer vierstündigen Belastung mit 540 Amp. und Wiederabkühlung, Kurve *3* nach einer zweistündigen Belastung mit 825 Amp. und Wiederabkühlung aufgenommen. Nun sind die Einleiterkabel, an welchen Messungen dieser Art ausgeführt werden, meistens blanke Bleikabel; das Bild ändert sich aber, wenn man die Messung an armierten Dreimantelkabeln ausführt. Solche Meßergebnisse sind in den Abb. 73[2] und 74[3] wiedergegeben. Nach Abb. 73 zeigt das Kabel (3 × 70 mm² Leiterquerschnitt, 10 mm Isolierungsdicke) nach einer Erwärmung auf 70° C und Wiederabkühlung zwar

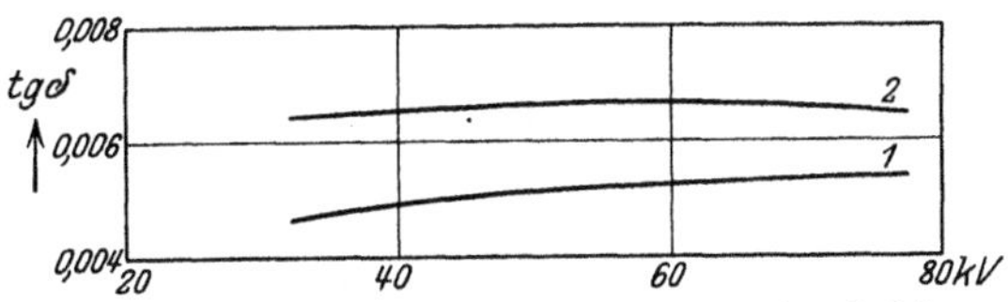

Abb. 73. Verlustwinkelkurven eines stabilen Einleiterkabels (NKW.).

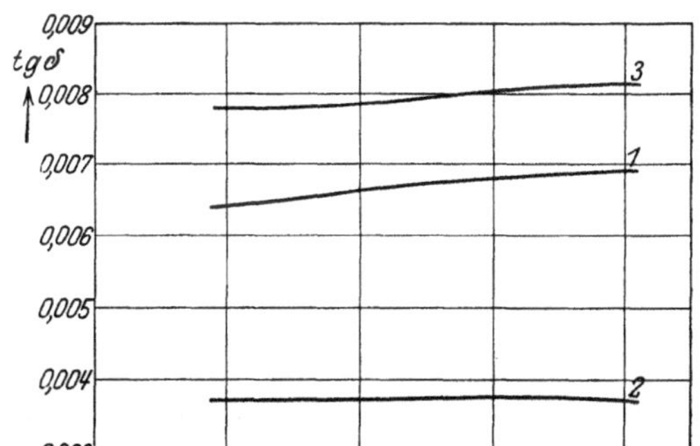

Abb. 74. Verlustwinkelkurven eines stabilen Einleiterkabels (Kabelwerk Vogel).

[1] Dunsheath, P.: Dielectric problems in high voltage cables. Journ. I. E. E. 1926, S. 97.

[2] Messung der NKW. Nach einem am 6. 1. 1928 von V. Planer in der Gesellschaft für elektrische Unternehmungen in Berlin gehaltenen Vortrag.

[3] Messung der C. J. Vogel Draht- und Kabelwerke Akt.-Ges. in Berlin. ETZ 1927, S. 1713.

etwas höhere Verluste, aber keine Verschlechterung hinsichtlich der Ionisierung; ebenso bleibt bei dem Kabel nach Abb. 74 (3×95 mm² für 35 kV verkettete Spannung) nach einer Erwärmung auf 45° C und Wiederabkühlung der Charakter der Verlustwinkelkurve unverändert. Alle diese Meßergebnisse lassen sich mit der neuen Theorie in Einklang bringen: bei den blanken Bleikabeln verursacht der innere Druck eine bleibende Aufweitung des Mantels; bei den armierten Dreimantelkabeln verhindert der Gegendruck der Armierung die Aufweitung bzw. drückt die Armierung infolge ihrer Elastizität den Bleimantel nach der Abkühlung auf seinen ursprünglichen Durchmesser zusammen.

Neben dieser guten Übereinstimmung widersprechen ältere Beobachtungen der neuen Theorie; sie läßt auch manche, von ihr selbst aufgeworfene Fragen unbeantwortet. Die allmähliche Verbesserung der Verlustwinkelkurve nach vorhergehender Verschlechterung bleibt unerklärlich, wenn die Ursache der Verschlechterung die bleibende Aufweitung des Bleimantels sein soll. An Kabeln, die im Prüffeld oder im Betrieb übermäßigen Belastungen ausgesetzt waren, wie auch bei Kabeldurchschlägen infolge von Stromüberlastung, hat man noch niemals Spuren einer übermäßigen Zugbeanspruchung des gewickelten Papieres beobachtet; Kabelbeschädigungen dieser Art waren in der Literatur bis jetzt unbekannt.

Eine Frage, welche die neue Theorie selbst aufstellt, aber nicht beantwortet, lautet: Was geschieht während der zweiten Belastungsperiode des Kabels? Der innere Druck treibt einen Teil der weniger warmen, aber bei weitem nicht starren Tränkmasse der Außenschichten in die nach der ersten Belastung unter dem Bleimantel entstandenen Hohlräume; damit wird es begreiflich, daß die zweite Erwärmung, die nach der ersten Erwärmung eingetretene Verschlechterung vergrößert, weil jetzt nach der Abkühlung ein Teil der unter dem Bleimantel neu entstandenen Hohlräume dort verschwindet und zwischen den Papierlagen zum Vorschein kommt. Auf diesen Vorgang hat aber die Metallisierung des H-Kabels keinen Einfluß, folglich müßte nach der zweiten Belastungsperiode auch dieses eine Verschlechterung zeigen.

Unabhängig von dieser noch zu klärenden Frage kann angenommen werden, daß der Bleimantel des im normalen Betrieb sich periodisch erwärmenden und abkühlenden Kabels auf irgendeinen mittleren Wert sich vergrößert und daß die im Prüffeld an dem noch nicht belastet gewesenen Kabel gemessene Verlustwinkelkurve eine Verschlechterung erfährt. Diese Verschlechterung dürfte aber selbst bei nicht armierten Einleiter-Hochspannungskabeln nur geringfügig sein, insbesondere wenn die Belastungen in den mäßigen Grenzen bleiben, welche für sie in den meisten europäischen Staaten vorgeschrieben sind.

5. Praktische Betriebserfahrungen. Für die Beantwortung der hier untersuchten Frage, welche Bedeutung der Ionisierung für die Betriebssicherheit eines Kabels zukommt, sind neben den bisher besprochenen Versuchsergebnissen und theoretischen Überlegungen die an alten Hochspannungskabeln normaler Bauart gewonnenen Betriebserfahrungen von ausschlaggebender Bedeutung. Eines der größten

und ältesten Starkstrom-Kabelnetze Deutschlands ist dasjenige der Berliner Städtischen Elektrizitätswerke; am Ende des Jahres 1926 umfaßte das Netz mehr als 12000 km Bleikabel, darunter 562 km 30-kV-Drehstromkabel[1].

Der Ausbau des 30-kV-Netzes hat im Jahre 1910[2] begonnen; die bis Ende 1926 verlegten 562 km sind mit einer geringen Ausnahme von H-Kabeln, deren Verwendung im Berliner Netz erst im Jahre 1926 begonnen hat, normale Dreileiterkabel mit Gürtelisolierung. Im Jahre 1925 sollten infolge notwendiger Veränderungen des Netzes einige der älteren Kabelstrecken ausgegraben und an anderen Stellen wieder verlegt werden. Vor Durchführung dieses Planes untersuchte man einzelne ausgegrabene Längen im Kabelwerk der AEG. Die Untersuchung ergab keine merkliche Verschlechterung der Kabel in elektrischer oder in anderer physikalischer oder mechanischer Hinsicht; sie erwiesen sich — in Ermangelung jeglicher Alterungserscheinungen — praktisch als von „unendlicher" Lebensdauer[3].

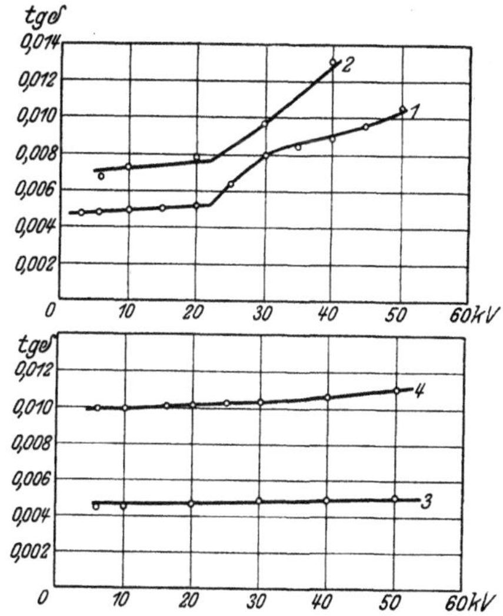

Abb. 75. Verlustwinkelkurven von Hochspannungskabeln, die sich als betriebssicher erwiesen haben (AEG).

Diese, in 17 jähriger Betriebsdauer erprobten Kabel besitzen einen Ionisierungspunkt, der sehr häufig unterhalb der Betriebsspannung liegt. In Abb. 75 sind an vier verschiedenen Kabeln der AEG aufgenommene Verlustwinkelkurven wiedergegeben; *1* und *2* sind normale Gürtelkabel, *3* und *4* Dreileiter-H-Kabel. Die Konstruktionsdaten der Kabel sind die folgenden:

Tabelle 14. Konstruktionsdaten der Kabel zu Abb. 75.

Kabel	Bauart	Leiterquerschnitt mm²	Isolierungsdicke mm	Betriebsspannung kV
1	Gürtel-Kabel	3 × 95	13	30
2	,,	3 × 50	9,5	20
3	H-Kabel	3 × 95	9	35
4	,,	3 × 95	9	35

Bezüglich der Tränkmasse ist zu bemerken, daß die Kabel 1 und 3 dieselbe Tränkmasse (Mineralöl mit geringem Harzzusatz) enthalten; bei Kabel 2 ist der Harzzusatz größer, in Kabel 4 sehr groß.

[1] Ende 1928 waren 900 km 30-kV-Kabel in Betrieb.
[2] Pfannkuch, W.: Drehstromkabel für 30000 Volt. ETZ 1912, S. 1097.
[3] Th. Wasserburger im Dezemberheft der AEG-Mitteilungen 1925. ETZ 1926, S. 1265.

Während das Kabel 2 erst oberhalb der Betriebsspannung ionisiert, liegt der Ionisierungspunkt des 30 kV-Kabels bei 22 kV. Nach den mitgeteilten Betriebserfahrungen der Bewag sind aber solche Kabel als betriebssicher anzusehen. Andere Betriebsunternehmungen und Kabelfabriken haben mit normalen verseilten Hochspannungskabeln bis etwa 30 kV Betriebsspannung ähnliche Erfahrungen gemacht.

Aus diesen Tatsachen muß die wichtige Schlußfolgerung gezogen werden, daß ein Ionisierungspunkt unterhalb der Betriebsspannung an und für sich keine Minderwertigkeit des Kabels bedeutet und dessen Betriebssicherheit nicht herabsetzt.

Mit dieser Feststellung verliert indessen die Frage der Ionisierung ihre Aktualität für die Kabelfabrikation nicht. Die Betriebssicherheit ist eine Erfahrungsgröße; der zugelassene Höchstwert des Spannungsgradienten berücksichtigt alle praktisch in Erscheinung tretenden Gefahrsmomente, einschließlich etwaiger Gefährdungen durch Ionisierung. Die Gaseinschlüsse bilden eine grobe Verunreinigung des Kabeldielektrikums; in ihnen stehen vergrößerte Feldstärken verringerten Durchschlagsfestigkeiten gegenüber und an Stelle der theoretischen, einer Berechnung mehr oder weniger zugänglichen Feldverteilung tritt die wirkliche, die unbekannt bleibt und an unkontrollierbaren Stellen „schwache Punkte" hervorruft. Die wirkliche Durchschlagsfestigkeit des reinen Kabeldielektrikums kommt infolge der Anwesenheit der Hohlräume nicht zur vollen Geltung, und der Sicherheitsgrad des Kabels wird empfindlich herabgesetzt, wie das z. B. aus den Zahlen der Tab. 10 (erste Reihe) auf S. 77 deutlich zu ersehen ist. Von den 40 Durchschlagsziffern lagen 38 über 85 kV, zwei (50 und 42 kV) fielen vollständig aus der Reihe. Auf den Mittelwert haben die beiden niedrigen Zahlen nur geringen Einfluß; den für den Sicherheitsgrad (Betriebssicherheit) maßgebenden Mindestwert setzen sie jedoch sehr erheblich von 85 auf 42 kV, also auf die Hälfte herunter. Da die auffallend kleinen Durchschlagswerte sehr wahrscheinlich durch stellenweise auftretende besonders ungünstig wirkende Hohlräume („lokale Ionisierung") verursacht werden, kann man den Gradientenhöchstwert für die Berechnung von ionisierungsfreien Kabeln höher als bei normalen Kabeln mit Gürtelisolierung bemessen.

7. Das Höchstspannungskabel. Es hat sich eingebürgert, Drehstromkabel für verkettete Spannungen von 35 kV aufwärts und Einleiterkabel für Spannungen zwischen Leiter und Bleimantel von 20 kV aufwärts als Höchstspannungskabel zu bezeichnen. Als solche kommen nur H-Kabel oder Einleiterkabel bzw. Dreimantelkabel in Frage; für verkettete Spannungen von mehr als 60 kV wurden bis jetzt nur Einleiterkabel bzw. Einleiter-H-Kabel verlegt.

Für die Herstellung von Höchstspannungskabeln sind zahlreiche konstruktive Maßnahmen vorgeschlagen, zum Teil auch mit Erfolg ausgeführt worden, welche einen oder mehrere der folgenden Zwecke verfolgen:

1. Durch die Anwendung des Jona-O'Gormanschen Prinzips oder des Zwischenmantelprinzips die notwendige Isolierungsdicke der Kabel zu verkleinern,

2. die Durchschlagsfestigkeit des von Gaseinschlüssen praktisch freien Kabeldielektrikums zu erhöhen und

3. die Reinerhaltung des Dielektrikums von Gaseinschlüssen unabhängig von der Höhe und vom periodischen Wechsel der Betriebstemperatur zu sichern.

Im folgenden werden einige der bekannt gegebenen Vorschläge und Konstruktionen kurz beschrieben.

1. Man hat erkannt, daß die Durchschlagsfestigkeit des Kabelpapieres mit dessen Raumdichte wächst[1]. Pirelli und F. & G. stellen Höchstspannungskabelader in der Weise her, daß sie Papierbänder von verschiedener Dichte um den Leiter so anordnen, daß die Dichte von außen nach dem Leiter zu stufenweise größer wird. Damit wächst die Durchschlagsfestigkeit des Kabels, weil durch die Abstufung der Dichte die elektrische Festigkeit der Isolierung ähnlich wie der Spannungsgradient, in der Richtung von außen nach innen zunimmt. F. & G. hat außerdem festgestellt, daß bei Verwendung gewisser Verdichtungsverfahren auch die Dielektrizitätskonstante größer wird, und erzielte auf diese Weise eine Verbesserung der elektrischen Gesamtfestigkeit um 25 bis 30%. Da die Schichten mit erhöhter Dichte relativ dünn sind, wird die Kapazität hierbei nur um etwa 5% größer.

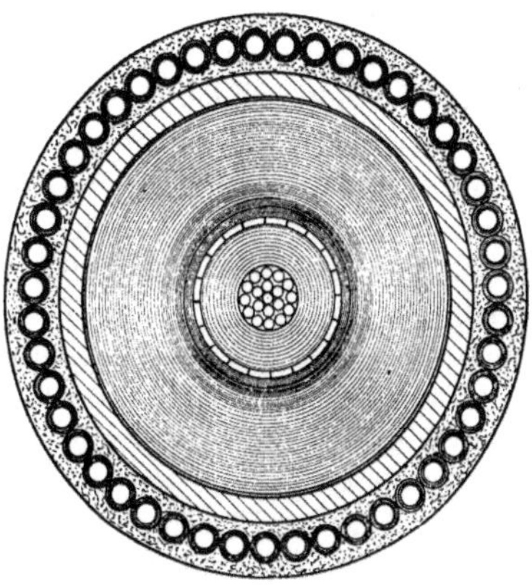

Abb. 76. Einleiterkabel für 110 kV verketteter Spannung mit gestaffelter Papierdichte (F. & G.).

Die Wirksamkeit der auf S. 64 angegebenen Kabelkonstruktion wird durch die gleichzeitige Anwendung des nach Dichte gestaffelten Papieres ebenfalls erhöht. Abb. 76 zeigt ein nach diesem Verfahren von F. & G. hergestelltes Einleiterkabel für 110 kV verkettete Spannung[2]. Bei diesem Kabel ist der Kernleiter eine 19drähtige Litze, Hohlleiter und Zwischenmantel bestehen aus je einer geschlossenen Lage von runden Drähten.

Genauere Angaben über die Qualitätsvorteile des durch Pressung verdichteten Kabelpapieres gibt V. Planer[3]. Ein auf die Hälfte seiner ursprünglichen Dicke zusammengepreßtes Papier zeigt fast die gleiche Durchschlagsfestigkeit wie vorher. Die sonstigen physikalischen Eigenschaften des Papieres erleiden Verschlechterungen, die jedoch die Brauchbarkeit des Papieres nur wenig beeinflussen. Man kann das Papier in trockenem und in feuchtem Zustande pressen; im zweiten Fall erhält man bessere Werte. Über Versuchsergebnisse der NKW. an Papiersorten verschiedener Herkunft gibt V. Planer die in Tabelle 15 (S. 94) wiedergegebenen Vergleichszahlen.

---

[1] Meurer, H.: vgl. S. 63, Fußnote 2.
[2] Meurer, H.: a. a. O. [3] a. a. O.

Tabelle 15. Elektrische Festigkeit verschiedener Papiersorten (NKW.).

Firma	I	II	III	IV		
Durchschlagsfestigkeit in kV/mm bei 2 Lagen Papier	10,4	5,25	7,0	9,7	15,6	34,2
Bruchdehnung in % nach 24-stündiger Tränkung des Papieres in Öl bei 105° C . .	7,0	2,25	3,05	2,5	0,65	1,15
Zustand des Papieres	ungepreßt				trocken gepreßt	feucht gepreßt

Eine größere als die normale Dichte des Papieres kann schon in der Papierfabrik dadurch erzielt werden, daß man den Zellstoff (die Holzmasse), woraus das Papier hergestellt wird, besonders fein mahlt; hierdurch wird die Durchschlagsfestigkeit des Papieres größer, seine Zerreißfestigkeit kleiner. Nach F. & G. erhält man ein Isolierpapier von erhöhter Durchschlagsfestigkeit und genügender Zerreißfestigkeit, wenn man zu seiner Herstellung eine Mischung aus fein gemahlenem und aus normal gemahlenem Zellstoff verwendet[1].

2. Bei den verhältnismäßig großen Leiterquerschnitten der Höchstspannungskabel werden die Leiter in Form von Drahtseilen hergestellt; diese bestehen meistens aus runden Drähten. Zwischen der Oberfläche eines solchen Leiters und der ihn fest umschließenden Papierbewicklung verbleiben schraubenförmig längs der Leiteroberfläche verlaufende Hohlräume, die von je zwei benachbarten Drähten der äußersten Seillage und der unmittelbar darüber sich befindlichen Papierlage der Isolierung gebildet und im fertigen Kabel mit Tränkmasse ausgefüllt sind. Da die DK der Tränkmasse kleiner ist als diejenige des getränkten Papieres, kommt gerade an diesen Stellen, an welchen der Höchstwert des Spannungsgradienten vorausgesetzt wird, eine erhöhte Beanspruchung des Dielektrikums zustande. Sie kann nach einem Vorschlag von F. & G.[2] dadurch beseitigt werden, daß man die fraglichen Räume mit einem Stoff ausfüllt, dessen DK größer ist als diejenige der Tränkmasse. Als solcher Stoff eignet sich am besten getränktes Papier; da auch die Durchschlagsfestigkeit des getränkten Papieres größer ist als diejenige der Tränkmasse, wird durch diese Maßnahme die Beanspruchung herabgesetzt, gleichzeitig die dielektrische Festigkeit vergrößert[3].

3. Die Bevorzugung des dickflüssigen Mineralöls zur Kabeltränkung hat ihren Grund in der großen Bequemlichkeit, die der halbfeste Zustand der Tränkmasse für die Verlegung der Kabel und für ihre Handhabung bei der Montage der Garnituren einer flüssigen Tränkmasse gegenüber bietet. Auch die Herstellung des Kabels wird durch die im

[1] D.R.P. Nr. 449408 v. 5. 3. 1925.

[2] Deutsche Patent-Anmeldung F 62526 v. 22. 11. 1926.

[3] Die von O'Gorman zu dem gleichen Zweck empfohlene Umpressung des Leiters mit einem Bleimantel würde den Weg der sich ausdehnenden Tränkmasse in die inneren Hohlräume der Litze versperren.

kalten Zustande halbfeste, im heißen Zustande dünnflüssige Tränkmasse erleichtert. Diesen Bequemlichkeiten steht die thermische Unstabilität der nicht ionisierungsfreien Kabel als Nachteil gegenüber.

Die Firma Pirelli hat mit Erfolg den Versuch unternommen, den im Kabelinnern herrschenden Druck dem Volumen bei jeder Temperatur genau anzupassen und dadurch die Erhaltung der thermischen Stabilität des Kabels auch unter ungünstigen Betriebsverhältnissen zu sichern. Nach der Idee von L. Emanueli[1] erreichte sie dieses Ziel durch die Verwendung einer auch im kalten Zustande leichtflüssigen, künstlich unter Druck gehaltenen Tränkmasse. Im Kabel sind Kanäle vorgesehen, die mit der flüssigen Tränkmasse gefüllt sind und mit längs der Kabelstrecke angeordneten Massebehältern in Verbindung stehen. Abb. 77 zeigt die Anordnung schematisch[2]; *1*, *1'* und *1''* sind Abschnitte des Kabels, *2* ist ein Endverschluß, *2'* und *2''* sind Verbindungsmuffen, *3*, *3'* und *3''* sind Massebehälter, welche durch die Rohrleitungen *4*, *4'* und *4''* mit der Kabelstrecke in Verbindung stehen und so untergebracht sind, daß sie höher liegen als die angeschlossenen Kabelabschnitte. *5* ist eine Verbindungsmuffe, welche durch eine Zwischenwand auf zwei Kammern geteilt ist; durch die Zwischenwand ist jede druckübertragende Verbindung zwischen den Hohlräumen der Abschnitte *1'* und *1''* unterbrochen. Prinzipiell könnten die Massebehälter durch Pumpwerke ersetzt werden, welche der Tränkmasse den gewünschten Druck erteilen.

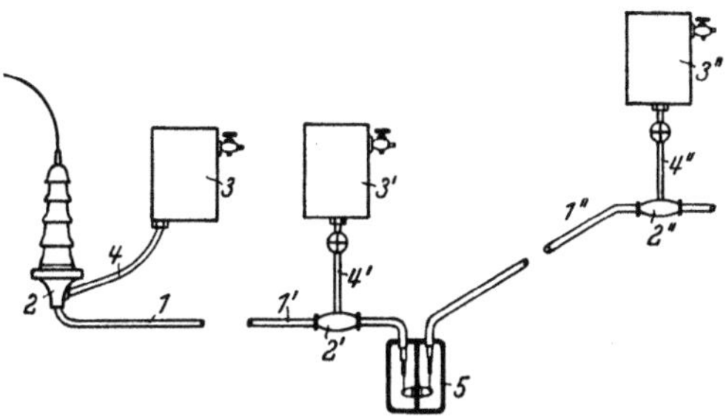

Abb. 77. Kabelanlage mit Druckregulierung für flüssige Tränkmassen nach Pirelli.

Diese Anordnung sichert der Tränkmasse eine freie Beweglichkeit zwischen dem Kabel und den Druckgefäßen. Dehnt sich die Tränkmasse im Kabel durch die Wirkung der Stromwärme aus, dann strömt sie zum Teil in die Druckgefäße und der Bleimantel wird von dem Druck entlastet. Bei der Abkühlung strömt die Tränkmasse in das Kabel zurück und füllt den von festen Stoffen nicht eingenommenen Innenraum vollständig aus.

Die Zuführung der Tränkmasse erfolgt durch Kanäle, die zwischen Dielektrikum und Bleimantel oder innerhalb der Leiter angeordnet sein können. Zwei Ausführungsformen der ersten Art[3] sind in den Abb. 78 und 79 dargestellt. Abb. 78 zeigt den Längsschnitt eines Einleiterkabels nach der einen Ausführungsform. Es ist *1* der Leiter, *2* dessen Isolierung, *3* eine mit regelmäßig verteilten runden Löchern versehene Metallhülle,

---

[1] Emanueli, L.: in der L'Energia Elettrica 1925, S. 1; ETZ 1925, S. 1700.
[2] Schweiz. Pat. Nr. 117868 v. 27. 4. 1926.
[3] Schweiz. Pat. Nr. 117869 v. 27. 4. 1926.

um welche die Drahtspirale *4* gewickelt ist, auf diese ist der Bleimantel *5* aufgepreßt. Zwischen den Windungen der Spirale und dem Bleimantel verläuft ein spiralförmiger Hohlraum, aus welchem die unter Druck stehende Tränkmasse durch die Öffnungen der Metallhülle in die Papierlagen dringen kann. Abb. 79 zeigt den Querschnitt eines Dreileiterkabels; hier verlaufen die Hohlräume als longitudinale Vertiefungen von halbovalem Querschnitt auf der Innenseite des Bleimantels.

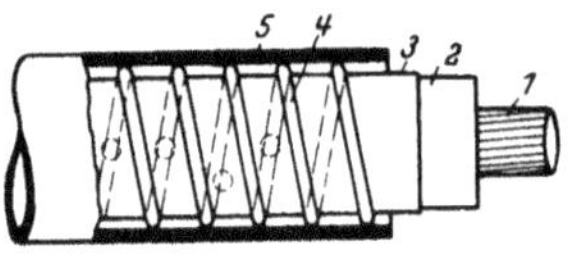

Abb. 78. Zuführungskanal im Kabel für flüssige Tränkmasse nach Pirelli.

Abb. 79. Zuführungskanäle im Kabel für flüssige Tränkmasse nach Pirelli.

Die zweite Konstruktion, bei welcher der Hohlraum im Innern des Leiters angeordnet ist, zeigt die Abb. 80[1]. Der Leiter besteht aus einer geschlossenen Lage von runden Kupferdrähten (*2*), die um eine zylindrische Eisendrahtspirale (*1*) von kleiner Steighöhe gewickelt sind; *3* ist die Papierbewicklung, *4* der Bleimantel. durch den axialen Hohlraum kann die Tränkmasse sich große Strecken entlang frei bewegen.

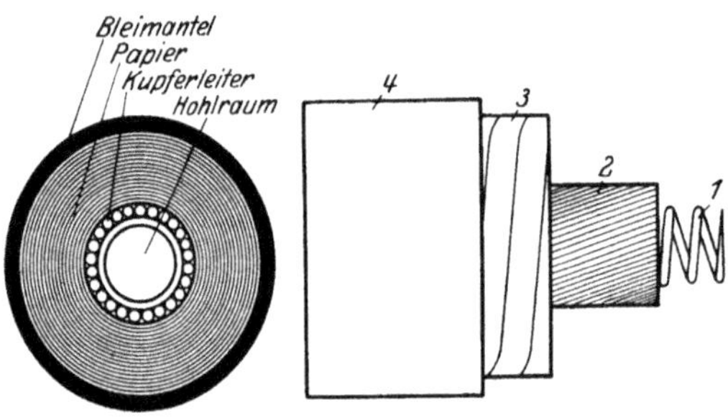

Abb. 80. Kabel mit Hohlleiter für flüssige Tränkmasse nach Pirelli.

Die flüssige Tränkmasse erfordert ein von der gebräuchlichen Art abweichendes Herstellungsverfahren; die „lufttrocken" fertige Kabelseele wird zuerst mit dem Bleimantel umpreßt, dann erfolgt die Trocknung mit Hilfe eines warmen, durch den Hohlraum des Leiters geführten Luftstromes, daran anschließend die Evakuierung und die Tränkung.

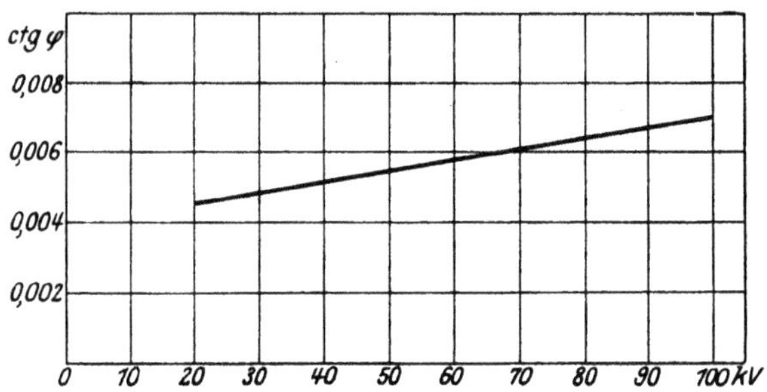

Abb. 81. Verlustwinkelkurve des Pirelli-Kabels für 130 kV (Emanueli).

Das Verfahren ist bis jetzt nur auf Einleiterkabel angewendet worden; die erste 3×600 m lange Versuchsanlage[2] wurde in Italien in eine mit 130 kV verketteter Spannung arbeitende Freileitung eingebaut; jedes Kabel bestand aus je drei Fabrikationslängen von je 200 m. Die in Abb. 81 wiedergegebene Verlustwinkelkurve entspricht in ihrem

---

[1] Soleri, M. E.: Sur les câbles électriques à haute tension. Rome 1926.

[2] Emanueli, L.: a. a. O.

Verlauf dem Verhalten eines flüssigen, durch Gaseinschlüsse nicht verunreinigten Dielektrikums. Nach den günstigen Ergebnissen der Versuchsanlage sind in Amerika zwei größere Kabelanlagen für Drehstrom verlegt und in Betrieb genommen worden:

in New York für 132 kV verkettete Spannung und 95000 kVA Leistung 3 × 19 km und

in Chikago für 140 kV verkettete Spannung, 100000 kVA Leistung 3 × 10 km[1].

Die Querschnittsdimensionen des Versuchskabels würden bei Verwendung von nicht gestaffeltem Papier einen Gradientenhöchstwert von 8000 V/mm ergeben. Das New-Yorker Kabel[2] enthält einen Hohlleiter von ca. 300 mm² Kupferquerschnitt, die Isolierungsdicke beträgt 18,4 mm. G. S. Shanklin[3] nimmt an, daß es bei Kabeln dieser Bauart möglich sein wird, Gradientenhöchstwerte von über 6000 V/mm zuzulassen. Den obigen Zahlen zufolge ist das New-Yorker Kabel mit 520 Amp. belastet. Die große Strom-[4] und Spannungsbelastung, welcher das Pirelli-Kabel nach den Berichten dauernd standhält, ist ein Beweis für die Richtigkeit der Anschauungen, auf Grund deren es konstruiert und ausgeführt wurde.

Zur Anwendung des Druckölverfahrens auf Mehrleiterkabel hat Pirelli[5] eine andere Konstruktion angegeben, bei welcher die Kanäle nicht im Innern der Leiter, sondern zwischen den Raumzipfeln der verseilten Adern und der Gürtelisolierung untergebracht sind.

4. Zur Regulierung des im Kabel herrschenden Druckes empfiehlt M. Höchstädter[6] die Benutzung einer besonderen, von der Tränkmasse getrennt gehaltenen Flüssigkeit als Druckmittel. Zur Aufnahme und Fortleitung des Druckmittels dienen Kanäle, die im Leiter oder zwischen Seele und Bleimantel oder bei verseilten Mehrleiterkabeln in den Zipfeln zwischen benachbarten Adern angeordnet sein können. Die Kanäle müssen von den, die Tränkmasse enthaltenden Teilen des Dielektrikums durch undurchlässige, genügend geschmeidige Schichten getrennt sein. Zur Herstellung dieser Schichten wird beispielsweise eine Bandbewicklung vorgeschlagen, die durch synthetische Harze oder ähnliche Körper undurchlässig gemacht ist. Die Schichten können auch metallisiert sein, um gleichzeitig als Strahlungsschutz zu dienen.

5. Man wickelt das Papier in Höchstspannungskabeln stets ohne Überlappung. Diese Praxis hat sich eingebürgert, weil man auf diese Weise eine biegsamere, nicht so leicht sich in Falten werfende Isolierung als die mit Überlappung hergestellte, erhält. Es besteht aber auch der zweite Vorteil, daß in einer ohne Überlappung hergestellten Isolierung

---

[1] Vgl. P. Torchio, L. Emanueli, W. S. Clark, H. H. Kehse, C. H. Shaw J. B. Noe und D. W. Roper im Journ. A. I. E. E. 1928, S. 118.

[2] Thomas, P. H.: Journ. A. I. E. E. 1927, S. 1207; ETZ 1927, S. 1528.

[3] El. Rev. 1926, S. 311; ETZ 1927, S. 79.

[4] Nach VDE-Vorschrift darf ein 300-mm²-Kabel mit 520 Amp. bei einer Isolierungsdicke von 7 mm (verkettete Spannung 15 kV) belastet werden.

[5] U. S. Pat. Anm. v. 2. 9. 1925. Deutsche Pat. Anm. S 75628 v. 6. 8. 1926.

[6] Deutsche Pat. Anm. H 104936 v. 6. 1. 1926.

mehr Papier und weniger freie Tränkmasse enthalten ist als in einer überlappenden, sonst gleichen Isolierung; die Wärmeausdehnung des Kabels wird dadurch kleiner. Da außerdem das getränkte Papier eine höhere Durchschlagsfestigkeit hat als die Tränkmasse, ist das Wickeln ohne Überlappung dem älteren Verfahren auch in elektrischer Hinsicht überlegen.

Bei dem Wickeln ohne Überlappung liegen die benachbarten Windungen eines Papierbandes nicht geometrisch genau nebeneinander (Kante an Kante), sondern sind durch kleine Zwischenräume voneinander getrennt, welche beim Tränken des Kabels mit Tränkmasse vollaufen und auf Grund des vorhin Gesagten als schwache Stellen der Isolierung angesehen werden können. In der Annahme, daß durch die Ausfüllung dieser Räume mit getränktem Papier die Durchschlagsfestigkeit des Kabels merklich erhöht wird, schlägt Höchstädter[1] vor, die Ränder der Papierbänder vor ihrer Aufbringung auf den Kabelleiter in einem besonderen Arbeitsgang anzuspitzen und sie nachher mit Überlappung zu wickeln. Die spitz auslaufenden Ränder, paarweise übereinanderliegend, setzen sich zur normalen Dicke des einfachen Papierbandes zusammen, und es tritt keine Verdickung längs der Überlappungsspirale einer Papierlage ein; die Isolierung behält somit die Vorzüge einer nicht überlappenden Wicklung bei.

2. Das Starkstromkabel im magnetischen Feld.

A. Die Erwärmung des Kabels durch den Belastungsstrom.

Die als Stromwärme verlorengehende Energiemenge erhöht die Temperatur des Kabels; der Verlust darf aus wirtschaftlichen Gründen, die Temperatur mit Rücksicht auf die Betriebssicherheit bestimmte Grenzen nicht überschreiten. Hier interessiert nur der Zusammenhang zwischen Temperatur und Belastungsstrom, und es ist die Aufgabe der Theorie, diesen Zusammenhang rechnerisch darzustellen. Im folgenden werden die Hauptergebnisse der Theorien von J. Teichmüller[2] und G. Mie[3] kurz wiedergegeben.

1. Konaxiale Kabel. Ist d der Durchmesser des Kabelleiters, ϱ der spez. elektrische Widerstand des Leitermetalls und J der Belastungsstrom, dann ist die pro Längeneinheit des Kabels in der Zeiteinheit entwickelte Wärmemenge

$$W = 0{,}24 \cdot \frac{4\varrho}{\pi} \cdot \frac{J^2}{d^2} \quad \text{(Gramm-Kalorien)}\,.$$

Im Beharrungszustande strömt dieselbe Wärmemenge durch die konaxialen Schichten (Isolierhülle und Mantel) des Kabels zu dessen Oberfläche und wird dort an die Umgebung abgegeben. Bei einem unterirdisch verlegten Kabel gestattet die praktisch unendlich große Wärme-

[1] Deutsche Pat. Anm. H 99320 v. 22. 11. 1924.
[2] Teichmüller, J.: Die Erwärmung elektrischer Leitungen. Stuttgart 1905.
[3] Mie, G.: Über Wärmeleitung in einem verseilten Kabel. ETZ 1905, S. 137.

kapazität des Erdbodens, welcher in erster Annäherung als eine das Kabel konaxial umgebende Hülle angesehen wird, die Annahme, daß die ganze Wärme im Erdboden bleibt und nichts davon durch die Erdoberfläche entweicht. Das Analoge gilt für Unterwasserkabel.

An den Grenzen einer jeden Schicht stellt sich eine Temperaturdifferenz ein, welche dem Produkt aus Wärmewiderstand der Schicht und strömender Wärme gleich ist. Ist S_ν der Wärmewiderstand der ν-ten Schicht, σ_ν der spez. Wärmewiderstand des die Schicht bildenden Stoffes und sind $D_{\nu-1}$ und D_ν die Durchmesser der die Schicht begrenzenden Zylinderflächen, $\tau_{\nu-1}$ und t die auf diesen herrschenden Temperaturen, dann ist

$$W = \frac{\tau_{\nu-1} - \tau_\nu}{S_\nu}$$

und nach der elementaren Wärmetheorie ist

$$S_\nu = \frac{1}{2\pi} \cdot \sigma_\nu \cdot \ln \frac{D_\nu}{D_{\nu-1}}.$$

Abb. 82 zeigt den Querschnitt eines unterirdisch verlegten Einleiterkabels. Bezeichnet S_k den Wärmewiderstand der Gesamthülle zwischen den Durchmessern d und D, S_n den Wärmewiderstand des umgebenden Erdreiches, τ_i die auf dem Leiter und τ_n in dem Erdreich herrschende Temperatur, dann ist

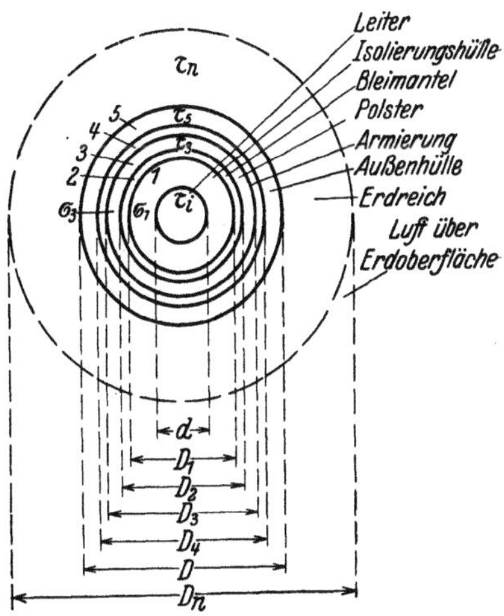

Abb. 82. Schema eines unterirdisch verlegten Einleiterkabels.

$$W = \frac{\tau_i - \tau_n}{S_k + S_n},$$

darin

$$S_k = \frac{1}{2\pi}\left(\sigma_1 \cdot \ln \frac{D_1}{d} + \sigma_2 \cdot \ln \frac{D_2}{D_1} + \cdots + \sigma_5 \cdot \ln \frac{D}{D_4}\right),$$

$$S_n = \frac{1}{2\pi} \sigma_n \ln \frac{D_n}{D}.$$

Die Differenz $\tau_i - \tau_n$ heißt die Übertemperatur des Leiters, bezogen auf die Temperatur der Umgebung des Kabels; in den praktischen Fällen ist für diese Größe ein Höchstwert vorgeschrieben. Setzt man $\tau_i - \tau_n = \tau$, $\frac{d^2\pi}{4} = Q$, dann erhält man für den Belastungsstrom

$$J = \frac{1}{\sqrt{0{,}24 \cdot \varrho}} \cdot \sqrt{\frac{Q \cdot \tau}{S_k + S_n}}.$$

Man kann den spez. Wärmewiderstand des Bleimantels und der Armierung vernachlässigen, diejenigen des Dielektrikums (getränktes Papier) und der Außenhüllen (getränkte Jute) einander gleichsetzen. Mit

$\sigma_2 = \sigma_4 = 0, \quad \sigma_1 = \sigma_3 = \sigma_5 = \sigma_k$ wird

$$S_k = \frac{1}{2\pi}\sigma_k\left(\ln\frac{D_1}{d} + \ln\frac{D_3}{D_2} + \ln\frac{D}{D_4}\right) = \frac{1}{2\pi}\sigma_k \cdot \ln\frac{D'}{d}$$

wo

$$D' = \frac{D_1 \cdot D_3}{D_2 \cdot D_4} \cdot D = h' \cdot D$$

ist. Da $D_1 < D_2$, $D_3 < D_4$ ist $h' < 1$. D' ist der reduzierte Kabeldurchmesser. Mit Umrechnung auf Briggsche Logarithmen erhält man

$$J = \frac{1}{\sqrt{0{,}24 \cdot \varrho}} \sqrt{2\pi \cdot \log e} \cdot \sqrt{\frac{Q \cdot \tau}{\sigma_k \cdot \log\frac{D'}{d} + \sigma_n \log\frac{D_n}{D}}}.$$

Der Durchmesser D_n war als eine fiktive Größe eingeführt; nach Forchheimer[1] gibt jedoch der Ausdruck den Wärmewiderstand des Erdbodens zwischen Kabel und Erdoberfläche richtig an, wenn die Verlegung in einer Tiefe von $l = 0{,}25\,D_n$ erfolgt. Der Wärmewiderstand ist dann

$$S_n = \frac{1}{2\pi} \cdot \sigma_n \cdot \ln\frac{4\,l}{D}.$$

Drückt man W in Watt, ϱ in Ohm pro m und mm² aus, dann erhält man den Belastungsstrom für das in l mm Tiefe verlegte Einleiterkabel von Q mm² Leiterquerschnitt

$$J = \frac{16{,}52}{\sqrt{\varrho}} \cdot \sqrt{\frac{Q \cdot \tau}{\sigma_k \cdot \log\frac{D'}{d} + \sigma_n \cdot \log\frac{4\,l}{D}}}.$$

Für konaxiale Zwei- und Dreileiterkabel erhält man analog

$$J = \frac{16{,}52}{\sqrt{\nu \cdot \varrho}} \cdot \sqrt{\frac{Q \cdot \tau}{\sigma_k \cdot \log\frac{D''}{d} + \sigma_n \cdot \log\frac{4\,l}{D}}},$$

hier ist $\nu = 2$ bzw. 3. D'' ist der doppelt reduzierte Kabeldurchmesser; er hat im Falle des Zweileiterkabels (Abb. 83) den Wert

$$D'' = \sqrt{\frac{d}{D_1}} \cdot \frac{D_1 \cdot D_3 \cdot D_5}{D_2 \cdot D_4 \cdot D_6} \cdot D$$

und im Falle des Dreileiterkabels (Abb. 84) den Wert

$$D'' = \sqrt[3]{\left(\frac{d}{D_1}\right)^2 \cdot \frac{D_2}{D_3}} \cdot \frac{D_1 \cdot D_3 \cdot D_5 \cdot D_7}{D_2 \cdot D_4 \cdot D_6 \cdot D_8} \cdot D.$$

2. Verseilte Kabel. Den Wärmewiderstand eines verseilten Kabels berechnete G. Mie unter der Annahme, daß die Adern des Kabels zueinander parallel gerade ausgestreckt liegen und daß die Leiterquerschnitte durch die von der innersten Isotherme eingeschlossene Fläche ersetzt werden.

Die Berechnung führt zum folgenden Ergebnis. Ist ν die Anzahl der Leiter, d der Durchmesser eines Leiters, D_1 der innere Durchmesser

---

[1] Forchheimer: Über die Erwärmung des Wassers in Leitungen. Z. Arch.- u. Ing.-Ver. Hannover 1888. Zitiert nach Teichmüller: a. a. O.

des Bleimantels und d' der Durchmesser eines Kreises, den die Leiterquerschnittskreise von innen berühren, dann ist der Wärmewiderstand des blanken Kabels

$$S = \frac{\sigma_k}{2\pi \cdot \nu} \ln \frac{(1-\alpha\beta) + \sqrt{(1-\alpha^2)(1-\beta^2)}}{\alpha - \beta},$$

wo

$$\alpha = \left(\frac{d'}{D}\right)^\nu, \quad \beta = q \cdot \left(\frac{d'}{D}\right)^\nu \quad \text{und} \quad q = \frac{d' - (\nu+1)\,d}{d' + (\nu-1)\,d}.$$

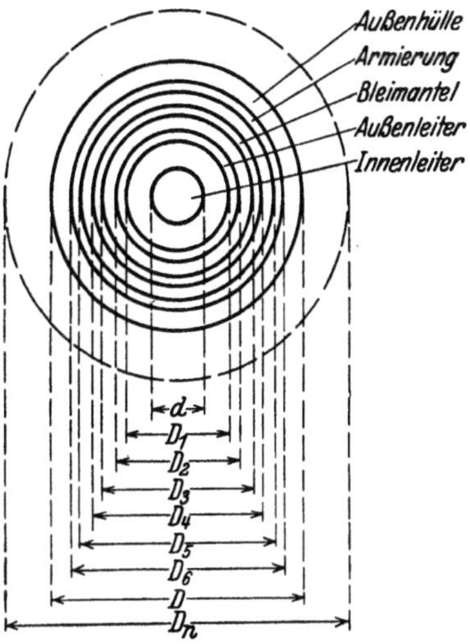

Abb. 83. Schema eines unterirdisch verlegten konaxialen Zweileiterkabels.

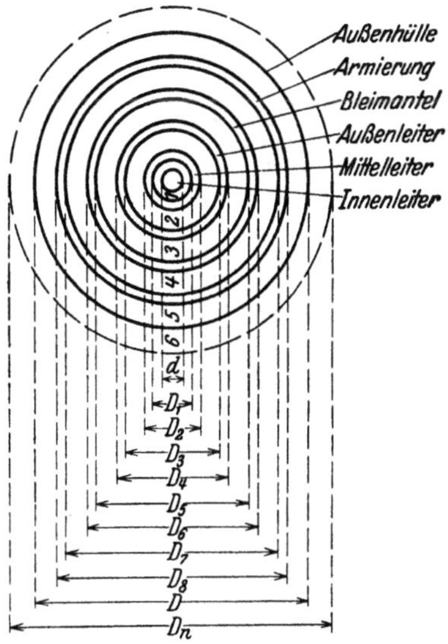

Abb. 84. Schema eines unterirdisch verlegten konaxialen Dreileiterkabels.

Da mit guter Annäherung

$$(1-\alpha\beta) + \sqrt{(1-\alpha^2)(1-\beta^2)} = 2$$

ist, erhält man

$$S = \frac{\sigma_k}{2\pi} \ln \frac{D_1}{d''},$$

wo

$$d'' = d' \sqrt[\nu]{\frac{\nu \cdot d}{d' + (\nu - 1)\,d}}$$

Der Wärmewiderstand des verseilten Mehrleiterkabels ist somit auf denjenigen eines Einleiterkabels zurückgeführt, welches bei gleichem Seelendurchmesser den Leiterdurchmesser d'' hat. Der Ausdruck S ist der Wärmewiderstand der Kabelseele allein; für das armierte und im Erdboden verlegte Kabel erhält man nach Abb. 82

$$S_k = \frac{1}{2\pi} \sigma_k \left(\ln \frac{D_1}{d''} + \ln \frac{D_3}{D_2} + \ln \frac{D}{D_4}\right) = \frac{1}{2\pi} \sigma_k \ln \frac{D'}{d''},$$

wenn wieder

$$\frac{D_1 \cdot D_3}{D_2 \cdot D_4} \cdot D = D'$$

gesetzt wird. Da jeder der ν Leiter den Strom J führt, ist die insgesamt entwickelte Wärmemenge

$$\nu \cdot \frac{J^2 \cdot \varrho}{Q}$$

und für den Strom J erhält man

$$J = \frac{16{,}52}{\sqrt{\nu \cdot \varrho}} \cdot \sqrt{\frac{Q \cdot \tau}{\sigma_k \cdot \log \frac{D'}{d''} + \sigma_n \log \frac{4\,l}{D}}}\,.$$

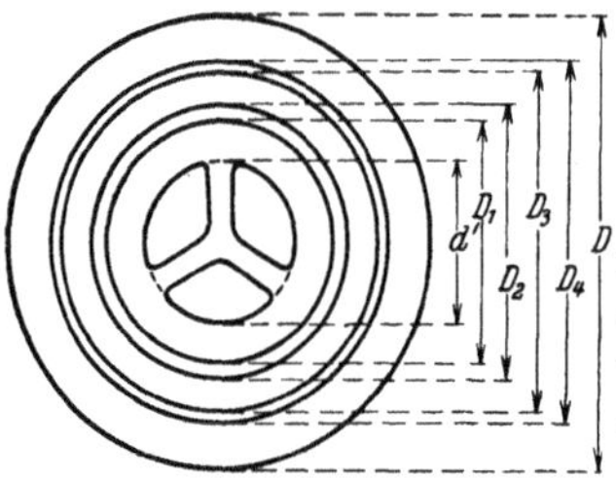

Abb. 85. Schema eines unterirdisch verlegten verseilten Dreileiterkabels mit sektorförmigen Leitern.

In allen berechneten Fällen kann somit der Belastungsstrom als Funktion der Querschnittsdimensionen, der Übertemperatur und der Verlegungstiefe auf die gleiche Form

$$J = \frac{16{,}52}{\sqrt{\nu \cdot \varrho}} \cdot \sqrt{\frac{Q \cdot \tau}{\sigma_k \cdot \log \frac{D^*}{d^*} + \sigma_n \log \frac{4\,l}{D}}}$$

gebracht werden, wo die Bedeutung der Größen ν, D^* und d^* von Fall zu Fall verschieden ist.

Bei einem Dreileiterkabel mit sektorförmigen Leiterquerschnitten (Abb. 85) ist $d^* = d'$; das Kabel verhält sich wie ein Einleiterkabel vom Leiterdurchmesser d'.

3. Bestimmung der Größen σ_k und σ_n. Zur Lösung dieser Aufgabe sind in Deutschland[1] und in England[2] zahlreiche Versuche ausgeführt worden. In Deutschland wurden die Werte

$$\sigma_k = 550 \quad \text{und} \quad \sigma_n = 40$$

festgelegt. In England wählte man für das Dielektrikum von Kabeln bis einschließlich 2200 Volt den Wert $\sigma_k = 750$, für Kabel über 2200 bis einschließlich 11000 Volt $\sigma_k = 550$. Für Querschnitte unter 0,06 Quadratzoll ($= 39$ mm²) gelten höhere Werte. Für die äußere Schutzhülle des Kabels ist von der deutschen Praxis abweichend ein anderer Wert, $\sigma_k' = 300$ gewählt.

Für σ_n empfehlen die englischen Vorschläge vom Jahre 1923 Werte von 340 bis 90 gemäß Tabelle 16.

Tabelle 16. Englischer Vorschlag für die Wahl von σ_n in Abhängigkeit vom prozentuellen Feuchtigkeitsgehalt verschiedener Erdsorten.

σ_n	Sandiger Lehm	Schwere Tonerde	Kreide
340	0	1%	2%
180	5%	17	10
120	10	—	16
90	15	—	20

[1] Humann, P.: ETZ 1905, S. 533; Teichmüller, J., und P. Humann: ETZ 1906, S. 579; ETZ 1907, S. 475; Passavant: ETZ 1907, S. 499; Teichmüller: ETZ 1907, S. 500; Lichtenstein: ETZ 1909, S. 389.

[2] Dick, J. R.: Electr. 1909, S. 413; Melsom, S. W., and H. C. Booth: Journ. I. E. E. 1911, S. 711; Melsom, S. W.: Journ. I. E. E. 1921, S. 181; Melsom, S. W., and E. Fawsett: Journ. I. E. E. 1923, S. 517.

4. Erdbodentemperatur und Verlegungstiefe. Bezüglich Bodentemperatur haben Melsom und Fawsett viele Werte gesammelt, wovon einige in den Abb. 86, 87 und 88 wiedergegeben sind.

Zur experimentellen Prüfung des Einflusses der Verlegungstiefe verlegten Melsom und Fawsett Stücke derselben Kabeltype in 1,5, 2,5 und 4,5 Fuß Tiefe und belasteten sie mit demselben Strom; die Übertemperatur war im zweiten Fall um 4%, im dritten Fall um 15,7% größer als im ersten Fall. Nach Einregulierung der Belastungen auf ein und dieselbe Übertemperatur in allen 3 Fällen verhielten sich die Ströme wie 100:97:92. Allgemein gültige Regeln lassen sich nicht aufstellen.

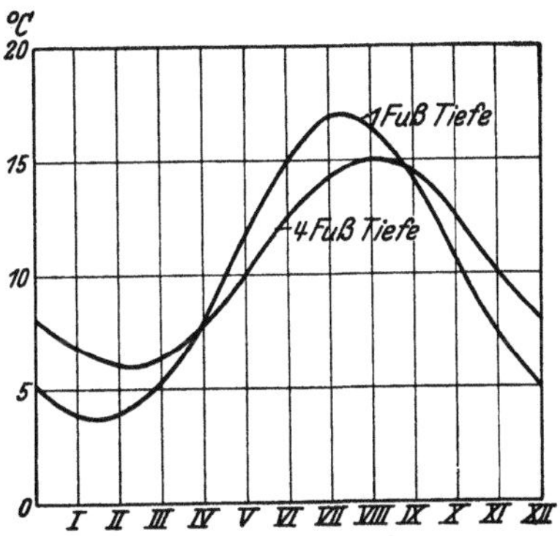

Abb. 86. Jährliche Schwankung der Bodentemperatur in Kew (Melsom und Fawsett).

Tabelle 17 enthält Zahlenwerte, die in einigen Ländern zur Berechnung von Belastungstabellen[1] festgelegt wurden. Bei Berechnungen mit Hilfe der angenommenen Konstanten kann es sich natürlich nur um die ungefähre Annäherung an gewünschte mittlere Verhältnisse handeln. Die genaue Anpassung an die wirklichen, in der Regel unbekannten, zeitlich und örtlich veränderlichen Bedingungen ist gar nicht möglich. Andererseits ist zu beachten, daß der bei den bisher angegebenen Berechnungen vorausgesetzte Beharrungszustand praktisch niemals erreicht wird. Die Belastungen der Kabel unterliegen großen Schwankungen, und die Betriebstemperatur bleibt unter ihrem für die Berechnung angenommenen Endwert. Man wird daher in vielen Fällen höhere Belastungsströme,

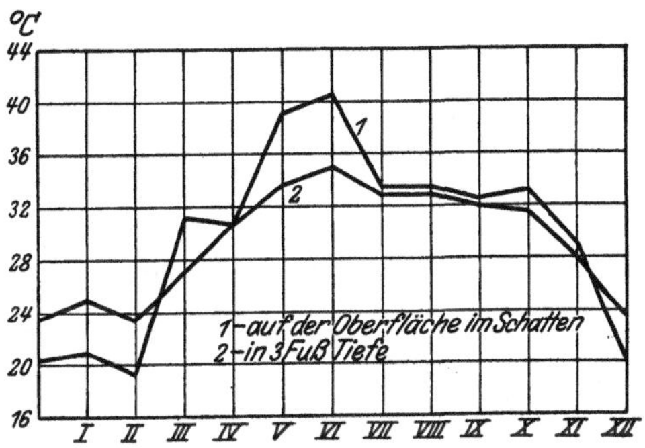

Abb. 87. Jährliche Schwankung der Bodentemperatur in Kalkutta (Melsom und Fawsett).

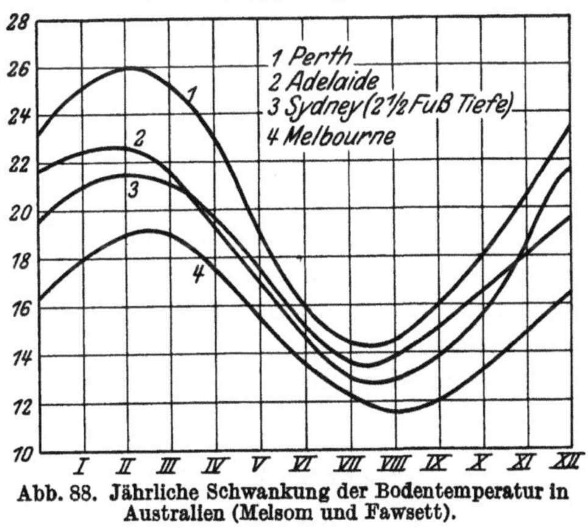

Abb. 88. Jährliche Schwankung der Bodentemperatur in Australien (Melsom und Fawsett).

[1] Sie befinden sich am Ende des V. Abschnittes.

als die bisher berechneten, zulassen können. Hierzu ist die Untersuchung der Kabelerwärmung bei veränderlicher Belastung erforderlich.

Tabelle 17. Konstanten zur Berechnung von Belastungstabellen.

	Deutschland	England Erdkabel	England Röhrenkabel	Frankreich	Japan
Höchstzulässige Leitertemperatur . . . . . . °C	45	50	35	50	85
Angenommene Bodentemperatur . . . . . . °C	15	15—20	15	10	15
σ_n	—	40	340, 180 120, 90	200	324
σ_k	550, 750	550	550, 750[1]	230	636
Verlegungstiefe . . . . cm	—	70	46, 92	—	92

5. Erwärmung des Kabels bei veränderlicher Belastung[2]. Es sei angenommen, daß die Wärme vom Leiter unmittelbar in ein Medium mit unendlich großer Wärmekapazität übergeht. Ist R der Widerstand, F die Oberfläche und G das Gewicht des Leiters pro Längeneinheit, S seine spezifische Wärme, τ die Übertemperatur und H der Wärmeableitungskoeffizient[3], dann ist die Differenz zwischen entwickelter und abgegebener Wärme gleich der Wärmezunahme des Leiters, also

$$J^2 R\,dt - \tau \cdot F \cdot H \cdot dt = G \cdot S \cdot d\tau .$$

Im Beharrungszustand, der bei der Höchsttemperatur τ_m eintritt, sind die beiden Wärmemengen einander gleich; mit

$$\frac{G \cdot S}{F \cdot H} = T$$

erhält man

$$dt = \frac{T}{\tau_m - \tau}\,d\tau$$

und daraus

$$t = -T \ln(\tau_m - \tau) + \text{konst}.$$

Hatte der Leiter zu Beginn der Erwärmung ($t = 0$) die Temperatur der Umgebung ($\tau = 0$), dann wird

$$t = T \ln \frac{\tau_m}{\tau_m - \tau} .$$

Diese Gleichung stellt den Verlauf der Erwärmung des Leiters dar. Die Konstante T ist eine Zeitgröße und wird als die Zeitkonstante bezeichnet. Die Erwärmung erfolgt um so langsamer, je größer die Zeitkonstante ist.

Für die Abkühlung erhält man mit

$$J^2 R\,dt = 0$$

[1] Kabel bis einschließlich 2200 Volt Betriebsspannung werden 46 cm tief, Kabel für höhere Spannungen bis 11000 Volt einschließlich 92 cm tief verlegt.

[2] Oelschläger, W.: ETZ 1900, S. 1058.

[3] Die von einem Körper an seine Umgebung abgegebene Wärme ist der Übertemperatur und der Größe der wärmegebenden Oberfläche proportional; der Prop.-Faktor ist der Wärmeableitungskoeffizient. (Gesetz von Newton.)

die Gleichung der Abkühlungskurve

$$t = T \ln \frac{\tau_m}{\tau}$$

In Abb. 89 ist die Erwärmung eines mit 200 Amp. belasteten Dreileiterkabels von $3 \times 0{,}15$ Quadratzoll Leiterquerschnitt und 8,5 mm Isolierungsdicke dargestellt[1]. Der Beharrungszustand tritt erst in etwa 10 Stunden ein; diese Zeit ist länger als die Dauer einer Arbeitsschicht, folglich erreicht die Erwärmung des Kabels den Beharrungszustand nicht und die Temperatur bleibt unter dem Wert, aus welchem die zulässige Belastung berechnet wurde.

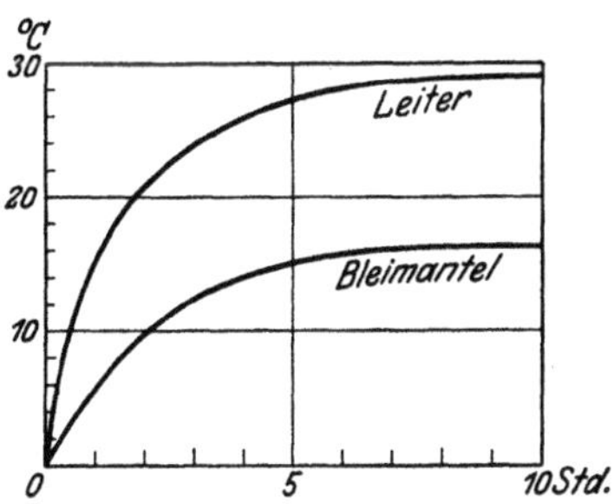

Abb. 89. Erwärmung eines armierten Dreileiterkabels unter konstanter Dauerbelastung (Melsom und Fawsett).

Als Beispiel für eine intermittierende Belastung sei der Fall eines Kabels angenommen, bei welchem kurzzeitige Perioden mit hoher Belastung und längere Perioden mit geringer Belastung in regelmäßigem Wechsel aufeinander folgen[2]. Es sei I der bei Dauerbetrieb zulässige, I_1 der während a Sekunden, I_2 der während b Sekunden fließende Strom, wobei $a < b$, $I_1 > I_2$, und zwar sei

$$I_1 = n \cdot I = s \cdot I_2 .$$

Die Zahl n als Funktion der Größen a, b und s ausgedrückt gibt an, um wieviel mal höher das Kabel bei intermittierendem Betrieb als bei Dauerbetrieb belastet werden darf. Bezeichnet R den Leitungswiderstand, W die sekundliche Wärmeabgabe pro Längeneinheit des Kabels und pro 1^0 C Übertemperatur, τ, τ_1 und τ_2 die den Dauerbelastungen mit I, I_1 und I_2 entsprechenden Übertemperaturen, dann ist

$$\tau = I^2 \frac{R}{W}, \quad \tau_1 = I_1^2 \frac{R}{W}, \quad \tau_2 = I_2^2 \frac{R}{W}.$$

Es wiederholen sich regelmäßig Perioden von der Dauer $a + b$ Sekunden. Zu Beginn einer Periode ($t = 0$) sei die Übertemperatur τ_a. Nach a Sekunden, während das Kabel mit dem Strom I_1 belastet war, stieg die Übertemperatur auf den Wert τ_m. Während der folgenden b Sekunden (Belastung I_2) sank die Temperatur, weil $I_2 < I_1$, auf τ_b.

Man erhält für die a-Periode

$$a = T \ln \frac{\tau_1 - \tau_a}{\tau_1 - \tau_m}$$

und für die b-Periode

$$b = T \ln \frac{\tau_2 - \tau_m}{\tau_2 - \tau_b} .$$

---

[1] Melsom und Fawsett: a. a. O.

[2] Oelschläger: a. a. O.; Melsom, S. W., and H. C. Booth: Rating of cables for intermittent or fluctuating loads. Journ. I. E. E. 1923, S. 361.

Ein periodischer Beharrungszustand tritt für $\tau_a = \tau_b$ ein; damit erhält man für die höchste vorkommende Übertemperatur τ_m

$$\tau_m = \frac{I_1^2 R}{W} \cdot \frac{1}{s^2} \cdot \frac{\left(1 - e^{-\frac{b}{T}}\right) - s^2 \left(1 - e^{\frac{a}{T}}\right)}{e^{\frac{a}{T}} - e^{-\frac{b}{T}}}.$$

Soll für diesen intermittierenden Betrieb dieselbe Höchsttemperatur, wie bei Dauerbetrieb mit der Belastung I, also τ zugelassen werden, dann ist $\tau_m = \tau$ und man erhält

$$n = s \sqrt{\frac{1 - e^{-\frac{a+b}{T}}}{\left(1 - e^{-\frac{b}{T}}\right) e^{-\frac{a}{T}} + s^2 \left(1 - e^{-\frac{a}{T}}\right)}}.$$

Für $I_2 = 0$ ist $s = \infty$ und

$$n = \sqrt{\frac{1 - e^{-\frac{a+b}{T}}}{1 - e^{-\frac{a}{T}}}}.$$

In den Tabellen 18 und 19 sind für einige Kabeltypen die Zeitkonstanten in Minuten angegeben; Tabelle 18 enthält ältere, an Niederspannungskabeln von AEG ausgeführte Messungen von R. Apt[1], Tabelle 19 neuere, von L. Bosone[2] im Kabelwerk von V. Tedeschi et Co. in Turin an Luft- und Erdkabeln ermittelten Meßergebnisse.

Tabelle 18.
Zeitkonstante von getränkten Papierkabeln in Minuten nach R. Apt.

Leiterquerschnitt in mm²	Einfachkabel	Verseilte Dreileiterkabel	Leiterquerschnitt in mm²	Einfachkabel	Verseilte Dreileiterkabel
4	6	7	150	28	42
6	6	8	185	32	48
10	7	9	240	35	57
16	8	11	310	38	63
25	10	14	400	41	70
35	12	17	500	43	
50	14	21	625	45	
70	17	26	800	47	
95	21	31	1000	49	
120	25	36			

6. Erwärmung und Betriebssicherheit. Die Begrenzung des Belastungsstromes durch die Festsetzung von höchstzulässigen Übertemperaturen bezweckt die Verhütung von Gefahren, welchen eine übermäßige Erwärmung das Kabel aussetzt. Es bestehen die folgenden Gefahrsmöglichkeiten:

[1] ETZ 1908, S. 408.
[2] Atti della Associazione Elettrotecnica Italiana, Februar 1927.

Tabelle 19. Messung der Übertemperatur und der Zeitkonstante an belasteten Luft- und Erdkabeln von L. Bosone.

Leiterquerschnitt des Kabels in mm²	Isolierungsdicke des Kabels in mm	Umgebungstemperatur in °C	Belastungsstromstärke in Amp.	Übertemperatur in °C	Zeitkonstante in Min.
		1. Luftkabel.			
25	4	15	110	26	14,4
25	12	16	120	31,5	27
50	4	17	175	26	17,4
50	12	19	200	36	33
180	7	22	380	27,5	33
3 × 25	4,5	17	75	21,5	27
3 × 25	10,5	17	75	21	45
3 × 50	4,5	19	130	24	33
3 × 50	10,5	19	130	25	54
3 × 180	7	22	275	25	63
		2. Erdkabel.			
25	4	23	165	31	7,2
25	12	22	125	30	21
50	4	23	260	33	10,2
50	12	23	190	27	24
180	7	18	450	27,5	25,2
3 × 25	4,5	25	105	30	19,8
3 × 25	10,5	25	90	24,5	39
3 × 50	4,5	25	140	26	27
3 × 50	10,5	25	125	23,6	48
3 × 180	7	18	290	25	51

1. Die Tränkmasse kann nach tiefer gelegenen Teilen des Kabelnetzes abfließen und dort bei hinreichendem Gefälle den Bleimantel aufweiten oder aufreißen, an den höher gelegenen, austrocknenden Teilen die elektrische Festigkeit des Kabels herabsetzen.

2. Die elektrische Festigkeit des Kabels kann auf einen unzureichend niedrigen Wert heruntersinken.

3. Die dem Belastungswechsel folgenden periodischen Temperaturschwankungen rufen eine periodische Volumveränderung des Bleimantels hervor, wodurch dessen mechanische Festigkeit verringert werden kann.

4. Das getränkte Papier kann seine mechanische Qualität verschlechtern.

In Deutschland waren für die Festsetzung einer höchsten Übertemperatur von 25° C hauptsächlich die unter 1 und 2 genannten Gründe maßgebend.

„Die Zahl ist als ein Kompromiß zwischen den Kabellieferanten und den Kabelabnehmern anzusehen. Die letzteren halten, heute wie früher bei der erstmaligen Festsetzung, höhere Temperaturen für zulässig, die ersteren wollen bei höherer Beanspruchung keine Garantien mehr übernehmen und weisen, nicht mit Unrecht, darauf hin, daß langjährige Erfahrungen über das Verhalten stark belasteter Kabel noch nicht vorliegen.“[1]

[1] Teichmüller, J.: ETZ 1907, S. 502.

Die Beibehaltung der vor mehr als 20 Jahren festgesetzten Grenze bis in die Gegenwart ist der beste Beweis für die Zweckmäßigkeit der damals getroffenen Wahl.

Die unter 3 genannten Änderungen des Bleimantels sind besonders dann gefährlich, wenn die Kabel nicht unmittelbar in den Erdboden gelegt, sondern in unterirdische Kabelsysteme eingezogen werden. Zum Einziehen der Kabel und zur Unterbringung der Verbindungsmuffen dienen sog. Kabelbrunnen, welche die Kanalzüge auf mehr oder weniger kurze Strecken unterteilen; demzufolge können im Bleimantel

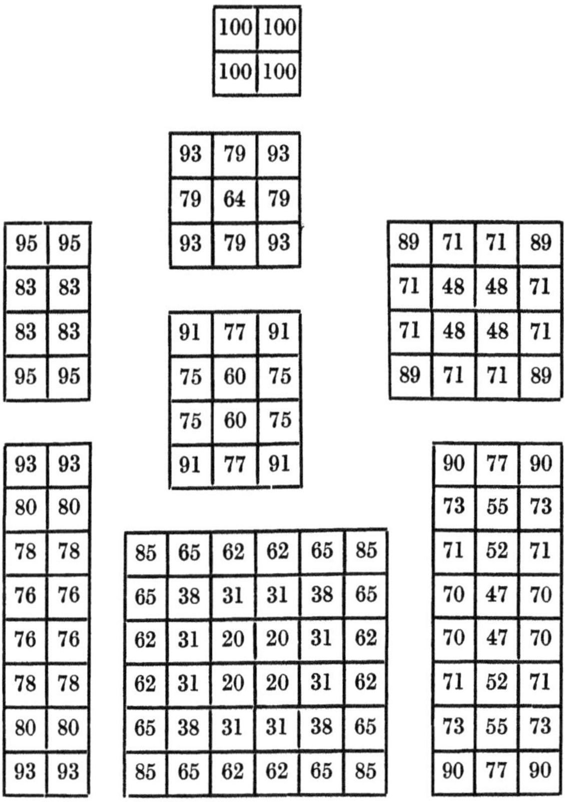

Abb. 90. Wattverlust von Kabeln in verschieden großen Kanalgruppen bei gleicher Temperaturerhöhung für alle Kabel, ausgedrückt in Prozenten des einfachen Falles: einer aus 4 Kanälen bestehenden Gruppe.

auf kurze Strecken große Temperaturunterschiede auftreten, die ihrerseits große mechanische Spannungen in der Längsrichtung des Kabels hervorrufen und auch leicht zum Bruch des Mantels führen. In solchen Anlagen muß man zur Begrenzung des Unterschiedes zwischen Kanal- und Brunnentemperatur der Kabel deren Belastung um so niedriger bemessen, je größer ihre Anhäufung ist. In Abb. 90 sind die Ergebnisse von Messungen wiedergegeben, welche P. Torchio[1] an verschiedenen

[1] Journ. I. E. E. 1921, S. 104.

Gruppierungen von Kanälen ausgeführt hat; die Quadrate bedeuten die Kanäle und die eingeschriebenen Zahlen den Wattverlust pro 1 Fuß Kabellänge bei gleicher Temperaturerhöhung für alle Kabel, ausgedrückt in Prozenten des einfachen Falles von 4 im Quadrat zusammengelegten Kanälen.

Zu Punkt 4 sind in den Vereinigten Staaten mit Rücksicht auf die dort zugelassenen hohen Übertemperaturen[1] zahlreiche Arbeiten an verlegten Kabeln, an Kabelmustern und an dem Isolierpapier selbst ausgeführt worden. D. W. Roper[2] untersuchte Niederspannungskabel im Betrieb und stellte fest, daß eine dauernde Leitertemperatur von 110° C die Kabel nicht verschlechtert. P. Torchio empfiehlt in seiner zitierten Arbeit die Beibehaltung der 85° C-Grenze, jedoch mit der Maßgabe, daß man für kurzzeitige Spitzenbelastungen der Kabel höhere Temperaturen — bis zu 105° C — zulassen soll. W. S. Clark[3] untersuchte die Festigkeit von Papierproben und stellte nach einer 90tägigen Dauererwärmung auf 110° C eine Verschlechterung um etwa 45% fest; nach seiner Ansicht ist diese Verschlechterung der Papierfestigkeit von keiner Bedeutung für die Betriebssicherheit eines Niederspannungskabels, weshalb er eine Betriebstemperatur von 110° für zulässig hält. H. W. Fisher und R. W. Atkinson[4] beobachteten eine bei 110 und 120° C mit der Erwärmungsdauer zunehmende Verschlechterung des Zerreißwiderstandes[5], halten somit so hohe Betriebstemperaturen nicht für zulässig; ebenso erklärt sich L. L. Elden[6] für die Beibehaltung der festgelegten Grenze.

Durch die neueren Erkenntnisse bezüglich Ionisierungspunkt und thermische Stabilität haben alle diese, an und für sich wertvollen amerikanischen Arbeiten an Aktualität verloren, nachdem es unzweifelhaft geworden ist, daß die Betriebssicherheit schon bei tieferen Temperaturen fraglich werden kann.

B. Energieverluste im Kabelmantel.

Eine zweite Wirkung des magnetischen Feldes stellen die im Kabelmantel induzierten Spannungen dar; eine praktische Bedeutung im normalen Betrieb haben sie nur bei Einleiter-Wechselstromkabeln. Die Spannungen rufen im Mantel Wirbel- und Leitungsströme hervor; während die ersten verhältnismäßig unbedeutend sind, können die Leitungsströme große Werte annehmen. Durch das Eisen der Armierung wird die induzierte Spannung vergrößert; eine gewöhnliche Armierung würde ein Einleiter-Wechselstromkabel unbrauchbar machen,

[1] 85° C für Niederspannungskabel, $(85-E)$° C, wo E die Betriebsspannung in kV bezeichnet, für Hochspannungskabel.

[2] Journ. A. I. E. E. 1921, S. 201.

[3] Journ. A. I. E. E. 1921, S. 113; ETZ 1922, S. 228.

[4] Journ. A. I. E. E. 1921, S. 133; ETZ 1921, S. 1335 und 1922, S. 396.

[5] In Amerika unterscheidet man Zugfestigkeit (tensile strength) und Zerreißwiderstand (tearing resistence), welche nach verschiedenen Methoden gemessen werden und verschieden groß sind. Das Erhitzen scheint den Zerreißwiderstand in höherem Maße als die Zugfestigkeit zu verschlechtern.

[6] Journ. A. I. E. E. 1921, S. 145.

weshalb man diese meistens als blanke Bleikabel verlegt. Andererseits ist es in vielen Fällen wünschenswert, auch diese Kabel zu armieren; man suchte daher nach geeigneten Konstruktionen. Als das Nächstliegende wurden Armierungen aus nichtmagnetischem Metall wie Bronze oder Aluminium empfohlen; eine Konstruktion von F. & G. sieht die Verwendung von bleiumpreßten Bronzedrähten[1] vor. Leider sind diese Metalle viel teurer als Eisen; außerdem geht infolge ihrer besseren Leitfähigkeit der erstrebte Nutzen zum Teil wieder verloren. Wesentlich günstiger erwies sich die Verwendung von schwach magnetischen Eisenlegierungen; als solche werden von F. & G.[2] Legierungen des Eisens mit Nickel, Mangan und Chrom, Silizium empfohlen.

Nach einem anderen Vorschlag[3] von F. & G. verringert man die in der Armierung induzierten Ströme durch künstliche Erhöhung des Leitungswiderstandes; zu diesem Zweck werden in Unterbrechungsstellen der Armierung Wechselstromwiderstände zwischengeschaltet.

Die in der Armierung induzierten Spannungen nehmen mit der Länge des Kabels proportional zu. Hierauf beruht die Wirksamkeit der gleichfalls von F. & G.[4] vorgeschlagenen Unterteilung der Armierung in einzelne, voneinander gut isolierte Längenabschnitte, wodurch die Teilspannungen und die von diesen verursachten Verluste kleiner werden.

Wesentlich günstiger liegen die Verhältnisse bei den Dreimantelkabeln, die mit gewöhnlichem Eisen armiert werden können. Die Verluste in der Armierung sind unbedeutend, die Abkühlung ist eine sehr gute. Nutzt man die Raumzipfel nach dem Vorschlag der W. T. Henley's Telegraph Works Co.[5] in London zur Unterbringung von blanken, isolierten, evtl. auch mit Bleimänteln versehenen Drahtseilen aus, welche zur Erhöhung der Zugfestigkeit des Kabels oder als Prüfdrähte, Telephonleitungen oder zu ähnlichen Zwecken dienen, dann bewirkt der vermehrte Metallaufwand eine weitere Verbesserung der Abkühlung.

IV. Theorie des Schwachstromkabels (Telephonkabel).

1. Vorbemerkungen. Die elektromagnetischen Vorgänge in einem Telephonkabel unterscheiden sich von denjenigen in einem unter Wechselspannung stehenden Starkstromkabel durch die folgenden Merkmale.

1. Die übertragene Energiemenge ist sehr klein; eine Beanspruchung des Dielektrikums findet nicht statt.

2. Die Sprechströme wechseln ihre Frequenz dauernd, sie erscheinen zum Teil gleichzeitig, zum Teil in rascher Folge hintereinander, und während der kurzen Dauer ihres Bestehens fließen sie mit anderen

---

[1] D.R.P. Nr. 415036 v. 10. 2. 1924. [2] D.R.P. Nr. 419513 v. 13. 5. 1924.
[3] Deutsche Pat. Anm. F 58990 v. 25. 1. 1927.
[4] Deutsche Pat. Anm. F 59122 v. 16. 1. 1927.
[5] Engl. Pat. Nr. 221371 v. 9. 10. 1923.

Strömen, die sich in den Zuständen des Einschwingens oder des Abklingens befinden, ineinander.

3. Zwischen den Stromkreisen eines Kabels treten als Mithören, Mitsprechen usw. bezeichnete Wirkungen der gegenseitigen Induktion auf, welche die Güte der Übertragung beeinträchtigen können.

Hieraus ergibt sich für die Theorie der Telephonkabel die folgende Gliederung:

Elementare Erfahrungstatsachen. Für die Berechnung der Telephonkabel ist die Kenntnis der Größe der Übertragungsenergie oder der Stromstärke nicht erforderlich. Die gebräuchlichen Kabeltypen haben sich auf Grund von einigen elementaren Erfahrungstatsachen nach wirtschaftlichen Gesichtspunkten entwickelt und sind trotz der großen Vervollkommnung der Fabrikation im wesentlichen unverändert geblieben.

Reichweite. Als Gütemaßstab für Telephonkabel dient nicht der Wirkungsgrad, sondern die Reichweite, das ist diejenige größte Entfernung, auf welche das Kabel die Sprache mit einer für den öffentlichen Telephondienst genügenden Deutlichkeit und Lautstärke überträgt. Die Reichweite ist von der spez. Dämpfung abhängig, die ihrerseits eine Funktion der Frequenz ist; als Funktion der spez. Dämpfung einer bestimmten Frequenz wurde sie erfahrungsgemäß ermittelt.

Die Reichweite kann durch Verkleinerung der Dämpfung oder durch deren Ausgleich durch zusätzlichen Energieaufwand vergrößert werden. Am bequemsten verkleinert man die spez. Dämpfung durch Vergrößerung der Induktivität; Energie wird der Leitung durch Glühkathodenröhren-Verstärker zugeführt.

Die Störungen durch gegenseitige Induktivität wachsen mit der Länge der Leitung; ähnlich verhalten sich die Störungen durch Reflexionserscheinungen, welche in kurzen Leitungen nur geringfügige Energieverluste verursachen.

2. Elementare Erfahrungstatsachen. Die Möglichkeit der telephonischen Übertragung beruht auf der Erfahrungstatsache (Nr. 1), daß die rasch abklingenden Sprechströme während eines genügend langen Bruchteils ihrer Dauer quasistationär sind. Für diesen quasistationären Verlauf gelten die im zweiten Abschnitt angegebenen Ausdrücke. Da das Dämpfungsmaß mit der Frequenz zunimmt, erscheinen die Sprechströme am Ende der Leitung mit auch relativ veränderter Amplitude, die übertragene Sprache erleidet eine Verzerrung. Die Erfahrung zeigt (Tatsache Nr. 2), daß das Ohr diese Verzerrung kaum wahrnimmt; solange die Lautstärke groß genug ist, ist auch die Deutlichkeit hinreichend.

Die Kreisfrequenz der Sprechströme variiert etwa zwischen den Grenzen $\omega = 3000$ bis $\omega = 9000$. Die telephonische Verständigung ist sehr gut (Tatsache Nr. 3), solange für die mittlere Kreisfrequenz $\omega = 5000$ $\beta l \leqq 2{,}5$ ist[1].

[1] Nach neueren Untersuchungen von Breisig (Theor. Tel. II, S. 342) hört die Verständigungsmöglichkeit auf, wenn βl für $\omega = 10000$ den Wert 5 überschreitet.

Als Hauptkabel werden fast ausschließlich Papierluftraumkabel verwendet. Tabelle 20 enthält die Leiterstärken und die elektrischen Eigenschaften einiger in Deutschland und in Amerika gebräuchlicher Telephonkabel.

Tabelle 20.
Leiterstärken und elektrische Eigenschaften einiger Telephonkabel.

Lfd. Nr.	Bezeichnung des Leiters A. W. G.	Durchmesser des Leiters mils	Durchmesser des Leiters mm	R Ohm/km	K μF/km	G μS/km	L H/km
			Deutsche Telephonkabel.				
1	—	—	0,6	130	0,036	1,0	0,0006
2	—	—	0,8	74	0,036	1,0	0,0006
3	—	—	0,9	56	0,036	1,0	0,0006
4	—	—	1,4	23	0,036	0,8	0,0006
5	—	—	1,5	20	0,039	0,8	0,0006
6	—	—	2,0	12	0,042	0,8	0,0006
			Amerikanische Telephonkabel.				
7	24	20,1	0,51	172	0,052	3,0	0,0006
8	22	25,3	0,64	109	0,052	3,0	0,0006
9	22	25,3	0,64	109	0,044	3,0	0,0006
10	19	35,9	0,91	52	0,046	3,0	0,0006
11	19	35,9	0,91	52	0,034	3,0	0,0006
12	16	50,8	1,29	27	0,046	3,0	0,0006
13	14	64,1	1,63	17	0,046	3,0	0,0006
14	13	72,0	1,83	14	0,046	3,0	0,0006
15	10	101,9	2,59	7	0,046	3,0	0,0006

Tabelle 21 enthält die Übertragungsgrößen β, α, Z, λ und v für die Typen 1, 2 und 3 im Bereich $\omega = 2000$ bis $\omega = 12000$; die Werte β und Z sind in der Abb. 91 auch graphisch dargestellt.

Tabelle 21. Übertragungsgrößen von Telephonkabeln für verschiedene Kreisfrequenzen.

ω	2000	3000	4000	5000	6000	7000	8000	10000	12000
				Kabel Nr. 1, Leiterstärke 0,6 mm					
β	0,0682	0,0832	0,0960	0,1068	0,1167	0,1257	0,1342	0,1495	0,1630
α	0,0687	0,0845	0,0978	0,1094	0,1200	0,1300	0,1394	0,1568	0,1712
Z	1347	1095	950	850	777	718	682	601	550
λ	91,5	74,8	64,2	57,5	52,4	48,3	45,0	40,0	36,7
v	29100	35500	40800	45700	50000	53700	57400	63800	70000
				Kabel Nr. 2, Leiterstärke 0,8 mm					
β	0,0512	0,0625	0,0718	0,0798	0,0873	0,0939	0,0992	0,1110	0,1204
α	0,0520	0,0640	0,0742	0,0833	0,0916	0,0993	0,1067	0,1200	0,1327
Z	1013	828	716	640	585	542	507	454	415
λ	120,6	98,2	84,7	75,5	68,5	63,3	58,9	52,3	47,3
v	38500	46900	53900	60000	65500	70500	75000	83400	90500
				Kabel Nr. 3, Leiterstärke 0,9 mm					
β	0,0446	0,0541	0,0623	0,0690	0,0753	0,0810	0,0860	0,0952	0,1030
α	0,0454	0,0558	0,0650	0,0730	0,0803	0,0873	0,0938	0,1057	0,1122
Z	882	720	624	558	510	472	441	395	362
λ	138,3	112,4	96,6	86,0	78,2	72,0	67,0	59,5	56,0
v	44000	53800	61500	68500	74600	80200	85200	94700	106900

Die Größen λ und v sind Länge und Fortpflanzungsgeschwindigkeit der beiden fortschreitenden Wellen, aus welchen die Augenblickswerte von Strom und Spannung sich zusammensetzen. Sie charakterisieren nicht die Geschwindigkeit der Energieübertragung, sondern nur das Pulsieren der Energie im quasistationären Zustand. Die Fortpflanzung der „Störung" erfolgt mit der auf S. 44 angegebenen Geschwindigkeit, die hier zur Unterscheidung als v' bezeichnet werden soll; es ist

$$v' = \frac{1}{\sqrt{K \cdot L}},$$

während nach S. 47

$$v = \frac{\omega}{\alpha}$$

ist. Bei Kabel Nr. 1 z. B. variiert die Größe v zwischen 29000 und 70000 km/sek, dagegen ist

$$v' = 216000 \text{ km/sek}.$$

Für das Kabel Nr. 15, dessen Reichweite mehr als 100 km beträgt, ist $v' = 190000$ km/sek, die 100 km lange Strecke wird in $0{,}57 \cdot 10^3$ Sekunden durchlaufen. Nach Ablauf dieser Zeit kommt nur die abgeflachte Wellenstirn am Leitungsende an; bis zur Ankunft des Höchstwertes vergeht noch eine gewisse Zeit, die sich nach S. 46 berechnen läßt. Mit $\lambda = 0{,}031$ und $v' = 190000$ km/sek erhält man für die allgemeinen Einheiten

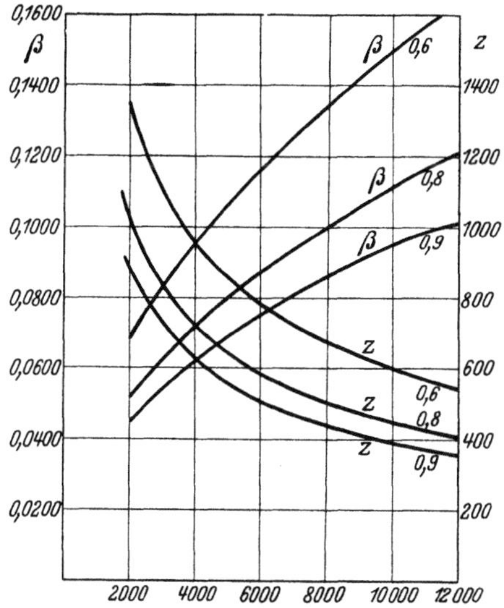

Abb. 91. Spezifische Dämpfung (β) und Wellenwiderstand (Z) von Kabeln mit 0,6, 0,8 und 0,9 mm starken Leitern.

$$T = 0{,}17 \cdot 10^{-3} \text{ Sekunden} \quad \text{und} \quad \sigma = 32{,}3 \text{ km}.$$

Am Ende der Leitung ist angenähert $\sigma = 3$*. Die Berechnung ergibt, daß die Störungswelle im Punkte $\sigma = 3$ ihren Höchstwert etwa zur Zeit $T = 8$, also nach $1{,}36 \cdot 10^{-3}$ Sekunden erreicht. Die Bedeutung dieser Verzögerung für die telephonische Übertragung kann wie folgt abgeschätzt werden.

Man überzeugt sich bei der Benutzung des Telephones leicht, daß man deutlich fast nur die Vokale hört; die meisten Konsonanten werden mehr durch den verbindenden Sinn der verstandenen Sprache erraten, als durch die akustische Wahrnehmung durch das Ohr erkannt. Bei der normalen Geschwindigkeit des Sprechens entfallen durchschnittlich etwa 6 Vokale auf die Sekunde; also entfällt etwa 0,17 Sekunde auf einen Vokal.

Durch das verspätete Eintreffen des Höchstwertes am Leitungsende gehen somit nur 0,8% der zur Verfügung stehenden Gesamtzeit verloren.

* Genau gilt diese Berechnung nur für eine Leitung, welche an ihrem Ende mit einem Empfänger von dem Wellenwiderstand $\sqrt{\frac{L}{K}}$ abgeschlossen ist.

3. Vergrößerung der Reichweite durch Verkleinerung der spez. Dämpfung. In reinen Kabelanlagen ist die Ableitung unwirksam klein; für $G = 0$ wird die spez. Dämpfung

$$\beta = \sqrt{\frac{\omega k}{2}\left(\sqrt{R^2 + \omega^2 L^2} - \omega L\right)}.$$

Sie kann für eine gegebene Frequenz durch Verkleinerung von R und K oder durch Vergrößerung von L verkleinert werden. Verringert man die Kapazität der Kabel Nr. 1 und Nr. 2 um 20%, dann sinkt die spez. Dämpfung für $\omega = 5000$ im ersten Fall um 8,6%, im zweiten Fall um 10,7%; die Verkleinerung ist durch das Ohr nicht wahrnehmbar, während eine Herabsetzung der Kapazität um 20% mit einem großen Mehraufwand an Material erkauft werden muß.

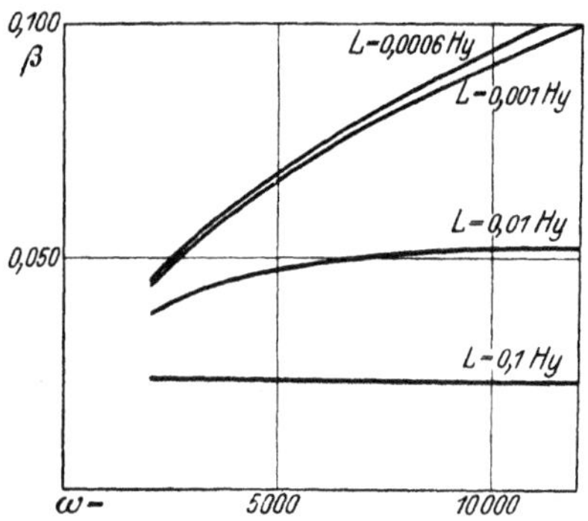

Abb. 92. Abhängigkeit der spezifischen Dämpfung von der Selbstinduktivität.

Ähnlich liegen die Verhältnisse, wenn man R verkleinert.

Wesentlich günstiger wirkt die Vergrößerung der Selbstinduktivität. Abb. 92 zeigt die spez. Dämpfung des Kabels Nr. 3 für $L = 0{,}0006$, 0,001, 0,01 und 0,1 Henry/km. Im letzten Fall verschwindet die Frequenzabhängigkeit vollständig.

Große Werte L erfordern Berücksichtigung auch von kleinen Werten von G*. Der vollständige Ausdruck

$$\beta = \sqrt{\frac{1}{2}\left\{\sqrt{(R^2 + \omega^2 L^2)(G^2 + \omega^2 K^2)} + RG - \omega^2 KL\right\}}$$

kann vereinfacht werden, wenn L genügend groß und G genügend klein ist, um

$$\left(\frac{R}{\omega L}\right)^2 = m^2 \quad \text{und} \quad \left(\frac{G}{\omega k}\right)^2 = n^2$$

neben l als kleine Größe behandeln zu können. In diesem Fall wird

$$\beta^2 = \frac{\omega^2 K \cdot L}{4}(m + n)^2 \cdot (1 - \lambda \mu),$$

wo

$$\lambda = \frac{m^2 + n^2}{(m + n)^2} \quad \text{und} \quad \mu = \frac{m^2 + n^2}{4} - \frac{(m^2 + n^2)^2}{8} + \cdots$$

bezeichnen. Da $\lambda < 1$ und μ sehr klein ist, gilt mit großer Annäherung

$$\beta^2 = \frac{\omega^2 K \cdot L}{4}(m + n)^2,$$

damit ist

$$\beta = (m + n)\frac{\omega}{2}\sqrt{K \cdot L}$$

$$= \frac{R}{2}\sqrt{\frac{K}{L}} + \frac{G}{2}\sqrt{\frac{L}{K}}.$$

* Breisig, F.: ETZ 1908, S. 588.

Für das Kabel Nr. 10 z. B. erhält man mit $L = 0{,}1$ H und $G = 3\,\mu$S bei der kleinsten Frequenz $\omega = 3000$ $m^2 = 0{,}03$, $n^2 = 0{,}0005$ und $\beta = 0{,}022$. Die Vernachlässigung von G würde den um 20% zu kleinen Wert $\beta = 0{,}0176$ ergeben. Die spez. Dämpfung ist von der Frequenz unabhängig und für die Reichweite l ergibt sich aus $\beta l = 2{,}5$ $l = 113{,}5$ km, also des 3,4fache der Reichweite des gewöhnlichen Kabels Nr. 10.

Die künstliche Erhöhung der Selbstinduktivität kann auf zweierlei Art erfolgen. Entweder man bewickelt die Leitungsdrähte nach dem Vorschlag von C. E. Krarup[1] mit Eisendraht oder Eisenband, oder man schaltet in regelmäßigen Abständen Induktionsspulen in die Leitung, wobei die Abstände und die Größe der Spulen nach Pupin[2] so bemessen sind, daß die Wirkung einer gleichmäßig verteilten Induktivität mit einer bestimmten Annäherung erreicht wird.

4. Das Krarupkabel. Zwei Kupferdrähte vom Durchmesser d sollen auf die Durchmesser D isoliert und dicht nebeneinander gelegt eine Doppelader bilden. Die Selbstinduktivität dieser Doppelader per km beträgt[3]

$$L = 4\left(\ln \frac{2D}{d} + \frac{1}{4}\right) \cdot 10^{-4} \text{ H/km}.$$

Bedeckt man die Kupferdrähte mit einer Eisenschicht von der Dicke δ und von der Permeabilität μ, dann wird die Selbstinduktivität der Schleife

$$L' = 4\left\{\ln \frac{2D}{d} + \frac{1}{4} + (\mu - 1)\frac{2\delta}{d}\right\} \cdot 10^{-4} \text{ H/km}.$$

Der Nutzen der vergrößerten Selbstinduktivität wird durch die Vergrößerung der Kapazität und durch die Eisenverluste verkleinert. Zur Gewinnung eines Maßstabes vergleicht man das Krarupkabel mit einem normalen Kabel, dessen Leiter so stark sind, wie diejenigen des Krarupkabels einschließlich der Eisenhülle. Bei gleicher Isolierung hat die Kapazität in beiden Fällen denselben Wert, ebenso erfordern beide Kabel denselben Aufwand für Bleimantel und Außenhülle; verschieden sind nur Widerstand und Induktivität, also die Eigenschaften, auf deren Vergleich es ankommt.

Als Beispiel sei ein Krarupkabel gewählt, dessen 1,8 mm starke Kupferleiter mit 0,2 mm starkem Eisendraht auf eine Leiterstärke von 2,2 mm bewickelt sind; die mit Papier und Luft isolierte Doppelader hat eine Selbstinduktivität von $L = 0{,}01$ H/km. Das Vergleichskabel hat 2,2 mm starke Leiter. In Abb. 93 sind für beide Kabel β und Z im Bereich $\omega = 2000$ bis 12000 dargestellt[4]; für den effektiven Widerstand des Krarupkabels sind gemessene Werte eingezeichnet. Für $\omega = 5000$ ist die spez. Dämpfung des Krarupkabels 0,0129, die des normalen Kabels 0,0232; das Krarupkabel hat somit eine um 80% größere Reichweite als das normale Kabel.

[1] ETZ 1902, S. 344.
[2] Pupin, M. J.: Trans. A. I. E. E. 1900, S. 245.
[3] Siehe z. B. Roeßler: Fernleitung von Wechselströmen, S. 60. Berlin 1905.
[4] Die Kurven β und Z ohne Index beziehen sich auf das Vergleichskabel.

Die obenstehende Gleichung für die Selbstinduktivität der Krarupdoppeladern setzt eine den Kupferdraht vollständig umschließende ringförmige Eisenschicht von der Dicke δ voraus; diese Voraussetzung trifft zu, wenn zur Bewicklung ein Eisenband verwendet wird, dessen Windungen glatt und ohne Zwischenräume aneinander liegen. Bei der Bewicklung mit rundem Draht ist das Eisenvolumen um 21,5%[1] kleiner. In einem solchen Fall erhält man für die Selbstinduktivität der Doppelader nach A. Larsen[2] den Ausdruck

$$L = \left(4 \cdot \ln \frac{2 \cdot d_1 - d_0}{d_0} + 0{,}5 + \mu \frac{2\pi N \cdot \delta^2}{d_0 - \delta}\right) 10^{-4}\ \text{H/km}.$$

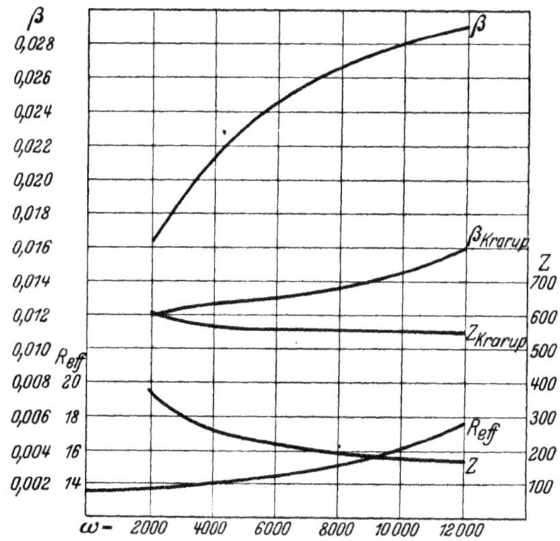

Abb. 93. Vergleich eines Krarup-Kabels mit einem gleich starken Kabel ohne künstlich vergrößerte Selbstinduktivität.

Hier bedeutet

d_0 den Durchmesser des blanken Kupferdrahtes,

d_1 den Durchmesser der isolierten Ader,

δ den Durchmesser des Eisendrahtes,

N die Anzahl der Eisendrahtwindungen pro 1 cm Kupferdraht und

μ die Permeabilität des Eisens.

5. Das Pupinkabel.

Die ersten Vorschläge, nach der Idee von O. Heaviside Induktionsspulen in die Kabel einzubauen, stammen von S. Ph. Thompson[3]. Die Bedingungen, unter welchen stellenweise eingeschaltete Induktionsspulen die Wirkung einer gleichförmig verteilten Selbstinduktivität hervorrufen, hat M. J. Pupin[4] angegeben.

Von den bisher erörterten Leitungen unterscheidet sich die mit Spulen belastete Leitung wesentlich dadurch, daß sie keine homogene, sondern eine aus homogenen Bestandteilen symmetrisch zusammengesetzte Leitung ist; eine solche Leitung kann, wie Breisig[5] nachgewiesen hat, für eine bestimmte Frequenz durch eine homogene Leitung ersetzt werden, die sich in bezug auf die Endwerte ebenso verhält, wie die zusammengesetzte Leitung.

Die Pupinspule besteht aus einem geschlossenen Eisenkern, welcher mit zwei unter sich gleichen und symmetrisch angeordneten Wicklungen versehen ist; in jedem Zweig der Doppelader liegt je eine Wicklung. Die

---

[1] $100\left(1 - \frac{\pi}{4}\right)$. [2] ETZ 1908, S. 1030.

[3] D.R.P. Nr. 86013, 86088, 86089 v. 23. 10. 1892 und 86090 v. 24. 8. 1893.

[4] U. S. Pat. Nr. 562230 und 652231 v. 14. 12. 1899; D.R.P. Nr. 151972 v. 6. 5. 1900. [5] Theor. Tel. I, S. 293.

Spulen sind in gleichen Abständen in die Leitung geschaltet; eine Spule und je eine Hälfte der beiden anliegenden Leitungsstücke oder ein Leitungsstück mit je einer Hälfte der beiden angeschlossenen Spulen kann als das symmetrische Element angesehen werden, aus deren Hintereinanderschaltung die Pupinleitung hervorgeht.

Besteht das Element aus der Spule mit dem Scheinwiderstand $\mathfrak{W}$ und den beiden anliegenden halben Leitungsstücken je von der halben Länge des Spulenabstandes s, und sind

$$\mathfrak{A} = \cosh\frac{\gamma s}{2}, \qquad \mathfrak{B} = \mathfrak{Z}\sinh\frac{\gamma s}{2}, \qquad \mathfrak{C} = \frac{1}{\mathfrak{Z}}\sinh\frac{\gamma s}{2}$$

die Koeffizienten der beiden Leitungsstücke, dann verhält sich eine homogene Leitung mit der Fortpflanzungskonstante δ und dem Wellenwiderstand $\mathfrak{P}$ ebenso wie das Element der Pupinleitung, wenn

$$\cosh\delta s = \cosh\gamma s + \frac{\mathfrak{W}}{2\mathfrak{Z}}\sinh\gamma s$$

und

$$\mathfrak{P} = \mathfrak{Z}\sqrt{\frac{\mathfrak{B}' + \mathfrak{W}\dfrac{\mathfrak{A}'+1}{2}}{\mathfrak{B}' + \mathfrak{W}\dfrac{\mathfrak{A}'-1}{2}}}$$

ist[1]; darin ist $\mathfrak{A}' = \cosh\gamma s$ und $\mathfrak{B}' = \mathfrak{Z}\sinh\gamma s$. Besteht die Pupinleitung aus n gleichen Abschnitten, so daß die ganze Länge $l = ns$ ist, dann kann für die Endwerte der ganzen Länge

$$\mathfrak{B}_a = \mathfrak{B}_e\cosh\delta l + \mathfrak{J}_e\cdot\mathfrak{P}\sinh\delta l\,,$$

$$\mathfrak{J}_a = \mathfrak{J}_e\cosh\delta l + \mathfrak{B}_e\cdot\frac{1}{\mathfrak{P}}\sinh\delta l$$

geschrieben werden.

Es sind jetzt die Bedingungen zu ermitteln, unter welchen die Pupinleitung die gleichwertige homogene Leitung mit einer vorgeschriebenen Genauigkeit ersetzen kann. Zur besseren Übersicht sind die charakteristischen Größen der drei Leitungen: zu pupinisierende Leitung, Pupinleitung und gleichwertige homogene Leitung in der Tabelle 22 zusammengestellt.

Nach Breisig[2] stimmt die Pupinleitung in dem Maße mit der gleichwertigen homogenen Leitung überein, in welchem Maße

$$\frac{\gamma' s}{2} \quad \text{mit} \quad \sinh\frac{\gamma' s}{2}$$

übereinstimmt. Hiernach kann der größtmögliche Spulenabstand berechnet werden. Da für große Selbstinduktivitäten β' sehr klein, $\alpha' = \omega\sqrt{K'L'}$ wird, ergibt sich ein mit zunehmender Frequenz abnehmender Spulenabstand; die Pupinleitung stimmt also in ihrem Verhalten nur bis zu einer gewissen Grenze mit der gleichwertigen homogenen Leitung überein. Zur Bestimmung der Frequenzabhängigkeit ihrer

[1] Theor. Tel. I, S. 325. [2] Theor. Tel. I, S. 327.

Tabelle 22. Charakteristische Leitungsgrößen zur Berechnung eines Pupinkabels.

	Homogene	Pupin-	Gleichwertige
		Leitung	
Spulenabstand (km)	—	s	—
Widerstand/km	R	R'	R'
Selbstinduktivität/km	L	L'	L'
Ableitung/km	G	G'	G'
Kapazität/km	K	K'	K'
Wellenwiderstand	$\mathfrak{Z}$	$\mathfrak{P}$	$\mathfrak{Z}'$
Dämpfungskonstante	β	„β_0"	β'
Wellenlängenkonstante	α	„α_0"	α'
Fortpflanzungskonstante	γ	δ	γ'
Fortpflanzungsmaß	g	g_0	g'
Dämpfungsmaß	b	b_0	b'
Winkelmaß	a	a_0	a'

Scheinwiderstand der Pupinspule	$\mathfrak{W}$
Widerstand „ „ „	R_s
Selbstinduktivität „ „ „	L_s

Beziehungen der Tabellengrößen:

$$R' = R + R_s/s, \quad L' = L + L_s/s, \quad G' = G, \quad K' = K,$$
$$g = b + ia, \quad g_0 = b_0 + ia_0, \quad g' = b' + ia',$$
$$\gamma = \beta + i\alpha, \quad \delta = \beta_0 + i\alpha_0, \quad \gamma' = \beta' + i\alpha'.$$

Dämpfung geht Breisig[1] von der Beziehung

$$4 \sinh^2 \frac{\delta s}{2} = (\gamma' s)^2$$

aus; für

$$2 \sinh \frac{\delta s}{2} = \gamma' s$$

kann nach Tabelle 22

$$2 \sinh \frac{g_0}{2} = b' + i a'$$

geschrieben werden; andererseits ist

$$g_0 = b_0 + i a_0 .$$

Man kann somit b_0 und a_0 mit b' und a' ausdrücken.

Die Berechnung ergibt, wenn

$$b'^2 + a'^2 = 4 w^2$$

gesetzt wird,

$$\frac{e^{b_0} + e^{-b_0}}{2} = \sqrt{(1 - w^2)^2 + b'^2} + w^2 ,$$

$$\cos a_0 = \sqrt{(1 - w^2)^2 + b'^2} - w^2$$

und, da $\frac{b'}{a'}$ neben 1 sehr klein ist,

$$w = \frac{1}{2} \omega s \sqrt{k' L'} .$$

[1] Theor. Tel. II. S. 378.

Betrachtet man das aus der Spule und den beiden anliegenden Kabelstücken von je halber Spulenentfernung bestehende Element als ein schwingungsfähiges Gebilde, dann ist dessen Eigenschwingung

$$\omega_0 = \frac{2}{\sqrt{s K' \cdot L_s}},$$

also ist

$$w = \frac{\omega}{\omega_0}.$$

Die Frequenzabhängigkeit des Dämpfungsmaßes b_0 der Pupinleitung wird in den drei Bereichen

$$w < 1 \qquad \omega < \omega_0,$$

$$w \sim 1 \qquad \omega \sim \omega_0,$$

$$w > 1 \qquad \omega > \omega_0$$

einzeln untersucht[1]. Im Bereich $0 < w < 1$, bis etwa $w = 0{,}95$ erhält man

$$b_0 = \frac{b'}{\sqrt{1 - w^2}},$$

für $w \sim 1$ wird

$$b_0 = \sqrt{2 \cdot b' \operatorname{tg} \frac{\delta}{2}}$$

und für Werte $w > 1$ wird b_0 sehr groß; es ist dann

$$\frac{e^{b_0} + e^{-b_0}}{2} = 2 w^2 - 1 - \frac{1}{2} \cdot \frac{b'^2}{w^2 - 1}.$$

Selbst bei sehr kleinen Werten b' werden die Werte b_0 sehr groß, mit anderen Worten: Frequenzen $\omega > \omega_0$ werden nicht durchgelassen. Man bezeichnet daher die Frequenz ω_0 als die Grenzfrequenz der Pupinleitung.

Bei der Berechnung der Frequenz ω_0 waren punktförmig konzentrierte Kapazitäten der beiden Leitungsstücke angenommen worden. In der Wirklichkeit ist die Kapazität gleichmäßig verteilt und der angegebene Wert des Dämpfungsmaßes im interessierenden Bereich $w < 1$ erfordert eine Korrektion, welche von Breisig[1] zu

$$1 - \frac{2}{3} w^2 \frac{R}{R'}$$

berechnet wurde. Der korrigierte Ausdruck des Dämpfungsmaßes lautet somit

$$b_0 = b' \frac{1 - \frac{2}{3} w^2 \frac{R}{R'}}{\sqrt{1 - w^2}}.$$

Schreibt man in diesem Ausdruck rechts statt b' die spez. Dämpfung der gleichwertigen homogenen Leitung β', dann erhält man eine rechnungsmäßige „spez. Dämpfung“ β_0 der Pupinleitung, die als Maß für die erreichte Verbesserung verwendet werden kann.

[1] Theor. Tel. II. S. 422.

Zahlenbeispiele. Das Kabel Nr. 3 (Tab. 20) wird mit Spulen, welche in Abständen von je 2 km eingeschaltet werden, pupinisiert. Es ist:

$R = 56$ Ohm/m, $K = 0{,}036\,\mu$F/km, $G = 0{,}8\,\mu$S/km, $L = 0{,}0006$ H/km,
R_s (für Gleichstrom) $= 15$ Ohm, $L_s = 0{,}2$ H, $s = 2$ km,
R' (für Gleichstrom) $= 63{,}5$ Ohm/km, $K' = 0{,}36\,\mu$F/km.
$G' = 0{,}8\,\mu$S/km, $L' = 0{,}1$ H/km.

Die Hauptergebnisse der Berechnung sind in der Tabelle 23 und in der Abb. 94 zusammengestellt; die Tabelle enthält auch die angenommenen Werte des effektiven Spulenwiderstandes[1]. Für die Grenzfrequenz ergibt sich

$$\omega_0 = 16670\,.$$

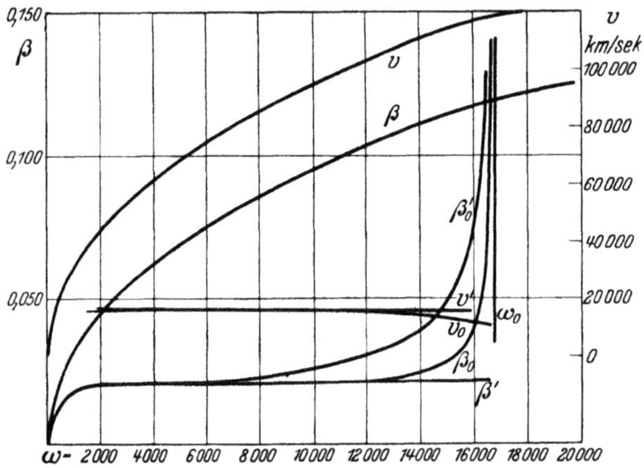

Abb. 94. Charakteristische Größen eines Pupinkabels mit 0,9 mm starken Kupferleitern (Tab. 23).

Tabelle 23. Berechnung der „spezifischen Dämpfung" β_0 und der Fortpflanzungsgeschwindigkeit v_0 der Wellen eines Pupinkabels. (Kabel Nr. 3 der Tabelle 20.)

ω	R_s	β'	$\sqrt{1-w^2}$	Korr.	β	β_0	v	v_0
2000	15,9	0,0198	0,992	0,0084	0,045	0,0197	44000	16700
3000	16,5	0,0199	0,982	0,0192	0,054	0,0199	54000	16700
4000	17,1	0,0200	0,971	0,0333	0,062	0,0199	62000	16600
5000	17,8	0,0201	0,954	0,0519	0,069	0,0200	68500	16500
6000	18,6	0,0202	0,933	0,0742	0,075	0,0200	74500	16400
7000	19,4	0,0204	0,908	0,102	0,081	0,0202	80000	16300
8000	20,2	0,0205	0,877	0,130	0,086	0,0204	85500	16100
9000	21,0	0,0206	0,841	0,164	0,090	0,0205	90000	15800
10000	22,0	0,0207	0,800	0,201	0,095	0,0207	95000	15600
11000	23,0	0,0209	0,751	0,242	0,099	0,0211	99000	15300
12000	24,0	0,0211	0,694	0,285	0,103	0,0217	102000	14900
13000	25,2	0,0212	0,625	0,331	0,106	0,0227	108000	14400
14000	26,6	0,0214	0,543	0,380	0,110	0,0244	109500	13900
15000	28,0	0,0217	0,436	0,433	0,113	0,0282	114000	13200
15500	28,8	0,0218	0,367	0,460	0,115	0,0321	115000	12800
16000	29,6	0,0219	0,277	0,487	0,117	0,0406	116000	12400
16200	30,0	0,0220	0,235	0,494	0,118	0,0474	117000	12100
16400	30,4	0,0220	0,179	0,508	0,119	0,0605	118000	12000
16600	30,8	0,0221	0,090	0,520	0,121	0,1185	119000	11800

[1] Die Selbstinduktivität der Spule ist als konstant angenommen worden; in der Wirklichkeit wird sie mit wechselnder Frequenz kleiner.

Bei $\omega = 5000$ ist $\beta_0 = \beta' = 0{,}020$, bei $\omega = 10000$ ist $\beta_0 = 0{,}0207$, folglich erhält man für die Reichweite aus $\beta l = 2{,}5$ $l = 125$ km, also das 3,46fache derjenigen des nicht pupinisierten Kabels ($l = 36{,}2$ km).

Die Fortpflanzungsgeschwindigkeit (v) der Wellen auf dem nicht pupinisierten Kabel beträgt bei $\omega = 5000$: 70000, bei $\omega = 10000$: 95000 km/sek. Auf dem pupinisiertem Kabel ist infolge der großen Selbstinduktivität die Geschwindigkeit (v_0) viel kleiner; infolgedessen wird das Einschwingen, welches dem für die Verständigung notwendigen quasistationären Zustand vorangeht, einen größeren Bruchteil der zur Verfügung stehenden Zeit in Anspruch nehmen, als bei dem nicht pupinisierten Kabel. Die Berechnung ergibt für das Pupinkabel von 100 km Länge eine Laufzeit von $5{,}88 \cdot 10^{-3}$ Sekunden, während für das gleich lange Kabel Nr. 15 diese Zeit nur $1{,}36 \cdot 10^{-3}$ Sekunden betrug. Durch die Pupinisierung wird der für den quasistationären Zustand verbleibende Zeitraum verkürzt.

Ein zweites Zahlenbeispiel soll den Verlauf von Strom und Spannung und den Energieverbrauch längs des Kabels veranschaulichen; dabei soll das pupinisierte Kabel

mit demselben Kabel ohne Spulen (Kupferleiter 0,9 mm),
„ dem Kabel Nr. 6 der Tabelle 20 (Kupferleiter 2,0 mm) und
„ einem in Deutschland viel verwendeten Krarupkabel (Kupferleiter 1,2 mm, Eisendrahtbewicklung 0,3 mm)

verglichen werden. Die Berechnung wird auf die mittlere Kreisfrequenz $\omega = 5000$ beschränkt und in allen vier Fällen werden Stromverbraucher mit dem Wellenwiderstand als Scheinwiderstand vorausgesetzt. Bezeichnen $\mathfrak{V}_x$ und $\mathfrak{J}_x$ die im Abstande x vom Anfang vorhandenen Werte der Spannung und des Stromes und E_x die in diesem Punkt noch zur Verfügung stehende Energie, dann ist mit $\mathfrak{V}_a$ als Anfangsspannung

$$\mathfrak{V}_x = \mathfrak{V}_a \cdot e^{-\beta x} \cdot e^{-i\alpha x} = V_x \cdot e^{-i\alpha x},$$

$$\mathfrak{J}_x = \mathfrak{V}_a \cdot \frac{1}{\mathfrak{Z}} \cdot e^{-\beta x} \cdot e^{-i(\alpha x + \varphi_z)}$$

$$= \frac{V_x}{Z} \cdot e^{-i(\alpha x + \varphi_z)} = I_x \cdot e^{-i(\alpha x + \varphi_z)}$$

und

$$E_x = V_x \cdot I_x \cdot \cos\varphi_z .$$

Hier bezeichnet

$$\mathfrak{Z} = Z \cdot e^{i\varphi_z}, \quad Z = \sqrt{\frac{R^2 + \omega^2 L^2}{\omega^2 k^2}}, \quad \operatorname{tg}\varphi_z = \frac{\omega L \beta - R\alpha}{\omega L \alpha - R\beta}.$$

Die Anfangsspannung ist in allen Fällen zu 100 Volt angenommen; E_x für $x = 0$ ist die Energieaufnahme des Kabels. Tabelle 24 enthält die Ergebnisse der Berechnungen, Tabelle 25 zeigt den Energieverbrauch der Kabel als Funktion der Länge mit dem Energiebedarf des Empfängers als Einheit. Zur Vervollständigung des im Vergleich gewonnenen Bildes seien noch die Gewichte der vier Kabeltypen, bezogen auf 100paarige blanke Bleikabel, angegeben:

	Kabel Nr. 3	Kabel Nr. 6	Krarupkabel	Pupinkabel
Gewicht .... kg/km	6100	17600	12700	6600[1]
Reichweite .... km	36,2	79,7	80,7	125,0

6. Ferntelephonie. Das zweite Mittel zur Vergrößerung der Reichweite beruht auf Anwendung der Verstärker, welche der Leitung an Zwischenpunkten Energie so zuführen, daß die Sprechströme eine formgetreue Vergrößerung erfahren; dadurch wird die Dämpfung vollständig oder zum Teil aufgehoben. Die Wirksamkeit der Verstärker beruht auf

[1] Einschließlich Pupinspulen.

Tabelle 24. Abnahme der Spannung, der Stromstärke und der verfügbaren Energie mit zunehmender Entfernung vom Anfangspunkte längs vier verschiedenen Telephonkabeln.

Länge km	Kabel Nr. 3 0,9 mm	Kabel Nr. 6 2,0 mm	Krarupkabel 1,2 mm	Pupinkabel 0,9 mm
		Spannung (Volt)		
10	50,1	73,1	73,4	81,9
20	25,2	53,4	53,8	67,0
30	12,6	39,0	39,5	54,9
40	6,3	28,5	28,9	44,9
50	3,2	20,8	21,2	36,8
60	1,6	15,3	15,6	30,1
80	0,4	8,3	8,4	20,2
100	0,1	4,3	4,5	13,5
120	0,02	2,3	2,4	9,1
140	0,006	1,2	1,3	6,1
		Stromstärke (Ampere)		
10	0,0896	0,304	0,134	0,0490
20	0,0449	0,222	0,0979	0,0402
30	0,0225	0,163	0,0719	0,0328
40	0,0113	0,119	0,0526	0,0269
50	0,00567	0,0868	0,0387	0,0220
60	0,00284	0,0636	0,0284	0,0180
80	0,000715	0,0347	0,0152	0,0121
100	0,000180	0,0180	0,00820	0,00810
120	0,0000453	0,00960	0,00441	0,00544
140	0,0000114	0,00512	0,00238	0,00364
		Energie (Watt)		
10	3,25	17,52	9,45	4,00
20	0,817	8,34	5,09	2,69
30	0,284	6,34	2,84	1,80
40	0,0716	3,38	1,52	1,21
50	0,0180	1,81	0,822	0,810
60	0,00452	0,972	0,442	0,543
80	0,000286	0,288	0,127	0,245
100	0,0000180	0,0780	0,0370	0,109
120	0,00000115	0,0222	0,0107	0,0494
140	—	0,00630	0,00310	0,0222

Tabelle 25. Energieaufnahme von vier verschiedenen Telephonhebeln als Funktion der Kabellänge, ausgedrückt mit dem Energiebedarf des Empfängers als Einheit.

Länge km	Kabel Nr. 3 0,9 mm	Kabel Nr. 6 2,0 mm	Krarupkabel 1,2 mm	Pupinkabel 0,9 mm
0	1	1	1	1
10	4	2	2	1,5
20	16	4	3	2,2
30	46	5	6	3,3
40	181	10	12	5
50	718	18	21	7,4
60	2875	34	40	11
70	11340	64	74	16
80	47000	114	139	24
90	186000	226	256	37
100	—	420	475	55
120	—	1475	1650	122
140	—	5200	5670	271

dem Verhalten stark verdünnter Gase im elektrischen Feld. Schließt man ein mit zwei eingeschmolzenen Elektroden versehenes, ein verdünntes Gas enthaltendes Glasrohr an eine Akkumulatorenbatterie von der EMK E_1, dann treten im Gefäß infolge der Ionisierung des eingeschlossenen Gases Lichterscheinungen auf, die sich bei hinreichend

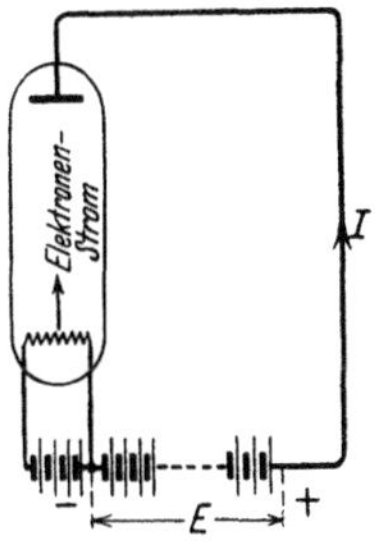

Abb. 95. Glühkathodenröhre.

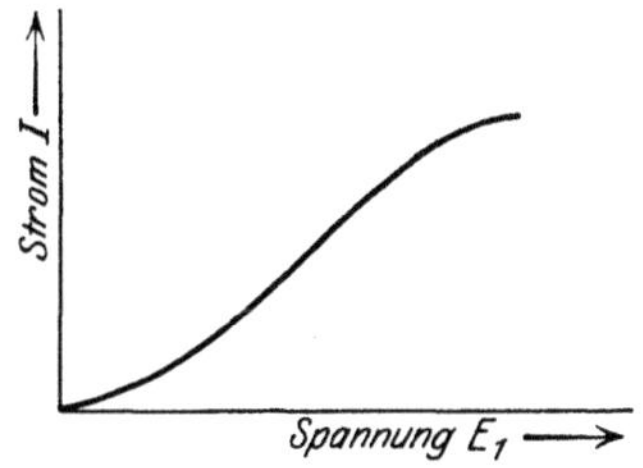

Abb. 96. Stromstärke als Funktion der Spannung bei konstanter Kathodentemperatur.

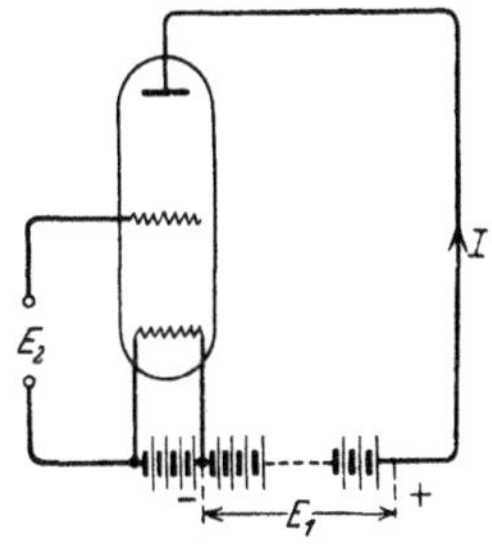

Abb. 97. Die Drei-Elektroden-Röhre.

kleinem Gasdruck in Strahlen verwandeln, welche von der Kathode geradlinig ausgehen (Kathodenstrahlen). Durch Erwärmung der Kathode auf Glühtemperatur (durch Stromwärme, Abb. 95) und durch Erzeugung eines sehr hohen Vakuums vergrößert sich die Intensität der Strahlen. Abb. 96 zeigt den Verlauf der Stromstärke als Funktion der Spannung E_1 bei konstanter Kathodentemperatur; mit zunehmender Spannung nähert sie sich einem Endwert, dem der gewählten Kathodentemperatur entsprechenden Sättigungswert. Ähnliches Verhalten zeigt die Stromstärke als Funktion der Kathodentemperatur bei konstanter Spannung E_1.

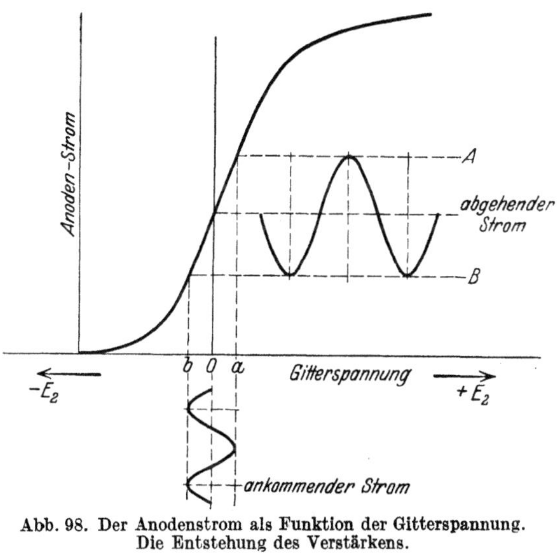

Abb. 98. Der Anodenstrom als Funktion der Gitterspannung. Die Entstehung des Verstärkens.

Stellt man zwischen Kathode und Anode eine dritte, siebartig durchlässige, als „Gitter" bezeichnete Elektrode (Abb. 97), dann wird der Strom J als Funktion der zwischen Gitter und Kathode herrschenden Spannung E_2 den in der Abb. 98 gezeichneten Verlauf zeigen. In der Umgebung des Wertes $E_2 = 0$ ist der Strom J der Spannung E_2 proportional und hierauf beruht die Wirksamkeit der Drei-Elektroden-Röhre als Verstärker. Schaltet man zwischen Gitter und Kathode (Abb. 99) die Enden der ankommenden, zwischen Kathode und Anode die der abgehenden Leitung, dann pulsiert die Gitterspannung mit dem Sprechstrom und ruft ein der Kurve $J = f(E_2)$ entsprechend proportional verstärktes Pulsieren des abgehenden Stromes hervor. Die zusätzliche Energie wird von der Akkumulatorenbatterie geliefert.

Zur Verstärkung der Ströme beider Sprechrichtungen werden an den Verstärkerpunkten je zwei Verstärker V_1 und V_2 nach Schaltung Abb. 100 angeordnet. Jede Hälfte der vollkommen symmetrischen Schaltung ist durch einen Differentialübertrager ($D\ddot{U}$) und eine künstliche Leitung (N) charakterisiert. Durch den Differentialübertrager gelangt nur die Hälfte der verstärkten Energie in die abgehende Leitung; die andere Hälfte wird in die künstliche Leitung zurückgeworfen. Damit sie nicht den Weg zurück in den Verstärker findet und dort durch Rückkoppelung Störungen (Pfeifen) verursacht, muß sie in der künstlichen Leitung vollständig vernichtet (in Wärme verwandelt) werden. Diese Aufgabe erfüllt die künstliche Leitung um so vollständiger, je genauer ihr Scheinwiderstand mit demjenigen des angeschlossenen Kabels bei allen Frequenzen der Übertragung übereinstimmt.

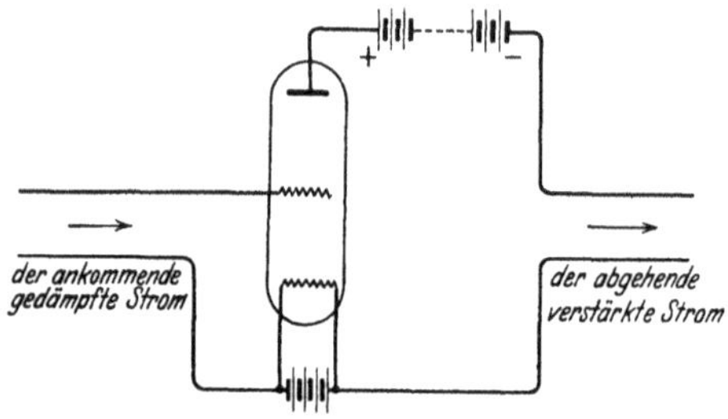

Abb. 99. Die Verstärkerschaltung.

Enthält eine Leitung n Verstärkerpunkte, welche die Strecke auf $n+1$ gleich lange Teile (Verstärkerfelder) zerlegen und sind die Verstärker so beschaffen, daß jeder die Dämpfung des angeschlossenen Leitungsabschnittes ganz aufhebt, dann bleibt als Dämpfung der Gesamtstrecke diejenige eines Verstärkerfeldes übrig, die man als Restdämpfung bezeichnet; sie beträgt in guten Fernkabelanlagen, als Dämpfungsmaß (b) gemessen, 1 bis 1,5.

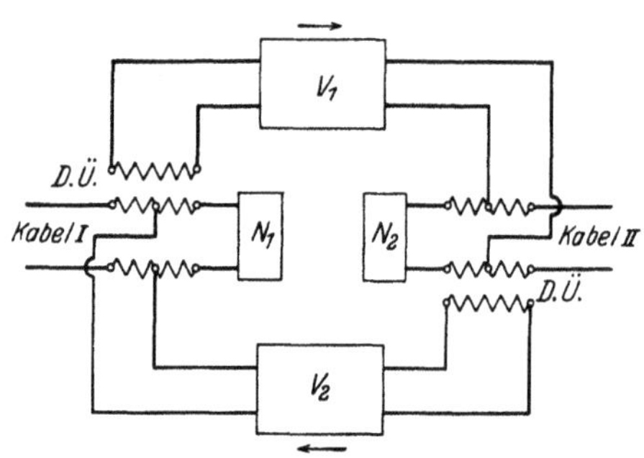

Abb. 100. Verstärkung in beiden Sprechrichtungen.

In der Schaltung der Abb. 100 können nur eine beschränkte Zahl Verstärkerpaare hintereinander angeordnet werden; für sehr große Entfernungen verwendet man die sog. „Vierdrahtschaltung", bei welcher für jede der beiden Sprechrichtungen einer Verbindung eine besondere Doppelader dient.

Die genaue Nachbildung des Wellenwiderstandes der Kabelstrecken wird durch deren natürliche Unregelmäßigkeit erschwert. K. W. Wagner und K. Küpfmüller[1] haben nachgewiesen, daß bei Frequenzen,

[1] Der Einfluß von Ungleichmäßigkeiten im Aufbau von Spulenleitungen auf den Wellenwiderstand. A. f. E. 1921, S. 461; D.R.P. Nr. 354792 v. 22. 6. 1920.

bei welchen das Winkelmaß (a) des ganzen Kabels ein ganzes Vielfaches von $\frac{\pi}{2}$ ist, besonders scharf ausgeprägte Unregelmäßigkeiten auftreten können.

Die Anwendung der Verstärker fordert somit von der Kabelfabrikation möglichst gleichförmige elektrische Eigenschaften der Kabel, während früher lediglich möglichst günstige (kleine) Werte verlangt wurden. Durch Verbesserung der Produktionsmittel und -methoden sind die Kabelfabriken in steigendem Maße imstande, den neuen Bedürfnissen zu entsprechen; es bestehen aber andere, von der Fabrikation unabhängige Umstände, welche die Nachbildbarkeit des Wellenwiderstandes einer Kabelstrecke erschweren. Durch den Temperatureinfluß ändern sich die Widerstände jahreszeitweise in weiten Grenzen; es können lokale Temperaturdifferenzen auftreten, welche die Homogenität des Kabels verschlechtern. Besondere Gefahrmomente liegen in den Eisenkernen der Pupinspulen, wenn deren Induktivität durch starke Stromstöße (z. B. infolge Induktion fremder Leitungen oder durch Blitzschläge in der Nähe des Kabels) verändert wird. Solche plötzlich auftretende Änderungen der Magnetisierung können dauernd bestehen bleiben, sie können auch langsam in andere Gleichgewichtszustände übergehen. Die anfangs aus dünnen Blechen oder feinen Drähten hergestellten Spulenkerne waren in hohem Maße solchen Einflüssen unterworfen, daher für den Verstärkerbetrieb ungeeignet. Durch die Verwendung von Spulenkernen aus gepreßtem Eisenpulver wird dieser Nachteil fast vollständig beseitigt. Die Pulverkörnchen wirken wie Stabmagnete, deren Pole jeder Änderung der Magnetisierung einen Widerstand entgegensetzten, ohne — infolge ihrer Kleinheit — zu Störungen und Energieverlusten durch Streuung Anlaß zu geben. Die große Bedeutung des geschlossenen, aus gepreßtem Pulver bestehenden Kerns liegt darin, daß er die Vorteile des geschlossenen Magnetkörpers durch die entmagnetisierende Kraft des Stabmagnetes bereichert.

Pupinspulen mit gepreßtem Eisenpulverkern. Zur Bekämpfung der Wirbelstromverluste in Elektromagneten wurde schon im Jahre 1883[1] vorgeschlagen, den Eisenkern aus einem Gemisch von Eisenpulver und einem Isoliermaterial herzustellen; dieser Vorschlag, wie auch viele spätere Vorschläge blieben ohne praktische Bedeutung. Der erste und bis jetzt einzige erfolgreiche Bearbeiter dieser Idee war J. B. Speed[2], ein Ingenieur der WEC, der im Jahre 1916 erkannt hat, daß man aus feinem und gut isoliertem Eisenpulver einen Kern für Pupinspulen von hinreichend hoher Anfangspermeabilität und von früher nicht gekannter magnetischer Stabilität dadurch erzeugen kann, daß man das Pulver mit sehr hohem Druck nahezu auf das spezifische Gewicht des massiven Eisens zusammenpreßt. Zur Erzielung einer gleichmäßigen

[1] D.R.P. Nr. 26813 v. 21. 9. 1883 von C. Wetter in London.

[2] U. S. Pat. Nr. 1274952 v. 6. 8. 1918.

[3] Speed, J. B., and G. W. Elmen: Magnetic properties of compressed powdered iron. Journ. A. I. E. E. 1921, S. 596. — Shaw, Th., and W. Fondiller: Development and application of loading for telephone circuits. El. Comm. 1926, S. 287.

Dichte von der als notwendig erkannten Höhe stellt die WEC flache scheibenförmige Ringe von etwa 5 bis 6 mm Dicke (Abb. 101) her, die in der erforderlichen Anzahl aufeinandergesetzt den Magnetkern ergeben. Der Ringstapel wird mit Isolierband umhüllt (Abb. 102) und darüber mit der Wicklung versehen. Abb. 103 zeigt eine fertig gewickelte Spule, Abb. 104 einen Schnitt durch die Spule.

Das Eisenpulver wird nach dem von G. W. Elmen angegebenen Verfahren der WEC[1] auf elektrolytischem Wege gewonnen. Man läßt das Eisen an der Kathode in 3 bis 6 mm dicken Schichten abscheiden,

Abb. 101. Element des gepreßten Eisenpulverkerns (WEC).

Abb. 102. Der gepreßte Eisenpulverkern, zum Teil mit Isolierband umhüllt (WEC).

spült es mit heißem Wasser ab, zertrümmert es auf kleine Stücke und mahlt es in einer Kugelmühle bis auf die erfahrungsgemäß günstige Feinheit. Dann wird das Pulver in Hitze getrocknet, mit dem Isoliermaterial gemischt und in die Scheibenform gepreßt. Als Isoliermaterial hat sich Schellack als zweckmäßig erwiesen.

In Deutschland stellt die Hartstoff-Metall-Aktiengesellschaft (Hametag) in Berlin Eisenpulver für Pupinspulenkerne auf mechanischem Wege her. Der elektrolytischen Methode gegenüber besitzt das mecha-

Abb. 103. Fertig bewickelte Pupin-Spule mit gepreßtem Eisenpulverkern (WEC).

Abb. 104. Schnitt durch die fertige Pupinspule (WEC).

nische Verfahren den Vorzug, daß das Eisen in Mengen von 60 Tonnen im Ofen erschmolzen wird und daß infolgedessen die ganze Charge eine gleichmäßige Zusammensetzung aufweist. Zur mechanischen Zerkleinerung bis zur kolloidalen Feinheit dienen sog. Wirbelmühlen, in welchen die Stoffteilchen von zwei oder mehreren gegeneinander wirkenden, aber am gegenseitigen Ausweichen verhinderten Wirbelströmungen ergriffen und wiederholt zum Aufeinanderprallen gebracht werden. Das Verfahren, welches durch zahlreiche, von E. Podszus und E. Kra-

[1] U. S. Pat. Nr. 1297126 und Nr. 1297127 v. 11. 3. 1919.

mer angegebene Patente[1] geschützt ist, liefert ein Material von großer Reinheit und Gleichmäßigkeit, welches sich für die Herstellung der Pupinspulenkerne als vorteilhaft erwiesen hat.

Grenzen der Ferntelephonie. Mit der zunehmenden Länge der Kabelstrecken wächst die Zeit, welche die Energie der Sprechströme zum Durchlaufen der Strecke benötigt; dadurch nähert man sich der Grenze, bei welcher die Verständigungsmöglichkeit aufhört, weil die für den quasistationären Zustand verbleibende Zeit zu kurz wird. Da die Pupinisierung die Fortpflanzungsgeschwindigkeit verkleinert, verzichtet man bei langen Ferntelephonkabeln auf eine möglichst kleine Dämpfung, um dafür eine größere Geschwindigkeit und schnelleres Einschwingen zu gewinnen. Bei dem Kabel Nr. 3 wird nach Tabelle 26 und Abb. 105 die Geschwindigkeit im Falle der Ausrüstung mit 0,05-Henry-Spulen doppelt so groß als im Falle von 0,2-Henry-Spulen; mit einer „schwach"-pupinisierten Leitung kann man daher größere Entfernungen als mit der

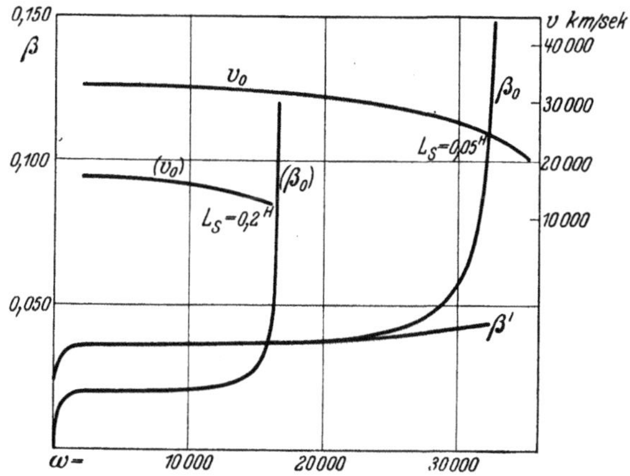

Abb. 105. Kabel mit 0,9 mm starken Kupferleitern schwach pupinisiert. (β_0) und (v_0) sind die entsprechenden Werte desselben, stark pupinisierten Kabels nach Abb. 94.

Tabelle 26. Kabel Nr. 3 der Tabelle 20 schwach pupinisiert.

ω	R_s	β'	$\sqrt{1-w^2}$	Korr.	β_0	v_0
2000	5,4	0,0356	0,998	0,0024	0,0356	32800
4000	5,7	0,0357	0,992	0,0093	0,0356	32800
5000	6,0	0,0358	0,986	0,0146	0,0357	32800
6000	6,4	0,0359	0,983	0,0209	0,0357	32800
8000	6,9	0,0360	0,970	0,0369	0,0357	32600
10000	7,8	0,0363	0,953	0,0572	0,0359	32450
12000	8,8	0,0366	0,932	0,0820	0,0361	32300
14000	10,0	0,0369	0,905	0,111	0,0363	32000
16000	11,2	0,0373	0,875	0,143	0,0366	31700
18000	12,7	0,0377	0,837	0,180	0,0369	31200
20000	14,2	0,0382	0,795	0,218	0,0376	30700
22000	16,1	0,0388	0,745	0,259	0,0386	30000
24000	18,5	0,0395	0,685	0,304	0,0402	29400
26000	21,1	0,0403	0,613	0,350	0,0428	28600
28000	24,1	0,0411	0,527	0,397	0,0470	27600
30000	28,0	0,0423	0,414	0,435	0,0577	26600
31000	30,4	0,0431	0,336	0,457	0,0685	26000
32000	32,7	0,0438	0,241	0,487	0,0934	25000
32500	35,7	0,0447	0,158	0,492	0,1440	24400

[1] D.R.P. Nr. 400307 v. 13. 7. 1921; 411238 v. 24. 11. 1922; 412197 v. 28. 11. 1922; 412378 v. 28. 11. 1922; 424344 v. 29. 4. 1924 u. a. m.

„stark" pupinisierten überbrücken. Durch diesen Kunstgriff wird die Lautstärke und die Deutlichkeit der Sprechübertragung nicht beeinträchtigt; für das Ferntelephonkabel hat die spez. Dämpfung nur eine wirtschaftliche Bedeutung.

Störungen besonderer Art rufen in Ferntelephonkabeln die Reflexionen hervor; besonders nachteilig wirken die künstlichen Leitungen der Verstärkerschaltungen, welche die Scheinwiderstände der angeschlossenen Kabelstrecken unvollkommen nachbilden. Die reflektierten Ströme werden von den Verstärkern, die sie durchlaufen, mitverstärkt und kommen in den Hörern der Endapparate mit merklicher Zeitverzögerung als störende „Echowirkungen" an, deren Bekämpfung besondere Maßnahmen (Echosperrer) erfordert.

Es ist bis jetzt nicht gelungen, den Verlauf des Einschwingens und Abklingens der Telephonströme zu berechnen; es ist aber leicht, sich vorzustellen, daß die Dauer der Vorgänge mit der Frequenz wächst, daß also bei sehr langen Leitungen die höheren Frequenzen früher als die tieferen von den Störungen ergriffen werden. An Stelle des sinusförmigen Stromes seien abwechselnd positive und negative Stromstöße von gleicher absoluter Größe angenommen, die im Takte der Sinusschwingung, in Abständen einer halben Periode aufeinander folgen. Bei einer bestimmten Streckenlänge ist eine Frequenz von der Periodendauer T denkbar, bei welcher ein Stromstoß vollständig abläuft, bevor der nächste einsetzt; ist T_0 die hierzu nötige Zeit, dann ist $T_0 < \frac{T}{2}$. Die Ungleichheit geht in $T_0 \geqq \frac{T}{2}$ über, wenn bei gleichbleibender Entfernung die Frequenz oder bei gleichbleibender Frequenz die Entfernung wächst.

7. Die Störungen durch gegenseitige Induktivität. Die Wirkung der gegenseitigen Induktivität zwischen den einzelnen Stromkreisen eines vieladrigen Telephonkabels besteht darin, daß das auf der einen Leitung geführte Gespräch auf anderen Leitungen des Kabels mitgehört wird. Diese Erscheinung bezeichnet man als „Nebensprechen".

Zur besseren Ausnutzung der Ferntelephonkabelleitungen werden diese in der Regel in der Frank Jakobschen Schaltung und Verseilung zum Doppelsprechen benützt; hierbei sind je zwei Doppeladern (Stammkreis I und II) miteinander zu einem D-Vierer (Phantomkreis) verseilt. Das Nebensprechen zwischen den Stammkreisen nennt man Übersprechen, dasjenige zwischen Stamm- und Phantomkreis Mitsprechen.

Erfahrungsgemäß wird die gesamte Induktionswirkung um so kleiner, je besser die kapazitive Symmetrie der Adernpaare bzw. der Vierer ist, d. h. je geringer die Differenzen zwischen denjenigen Teilkapazitäten sind, die aus Symmetriegründen einander genau gleich sein müßten. Den Zusammenhang zwischen Nebensprechen und Kapazitätsunsymmetrie erkannten zuerst O. B. Blackwell und G. A. Anderegg von der ATTC[1]; besteht der Vierer aus den beiden Adernpaaren (Abb. 106)

---

[1] U. S. Pat. Nr. 1064433 v. 11. 4. 1912.

I_1/I_2 und II_1/II_2, dann ist nach **Blackwell** und **Anderegg** das Übersprechen der Differenz

$$(a + c) - (b + d)$$

und das Mitsprechen der Differenz

$$2\,(a - b - c + d) + (e - f)$$

bzw.

$$2\,(a + b - c - d) + (g - h)$$

angenähert proportional. In Deutschland ist eine genaue, zu dem gleichen Ergebnis führende Analyse des Nebensprechens von K. **Küpfmüller**[1] gegeben worden.

Die Teilkapazitäten e, f, g und h werden auch als die Erdkapazitäten der Adern bezeichnet. Die Differenzbeträge $(e - f)$ und $(g - h)$ müssen nicht nur im Sinne der Blackwell-Anderggschen Bedingungen möglichst klein sein: mit ihnen wachsen auch die störenden Induktionswirkungen, die von benachbarten Starkstromleitungen ausgehen können. Deshalb ist es notwendig, daß auch der Differenzbetrag

$$(e + f) - (g + h)$$

möglichst klein ist.

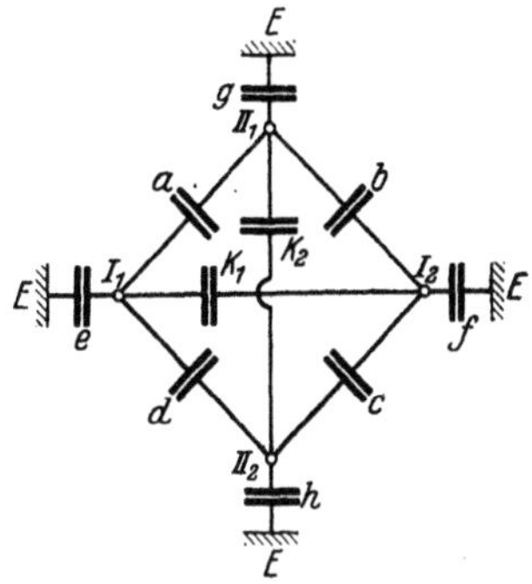

Abb. 106. Teilkapazitäten eines D-Vierers.

Die erforderliche Symmetrie wird bis heute von der Fabrikation allein nicht erreicht, weshalb weitere Maßnahmen an den fertigen Kabeln bei der Montage erforderlich sind. Nach dem in der zitierten amerikanischen Patentschrift beschriebenen Auskreuzverfahren werden die Adern des Vierers in den Verbindungsstellen auf Grund vorhergehender Messungen so vertauscht aneinander geschlossen, daß Plus- und Minusbeträge der Differenzen sich aufheben bzw. verkleinern. Gleichzeitig kreuzt man auch die Vierer im Ganzen aus, damit je zwei Vierer des Kabels nur auf einer möglichst kurzen Strecke unmittelbar nebeneinander liegen. Das von S. & H.[2] angegebene Verfahren besteht in der Zuschaltung kleiner Kondensatoren an einzelne Punkte des Kabels, deren Größe den vorher gemessenen Differenzbeträgen so angepaßt wird, daß ein möglichst vollkommener Ausgleich zustande kommt.

V. Berechnung und Konstruktion der Starkstromkabel.

1. Der Leiter.

Der fast immer aus Kupfer bestehende Leiter ist ein massiver Draht von kreisförmigem Querschnitt, oder ein Drahtseil.

Die Querschnittsmaße werden auf dem europäischen Kontinent in mm², in England in Quadratzoll (sp. in.), in den Ver. Staaten in

[1] A. f. E. 1923, S. 160.
[2] D.R.P. Nr. 398196 v. 23. 3. 1919; D.R.P. Nr. 423964 v. 14. 7. 1922.

Quadratzoll oder in „circular mils" (circ. mils) angegeben. 1 circ. mil. ist der Querschnitt von $\frac{\pi}{4}$ Quadratmils; 1 mil = 0,001 Zoll. Der Querschnitt eines kreisrunden Drahtes von 1 Zoll Durchmesser beträgt somit 10^2 circ. mils.

Nach den VDE-Vorschriften dürfen massive Drähte bis zu einem Querschnitt von 16 mm² verwendet werden. Jn Drahtseilen (Litzen) von großen Querschnitten sind auch dickere Einzeldrähte zulässig.

1. Runde Litzen. Mit geringer Ausnahme bestehen diese aus gleichstarken Drähten, die um einen Kern in konaxialen Lagen abwechselnd rechts und links gewunden werden. Der Kern besteht aus einem einzelnen Draht von gleichem Querschnitt oder aus einer 3-, 4- oder 5-drähtigen Kernlitze.

Zur Berechnung der Litzenkonstruktion sei zuerst angenommen, daß die Drähte bündelweise unverseilt zusammengelegt sind, wobei jedoch die Lagen nicht ineinander dringen.

Abb. 107 zeigt Drähte in der k-ten Lage eines solchen Bündels; die geschlossene[1] Lage enthält n Drähte vom Durchmesser d, das umschlossene Seil, der Träger der k-ten Lage, habe den Durchmesser D. Es ist

$$\alpha = \frac{360}{n}, \quad \sin\frac{\alpha}{2} = \frac{d}{D+d}.$$

Werden in der $(k+1)$-ten Lage die entsprechenden Größen mit n', α', D' bezeichnet, dann ist $D' = D + 2\,d$, und

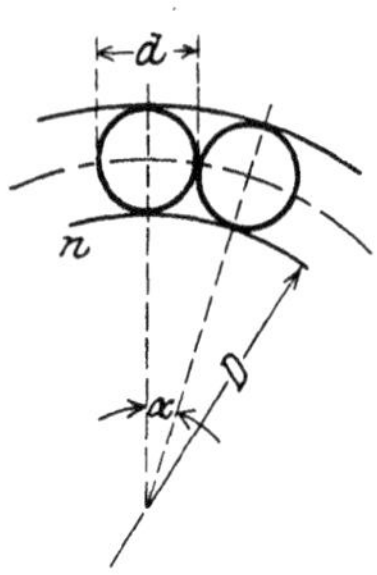

Abb. 107. Drähte im unverseilten Drahtbündel.

$$\sin\frac{180}{n'} = \frac{\sin\frac{180}{n}}{1 + 2\sin\frac{180}{n}}.$$

Das Verhältnis $\frac{n'}{n}$ ist vom Durchmesser des Seiles und der Drähte unabhängig. Für $D = d$ wird

$$\sin\frac{\alpha}{2} = \frac{1}{2}, \quad \frac{\alpha}{2} = 30^0 \quad \text{und} \quad n = \frac{180}{30} = 6\,.$$

Um einen Draht bilden 6 gleichstarke Drähte parallel gelegt, eine geschlossene Lage. Für $D = 2\,d$ wird

$$\sin\frac{\alpha}{2} = \frac{d}{3\,d} = \frac{1}{3}; \quad \frac{\alpha}{2} = 19^0\,28', \quad n = 9\cdot 246\,.$$

Um einen Draht vom doppelten Durchmesser legen sich 9 gleichstarke Drähte; die Lage ist nicht geschlossen.

Kann

$$\sin\frac{180}{n} = \frac{180}{n}$$

gesetzt werden, dann ist

$$n' = n + 2\,\pi$$

[1] In einer geschlossenen Lage liegen die Drähte ohne Zwischenräume dicht aneinander, die Lage vollständig ausfüllend.

bzw.

$$n' = n + 6,$$

da n und n' ganze Zahlen sind.

Mit einer Genauigkeit von 2% gilt diese Beziehung bis zu Winkeln von 20°; diesem Winkel entspricht ein Wert $n = 9$. Für kleinere Werte n erhält man die zugehörigen Werte n' aus der Tabelle 27. Der Wert $n' - n$ ist stets kleiner als 7 und nähert sich dem Wert 2π.

Tabelle 27. Berechnung der Drahtzahl einer Lage über einer Lage von 3 bis 9 gleichstarken Drähten.

n	$\frac{180}{n}$	$\sin\frac{180}{n}$	$\sin\frac{180}{n'}$	$\frac{180}{n'}$	n'	$n' - n$
3	60°	0,8660	0,3170	18,48°	9,76	6,76
4	45°	0,7071	0,2929	17,03°	10,57	6,57
5	36°	0,5878	0,2702	15,68°	11,50	6,50
6	30°	0,5000	0,2500	14,47°	12,43	6,43
7	25° 45′	0,4339	0,2323	13,43°	13,39	6,39
8	22° 30′	0,3827	0,2168	12,52°	14,37	6,38
9	20°	0,3420	0,2031	11,72°	15,37	6,37

2. Berücksichtigung des Dralles. In der Wirklichkeit werden die Drähte nicht gebündelt, sondern verseilt. Die Drähte einer Lage bilden um das Trägerseil gleichmäßig ansteigende Spiralen; der axiale Abstand zwischen zwei Punkten der Spirale, die einen vollen Schraubengang begrenzen, nennt man „Drall- oder Schlaglänge" des Seiles (von Drallieren = Verseilen, bzw. Zusammenschlagen).

In der k-ten Lage eines Seiles seien n Drähte vom Durchmesser d um das Kernseil vom Durchmesser D mit der Schlaglänge h verseilt.

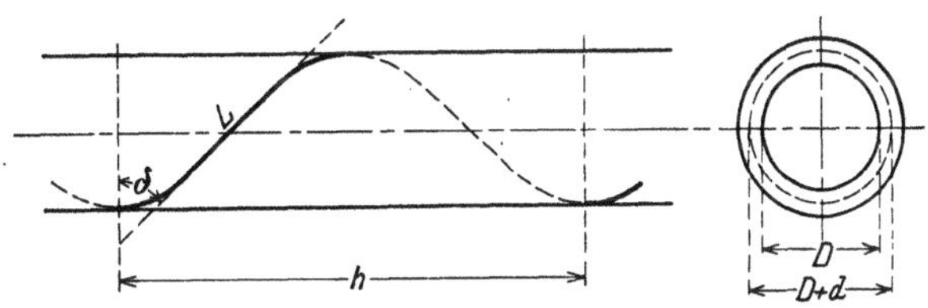

Abb. 108. Länge der Drähte in verseilten Litzen.

Ist L die Länge eines Drahtes pro Schlaglänge h, dann ist (Abb. 108)

$$\operatorname{tg}\delta = \frac{h}{(D + d)\,\pi}$$

und

$$L = h\sqrt{1 + \frac{(D + d)^2\,\pi^2}{h^2}}.$$

Sind die Drähte um das Kernseil verseilt, dann erscheinen ihre Querschnitte in dem zur Seilachse senkrechten Querschnitt des Seiles als Ellypsen, deren kleine Achsen von der Größe d zum Seilquerschnitt radial stehen; die großen Achsen d' haben den Wert (Abb. 109)

$$d' = \frac{d}{\sin\delta} = d\sqrt{1 + \cot^2\delta},$$

da $\cot^2 \delta$ neben 1 stets genügend klein ist, wird

$$L = h\left(1 + \frac{1}{2}\cot^2\delta\right) = h\,(1 + k)$$

und

$$d' = d\left(1 + \frac{1}{2}\cot^2\delta\right) = d\,(1 + k)\,,$$

wenn man der Kürze halber

$$\frac{1}{2}\cot^2\delta = k$$

schreibt. Mit den früheren Bezeichnungen erhält man ferner

$$\sin\frac{180}{n} = \frac{d\,(1 + k)}{D + d}\,,$$

und

$$\sin\frac{180}{n'} = \frac{d\,(1 + k')}{D + 3\,d}$$

wo k' der willkürlich gewählten Schlaglänge dieser Lage entspricht. Damit wird

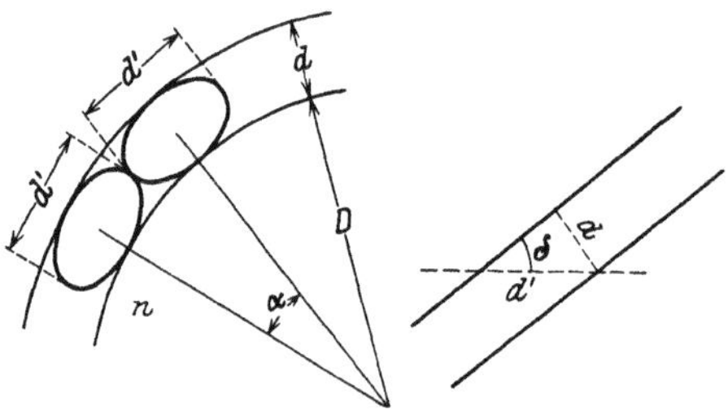

Abb. 109. Querschnitt der Drähte in verseilten Litzen.

$$\sin\frac{180}{n'} = \frac{(1 + k')\sin\dfrac{180}{n}}{(1 + k) + 2\sin\dfrac{180}{n}}$$

bzw. für große n (kleine Winkel)

$$\frac{\pi}{n'} = (1 + k')\,\frac{\dfrac{\pi}{n}}{(1 + k) + 2\,\dfrac{\pi}{n}}$$

und

$$n'\,(1 + k') = n\,(1 + k) + 2\,\pi\,.$$

Für gleiche Steigwinkel im ganzen Seil ist $k = k'$, und

$$n' = n + \frac{2\,\pi}{1 + k}\,.$$

Das für Drahtbündel abgeleitete Gesetz $n' = n + 6$ gilt also mit der kleinen Korrektur auch für Drahtseile, solange

$$\frac{2\,\pi}{1 + k} \geqq 6$$

ist. Die kürzeste Schlaglänge, die im Schritte $n_{k+1} = n_k + 6$ die normale Verseilung gerade noch ermöglicht, ergibt sich aus der Gleichung

$$\frac{2\,\pi}{1 + k} = 6\,,$$

woraus

$$k = 0{,}0472 = \frac{1}{2}\cdot\frac{(D + d)^2\,\pi^2}{h^2}$$

und

$$\frac{D+d}{h} = 0{,}097 \sim 0{,}1$$

ist. Demnach muß die Schlaglänge mindestens das Zehnfache des Durchmessers des Lagenmittelkreises betragen. Ist sie das p-fache, dann ist

$$k = \frac{1}{2} \cdot \frac{(D+d)^2 \pi^2}{h^2} = \frac{1}{2} \cdot \frac{\pi^2}{p^2} = \frac{4{,}93}{p^2} \quad \text{und} \quad L = h\left(1 + \frac{4{,}93}{p^2}\right).$$

Gewöhnlich werden die Litzen mit größeren Schlaglängen als $p = 10$ entsprechend gefahren.

Aus dem Gesagten folgt, daß es nicht möglich ist, sechs Drähte um einen gleichstarken Draht zu verseilen, z. B. für $p = 20$ und $n = 6$ ist $\sin \frac{180}{n} = 0{,}5$ und

$$0{,}5 = \frac{d\left(1 + \frac{4{,}93}{400}\right)}{D+d}, \quad \text{woraus} \quad d = 0{,}97\,D.$$

Die Drähte müßten also um 3% dünner sein, als der zentrale Draht. Tatsächlich werden die normalen Litzen mit einem zentralen Draht, den in der ersten Lage 6 gleichstarke Drähte umgeben, am häufigsten hergestellt. Die Abweichung ist geringfügig und der weiche Kupferdraht läßt sich etwas zusammendrücken, während bei härterem Metall die 6 Drähte sich unmerklich von dem zentralen Draht abheben.

Für die Wahl der Schlaglänge sind praktische Gesichtspunkte maßgebend: je kürzer der Schlag, um so biegsamer ist das Seil, aber um so größer das Gewicht. Man wählt daher die Schlaglängen nicht kürzer als unbedingt notwendig, um die glatte zylindrische Beschaffenheit des Seiles auch bei scharfen Biegungen nicht zu gefährden.

In England wird die Schlaglänge als das Mehrfache des mittleren Lagendurchmessers (pitch diameter), in Deutschland als das Mehrfache des Außendurchmessers der Lage gemessen: die deutsche Methode bietet den Vorteil der bequemeren Kontrolle während der Fabrikation.

Für $h = p\,(D + d)$ ist die Länge eines Drahtes im Seil für 1000 m Seillänge

$$L = 1000\left(1 + \frac{4{,}93}{p^2}\right) m = 1000 \cdot f m.$$

Der Faktor

$$f = 1 + \frac{4{,}93}{p^2}$$

gibt den Mehraufwand für Drahtlänge (Drahtgewicht) an, der entsteht, wenn an Stelle eines massiven Leiters eine Litze mit dem Steigwinkel δ, bestimmt aus

$$\operatorname{tg} \delta = \frac{p}{\pi},$$

verwendet wird. Hierbei ist der Umstand nicht berücksichtigt, daß der Kerndraht bzw. die 3- bis 5-drähtige Kernlitze des Seiles keine oder nur eine geringere Verlängerung erfährt.

Der Kern besteht aus einem Draht oder aus einem 3-, 4- oder 5-dräheigen Seil. 2-drähtige Kerne werden nicht verwendet, weil die folgende Lage sich schlecht um einen solchen Kern verseilen läßt, und weil zu ihrer Bedeckung genau so wie bei 3-drähtigen Kernen 9 Drähte erforderlich sind. Der Aufbau der normalen Litzen erfolgt nach dem Schema in Tabelle 28.

Tabelle 28. Aufbau runder Litzen aus d mm starken Drähten.

	Anzahl der Drähte	Durchmesser d. Lage	Anzahl der Drähte	Durchmesser der Lage	Anzahl der Drähte	Durchmesser der Lage	Anzahl der Drähte	Durchmesser der Lage
Kern	1	d	3	$2,16d$	4	$2,42d$	5	$2,71d$
1. Lage	6	$3d$	9	$4,16d$	10	$4,42d$	11	$4,71d$
2. Lage	12	$5d$	15	$6,16d$	16	$6,42d$	17	$6,71d$
3. Lage	18	$7d$	21	$8,16d$	22	$8,42d$	23	$8,71d$

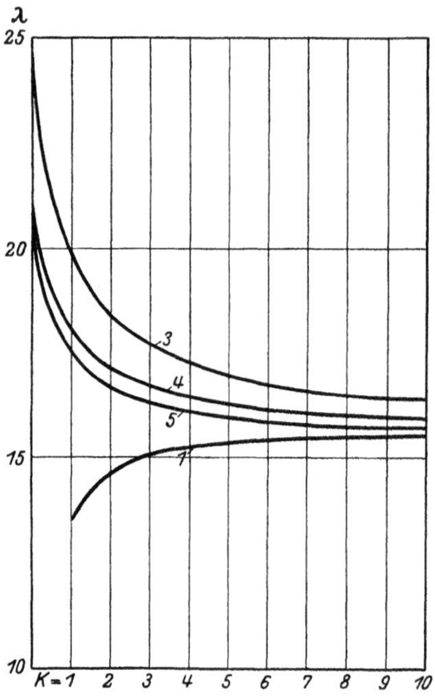

Abb. 110. Raumbedarf verseilter Normallitzen.

Abb. 110 zeigt den prozentuellen Mehrbedarf an Raum (Durchmesser) der Litzen in Abhängigkeit von der Lagenzahl bei 1-, 3-, 4- und 5-drähtigen Kernen; ist D der Durchmesser der Litze vom Metallquerschnitt Q, dann ist

$$\lambda = 100 \cdot \frac{D - 1{\cdot}13\sqrt{Q}}{1{\cdot}13\sqrt{Q}}.$$

Bei Litzen mit nur einem Draht im Kern wächst der prozentuelle Raumverlust mit steigender Lagenzahl, bei 3-, 4- und 5-drähtigen Kernen nimmt er ab und strebt in allen Fällen gewissen Endwerten zu. Den kleinsten Raumbedarf bietet die Verseilung mit dem eindrähtigen Kern, weshalb meistens diese Verseilungsart gewählt wird.

Die Anzahl der Drähte und der Lagen wächst mit dem Querschnitt. Mit der feineren Unterteilung wachsen die Herstellungskosten, deshalb wählt man die Drähte nicht dünner, als wie es die gewünschte Biegsamkeit des Kabels gerade erfordert. Die Unterteilung der Litze wird je nach der gewünschten Biegsamkeit erfahrungsgemäß festgelegt.

3. Normale runde Litzen. In England haben sich seit den Anfängen der Drahtindustrie gewisse gewohnheitsmäßig eingebürgerte Drahtstärken als Normen erhalten, denen man die von ihnen unabhängig normierten Kabelquerschnitte anzupassen sucht. In Ermangelung einer vollständigen Übereinstimmung unterscheidet man in diesem Lande zwischen nominellen und effektiven Leiterquerschnitten, während in Deutschland der normierte Querschnitt mit einer vorgeschriebenen Genauigkeit eingehalten werden muß.

Tabelle 29 zeigt die deutschen Normalquerschnitte von 1 bis 1000 mm² mit eindrähtigem Kern und verschieden feiner Unterteilung.

Tabelle 29. Drahtdurchmesser in mm für Leiterquerschnitte nach VDE-Vorschrift bei verschieden feiner Unterteilung.

Anzahl der Drähte in der	Massiver Leiter	7-	19-	37-	61-	91-	127-
		fache Litze mit eindrähtigem Kern					
1. Lage . . .	—	6	6	6	6	6	6
2. „ . . .	—	—	12	12	12	12	12
3. „ . . .	—	—	—	18	18	18	18
4. „ . . .	—	—	—	—	24	24	24
5. „ . . .	—	—	—	—	—	30	30
6. „ . . .	—	—	—	—	—	—	36
Querschnitt mm							
1	1,13	—	—	—	—	—	—
1,5	1,38	—	—	—	—	—	—
2,5	1,79	—	—	—	—	—	—
4	2,26	—	—	—	—	—	—
6	2,77	1,05	—	—	—	—	—
10	3,57	1,35	0,82	—	—	—	—
16	4,52	1,71	1,04	—	—	—	—
25	—	2,13	1,29	0,93	—	—	—
35	—	2,52	1,53	1,10	0,86	—	—
50	—	3,02	1,83	1,31	1,02	0,84	—
70	—	3,57	2,17	1,55	1,21	0,99	0,84
95	—	4,16	2,52	1,81	1,41	1,15	0,98
120	—	—	2,84	2,03	1,58	1,30	1,10
150	—	—	3,17	2,27	1,77	1,45	1,23
185	—	—	3,52	2,52	1,96	1,61	1,36
240	—	—	4,01	2,87	2,24	1,83	1,55
300	—	—	—	3,22	2,50	2,05	1,74
400	—	—	—	3,71	2,89	2,37	2,00
500	—	—	—	4,15	3,23	2,64	2,24
625	—	—	—	4,64	3,61	2,96	2,50
800	—	—	—	5,24	4,09	3,35	2,83
1000	—	—	—	—	4,57	3,74	3,17

Die Prüfdrähte müssen bei Einleiterkabeln in die Litze mit verseilt werden; der dünnere Prüfdrahtleiter wird hierbei auf den Durchmesser der stärkeren Litzendrähte isoliert.

Nach der VDE-Vorschrift soll der Prüfdraht einen Mindestquerschnitt von 1 mm² haben; da man geringere Wandstärken als 1 mm selbst bei Prüfdrähten aus Gründen der mechanischen Festigkeit nur ungern zuläßt, wird der isolierte Prüfdraht meistens etwas über 3 mm dick sein. Dementsprechend müssen runde Litzen mit Prüfdrähten so unterteilt werden, daß möglicht $d \geq 3$ wird. Der in den VDE-Vorschriften gegebenen Mindestunterteilung der Litzen in Gleichstromkabeln mit Prüfdrähten entspricht die Verseilungstabelle 30. Die günstigste Verseilung mit einem einzigen Draht im Kern kann hierbei mit Rücksicht auf eine notwendige Mindestdicke der Einzeldrähte nicht durchweg angewendet werden. Vergleichshalber enthält die Tabelle auch die Litzen ohne Prüfdrähte in der von der VDE-Vorschrift gegebenen Mindestunterteilung für Ein- und Mehrleiterkabel[1], sowie die jeweiligen Litzendurchmesser. Da die Durchmesser der Einzeldrähte bei der Berechnung auf 0,01 mm abgerundet werden, entsprechen die Querschnitte nicht genau dem nominellen Wert; zur Illustrierung der Abweichungen sind auch die genauen Querschnittswerte angegeben.

Tabelle 30.
Mindestunterteilung normaler runder Litzen nach VDE-Vorschrift.

Nennwert des Querschnittes mm²	Litzen ohne Prüfdraht			Litzen mit Prüfdraht		
	Aufbau mm	Durchmesser mm	effekt. Querschn. mm²	Aufbau mm	Durchmesser mm	effekt. Querschn. mm²
1	1 × 1,13	1,13	1,00	—	—	—
1,5	1 × 1,38	1,38	1,50	—	—	—
2,5	1 × 1,79	1,79	2,52	—	—	—
4	1 × 2,26	2,26	4,01	—	—	—
6	1 × 2,77	2,77	6,03	—	—	—
10	1 × 3,57	3,57	10,01	—	—	—
16	1 × 4,52	4,52	16,05	3 × 2,61	7,05	16,05
25	7 × 2,13	6,39	24,94	6 × 2,31	6,93	25,15
35	7 × 2,52	7,56	34,91	6 × 2,73	8,19	35,12
50	7 × 3,02	9,06	50,14	6 × 3,26	9,78	50,08
50	19 × 1,83	9,15	49,97	—	—	—
70	19 × 2,17	10,85	70,27	13 × 2,62	11,6	70,09
95	19 × 2,53	12,65	95,52	13 × 3,05	13,5	94,98
120	19 × 2,84	14,2	120,36	13 × 3,43	15,1	120,12
150	19 × 3,17	15,85	149,96	18 × 3,26	16,3	150,24
150	37 × 2,27	15,9	149,74	—	—	—
185	37 × 2,52	17,6	184,54	26 × 3,01	18,5	185,01
240	37 × 2,87	20,1	239,36	29 × 3,25	20,8	240,58
300	37 × 3,22	22,5	301,30	36 × 3,26	22,8	300,49
300	61 × 2,50	22,5	299,43	—	—	—
400	37 × 3,71	26,0	399,98	36 × 3,76	26,3	399,73
400	61 × 2,89	26,0	400,14	—	—	—
500	37 × 4,15	29,05	500,48	36 × 4,21	29,5	501,14
625	37 × 4,64	32,5	625,64	36 × 4,70	32,9	624,58
800	37 × 5,25	36,75	800,96	36 × 5,32	37,2	800,23
1000	61 × 4,57	41,1	1000,58	60 × 4,61	41,5	1001,48

In der Tabelle 30 sind 42 Kabeltypen enthalten, zu deren Herstellung 39 verschiedene Drahtsorten benötigt werden, welche die Lagerhaltung und die Unterscheidung der verschiedenen Sorten erschweren. Eine ganz genaue Einhaltung der normierten Querschnittsdimensionen ist trotzdem nicht erreicht, weil die VDE-Vorschriften keinen bestimmten Querschnitt, sondern einen Mindestquerschnitt vorsehen,

[1] Die feinere Unterteilung gilt für Mehrleiterkabel.

deren Größe prinzipiell durch die Messung des elektrischen Leitungswiderstandes erfolgt, wobei der Berechnung eine vorgeschriebene Mindestleitfähigkeit zugrunde gelegt wird. Dieses Prinzip hat sich in Deutschland eingebürgert und gut bewährt; es ermöglicht bei einem Kupferdrahtmaterial von hoher Leitfähigkeit den tatsächlichen Querschnitt zu verkleinern. Trotzdem hat man ohne Antastung des Prinzips selbst die Frage aufgeworfen, ob die unbequem große Mannigfaltigkeit der Drahtdimensionen nicht durch die Zulassung von Querschnitten, welche mit den normierten Querschnitten nicht ganz genau übereinstimmen, herabgemindert werden könnte.

In der Tabelle 31 sind die 42 Kabeltypen der Tabelle 30 mit geringfügigen Querschnittsabweichungen so berechnet, daß sie anstatt 39 nur 18 verschiedene Drahtsorten erfordern, die auf 0,1 mm abgerundet, also leicht voneinander zu unterscheiden sind.

Tabelle 31.
Vorschlag zur vereinfachten Herstellung normaler runder Litzen.

Nennquerschnitt	Litzen ohne Prüfdraht			Litzen mit Prüfdraht		
	Aufbau	Durchmesser	effekt. Querschn.	Aufbau	Durchmesser	effekt. Querschn.
mm²	mm	mm	mm²	mm	mm	mm²
1	1 × 1,1	1,1	0,95	—	—	—
1,5	1 × 1,4	1,4	1,54	—	—	—
2,5	1 × 1,8	1,8	2,54	—	—	—
4	1 × 2,2	2,2	3,80	—	—	—
6	1 × 2,8	2,8	6,16	—	—	—
10	1 × 3,6	3,6	10,18	—	—	—
16	1 × 4,6	4,6	16,62	3 × 2,6	6,28	15,93
25	7 × 2,2	6,6	26,61	6 × 2,2	6,6	22,81
35	7 × 2,5	7,5	34,36	6 × 2,6	7,8	31,86
50	7 × 3,0	9,0	49,54	6 × 3,3	9,9	51,32
50	19 × 1,8	9,0	48,35	—	—	—
70	19 × 2,2	11,0	72,23	13 × 2,6	11,48	69.02
95	19 × 2,5	12,5	93,27	13 × 3,0	13,24	91,89
120	19 × 2,8	14,0	116,99	13 × 3,4	15,01	118,03
150	19 × 3,2	16,0	152,81	18 × 3,3	16,5	153,95
150	37 × 2,2	15,4	140,65	—	—	—
185	37 × 2,5	17,5	181,62	26 × 3,0	18,47	183,78
240	37 × 2,9	20,3	244,39	29 × 3,3	21,17	248,04
300	37 × 3,2	22,4	297,57	36 × 3,3	23,1	307,91
300	61 × 2,5	22,5	299,41	—	—	—
400	37 × 3,8	26,6	419,62	36 × 3,8	26,6	408,28
400	61 × 2,9	26,1	402,92	—	—	—
500	37 × 4,1	28,7	488,49	36 × 4,1	28,7	475,29
625	37 × 4,6	32,2	614,90	36 × 4,6	32,2	598,18
800	37 × 5,2	36,4	785,78	36 × 5,3	37,1	794,22
1000	61 × 4,6	41,4	1013,76	60 × 4,6	41,4	997,14

Dieser Vorschlag ist eine Annäherung an die vorhin erwähnte englische Praxis. In England und in den Vereinigten Staaten von Amerika werden die normierten Kabelquerschnitte überwiegend aus normierten Drahtstärken aufgebaut. Es sind verschiedene Drahtnormen, sog. Drahtlehren (wire gauge oder wire gage) vorhanden; sie stellen Listen von mehr oder weniger willkürlich festgesetzten, in mils ausgedrückten und mit Nummern versehenen Drahtstärken vor. Die drei wichtigsten Lehren sind die englische

Standard wire gauge (abgekürzt S.W.G.)

die gleichfalls englische

Birmingham wire gauge (B.W.G.)

und die in den Vereinigten Staaten eingebürgerte

Brown and Sharpe wire gauge (B.S.W.G.)

auch als

American wire gauge (A.W.G.)

bezeichnete Lehre. Diese drei Lehren sind in der Tabelle 32 zusammengestellt.

Tabelle 32. Englische und amerikanische Drahtlehren.

Lehren-Nummer	S.W.G.		B.W.G.		A.W.G.	
	mils	mm	mils	mm	mils	mm
0000000	500	12,7	—	—	—	—
000000	464	11,8	—	—	—	—
00000	432	11,0	—	—	—	—
0000	400	10,2	445	11,5	460,0	11,7
000	372	9,45	425	10,8	409,6	10,4
00	348	8,8	380	9,6	364,8	9,3
0	324	8,2	340	8,6	324,9	8,25
1	300	7,6	300	7,6	289,3	7,4
2	276	7,0	284	7,2	257,6	6,5
3	252	6,4	259	6,6	229,4	5,8
4	232	5,9	238	6,0	204,3	5,2
5	212	5,4	220	5,6	181,9	4,6
6	192	4,9	203	5,2	162,0	4,1
7	176	4,5	180	4,6	144,3	3,7
8	160	4,1	165	4,2	128,5	3,3
9	144	3,7	148	3,8	114,4	2,9
10	128	3,3	134	3,4	101,9	2,6
11	116	2,9	120	3,0	90,7	2,3
12	104	2,6	109	2,8	80,8	2,05
13	92	2,3	95	2,4	72,0	1,8
14	80	2,0	83	2,1	64,1	1,6
15	72	1,8	72	1,8	57,1	1,45
16	64	1,6	65	1,65	50,8	1,3
17	56	1,4	58	1,5	45,3	1,15
18	48	1,2	49	1,25	40,3	1,0
19	40	1,0	42	1,1	35,9	0,91
20	36	0,91	35	0,89	32,0	0,81
21	32	0,81	32	0,81	28,5	0,72
22	28	0,71	28	0,71	25,4	0,64
23	24	0,61	25	0,64	22,6	0,57
24	22	0,56	22	0,56	20,1	0,51
25	20	0,51	20	0,51	17,9	0,45
26	18	0,46	18	0,46	15,9	0,40
27	16,4	0,42	16	0,41	14,2	0,32
28	14,8	0,38	14	0,36	12,6	0,32
29	13,6	0,35	13	0,33	11,3	0,29
30	12,4	0,32	12	0,31	10,0	0,25
31	11,6	0,29	10	0,25	8,9	0,23
32	10,8	0,27	9	0,23	7,95	0,20
33	10,0	0,25	8	0,20	7,1	0,18

Tabelle 32 (Fortsetzung).

Lehren-Nummer	S.W.G.		B.W.G.		A.W.G.	
	mils	mm	mils	mm	mils	mm
34	9,2	0,23	7	0,18	6,3	0,16
35	8,4	0,21	5	0,13	5,6	0,14
36	7,6	0,19	4	0,10	5,0	0,13
37	6,8	0,17	—	—	4,5	0,11
38	6,0	0,15	—	—	4,0	0,10
39	5,2	0,13	—	—	3,5	0,09
40	4,8	0,12	—	—	3,1	0,08
41	4,4	0,11	—	—	—	—
42	4,0	0,10	—	—	—	—
43	3,6	0,09	—	—	—	—
44	3,2	0,08	—	—	—	—
45	2,8	0,07	—	—	—	—
46	2,4	0,06	—	—	—	—
47	2,0	0,051	—	—	—	—
48	1,6	0,041	—	—	—	—
49	1,2	0,031	—	—	—	—
50	1,0	0,025	—	—	—	—

Englische Normen für Kabelleiter. Statt den 57 S.W.G.-Nummern verwendet die englische Vorschrift für Starkstromkabel nur 13 in der Tabelle 33 angegebene Nummern; in dieser Vereinfachung

Tabelle 33. Drähte für normierte Kabelquerschnitte in England.

Lfd. Nr.	Durchmesser		Querschnitt		Gewicht	
	Zoll	mm	$mils^2$	mm^2	lb für 1000 yards	kg für 1000 m
1	0,0076	0,193	45,36	0,0293	0,5246	0,2602
2	0,0100	0,254	78,54	0,0507	0,9083	0,3505
3	0,0120	0,305	113,1	0,0731	1,308	0,6488
4	0,0180	0,457	254,5	0,164	2,943	1,460
5	0,0290	0,737	660,5	0,427	7,639	3,789
6	0,0360	0,914	1018	0,656	11,77	5,838
7	0,0440	1,12	1521	0,985	17,58	8,720
8	0,0520	1,32	2124	1,37	24,56	12,18
9	0,0640	1,63	3217	2,09	37,20	18,45
10	0,0720	1,83	4072	2,63	47,09	23,36
11	0,0830	2,11	5411	3,50	62,75	31,03
12	0,0930	2,36	6793	4,37	78,56	38,97
13	0,1030	2,62	8332	5,39	96,36	47,79

liegt ein nicht zu unterschätzender Vorteil der englischen Kabelindustrie. Eine Abweichung von $\pm$ 1,5% im Durchmesser ist zulässig. Aus diesen 13 Drahtstärken baut die englische Vorschrift 26 (Tab. 34) Leitertypen (2 massive und 24 verseilte) bis zum Höchstquerschnitt von 1 $Zoll^2$ auf.

Amerikanische Normen für verseilte Leiter. Die amerikanischen Seilnormen sind in der Tabelle 35[1] wiedergegeben; die großen

[1] Del Mar, W. A.: Electric Cables, S. 177. New York 1924.

Querschnitte sind in circ. mils, die kleinen in A.W.G.-Nummern ausgedrückt. Die Querschnittsbezeichnungen nehmen auf massive runde Drähte von gleichen Querschnitten Bezug; die Drähte der Litzen sind daher von denjenigen der Normaltabelle verschieden.

Tabelle 34. Englische Normalquerschnitte.

Lfd. Nr.	Querschnitt		Aufbau Zoll	Leiterdurchmesser		Leitergewicht	
	Zoll²	mm²		Zoll	mm	lb per 1000 yards	kg per 1000 m
1	0,001	0,645	1 × 0,036	0,036	0,91	11,77	5,84
2	0,0015	0,970	1 × 0,044	0,044	1,12	17,58	8,72
3	0,002	1,290	3 × 0,029	0,062	1,57	23,37	11,59
4	0,003	1,935	3 × 0,036	0,078	1,98	36,02	17,87
5	0,003	1,935	1 × 0,064	0,064	1,63	37,20	18,45
6	0,0045	2,90	7 × 0,029	0,087	2,21	54,39	26,98
7	0,007	4,52	7 × 0,036	0,108	2,74	83,81	41,57
8	0,01	6,45	7 × 0,044	0,132	3,35	125,2	62,10
9	0,0145	9,35	7 × 0,052	0,156	3,96	174,9	86,75
10	0,0225	14,50	7 × 0,064	0,192	4,88	264,9	131,4
11	0,03	19,35	19 × 0,044	0,220	5,59	340,4	168,8
12	0,04	25,80	19 × 0,052	0,260	6,60	475,5	235,8
13	0,06	38,70	19 × 0,064	0,320	8,13	720,3	357,3
14	0,075	48,40	19 × 0,072	0,360	9,14	911,6	452,2
15	0,1	64,5	19 × 0,083	0,415	10,5	1211	600,7
16	0,12	77,5	37 × 0,064	0,448	11,4	1403	695,9
17	0,15	96,5	37 × 0,072	0,504	12,8	1776	880,9
18	0,2	129,0	37 × 0,083	0,581	14,8	2360	1171
19	0,25	161,3	37 × 0,13	0,651	16,5	2963	1470
20	0,3	193,5	37 × 0,103	0,721	18,3	3635	1803
21	0,4	258,0	61 × 0,093	0,837	21,3	4886	2423
22	0,5	322,5	61 × 0,103	0,927	23,5	5994	2973
23	0,6	387	91 × 0,093	1,023	26,0	7290	3616
24	0,75	484	91 × 0,103	1,133	28,8	8942	4435
25	0,85	548	127 × 0,093	1,209	30,7	10175	5047
26	1,0	645	127 × 0,103	1,339	34,0	12481	6191

Tabelle 35. Amerikanische Normalquerschnitte.

Lfd. Nr.	Querschnitt der Litze		Anzahl der Drähte	Durchmesser der Drähte		Durchmesser der Litze	
	circ. mils oder B.S.W.G.	mm²		in mils	in mm	in mils	in mm
1	2000000	1013,4	127	125,5	3,19	1631	41,4
2	1900000	962,7	127	122,3	3,11	1590	40,4
3	1800000	912,1	127	119,1	3,03	1548	39,3
4	1700000	861,3	127	115,7	2,94	1504	38,2
5	1600000	810,7	127	112,2	2,85	1459	37,1
6	1500000	760,1	91	128,4	3,26	1412	35,9
7	1400000	709,4	91	124,0	3,15	1364	34,7
8	1300000	658,7	91	119,5	3,04	1315	33,4
9	1200000	608,0	91	114,8	2,92	1263	32,1
10	1100000	557,4	91	109,9	2,79	1209	30,7
11	1000000	506,7	61	128,0	3,25	1152	29,3
12	950000	481,4	61	124,8	3,17	1123	28,5

Tabelle 35 (Fortsetzung).

Lfd. Nr.	Querschnitt der Litze circ. mils. oder B.S.W.G.	Querschnitt der Litze mm	Anzahl der Drähte	Durchmesser der Drähte in mils	Durchmesser der Drähte in mm	Durchmesser der Litze in mils	Durchmesser der Litze in mm
13	900000	456,0	61	121,5	3,09	1093	27,8
14	850000	430,7	61	118,0	3,00	1062	27,0
15	800000	405,4	61	114,5	2,91	1031	26,2
16	750000	380,0	61	110,9	2,82	998	25,4
17	700000	354,7	61	107,1	2,72	904	24,5
18	650000	329,4	61	103,2	2,62	929	23,6
19	600000	304,0	61	99,2	2,52	893	22,7
20	550000	278,7	61	95,0	2,42	855	21,7
21	500000	253,4	37	116,2	2,95	814	20,7
22	450000	228,0	37	110,3	2,80	772	19,6
23	400000	202,7	37	104,0	2,64	728	18,5
24	350000	177,3	37	97,3	2,47	681	17,3
25	300000	152,0	37	90,0	2,29	630	16,0
26	250000	126,7	37	82,8	2,09	575	14,6
27	0000	107,5	19	105,5	2,68	528	13,4
28	000	84,9	19	94,0	2,39	470	11,9
29	00	67,5	19	83,7	2,13	418	10,6
30	0	53,5	19	74,5	1,89	373	9,5
31	1	42,4	19	66,4	1,69	332	8,4
32	2	33,6	7	97,4	2,47	292	7,4
33	3	26,7	7	86,7	2,20	260	6,6
34	4	21,2	7	77,2	1,96	232	5,9
35	5	16,8	7	68,8	1,75	206	5,2
36	6	13,3	7	61,2	1,55	184	4,7
37	7	10,6	7	54,5	1,38	164	4,2
38	8	8,3	7	48,6	1,23	146	3,7

Dieser ausführlichen Seiltabelle gegenüber sieht die A. I. E. E.-Standard-Vorschrift (Ausgabe 1925) nur 10 verseilte Querschnitte mit zwei verschiedenen Verseilungen vor (Tabelle 36), eine weniger biegsame (A) für blanke und wetterfeste Seile und eine biegsamere (B) für Kabel.

Tabelle 36. Vereinfachte amerikanische Normen.

Querschnitt in circ. in.	Querschnitt in mm^2	Anzahl der Drähte A	Anzahl der Drähte B
2,0	1013	91	127
1,5	760	61	91
1,0	507	61	61
0,6	304	37	61
0,5	253	37	37
0,4	203	19	37
A.W.G.			
0000	107	19 oder 7	19
00	67,4	7	19
2	33,6	7	7
7	10,5		7

Litzen für besonders biegsame Kabel. Eine besondere Biegsamkeit erfordern die an bewegte Stromverbraucher geschlossenen Kabel; die hierzu notwendigen Leiterlitzen sind in England und den Ver. Staaten normiert. Sie können auf dreierlei Art hergestellt werden:

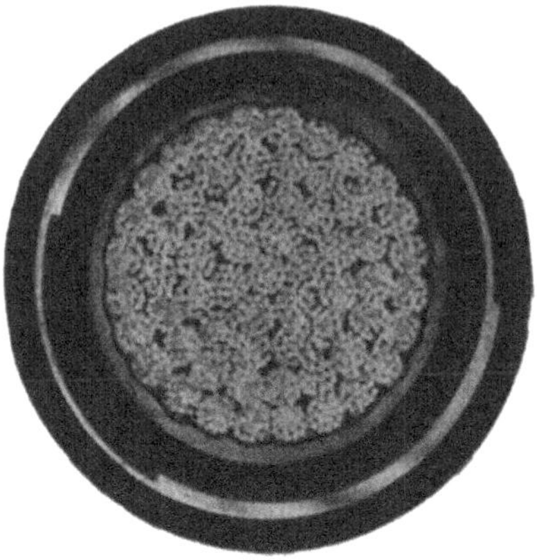

Abb. 111. Biegsames Kabel mit Kautschukmantel, Bandeisenarmierung und doppelt verseilter Litze: 1000 mm^2 = 61 × 19 × 1,05 mm (Pirelli).

1. als normale Litzen aus entsprechend feinen Drähten (große Draht- und Lagenzahl);

2. als doppelt verseilte Litzen: normale Litzen aus feinen Drähten werden als Einheiten einer normalen Verseilung (eine Litze in der Mitte als Kern, gleiche Litzen in konaxialen Lagen) behandelt (Abb. 111);

3. sehr feine Drähte werden nicht lagenweise, sondern als Bündel (alle Drähte in derselben Richtung) verseilt. („Gewürgte Litzen", „bunched conductor".).

Tabelle 37 enthält die englische Vorschrift für biegsame Litzen; die durch Fettdruck hervorgehobenen Typen sind für beweglich montierte Kabel („trailing cable") vorgesehen.

Tabelle 37. Englische Normen für sehr biegsame Litzen.

Querschnitt in Quadratzoll	Anzahl und Durchmesser der Einzeldrähte			
	0,010 Zoll = 0,254 mm	0,012 Zoll = 0,305 mm	0,018 Zoll = 0,457 mm	0,029 Zoll = 0,737 mm
0,01[illegible]	140	**97**	—	—
0,0145	195	—	**60**	—
0,0225	296	—	**91**	—
0,03	—	266	**117**	—
0,04	—	368	**163**	—
0,06	—	557	**248**	—
0,075	—	705	313	**121**
0,1	—	—	416	**160**
0,12	—	—	482	**186**
0,15	—	—	610	**235**
0,2	—	—	810	**312**
0,25	—	—	1017	**392**
0,3	—	—	—	481
0,4	—	—	—	646
0,5	—	—	—	792

Nach der amerikanischen Vorschrift verwendet man, wenn größere Biegsamkeit gefordert wird, einfach oder doppelt verseilte Normallitzen; Tabelle 38 enthält die normierten Typen. In der Liste befinden sich auch von den Normen abweichende Drähte, welche als Zwischennummern mit A.W.G.-Nummer + 0,5 bezeichnet werden. Die Litzenquerschnitte bis Nr. 14 haben nur angenähert die Größe der abgegebenen A.W.G.-Nummern; für kleinere Querschnitte verwendet man gewürgte Litzen, welche den Normgrößen genau entsprechen müssen.

Abb. 38. Amerikanische Normen für sehr biegsame Litzen.

Nächste A.W.G. Nr.	circ. mils	Durchmesser der Litze		Aufbau der Litze	Einzeldrähte		
					A.W.G.	Durchmesser	
		mils	mm			mils	mm
—	2039000	1885	47,9	$37 \times 19 = 703$	15,5	53,9	1,37
—	1816000	1779	45,2	„	16,0	50,8	1,29
—	1617000	1679	42,7	„	16,5	48,0	1,92
—	1440000	1584	40,3	„	17,0	45,3	1,15
—	1284000	1496	38,0	„	17,5	42,7	1,08
—	1103000	1372	34,9	$61 \times 7 = 427$	16,0	50,8	1,29
—	874600	1222	31,1	„	17,0	45,3	1,15
—	693600	1088	27,7	„	18,0	40,3	1,03
—	550000	969	24,6	„	19,0	35,9	0,91
—	436200	863	21,9	„	20,0	32,0	0,81
—	345900	768	19,5	„	21,0	28,5	0,725
—	274300	684	17,4	„	22,0	25,3	0,64
—	264600	671	17,0	$37 \times 7 = 259$	20,0	32,0	0,81
0000	209800	598	15,2	„	21,0	28,5	0,725
000	171300	538	13,7	$19 \times 7 = 133$	19,0	35,9	0,91
00	135900	479	12,2	„	20,0	32,0	0,81
0	107700	427	10,8	„	21,0	28,5	0,725
1	82780	332	8,44	91	20,5	30,2	0,77
2	65650	295	7,50	„	21,5	26,9	0,68
3	52060	263	6,68	„	22,5	23,9	0,61
4	39190	228	5,80	61	22,0	25,3	0,64
5	31080	203	5,17	„	23,0	22,6	0,575
6	24650	181	4,60	„	24,0	20,1	0,51
8	17410	152	3,85	„	25,5	16,9	0,43
10	10560	118	3,00	37	25,5	16,9	0,43
12	6640	94	2,39	„	27,5	13,4	0,34
14	4176	74	1,88	„	29,5	10,6	0,27
Kleinere Querschnitte mit gewürgten Litzen..........					30,0	10,0	0,25

Durch die Bezeichnungen, wie z. B. 37×19 wird angegeben, daß eine normale Litze nicht aus Einzeldrähten, sondern aus feinen Litzen aufgebaut ist; die 703-drähtige Litze der Tabelle ist ein 37-faches Seil, bestehend aus $19 \times 1{,}37$ mm-Litzen.

4. Sektor- und segmentförmige Litzen. Bei einem Einleiterkabel ist die überall gleiche Isolierungsdicke, die nach irgendwelchen Gesichtspunkten berechnete oder angenommene notwendige Mindestdicke. Bei einem Mehrleiterkabel ist die nach denselben Gesichtspunkten berechnete Mindestdicke nur an einzelnen Punkten des Querschnittes vorhanden; an allen übrigen Stellen ist die Isolierungsdicke größer. Zur Vermeidung des Mehraufwandes von Material verwendet man Leiter mit sektor- bzw. segmentförmigen Querschnitten. Bei den in der Abb. 112 gezeichneten Sektor- und Segment-Querschnitten hat die Isolierungsdicke überall denselben (Mindest-) Wert; diese „theoretischen“ Profile sind aber nicht verwendbar, weil an den scharfen Kanten sehr große, das Dielektrikum gefährdende Feldstärken auftreten würden, und weil man verseilten Leitern diese Querschnittsform nicht geben kann. Die Querschnitte erhalten daher abgerundete Profile (Abb. 113), welche sich an die theoretischen Profile anpassen, indem sie diese an möglichst großen Strecken ihrer Umfänge von innen berühren.

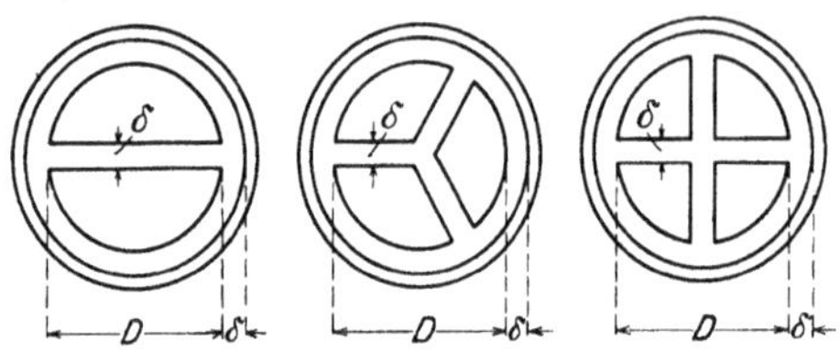

Abb. 112. Theoretische Segment- und Sektor-Querschnitte.

Die Berechnung und Konstruktion der Sektor- und Segmentkabel besteht in der Berechnung des Seelendurchmessers und im Entwurf der Seilkonstruktion. Bezeichnet Q' die Fläche des theoretischen Profils, δ die Isolierungsdicke und D den Durchmesser eines Kreises, den die Sektor- oder Segmentprofile von innen berühren, dann ist D eine Funktion von Q', δ und des zum theoretischen Profil gehörenden Zentriwinkels α. Erfahrungsgemäß ist Q' dem Leiterquerschnitt Q angenähert proportional; man

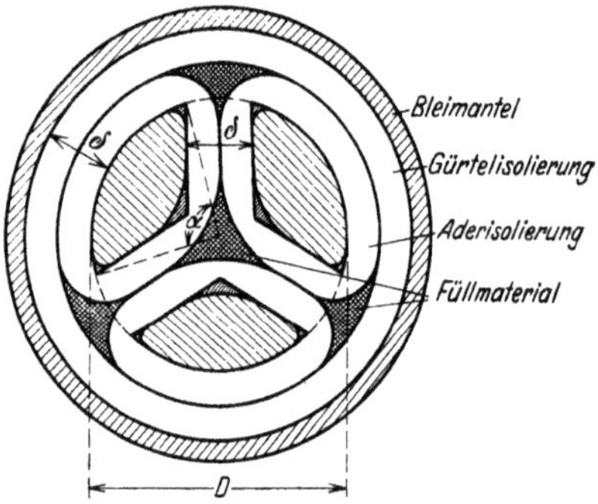

Abb. 113. Dreileiter-Sektorkabel mit abgerundetem Leiterquerschnittsprofil.

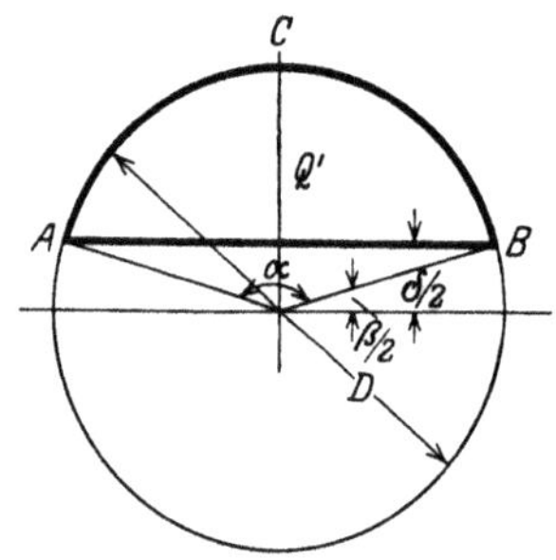

Abb. 114. Berechnung des Zweileiter-Segment-Kabels.

kann $Q' = \lambda Q$ setzen, wo λ eine mit zunehmendem Querschnitt langsam abnehmende Konstante ist. Zur Berechnung von D wird zunächst α als Funktion von Q, δ und λ berechnet.

Zweileiter-Segmentkabel. In Abb. 114 ist das theoretische Segment Q' von der Sekante AB und dem Kreisbogen ABC begrenzt. Es ist

$$Q' = \lambda \cdot Q = \frac{D^2 \pi}{4} \cdot \frac{\alpha}{360} - \frac{D^2}{4} \sin\alpha \cdot \frac{1}{2} = \frac{D^2}{8} (\operatorname{arc}\alpha - \sin\alpha),$$

andererseits ist $\delta = D \cos\frac{\alpha}{2}$, folglich ist

$$Q' = \frac{\delta^2}{8} \cdot \frac{\operatorname{arc}\alpha - \sin\alpha}{\cos^2\frac{\alpha}{2}} = \frac{\delta^2}{4} \cdot \frac{\operatorname{arc}\alpha - \sin\alpha}{1 + \cos\alpha}.$$

Schreibt man abgekürzt

$$f_2(\alpha) = \frac{1}{2} \cdot \frac{\operatorname{arc}\alpha - \sin\alpha}{1 + \cos\alpha},$$

dann ist

$$\frac{2\lambda Q}{\delta^2} = f_2(\alpha).$$

Dreileiter-Sektorkabel. Nach Abb. 115 ist

$$Q' = F - f_2 + f_1.$$

Mit

$$F = \frac{D^2}{8}\operatorname{arc}\alpha\,,$$

$$f_2 = \frac{1}{2}\cdot\frac{D^2}{4}\cdot\sin\alpha = \frac{D^2}{8}\sin\alpha\,,$$

$$f_1 = \frac{1}{2}\cdot K^2\cdot\sin 120^0 = \frac{K^2\sqrt{3}}{4} = \frac{D^2}{8}\cdot\frac{2\sqrt{3}}{3}\cdot\sin^2\frac{\alpha}{2}$$

ist

$$Q' = \frac{D^2}{8}\left\{\operatorname{arc}\alpha - \sin\alpha + \frac{2\sqrt{3}}{3}\sin^2\frac{\alpha}{2}\right\}$$

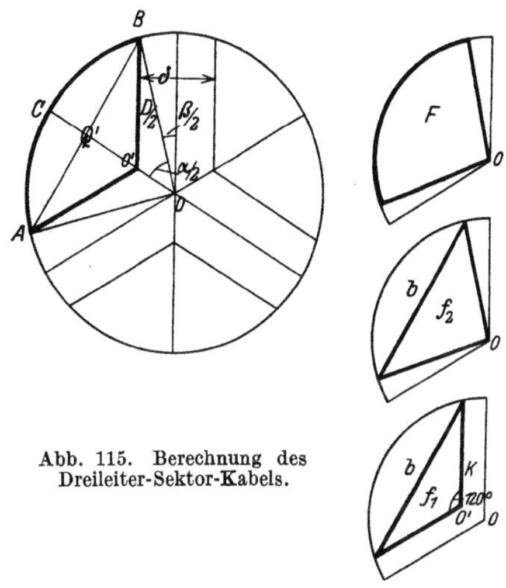

Abb. 115. Berechnung des Dreileiter-Sektor-Kabels.

und

$$\frac{\delta}{D} = \frac{\sqrt{3}}{2}\cos\frac{\alpha}{2} - \frac{1}{2}\sin\frac{\alpha}{2}\,.$$

Damit wird

$$D = \delta\cdot\frac{1}{\frac{\sqrt{3}}{2}\cos\frac{\alpha}{2} - \frac{1}{2}\sin\frac{\alpha}{2}}$$

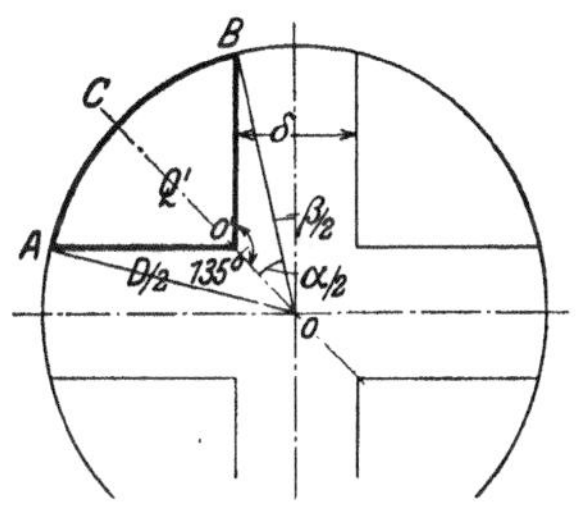

Abb. 116. Berechnung des Vierleiter-Sektor-Kabels.

und

$$D^2 = 4\,\delta^2\cdot\frac{1}{3 - 2\sin^2\frac{\alpha}{2} - \sqrt{3}\sin\alpha}\,.$$

Mit diesem Wert für D^2 ergibt sich

$$Q' = \frac{\delta^2}{2}\cdot\frac{\operatorname{arc}\alpha - \sin\alpha + \frac{2\sqrt{3}}{3}\sin^2\frac{\alpha}{2}}{3 - 2\sin^2\frac{\alpha}{2} - \sqrt{3}\sin\alpha} = \frac{\delta^2}{2}f_3(\alpha)$$

oder

$$\frac{2\lambda Q}{\delta^2} = f_3(\alpha)\,.$$

Vierleiter-Sektorkabel (Abb. 116). Es ist

$$Q' = F - f_2 + f_1,$$

$$F = \frac{D^2}{8} \operatorname{arc} \alpha \quad \text{und} \quad f_2 = \frac{D^2}{8} \sin \alpha,$$

$$f_1 = \frac{D^2}{8} \cdot 2 \sin^2 \frac{\alpha}{2}.$$

Damit wird

$$Q' = \lambda Q = \frac{D^2}{8} \left[\operatorname{arc} \alpha - \sin \alpha + 2 \sin^2 \frac{\alpha}{2} \right],$$

$$\frac{\delta}{D} = \sin \frac{\beta}{2} = \sin \left(45 - \frac{\alpha}{2} \right) = \frac{\sqrt{2}}{2} \left(\cos \frac{\alpha}{2} - \sin \frac{\alpha}{2} \right),$$

daraus

$$D = \frac{\sqrt{2}\,\delta}{\cos \frac{\alpha}{2} - \sin \frac{\alpha}{2}},$$

$$D^2 = \frac{2\,\delta^2}{1 - \sin \alpha}$$

und schließlich

$$\frac{2 \lambda Q}{\delta^2} = \frac{1}{2} \left[1 + \frac{\operatorname{arc} \alpha - \cos \alpha}{1 - \sin \alpha} \right] = f_4(\alpha).$$

Ist also ein 2-, 3- oder 4-Leiter-Profilkabel von $p \times Q$ mm² Querschnitt ($p = 2$, 3 oder 4) und δ mm Isolierungsdicke zu berechnen, dann berechnet man zunächst die Funktion

$$f(\alpha) = \frac{2 \lambda Q}{\delta^2}$$

und hieraus den Zentriwinkel α, dann ist

$$D = \frac{\delta}{\sin \left(\frac{\pi}{p} - \frac{\alpha}{2} \right)}.$$

Für den Durchmesser D_0 der Kabelseele ergibt sich, wenn die Isolierungsdicke zwischen Leiter und Bleimantel auch δ mm beträgt,

$$D_0 = \delta \left\{ 2 + \frac{1}{\sin \left(\frac{\pi}{p} - \frac{\alpha}{2} \right)} \right\}$$

Zur Bestimmung von α aus $f(\alpha)$ sind die Funktionen $f(\alpha)$ für größere Winkelbereiche α berechnet worden. Nähert sich α dem Wert $\frac{2\pi}{p}$, dann nähert sich $f(\alpha)$ dem Wert ∞ und die Interpolation des Wertes $\frac{2 \lambda Q}{\delta^2}$ wird ungenau. Zur größeren Bequemlichkeit der Berechnung sind in den Tabellen 39, 40 und 41 an Stelle der Funktionen $f(\alpha)$ die Funktionen $\log f(\alpha)$ für $\alpha = 30$ bis $\alpha = \frac{2\pi}{p}$ dargestellt.

Tabelle 39.
Berechnung des Zentriwinkels für Zweileiter-Segment-Kabel.

α^0	$\log f_2(\alpha)$	α^0	$\log f_2(\alpha)$	α^0	$\log f_2(\alpha)$	α^0	$\log f_2(\alpha)$
30	0,79934—3	68	0,97947—2	106	0,78781—1	144	0,70248
31	0,84510—3	69	0,99826—2	107	0,80882—1	145	0,73338
32	0,88649—3	70	0,02160—1	108	0,82982—1	146	0,76896
33	0,92942—3	71	0,04454—1	109	0,85089—1	147	0,79690
34	0,96848—3	72	0,06707—1	110	0,87204—1	148	0,82955
35	0,00860—2	73	0,08955—1	111	0,89332—1	149	0,86345
36	0,04922—2	74	0,11193—1	112	0,91461—1	150	0,89779
37	0,08636—2	75	0,13450—1	113	0,93601—1	151	0,93325
38	0,12385—2	76	0,15655—1	114	0,95761—1	152	0,96955
39	0,16137—2	77	0,17840—1	115	0,97918—1	153	1,00719
40	0,19590—2	78	0,20058—1	116	0,00069	154	1,04587
41	0,23045—2	79	0,22220—1	117	0,02135	155	1,08568
42	0,26245—2	80	0,24378—1	118	0,04493	156	1,11528
43	0,29667—2	81	0,26529—1	119	0,06700	157	1,16959
44	0,32838—2	82	0,28668—1	120	0,08934	158	1,21397
45	0,35793—2	83	0,30814—1	121	0,11177	159	1,25967
46	0,38917—2	84	0,32940—1	122	0,13443	160	1,30790
47	0,42160—2	85	0,35044—1	123	0,15721	161	1,35780
48	0,45332—2	86	0,37162—1	124	0,18027	162	1,41079
49	0,48144—2	87	0,39270—1	125	0,20350	163	1,46546
50	0,51188—2	88	0,41364—1	126	0,22691	164	1,52401
51	0,54033—2	89	0,43457—1	127	0,25054	165	1,58468
52	0,56820—2	90	0,45545—1	128	0,27446	166	1,65035
53	0,59660—2	91	0,47640—1	129	0,29857	167	1,72043
54	0,62325—2	92	0,49707—1	130	0,32298	168	1,79378
55	0,65031—2	93	0,51786—1	131	0,34770	169	1,87487
56	0,67761—2	94	0,53857—1	132	0,37260	170	1,96327
57	0,70329—2	95	0,55943—1	133	0,39791	171	2,06055
58	0,72509—2	96	0,58001—1	134	0,42359	172	2,16900
59	0,75511—2	97	0,60086—1	135	0,44949	173	2,28594
60	0,78104—2	98	0,62149—1	136	0,47577	174	2,42583
61	0,80618—2	99	0,64217—1	137	0,50263	175	2,59152
62	0,83123—2	100	0,66285—1	138	0,52964	176	2,79617
63	0,85552—2	101	0,68368—1	139	0,55722	177	3,03527
64	0,87967—2	102	0,70441—1	140	0,58519	178	3,40821
65	0,90417—2	103	0,72526—1	141	0,61369	179	3,89023
66	0,92788—2	104	0,74601—1	142	0,64278	180	∞
67	0,95182—2	105	0,76693—1	143	0,67229		

Mit den Größen D und δ kann das theoretische Profil aufgezeichnet und die gesuchte Seilkonstruktion entworfen werden.

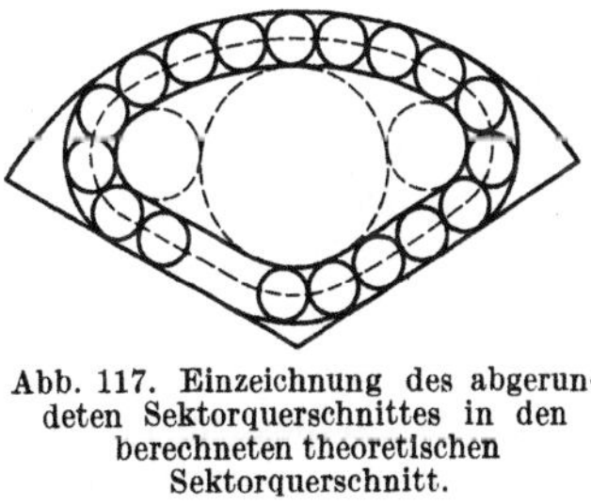

Abb. 117. Einzeichnung des abgerundeten Sektorquerschnittes in den berechneten theoretischen Sektorquerschnitt.

Der verseilte Sektor- (bzw. Segment-) Leiter besteht meistens aus einem unverseilten Drahtbündel von einem dem gewünschten Profil ähnlichen Querschnitt, umgeben und zusammengehalten von einer geschlossenen Lage (manchmal mehreren Lagen) gleichstarker verseilter Drähte. Man zeichnet zuerst in den Umriß des in das theoretische Profil provisorisch eingezeichneten Seilquerschnittes gleich große, die Querschnitte der verseilten Drähte darstellende Kreise dicht aneinander (Abb. 117)

Tabelle 40.
Berechnung des Zentriwinkels für Dreileiter-Sektor-Kabel.

α^0	$\log f_3(\alpha)$	α^0	$\log f_3(\alpha)$	α^0	$\log f_3(\alpha)$	α^0	$\log f_3(\alpha)$
30	0,70243—2	53	0,46598—1	76	0,14879	99	1,01828
31	0,74115—2	54	0,49248—1	77	0,18001	100	1,06856
32	0,78032—2	55	0,52453—1	78	0,21165	101	1,12123
33	0,82086—2	56	0,55376—1	79	0,24386	102	1,17551
34	0,85248—2	57	0,58252—1	80	0,27637	103	1,23376
35	0,88986—2	58	0,61257—1	81	0,30891	104	1,29203
36	0,92428—2	59	0,64078—1	82	0,34268	105	1,35679
37	0,95904—2	60	0,67090—1	83	0,37585	106	1,42243
38	0,99476—2	61	0,69992—1	84	0,41022	107	1,49485
39	0,02816—1	62	0,72916—1	85	0,44497	108	1,56844
40	0,06070—1	63	0,75853—1	86	0,48035	109	1,64807
41	0,09307—1	64	0,78290—1	87	0,51650	110	1,73751
42	0,12548—1	65	0,81723—1	88	0,55311	111	1,82549
43	0,15806—1	66	0,84652—1	89	0,56005	112	1,92758
44	0,19061—1	67	0,88321—1	90	0,62832	114	2,04258
45	0,22220—1	68	0,90569—1	91	0,66747	114	2,16850
46	0,25339—1	69	0,93541—1	92	0,70698	115	2,30578
47	0,28421—1	70	0,96530—1	93	0,74794	116	2,45225
48	0,31492—1	71	0,99528—1	94	0,79028	117	2,61426
49	0,34537—1	72	0,02559	95	0,83277	118	2,82905
50	0,37603—1	73	0,05534	96	0,87653	119	2,95177
51	0,40552—1	74	0,08654	97	0,92264	120	∞
52	0,43489—1	75	0,11945	98	0,96974		

Tabelle 41.
Berechnung des Zentriwinkels für Vierleiter-Sektor-Kabel.

α^0	$\log f_4(\alpha)$	α^0	$\log f_4(\alpha)$	α^0	$\log f_4(\alpha)$	α^0	$\log f_4(\alpha)$
30	0,19756—1	46	0,84055—1	61	0,44905	76	1,27321
31	0,24080—1	47	0,86040—1	62	0,49356	77	1,34934
32	0,28353—1	48	0,91824—1	63	0,53926	78	1,42872
33	0,32552—1	49	0,95703—1	64	0,58578	79	1,51565
34	0,36698—1	50	0,99616—1	65	0,63335	80	1,60981
35	0,40790—1	51	0,03543	66	0,68192	81	1,71273
36	0,44840—1	52	0,07496	67	0,73218	82	1,82671
37	0,48869—1	53	0,11474	68	0,78378	83	1,94913
38	0,52840—1	54	0,15488	69	0,83694	84	2,09440
39	0,56820—1	55	0,19543	70	0,89178	85	2,26534
40	0,60746—1	56	0,23623	71	0,94849	86	2,47519
41	0,64670—1	57	0,27772	72	1,00813	87	2,71942
42	0,68547—1	58	0,31948	73	1,06937	88	3,09736
43	0,72428—1	59	0,36214	74	1,13434	89	3,58433
44	0,76313—1	60	0,41360	75	1,20137	90	∞
45	0,80188—1						

die Umrißlinie von innen berührend und läßt den Platz für 1 bis 2 Kreise unausgefüllt, um den Raumbedarf des Dralles zu berücksichtigen; in den innerhalb dieser Kreise verbleibenden, dem Seilquerschnittsprofil ähnlichen Raum zeichnet man sodann die Querschnitte der gebündelten Kerndrähte als symmetrisch angeordnete Kreise ein und kontrolliert durch Rechnung die Größe des sich ergebenden Kupferquerschnittes.

Zur Verbesserung der Raumausnutzung im Kern hat H. W. Fisher[1] in New York vorgeschlagen, die Kerndrähte durch Walzen, Ziehen, Hämmern oder Pressen so zu deformieren, daß die Zwischenräume verschwinden; die Biegsamkeit der Litze bleibt unvermindert.

Mäßig große Kerne können auch als massive Sektorleiter ausgeführt werden.

5. Die Wirtschaftlichkeit der Sektor- und Segment-Konstruktionen. Zur Darstellung des wirtschaftlichen Vorteils der Sektor- und Segmentkabel sind eine Reihe von Dreileiter-Sektorkabeln für die VDE-Normalquerschnitte von 16 bis 400 mm² mit verschiedenen Isolierungsdicken berechnet worden. In der Tabelle 42 sind für jeden Querschnitt und jede gewählte Isolierungsdicke die Seelendurchmesser für

massive kreisrunde Leiter (D_0),
verseilte kreisrunde Leiter (D_r) und für
verseilte Sektorleiter (D_s)

und der Prozentbetrag

$$\tau = 100 \frac{D_r - D_s}{D_r}$$

berechnet. In der Tabelle bedeutet ferner

d_0 den Durchmesser des massiven Leiters,
d denjenigen der verseilten runden Litze,
Q den Leiterquerschnitt,
δ die Isolierungsdicke zwischen Leiter und Leiter und zwischen Leiter und Blei,
α den Zentriwinkel des Sektors und
λ den Faktor $\frac{Q'}{Q}$.

Die Tabelle führt zu der einfachen linearen Beziehung

$$D_s = a + b \cdot \delta .$$

Für b ergibt sich in allen Fällen der Wert 3,04. Die Größe a findet man durch die Überlegung, daß für $\delta = 0$ $D_s = a$ wird; die drei theoretischen Sektoren bilden einen Kreis vom Durchmesser $D_{so} = a$, es ist also

$$\frac{a^2 \pi}{4} = 3 \lambda Q$$

und

$$D_s = 1{,}955 \sqrt{\lambda \cdot Q} + 3{,}04 \delta ,$$

oder mit $\lambda = 1{,}4$

$$D_s = 2{,}31 \sqrt{Q} + 3{,}04 \delta .$$

Dieser Ausdruck gestattet den durch die Sektorkonstruktion gebotenen Durchmessergewinn in einer einfachen Form darzustellen. Für alle in der Tabelle 42 angegebenen normalen Litzen ist

$$d = 1{,}295 \sqrt{Q} .$$

---

[1] U. S. Pat. Nr. 1266006 v. 10. 7. 1916.

Tabelle 42. Berechnung von Dreileiter-Sektor-Kabeln.

δ mm	$\frac{2\lambda Q}{\delta^2}$	α	D_0 mm	D_r mm	D_s mm	τ
$Q = 16$ mm², $d_0 = 4{,}52$ mm, Litze $7 \times 1{,}71$ mm, $d = 5{,}13$ mm, $\lambda = 1{,}44$						
0			9,8	11,1	9,4	14,9
2	11,520	99° 50′	16,1	17,4	15,5	10,9
3	5,120	92° 5′	19,2	20,5	18,5	9,75
4	2,880	85° 25′	22,3	23,7	21,6	8,87
6	1,280	74° 40′	28,7	30,0	27,6	8,00
8	0,7200	66° 20′	35,0	36,3	33,7	7,15
10	0,4608	59° 45′	41,3	42,6	39,8	6,57
12	0,3200	54° 20′	47,6	48,9	45,9	6,14
14	0,2351	49° 50′	54,0	55,3	52,0	5,96
$Q = 25$ mm², $d_0 = 5{,}64$ mm, Litze $7 \times 2{,}13$ mm, $d = 6{,}39$ mm, $\lambda = 1{,}43$						
0			12,2	13,8	11,7	15,1
2	17,875	103° 20′	18,5	20,1	17,8	11,4
3	7,944	96° 30′	21,6	23,2	20,8	10,5
4	4,470	90° 35′	24,8	26,4	23,8	9,85
6	1,990	80° 40′	31,1	32,7	29,9	8,57
8	1,120	72° 50′	37,4	39,0	36,0	7,70
10	0,7150	66° 15′	43,7	45,3	42,1	7,17
12	0,4965	60° 55′	50,1	51,6	48,1	6,84
14	0,3648	56° 20′	56,4	58,0	54,2	6,55
$Q = 35$ mm², $d_0 = 6{,}68$ mm, Litze $7 \times 2{,}52$ mm, $d = 7{,}56$ mm, $\lambda = 1{,}42$						
0			14,4	16,3	13,8	15,4
2	24,850	105° 35′	20,7	22,6	19,9	12,2
3	11,044	99° 30′	23,9	25,8	22,9	11,2
4	6,2125	94° 5′	27,0	28,9	25,9	10,4
6	2,7611	84° 55′	33,3	35,2	32,0	9,08
8	1,5531	77° 20′	39,6	41,5	38,0	8,44
10	0,9940	71° 5′	46,0	47,9	44,1	7,95
12	0,6903	65° 45′	52,3	54,2	50,2	7,38
14	0,5071	61° 10′	58,6	60,5	56,2	7,12
$Q = 50$ mm², $d_0 = 7{,}98$ mm, Litze $19 \times 1{,}83$ mm, $d = 9{,}15$ mm, $\lambda = 1{,}41$						
0			17,2	19,7	16,4	16,8
2	35,250	107° 40′	23,5	26,0	22,5	13,3
3	15,667	102° 20′	26,7	29,2	25,6	12,3
4	8,8125	97° 30′	29,8	32,3	28,7	11,35
6	3,9167	89° 30′	36,1	38,6	34,8	9,85
8	2,2301	82° 0′	42,4	44,9	40,9	8,92
10	1,4100	76° 0′	48,8	51,3	47,1	8,19
12	0,9792	70° 50′	55,1	57,6	53,2	7,62
14	0,7194	66° 15′	61,4	63,9	59,3	7,21
$Q = 70$ mm², $d_0 = 9{,}44$ mm, Litze $19 \times 2{,}17$ mm, $d = 10{,}85$ mm, $\lambda = 1{,}40$						
0			20,3	23,4	19,4	17,2
2	49,000	109° 30′	26,7	29,7	25,5	14,2
3	21,778	104° 45′	29,9	32,9	28,5	13,2
4	12,250	100° 20′	33,0	36,0	31,6	12,3
6	5,4444	92° 40′	39,3	42,3	37,7	10,9
8	3,0625	86° 10′	45,6	48,6	43,8	9,92
10	1,9600	80° 30′	52,0	54,9	49,9	9,15
12	1,3611	75° 30′	58,2	61,2	56,0	8,52
14	1,0000	71° 10′	64,6	67,6	62,1	8,02

Tabelle 42 (Fortsetzung).

δ mm	$\frac{2\lambda Q}{\delta^2}$	α	D_0 mm	D_r mm	D_s mm	τ
$Q = 95$ mm², $d_0 = 11,0$ mm, Litze $19 \times 2,53$ mm, $d = 12,65$ mm, $\lambda = 1,40$						
0			23,7	27,3	22,5	17,5
2	66,500	111° 0′	30,1	33,6	28,6	14,9
3	29,555	106° 40′	33,2	36,7	31,6	14,0
4	16,625	102° 45′	36,4	39,9	34,6	13,5
6	7,3889	95° 50′	42,7	46,2	40,7	11,9
8	4,15625	89° 50′	48,9	52,5	46,7	11,0
10	2,6600	84° 25′	55,3	58,8	52,8	10,2
12	1,8472	79° 40′	61,6	65,1	58,9	9,61
14	1,3571	75° 25′	68,0	71,4	64,9	9,12
$Q = 120$ mm², $d_0 = 12,37$ mm, Litze $19 \times 2,84$ mm, $d = 14,20$ mm, $\lambda = 1,40$						
0			26,7	30,60	25,3	17,2
2	84,000	112° 0′	33,0	36,90	31,4	15,1
3	37,333	108° 0′	36,1	40,07	34,4	14,2
4	21,000	104° 30′	39,3	43,22	37,4	13,4
6	9,3333	98° 0′	45,6	49,53	43,5	12,2
8	5,2500	92° 20′	51,9	55,84	49,5	11,3
10	3,3600	87° 15′	58,2	62,15	55,6	10,6
12	2,3333	82° 34′	64,5	68,46	61,6	10,0
14	1,7143	78° 40′	70,9	74,77	67,7	9,47
$Q = 150$ mm², $d_0 = 13,82$ mm, Litze $37 \times 2,27$ mm, $d = 15,89$ mm, $\lambda = 1,40$						
0			29,8	34,24	28,3	17,3
2	105,00	112° 50′	36,1	40,54	34,4	15,2
3	46,667	109° 15′	39,3	43,71	37,4	14,4
4	26,250	106° 0′	42,4	46,86	40,5	13,7
6	11,667	100° 0′	48,7	53,17	46,5	12,5
8	6,5685	94° 35′	55,0	59,48	52,6	11,6
10	4,2000	89° 55′	61,4	65,79	58,7	10,8
12	2,9167	85° 35′	67,6	72,10	64,7	10,2
14	2,1429	81° 40′	74,0	78,41	70,8	9,7
$Q = 185$ mm², $d_0 = 15,35$ mm, Litze $37 \times 2,52$ mm, $d = 17,64$ mm, $\lambda = 1,39$						
0			33,1	38,0	31,3	17,6
2	128,58	113° 30′	39,4	44,3	37,4	15,6
3	57,144	110° 15′	42,6	47,5	40,5	14,8
4	32,144	107° 10′	45,7	50,6	43,5	14,1
6	14,286	101° 35′	52,0	56,9	49,6	12,9
8	8,0359	96° 35′	58,3	63,3	55,6	12,0
10	5,1430	92° 5′	64,7	69,6	61,7	11,2
12	3,5715	88° 0′	70,9	75,9	67,8	10,6
14	2,6240	84° 15′	77,3	82,2	73,9	10,1
$Q = 240$ mm², $d_0 = 17,50$ mm, Litze $37 \times 2,87$ mm, $d = 20,09$ mm, $\lambda = 1,38$						
0			37,7	43,3	35,6	17,9
2	165,600	114° 20′	44,1	49,6	41,7	16,0
3	73,600	111° 25′	47,3	52,8	44,7	15,2
4	41,400	108° 35′	50,4	55,9	47,8	14,5
6	18,400	103° 30′	56,7	62,2	53,9	13,4
8	10,350	98° 55′	63,0	68,5	60,0	12,4
10	6,6240	94° 45′	69,4	74,8	66,1	11,6
12	4,6000	90° 55′	75,6	81,2	72,2	11,0
14	3,3800	87° 20′	82,0	87,5	78,3	10,4

Tabelle 42 (Fortsetzung).

δ mm	$\frac{2\lambda Q}{\delta^2}$	α	D_0 mm	D_r mm	D_s mm	τ
$Q = 300$ mm², $d_0 = 19,57$ mm, Litze $61 \times 2,50$ mm, $d = 22,50$ mm, $\lambda = 1,37$						
0			42,2	48,5	39,6	18,3
2	205,50	115° 5′	48,5	54,8	45,7	16,6
3	91,333	112° 15′	51,7	58,0	48,7	15,9
4	51,375	109° 40′	54,8	61,1	51,8	15,3
6	22,833	105° 0′	61,1	67,4	57,8	14,2
8	12,844	100° 45′	67,4	73,7	63,9	13,3
10	8,2200	96° 50′	73,8	80,0	70,0	12,6
12	6,7803	93° 10′	80,0	86,4	76,0	11,9
14	4,1939	89° 55′	86,4	92,7	82,1	11,4
$Q = 400$ mm², $d_0 = 22,60$ mm, Litze $61 \times 2,89$ mm, $d = 26,01$ mm, $\lambda = 1,36$						
0			48,7	56,1	45,6	18,7
2	272,00	115° 55′	55,1	62,4	51,7	17,2
3	120,89	113° 20′	58,2	65,5	54,7	16,6
4	68,000	111° 5′	61,4	68,7	57,7	16,0
6	30,222	106° 50′	67,7	75,0	63,8	14,9
8	17,000	102° 55′	73,9	81,3	69,9	14,1
10	10,880	99° 20′	80,3	87,6	75,9	13,3
12	7,5556	96° 5′	86,6	93,9	82,0	12,7
14	5,5510	92° 55′	93,0	100,2	88,1	12,1

Damit wird

$$D_s = 1,78\,d + 3,04\,\delta\,.$$

Hieraus und aus

$$D_r = 2,16\,d + 3,16\,\delta$$

erhält man

$$\tau = 100 \cdot \frac{D_r - D_s}{D_r} = \frac{38\,d + 12\,\delta}{2,16\,d + 3,16\,\delta} = 17,6 \cdot \frac{1 + 0,32\,\frac{\delta}{d}}{1 + 1,46\,\frac{\delta}{d}}\,.$$

Bei Zwei- und Vierleiterkabeln kann der Durchmesser D_s der Kabelseele gleichfalls auf die Form

$$D_s = a + b\,\delta$$

gebracht werden. Man erhält für das Zweileiter-Segmentkabel

$$D_s = 1,89\,\sqrt{Q} + 2,72\,\delta\,,$$

und für das Vierleiter-Sektorkabel

$$D_s = 2,68\,\sqrt{Q} + 3,31\,\delta\,.$$

Mit

$$d = 1,295\,\sqrt{Q}$$

erhält man hieraus

$$D_s = 1,46\,d + 2,72\,\delta$$

für das Zweileiterkabel und

$$D_s = 2,07\,d + 3,31\,\delta$$

für das Vierleiterkabel.

Der Seelendurchmesser D_r der Kabel mit kreisförmigen Leiterquerschnitten beträgt bei dem Zweileiterkabel

$$D_r = 2d + 3\delta$$

und bei dem Vierleiterkabel

$$D_r = 2{,}42d + 3{,}42\delta .$$

Die prozentuale Ersparnis am Durchmesser ergibt sich hieraus für das Zweileiterkabel zu

$$\tau = 100\,\frac{D_r - D_s}{D_r} = \frac{54d + 28\delta}{2d + 3\delta} = 27{,}0 \cdot \frac{1 + 0{,}52\,\frac{\delta}{d}}{1 + 1{,}50\,\frac{\delta}{d}}$$

und für das Vierleiterkabel

$$\tau = \frac{35d + 11\delta}{2{,}42d + 3{,}42\delta} = 14{,}4 \cdot \frac{1 + 0{,}32\,\frac{\delta}{d}}{1 + 1{,}41\,\frac{\delta}{d}} .$$

6. Vereinfachte Sektorkonstruktion. Zuweilen gibt man dem Litzenquerschnitt eine ovale Form, indem man ein nach Abb. 118 zusammengelegtes Parallelbündel von 6 gleichstarken Drähten mit einer oder mehreren verseilten Lagen gleichstarker Drähte umgibt, und die fertige Litze nachträglich in die Sektorform walzt. Manche Fabriken gehen noch einen Schritt weiter und pressen normale Litzen in die Sektorform. Diese Verfahren bieten den Vorteil, daß im Seil nur eine Drahtsorte enthalten ist; sie ist aber als unvollkommener Ersatz der Sektorform nur bei mäßig großen Querschnitten und Niederspannungskabeln verwendbar.

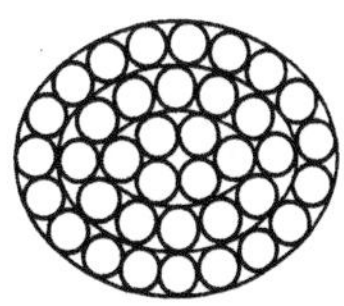

Abb. 118. Ovale Litze.

2. Das Dielektrikum.

Bei Niederspannungskabeln sowie bei Kabeln für mäßige Hochspannung ist für die Dimensionierung des Dielektrikums nur die Rücksicht auf die mechanische Festigkeit maßgebend; erst bei höheren Betriebsspannungen überwiegt die Rücksicht auf die elektrische Festigkeit. Mit der Größe des Leiterquerschnittes nimmt die Isolierungsdicke im ersten Fall zu, im zweiten Fall ab. In den folgenden Tabellen 43 bis 62 sind die in den Sicherheitsvorschriften einiger Länder enthaltenen Mindestisolierungsdicken für vulkanisiertes Kautschuk (Tabellen 43 bis 50), Bitumen[1] (Tabellen 51 bis 53), getränkte Jute und getränktes Papier (Tabellen 54 bis 62) zusammengestellt.

Die VDE-Vorschrift gibt Mindestisolierungsdicken ohne Toleranz. Die holländische Vorschrift erlaubt eine Unterschreitung von 0,2 mm, die englische Vorschrift eine solche bis zu 10%, jedoch bei genauer Einhaltung des vorgeschriebenen Mindestwertes als Mittelwert bei der Messung an mehreren äquidistanten Stellen.

[1] Mit Bitumen isolierte Kabel werden vorzugsweise in England hergestellt und verwendet; sie sind wegen ihrer Billigkeit beliebt. Das Bitumendielektrikum wird als weiche plastische Masse auf den Leiter gepreßt; allgemein ist es nicht sehr gleichmäßig. Vgl. L. B. Atkinson und J. J. Beaver: Electr. 1905; Ref. ETZ 1905, S. 495.

Tabelle 43. VDE-Vorschrift für Niederspannungskabel mit Kautschukisolierung (1926).

Leiterquerschnitt mm²	Mindeststärke der vulkanisierten Kautschukschicht mm	Leiterquerschnitt mm²	Mindeststärke der vulkanisierten Kautschukschicht mm
1 bis 35	1,5	240	2,4
50 „ 70	1,6	300	2,6
95 „ 120	1,8	400	2,8
150	2,0	500 und 625	3,2
185	2,2	800 „ 1000	3,5

Tabelle 44. VDE-Vorschrift für Hochspannungskabel mit Kautschukisolierung (1926).

Leiterquerschnitt mm²	2 kV mm	3 kV mm	6 kV mm	10 kV mm	15 kV mm	25 kV mm
1	1,5	1,7	—	—	—	—
1,5	1,5	1,7	—	—	—	—
2,5	1,5	1,8	3,0	—	—	—
4	1,5	1,8	3,0	—	—	—
6	1,5	1,8	3,0	4,7	—	—
10	1,7	2,0	3,2	4,5	7,0	—
16	1,7	2,0	3,2	4,3	6,5	8,5
25	2,0	2,2	3,2	4,3	6,0	8,0
35	2,0	2,2	3,2	4,3	6,0	7,5
50	2,3	2,4	3,4	4,3	6,0	7,5
70	2,3	2,4	3,4	4,3	6,0	7,5
95	2,6	2,6	3,4	4,3	6,0	7,5
120	2,6	2,6	3,4	4,3	6,0	7,5
150	2,8	2,8	3,6	4,3	6,0	7,5
185	3,0	3,0	3,6	4,3	6,0	7,5
240	3,2	3,2	3,8	4,3	6,0	7,5
300	3,4	3,4	3,8	4,3	6,0	7,5

Tabelle 45. Englische Vorschrift für Niederspannungskabel mit Kautschukisolierung. Kleine Querschnitte (1926).

Querschnitt		Isolierungsdicke			
		bis 250 Volt		bis 660 Volt	
sq. in.	mm²	in.	mm	in.	mm
0,001	0,51	0,034	0,86	0,055	1,40
0,0015	0,76	0,034	0,86	0,055	1,40
0,002	1,01	0,036	0,91	0,056	1,42
0,003[1]	1,52	0,038	0,97	0,057	1,45
0,003	1,52	0,036	0,91	0,057	1,45
0,0045	2,28	0,039	0,99	0,058	1,47
0,007	3,55	0,041	1,04	0,059	1,50
0,01	5,07	0,043	1,09	0,060	1,52
0,0145	7,35	0,046	1,17	0,061	1,55
0,0225	11,4	0,049	1,24	0,062	1,57
0,03	15,2	0,052	1,32	0,062	1,57
0,04	20,3	0,056	1,42	0,063	1,60
0,06	30,4	0,062	1,57	0,065	1,65

[1] Biegsamere Konstruktion.

Tabelle 46. Englische Vorschrift für Niederspannungskabel mit Kautschukisolierung. Größere Querschnitte (1926).

Querschnitt		Isolierungsdicke		Querschnitt		Isolierungsdicke	
sq. in.	mm²	in.	mm	sq. in.	mm²	in.	mm
0,075	38	0,066	1,68	0,4	203	0,114	2,90
0,1	51	0,072	1,83	0,5	253	0,121	3,07
0,12	61	0,075	1,91	0,6	304	0,125	3,18
0,15	67	0,080	2,03	0,75	380	0,131	3,33
0,2	101	0,088	2,24	0,85	431	0,135	3,43
0,25	127	0,095	2,41	1,0	507	0,141	3,58
0,3	152	0,102	2,59				

Tabelle 47. Österreichische Vorschrift für Niederspannungskabel mit Kautschukisolierung.

Leiter-querschnitt mm²	Isolie-rungsdicke mm	Leiter-querschnitt mm²	Isolie-rungsdicke mm	Leiter-querschnitt mm²	Isolie-rungsdicke mm
0,75	0,8	16	1,3	150	1,9
1	0,8	25	1,4	185	1,9
1,5	0,8	35	1,5	240	2,0
2,5	0,9	50	1,6	310	2,1
4	1,0	70	1,7	400	2,2
6	1,1	95	1,8	—	—
10	1,2	120	1,8	—	—

Tabelle 48. Österreichische Vorschrift für Hochspannungskabel mit Kautschukisolierung.

Querschnitt mm²	Isolierungsstärke in mm bei Betriebsspannung					
	2 kV	3 kV	5 kV	6 kV	10 kV	15 kV
1	1,5	—	—	—	—	—
1,5	1,5	2,8	—	—	—	—
2,5	1,6	2,8	—	—	—	—
4	1,7	2,8	5,6	6,7	—	—
6	1,8	2,8	5,2	6,4	—	—
10	1,9	2,8	4,4	5,4	9,0	—
16	2,0	2,8	4,2	5,0	8,0	—
25	2,1	2,8	4,1	4,8	7,4	11,0
35	2,1	2,7	4,0	4,6	6,9	9,4
50	2,2	2,7	3,8	4,4	6,2	8,2
70	2,2	2,7	3,7	4,2	5,7	7,5
95	2,2	2,6	3,6	4,0	5,3	7,0
120	2,2	2,6	3,5	4,0	5,2	6,6
150	2,3	2,6	3,4	3,8	5,0	6,4
185	2,3	2,6	3,4	3,8	5,0	6,4
240	2,3	2,6	3,4	3,8	5,0	6,4

Tabelle 49. Amerikanische Einteilung der Leiterquerschnitte für Kautschukisolierung in Gruppen.

Gruppe	Querschnitt in A.W.G. oder in circ. mils		Querschnitt in mm^2	
	von	bis	von	bis
1	Nr. 14	Nr. 8	2,1	8,4
2	„ 7	„ 2	10,6	33,6
3	„ 1	Nr. 0000	42,4	107
4	250000	500000	127	253
5	550000	1000000	279	507
6	1250000	2000000	633	1013

Tabelle 50. Amerikanische Vorschrift für Kautschukisolierung in $^1/_{64}$ Zoll.

Gruppe	Betriebsspannung in kV bis										
	0,66	1,5	2,5	3,5	5	6	7	8	9	10	11
1	3	6	8	10	12	14	16	18	20	22	24
2	4	7	9	10	12	14	16	18	20	22	24
3	5	8	10	10	12	14	16	18	20	22	24
4	6	9	10	11	12	14	16	18	20	22	24
5	7	10	10	12	12	14	16	18	20	22	24
6	8	10	10	12	14	16	18	18	20	22	24

Tabelle 51. Englische Vorschrift für Niederspannungskabel (bis 660 Volt) mit Bitumenisolierung.

Leiterquerschnitt	Einleiterkabel	Zweileiterkabel		Drei- und Vierleiterkabel	
		$L—L$*	$L—E$*	$L—L$*	$L—E$*
sq. in.	in.	in.	in.	in.	in.
0,007	0,12	0,22	0,19	0,20	0,18
0,01	0,12	0,22	0,19	0,20	0,18
0,0145	0,12	0,23	0,195	0,20	0,18
0,0225	0,12	0,23	0,195	0,20	0,18
0,03	0,12	0,23	0,195	0,20	0,18
0,04	0,13	0,24	0,20	0,20	0,18
0,06	0,13	0,24	0,20	0,20	0,18
0,075	0,14	0,25	0,205	0,20	0,18
0,1	0,14	0,25	0,205	0,20	0,18
0,12	0,14	0,26	0,21	0,22	0,19
0,15	0,15	0,26	0,21	0,22	0,19
0,2	0,16	0,28	0,22	0,24	0,20
0,25	0,17	0,28	0,22	0,24	0,20
0,3	0,18	0,30	0,23	0,24	0,205
0,4	0,19	0,32	0,25	0,26	0,23
0,5	0,20	0,32	0,26	0,26	0,23
0,6	0,21	—	—	—	—
0,75	0,23	—	—	—	—
0,85	0,23	—	—	—	—
1,0	0,24	—	—	—	—

* $L—L$: Isolierungsdicke zwischen Leiter und Leiter.
$L—E$: Isolierungsdicke zwischen Leiter und Mantel (Erde).

Tabelle 52. Englische Vorschrift für Hochspannungskabel (bis 2200 Volt) mit Bitumenisolierung.

Leiterquerschnitt	Einleiterkabel	Zweileiterkabel		Drei- und Vierleiterkabel	
		L—L	L—E	L—L	L—E
sq. in.	in.	in.	in.	in.	in.
0,0225	0,17	0,25	0,205	0,22	0,19
0,03	0,17	0,25	0,205	0,22	0,19
0,04	0,17	0,26	0,21	0,22	0,19
0,06	0,18	0,26	0,21	0,23	0,195
0,075	0,18	0,27	0,215	0,23	0,195
0,1	0,19	0,27	0,215	0,24	0,20
0,12	0,19	0,28	0,23	0,25	0,205
0,15	0,20	0,28	0,23	0,25	0,205
0,2	0,20	0,30	0,23	0,25	0,21
0,25	0,21	0,30	0,23	0,26	0,22

Tabelle 53. Englische Vorschrift für Hochspannungskabel (bis 3300 Volt) mit Bitumenisolierung.

Leiterquerschnitt	Einleiterkabel	Zweileiterkabel		Drei- und Vierleiterkabel	
		L—L	L—E	L—L	L—E
sq. in.	in.	in.	in.	in.	in.
0,0225	0,22	0,27	0,215	0,26	0,21
0,03	0,22	0,27	0,215	0,26	0,21
0,04	0,22	0,28	0,22	0,27	0,215
0,06	0,23	0,28	0,22	0,27	0,215
0,075	0,23	0,29	0,225	0,28	0,22
0,1	0,24	0,29	0,225	0,28	0,225
0,12	0,24	0,30	0,235	0,29	0,235
0,15	0,25	0,30	0,235	0,29	0,235
0,2	0,25	0,32	0,25	0,29	0,24
0,25	0,26	0,32	0,255	0,30	0,25

Tabelle 54. VDE-Vorschrift für Niederspannungskabel mit getränkter Papierisolierung.

Leiterquerschnitt mm²	Mindeststärke der getränkten Papierschicht mm	Leiterquerschnitt mm²	Mindeststärke der getränkten Papierschicht mm
1 bis 16	1,7	240 bis 400	2,5
25 „ 120	2,0	500 und 625	2,7
150 und 185	2,2	800 „ 1000	3,0

Tabelle 55. VDE-Vorschrift für Einleiter-Wechselstrombleikabel mit getränkter Papierisolierung.

Leiter-querschnitt mm²	Mindestzahl der Drähte	Betriebsspannung zwischen Leiter und Bleimantel in kV							
		3,5	6	10	12	15	17,5	25	35
10	1	3,2	4	—	—	—	—	—	—
16	7	3,2	4	—	—	—	—	—	—
25	7	3,2	4	5	6	—	—	—	—
35	7	3,2	4	5	6	7	—	—	—
50	19	3,2	4	5	6	7	8	—	—
70	19	3,2	4	5	6	7	8	—	—
95	19	3,2	4	5	6	7	8	10,5	14
120	37	3,2	4	5	6	7	8	10,5	14
150	37	3,2	4	5	6	7	8	10,5	14
185	37	3,2	4	5	6	7	8	10,5	14
240	61	3,6	4,2	5	6	7	8	10,5	14
300	61	3,6	4,2	5	6	7	8	10,5	14
400	91	3,6	4,2	5	6	7	8	10,5	14
500	91	3,6	4,2	5	6	7	8	—	—

Tabelle 56. VDE-Vorschrift für verseilte Mehrleiterbleikabel mit getränkter Papierisolierung.

Leiter-querschnitt mm²	Mindestzahl der Drähte	Betriebsspannung zwischen zwei Leitern in kV							
		1	3	6	10	15	20	25	30
1,5	1	1,5	—	—	—	—	—	—	—
2,5	1	1,5	—	—	—	—	—	—	—
4	1	1,5	3	—	—	—	—	—	—
6	1	1,5	3	—	—	—	—	—	—
10	1	1,5	3	4	5,5	—	—	—	—
16	7	1,5	3	4	5,5	—	—	—	—
25	7	1,7	3	4	5,5	7,5	9	—	—
35	7	1,7	3	4	5,5	7,5	9	11,5	—
50	19	1,7	3	4	5,5	7,5	9	11,5	13
70	19	1,8	3	4	5,5	7,5	9	11,5	13
95	19	1,8	3	4	5,5	7,5	9	11,5	13
120	37	2	3	4	5,5	7,5	9	11,5	13
150	37	2	3	4	5,5	7,5	9	11,5	13
185	37	2,2	3	4	5,5	7,5	9	11,5	13
240	37	2,2	3	4	5,5	7,5	9	—	—
300	61	2,5	3	4	5,5	7,5	—	—	—
400	61	2,5	3	—	—	—	—	—	—

Tabelle 57. Englische Vorschrift für Niederspannungskabel mit getränkter Papier- oder Jute-Isolierung (1926).

Querschnitt in sq. in.		Querschnitt in mm²		Isolierungsdicke	
von	bis	von	bis	in.	mm
0,007	0,2	3,55	101,3	0,080	2,03
0,25	0,3	126,7	152,0	0,090	2,29
0,4	0,6	202,7	304,0	0,100	2,54
0,75	1,0	380	507	0,110	2,79

Tabelle 58. Englische Vorschrift für Hochspannungskabel mit getränkter Papier- oder Jute-Isolierung.

Betriebs-Spannung	Isolierungsdicke					
	L—*L* in allen Fällen, *L*—*E*, wenn Nullpunkt nicht geerdet		wenn Nullpunkt geerdet			
			L—*E* bei verseilten Kabeln		zwisch. Außenleiter u. Mantel bei konaxialen Kabeln	
	A		B		C	
Volt	in.	mm	in.	mm	in.	mm
2200	0,12	3,05	0,10	2,54	0,08	2,03
3300	0,14	3,56	0,11	2,79	0,09	2,29
5500	0,18	4,57	0,14	3,56	0,09	2,29
6600	0,20	5,08	0,15	3,81	0,10	2,54
11000	0,30	7,62	0,21	5,33	0,11	2,79

Die Tabelle gilt für Querschnitte von 0,0225 bis 0,25 sq. in.; die Kolonnen A und C gelten auch für vulkanisierte Kautschukisolierung.

Tabelle 59. Holländische Vorschrift für Kabel mit getränkter Papierisolierung[1].

Querschnitt	1-Leiter	2-Leiter		3-Leiter		4-Leiter		3-Leiter		
		schwer	leicht	schwer	leicht	schwer	leicht	3 kV	6 kV	10 kV
	Niederspannungskabel							Hochspannung		
6	1,75	2,0	1,5	2,0	1,5	2,0	1,5	—	—	—
10	1,75	2,0	1,5	2,0	1,5	2,0	1,5	—	—	5,5
16	2,0	—	—	2,0	1,5	2,0	1,5	3	4	5,5
25	2,0	—	—	2,0	1,7	2,0	1,7	3	4	5,0
35	2,0	—	—	2,0	1,7	2,0	1,7	3	4	5,0
50	2,0	—	—	2,0	1,7	2,0	1,7	3	4	5,0
70	2,0	—	—	2,0	1,8	2,0	1,8	3	4	5,0
95	2,0	—	—	2,0	1,8	2,0	1,8	3	4	5,0
120	2,0	—	—	2,0	2,0	2,0	2,0	3	4	5,0
150	2,25	—	—	2,0	2,0	—	—	3	4	5,0
185	2,25	—	—	2,2	2,2	—	—	—	—	—
240	2,50	—	—	2,2	2,2	—	—	—	—	—
300	2,50	—	—	—	—	—	—	—	—	—
400	2,50	—	—	—	—	—	—	—	—	—
500	2,75	—	—	—	—	—	—	—	—	—
625	2,75	—	—	—	—	—	—	—	—	—
800	3,0	—	—	—	—	—	—	—	—	—
1000	3,0	—	—	—	—	—	—	—	—	—

Österreichische Vorschrift für Niederspannungskabel mit getränkter Papierisolierung.

Tabelle 60.

1. Einleiter-Bleikabel

Leiterquerschnitt mm²	Isolierungsdicke mm
Von 1 bis 120	1,50
150 und 185	1,75
240 bis 400	2,00
500 und 625	2,25
800 „ 1000	2,50

Tabelle 61.

2. Verseilte 2-, 3- und 4-Leiter-Bleikabel

Leiterquerschnitt mm²	Isolierungsdicke mm
Von 1 bis 25	1,50
„ 35 „ 95	1,80
Für 120 und 150	2,00
„ 185 „ 240	2,20
„ 310 „ 400	2,50

[1] Von 16 mm² aufwärts haben alle verseilten Kabel sektorförmige Leiter; bis 16 mm² sind die Leiter massiv.

Tabelle 62. Österreichische Vorschrift für Hochspannungskabel mit getränkter Papierisolierung. Isolierungsdicke in mm.

Leiterquerschnitt mm²	Betriebsspannung in kV							
	2	3	5	6	10	15	20	25
6	2,6	3,0	4,4	4,6	—	—	—	—
10	2,6	3,0	4,2	4,6	7,0	—	—	—
16	2,6	3,0	4,2	4,6	7,0	9,5	—	—
25	2,6	3,0	4,2	4,6	6,5	9,0	11,5	—
35	2,6	3,0	3,8	4,2	6,0	8,5	10,5	12,5
50	2,6	3,0	3,8	4,2	6,0	8,5	10,5	12,5
70	2,6	3,0	3,8	4,2	6,0	8,5	10,5	12,0
95	2,6	3,0	3,8	4,2	6,0	8,5	10,5	11,5
120	2,6	3,0	3,6	4,0	5,5	8,0	9,5	11,5
150	2,6	3,0	3,6	4,0	5,5	8,0	9,5	11,5
185	2,6	3,0	3,6	4,0	5,5	8,0	9,5	11,5
240	2,6	3,0	3,6	4,0	5,5	8,0	9,5	11,5

Tabelle 63[1] enthält Angaben über Hochspannungskabel mit getränkter Papierisolierung, welche in den Jahren 1900 bis 1914 verlegt wurden und sich bewährt haben. Die höchste Beanspruchung mit 4200 V/mm weist das im Jahre 1911 in Bitterfeld verlegte 30-kV-Einleiterkabel von 100 mm² Leiterquerschnitt auf, die zweithöchste das

Tabelle 63. Europäische und amerikanische Hochspannungskabel aus der Zeit 1900 bis 1914 nach Davis und Simons.

Lfd. Nr.	Leiterquerschnitt mm²	Betriebsspannung kV	Isolierungsdicke in mm		Höchstwert des Spannungsgradienten V/mm	Das Kabel ist in Betrieb	
			L—L	L—E		in	seit
1	3 × 34	25	14,3	10,3	3200	St. Paul	1900
2	3 × 108	25	15,9	12,7	2350	Montreal	1902
3	3 × 13	11	11,1	9,5	2010	New York	1903
4	3 × 42	20	14,3	11,9	2200	Chikago	1907
5	3 × 50	30	14,6	14,6	3440	Berlin	1910
6	3 × 54	23	14,3	12,7	2640	Detroit	1911
7	3 × 68	23	14,3	12,7	2530	,,	1911
8	100	30[2]	—	13,0	4200	Bitterfeld	1911
9	100	30	—	14,0	3960	,,	1911
10	95	14,43	—	8,0	2820	Köln	1911
11	3 × 128	23	14,3	13,5	2250	Ohio	1912
12	3 × 42	23	14,3	13,5	2780	,,	1912
13	3 × 34	20	14,3	13,5	2560	Vancouver	1912
14	3 × 35	25	14,0	14,0	3180	Trier	1913
15	3 × 35	25	14,3	14,3	3130	Barcelona	1913
16	3 × 42	22	14,3	13,5	2530	Winnipeg	1913
17	3 × 95	25	12,0	12,0	2780	Barcelona	1913
18	21	12,7	—	14,3	2440	Sacramento	1913
19	3 × 34	23	14,3	13,5	2950	Ohio	1914
20	3 × 68	23	14,3	13,5	2530	,,	1914

[1] Davis, Ch. W., and D. M. Simons: Allovable working stresses in high voltage electric cables. Electr. Journ. (Pittsburgh) 1920, S. 294.

[2] Bei Einleiterkabeln ist als Betriebsspannung die Spannung zwischen Leiter und Bleimantel angegeben.

$3 \times 50\ mm^2$-Dreileiterkabel für 30 kV des Berliner Städtischen Netzes mit 3440 V/mm. Im Frühjahr 1921 wurde in Birmimgham ein 16 km langes Dreileiterkabel mit getränkter Papierisolierung für 33 kV verkettete Spannung verlegt[1]. Der Querschnitt des Kabels beträgt 0,2 Quadratzoll ($130\ mm^2$), die Isolierungsdicke 13,5 mm; die Höchstbeanspruchung ist somit kleiner, als diejenige des Berliner 30-kV-Kabels. 1922 begann man in Paris mit der Verlegung eines Einleiterkabelnetzes für Drehstrom von 60 kV verketteter Spannung. Die Einleiterkabel normaler Bauart besitzen einen Leiterquerschnitt von $150\ mm^2$ und eine Isolierungsdicke von 14 mm; Ende 1926 umfaßte das Netz 660 km Kabel[2].

Die Tabellen 64 und 65 enthalten die Höchstwerte des Spannungsgradienten, für Ein- und Mehrleiterkabel, welche nach den geltenden VDE-Normen isoliert sind; die höchsten Beanspruchungen treten bei $3 \times 25\ mm^2$ für 30 kV mit 3830 V/mm, und bei $1 \times 95\ mm^2$ für 35 kV mit 4750 V/mm auf. Der Vergleich dieser Tabellen mit der Tabelle 63 läßt erkennen, daß die VDE-Vorschrift vom Jahre 1927 über die in

Tabelle 64.

Die betriebsmäßigen Höchstwerte des Spannungsgradienten in Volt/mm in Einleiter-Wechselstromkabeln nach VDE-Vorschrift.

Leiter-		Betriebsspannung zwischen Leiter und Bleimantel in kV					
Querschnitt	Durchmesser	10	12	15	17,5	25	35
		Isolierungsdicke in mm					
mm²	mm	5	6	7	8	10,5	14
25	6,4	3320	3400	—	—	—	—
35	7,6	3120	3330	3770	—	—	—
50	9,1	2940	3120	3540	3800	—	—
70	10,9	2820	2970	3340	3570	—	—
95	12,6	2700	2840	3180	3390	4030	4760
120	14,2	2650	2760	3070	3270	3880	4520
150	15,9	2570	2680	2980	3160	3740	4350
185	17,6	2530	2610	2910	3080	3610	4170
240	20,2	2450	2540	2820	2980	3320	3980
300	22,5	2420	2490	2750	2900	3360	3850
400	26,1	2350	2420	2680	2820	3240	3670
500	29,0	2320	2390	2630	2760	—	—

den Jahren 1910 und 1911 als zulässig erachteten Höchstbeanspruchungen nur unwesentlich hinausgegangen ist. Auch bei Höchstspannungskabeln ist man bei der Wahl des Gradientenhöchstwertes sehr vorsichtig; Tabelle 66 enthält die Angaben über 6, seit 1925 hergestellte und verlegte Anlagen bzw. Versuchskabel. Die in der Tabelle angegebenen Höchstwerte des Gradienten beziehen sich auf gleichmäßige Papierdichte; der effektive Höchstwert ist bei den Kabeln mit gestaf-

[1] Electr. 1921, S. 464; ETZ 1921, S. 493.
[2] ETZ. 1923, S. 681; El. Review. 1926, S. 1054.

Tabelle 65.
Die betriebsmäßigen Höchstwerte des Spannungsgradienten[1] (V/mm) in verseilten Dreileiterkabeln nach VDE-Vorschrift.

Leiter-		Betriebsspannung zwischen 2 Leitern in kV						
Querschnitt	Durchmesser	3	6	10	15	20	25	30
		Isolierungsdicke in mm						
mm²	mm	3	4	5,5	7,5	9	11,5	13
4	2,3	1540	—	—	—	—	—	—
6	2,8	1410	—	—	—	—	—	—
10	3,6	1280	2150	2990	—	—	—	—
16	5,1	1120	1870	2570	—	—	—	—
25	6,4	1020	1710	2350	2940	3530	3830	—
35	7,6	950	1600	2190	2730	3280	3560	—
50	9,1	880	1490	2050	2550	3040	3290	3680
70	10,9	815	1380	1910	2370	2820	3050	3420
95	12,6	760	1300	1800	2230	2660	2870	3200
120	14,2	720	1240	1720	2130	2570	2750	3060
150	15,9	685	1180	1635	2050	2440	2630	2930
185	17,6	645	1120	1570	1960	2350	2530	2820
240	20,1	600	1050	1480	1850	2220	—	—
300	22,5	565	995	1400	1770	—	—	—
400	26,1	525	—	—	—	—	—	—

Tabelle 66. Höchstspannungskabel (seit 1925).

Laufende Nummer	1	2	3	4	5	6
Anzahl der Leiter	3	3	1	1	1	1
Verkettete Sp. . . . kV	3 × 50	3 × 60	3 × 110	3 × 110	3 × 130	3 × 140
Leiterquerschnitt . . . mm²	3 × 95	3 × 120	1 × 95	1 × 95	1 × 50	1 × 300
Leiterkonstruktion	norm.	Pfannkuch	konaxial		Hohlleiter	
Isolierungsdicke . . . mm	12	14	20	17	17	18,5
Papierdichte	gestaff.	homog.	gestaffelt		gestaffelt	
Tränkmasse	halbfest		halbfest		flüssig	
Durchmesser in mm						
des Leiters	12,6	15	22,3	22,3	17[2]	41[2]
der Ader	36,6[3]	43[3]	62,3	56,3	51	78
der Seele	79,0	93	—	—	—	—
Nomineller Höchstwert des Spannungsgradienten in V/mm	4750	4420	5600	6200	8000	5800
Länge des Kabels . . . km	28	13	3 × 1	Versuch	3 × 0,6	3 × 19
Herstellerin	F. u.G	AEG[4]	F.u.G.	F.u.G.	Pirelli	

felter Papierdichte kleiner; z. B. beträgt er bei dem Kabel Nr. 1 nur etwa 4100 V/mm.

[1] Berechnet nach der Formel von Atkinson.
[2] Schätzungsweise berechnet.
[3] H-Kabel.
[4] Konstruktion des Pfannkuchleiters vgl. X. Abschnitt.

Abb. 119 zeigt den Querschnitt des zwischen Dänemark und Schweden im Jahre 1925 verlegten Kabels Nr. 1, Abb. 120 die Ansicht eines

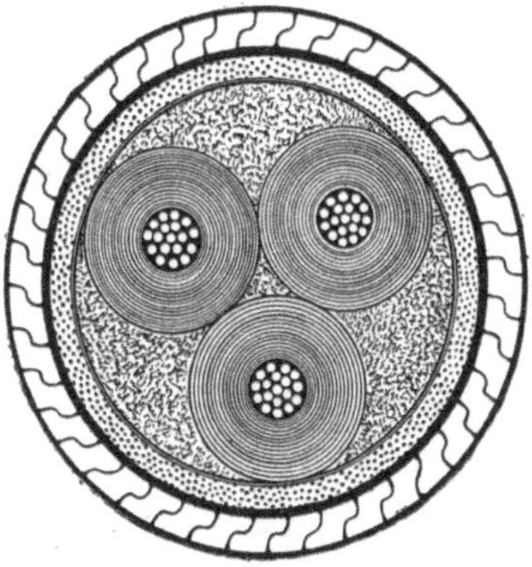

Abb. 119. Untersee-H-Kabel 3 × 95 mm² Leiterquerschnitt für 3 × 50 kV verketteter Spannung (F. & G.).

Abb. 120. Pfannkuch-H-Kabel 3 × 120 mm² für 3 × 60 kV Betriebsspannung. (AEG.)

abgestuften Musterstückes von dem Kabel Nr. 2; dieses Kabel befindet sich seit Herbst 1926 in Betrieb.

3. Der Bleimantel.

Die Dimensionierung des Bleimantels stützt sich auf keine rechnerischen Unterlagen; die Normierung erfolgte erfahrungsgemäß, wobei die früher notwendig erachteten Wandstärken allmählich verkleinert wurden. Allgemein wächst die Beanspruchung des Bleimantels mit dem Durchmesser und dem Gewicht des Kabels und ist auch von der Art der Verlegung abhängig. Es ist begründet, bei blanken Kabeln stärkere Mäntel vorzuschreiben als bei Kabeln, die über dem Bleimantel

Tabelle 67. VDE-Vorschrift für die Bleimantelstärke von Gleichstromkabeln.

Bleimantel-stärke in mm	Leiterquerschnitt in mm²	
	neue Vorschrift (1927)	alte Vorschrift
1,1	1,5 bis 16	1 bis 2,5
1,2	25 und 35	4 „ 25
1,3	50 „ 70	35 und 50
1,4	95 „ 120	70 „ 95
1,5	150 „ 185	120
1,6	240	150
1,7	300	185
1,8	400	240
1,9	500	300
2,0	625	400
2,1	—	500
2,2	800	—
2,3	1000	625
2,4		800
2,6		1000

noch eine weitere Schutzhülle erhalten. Die VDE-Vorschrift bezieht sich bei Einleiter-Gleichstromkabeln auf den Leiterquerschnitt, bei Einleiter-Wechselstromkabeln und bei verseilten Kabeln auf den Seelendurchmesser. Tabelle 67 enthält die Vorschriften für Gleichstromkabel, Tabelle 68 für verseilte Kabel und für Einleiter-Wechselstromkabel; vergleichshalber sind auch die bis Ende 1927 gültig gewesenen alten Vorschriften in die Tabellen eingetragen. Die angegebenen Zahlen

Tabelle 68. VDE-Vorschrift für die Bleimantelstärke von Einleiter-Wechselstromkabeln und verseilten Mehrleiterkabeln.

Durchmesser der Kabelseele mm	Mindeststärke des Bleimantels in mm			Durchmesser der Kabelseele mm	Mindeststärke des Bleimantels in mm		
	bei Einleiter-Wechselstromkabeln	bei verseilten Kabeln: neue Vorschrift (1927)	bei verseilten Kabeln: alte Vorschrift		bei Einleiter-Wechselstromkabeln	bei verseilten Kabeln: neue Vorschrift (1927)	bei verseilten Kabeln: alte Vorschrift
bis 10	1,3	1,1	1,2	54	—	—	2,7
12	1,4	1,2	1,3	56	2,8	2,6	—
16	1,5	1,3	1,4	59	—	2,7	—
18	—	—	1,5	62	—	2,8	2,9
20	1,6	1,4	1,6	65	—	2,9	—
23	1,7	1,5	1,7	68	—	3,0	—
26	1,8	1,6	1,8	70	—	—	3,1
29	1,9	1,7	1,9	71	—	3,1	
32	2,0	1,8	2,0	74	—	3,2	
35	2,1	1,9	2,1	78	—	3,3	
38	2,2	2,0	2,2	82	—	3,4	
41	2,3	2,1	2,3	86	—	3,5	
44	2,4	2,2	2,4	90	—	3,6	
47	2,5	2,3	2,6	94	—	3,7	
50	2,6	2,4	—	98	—	3,8	
53	2,7	2,5	—	102	—	3,9	

müssen als Mindestwerte eingehalten werden; eine Toleranz ist nicht eingeräumt. In England sind für zahlreiche verschiedene Kabeltypen Normen aufgestellt; Tabelle 69 enthält die Vorschriften für Gleichstromkabel und für verseilte Niederspannungsdreileiterkabel mit nicht geerdetem Nullpunkt (verstärkte Gürtelisolierung). Die französische Vorschrift (Tabelle 70) gilt für alle Arten von Bleikabeln. Mit d als Seelendurchmesser können die deutschen (δ_D), englischen (δ_E) und französischen (δ_F) Vorschriften angenähert wie folgt formuliert werden:

$$\delta_D = 0{,}8 + 0{,}0323\,d \quad \text{für} \quad d \leq 65 \text{ mm}$$
$$= 1{,}1 + 0{,}0275\,d \quad \text{„} \quad d > 65 \text{ mm}$$
$$\delta_E = 1{,}1 + 0{,}0377\,d$$
$$\delta_F = 1{,}2 + 0{,}0286\,d$$

Die österreichische Vorschrift (Tabelle 71) unterscheidet Kabel mit einfachem und doppeltem Bleimantel, die holländische Vorschrift (Tabelle 72) leichte und schwere Ausführung, Kabel mit und ohne Prüfdraht und gestattet eine Minusabweichung von 10%.

Tabelle 69. Englische Vorschrift für die Bleimantelstärke von Niederspannungskabeln (bis 660 Volt).

Leiter-querschnitt	Einleiterkabel				Dreileiterkabel mit runden Leitern			
	Durchmesser der Seele		Stärke des Bleimantels		Durchmesser der Seele		Stärke des Bleimantels	
sq. in.	in.	mm	in.	mm	in.	mm	in.	mm
0,007	0,268	6,81	0,060	1,52	0,485	12,32	0,070	1,78
0,01	0,292	7,42	0,060	1,52	0,537	13,5	0,070	1,78
0,0145	0,316	8,03	0,060	1,52	0,589	14,95	0,080	2,03
0,0225	0,352	8,95	0,060	1,52	0,666	16,9	0,080	2,03
0,03	0,380	9,65	0,060	1,52	0,7265	18,5	0,080	2,03
0,04	0,420	10,67	0,060	1,52	0,813	20,7	0,090	2,29
0,06	0,480	12,2	0,070	1,78	0,942	23,95	0,090	2,29
0,075	0,520	13,2	0,070	1,78	1,028	26,1	0,090	2,29
0,1	0,575	14,6	0,070	1,78	1,147	29,1	0,100	2,54
0,12	0,608	15,4	0,070	1,78	1,218	31,0	0,100	2,54
0,15	0,664	16,85	0,070	1,78	1,3385	34,0	0,100	2,54
0,2	0,741	18,8	0,070	1,78	1,505	38,2	0,110	2,79
0,25	0,831	21,1	0,080	2,03	1,687	42,9	0,120	3,05
0,3	0,901	22,9	0,080	2,03	1,838	46,7	0,130	3,30
0,4	1,037	26,4	0,090	2,29	2,119	53,8	0,140	3,56
0,5	1,127	28,6	0,090	2,29	2,313	58,7	0,150	3,81
0,6	1,223	31,1	0,100	2,54	—	—	—	—
0,75	1,353	34,4	0,100	2,54	—	—	—	—
0,85	1,429	36,3	0,110	2,79	—	—	—	—
1,0	1,559	39,6	0,110	2,79	—	—	—	—

Tabelle 70. Französische Vorschrift für die Bleimantelstärke.

Durchmesser der Seele mm	Stärke des Bleimantels mm	Durchmesser der Seele mm	Stärke des Bleimantels mm
10	1,4	50	2,6
20	1,7	60	2,9
30	2,0	70	3,2
40	2,3		

Tabelle 71. Österreichische Vorschrift für die Bleimantelstärke.

Seelendurchmesser	Stärke des Bleimantels		Seelendurchmesser	Stärke des Bleimantels	
	einfach	doppelt		einfach	doppelt
mm	mm	mm	mm	mm	mm
von 4 — 7	1,1	2 × 0,8	von 44,1—48	2,2	2 × 1,3
7,1—11	1,2	2 × 0,8	48,1—51	2,3	2 × 1,4
11,1—14	1,3	2 × 0,8	51,1—55	2,4	2 × 1,4
14,1—18	1,4	2 × 0,8	55,1—59	2,5	2 × 1,5
18,1—22	1,5	2 × 0,9	59,1—62	2,6	2 × 1,6
22,1—25	1,6	2 × 1,0	62,1—66	2,7	2 × 1,6
25,1—29	1,7	2 × 1,0	66,1—70	2,8	2 × 1,7
29,1—33	1,8	2 × 1,1	70,1—74	2,9	2 × 1,7
33,1—37	1,9	2 × 1,1	74,1—77	3,0	2 × 1,8
37,1—40	2,0	2 × 1,2	77,1—81	3,1	2 × 1,9
40,1—44	2,1	2 × 1,3			

Tabelle 72. Holländische Vorschrift für die Bleimantelstärke.
Bleimantelstärken in mm.

Q mm²	1-Leiter	2-Leiter		3-Leiter leicht		3-Leiter schwer		4-Leiter leicht		4-Leiter schwer		3-Leiter		
		L[1]	S[2]	O[3]	M[4]	O	M	O	M	O	M	3 kV	6 kV	10 kV
6	1,2	1,3	1,3	1,3	1,3	1,4	1,4	1,3	1,3	1,4	1,4	—	—	—
10	1,2	1,3	1,4	1,3	1,4	1,4	1,4	1,3	1,3	1,4	1,4	—	—	1,8
16	1,2	—	—	1,3	1,4	1,4	1,5	1,3	1,4	1,5	1,5	1,6	1,7	1,9
25	1,2	—	—	1,3	1,4	1,5	1,5	1,5	1,6	1,6	1,6	1,6	1,7	1,9
35	1,3	—	—	1,4	1,5	1,6	1,6	1,6	1,6	1,7	1,7	1,7	1,8	1,9
50	1,3	—	—	1,5	1,6	1,7	1,7	1,6	1,7	1,9	1,9	1,8	1,9	2,0
70	1,4	—	—	1,6	1,6	1,8	1,8	1,8	1,8	2,0	2,0	1,9	2,0	2,1
95	1,4	—	—	1,7	1,7	1,9	1,9	1,9	1,9	2,1	2,1	2,0	2,1	2,2
120	1,5	—	—	1,8	1,8	2,0	2,0	2,0	2,0	2,3	2,2	2,1	2,2	2,3
150	1,6	—	—	1,9	—	2,1	—	—	—	—	—	2,3	2,3	2,4
185	1,7	—	—	2,1	—	2,3	—	—	—	—	—	—	—	—
240	1,8	—	—	2,2	—	2,4	—	—	—	—	—	—	—	—
300	1,9	—	—	—	—	—	—	—	—	—	—	—	—	—
400	2,0	—	—	—	—	—	—	—	—	—	—	—	—	—
500	2,1	—	—	—	—	—	—	—	—	—	—	—	—	—
625	2,2	—	—	—	—	—	—	—	—	—	—	—	—	—
800	2,4	—	—	—	—	—	—	—	—	—	—	—	—	—
1000	2,6	—	—	—	—	—	—	—	—	—	—	—	—	—

Bei dem 2-Leiterkabel haben die Ausführungen mit und ohne Prüfdraht die gleichen Bleimantelstärken.

Tabelle 73. Englische Vorschrift für Niederspannungskabel (bis 660 Volt) mit Bitumenmantel.

Leiterquerschnitt sq. in.	Isolierungsdicke in.	Einleiterkabel Durchmesser der Seele in.	Einleiterkabel Mantelstärke in.	Dreileiterkabel Durchmesser der Seele in.	Dreileiterkabel Mantelstärke in.
0,007	0,080	0,268	0,100	0,485	0,140
0,01	0,080	0,292	0,100	0,537	0,140
0,0145	0,080	0,316	0,100	0,589	0,150
0,0225	0,080	0,352	0,100	0,666	0,150
0,03	0,080	0,380	0,100	0,727	0,150
0,04	0,080	0,420	0,100	0,813	0,160
0,06	0,080	0,480	0,100	0,942	0,160
0,075	0,080	0,520	0,120	1,028	0,170
0,1	0,080	0,575	0,120	1,147	0,180
0,12	0,080	0,608	0,120	1,218	0,190
0,15	0,080	0,664	0,130	1,339	0,200
0,2	0,080	0,741	0,130	1,504	0,210
0,25	0,090	0,831	0,140	1,687	0,230
0,3	0,090	0,901	0,150	1,838	0,250
0,4	0,100	1,037	0,160	2,119	0,270
0,5	0,100	1,127	0,170	2,313	0,300
0,6	0,100	1,223	0,180	—	—
0,75	0,110	1,353	0,200	—	—
0,85	0,110	1,429	0,210	—	—
1,0	0,110	1,559	0,220	—	—

[1] L: leichte Ausführung. [2] S: schwere Ausführung.
[3] O: ohne Prüfdraht. [4] M: mit Prüfdraht.

Mäntel aus Bitumen und Kautschuk. In England verwendet man manchmal an Stelle des schweren Bleimantels Mäntel aus vulkanisiertem Bitumen oder aus vulkanisiertem Kautschuk. Bitumenmäntel sind nach den englischen Vorschriften bei getränkten Papierkabeln bis Betriebsspannungen von 3300 Volt zulässig. Die Wandstärke des Bitumenmantels bewegt sich zwischen 0,1 und 0,26 Zoll; sie ist rund doppelt so groß als die für gleiche Seelendurchmesser vorgeschriebene Bleimantelstärke. Die Vorschriften für Niederspannungskabel bis 660 Volt sind in der Tabelle 73 enthalten.

Für Kabel mit vulkanisierter Kautschukisolierung sind in England auch vulkanisierte Kautschukmäntel mit Wandstärken von 0,05 bis 0,25 Zoll zulässig. Die vorgeschriebenen Kautschukwandstärken sind etwas größer als die entsprechenden Bleimantelstärken.

4. Die Armierung.

Die Tabellen 74 bis 83 enthalten die deutschen, französischen, holländischen und englischen Armierungsvorschriften; sie erstrecken sich auch auf die Dimensionierung der Polsterung und der Außenschutzhülle. Die VDE-Vorschrift (Tab. 74 und Tab. 75) beschränkt sich auf die Bandeisenarmierung, nur für Gleichstromkabel bis 10 mm² Leiterquerschnitt ist Drahtarmierung als Alternativ-Konstruktion angegeben. Die Bandeisenarmierung darf in Schächten auf Strecken

Tabelle 74.
VDE-Vorschrift für die Armierung von Gleichstromkabeln.
Maße in mm „etwa".

Leiterquerschnitt mm²	Polster mm	Armierung mit Bandeisen mm	Armierung mit Runddraht mm	Bedeckung mm
1 bis 4	1,5	2 × 0,5	1,4	1,5
6 und 10	1,5	2 × 0,5	1,8	1,5
16	1,5	2 × 0,5	—	1,5
25 bis 95	1,5	2 × 0,5	—	2,0
120 „ 300	2,0	2 × 0,5	—	2,0
400 „ 1000	2,5	2 × 0,8	—	2,0

Tabelle 75. VDE-Vorschrift für die Armierung von Mehrleiterkabeln.
Maße in mm „etwa".

Durchmesser der Kabelseele in mm	Polster mm	Bandeisen mm	Bedeckung mm
bis 18	1,5	2 × 0,5	1,5
„ 29	2,0	2 × 0,5	2,0
„ 50	2,0	2 × 0,8	2,0
„ 102	2,5	2 × 1,0	2,0

von mehr als 45° Neigung nicht angewendet werden. Auch die französische Norm beschränkt sich auf die Bandeisenarmierung; bis zu einem äußeren Kabeldurchmesser von 30 mm werden 0,5 mm starke,

Tabelle 76.
Österreichische Vorschrift für die Armierung von Bleikabeln.

Durchmesser der Kabelseele mm	Bandeisen mm	Verzinkte Flacheisendrähte mm
bis 14	2 × 0,5	3,4 × 4 × 1,4
„ 18	2 × 0,5	4,3 × 4,7 × 1,7
„ 29	2 × 0,7	4,3 × 4,7 × 1,7
„ 51	2 × 0,9	4,3 × 4,7 × 1,7
„ 81	2 × 0,9	5 × 6,2 × 1,7

Tabelle 77.
Holländische Vorschrift für die Armierung von Gleichstromkabeln.

Querschnitt des Leiters in mm²	Polster mm	Bandeisen mm
von 6— 16	1,5	2 × 0,5
„ 25— 95	1,5	2 × 0,8
„ 120— 240	2,0	2 × 1,0
„ 300—1000	2,5	2 × 1,0

Tabelle 78. Holländische Vorschrift für die Armierung von verseilten Niederspannungskabeln[1].

Leiterquerschnitt	Schwere Ausführung		Leichte Ausführung	
mm²	Polster mm	Bandeisen mm	Polster mm	Bandeisen mm
2 × 6	1,5	2 × 0,8	1,5	2 × 0,5
2 × 10	1,5	2 × 0,8	1,5	2 × 0,5
3 × 6	1,5	2 × 0,8	1,5	2 × 0,5
3 × 10	1,5	2 × 0,8	1,5	2 × 0,5
3 × 16	1,5	2 × 0,8	1,5	2 × 0,5
3 × 25	1,5	2 × 0,8	1,5	2 × 0,5
3 × 35	2,0	2 × 1,0	1,5	2 × 0,5
3 × 50	2,0	2 × 1,0	2,0	2 × 0,5
3 × 70	2,0	2 × 1,0	2,0	2 × 0,5
3 × 95	2,5	2 × 1,0	2,5	2 × 0,5
3 × 120	2,5	2 × 1,0	2,5	2 × 0,7
3 × 150	2,5	2 × 1,0	2,5	2 × 0,7
3 × 185	2,5	2 × 1,0	2,5	2 × 0,7
3 × 240	2,5	2 × 1,0	2,5	2 × 0,7
4 × 6	1,5	2 × 0,8	1,5	2 × 0,5
4 × 10	1,5	2 × 0,8	1,5	2 × 0,5
4 × 16	1,5	2 × 0,8	1,5	2 × 0,5
4 × 25	2,0	2 × 1,0	2,0	2 × 0,5
4 × 35	2,0	2 × 1,0	2,0	2 × 0,5
4 × 50	2,5	2 × 1,0	2,0	2 × 0,5
4 × 70	2,5	2 × 1,0	2,5	2 × 0,7
4 × 95	2,5	2 × 1,0	2,5	2 × 0,7
4 × 120	2,5	2 × 1,0	2,5	2 × 0,7

[1] 3- und 4-Leiterkabel mit Prüfdrähten sind nur bis zum Querschnitt 3 × 120 mm² vorgesehen.

für dickere Kabel 0,8 mm starke Bandeisen verwendet. Die Überlappung der Bänder soll ca. ein Drittel ihrer Breiten betragen. Nach der österreichischen Vorschrift (Tab. 76) ist sowohl die Bandeisen- als auch die Flachdrahtarmierung normiert. Vorgesehen sind 0,5, 0,7 und 0,9 mm dicke Bandeisen, 1,4 und 1,7 mm starke Flachdrähte. Die weitgehend spezifizierten holländischen Normen (Tab. 77, 78 und 79) unterscheiden bei Niederspannungskabeln eine leichte und eine schwere Ausführung, eine Unterscheidung, welche bei Lieferung nach Ländern ohne obligatorische Normung auch außerhalb Hollands angewendet wird. Für die allgemein übliche asphaltierte Papierlage, welche als besonderer

Tabelle 79. Holländische Vorschrift für die Armierung von Dreileiter-Hochspannungskabeln mit Sektorquerschnitten.

Leiterquerschnitt mm^2	Bandeisen mm	Polster in mm für 3 kV	6 kV	10 kV
10	2 × 1,0	—	—	2,0
16	2 × 1,0	2,0	2,0	2,5
25	2 × 1,0	2,0	2,0	2,5
35	2 × 1,0	2,0	2,0	2,5
50	2 × 1,0	2,0	2,5	2,5
70	2 × 1,0	2,5	2,5	2,5
95	2 × 1,0	2,5	2,5	2,5
120	2 × 1,0	2,5	2,5	2,5

Zulässige Maßabweichungen:

7,5% für das Bandeisen,
10% für Polster und Außenhülle.

wasserdichter Schutz des Bleimantels anzusehen ist, schreiben die holländischen Normen mindestens 2 Papierlagen mit 3 mm Überlappung vor; diese Schutzschicht ist in die in den Tabellen angegebene Polsterdicke nicht eingerechnet. Die äußere Schutzhülle ist bei der schweren Ausführung 3 mm, bei der leichten Ausführung 1,5 mm dick; Gleichstromkabel sind nur in der schweren Ausführung zulässig.

Die englischen Normen (Tab. 80 bis 83) erstrecken sich auf einfache und doppelte Runddrahtarmierung, auf Bandeisenarmierung für

Tabelle 80. Englische Vorschrift für die Armierung von Bleikabeln mit verzinkten Runddrähten.

Durchmesser des Kabels über Blei in.	mm	Durchmesser der Runddrähte für Armierung einfache in.	einfache mm	doppelte in.	doppelte mm	Stärke des Polsters in.	mm
bis 0,40	bis 10,2	0,064	1,63	0,056	1,42	0,040	1,0
„ 0,80	„ 20,3	0,072	1,83	0,064	1,63	0,060	1,5
„ 1,05	„ 26,7	0,080	2,03	0,072	1,83	0,100	2,5
„ 1,30	„ 33,0	0,104	2,64	0,080	2,03	0,100	2,5
„ 1,60	„ 40,7	0,128	3,25	0,104	2,64	0,100	2,5
„ 2,00	„ 50,8	0,160	4,07	0,128	3,25	0,100	2,5
„ 3,00	„ 76,2	0,192	4,88	0,160	4,07	0,100	2,5

Bleikabel und für Kabel mit Isolierung oder Mantel aus vulkanisiertem Bitumen.

Tabelle 81. Englische Vorschrift für die Armierung von Bleikabeln mit Bandeisen.

Durchmesser über Blei bzw. unter Polster		Dicke jedes der Stahlbänder		Stärke des Polsters	
in.	mm	in.	mm	in.	mm
0,5 bis 0,75	19,0	0,030	0,76	0,060	1,5
„ 2,0	51,0	0,040	1,02	0,100	2,5
über 2,0	51,0	0,060	1,52	0,100	2,5

Tabelle 82. Englische Vorschrift für die Stärke der gesponnenen oder geflochtenen Außenhülle.

Durchmesser des Kabels über Blei		Stärke der Außenhülle			
		geflochten		gesponnen	
in.	mm	in.	mm	in.	mm
bis 0,75	19,0	0,045	1,14	0,060	1,5
über 0,75	19,0	0,060	1,52	0,100	2,5

Tabelle 83. Englische Vorschrift für die Armierung von Bitumenkabeln.

Durchmesser des Kabels unter Polster		Stärke des Polsters		Stärke der Armierungsdrähte bei einfacher Armierung		Stärke der Armierungsdrähte bei doppelter Armierung	
in.	mm	in.	mm	in.	mm	in.	mm
bis 0,4	10,15	0,040	1,01	0,064	1,63	0,056	1,42
„ 0,8	20,3	0,060	1,52	0,072	1,83	0,064	1,63
„ 1,05	26,7	0,100	2,54	0,080	2,03	0,072	1,83
„ 1,30	33,0	0,100	2,54	0,104	2,64	0,080	2,03
„ 1,60	40,7	0,100	2,54	0,128	3,25	0,104	2,64
über 1,60	40,7	0,100	2,54	—	—	0,128	3,25

Außenhülle wie in Tabelle 82.

5. Die Berechnung des Kabelgewichtes.

Bei einer Gewichtsberechnung in der Kabelfabrikation ist das Gewicht des Kabels von dem Gewicht der verbrauchten Rohstoffe (einschließlich der Abfälle) zu unterscheiden. Der Rohstoffverbrauch ist eine Frage der Preiskalkulation; an dieser Stelle handelt es sich um das effektive Kabelgewicht.

Zweckmäßig bezieht man die Gewichte der Kabel und der Kabelbestandteile auf 1000 m Kabellänge; man erhält sie durch Multiplikation der in mm^2 ausgedrückten Querschnittsgrößen mit dem spezifischen Gewicht.

1. Der Leiter. Ein runder d_0 mm starker Draht vom spezifischen Gewicht σ_l wiegt

$$G_l = \frac{d_0^2 \pi}{4} \cdot \sigma_l .$$

Sind in einer n-drähtigen normalen Litze von Q mm² Querschnitt $(n-1)$ Drähte vom Durchmesser d_0 um einen Kerndraht (d_0) mit p'-fachem Drall verseilt, dann ist das Gewicht der Litze mit $k' \cdot p'^2 = 4{,}93$

$$G_l = (n-1)(1+k') \frac{d_0^2 \pi}{4} \sigma_l + \frac{d_0^2 \pi}{4} \cdot \sigma_l = Q \left\{ 1 + k' \left(1 - \frac{1}{n} \right) \right\} \sigma_l .$$

Enthält ein verseiltes Kabel ν mit dem p-fachen Aderdrall verseilte Adern, dann ist das gesamte Leitergewicht des Kabels

$$G_l = \nu \cdot Q \left\{ 1 + k' \left(1 - \frac{1}{n} \right) \right\} (1+k)\, \sigma_l .$$

Mit großer Annäherung kann

$$\left\{ 1 + k' \left(1 - \frac{1}{n} \right) \right\} (1+k) = (1+k')(1+k) = 1 + k' + k = f$$

gesetzt werden. Dann ist

$$G_l = \nu \cdot Q \cdot f \cdot \sigma_l .$$

2. Das Dielektrikum. Mit den bisherigen Bezeichnungen und mit D als Seelendurchmesser erhält man für das Gewicht G_d des Dielektrikums normaler Kabel einfache Ausdrücke, wenn für das spezifische Gewicht des Dielektrikums überall im Kabel derselbe Wert σ_d angenommen werden kann. Es ist allgemein

$$G_d = \left\{ \frac{D^2 \pi}{4} - \nu \cdot Q \cdot f \right\} \sigma_d .$$

3. Der Bleimantel. Mit Δ als Wandstärke des Bleimantels und σ_b als spezifisches Gewicht ist das Bleimantelgewicht

$$G_b = \pi \cdot \Delta (D + \Delta) \cdot \sigma_b .$$

4. Das blanke Bleikabel. Für das Gewicht G_k des blanken Bleikabels erhält man somit

$$G_k = \nu \cdot Q \cdot f (\sigma_l - \sigma_d) + \frac{D^2 \pi}{4} \cdot \sigma_d + \pi \cdot \Delta \cdot (D + \Delta) \cdot \sigma_b .$$

Tabelle 84 enthält die nach diesem Ausdruck berechneten Größen G_l, G_d, G_b und G_k für blanke Gleichstrombleikabel mit getränkter Papierisolierung nach VDE-Vorschrift; für die spezifischen Gewichte sind hierbei die Werte $\sigma_l = 8{,}9$, $\sigma_d = 1{,}2$ und $\sigma_b = 11{,}4$ angenommen worden. Das Kabelgewicht wächst nahezu proportional mit dem Leiterquerschnitt; es ist mit großer Annäherung

$$\text{für } Q \leq 95 \text{ mm}^2 \qquad G_k = 245 + 24{,}4 \cdot Q ,$$
$$Q > 95 \text{ ,,} \qquad G_k = 700 + 13{,}0 \cdot Q .$$

Tabelle 84. Blanke Gleichstromkabel nach VDE-Vorschrift.

Leiter-querschnitt mm²	Wandstärke der Isolierung mm	Wandstärke des Bleimantels mm	Gewichte in kg für 1000 m Kabel: Kupfer	Getränk-tes Papier	Blei	Kabel-gewicht
1,5	1,7	1,1	14	23	242	280
2,5	1,7	1,1	23	26	249	300
4	1,7	1,1	36	30	281	350
6	1,7	1,1	55	34	305	395
10	1,7	1,1	91	41	340	470
16	2,0	1,1	146	59	408	615
25	2,0	1,2	228	70	505	805
35	2,0	1,2	319	79	555	955
50	2,0	1,3	454	92	680	1225
70	2,0	1,3	635	105	755	1495
95	2,0	1,4	862	120	908	1890
120	2,0	1,4	1090	133	988	2210
150	2,2	1,5	1360	163	1175	2700
185	2,2	1,5	1680	178	1270	3130
240	2,5	1,6	2180	232	1540	3950
300	2,5	1,7	2730	255	1780	4770
400	2,5	1,8	3640	291	2120	6050
500	2,7	1,9	4550	351	2480	7380
625	2,7	2,0	5690	388	2860	8940
800	3,0	2,2	7280	490	3540	11310
1000	3,0	2,3	9100	541	4088	13730

In den Tabellen 85 und 86 sind die gleichen Größen für Dreileiterkabel bis 1 kV nach VDE-Vorschrift mit runden und mit sektorförmigen Leitern angegeben. Auch hier besteht annähernde Proportionalität

Tabelle 85. Blanke Niederspannungs-Dreileiterkabel mit runden Leitern und getränkter Papierisolierung nach VDE-Vorschrift.

Leiter-querschnitt mm²	Wandstärke der Isolierung mm	Wandstärke des Bleimantels mm	Gewichte in kg für 1000 m Kabel: Kupfer	Getränktes Papier	Blei	Kabel
1,5	1,5	1,2	41	65	450	560
2,5	1,5	1,3	68	76	535	680
4	1,5	1,3	109	89	590	790
6	1,5	1,4	164	104	690	960
10	1,5	1,4	278	128	780	1185
16	1,5	1,5	445	160	950	1555
25	1,7	1,7	695	225	1265	2185
35	1,7	1,7	975	275	1485	2735
50	1,7	1,8	1390	338	1785	3515
70	1,8	2,0	1950	404	2275	4630
95	1,8	2,1	2640	518	2690	5850
120	2,0	2,2	3340	604	3075	7015
150	2,0	2,3	4170	708	3535	8415
185	2,2	2,6	5145	863	4420	10430
240	2,2	2,7	6675	1046	5120	12840
300	2,5	2,9	8340	1328	6160	15830
400	2,5	3,1	11120	1638	7435	20195

zwischen Kabelgewicht und Leiterquerschnitt; es ist bei runden Leitern

$$\text{für } Q \leq 10\ \text{mm}^2 \qquad G_k = 475 + 71 \cdot Q,$$
$$Q = 10 \text{ bis } 50\ \text{mm}^2 \qquad G_k = 550 + 69 \cdot Q,$$
$$Q > 50\ \text{mm}^2 \qquad G_k = 1260 + 47 \cdot Q,$$

und bei sektorförmigen Leitern

$$Q = 10 \text{ bis } 50\ \text{mm}^2 \qquad G_k = 650 + 49 \cdot Q,$$
$$Q = 50\ \text{mm}^2 \qquad G_k = 1000 + 41 \cdot Q.$$

Tabelle 86. Blanke Niederspannungs-Dreileiterkabel mit sektorförmigen Leitern und getränkter Papierisolierung nach VDE-Vorschrift.

Leiterquerschnitt mm²	Wandstärke der Isolierung mm	Wandstärke des Bleimantels mm	Gewichte in kg für 1000 m Kabel: Kupfer	Getränktes Papier	Blei	Kabel
10	2,0	1,3	278	123	690	1090
16	2,0	1,4	445	150	850	1445
25	2,0	1,5	695	180	1040	1915
35	2,0	1,5	975	208	1150	2335
50	2,0	1,7	1390	246	1480	3115
70	2,0	1,8	1950	285	1755	3990
95	2,0	1,9	2640	320	2080	5050
120	2,0	2,0	3340	374	2390	6100
150	2,0	2,1	4170	424	2745	7340
185	2,2	2,2	5145	508	3165	8820
240	2,2	2,3	6675	584	3675	10930
300	2,5	2,6	8340	740	4635	13720
400	2,5	2,7	11120	869	5405	17400

Tabelle 87 gibt die durch die Sektorkonstruktion gebotenen Gewichtsersparnisse, ausgedrückt in Prozenten des für Kabel mit runden Leitern erforderlichen Aufwandes, an.

Tabelle 87. Ersparnis an Papier und Blei bei Verwendung von sektorförmigen Leitern, ausgedrückt in Prozenten des Aufwandes bei kreisrunden Leitern.

Leiterquerschnitt mm²	Ersparnis an Papier %	Ersparnis an Blei %	Leiterquerschnitt mm²	Ersparnis an Papier %	Ersparnis an Blei %
10	3,9	11,3	120	38,1	22,2
16	6,2	10,9	150	40,2	22,3
25	20,0	18,0	185	41,1	28,4
35	24,4	22,6	240	44,2	28,3
50	27,2	17,5	300	44,3	24,7
70	29,5	22,9	400	46,9	27,3
95	36,3	22,8			

5. Die Armierung. Die Armierung einschließlich Polster und Außenhülle ist zwischen den Durchmessern D_i (Außendurchmesser des Bleimantels) und D_a (Außendurchmesser des Kabels) begrenzt; dieser

Raum ist mit Ausnahme des vom Eisen eingenommenen Teils vollständig mit der getränkten Jute ausgefüllt. Bezeichnet E den Eisenquerschnitt in mm² und σ_j das spezifische Gewicht der getränkten Jute, dann ist das Gewicht der beiden Jutehüllen

$$\left\{(D_a^2 - D_i^2)\frac{\pi}{4} - E\right\}\sigma_j .$$

Das Gewicht des Bandeisens kann aus dem Bandquerschnitt (Breite b, Dicke δ) und den Dimensionen der Bandeisenspirale (Durchmesser und Steigwinkel) berechnet werden. Einfacher ist die Berechnung aus der allgemein gültigen Bestimmung, daß die beiden offenen Spiralen mit einem Drittel der Bandbreiten überlappen sollen; mit D_0 als mittlerer Durchmesser der beiden Bandeisenspiralen ist der effektive Eisenquerschnitt beider Spiralen zusammen

$$\frac{3}{4}\cdot 2\,D_0\,\delta\cdot\pi = 1{,}5\,D_0\,\delta\,\pi ,$$

und das Eisengewicht für 1000 m Kabel (spezifisches Gewicht des Eisens σ_e) ist

$$G_{BE} = 1{,}5\cdot D_0\,\delta\cdot\pi\cdot\sigma_e ,$$

für $\sigma_e = 7{,}7$ wird

$$G_{BE} = 36{,}2\cdot D_0\,\delta .$$

Das Gewicht von Polster und Hülle zusammen ergibt sich zu

$$G_j = \left\{(D_a^2 - D_i^2)\frac{\pi}{4} - 1{,}5\,D_0\,\delta\,\pi\right\}\sigma_j = 0{,}865\,(D_a^2 - D_i^2 - 6\,D_0\,\delta) .$$

Das Gewicht der Runddrahtarmierung, wenn diese aus n Drähten vom Durchmesser d besteht, welche mit einem p-fachen Schlag um den Durchmesser $D_0 - \frac{d}{2}$ zu einer geschlossenen Lage verseilt sind, ist

$$G_{RE} = n\cdot\frac{d^2\pi}{4}\cdot(1+k)\cdot\sigma_e ;$$

für die gebräuchliche mittlere Schlaglänge von etwa $p = 13$ und $\sigma_e = 7{,}7$ wird

$$G_{RE} = 6{,}25\cdot n\cdot d^2 ,$$

Polster- und Hüllengewicht ist in diesem Fall

$$G_j = 0{,}865\,(D_a^2 - D_i^2 - 1{,}03\cdot n\cdot d^2) .$$

Das Gewicht der Flach- oder Profildrahtarmierung. Ist D_0 der Durchmesser des Kreises, auf welchem im Kabelquerschnitt die Mittelpunkte der Armierungsdrahtquerschnitte liegen und ist d die radia gemessene Dicke dieser Drähte, dann ist der Eisenquerschnitt

$$\pi\,D_0\,d$$

und das Eisengewicht

$$G_{FE} = \pi\cdot D_0\cdot d\cdot 7{,}7 = 24{,}2\,D_0\cdot d .$$

Das Jutegewicht ist

$$G_j = 0{,}865\,(D_a^2 - D_1^2 - 4\,D_0\cdot d) .$$

Die Zugfestigkeit der Armierung. Die Anzahl (n) und der Durchmesser (d) der Armierungsdrähte für ein gegebenes Kabel (Durchmesser über Polster D) kann in weiten Grenzen variieren; es muß nur die Bedingung

$$\sin\frac{\pi}{n} = \frac{d(1+k)}{D+d} \sim \frac{\pi}{n},$$

erfüllt sein. Abb. 121 zeigt z. B. drei verschiedene Armierungen, mit welchen verschiedene Strecken eines und desselben Unterseekabels[1] versehen sind. Das Küstenkabel ist mit 10 Drähten von je 7,62 mm Durchmesser, das Flachseekabel mit 14 je 4,88 mm starken und das Tiefseekabel mit 20 je 2,64 mm starken Drähten armiert. Die Wahl der Drahtstärken erfolgt erfahrungsgemäß bzw. nach Vorschriften oder auf Grund einer Berechnung, wenn eine bestimmte Zugfestigkeit

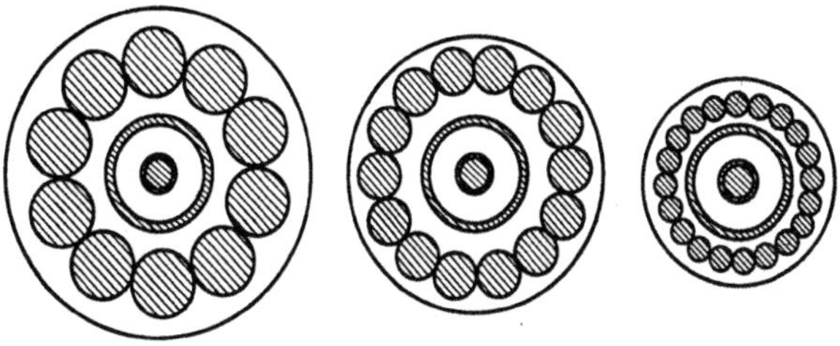

Abb. 121. Armierung eines Unterseekabels als Küsten-, Flachsee- und Tiefseekabel.

bzw. Tragfestigkeit verlangt wird. Eine s-fache Sicherheit z. B. eines Schachtkabels, welches bei der Montage zuerst in den Schacht eingehängt wird, bedeutet, daß die gesamte Zugfestigkeit der Armierungsdrähte nicht kleiner ist als das s-fache Gewicht des Kabels einschließlich der Armierung. Ist L die Länge des Kabels in Kilometern, G_k das Gewicht des Kabels einschließlich der beiden Jutehüllen für 1000 m, s der verlangte Sicherheitsgrad und z die Zugfestigkeit der Armierungsdrähte in kg/mm², dann ist die Zugfestigkeit der Armierung

$$n \cdot \frac{d^2 \pi}{4} \cdot z.$$

Das Gewicht des Kabels einschließlich der Armierung beträgt

$$L \cdot \{G_k + 6{,}25\, n\, d^2\},$$

und die verlangte Sicherheit ist gegeben, solange

$$s \cdot L \cdot \{G_k + 6{,}25\, n\, d^2\} \leqq n \cdot \frac{d^2 \pi}{4} z.$$

Die kleinste, der gestellten Bedingung entsprechende Drahtstärke berechnet sich aus

$$s \cdot L (G_k + 6{,}25\, n\, d^2) = n \cdot d^2 \frac{\pi}{4} \cdot z.$$

[1] Martin, W. H., G. A. Anderegg und B. W. Kendell: Key West—Havana telephone cable. Journ. A. I. E. E. 1922, S. 2. Ref. ETZ 1922, S. 1115.

Hieraus ist

$$d^2 = \frac{1}{n} \cdot \frac{4 \cdot s \cdot L \cdot G_k}{\pi z - 25 L \cdot s},$$

andererseits ist

$$\frac{\pi}{n} = \frac{d(1+k)}{D+d}.$$

Durch Eliminieren von n erhält man

$$d = \frac{D}{2}\left\{\sqrt{1 + \frac{4(1+k)}{\pi} \cdot \frac{4 s \cdot L \cdot G_k}{\pi z - 25 L \cdot s} \cdot \frac{1}{D^2}} - 1\right\}.$$

Zahlenbeispiel. Ein 250 m langes Gleichstromkabel von 500 mm² Querschnitt soll eine Runddrahtarmierung erhalten, welche das Kabel mit vierfacher Sicherheit trägt. Die Eisendrähte sollen eine Zugfestigkeit von 40 kg/mm² haben. Nach Tabelle 84 beträgt das Gewicht des blanken Kabels 7380 kg/km; zuzüglich der beiden Juteschichten sei $G_k = 8400$ kg. Das Kabel mißt über Polster 45 mm. Mit $k = 0{,}05$, und aus

$$s = 4, \quad L = 0{,}25, \quad G_k = 8400, \quad z = 40, \quad D = 45$$

ergibt sich

$$d = 2{,}48 \text{ mm}$$

$$n = \frac{(D+d)\pi}{d(1+k)} = \frac{(45 + 2{,}48)\pi}{2{,}48 \cdot 1{,}05} = 57{,}3 \sim 57.$$

Die Zugfestigkeit dieser Armierung beträgt

$$57 \cdot \frac{2{,}48^2 \pi}{4} \cdot 40 = 11000 \text{ kg},$$

ihr Gewicht

$$6{,}25 \cdot 57 \cdot 2{,}48^2 = 2190 \text{ kg},$$

wodurch das Kilometergewicht des Kabels sich auf

$$8400 + 2190 = 10590 \text{ kg}$$

erhöht; mithin ist der Sicherheitsgrad

$$\frac{11000}{0{,}25 \cdot 10590} = 4{,}16.$$

Bei Verwendung eines Stahldrahtes von $z = 60$ kg/mm² ergeben sich für dasselbe Kabel

$$d = 1{,}49 \text{ mm}$$

und

$$n = \frac{(45 + 1{,}49)\pi}{1{,}49 \cdot 1{,}05} = 93{,}5.$$

Man wählt $n = 93$ oder $n = 94$ und paßt den Drall an. Das Gewicht der Armierung ist in diesem Fall nur

$$6{,}25 \cdot 94 \cdot 1{,}49^2 = 1310 \text{ kg}$$

und das 250 m lange Kabel wird anstatt 2650 kg nur 2430 kg wiegen. Es ist also sehr gut möglich, daß das Kabel mit dem teueren Draht billiger wird; dagegen ist es jedenfalls weniger wirtschaftlich, die Anzahl der Drähte von 57 auf 94 zu erhöhen. In der Praxis richtet man sich in erster Linie nach der vorhandenen Maschine; kann diese z. B. 36 Drähte aufbringen, dann wird man im gegebenen Fall $n = 36$ wählen, und aus $n = 36$ erhält man

$$d = \frac{D\pi}{n(1+k) - \pi} = 4{,}07.$$

Das Gewicht der Armierung beträgt für 1000 m

$$6{,}25 \cdot 36 \cdot 4{,}07^2 = 3730\,\mathrm{kg}$$

und dasjenige des 250 m langen armierten Kabels 3033 kg, während die Armierung eine Zugfestigkeit von

$$36 \cdot \frac{4{,}07^2\,\pi}{4} \cdot 40 = 18\,700\,\mathrm{kg}\,,$$

also eine $\frac{18\,700}{3033} = 6{,}2$fache Sicherheit besitzt. Dem kleinstzulässigen Sicherheitsgrad entspricht die größte Drahtzahl, die kleinste Drahtstärke und das kleinste Kabelgewicht; da aber mit abnehmendem d die Drahtpreise und mit wachsendem n die Herstellungskosten der Armierung steigen, wird das leichteste Kabel nicht unbedingt auch das billigste sein. Hierin liegt die große praktische Bedeutung der von S. & H. im Jahre 1885 eingeführten Bandeisenarmierung: sie tritt an die Stelle der Drahtarmierung, wo diese aufhört wirtschaftlich zu sein.

Die im Zahlenbeispiel angenommene Zugfestigkeit von 40 kg/mm² des ausgeglühten Eisendrahtes guter Qualität wird gewöhnlich den Berechnungen zugrunde gelegt; bei großen Beanspruchungen ist indessen zu berücksichtigen, daß die Zugfestigkeit mit steigendem Drahtdurchmesser kleiner wird. Nach Coyle und Howe[1] beträgt die Zugfestigkeit von Stahldrähten für Armierungszwecke angenähert

bis 0,08 Zoll Durchmesser	70 bis 75 to/sq. in.
von 0,110 bis 0,130 Zoll Durchm. .	55 „
„ 0,130 „ 0,165 „ „ .	50 „
über 0,165 „ „ .	28 bis 30 „

also etwa:

bis 2 mm Durchmesser . . .	110 kg/mm²
von 2 „ 3 „ „ . . .	85 „
„ 3 „ 4 „ „ . . .	75 „
über 4 „ „ . . .	45 „

Nach Karmarsch[2] ist die Zugfestigkeit von bestem ausgeglühtem Eisendraht

$$Z = \frac{3{,}80}{d} + 33{,}1\,\mathrm{kg/mm^2}\ (d\ \text{Drahtdurchmesser in mm}).$$

6. Die Vorausberechnung der elektrischen Eigenschaften.

Zur Berechnung eines Kabels gehört auch die Vorausberechnung seiner elektrischen Eigenschaften, welche in den Angeboten meistens angegeben und bei den Lieferungen oft garantiert werden müssen.

1. Der Leitungswiderstand. Die Berechnung erfordert die Berücksichtigung der Schlaglängen, mit welchen die Leiterlitzen und die Kabelader verseilt sind. Ist die Litze mit p'-fachem, das Kabel mit

[1] Coyle, D., and F. I. O. Howe: Electric Cables: Their construction and cost. London 1909.

[2] „Hütte“, Des Ingenieurs Taschenbuch Bd. 1, S. 557. Berlin 1925.

p-fachem Drall verseilt, dann ist die Länge eines Drahtes in dem 1000 m langen Kabel nach S. 171

$$L = 1000\,(1 + k' + k)$$

und der Leitungswiderstand des Kabels R, wenn σ den spezifischen Widerstand und Q den Leiterquerschnitt bezeichnet, ist

$$R = \frac{\sigma \cdot 1000\,(1 + k' + k)}{Q}\ \text{Ohm/km}.$$

Für den bei 20° C gemessenen spezifischen Widerstand schreiben die VDE-Normen einen Höchstwert von 0,01784 vor, bei deren Bestimmung die Schlaglängen nicht berücksichtigt werden; die VDE-Vorschrift lautet somit

$$R = \frac{\sigma' \cdot 1000}{Q},$$

wo $\sigma' = \sigma\,(1 + k' + k)$. Der höchstzulässige Wert 0,01784 ist um 3,49% größer, als der im Jahre 1913 von der Internationalen Elektrotechnischen Kommission festgesetzte Normalwert (0,017241 Ohm/mm² bei 20° C) und um 5,4% größer, als der beste gemessene Wert[1] (0,01692 Ohm/mm bei 20° C). 89 Proben weichen reinsten Handelskupfers 14 verschiedener Firmen, welche im Bureau of Standards gemessen wurden, ergaben den Mittelwert 0,01720, einen besseren Wert, als der im Jahre 1913 aufgestellte Normalwert. Der Höchstwert 0,01784 enthält somit eine Mindesttoleranz von ca. 3,5%, welche von den beiden Schlaglängen normalverseilter Kabel mit litzenförmigen Leitern nie voll in Anspruch genommen wird.

2. Die Selbstinduktivität. Die Formel[2]

$$L = 4\left(\ln\frac{2D}{d} + 0{,}25\right)\cdot 10^{-4}$$

ergibt für verseilte Zwei-, Drei- und Vierleiterkabel mit kreisrunden Leitern aus $D = d + \delta$

$$L = 4\left\{\ln 2\left(1 + \frac{\delta}{d}\right) + 0{,}25\right\} 10^{-4}.$$

3. Die Kapazität von Einleiterkabeln und konaxialen Mehrleiterkabeln erfolgt mit Hilfe des theoretischen Ausdruckes einfach; die Ausdrücke von Lichtenstein für verseilte Zwei- und Dreileiterkabel dagegen sind für den praktischen Gebrauch zu schwerfällig. In den Kabelfabriken bedient man sich daher meistens Kapazitätstabellen, die auf Grund von gemessenen Werten zusammengestellt sind. Dieser an und für sich bequemen Methode haftet als Nachteil an, daß das große, im Prüffeld gesammelte Erfahrungsmaterial unausgenutzt bleibt, weil die Berechnung der DK, d. h. die Kontrolle der Fabrikation auf Güte und Gleichmäßigkeit, auf Grund der Tabellen nicht möglich ist.

---

[1] „Kupfer". Genehmigte Übersetzung des Zirkulars Nr. 73: „Copper" des Bureau of Standards, Washington. Berlin 1926.

[2] Vgl. S. 115.

Im folgenden wird eine einfache Berechnungsart beschrieben, welche die Kapazität eines Dreileiterkabels mit Leitern von kreisförmigem Querschnitt für jeden beliebigen Betriebsfall angibt; sie beruht auf der Zurückführung einfach meßbarer Kombinationen der Teilkapazitäten auf den genau berechenbaren Fall eines konaxialen Kabels mit Hilfe empirischer Koeffizienten, welche von der DK unabhängig nur Funktionen der Querschnittsdimensionen des Kabels sind. Infolge dieser Trennung der geometrischen Verhältnisse von den physikalischen wird die Methode zu einer einfach anwendbaren Kontrolle der Fabrikation.

Bezeichnet C (Abb. 122) die Teilkapazität zwischen je zwei Leitern, C_0 diejenige zwischen je einem Leiter und dem Bleimantel in einem verseilten Dreileiterkabel mit gleichen Leitern, dann ist die Betriebskapazität des Kabels $K_B = 3\cdot C + C_0$. Die Teilkapazitäten C und C_0

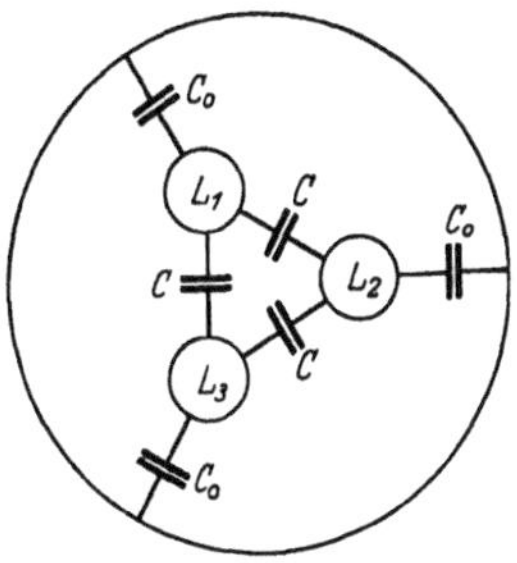

Abb. 122. Teilkapazitäten des verseilten Dreileiterkabels.

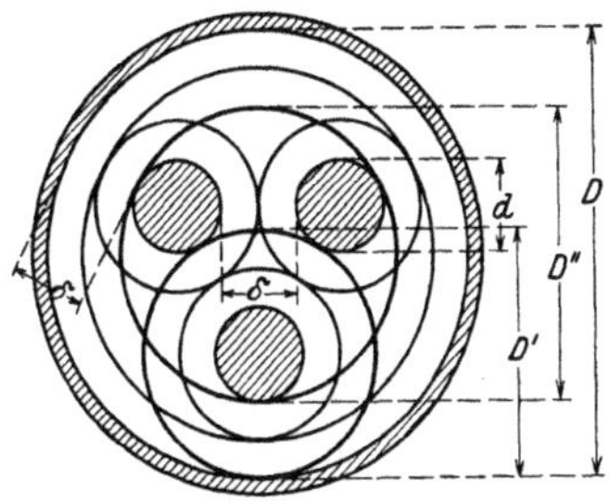

Abb. 123. Berechnung der Kapazitätsgrößen eines verseilten Dreileiterkabels.

können aus zwei Meßwerten K_1 und K_2 berechnet werden; K_1 ist die Kapazität eines Leiters gegen die beiden anderen Leiter und dem Bleimantel, K_2 die Kapazität der drei Leiter zusammen gegen den Bleimantel. Es ist

$$K_1 = 2\cdot C + C_0\,, \quad K_2 = 3\cdot C_0\,,$$

mithin

$$C_0 = \frac{K_2}{3}\,, \quad C = \frac{3\,K_1 - K_2}{6}$$

und

$$K_B = \frac{9\,K_1 - K_2}{6}$$

Die Meßkapazitäten K_1 und K_2 können durch die Kapazität von Einleiterkabeln bestimmter Querschnittsdimensionen ausgedrückt werden.

Abb. 123 stellt den Querschnitt des verseilten Dreileiterkabels dar; d ist der Leiterdurchmesser, δ die Isolierungsdicke und D der Seelendurchmesser. Ein Einleiterkabel vom gleichen Seelendurchmesser D und vom Leiterdurchmesser

$$D'' = D - 2\,\delta$$

hat die Kapazität

$$C_0' = \frac{0{,}02413\cdot\varepsilon}{\log\frac{D}{D''}}\ \mu\text{F/km}$$

und diese ist größer als die Meßkapazität K_2. Durch allmähliche Verkleinerung des Leiterdurchmessers D'' verkleinert sich auch die Kapazität C_0', bis schließlich D'' einen Wert D_1'' erreicht, welcher der Kapazität K_2 entspricht. Setzt man

$$D_1'' = \lambda_2 \cdot D'' ,$$

dann ist

$$K_2 = \frac{0{,}02413 \cdot \varepsilon}{\log \frac{D}{\lambda_2 (D - 2\,\delta)}} \ \mu\mathrm{F/km}\,.$$

Auf ähnlichem Wege findet man einen Ausdruck für K_1. Ein Kreis um den Mittelpunkt eines der drei Leiterquerschnitte mit dem Durchmesser

$$D' = d + 2\,\delta$$

berührt den Bleimantel von innen und die beiden anderen Leiterquerschnitte von außen. Ein Einleiterkabel mit dem Leiterdurchmesser d und dem Seelendurchmesser D' hat die Kapazität

$$C' = \frac{0{,}02413 \cdot \varepsilon}{\log \frac{D'}{d}} \ \mu\mathrm{F/km}\,,$$

wo, ähnlich wie vorhin $C_0' > K_2$ war, $C' > K_1$ ist. Der Wert C' wird mit d kleiner; für einen Wert

$$d' = \lambda_1 d$$

wird $C' = K_1$, also

$$K_1 = \frac{0{,}02413 \cdot \varepsilon}{\log \frac{d + 2\,\delta}{\lambda_1 d}} \ \mu\mathrm{F/km}\,.$$

Damit ist die Betriebskapazität

$$K_B = \frac{0{,}02413 \cdot \varepsilon}{6} \left\{ \frac{9}{\log \frac{d + 2\,\delta}{\lambda_1 d}} - \frac{1}{\log \frac{D}{\lambda_2 (D - 2\,\delta)}} \right\} \mu\mathrm{F/km}\,,$$

wo

$$D = 2{,}155\, d + 3{,}155\, \delta\,.$$

Schreibt man kurz

$$\log \frac{d + 2\,\delta}{\lambda_1 d} = Z_1\,, \quad \log \frac{D}{\lambda_2 (D - 2\,\delta)} = Z_2\,,$$

dann ist

$$K_1 = \frac{0{,}02413 \cdot \varepsilon}{Z_1}\,, \qquad K_2 = \frac{0{,}02413 \cdot \varepsilon}{Z_2}\,,$$

$$C_0 = \frac{1}{3} \cdot \frac{0{,}02413 \cdot \varepsilon}{Z_2}\,, \quad C = \frac{0{,}02413 \cdot \varepsilon}{6} \left\{ \frac{3}{Z_1} - \frac{1}{Z_2} \right\}.$$

Für getränkte Papierkabel ist ε von der Größenordnung 3,5. Für $\varepsilon = 4{,}145$ wird

$$0{,}02413 \cdot \varepsilon = 0{,}1$$

und

$$K_1 = \frac{0{,}1}{Z_1}\,, \quad K_2 = \frac{0{,}2}{Z_2}\,, \quad K_B = \frac{1}{6} \left\{ \frac{0{,}9}{Z_1} - \frac{0{,}1}{Z_2} \right\}.$$

Mit dem Ausdruck von Lichtenstein findet man annähernd gute Übereinstimmung, wenn man

$$\lambda_1 = 0{,}8, \quad \lambda_2 = 0{,}75$$

setzt. In der Tabelle 88 und in der Abb. 124 sind die nach dieser Methode berechneten Betriebskapazitätswerte von Dreileiterkabeln von 3×1 bis $3 \times 500\ \text{mm}^2$ Leiterquerschnitt für $\delta = 2$ und $\delta = 12$ mm den aus der theoretischen Formel berechneten Werten gegenübergestellt. Eine gute Übereinstimmung zeigen die Werte von 25 mm² aufwärts bei $\delta = 12$ mm und von 25 mm² abwärts bei $\delta = 2$ mm. Von 25 mm² abwärts bei $\delta = 12$ bzw. aufwärts bei $\delta = 2$ wächst die Abweichung des empirischen Wertes von dem theoretischen bis auf rund 10%; die größten Abweichungen treten jedoch bei Konstruktionen auf, die entweder

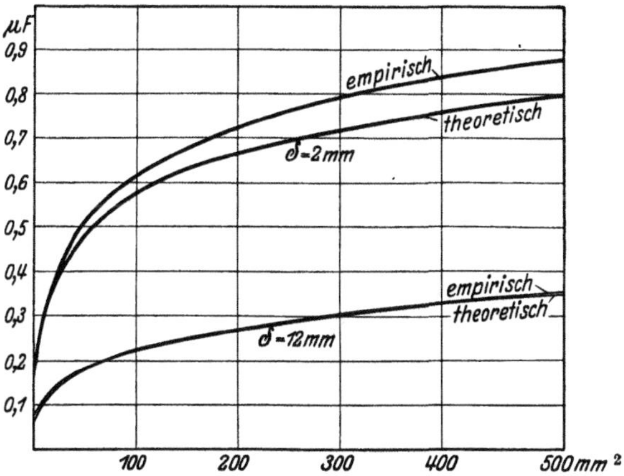

Abb. 124. Betriebskapazität in μF/km von verseilten Dreileiterkabeln mit runden Leitern berechnet nach der theoretischen und der empirischen Formel mit $\varepsilon = 4{,}14$.

Tabelle 88. Betriebskapazität in μF/km von verseilten Dreileiterkabeln mit runden Leitern, berechnet nach der theoretischen und der empirischen Formel mit $\varepsilon = 4{,}145$.

Q mm²	$\delta = 2$ mm		$\delta = 12$ mm	
	theor.	emp.	theor.	emp.
1	0,165	0,157	0,078	0,072
1,5	0,179	0,173	0,085	0,078
2,5	0,203	0,198	0,092	0,086
4	0,230	0,226	0,101	0,095
6	0,255	0,253	0,109	0,103
10	0,294	0,294	0,120	0,115
16	0,336	0,336	0,134	0,129
25	0,399	0,412	0,156	0,151
35	0,436	0,454	0,169	0,165
50	0,479	0,505	0,185	0,182
70	0,525	0,556	0,203	0,200
95	0,564	0,603	0,221	0,217
120	0,594	0,637	0,235	0,231
150	0,624	0,674	0,248	0,247
185	0,655	0,708	0,263	0,262
240	0,674	0,750	0,281	0,282
300	0,710	0,787	0,301	0,302
400	0,744	0,836	0,325	0,329
500	0,790	0,872	0,346	0,351

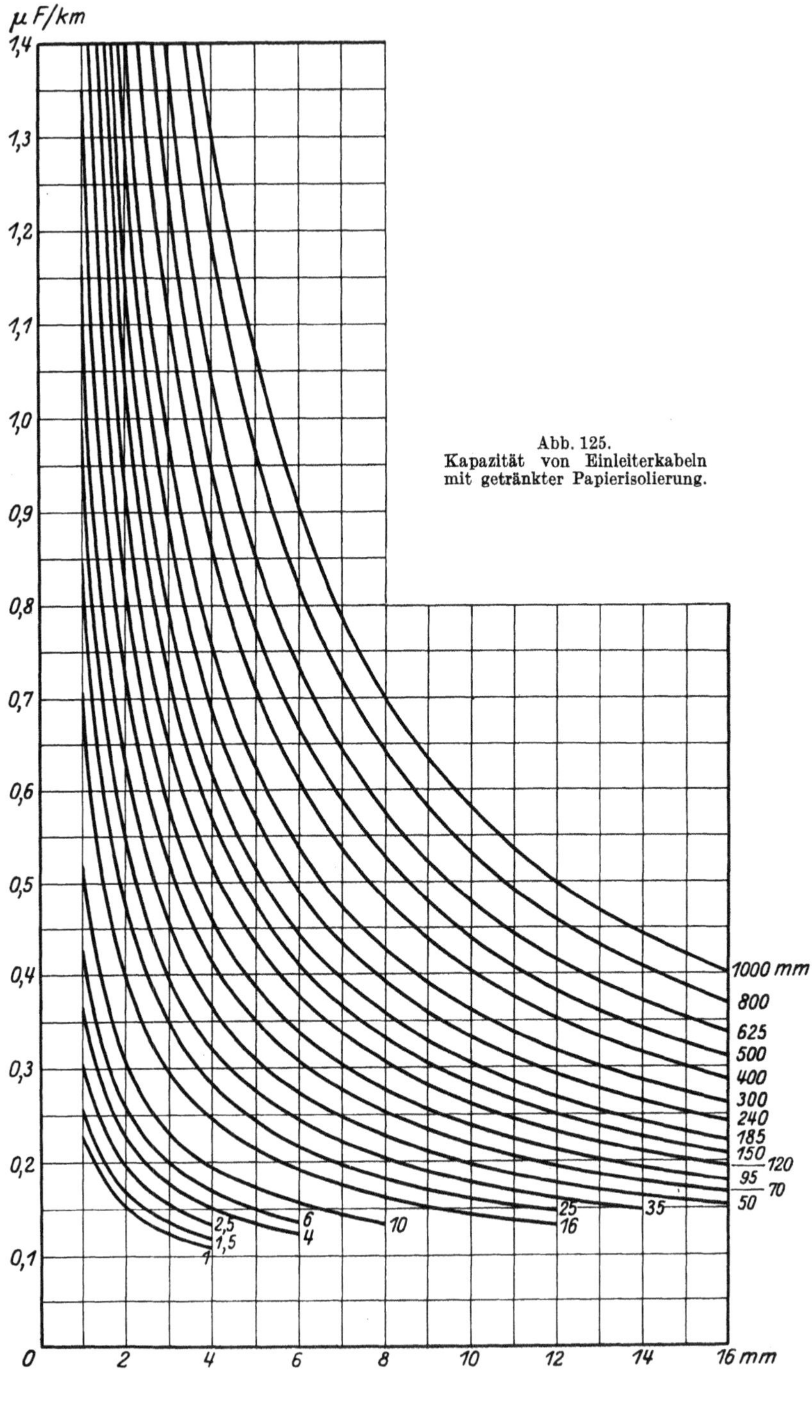

Abb. 125.
Kapazität von Einleiterkabeln mit getränkter Papierisolierung.

nicht ausgeführt werden oder bei welchen die praktische Bedeutung der Kapazität klein ist, nämlich bei den Niederspannungskabeln.

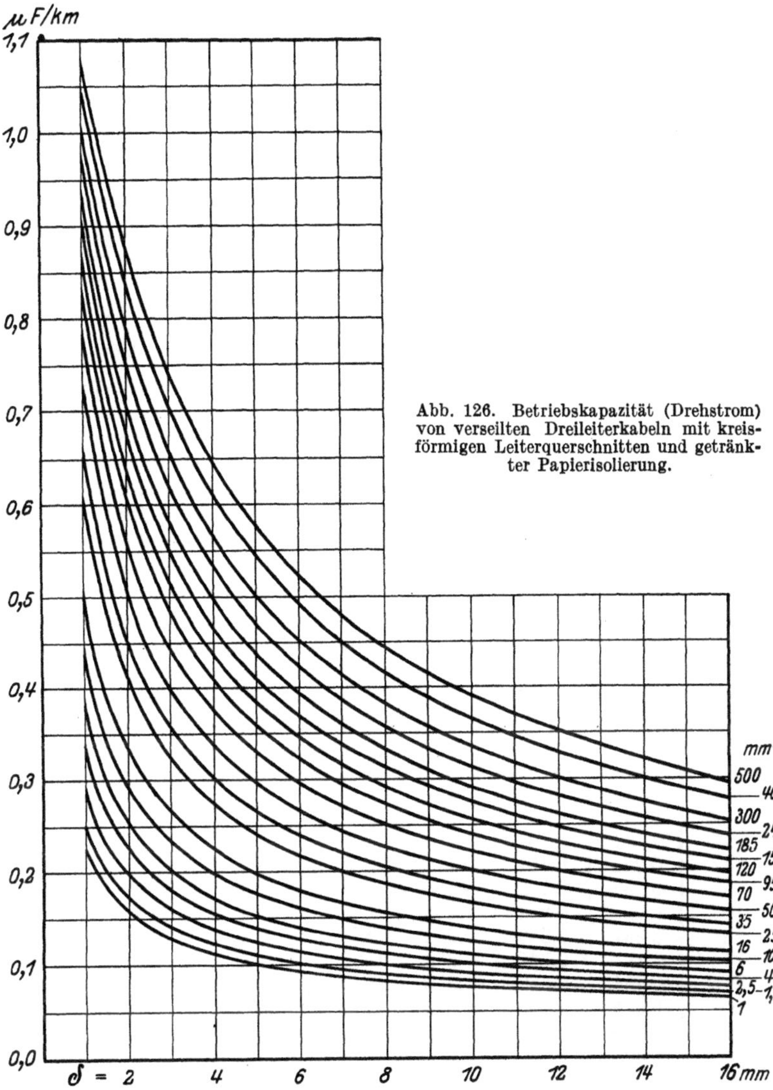

Abb. 126. Betriebskapazität (Drehstrom) von verseilten Dreileiterkabeln mit kreisförmigen Leiterquerschnitten und getränkter Papierisolierung.

In der Tabelle 89 und in der Abb. 125 sind die Kapazitätswerte von Einleiterkabeln, in der Tabelle 90 und in der Abb. 126 die Werte für Dreileiterkabel bis 25 kV angegeben. In allen Tabellen ist die DK zu 4,145 angenommen; zur Umrechnung auf einen Wert ε sind die Tabellenzahlen mit $\varepsilon/4{,}145$ zu multiplizieren.

Tabelle 89. Kapazität von Einleiterkabeln berechnet für $\varepsilon = 4{,}14$ μF/km.

Leiterquerschnitt mm²	2	3	4	6	8	10	12	14
	mm Isolierungsdicke							
1	0,152	0,125	0,110	—	—	—	—	—
1,5	0,169	0,137	0,120	—	—	—	—	—
2,5	0,196	0,156	0,135	—	—	—	—	—
4	0,226	0,178	0,152	0,125	—	—	—	—
6	0,259	0,200	0,170	0,138	—	—	—	—
10	0,307	0,234	0,196	0,156	0,135	—	—	—
16	0,400	0,298	0,246	0,191	0,163	0,145	0,133	—
25	0,475	0,348	0,284	0,218	0,184	0,163	0,148	—
35	0,546	0,395	0,321	0,244	0,204	0,179	0,162	0,149
50	0,630	0,455	0,365	0,274	0,227	0,198	0,178	0,164
70	0,725	0,519	0,413	0,307	0,252	0,218	0,196	0,179
95	0,820	0,579	0,461	0,338	0,276	0,239	0,213	0,194
120	0,926	0,654	0,515	0,376	0,305	0,262	0,235	0,211
150	1,030	0,724	0,569	0,410	0,332	0,283	0,250	0,228
185	1,140	0,823	0,618	0,443	0,358	0,305	0,269	0,243
240	1,280	0,885	0,685	0,493	0,392	0,334	0,294	0,264
300	1,410	0,974	0,758	0,538	0,427	0,362	0,317	0,285
400	1,610	1,110	0,862	0,606	0,481	0,404	0,352	0,316
500	1,790	1,240	0,944	0,667	0,526	0,441	0,384	0,342
625	1,980	1,370	1,040	0,735	0,575	0,480	0,417	0,370
800	2,150	1,550	1,180	0,820	0,641	0,532	0,461	0,408
1000	2,440	1,700	1,300	0,902	0,700	0,581	0,500	0,445

Tabelle 90. Betriebskapazität in μ/km von verseilten Dreileiterkabeln mit runden Leitern und getränkter Papierisolierung nach VDE-Vorschrift[1], berechnet nach der empirischen Formel mit $\varepsilon = 4{,}145$.

Leiterquerschnitt mm²	0,75	3,0	5,0	6,0	10,0	15,0	25,0
	kV Betriebsspannung						
1	0,157	0,129	—	—	—	—	—
1,5	0,173	0,136	—	—	—	—	—
2,5	0,199	0,161	—	—	—	—	—
4	0,226	0,181	0,150	—	—	—	—
6	0,253	0,202	0,166	—	—	—	—
10	0,294	0,233	0,190	0,182	0,150	—	—
16	0,337	0,266	0,222	0,208	0,168	—	—
25	0,412	0,325	0,265	0,252	0,200	0,180	—
35	0,454	0,359	0,312	0,293	0,240	0,200	0,162
50	0,505	0,400	0,348	0,328	0,260	0,220	0,178
70	0,556	0,444	0,382	0,367	0,297	0,243	0,200
95	0,603	0,485	0,420	0,402	0,323	0,265	0,222
120	0,637	0,515	0,462	0,438	0,367	0,292	0,238
150	0,674	0,548	0,497	0,468	0,385	0,312	0,253
185	0,675	0,578	0,521	0,494	0,413	0,332	0,269
240	0,725	0,614	0,560	0,533	0,443	0,358	—
300	0,720	0,656	0,595	0,566	0,480	0,382	—
400	0,765	0,703	0,642	—	—	—	—

[1] Dieser Tabelle sind die bis 1. 1. 1928 gültig gewesenen Isolierungsdicken und Normalspannungen zugrunde gelegt.

7. Belastungstabellen für Starkstromkabel.

Tabelle 91 enthält die VDE-Vorschrift für Bleikabel mit getränkter Papierisolierung. Der Tabelle ist eine Übertemperatur von 25° C zugrunde gelegt; sie gilt für Erdkabel, die in 70 cm Tiefe im Erdboden allein verlegt sind. Liegen mehrere Kabel in einem Graben nebeneinander, dann sind die Angaben der Tabelle zu ermäßigen, und zwar auf

90% bei 2 Kabeln im Graben
80% „ 4 „ „ „
75% „ 6 „ „ „
70% „ 8 „ „ „

Tabelle 91. VDE-Belastungstabelle. Höchste dauernd zulässige Stromstärken in A bei Verlegung im Erdboden.

Leiterquerschnitt	Einleiterkabel bis	Verseilte Zweileiterkabel bis	Verseilte Dreileiterkabel bis							Verseilte Vierleiterkabel bis
mm²	1 kV	1 kV	1 kV	3 kV	6 kV	10 kV	15 kV	20 kV	30 kV	1 kV
1,5	31	25	22	—	—	—	—	—	—	20
2,5	41	34	30	29	—	—	—	—	—	26
4	55	44	38	37	—	—	—	—	—	35
6	70	55	49	47	—	—	—	—	—	45
10	95	75	67	65	62	60	—	—	—	60
16	130	100	90	85	82	80	—	—	—	80
25	170	130	113	110	107	105	100	98	—	105
35	210	155	138	135	132	125	120	118	—	125
50	260	195	170	165	162	155	145	140	135	155
70	320	235	206	200	196	190	180	175	165	190
95	385	280	246	240	235	225	215	210	200	225
120	450	320	288	280	270	260	250	245	230	255
150	510	365	325	315	308	300	285	280	260	295
185	575	410	370	360	350	340	325	315	295	335
240	670	475	430	420	410	400	385	370	—	390
300	760	535	485	475	465	455	440	—	—	435
400	910	640	580	570	—	—	—	—	—	—
500	1035	—	—	—	—	—	—	—	—	—
600	1190	—	—	—	—	—	—	—	—	—
800	1380	—	—	—	—	—	—	—	—	—
1000	1585	—	—	—	—	—	—	—	—	—

Für Luftkabel ist die Herabsetzung der in der Tabelle angegebenen Belastungen auf 75%, bei Verlegung der Kabel in Kanälen eine Herabsetzung um weitere 10% empfehlenswert. Bei Anhäufung mehrerer Kabel in Kanälen sind außerdem die obenstehenden prozentuellen Ermäßigungen anzuwenden.

Einzeln verlegte, nicht armierte Wechselstrombleikabel können bei Querschnitten von 150 bis 300 mm² um 20%, bei kleineren Querschnitten um 30% höher belastet werden, als verseilte Kabel gleicher verketteter Spannung. Bei Dreimantelkabeln beträgt die höchstzulässige Mehrbelastung etwa 10%.

Tabelle 92 enthält die VDE-Vorschrift für Bleikabel mit vulkanisierter Kautschukisolierung.

Tabelle 92.
VDE-Belastungstabelle für Bleikabel mit Kautschukisolierung.

Leiterquerschnitt mm²	Höchste dauernd zulässige Stromstärke (A.)	Querschnitt mm²	Höchste dauernd zulässige Stromstärke (A.)
0,75	9	95	240
1	11	120	280
1,5	14	150	325
2,5	20	185	380
4	25	240	450
6	31	300	525
10	43	400	640
16	75	500	760
25	100	625	880
35	125	800	1050
50	160	1000	1250
70	200		

Bei aussetzenden Betrieben sind höhere Belastungen zulässig, sofern dadurch die Übertemperatur nicht größer wird als 25° C.

Die französische Vorschrift (Tab. 93) gilt für armierte, im Erdboden verlegte Kabel; sie unterscheidet nur zwischen Einleiterkabeln

Tabelle 93. Französische Belastungstabelle für Bleikabel mit getränkter Papierisolierung.

Leiterquerschnitt mm²	Einleiterkabel bis 700 Volt	Mehrleiterkabel bis 20 kV			
		Zweileiterkabel		Dreileiterkabel	
		konaxial	verseilt	konaxial	verseilt
20	130	85	95	75	65
30	160	105	110	95	78
40	190	125	130	105	90
50	210	140	145	120	100
75	260	175	175	145	120
100	305	205	195	165	140
150	365	255	245	200	170
200	440	295	280	230	195
250	490	330	310	260	—
300	530	365	—	—	—
400	625	425	—	—	—
500	695	—	—	—	—
600	765	—	—	—	—
700	830	—	—	—	—
800	890	—	—	—	—
1000	995	—	—	—	—

für Gleichstrom (Niederspannung) sowie konaxialen und verseilten Zwei- und Dreileiterkabeln bis 20 kV Betriebsspannung. Der Vorschrift ist eine maximale Übertemperatur von 30° C bei Dauerbelastung zugrunde gelegt, wobei die Bodentemperatur zu 10° C angenommen ist. Die Werte sind einer Isolierungsdicke für 20 kV Betriebsspannung entsprechend berechnet; als unter allen Umständen höchstzulässige Belastung wird eine Stromstärke von 4 Amp. pro 1 mm^2 angegeben. Die Werte gelten als provisorisch, bis die im Gange befindlichen Untersuchungen abgeschlossen sind[1]. Die vorgeschriebenen Höchstwerte des Belastungsstromes reduzieren sich auf

0,84% ihres Wertes, wenn 2 Kabel,
0,67% „ „ „ 3 Kabel, und
0,55% „ „ „ mehr als 3 Kabel.

in demselben Graben liegen.

Die ausführlichsten Belastungsvorschriften sind in England ausgearbeitet worden[2]. Sie sind in 27 Tabellen aufgestellt und erstrecken sich auf

1. Einleiterkabel für Niederspannung (bis 660 Volt), konaxiale Kabel für 660, 2200, 3300, 5500, 6600 und 11000 Volt, verseilte Dreileiterkabel für dieselben Spannungen wie die konaxialen, für Netze mit geerdetem und mit ungeerdetem Nullpunkt[3].

2. die Verlegung armierter Kabel direkt in den Erdboden bei vier verschiedenen spezifischen Wärmeleitungswiderstandswerten (340, 180, 120 und 90) des Erdbodens, die Verlegung nichtarmierter Kabel in Röhren und die Verlegung armierter und nichtarmierter Kabel in der Luft auf Masten.

Die Unterschiede zwischen den zulässigen Belastungen für die verschiedenen Kategorien sind zum Teil sehr gering; in den Tabellen 94

Tabelle 94.
Englische Belastungstabelle (in A.) für Einleiterkabel bis 660 Volt.

Leiter-querschnitt sq. in.	Direkt in den Erdboden verlegte Kabel				Röhrenkabel nicht armiert	Luftkabel	
	Wärmewiderstand des Erdbodens					nicht armiert	armiert
	340	180	120	90			
0,007	54	60	63	65	37	39	46
0,01	70	79	83	86	48	50	60
0,0145	86	100	106	110	60	63	75
0,0225	112	131	141	147	78	82	98
0,03	131	155	167	175	92	97	115
0,04	160	190	207	218	114	120	141
0,06	205	248	273	287	153	161	185
0,075	234	285	314	332	183	189	214
0,1	275	337	373	395	213	224	255
0,12	299	367	407	435	237	249	280
0,15	341	415	459	486	275	290	332
0,2	401	492	547	580	334	351	397
0,25	455	558	621	661	393	413	457
0,3	510	627	699	743	451	475	522
0,4	602	745	831	886	554	583	628
0,5	677	835	935	998	636	670	717
0,6	757	942	1056	1121	733	772	817
0,75	848	1055	1186	1269	842	886	933
1,0	1027	1282	1448	1556	1065	1120	1158

[1] Veröffentlichung der Union des Syndicats de l'électricité laut Beschluß vom 7. 3. 1923.

[2] Journ. I. E. E. 1923, S. 517. ETZ 1924, S. 1120.

[3] Bei Kabeln mit ungeerdetem Nullpunkt ist die Isolierungsdicke zwischen einem Leiter und dem Bleimantel dieselbe, wie diejenige zwischen den Leitern; bei geerdetem Nullpunkt ist die Isolierung gegen Bleimantel schwächer.

Tabelle 95. Englische Belastungstabelle (in A.) für verseilte Dreileiterkabel bis 660 Volt.

Leiterquerschnitt sq. in.	Direkt in den Erdboden verlegte Kabel – Wärmewiderstand des Erdbodens 340	180	120	90	Röhrenkabel nicht armiert	Luftkabel nicht armiert	Luftkabel armiert
0,007	35	40	43	44	27	28	31
0,01	45	52	56	58	35	37	41
0,0145	55	66	70	73	44	46	51
0,0225	71	84	91	95	58	61	68
0,03	82	98	106	111	68	72	80
0,04	100	120	131	138	86	90	99
0,06	127	154	169	179	113	119	129
0,075	145	176	194	205	132	139	149
0,1	170	208	229	244	161	169	180
0,12	185	226	251	267	177	186	197
0,15	211	260	288	306	207	218	228
0,2	248	305	339	361	252	265	274
0,25	283	349	389	413	294	309	317
0,3	318	391	436	465	337	355	361
0,4	373	460	512	547	412	433	435
0,5	420	520	582	621	474	498	498

Tabelle 96. Englische Belastungstabelle (in A.) für verseilte Dreileiterkabel bis 2200 Volt.

Leiterquerschnitt sq. in.	Direkt in den Erdboden verlegte Kabel – Wärmewiderstand des Erdbodens 340	180	120	90	Röhrenkabel nicht armiert	Luftkabel nicht armiert	Luftkabel armiert
0,0225	70	81	88	91	60	63	68
0,03	81	95	103	107	70	74	80
0,04	98	116	127	132	86	91	98
0,06	125	150	163	170	115	121	128
0,075	143	172	188	198	134	141	149
0,1	168	203	222	235	160	169	177
0,15	209	251	279	293	206	217	225
0,2	245	297	329	348	251	264	270
0,25	279	340	376	399	290	305	312

Tabelle 97. Englische Belastungstabelle (in A.) für verseilte Dreileiterkabel bis 3300 Volt.

Leiterquerschnitt sq. in.	Direkt in den Erdboden verlegte Kabel – Wärmewiderstand des Erdbodens 340	180	120	90	Röhrenkabel nicht armiert	Luftkabel nicht armiert	Luftkabel armiert
0,0225	69	82	90	95	63	66	72
0,03	80	96	106	111	74	78	84
0,04	96	117	129	137	92	97	104
0,06	121	149	165	176	121	127	135
0,075	138	170	189	210	140	147	156
0,1	162	200	223	238	168	177	186
0,15	200	249	277	297	217	228	235
0,2	235	293	329	352	261	275	283
0.25	266	333	374	402	305	321	326

Tabelle 98. Englische Belastungstabelle (in A.) für verseilte Dreileiterkabel bis 5500 Volt.

Leiter-querschnitt sq. in.	Direkt in den Erdboden verlegte Kabel – Wärmewiderstand des Erdbodens				Röhrenkabel nicht armiert	Luftkabel	
	340	180	120	90		nicht armiert	armiert
0,0225	68	81	89	93	65	68	72
0,03	79	95	103	109	75	79	84
0,04	96	115	126	133	93	98	104
0,06	121	147	103	173	123	129	135
0,075	138	168	187	198	141	149	155
0,1	161	198	220	234	171	180	185
0,15	199	246	274	292	219	230	235
0,2	233	289	323	344	262	276	280
0,25	264	328	369	393	304	320	323

Tabelle 99. Englische Belastungstabelle (in A.) für verseilte Dreileiterkabel bis 6600 Volt.

Leiter-querschnitt sq. in.	Direkt in den Erdboden verlegte Kabel – Wärmewiderstand des Erdbodens				Röhrenkabel nicht armiert	Luftkabel	
	340	180	120	90		nicht armiert	armiert
0,0225	68	81	88	88	65	68	72
0,03	79	94	103	108	76	80	84
0,04	95	114	125	133	93	98	104
0,06	121	147	162	172	123	129	135
0,075	137	168	185	196	142	150	156
0,1	161	197	219	232	170	179	185
0,15	199	245	273	290	218	229	235
0,2	233	287	321	341	262	276	279
0,25	265	328	366	391	304	320	322

Tabelle 100. Englische Belastungstabelle (in A.) für verseilte Dreileiterkabel bis 11000 Volt.

Q sq. in.	Direkt in den Erdboden verlegte Kabel – Wärmewiderstand des Erdbodens				Röhrenkabel nicht armiert	Luftkabel	
	340	180	120	90		nicht armiert	armiert
0,0225	67	79	85	89	66	70	72
0,03	78	92	100	104	78	82	84
0,04	95	112	122	128	96	101	104
0,06	120	144	158	166	125	132	135
0,075	137	165	181	191	145	153	155
0,1	160	193	213	225	173	182	184
0,15	197	240	265	279	220	241	232
0,2	232	283	313	331	263	277	275
0,25	263	321	357	379	304	320	319

bis 100 sind nur die Vorschriften für Ein- und verseilte Dreileiterkabel wiedergegeben. Wenn das verseilte Kabel in symmetrisch belasteten Dreileiternetzen benutzt wird, wobei der dritte Leiter nur einen kleinen Differenzstrom führt, dann dürfen die Belastungszahlen um 15% erhöht werden. Bei Röhren- und Luftkabeln wird zwischen Netzen mit geerdetem und nicht geerdetem Nullpunkt kein Unterschied gemacht; bei Erdkabeln sind hier nur die Werte für nicht geerdeten Nullpunkt angegeben, die anderen sind um etwa 1 bis 2% höher. Bei der Berechnung der Belastungen verseilter Kabel sind Leiter mit kreisförmigen Querschnitten angenommen worden; die Verwendung von Sektorleitern gestattet die Erhöhung der Belastungen

um 4% bei Kabeln für 660 Volt,
„ 3% „ „ „ 2200 „ und
„ 2% „ „ „ 3300 „

Bei höheren Spannungen gelten für Sektorleiter dieselben Zahlen wie für kreisförmige Leiter.

Angesichts der dauernden Schwankung der Belastung können die geltenden Vorschriften allgemein nur als Richtlinien aufgefaßt werden, welche die Aufstellung bestimmter, in gegebenen Fällen gültiger Regeln nur auf Grund der Erfahrung ermöglichen. Solche Regeln z. B. sind in den Tab. 101 und 102 wiedergegeben; sie sind die Belastungs-

Tabelle 101. Belastungsvorschrift der Bewag für 6-kV-Kabel.

Leiterquerschnitt mm²	3 × 16	3 × 25	3 × 35	3 × 50	3 × 70	3 × 95
Normal zulässige Dauerbelastung	80	105	125	155	195	225
Zulässige Dauerbelastung für Umformerwerk-Speisekabel mit Lichtlast	72	84	110	140	175	195
Speisekabel mit Industrielast	63	82	100	123	150	180

Tabelle 102. Belastungsvorschrift in A. der Bewag für 30-kV-Kabel.

Leiterquerschnitt mm²	3 × 50	3 × 70	3 × 95	3 × 120
Normal zulässige Dauerbelastung	120	160	190	210
Zulässige Dauerbelastung bei Netzen mit zweiseitiger Speisung	80	105	125	140
Halbstündige Überlast bei vorhergehender Dauerlast in Netzen mit zweiseitiger Speisung	160	210	250	280

vorschriften für das 6-kV-Netz und für das 30-kV-Netz der Bewag[1]. Bei dem 6-kV-Netz unterscheidet man Licht- und Industrielast und setzt Höchstwerte des Belastungsstromes unter den vom VDE vorgeschriebenen Werten fest, um der Ungleichmäßigkeit in den Abkühlungsverhältnissen längs der Kabel Rechnung zu tragen und unzulässige Erwärmungen auch an besonders ungünstigen Stellen (z. B. auf Brücken, wo die Kabel in Röhren liegen und sich schlecht abkühlen) sicher zu vermeiden. Im 30-kV-Netz wird der Strom bei zweiseitiger Speisung von dem Speisekabel und einem Reservekabel zusammen geliefert; durch Beschränkung des Belastungsstromes eines jeden der beiden Kabel auf 66% des normal zulässigen Wertes wird erreicht, daß nur eine 32%ige Überlastung eintritt, wenn das eine Kabel ausfällt.

[1] Rühle, E.: Die Verteilung elektrischer Energie in Absatzgebieten großer Konsumdichte. Sonderheft der „Elektrizitätswirtschaft“.

VI. Berechnung und Konstruktion der Schwachstromkabel.

1. Aufbau der Kabelseele. Eines der Hauptmerkmale der Schwachstromkabel ist die oft sehr große Anzahl der voneinander isolierten Leiter im Kabel. Diese werden als die Adern des Kabels bezeichnet; sie können als Einzelader, Paare oder Vierer zum Kabel verseilt sein. In manchen Fällen bildet man aus Paaren oder Vierern Achter, oder man benützt Gruppen, die aus drei oder fünf Adern bestehen. In jedem Fall bilden die Adern oder die Aderngruppen die Elemente, aus welchen das vieladrige Schwachstromkabel aufgebaut ist; diese Elemente werden im folgenden als „Gruppen" bezeichnet.

Für die Konstruktion der Adern ist in erster Linie und in vielen Fällen ausschließlich die Rücksicht auf eine hinreichende mechanische Festigkeit und Dauerhaftigkeit maßgebend. Telephonkabel, welche 2 mm starke Kupferdraht-Freileitungen ersetzen, werden mit 0,6 oder 0,5 mm starken Kupferdrahtleitern hergestellt, und man könnte für sie ohne merkliche Beeinträchtigung der Sprechleistung auch noch dünnere Drähte verwenden, wenn die Herstellung und Verarbeitung zu dünner Drähte nicht zu teuer, ihre mechanische Festigkeit nicht unzureichend wäre. In vielen Fällen dienen Garantie und Kontrolle der elektrischen Eigenschaften weniger der Feststellung einer bestimmten elektrischen Qualität als vielmehr dem Nachweis des dem Angebot entsprechenden Materialaufwands.

Die Adern. Die Leiter sind in der Regel massive Drähte; Litzen werden nur in solchen Fällen verwendet, in welchen die Konstruktion des Kabels oder die Art der Verlegung erhöhte Biegsamkeit erfordert, oder in welchen das Kabel nach erfolgter Verlegung für etwaige Ausbesserungsarbeiten nur schwer zugänglich ist.

Für unterirdisch verlegte Telegraphen- und Signalkabel verwendet man 1 bis 1,5 mm starke Drähte, zuweilen wird der Querschnitt von 1 mm² (1,13 mm Durchmesser) vorgeschrieben. Bei Telephon-Verbindungskabel (Bezirks- und Fernkabel) findet man 0,9 bis 2,0 mm starke Leiter, bei Teilnehmerkabel 0,5 bis 0,9 mm starke. Die Deutsche Reichspost verwendet für hochpaarige Teilnehmerkabel 0,6 mm starke Leiter und läßt diese Leiterstärke für Strecken bis zu 2 km zu.

Die Wahl des Isolierstoffes hängt von der Verwendungsart ab. Bei Kabel ohne Bleimantel benutzt man Guttapercha oder Kautschuk; bei Bleikabel, deren Enden durch wasser- und luftdichte Endverschlüsse geschützt sind, können Papier- und Faserstoffisolierungen, trocken oder getränkt, verwendet werden. Gebräuchlich sind die im folgenden kurz beschriebenen Aderarten.

1. Guttaperchaader. Die 7fachen Kupferdrahtlitzen in älteren Kabeln der Deutschen Reichspost sind mit Guttapercha auf eine Aderdicke von 5,2 mm umpreßt.

2. Kautschukader. Mit Kautschuk isolierte Adern verwendet die Deutsche Reichspost in den sog. Abschlußkabeln, welche Haupt-

kabel an Freileitungen anschließen oder in den Ämtern mit den Innenleitungen verbinden. Die Kupferleiter der Telegraphenabschlußkabel sind 1,5 mm stark und werden auf einen Durchmesser von 4 mm, die 0,8 mm starken Adern der Telephonabschlußkabel auf 3,1 mm isoliert. Auch für Eisenbahnsignalleitungen werden meistens kautschukisolierte Kabel verwendet, wobei in der Regel eine Mindestwandstärke von 1 mm vorgeschrieben wird. Für Leitungsanlagen in Bergwerken, wo die Kabel an den Wänden der Schächte oder der Stollen befestigt werden, bevorzugt man die Kautschukisolierung als erhöhte Sicherheit gegen Unbrauchbarwerden bei Verletzungen des Bleimantels.

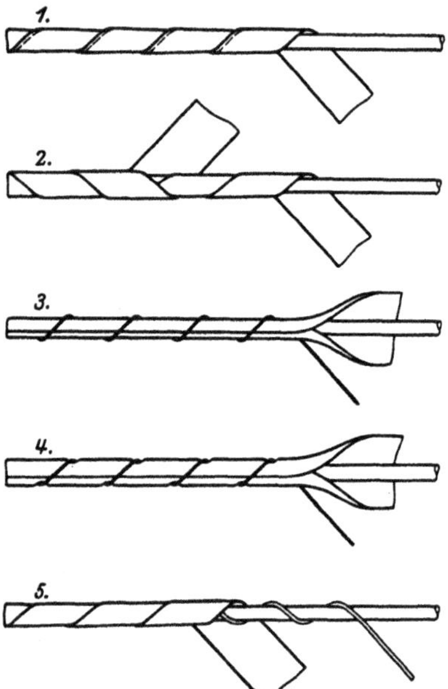

Abb. 127. Hohlraum-Ader-Konstruktionen.

3. Getränkte Jute- oder Papierader. Die Verwendung dieser Stoffe erfolgt nach denselben Gesichtspunkten wie bei Niederspannungskabeln mit schwachen Leitern. Bei Kabeln in Gebäuden („Kabel zu Einführungszwecken") verwendet die Deutsche Reichspost eine aus einer Lage Papier- und zwei Lagen Baumwollumspinnung bestehende getränkte Isolierung.

4. Trockene Papieradern sind nur in Bleikabeln mit luft- und wasserdicht abgeschlossenen Enden verwendbar; sie werden wenig gebraucht.

5. Trockene Faserstoffader. In den Telephonzentralen werden Kabel, deren Adern mit trockener Baumwolle und Seide isoliert sind, wegen deren geringen Raumbedarf bevorzugt; die Isolierungsdicke beträgt weniger als 0,5 mm. Billiger sind bei gleichem Raumbedarf die sog. „Lackpapierkabel", bei welchen die Kupferleiter mit einem dünnen Überzug aus Isolierlack und mit einer trockenen Papierumspinnung versehen sind.

6. Luftraumader. Bei dieser mit trockenem Papier und trockener Luft isolierten Ader hat das Papier die Form eines geschlossenen Rohres von größerem Durchmesser als dasjenige des umhüllten Leiters. Die Luftraumader hat den doppelten Vorzug des verringerten Materialaufwandes und der verringerten Kapazität; die gleichfalls verringerte elektrische Festigkeit hat keine Bedeutung.

Abb. 127 zeigt einige Hohlraumaderkonstruktionen. Bei Nr. 1 ist eine Papierbandspirale mit reichlicher Überlappung (bis 50%) um den Leiter gewickelt; nimmt man zwei in entgegengesetzten Richtungen gewickelte Papierbandspiralen (Nr. 2), dann kann das Papier dünner und die Überlappung schmäler sein. Bei Nr. 3 liegt das Papierband der Länge nach um den Leiter und muß zur Erhaltung der Rohrform mit einem Faden umwickelt werden. Diese sog. längsgefalzte Ader ist weniger biegsam als die Spiralader (Nr. 1 und 2), hat aber den Vorteil der billigeren Herstellung. Eine Verbesserung der längsgefalzten Ader ist die „Ballonader" (Nr. 4); hier wird der umschließende Faden so fest angezogen, daß das Papier unter den Fadenwindungen an den Leiter gepreßt wird, während es zwischen den Windungen sich ballonartig aufbauscht. Es entsteht ein den Leiter spiralförmig umgebender Luftraum von gleichmäßigem Querschnitt und die Ader besitzt große Widerstandsfähigkeit gegen Deformation.

Bei der Kordelader (Nr. 5) wird der Leiter mit einer fest gewickelten Fadenspirale, darüber mit der ebenfalls fest und mit Überlappung gewickelten Papierbandspirale umgeben. Auch hier sitzt das Papier unverrückbar fest auf dem Leiter wie bei der Ballonader und die Biegsamkeit der Ader ist genau so groß wie bei der Spiralader.

Die Gruppen werden ähnlich wie die blanken Drähte in den Litzen der Starkstromkabel, in konaxialen Lagen verseilt; ist um eine Lage vom Außendurchmesser D eine geschlossene Lage aus n Gruppen vom Durchmesser d mit p-fachem Drall verseilt, dann ist

$$\sin\frac{\pi}{n} \sim \frac{\pi}{n} = \frac{d\left(1+\frac{\pi^2}{2\,p^2}\right)}{D+d}.$$

Es besteht jedoch den Starkstromkabellitzen gegenüber ein wichtiger Unterschied, und zwar in bezug auf die Anzahl der in einer Lage zu verseilenden Gruppen. Bei der Starkstromkabellitze ergibt sich die Zahl n aus der im Prinzip willkürlichen Unterteilung des Querschnittes; bei dem vieladerigen Schwachstromkabel muß man zu der gegebenen Gesamtzahl der Gruppen N eine passende Verseilung suchen. Man stellt zu diesem Zweck die Gesamtzahl N als Funktion der Lagenzahl K dar; besteht der Kern aus einer Gruppe, dann ist

$$N = 1 + 3\,K\,(1 + K)\,,$$

besteht er aus einem Seil von S Gruppen, wo $S = 2$, 3, 4 oder 5, dann ist

$$N = (S + 3\,K)\,(1 + K)\,.$$

Es ist nicht immer möglich, bei einer gegebenen Zahl N ganze Zahlen S und K zu finden, welche eine dieser Gleichungen befriedigen; in solchen Fällen weicht man von der normalen Verseilung ab, indem man in einer Lage eventuell auch in mehreren Lagen die normale Anzahl der Gruppen um eins vergrößert. Dazu ist entweder die Vergrößerung des Durchmessers D, um welche, oder die Vergrößerung des Dralles, mit welcher die zu ändernde Lage verseilt werden soll, notwendig; je größer die Ordnungszahl der Lage ist, in welcher die Veränderung vorgenommen wird, um so kleiner ist die notwendige Änderung.

Zahlenbeispiel. 50 Gruppen vom Durchmesser d sind mit 16-fachem Drall zu verseilen. Man findet für

$$N = 48\,,\quad S = 3\,,\quad K = 3$$
$$N = 52\,,\quad S = 4\,,\quad K = 3\,.$$

Im ersten Fall ergibt sich die Verseilung

$$3 + 9 + 15 + 21 = 48,$$

im zweiten Fall

$$4 + 10 + 16 + 22 = 52.$$

Zweckmäßig verändert man die erste Alternative in

$$3 + 9 + 16 + 22 = 50.$$

Die dazu notwendige Vergrößerung des Durchmessers über der ersten Lage ergibt sich aus

$$\frac{\pi}{16} = \frac{d \cdot 1{,}02}{d + D_1} = 0{,}1963,$$

wenn D_1 den gesuchten Durchmesser bezeichnet. Man erhält

$$D_1 = d \cdot \left(\frac{1{,}02}{0{,}1963} - 1\right) = 4{,}2\,d$$

anstatt

$$D_1 = 4{,}155\,d$$

im Falle der normalen Verseilung: die Vergrößerung beträgt somit 1,1%. Für $d = 4$ mm muß man den natürlich sich ergebenden Durchmesser der ersten Lage von 16,6 auf 16,8 mm verstärken. Zur Vermeidung dieser fabrikationstechnischen Unbequemlichkeit verfährt man meistens so, daß man von der, einer Gruppenzahl $N = 52$ entsprechenden normalen Verseilung ($S = 4$, $K = 3$) ausgeht und, ohne die Durchmesser zu ändern, in der zweiten und in der dritten Lage je eine Gruppe fortläßt. Dadurch wird der Durchmesser der Kabelseele 8,414 d, während die genaue Methode einen Durchmesser von 8,2 d ergeben würde.

Will man den Durchmesser unverändert lassen, dann geht die notwendige Schlaglänge aus der Gleichung hervor:

$$\frac{\pi}{16} = 0{,}1963 = \frac{d\left(1 + \frac{\pi^2}{2\,p^2}\right)}{d + 4{,}155\,d} = \frac{1 + \frac{\pi^2}{2\,p^2}}{5{,}155},$$

hieraus ist

$$p = 20{,}3.$$

Von den 5 verschiedenen Möglichkeiten des Kerns ($S = 1$ bis 5) sind $S = 3$ und $S = 4$ die günstigsten. Bei $S = 1$ werden die 6 Gruppen der ersten Lage zusammengedrückt, und sie üben auch auf die Kern gruppe einen Druck aus; bei Gruppen aus Hohlraumadern tritt infolge dieses Druckes eine Erhöhung der Kapazität ein. Soll diese vermieden werden, so muß der Kerngruppendurchmesser durch besondere Konstruktion oder durch eine zusätzliche Umwicklung um etwa 10% vergrößert werden.

Ein aus zwei Gruppen bestehender Kern erfordert einen mitverseilten, den Querschnitt zum Kreis ergänzenden Beilauf; für einen aus fünf Gruppen bestehenden Kern ist ein Einlauf vom Durchmesser $d_0 = 0{,}7\,d$ notwendig.

Bei den Telephonhauptkabeln mit Luftraumadern muß man den Zusammenhang zwischen den Größen N, S, K und p stets beachten, und zwar besonders dann, wenn nicht nur Höchstwerte, sondern auch Mittelwerte der Kapazität vorgeschrieben sind, also eine Gleichmäßigkeit von vorgeschriebenem Grad eingehalten werden muß.

In der Tabelle 103 sind die Verseilungen von Kabeln bis 1121 gleichen Gruppen enthalten; für jede Verseilung ist der „Verseilungsfaktor“ F

$$F = \frac{D}{d}$$

angegeben.

Tabelle 103. Verseilungstabelle für Schwachstromkabel[1].

K	Ordnungsnummer der Verseillagen								*F*
	Kern	1	2	3	4	5	6	7	
	Anzahl der Gruppen in den Lagen								
1	1	—	—	—	—	—	—	—	1,00
2	2	—	—	—	—	—	—	—	2,00
3	3	—	—	—	—	—	—	—	2,16
4	4	—	—	—	—	—	—	—	2,42
5	5	—	—	—	—	—	—	—	2,70
6	—[2]	6	—	—	—	—	—	—	3,00
7	**1**	**6**	—	—	—	—	—	—	**3,10**
8	**1**	**7**	—	—	—	—	—	—	**3,35**
9	1	8	—	—	—	—	—	—	3,67
10	**2**	**8**	—	—	—	—	—	—	**4,00**
11	2	9	—	—	—	—	—	—	4,00
12	3	9	—	—	—	—	—	—	4,16
13	3	10	—	—	—	—	—	—	4,43
13	4	9	—	—	—	—	—	—	4,42
14	**4**	**10**	—	—	—	—	—	—	**4,42**
15	4[3]	11	—	—	—	—	—	—	4,63
15	**5**	**10**	—	—	—	—	—	—	**4,70**
16	5	11	—	—	—	—	—	—	4,70
17	5[3]	12	—	—	—	—	—	—	4,94
18	5[3]	13	—	—	—	—	—	—	5,26
19	1	6	12	—	—	—	—	—	5,10
20	1	6	13	—	—	—	—	—	5,26
20	**1**	**7**	**12**	—	—	—	—	—	**5,34**
21	1	7	13	—	—	—	—	—	5,33
22	1	7	14	—	—	—	—	—	5,58
23	1	7	15	—	—	—	—	—	5,90
24	2	8	14	—	—	—	—	—	6,00
25	2	8	15	—	—	—	—	—	6,00
25	**3**	**8**	**14**	—	—	—	—	—	**6,16**
26	3	9	14	—	—	—	—	—	6,16
27	3	9	15	—	—	—	—	—	6,16
28	3	9	16	—	—	—	—	—	6,23
28	**4**	**9**	**15**	—	—	—	—	—	**6,41**
29	3	10	16	—	—	—	—	—	6,43
30	**4**	**10**	**16**	—	—	—	—	—	**6,42**
31	4	10	17	—	—	—	—	—	6,55
32	5	11	16	—	—	—	—	—	6,70

[1] Die vom RPM vorgeschriebenen Verseilungen sind durch Fettdruck hervorgehoben.

[2] Einlauf vom Durchmesser der Gruppe.

[3] Kern verstärkt.

Tabelle 103. Verseilungstabelle für Schwachstromkabel (Fortsetzung).

K	Ordnungsnummer der Verseillagen									*F*
	Kern	1	2	3	4	5	6	7	8	
	Anzahl der Gruppen in den Lagen									
33	5	11	17	—	—	—	—	—	—	6,70
34	5	11	18	—	—	—	—	—	—	6,98
35	**1**	**6**	**11**	**17**	—	—	—	—	—	**7,10**
36	1	6	12	17	—	—	—	—	—	7,10
37	1	6	12	18	—	—	—	—	—	7,10
38	**1**	**6**	**12**	**19**	—	—	—	—	—	**7,18**
39	1	6	13	19	—	—	—	—	—	7,26
40	1	6	13	20	—	—	—	—	—	7,49
40	**1**	**7**	**13**	**19**	—	—	—	—	—	**7,33**
41	1	7	14	19	—	—	—	—	—	7,58
42	1	7	14	20	—	—	—	—	—	7,58
42	2	8	13	19	—	—	—	—	—	8,00
43	1	7	14	21	—	—	—	—	—	7,85
44	2	8	14	20	—	—	—	—	—	8,00
45	2	8	14	21	—	—	—	—	—	8,00
45	**3**	**8**	**14**	**20**	—	—	—	—	—	**8,16**
46	2	8	15	21	—	—	—	—	—	8,00
47	3	9	15	20	—	—	—	—	—	8,16
48	3	9	15	21	—	—	—	—	—	8,16
49	3	9	15	22	—	—	—	—	—	8,16
50	**4**	**10**	**15**	**21**	—	—	—	—	—	**8,42**
51	4	10	16	21	—	—	—	—	—	8,42
52	4	10	16	22	—	—	—	—	—	8,42
53	4	10	16	23	—	—	—	—	—	8,57
54	4	10	17	23	—	—	—	—	—	8,57
55	5	11	17	22	—	—	—	—	—	8,70
56	**5**	**11**	**17**	**23**	—	—	—	—	—	**8,70**
57	5	11	17	24	—	—	—	—	—	8,80
58	5	11	18	24	—	—	—	—	—	8,98
59	1	6	12	17	23	—	—	—	—	9,10
60	1	6	12	18	23	—	—	—	—	9,10
61	1	6	12	18	24	—	—	—	—	9,10
62	1	6	12	18	25	—	—	—	—	9,12
63	1	6	12	19	25	—	—	—	—	9,18
64	1	6	13	19	25	—	—	—	—	9,26
65	1	6	13	19	26	—	—	—	—	9,47
66	1	6	13	20	26	—	—	—	—	9,49
67	1	6	13	20	27	—	—	—	—	9,85
68	2	8	14	19	25	—	—	—	—	10,00
69	2	8	14	20	25	—	—	—	—	10,00
70	**2**	**8**	**14**	**20**	**26**	—	—	—	—	**10,00**
71	2	8	14	20	27	—	—	—	—	10,00
72	2	8	14	21	27	—	—	—	—	10,00
73	2	8	15	21	27	—	—	—	—	10,00
74	3	9	15	21	26	—	—	—	—	10,16
75	**3**	**9**	**15**	**21**	**27**	—	—	—	—	**10,16**
76	3	9	15	21	28	—	—	—	—	10,16
77	3	9	15	22	28	—	—	—	—	10,16
78	3	9	16	22	28	—	—	—	—	10,23
79	4	10	16	22	27	—	—	—	—	10,42
80	4	10	16	22	28	—	—	—	—	10,42
81	4	10	16	22	29	—	—	—	—	10,43

Tabelle 103. Verseilungstabelle für Schwachstromkabel (Fortsetzung).

K	Ordnungsnummer der Verseillagen									F
	Kern	1	2	3	4	5	6	7	8	
	Anzahl der Gruppen in den Lagen									
82	4	10	16	23	29	—	—	—	—	10,57
83	4	10	17	23	29	—	—	—	—	10,57
84	**5**	**11**	**17**	**23**	**28**	—	—	—	—	**10,70**
85	5	11	17	23	29	—	—	—	—	10,70
86	5	11	17	23	30	—	—	—	—	10,75
87	5	11	17	24	30	—	—	—	—	10,80
88	5	11	18	24	30	—	—	—	—	10,98
89	1	6	12	18	23	29	—	—	—	11,10
90	1	6	12	18	24	29	—	—	—	11,10
91	1	6	12	18	24	30	—	—	—	11,10
92	1	6	12	18	24	31	—	—	—	11,10
93	1	6	12	18	25	31	—	—	—	11,12
94	1	6	12	19	25	31	—	—	—	11,18
95	1	6	13	19	25	31	—	—	—	11,26
96	1	6	13	19	25	32	—	—	—	11,40
97	1	6	13	19	26	32	—	—	—	11,47
98	1	6	13	20	26	32	—	—	—	11,49
98	2	8	13	19	25	31	—	—	—	12,00
99	1	6	13	20	26	33	—	—	—	11,74
100	**2**	**8**	**14**	**20**	**25**	**31**	—	—	—	**12,00**
101	2	8	14	20	26	31	—	—	—	12,00
102	2	8	14	20	26	32	—	—	—	12,00
103	2	8	14	20	26	33	—	—	—	12,00
104	2	8	14	20	27	33	—	—	—	12,00
105	2	8	14	21	27	33	—	—	—	12,00
105	**3**	**9**	**15**	**20**	**26**	**32**	—	—	—	**12,16**
106	2	8	15	21	27	33	—	—	—	12,00
107	3	9	15	21	27	32	—	—	—	12,16
108	3	9	15	21	27	33	—	—	—	12,16
109	3	9	15	21	27	34	—	—	—	12,16
110	3	9	15	21	28	34	—	—	—	12,16
110	4	10	15	21	27	33	—	—	—	12,42
111	3	9	15	22	28	34	—	—	—	12,16
112	**4**	**10**	**16**	**22**	**27**	**33**	—	—	—	**12,42**
113	4	10	16	22	28	33	—	—	—	12,42
114	4	10	16	22	28	34	—	—	—	12,42
115	4	10	16	22	28	35	—	—	—	12,42
120	5	11	17	23	29	35	—	—	—	12,70
125	**1**	**6**	**12**	**18**	**24**	**29**	**35**	—	—	**13,10**
126	1	6	12	18	24	30	35	—	—	13,10
127	1	6	12	18	24	30	36	—	—	13,10
130	1	6	12	18	25	31	37	—	—	13,12
135	1	6	13	19	26	32	38	—	—	13,47
140	**2**	**8**	**14**	**20**	**26**	**32**	**38**	—	—	**14,00**
145	3	9	15	21	27	32	38	—	—	14,16
146	3	9	15	21	27	33	38	—	—	14,16
147	3	9	15	21	27	33	39	—	—	14,16
150	3	9	15	21	27	34	41	—	—	14,16
150	**4**	**10**	**16**	**21**	**27**	**33**	**39**	—	—	**14,42**
150	4	10	16	22	27	33	38	—	—	14,42
151	4	10	16	22	27	33	39	—	—	14,42
152	4	10	16	22	28	33	39	—	—	14,42

Tabelle 103. Verseilungstabelle für Schwachstromkabel (Fortsetzung).

K	Ordnungsnummer der Verseillagen									*F*
	Kern	1	2	3	4	5	6	7	8	
	Anzahl der Gruppen in den Lagen									
153	4	10	16	22	28	34	39	—	—	14,42
154	4	10	16	22	28	34	40	—	—	14,42
155	4	10	16	22	28	34	41	—	—	14,42
160	5	11	17	23	29	35	40	—	—	14,70
161	5	11	17	23	29	35	41	—	—	14,70
165	1	6	12	18	23	29	35	41	—	15,10
168	**1**	**6**	**12**	**18**	**24**	**30**	**36**	**41**	—	**15,10**
169	1	6	12	18	24	30	36	42	—	15,10
170	1	6	12	18	24	30	36	43	—	15,10
175	1	6	13	19	25	31	37	43	—	15,26
175	**1**	**7**	**13**	**19**	**25**	**31**	**37**	**42**	—	**15,33**
176	1	6	13	19	25	31	37	44	—	15,26
180	2	8	14	20	25	31	37	43	—	16,00
181	2	8	14	20	26	31	37	43	—	16,00
182	2	8	14	20	26	32	37	43	—	16,00
183	2	8	14	20	26	32	38	43	—	16,00
184	2	8	14	20	26	32	38	44	—	16,00
190	3	9	15	21	27	33	38	44	—	16,42
191	3	9	15	21	27	33	39	44	—	16,42
192	3	9	15	21	27	33	39	45	—	16,42
195	4	10	16	21	27	33	39	45	—	16,42
196	4	10	16	22	28	33	39	45	—	16,42
200	**4**	**10**	**16**	**22**	**28**	**34**	**40**	**46**	—	**16,42**
201	4	10	16	22	28	34	40	47	—	16,42
202	4	10	16	22	28	34	41	47	—	16,42
203	4	10	16	22	28	35	41	47	—	16,42
204	4	10	16	22	29	35	41	47	—	16,42
205	4	10	16	23	29	35	41	47	—	16,42
208	5	11	17	23	29	35	41	47	—	16,70
210	5	11	17	23	29	35	42	48	—	16,70
210	1	6	11	17	23	29	35	41	47	17,10
210	**1**	**6**	**12**	**17**	**23**	**29**	**35**	**41**	**46**	**17,10**
215	1	6	12	18	24	30	36	41	47	17,10
217	1	6	12	18	24	30	36	42	48	17,10
220	1	6	12	18	24	30	37	42	49	17,10
224	1	6	13	19	25	31	37	43	49	17,26
224	**1**	**7**	**13**	**19**	**25**	**31**	**37**	**43**	**48**	**17,26**
225	1	6	13	19	25	31	37	43	50	17,26
225	**1**	**7**	**13**	**19**	**25**	**31**	**37**	**43**	**49**	**17,26**
230	2	8	14	20	26	31	37	43	49	18,00
234	2	8	14	20	26	32	38	44	50	18,00
235	2	8	14	20	26	32	38	44	51	18,00
240	3	9	15	21	27	33	38	44	50	18,16
243	3	9	15	21	27	33	39	45	51	18,16
245	3	9	15	21	27	33	39	46	52	18,16
245	**3**	**9**	**15**	**21**	**27**	**33**	**40**	**46**	**51**	**18,16**
250	**4**	**10**	**16**	**22**	**28**	**34**	**40**	**46**	**50**	**18,42**
251	4	10	16	22	28	34	40	46	51	18,42
252	4	10	16	21	28	34	40	46	52	18,42
253	4	10	16	22	28	34	40	46	53	18,42
255	4	10	16	22	28	34	41	47	53	18,42
260	5	11	17	23	29	35	41	47	52	18,70
261	5	11	17	23	29	35	41	74	53	18,70

Tabelle 103. Verseilungstabelle für Schwachstromkabel (Fortsetzung).

K	Ordnungsnummer der Verseillagen																*F*
	Kern	1	2	3	4	5	6	7	8	9	10	11	12	13	14	15	
	Anzahl der Gruppen in den Lagen																
270	1	6	12	18	24	30	36	42	48	53	—	—	—	—	—	—	19,10
271	1	6	12	18	24	30	36	42	48	54	—	—	—	—	—	—	19,10
280	1	6	12	19	25	31	37	43	50	56	—	—	—	—	—	—	19,10
280	**1**	**7**	**13**	**19**	**25**	**31**	**37**	**43**	**49**	**55**	—	—	—	—	—	—	**19,33**
290	2	8	14	20	26	32	38	44	50	56	—	—	—	—	—	—	20,00
300	**3**	**9**	**15**	**21**	**27**	**33**	**39**	**45**	**51**	**57**	—	—	—	—	—	—	**20,16**
302	3	9	15	21	27	33	39	45	52	58	—	—	—	—	—	—	20,16
303	3	9	15	21	27	33	39	46	52	58	—	—	—	—	—	—	20,16
310	4	10	16	22	28	34	40	46	52	58	—	—	—	—	—	—	20,42
315	**5**	**11**	**17**	**23**	**29**	**35**	**40**	**46**	**52**	**57**	—	—	—	—	—	—	**20,70**
320	5	11	17	23	29	35	41	47	53	59	—	—	—	—	—	—	20,70
330	1	6	12	18	24	30	36	42	48	54	59	—	—	—	—	—	21,10
331	1	6	12	18	24	30	36	42	48	54	60	—	—	—	—	—	21,10
337	1	6	12	18	24	30	37	43	49	55	61	—	—	—	—	—	21,10
340	1	6	13	19	25	31	37	43	39	55	61	—	—	—	—	—	21,26
350	**2**	**8**	**14**	**20**	**26**	**32**	**38**	**44**	**50**	**56**	**60**	—	—	—	—	—	**22,00**
352	2	8	14	20	26	32	38	44	50	56	62	—	—	—	—	—	22,00
360	3	9	15	21	27	33	39	45	50	56	62	—	—	—	—	—	22,16
363	3	9	15	21	27	33	39	45	51	57	63	—	—	—	—	—	22,16
370	4	10	16	22	28	34	40	45	51	57	63	—	—	—	—	—	22,42
374	4	10	16	22	28	34	40	46	52	58	64	—	—	—	—	—	22,42
385	5	11	17	23	29	35	41	47	53	59	65	—	—	—	—	—	22,70
397	1	6	12	18	24	30	36	42	48	54	60	66	—	—	—	—	23,10
400	1	6	12	18	24	30	36	42	48	55	61	67	—	—	—	—	23,10
400	**1**	**6**	**12**	**18**	**24**	**30**	**36**	**42**	**49**	**55**	**61**	**66**	—	—	—	—	**23,10**
402	1	6	12	18	24	30	36	43	49	55	61	68	—	—	—	—	23,10
403	1	6	12	18	24	30	36	43	49	55	61	68	—	—	—	—	23,10
404	1	6	12	18	24	30	37	43	49	55	61	68	—	—	—	—	23,10
420	**2**	**8**	**14**	**20**	**26**	**32**	**38**	**44**	**50**	**56**	**62**	**68**	—	—	—	—	**24,00**
432	3	9	15	21	27	33	39	45	51	57	63	69	—	—	—	—	24,16
444	4	10	16	22	28	34	40	46	52	58	64	70	—	—	—	—	24,42
450	5	11	17	23	29	35	40	46	52	58	64	70	—	—	—	—	24,70
450	4	10	16	22	28	34	41	47	53	59	65	71	—	—	—	—	24,42
450	**4**	**10**	**16**	**22**	**28**	**34**	**40**	**47**	**53**	**59**	**66**	**71**	—	—	—	—	**24,42**
451	4	10	16	22	28	34	40	47	53	59	66	72	—	—	—	—	24,42
452	5	11	17	23	29	35	41	47	52	58	64	70	—	—	—	—	24,70
456	5	11	17	23	29	35	41	47	53	59	65	71	—	—	—	—	24,70
469	1	6	12	18	24	30	36	42	48	54	60	66	72	—	—	—	25,10
470	1	6	12	18	24	30	36	42	48	54	60	66	73	—	—	—	25,10
490	**2**	**8**	**14**	**20**	**26**	**32**	**38**	**44**	**50**	**56**	**61**	**67**	**72**	—	—	—	**26,00**
494	2	8	14	20	26	32	38	44	50	56	62	68	74	—	—	—	26,00
500	2	8	14	20	26	32	38	45	51	57	63	69	75	—	—	—	26,00
500	**3**	**9**	**15**	**21**	**27**	**33**	**39**	**40**	**50**	**56**	**62**	**68**	**72**	—	—	—	**26,16**
502	3	9	15	21	27	33	39	45	50	56	62	68	74	—	—	—	26,16
502	2	8	14	20	26	32	38	45	51	57	63	70	76	—	—	—	26,00
505	3	9	15	21	27	33	39	45	51	57	63	68	74	—	—	—	26,16
507	3	9	15	21	27	33	39	45	51	57	63	69	75	—	—	—	26,16
520	4	10	16	22	28	34	40	46	52	58	64	70	76	—	—	—	26,42
533	5	11	17	23	29	35	41	47	53	59	65	71	77	—	—	—	26,70
547	1	6	12	18	24	30	36	42	48	54	60	66	72	78	—	—	27,10
560	**1**	**7**	**13**	**19**	**25**	**31**	**37**	**43**	**49**	**55**	**61**	**67**	**74**	**80**	—	—	**27,33**
574	2	8	14	20	26	32	38	44	50	56	62	68	74	80	—	—	28,00
588	3	9	15	21	27	33	39	45	51	57	63	69	75	81	—	—	28,16

Tabelle 103.
Verseilungstabelle für Schwachstromkabel. (Fortsetzung.)

K	Ordnungsnummer der Verseillagen																*F*
	Kern	1	2	3	4	5	6	7	8	9	10	11	12	13	14	15	
	Anzahl der Gruppen in den Lagen																
600	3	9	16	22	28	34	40	46	52	58	64	70	76	82	—	—	28,16
600	**4**	**10**	**16**	**22**	**28**	**34**	**40**	**46**	**52**	**58**	**64**	**70**	**76**	**80**	—	—	**28,42**
602	4	10	16	22	28	34	40	46	52	58	64	70	76	82	—	—	28,42
606	4	10	16	22	28	34	40	46	52	58	65	71	77	83	—	—	28,42
616	5	11	17	23	29	35	41	47	53	59	65	71	77	83	—	—	28,70
630	**1**	**6**	**12**	**18**	**24**	**30**	**36**	**42**	**48**	**54**	**60**	**66**	**72**	**78**	**83**	—	**29,10**
631	1	6	12	18	24	30	36	42	48	54	60	66	72	78	84	—	29,10
660	2	8	14	20	26	32	38	44	50	56	62	68	74	80	86	—	30,00
675	3	9	15	21	27	33	39	45	51	57	63	69	75	81	87	—	30,16
690	4	10	16	22	28	34	40	46	52	58	64	70	76	82	88	—	30,42
700	**5**	**11**	**17**	**23**	**29**	**35**	**41**	**47**	**53**	**59**	**65**	**71**	**76**	**82**	**86**	—	**30,70**
702	4	10	16	22	28	35	41	47	53	59	65	71	77	83	89	—	30,42
702	5	11	17	23	29	35	41	47	53	59	65	71	76	82	88	—	30,70
707	4	10	16	22	28	35	41	47	54	60	66	72	78	84	90	—	30,42
721	1	6	12	18	24	30	36	42	48	54	60	66	72	78	84	90	31,10
752	2	8	14	20	26	32	38	44	50	56	62	68	74	80	86	92	32,00
768	3	9	15	21	27	33	39	45	51	57	63	69	75	81	87	93	32,16

Tabelle 103. Verseilungstabelle für Schwachstromkabel (Fortsetzung).
Kern und die ersten 5 Lagen wie bei Type K_0.

K	K_0	Ordnungsnummer der Verseillagen															*F*
		6	7	8	9	10	11	12	13	14	15	16	17	18	19	20	
		Anzahl der Gruppen in den Lagen															
784	114	40	46	52	58	64	70	76	82	88	94	—	—	—	—	—	32,42
800	120	41	47	53	59	65	71	77	83	89	95	—	—	—	—	—	32,70
800	114	40	46	52	58	64	71	78	85	92	100	—	—	—	—	—	32,42
808	120	41	47	54	60	66	72	78	84	90	96	—	—	—	—	—	32,70
817	91	36	42	48	54	60	66	72	78	84	90	96	—	—	—	—	33,10
850	102	38	44	50	56	62	68	74	80	86	92	98	—	—	—	—	34,00
867	108	39	45	51	57	63	69	75	81	87	93	99	—	—	—	—	34,16
889	114	40	46	52	58	64	70	76	82	88	94	100	—	—	—	—	34,42
919	91	36	42	48	54	60	66	72	78	84	90	96	102	—	—	—	35,10
972	108	39	45	51	57	63	69	75	81	87	93	99	105	—	—	—	36,16
1000	114	40	46	53	59	65	71	77	83	89	95	101	107	—	—	—	36,42
1000	114	40	46	52	58	64	70	75	82	89	96	103	110	—	—	—	36,42
1027	91	36	42	48	54	60	66	72	78	84	90	96	102	108	—	—	37,10
1064	102	38	44	50	56	62	68	74	80	86	92	98	104	110	—	—	38,00
1083	108	39	45	51	57	63	69	75	81	87	93	99	105	111	—	—	38,16
1102	114	40	46	52	58	64	70	76	82	88	94	100	106	112	—	—	38,42
1121	120	41	47	53	59	65	71	77	83	89	85	101	107	113	—	—	38,70

Soll ein Kabel Gruppen von verschiedenen Durchmessern (d_1, $d_2 \ldots$), die in verschiedener Anzahl (N_1, $N_2 \ldots$) gegeben sind, enthalten, so wird man zunächst versuchen, Gruppen verschiedener Größen in verschiedenen Lagen unterzubringen und jede Lage für sich berechnen.

Zahlenbeispiel. Ein Telegraphenkabel soll 75 Einzeladern enthalten, und zwar

$$N_1 = 5\,,\quad d_1 = 4\text{ mm}\,,\quad N_2 = 70\,,\quad d_2 = 3{,}5\text{ mm}\,.$$

Man versucht zuerst, die fünf starken Adern im Kern des Kabels unterzubringen. Ein fünfdrähtiger Kern ergibt einen Durchmesser

$$D_0 = 2{,}701 \cdot d_1 = 10{,}8\text{ mm}\,,$$

damit ist die Anzahl n_1 der in der ersten Lage des Kabels unterzubringenden Adern d_2 (bei 16-fachem Drall) aus

$$\sin\frac{\pi}{n_1} = \frac{d_2(1+k)}{d_2 + D_0} = \frac{3{,}5\,\pi\,1{,}02}{3{,}5 + 10{,}8} = 0{,}2495\,,$$

$$n_1 = 12\,.$$

Für die Verseilung erhält man somit $12 + 18 + 24 + \cdots$ usw. Drei Lagen ergeben 54, vier Lagen 84 Adern, also zuviel oder zu wenig. Mit vier Lagen wird der Seelendurchmesser

$$D = 10{,}8 + 2 \times 4 \times 3{,}5 = 38{,}8\text{ mm}$$

betragen und in der äußersten Lage werden 16 Adern untergebracht, während der Raum für 30 Adern ausreicht. Zu einer günstigeren Verseilung gelangt man durch die folgende Überlegung: Durch Verstärkung der 5 Adern wird auch der von diesen eingeschlossene Hohlraum vom Durchmesser $d_0 = 0{,}7\,d_1$ größer. Verstärkt man d_1 so weit, daß $d_0 \geq d_2$ wird, somit eine der 70 Adern im Kern Platz findet, dann bleiben 69 Adern übrig, die in drei Lagen

$$17 + 23 + 29$$

normal angeordnet werden können. Der zur Unterbringung von 17 Adern vom Durchmesser $d_2 = 3{,}5$ mm in der ersten Lage notwendige Kerndurchmesser ergibt sich aus

$$\sin\frac{\pi}{17} = \frac{d_2(1+k)}{d_2 + D_0} = \frac{3{,}5 \times 1{,}02}{3{,}5 + D_0} = 0{,}1839$$

zu

$$D_0 = 15{,}9\text{ mm}\,.$$

Diesen Kerndurchmesser erzielt man durch Vergrößerung von d_1 auf 5,9 mm; der Seelendurchmesser beträgt

$$15{,}9 + 6 \times 3{,}5 = 36{,}9\text{ mm}\,.$$

Durch Verstärkung der 5 Adern von 4 auf 5,9 mm erzielt man somit einen um 4,9% kleinen Seelendurchmesser bei glatter Verseilung gleichmäßig gelagerter Adern.

Zur Beschleunigung derartiger Berechnungen dient die Tabelle 104. Aus

$$\sin\frac{\pi}{n} = \frac{d(1+k)}{D+d}$$

erhält man

$$d = D\,\frac{\sin\dfrac{\pi}{n(1+k)}}{1 - \sin\dfrac{\pi}{n(1+k)}} = \frac{1}{f}\cdot D\,.$$

Für kleine Winkel $\left(\frac{\pi}{n} < 5^0\right)$ wird der Faktor

$$\frac{1}{f} = \frac{\pi}{n(1+k) - \pi}\,.$$

Die Tabelle 104 enthält die Werte f als Funktion des Winkels

$$\alpha = \frac{\pi}{n(1+k)};$$

für k ist der Wert 0,02 angenommen.

Tabelle 104. Berechnung einzelner Lagen eines vieladrigen Schwachstromkabels ($k = 0{,}02$).

n	α	$\sin\alpha$	f	n	α	$\sin\alpha$	f
3	58° 48′	0,8554	0,171	27	6° 30′	0,1132	7,85
4	44° 12′	0,6971	0,435	28	6° 18′	0,1109	8,00
5	35° 18′	0,5778	0,730	29	6° 6′	0,1062	8,43
6	29° 24′	0,4909	1,04	30	5° 53′	0,1025	8,75
7	25° 12′	0,4258	1,35	31	5° 42′	0,0993	9,06
8	22° 6′	0,3762	1,66	32	5° 31′	0,0961	9,40
9	19° 36′	0,3354	1,98	33	5° 21′	0,0932	9,74
10	17° 36′	0,3024	2,31	34	5° 11,5′	0,0905	10,05
11	16° 0′	0,2756	2,63	35	5° 2,5′	0,0879	10,4
12	14° 42′	0,2538	2,94	36	—	0,0872	10,7
13	13° 36′	0,2351	3,26	37	—	0,0849	11,0
14	12° 36′	0,2181	3,58	38	—	0,0826	11,3
15	11° 45′	0,2037	3,90	39	—	0,0805	11,7
16	11° 0′	0,1908	4,23	40	—	0,0785	12,0
17	10° 22′	0,1799	4,55	41	—	0,0766	12,3
18	9° 48′	0,1702	4,98	42	—	0,0747	12,6
19	9° 18′	0,1616	5,18	43	—	0,0730	13,0
20	8° 50′	0,1536	5,49	44	—	0,0713	13,3
21	8° 24′	0,1461	5,85	45	—	0,0697	13,6
22	8° 1′	0,1395	6,15	46	—	0,0682	13,9
23	7° 35′	0,1320	6,57	47	—	0,0668	14,3
24	7° 20′	0,1276	6,80	48	—	0,0654	14,6
25	7° 3′	0,1228	7,12	49	—	0,0640	14,9
26	6° 47′	0,1182	7,47	50	—	0,0628	15,2

2. Der Gruppendurchmesser. Die wichtigsten Arten von Gruppen sind Einzeladern, Adernpaare, S- und D-Vierer. Für die Folge bezeichnet d_0 den Leiterdurchmesser, δ die Dicke der Aderisolierung, d_1 den Aderdurchmesser und d mit dem Index p, s oder d den rechnungsmäßigen Gruppendurchmesser, d. h. die Schichtdicke. Es ist der Zusammenhang zwischen d und d_1 anzugeben.

Enthält die zu berechnende Lage nur Einzeladern, dann ist $d = d_1$; die isolierten Adern liegen in der Schicht genau so, wie die blanken Drähte in den normalen Starkstromkabellitzen.

Bei Adernpaaren kann man von einem Durchmesser der Gruppe im eigentlichen Sinne nicht sprechen. Die gebräuchlichen Schlaglängen sind relativ groß, und in jedem beliebigen kurzen Stück eines normal verseilten Paares liegen die beiden Adern flach nebeneinander, als wenn sie miteinander nicht verseilt wären. Auch im Querschnittsbild eines aus Paaren verseilten Kabels lassen die Einzeladern ihre paarweise Verseilung nicht erkennen. Die Dicke der Schicht ergibt sich in diesem Fall als die in tangentialer Richtung genommene mittlere Breite des ganzen, von einer Doppelader beanspruchten Raumes; die beiden sich berührenden Kreise vom Durchmesser d_1, die in Abb. 128 die Quer schnitte der Adern eines verseilten Paares darstellen, berühren ein Quadrat von der Seite d von innen; folglich ist

$$d_p = d_1\left(1+\frac{1}{\sqrt{2}}\right) = 1{,}71\, d_1 .$$

Infolge der leichten Zusammendrückbarkeit der Luftraumadern ist die wirkliche Schichtdicke etwas kleiner, etwa

$$d_p = 1{,}65\, d_1 .$$

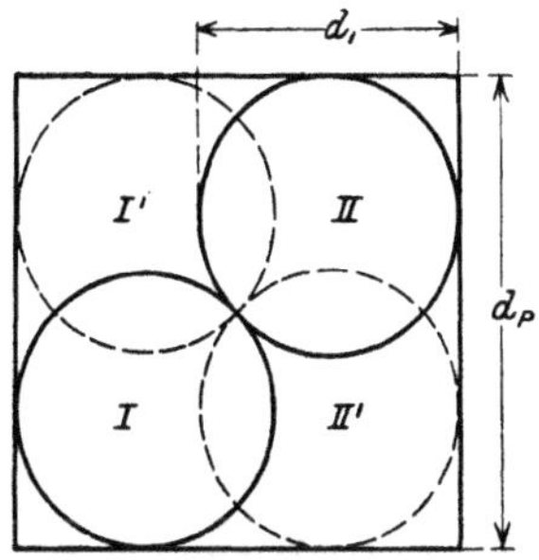

Abb. 128. Schichtdicke des vieladrigen Kabels bei P-Verseilung.

Abb. 129 zeigt das Querschnittsbild eines 37-paarigen Kabels; die Kreise deuten die Einzeladern an. Die 74 Kreise scheinen regellos über dem Kabelquerschnitt verstreut zu liegen; tatsächlich ist das Bild auf Grund der vorstehenden Ausführungen konstruiert (Abb. 130).

Bei Adern mit festem Dielektrikum, die meistens mit kürzeren Schlaglängen als die Hohlraumadern verseilt werden, nähert sich der neben d_1 stehende Faktor mit abnehmender Schlaglänge dem Wert 2.

Infolge der paarweisen Verseilung der Einzeladern wechselt deren in der Abb. 128 durch die Kreise I und II angegebene Lage mit der punktiert angedeuteten Lage I' und II' in regelmäßiger Folge. Es ist eine Eigentümlichkeit der P-Verseilung, daß die Übergänge zwischen diesen beiden Lagen punktweise stattfinden, während an den Zwischenstellen die Adern parallel nebeneinander unverseilt liegen. Es treten pro Schlaglänge zwei Übergangsstellen auf; an diesen werden die Adern etwas zusammengedrückt, aber weniger, als um 18% ihres Durchmessers $\left(\frac{d_p}{2} = 0{,}825\, d_1\right)$, weil der entstehende Druck zum Teil durch die nicht starren Schichtwände aufgenommen wird. Es ergibt sich somit, daß das verseilt hergestellte Adernpaar im Kabel sich in ein unverseiltes, in Abständen überkreuztes Paar verwandelt.

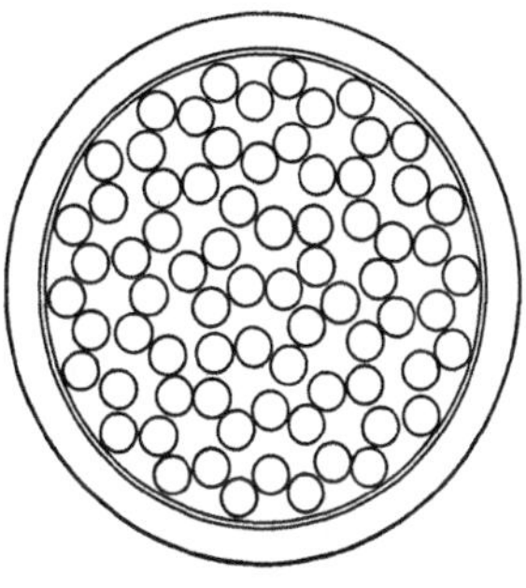

Abb. 129. Querschnittsbild eines 37paarigen Kabels.

Im S-Vierer liegen die beiden Adern eines Paares einander diagonal gegenüber. Die Gruppe ist vollständig symmetrisch, und der nahezu kreisförmige, bei der Verseilung zum Kabel diese Form beibehaltende Gruppenquerschnitt hat den Durchmesser

$$d_s = 2{,}42\, d_1 .$$

Der D-Vierer geht aus zwei Paaren ähnlich wie das Paar aus zwei Adern hervor. Die D-Vierer sind steifer als die Adernpaare und schmiegen sich nicht so gut in die konaxiale Schicht wie jene, daher ist die Konstante im Ausdruck

$$d_d = \text{konst.}\, d_p$$

größer als 1,65, etwa 1,75. Andererseits werden die Hohlraumadern bei der paarweisen Verseilung der Paare mehr zusammengedrückt als bei der lagenweisen Verseilung der Paare, so daß man für $\frac{d_p}{d_1}$ etwa 1,5 setzen muß. Es ergibt sich somit für den D-Vierer

Abb. 130. Konstruktion der Querschnittszeichnung nach Abb. 129.

$$d_d = 1{,}75\, d_p = 1{,}75 \times 1{,}5 \times d_1 = 2{,}6\, d_1 .$$

Enthält ein Kabel n Adernpaare, welche in Form von Einzelpaaren, S- oder D-Vierern verseilt sind, dann ist der Durchmesser der Kabelseele bei P-Verseilung

$$D = F_n \cdot d_p = 1{,}65 \cdot F_n \cdot d_1 = f_p \cdot d_1 ,$$

bei S-Verseilung

$$D = F_{\frac{n}{2}} \cdot d_s = 2{,}42 \cdot F_{\frac{n}{2}} \cdot d_1 = f_s \cdot d_1 ,$$

und bei D-Verseilung

$$D = F_{\frac{n}{2}} \cdot d_d = 2{,}6 \cdot F_{\frac{n}{2}} \cdot d_1 = f_d \cdot d_1 .$$

Die Tabelle 105 enthält die Werte der Koeffizienten f_p, f_s und f_d für einige Werte n, berechnet aus der Tabelle 103; die kleinsten Durchmesser ergeben sich bei der Verseilung zu einfachen Paaren.

Tabelle 105. Verseilungsfaktoren für n-paarige Kabel in P-, S- und D-Verseilung, bezogen auf den Aderdurchmesser d_1. Seelendurchmesser $D = f \cdot d_1$.

n	F_n	$F_{\frac{n}{2}}$	f_p	f_s	f_d
50	8,42	6,00	13,9	14,5	15,6
100	12,00	8,42	19,8	20,4	21,9
150	14,16	10,16	23,8	24,4	26,4
200	16,42	12,00	27,1	29,0	31,2
250	18,42	13,10	30,4	31,7	34,1
300	20,16	14,16	33,3	34,3	36,8
350	22,00	15,26	36,3	36,9	39,7
400	23,10	16,42	38,2	39,7	42,7
450	24,70	17,26	40,8	41,8	44,9
500	26,00	18,42	42,9	44,5	47,9
600	28,42	20,16	46,9	48,8	52,4

3. Die Vorteile der Viererverseilung. Die zwei Adernpaare des D-Vierers bilden drei unabhängige Sprechstromkreise. Der Vorteil des S-Vierers, der zum Doppelsprechen nicht geeignet ist, liegt in dem größeren Abstand zwischen den Adern je eines Paares und in der hieraus sich ergebenden Verkleinerung der Kapazität; die Kapazität des normalen Adernpaares würde bei unveränderter Leiterstärke d_0 bei einer um etwa 10 bis 15% kleineren Aderstärke d_1 erreicht werden.

In der Folge wird bei vergleichenden Berechnungen stets der in bezug auf die Kapazität gleichwertige S-Vierer mit einer Aderstärke

$$d_1' = 0{,}9\, d_1$$

vorausgesetzt. Im Mittel kann $d_s = 2{,}2\, d_1$ gesetzt werden.

In der Tabelle 106 sind die drei Verseilungsarten, bezogen auf die Anzahl N der verfügbaren Stromkreise, miteinander verglichen; es ist

$$f_p' = f_p = 1{,}65 \cdot F_N\,,$$
$$f_d' = 2{,}60 \cdot F_{\frac{N}{3}}\,,$$
$$f_s' = 2{,}20 \cdot F_{\frac{N}{2}}\,.$$

Tabelle 106.
Verseilungsfaktoren für Kabel mit N Stromkreisen in P-, S- und D-Verseilung, bezogen auf den Aderdurchmesser d_1. $D = f' \cdot d_1$.

N	F_n	$F_{\frac{n}{2}}$	$F_{\frac{n}{3}}$	f_p'	f_s'	f_d'
90	11,10	8,00	6,42	18,4	16,8	16,7
120	12,70	9,10	7,33	21,0	19,1	19,0
150	14,16	10,16	8,42	23,4	21,3	21,9
180	16,00	11,10	9,10	26,4	23,3	23,6
210	16,70	12,00	10,00	27,6	25,2	26,0
240	18,16	12,70	10,42	30,0	26,7	27,1
270	19,10	13,47	11,10	31,5	28.3	28,9
300	20,16	14,42	12,00	33,3	30,3	31,2
360	22,16	16,00	12,70	36,5	33,6	33,0
420	24,00	16,70	14,00	39,6	35,1	36,4
480	25,50	18,16	14,70	42,1	38,2	38,2
600	28,42	20,16	16,42	47,0	42,3	42,7

Beide Viererverseilungen ergeben ungefähr denselben Seelendurchmesser, der um 8 bis 9% kleiner ist als derjenige bei der D-Verseilung. Der Materialaufwand für Bleimantel und Außenhülle ist bei der Verwendung von D-Vierern und von S-Vierern derselbe; dagegen ist der Aufwand für Leitermetall und Isoliermaterial bei dem Kabel aus S-Vierern um 50% größer.

Zahlenbeispiel. $d_0 = 0{,}9$ mm, $d_1 = 1{,}9$ mm; zu berechnen sind die Durchmesser für die drei Verseilungsarten und der Aufwand für Blei und Kupfer, bezogen auf die Anzahl N der verfügbaren Stromkreise. Die Bleimantelstärke ergibt sich aus der Beziehung

$$\varDelta = 0{,}9 + 0{,}0314\, D\,,$$

der Seelendurchmesser D aus

$$D = f' \cdot d_1\,,$$

die Werte f' sind in der Tabelle 106 zu finden.

In der Tabelle 107 sind Seelendurchmesser (D), Bleimantelstärke ($\varDelta$), Kupfergewicht (G_K) und Bleigewicht (G_B), bezogen auf 1000 m Kabel für

$$N = 120,\ 180,\ 240,\ 360,\ 420 \text{ und } 480$$

angegeben, in der Tabelle 108 der hieraus berechnete Aufwand unter

Tabelle 107. Luftraumkabel mit 0,9 mm starken Leitern. Berechnung des Kupfer- und des Bleigewichtes für Kabel mit N-Stromkreisen in P-, S- und D-Verseilung.

N	G_K für P-u.S- Verseilung	G_K für D- Verseilung	P-Verseilung D mm	P-Verseilung Δ mm	P-Verseilung G_B kg	S-Verseilung D mm	S-Verseilung Δ mm	S-Verseilung G_B kg	D-Verseilung D mm	D-Verseilung Δ mm	D-Verseilung G_B kg
120	1400	935	39,9	2,2	3320	36,3	2,0	2760	36,2	2,0	2750
180	2100	1400	50,2	2,5	4720	44,3	2,3	3860	44,9	2,3	3910
240	2800	1870	57,0	2,6	5570	50,8	2,5	4800	51,5	2,5	4850
300	3500	2330	63,3	2,9	6910	56,6	2,7	5760	59,4	2,8	6260
360	4200	2800	69,5	3,1	8100	63,9	2,9	6980	62,7	2,9	6850
420	4900	3270	75,4	3,3	9350	66,9	3,0	7550	69,2	3,1	8070
480	5600	3740	80,0	3,4	10200	72,6	3,2	8730	72,6	3,2	8730

der Annahme eines Preises von 200 M. für 100 kg Kupfer und 100 M. für 100 kg Blei.

Der Metallaufwand ist bei S-Verseilung um rund 8% kleiner als bei der P-Verseilung. Neben dem billigeren Preis bietet die S-Verseilung den weiteren Vorteil des um 9 bis 10% kleineren Durchmessers; seine Verwendung empfiehlt sich aus diesem Grunde besonders für vielpaarige Teilnehmer- (Anschluß-) Kabel.

Weitaus größer ist der wirtschaftliche Vorteil des D-Vierers; die Ersparnisse an Kupfer und Blei betragen 40% des von der P-Verseilung und 34% des von der S-Verseilung erforderten Aufwandes.

Tabelle 108. Luftraumkabel mit 0,9 mm starken Leitern. Aufwand in Reichsmark für Kupfer und Blei für je 1000 m Adernpaar.

N	P-Vers. ℳ	S-Vers. ℳ	D-Vers. ℳ	Ersparnis in % von P durch S-Vers.	Ersparnis in % von P durch D-Vers.
120	51,10	46,30	30,70	9,4	40,0
180	49,60	44,80	29,50	9,7	40,5
240	46,50	43,40	28,00	6,7	39,8
300	46,50	42,50	28,60	8,6	38,5
360	45,80	42,70	26,80	6,8	41,5
420	45,60	41,30	27,00	9,4	40,7
480	44,60	41,50	26,00	7,0	41,6

4. Die Kapazität von vieladrigen Luftraumkabeln. Abb. 131 zeigt das Kapazitätsschema eines Adernpaares in einem vielpaarigen Kabel; c ist die Teilkapazität zwischen den beiden Zweigen des Paares, c_0 die Kapazität je eines Zweiges gegen alle übrigen Adern und den Bleimantel, die durch den äußeren Kreis angedeutet sind. Dann ist bekanntlich

$$k_0 = c + c_0$$

die Kapazität einer Ader gegen Erde, während

$$k = c + \frac{c_0}{2}$$

die Betriebskapazität des Adernpaares darstellt; aus K und K_1 ergeben sich

$$c_0 = 2\,(k_0 - k) \quad \text{und} \quad c = 2\,k - k_0\,.$$

Das in der Abb. 129 dargestellte Querschnittsbild eines vielpaarigen Kabels zeigt die gleichförmige Verteilung der Einzeladern, wobei jede Ader meistens von drei Adern berührt wird, während die übrigen umgebenden Adern mehr oder weniger weiter entfernt sind. Abb. 132 zeigt eine

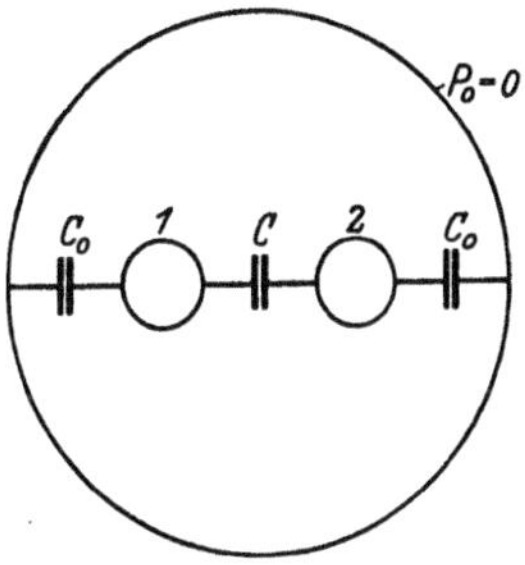

Abb. 131. Kapazitätsschema eines Adernpaares im vielpaarigen Kabel.

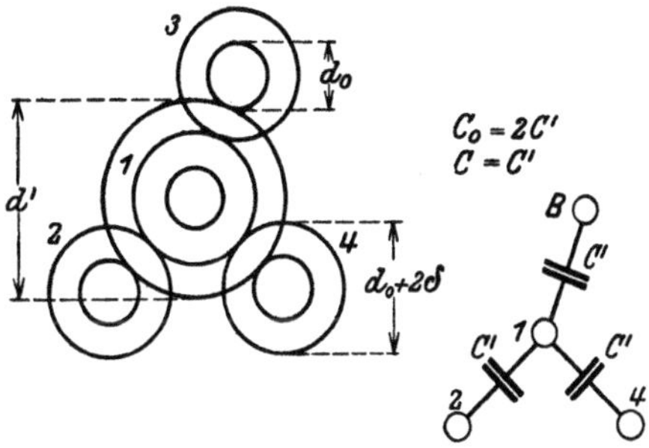

Abb. 132. Berechnung der Betriebskapazität eines Adernpaares.

solche aus vier Einzeladern bestehende Gruppe; von den vier Adern bilden zwei ein Paar, die beiden anderen gehören zu zwei verschiedenen Paaren. Die gleichförmige Verteilung der Adern berechtigt zur Annahme, daß die Teilkapazität der Ader *1* zu allen berührenden Adern (*2*, *3* und *4*) denselben Wert c' hat; es kann daher mit einiger Wahrscheinlichkeit

$$c_0 = 2\,c' \quad (c_{13} + c_{14})$$

angenommen werden; außerdem ist

$$c = c' \quad (c_{12}),$$

womit man

$$c = \frac{c_0}{2}$$

und

$$k = \frac{2}{3}\,k_0$$

erhält. Bei den gebräuchlichen Luftraumaderkonstruktionen besteht erfahrungsgemäß dieses Verhältnis zwischen den Kapazitätsgrößen k und k_0. Aus dieser Gesetzmäßigkeit kann eine empirische Regel für die Berechnung der Kapazität hergeleitet werden.

Um den Mittelpunkt des Leiterquerschnittes *1* in Abb. 132 sei ein Kreis mit dem Durchmesser $d' = d_0 + 4\delta$ geschlagen; er berührt die Leiterquerschnitte *2*, *3* und *4* von außen; alle anderen Nachbaradern sind vom Kreis d' weiter entfernt. Die Kapazität k_0 der Ader *1* gegen Erde wird somit kleiner als die Kapazität k_0' eines konaxialen Kabels mit dem Innenleiterdurchmesser d_0 und dem Seelendurchmesser d'; es ist

$$k_0' = \frac{0{,}02413 \cdot \varepsilon}{\log \dfrac{d_0 + 4\,\delta}{d_0}}.$$

Folglich kann

$$k_0 = \frac{0{,}02413 \cdot \varepsilon}{\log \frac{\lambda (d_0 + 4\delta)}{d_0}}$$

geschrieben werden, wo λ eine Zahl bedeutet, die größer als 1 ist. Damit wird die Betriebskapazität

$$k = \frac{2}{3} \cdot k_0 = \frac{0{,}0161 \cdot \varepsilon}{\log \frac{\lambda (d_0 + 4\delta)}{d_0}} = \frac{0{,}0161 \cdot \varepsilon}{\log \frac{\lambda (2 d_1 - d_0)}{d_0}}.$$

Die Größen λ und ε sind von der Stoffverteilung im Kabelquerschnitt abhängig: λ von der Verteilung zwischen Leiter und Nichtleiter, ε von der Verteilung zwischen Luft und Papier. Aus zahlreichen Messungen der Kapazität (K) und der DK (ε) an Kabeln mit bekannten Werten d_1 und d_0 ist für λ der Wert 1,25 ermittelt worden; der Wert gilt mit guter Annäherung für alle gebräuchlichen Luftraumaderkonstruktionen.

Die genaue Berechnung der DK ist nicht möglich; ein angenähert richtiger Wert kann berechnet werden. Es sei

D_0 der Seelendurchmesser eines n-paarigen Kabels in mm,
d_0 der Leiterdurchmesser in mm,
G_p das Papiergewicht in kg für 1000 m Kabel,
σ_p das spezifische Gewicht des Papieres,
q_p, q_l, q_k der Querschnitt von Papier, Luft und Leitermetall pro Einzelader in mm²,

dann ist

$$q_p = \frac{G_p}{\sigma_p} \frac{1}{2n},$$

$$q_l = \left\{\frac{D_0^2}{4} - 2n \frac{d_0^2 \pi}{4} - \frac{G_0}{\sigma_p}\right\} 2n,$$

$$q_k = \frac{d_0^2 \pi}{4}.$$

Abb. **133** zeigt einen konaxialen Zylinderkondensator mit zwei konaxialen Isolierschichten (einer Luft- und einer Papierschicht), bei

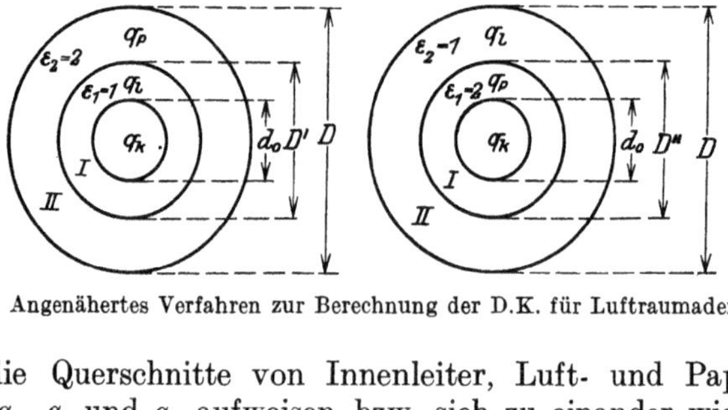

Abb. 133. Angenähertes Verfahren zur Berechnung der D.K. für Luftraumadernpaare.

welchem die Querschnitte von Innenleiter, Luft- und Papierschicht die Werte q_k, q_l und q_p aufweisen bzw. sich zu einander wie $q_k : q_l : q_p$ verhalten. Ist

d_0 der Durchmesser des Innenleiters,
D der Durchmesser des Außenleiters und

D' oder D'' der Durchmesser der Trennfläche zwischen Luft und Papier, je nachdem, ob Luft (Fall A) oder Papier (Fall B) als die Innenschicht angenommen wird, dann ist im Fall A

$$D' = 1{,}13\sqrt{q_l + q_k},$$

im Falle B

$$D'' = 1{,}13\sqrt{q_p + q_k}$$

und in beiden Fällen

$$d_0 = 1{,}13\sqrt{q_k} \quad \text{und} \quad D = 1{,}13\sqrt{q_p + q_l + q_k}.$$

Die Kapazität eines solchen Kondensators ist nach Breisig[1]

$$K = \frac{0{,}02413 \cdot \varepsilon_1 \varepsilon_2}{(\varepsilon_2 - \varepsilon_1)\log\frac{D'}{2} + \varepsilon_1 \log\frac{D}{2} - \varepsilon_2 \log\frac{d_0}{2}}.$$

Im Falle A ($\varepsilon_1 = 1$, $\varepsilon_2 = 2$) wird

$$K_A = \frac{0{,}0483}{\log\frac{D'}{2} + \log\frac{D}{2} - 2\log\frac{d_0}{2}} = \frac{0{,}0483}{\log\frac{D'D}{d_0^2}}$$

und im Falle B ($\varepsilon_1 = 2$, $\varepsilon_2 = 1$)

$$K_B = \frac{0{,}0483}{-\log\frac{D''}{2} + 2\log\frac{D}{2} - \log\frac{d_0}{2}} = \frac{0{,}0483}{\log\frac{D^2}{D''d_0}}.$$

Aus den so berechneten Kapazitätswerten ergeben sich die Werte ε_A und ε_B der DK für die trockene Papier-Luftisolierung; es ist

$$K_A = \frac{0{,}02413\,\varepsilon_A}{\log\frac{D}{d_0}} \quad \text{bzw.} \quad K_B = \frac{0{,}02413 \cdot \varepsilon_B}{\log\frac{D}{d_0}}.$$

Für eine Anzahl von vielpaarigen Luftraumkabeladern mit 0,5, 0,6, 0,8 und 0,9 mm starken Leitern sind die in der Tabelle 109 angegebenen

Tabelle 109. Prozentueller Raumbedarf für Kupfer, Papier und Luft in Luftraumkabeln.

d_0 mm	0,5	0,6	0,8	0,9
δ „	0,30	0,40	0,50	0,55
d_1 „	1,10	1,40	1,80	2,00
d „	1,82	2,32	2,97	3,30
Raum in Prozenten des Querschnittes pro Adernpaar				
für Kupfer . . .	12	9	11	12
„ Papier. . . .	58	53	41	36
„ Luft	30	38	48	52

[1] Theor. Tel. II, S. 39.

Querschnittsdimensionen und Papiergewichte ermittelt worden. Die Berechnung der Werte ε_A und ε_B ist in der Tabelle **110** enthalten; wie man sieht, nehmen die Werte mit zunehmendem Leiterdurchmesser ab.

Tabelle 110. Berechnung der DK. für einen konaxialen Zylinderkondensator mit Papier-Luft-Dielektrikum.

d_0 mm	0,5	0,6	0,8	0,9
D . . . . mm	1,44	2,00	2,41	2,60
D/d_0	2,88	3,33	3,01	2,89
q_k . . . . mm²	0,196	0,282	0,502	0,635
q_p . . . . „	0,946	1,660	1,870	1,905
q_l . . . . „	0,490	1,191	2,185	2,750
	Papier außen, Luft innen			
D' . . . . . . mm	0,94	1,37	1,85	2,08
$D'D/d_0^2$	5,38	7,62	6,96	6,66
K_A . . . . . . μF/km	0,0660	0,0548	0,0573	0,0587
ε_A	**1,26**	**1,19**	**1,14**	**1,12**
	Papier innen, Luft außen			
D'' . . . . . . mm	1,20	1,57	1,74	1,80
$D^2/D''d_0$	3,46	4,25	4,17	4,17
K_B . . . . . . μF/km	0,0895	0,0769	0,0778	0,0778
ε_B	**1,70**	**1,66**	**1,55**	**1,49**

Da die Werte ε_A und ε_B verschieden sind, ist die Frage zu entscheiden, welcher Wert für das Hohlraumkabel in Frage kommt. Konstruktionsgemäß befindet sich die Luft zu 75 bis 80% innerhalb, zu 25 bis 20% zwischen den Adern. In der Wirklichkeit ist der erste Anteil kleiner, der zweite größer, da eine zylindrische Luftschicht innerhalb der Adern, wie in der Abb. **133** angenommen, nicht bestehen kann; der Leiter wird entweder künstlich in der Adernachse gehalten (Ballonader, Kordelader), oder er legt sich seiner ganzen Länge nach einseitig an das Papierrohr. Mit

$$\varepsilon = 0{,}25\,\varepsilon_A + 0{,}75\,\varepsilon_B$$

ergeben sich für die vier in der Tabelle 110 berechneten Kabel die folgenden Werte:

$d_0 = 0{,}5$ mm	$\varepsilon = 1{,}60$
0,6 „	1,54
0,8 „	1,45
0,9 „	1,40.

Tabelle 111 enthält für 25 Telephonkabel die Konstruktionsdaten der Ader, die gemessenen Höchstwerte der Betriebskapazität ($k_{\max}$) und die nach der Formel

$$\varepsilon = \frac{k_{\max} \cdot \log \dfrac{1{,}25\,(2 \cdot d_1 - d_0)}{d_0}}{0{,}0161}$$

berechneten Werte der DK.

Tabelle 111.
Berechnung der DK für Luftraumkabel aus den Konstruktionsdaten und den gemessenen Höchstwerten der Kapazität.

Lfd. Nr.	d_0 mm	d_1 mm	k_{max} μF/km gemessen	ε berechnet
1	0,5	1,03	0,047	1,73
2	0,5	0,94	0,050	1,67
3	0,6	1,15	0,045	1,53
4	0,6	1,21	0,040	1,44
5	0,6	1,27	0,040	1,50
6	0,6	1,39	0,037	1,51
7	0,71	1,45	0,037	1,35
8	0,71	1,57	0,037	1,45
9	0,81	1,45	0,045	1,39
10	0,81	1,57	0,037	1,27
11	0,81	1,63	0,039	1,40
12	0,81	1,70	0,038	1,42
13	0,81	1,76	0,037	1,43
14	0,85	1,88	0,034	1,33
15	0,91	1,64	0,044	1,40
16	0,91	1,82	0,040	1,42
17	0,91	1,88	0,037	1,36
18	0,91	1,94	0,033	1,25
19	0,91	1,76	0,037	1,27
20	1,30	2,48	0,035	1,19
21	1,41	2,51	0,040	1,25
22	1,41	2,04	0,052	1,21
23	1,50	2,79	0,037	1,22
24	2,00	3,15	0,043	1,15
25	2,00	3,09	0,043	1,11

Zahlenbeispiel. Ein 500-paariges Kabel mit 0,8 mm starken Leitern soll in ein vorhandenes Kanalsystem eingezogen werden; mit Rücksicht auf den zu engen Rohrdurchmesser des Kanals darf der Seelendurchmesser höchstens 65 mm betragen. Wie groß wird der Höchstwert der Kapazität?

Für $N = 500$ ist $F = 26{,}0$. Daraus ist

$$d_1 = \frac{65}{26 \cdot 1{,}65} = 1{,}515 \text{ mm}$$

und mit $\varepsilon = 1{,}41$ wird

$$K = \frac{0{,}0161 \cdot 1{,}41}{\log \frac{1{,}25 \cdot (3{,}03 - 0{,}8)}{0{,}8}} = 0{,}0420\ \mu\text{F/km}\,.$$

Einem Höchstwert von 0,037 μF/km würde eine Aderstärke d_1' entsprechen; dieser berechnet sich aus

$$\log \frac{1{,}25\,(2\,d_1' - 0{,}8)}{0{,}8} = \frac{0{,}0161 \times 1{,}41}{0{,}037} = 0{,}615$$

$$\frac{1{,}25\,(2\,d_1 - 0{,}8)}{0{,}8} = 4{,}12$$

zu $d_1' = 1{,}72$ und ergibt einen Seelendurchmesser von

$$D' = 26 \times 1{,}65 \times 1{,}72 = 74{,}0 \text{ mm}\,.$$

5. Die Betriebskapazität der Leiterschleifen in Vierern. Nach Tab. 105 ist der Raumbedarf der S- und D-Verseilung, bezogen auf die reelle Aderzahl, größer als diejenige der P-Verseilung; dadurch wird die größere Nähe der Paare im S-Vierer und ihre ungünstige Lagerung im D-Vierer ausgeglichen und die Berechnung der Kapazität erfolgt genau so wie im Falle der P-Verseilung.

Die Betriebskapazität der Viererschleifen (Phantomkreise) ist ohne Anwendung besonderer konstruktiver Maßnahmen bei der D-Verseilung 1,55- bis 1,6mal, bei der S-Verseilung 2,6- bis 2,8mal größer als die der Stammkreise. Die Betriebskapazität des S-Vierers ist praktisch ohne Interesse, da die Viererschaltung wegen des starken Mitsprechens nicht ausgenützt werden kann.

6. Kapazität und Schlaglänge. In der Theorie wird die Kapazität für die Längeneinheit des gerade gestreckten Leiters berechnet; die auf die Länge des Kabels bezogene Kapazität verseilter Leiter wächst daher mit abnehmender Schlaglänge. Durch den Druck, den die beiden Adern beim Zusammenschlagen aufeinander ausüben und der mit abnehmender Schlaglänge größer wird, verkleinert sich der Abstand zwischen den beiden als Hohlraumader isolierten Leitern, und es tritt eine weitere Vergrößerung der Kapazität ein. Änderungen der Schlaglänge innerhalb enger Grenzen verursachen nur kleine Änderungen der Kapazität; infolge der Ungleichmäßigkeit der Fabrikation können bei unveränderter Schlaglänge Unterschiede von derselben Größenordnung auftreten. Man kann den Einfluß der Schlaglänge auf die Kapazität dadurch zum Ausdruck bringen, daß man den empirischen Faktor λ[1] als eine mit der Schlaglänge (h) wachsende Größe bestimmt; etwa mit

$$\lambda = \lambda_0 + h \cdot \lambda_1$$

wird

$$K = \frac{0{,}0161 \cdot \varepsilon}{\log \dfrac{(\lambda_0 + h \cdot \lambda_1)(2\,d_1 - d_0)}{d_0}};$$

im Bereiche der gebräuchlichen Schlaglängen (mm) erhält man mit

$$\lambda_0 = 1{,}20 \quad \text{und} \quad \lambda_1 = 0{,}00025$$

annähernd richtige Werte. Für große Schlaglängenunterschiede besteht die Proportionalität nicht; mit stark zunehmender Schlaglänge nähert sich die Kapazität einem Mindestwert, der den unverseilt nebeneinanderliegenden Adern entspricht.

Handelt es sich um die Kapazität eines D-Vierers, welche ohne merkliche Veränderung der Paarkapazitäten größer oder kleiner gemacht werden soll, dann genügt es, die Schlaglänge des Vierers zu verkleinern oder zu vergrößern; ebenso kann durch die Veränderung der Schlaglängen der Paare deren Kapazität bei nahezu gleichbleibender Viererkapazität verändert werden.

7. Nebensprechen und Schlaglänge. Die Verwendung verschiedener Schlaglängen für benachbarte oder miteinander zu D-Vierern verseilte

---

[1] S. 208.

Adernpaare wird in älteren Patentschriften[1] mit der Notwendigkeit begründet, Parallelismus der Leiter zu verhindern. Wie auf S. 203 gezeigt wurde, liegen die Adern trotz ihrer paarweisen Verseilung im Kabel stets parallel und wechseln ihre Lagen nicht stetig, sondern in einzelnen Punkten, die natürlich keine geometrischen Punkte zu sein brauchen, sprungweise. An und für sich würde diese Lagerung kein Nebensprechen verursachen; auf einer Längenstrecke gleich der Schlaglänge würden die 4 Drähte, wenn beide Paare mit derselben Schlaglänge hergestellt sind, alle Lagen auf gleich langen Strecken eingenommen haben und die 4 Wirkungen müßten sich restlos aufheben, wenn die Adern vollkommen gleichmäßig gebaut und gelagert wären. Da diese vollkommene Gleichmäßigkeit nicht erreicht wird, bleiben kleine Restwirkungen übrig; angesichts der maschinellen Herstellung ist es naheliegend, anzunehmen, daß diese sich in den aufeinanderfolgenden, den Schlaglängen entsprechenden Teilstücken des Kabels mit einer gewissen Regelmäßigkeit wiederholen und auf größere Beträge aufsummieren können. Der im folgenden beschriebene, vom Verfasser im Jahre 1922 ausgeführte Versuch hat die Richtigkeit dieser Annahme bestätigt. An einem 200 m langen 98-paarigen Ferntelephonkabel in D-Verseilung[2], Normaltype der Deutschen Reichspost[3], wurden die Betriebs-

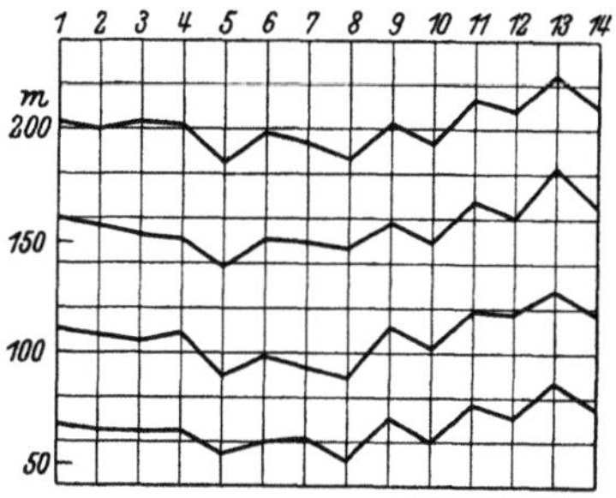

Abb. 134. Kilometrische Betriebskapazitätswerte bei verschiedenen Längen eines Kabels. 14 Paare der ersten Lage.

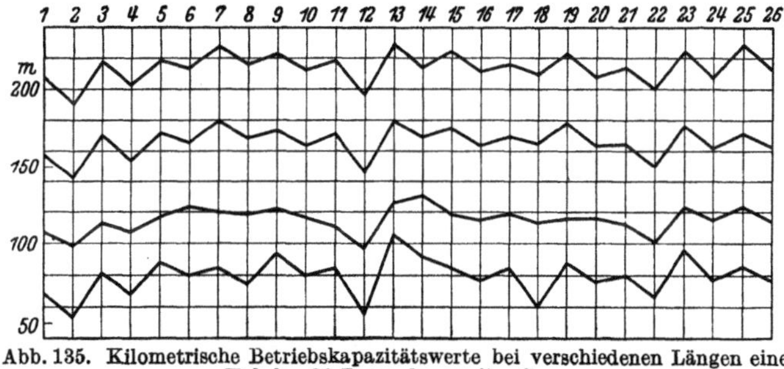

Abb. 135. Kilometrische Betriebskapazitätswerte bei verschiedenen Längen eines Kabels. 26 Paare der zweiten Lage.

kapazitätswerte für alle Kabel und Vierer, sowie die mit den Summenausdrücken $(p+q)$ und $(r+s)$ bezeichneten Kapazitätsdifferenzen für alle Gruppen gemessen[4]. Nach erfolgter Messung wurde vom Kabel ein Stück

[1] Z. B. in D.R.P. Nr. 68204 v. 6. 4. 1892 von Fr. Welles, Berlin. W. Dieselhorst und A. W. Martin haben mit derselben Begründung die Forderung aufgestellt, daß bei D-Vierern der Steigwinkel des Vierers von den unter sich gleichen Steigwinkeln der Paare verschieden sein muß. D.R.P. Nr. 153162 v. 18. 6. 1903.

[2] Hergestellt von der C. J. Vogel Draht- u. Kabelwerke Akt. Ges. in Berlin.

[3] Vgl. Tabelle 121, S. 223.

[4] Mit $(p+q)$ wächst das Mitsprechen zwischen Stamm I und Vierer, mit $(r+s)$ dasjenige zwischen Stamm II und Vierer, vgl. IX. Abschnitt.

von 10 m Länge abgeschnitten und die ganze Messung am verbleibenden Rest wiederholt. Dann wurde abermals ein 10 m langes Stück abgeschnitten und der Rest gemessen, und das Verfahren wurde fortgesetzt, bis das verbleibende Stück nur noch eine Länge von 50 m hatte. Abb. 134 und 135 zeigen die Betriebskapazitätswerte der Paare und Vierer in μF/km bei 200, 150, 100 und 50 m Länge des Kabels, Abb. 136 bis 139 die gemessenen Werte der Differenzbeträge $(p+q)$ und $(r+s)$ in Skalenteilen der Ablesung.

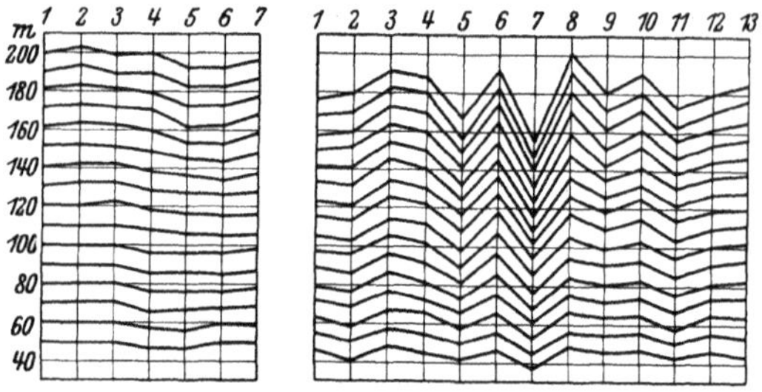

Abb. 136. Werte der $(p+q)$-Beträge bei verschiedenen Längen eines Kabels. 7 Vierer der ersten, 13 Vierer der zweiten Lage.

Während die kleine Ungleichmäßigkeit der Betriebskapazitätswerte bei allen Längen unverändert wiederkehrt[1], sieht man bei den Kapazitätsdifferenzen unter überwiegend kleinen und sich gleichbleibenden Werten vereinzelte erheblich größere Werte auftreten, die jedoch mit abnehmender Länge kleiner werden. Die großen, an der ganzen Fabrikationslänge gemessenen Werte erweisen sich somit als Summen kleiner Einzelbeträge. Auf dieser Tatsache beruht die Wirksamkeit der Schlaglängenvariierung und nicht auf der Vermeidung des

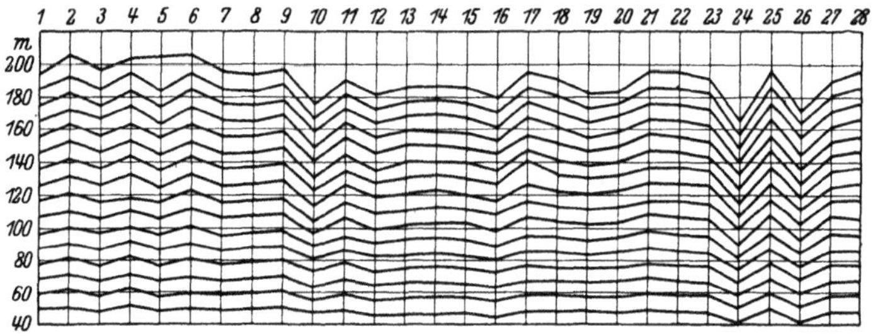

Abb. 137. Werte der $(p+q)$-Beträge bei verschiedenen Längen eines Kabels. 28 Vierer der dritten Lage.

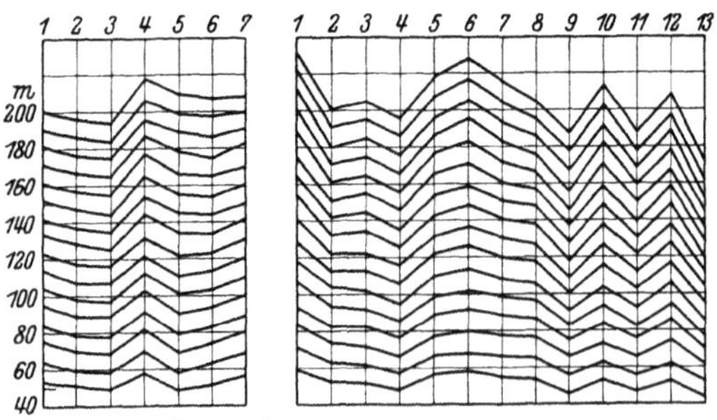

Abb. 138. Werte der $(r+s)$-Beträge bei verschiedenen Längen eines Kabels. 7 Vierer der ersten, 13 Vierer der zweiten Lage.

[1] Bis auf eine kleine Zunahme der Kapazität mit abnehmender Länge, die aber prozentual bei allen Paaren und Vierern dieselbe ist; sie rührt vom zunehmenden Einfluß des auf der Trommel befindlichen durchtränkten Endes des Kabels her.

angeblich schädlichen „Parallelismus" der Drähte. Sind l_1 und l_2 die Schlaglängen der beiden Paare, dann wiederholen sich gleiche gegenseitige Lagerungen der vier Adern erst auf Strecken, deren Längen den kleinsten gemeinsamen Mehrfachen der Größen l_1 und l_2 gleich sind. Diese vergrößerten „Unsymmetrieperioden" verhindern die häufigere Wiederholung gleichartiger und sich summierender Wirkungen, etwa in dem gleichen Maße, in welchem das kleinste gemeinsame Mehrfache größer ist als l_1 bzw. l_2. Demnach wird man besonders günstig fahren, wenn man l_1 und l_2 nicht allzusehr verschieden wählt. Durch eine solche Wahl erreicht man auch den zweiten Vorteil, daß die Betriebskapazitätswerte der mit verschiedenen Schlaglängen hergestellten Paare nicht sehr verschieden groß sein werden.

Man erkennt somit, daß die Drallvariierung an und für sich keine Maßnahme darstellt, durch welche die Kapazitätsdifferenzen kleiner werden; es ist ohne weiteres möglich, günstige Werte bei gleichen Schlaglängen der beiden Paare des Vierers zu erreichen und zwar um so eher, je besser die benutzten Maschinen und die Methoden der

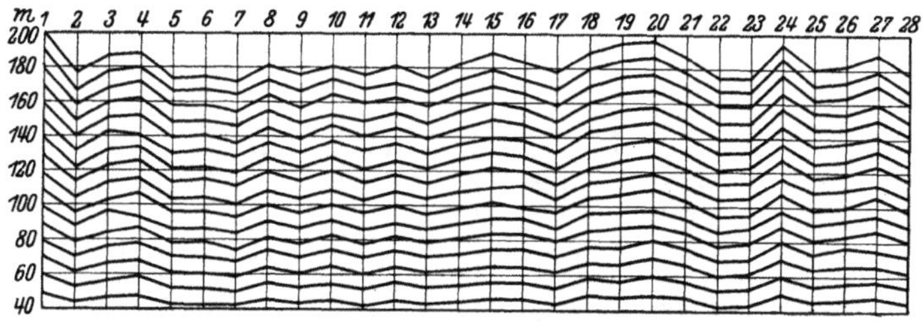

Abb. 139. Werte der ($r + s$)-Beträge bei verschiedenen Längen eines Kabels. 28 Vierer der dritten Lage.

Fabrikation sind. Die Wirkung dieser Maßnahme besteht vielmehr in der Vergrößerung der Wahrscheinlichkeit dafür, daß keine Aufsummierung kleiner Einzelbeträge zustande kommt.

8. Kennzeichnung der Gruppen und der Schlaglängen. Zur eindeutigen Kennzeichnung der Gruppen eines Kabels befindet sich in jeder der konaxialen Lagen eine sog. „Zählgruppe", die sich von den übrigen Gruppen durch eine besondere Farbe der Isolierhülle oder eines deren Bestandteile unterscheidet; für jede Gruppe kann dann angegeben werden, die wievielte sie von der Zählgruppe aus gerechnet ist und in welchem Richtungssinne die Zählung zu erfolgen hat. Durch die Anordnung von zwei verschieden gefärbten Zählgruppen nebeneinander in jeder Lage wird die Kennzeichnung vereinfacht. Zur Unterscheidung der Adern innerhalb der Gruppen sowie zur Kennzeichnung der verschiedenen Schlaglängen bedient man sich ebenfalls verschiedener Farben.

9. Gebräuchliche Telephonkabelkonstruktionen. Im folgenden werden einige in den Kabelnetzen des öffentlichen Dienstes benutzte Telephonkabeltypen beschrieben.

Teilnehmerkabel (Anschlußkabel) der Deutschen Reichspost. Die Kabel werden mit 0,6 und 0,8 mm starken Leitern, die ersten von 1 bis 1000, die letzteren von 1 bis 630 Adernpaaren, beide sowohl in P- als auch in S-Verseilung verwendet[1]. Die Isolierung der Adern er-

Tabelle 112. Aderdurchmesser in Anschlußkabeln der Deutschen Reichspost bei P- und S-Verseilung mit 0,6 mm starken Leitern.

Anzahl der Paare N	Durchmesser der Seele in mm	P-Verseilung		Durchmesser der Seele in mm	S-Verseilung		$\frac{d_s}{d_p}$
		F_N	d_p mm		$\frac{F_N}{2}$	d_s mm	
1	2,0	1,00	1,21	—	—	—	—
2	4,0	2,00	1,21	2,5	1,00	1,14	0,94
4	—	—	—	5,0	2,00	1,14	—
5	6,0	2,70	1,34	5,5	—	—	—
7	6,5	3,10	1,27	6,0	—	—	—
10	8,5	4,00	1,28	7,0	2,70	1,18	0,92
14	9,5	4,41	1,30	8,0	3,10	1,17	0,90
15	10,0	4,70	1,29	8,5	—	—	—
20	11,5	5,34	1,30	10,5	4,00	1,19	0,92
25	13,5	6,16	1,33	11,5	—	—	—
28	14,0	6,41	1,32	11,5	4,41	1,19	0,90
30	14,5	6,42	1,37	12,0	4,70	1,16	0,85
40	16,5	7,33	1,36	14,0	5,34	1,19	0,88
50	19,0	8,42	1,37	16,0	6,16	1,18	0,86
56	19,5	8,70	1,36	17,0	6,41	1,20	0,88
60	—	—	—	17,0	6,42	1,20	—
70	22,5	10,00	1,36	18,5	7,10	1,18	0,87
75	23,0	10,16	1,37	19,0	—	—	—
80	—	—	—	19,5	7,33	1,21	—
90	—	—	—	21,5	8,16	1,20	—
100	27,0	12,00	1,36	22,5	8,42	1,21	0,89
112	28,0	12,42	1,36	23,5	8,70	1,23	0,90
125	29,5	13,10	1,36	—	—	—	—
140	32,0	14,00	1,38	26,5	10,00	1,20	0,87
150	32,5	14,42	1,37	27,0	10,16	1,21	0,88
168	34,5	15,10	1,38	29,0	10,70	1,23	0,89
175	35,5	15,26	1,41	—	—	—	—
200	37,5	16,42	1,38	32,0	12,00	1,21	0,88
210	38,5	17,10	1,36	32,5	12,16	1,21	0,89
224	39,5	17,26	1,39	33,0	12,42	1,21	0,87
250	42,0	18,42	1,38	34,5	13,10	1,20	0,87
280	45,0	19,33	1,41	37,5	14,00	1,22	0,87
300	46,0	20,16	1,38	38,5	14,42	1,21	0,88
350	50,5	22,00	1,39	42,5	15,33	1,26	0,91
400	53,5	23,10	1,40	44,0	16,42	1,22	0,87
420	55,0	24,00	1,39	45,0	17,10	1,20	0,86
450	57,0	24,42	1,41	47,0	17,26	1,24	0,88
490	60,0	26,00	1,40	48,5	18,16	1,21	0,87
500	60,5	26,16	1,40	49,0	18,42	1,21	0,87
560	64,0	27,33	1,42	52,5	19,33	1,24	0,87
600	65,5	28,42	1,40	54,0	20,16	1,22	0,87
630	67,0	29,10	1,39	55,5	20,70	1,22	0,88
700	70,5	30,70	1,39	58,5	22,00	1,21	0,87
800	—	—	—	61,5	23,10	1,21	—
900	—	—	—	65,5	24,42	1,22	—
1000	—	—	—	69,5	26,16	1,21	—
	Mittelwerte		1,37			1,21	0,884

[1] Seit dem 1. 1. 1929 beschafft das RPM Anschlußkabel nur noch in S-Verseilung.

folgt mit zwei spiralförmig in entgegengesetzten Richtungen und überlappend gewickelten Papierstreifen (Abb. 127 Nr. 2). Bei der P-Verseilung ist der obere Papierstreifen der einen Ader jedes Paares blau

Tabelle 113. Aderdurchmesser in Anschlußkabeln der Deutschen Reichspost in P- und S-Verseilung mit 0,8 mm starken Drähten.

Anzahl der Paare N	Durchmesser der Seele in mm	P-Verseilung		Durchmesser der Seele in mm	S-Verseilung		$\frac{d_s}{d_p}$
		F_N	d_p mm		$F_{\frac{N}{2}}$	d_s mm	
1	2,5	1,00	1,52	—	—	—	—
2	5,0	2,00	1,52	3,0	1,00	1,36	0,90
4	—	—	—	6,5	6,5	2,00	—
5	7,8	2,70	1,57	7,0	—	—	—
7	8,0	3,10	1,56	8,0	—	—	—
10	10,0	4,00	1,52	9,5	2,70	1,60	1,05
14	11,5	4,41	1,58	11,0	3,10	1,61	1,02
15	12,5	4,70	1,61	11,5	—	—	—
20	14,0	5,34	1,59	13,5	4,00	1,54	0,97
25	16,5	6,16	1,63	15,0	—	—	—
28	17,0	6,41	1,61	15,0	4,41	1,55	0,96
30	17,5	6,42	1,65	16,0	4,70	1,55	0,94
40	20,5	7,33	1,69	18,0	5,34	1,53	0,91
50	23,0	8,42	1,66	20,5	6,16	1,51	0,91
56	23,5	8,70	1,64	21,5	6,41	1,53	0,93
70	27,5	10,00	1,66	24,0	7,10	1,54	0,93
75	28,5	10,16	1,70	25,0	—	—	—
80	—	—	—	26,0	7,33	1,61	—
90	—	—	—	28,0	8,16	1,56	—
100	33,5	12,00	1,69	29,0	8,42	1,57	0,93
112	34,5	12,42	1,68	30,5	8,70	1,59	0,95
125	36,5	13,10	1,69	—	—	—	—
140	40,0	14,00	1,73	34,5	10,00	1,57	0,91
150	40,5	14,42	1,70	35,0	10,16	1,57	0,92
168	43,0	15,10	1,73	37,5	10,70	1,59	0,92
175	44,0	15,33	1,74	—	—	—	—
200	46,5	16,42	1,72	41,5	12,00	1,57	0,91
210	48,0	17,10	1,70	42,0	12,16	1,57	0,92
224	49,5	17,26	1,74	43,0	12,42	1,57	0,90
250	52,5	18,42	1,73	45,5	13,10	1,58	0,91
280	55,5	19,33	1,74	49,0	14,00	1,59	0,91
300	57,5	20,16	1,73	50,0	14,42	1,58	0,91
350	62,5	22,00	1,72	55,5	15,33	1,64	0,95
400	66,5	23,10	1,74	58,0	16,42	1,61	0,92
420	68,0	24,00	1,72	59,5	17,10	1,58	0,92
450	70,5	24,42	1,75	62,5	17,26	1,65	0,94
490	74,0	26,00	1,73	64,5	19,16	1,61	0,93
500	74,5	26,16	1,73	65,0	18,42	1,60	0,92
560	—	—	—	68,5	19,33	1,61	—
630	—	—	—	72,5	20,70	1,59	—
	Mittelwerte		1,68			1,58	0,94

gefärbt, während der untere Streifen und beide Streifen der anderen Ader ungefärbt sind. Bei der S-Verseilung sind die oberen Streifen (der naturfarbene wie auch der blaue) beider Adern des einen Paares im Vierer durch schwarze Querstriche von den Adern des zweiten

Paares im Vierer unterschieden. Jede Lage enthält mindestens eine Zählgruppe, bei welcher die blaue Ader durch eine rote ersetzt ist; bei S-Verseilung sind beide Adern des einen Paares in der Zählgruppe durch schwarze Querstreifen gekennzeichnet. Zur Fixierung der Zählrichtung sind Anfang und Ende des Kabels durch besondere Zeichen (z. B. Buchstabenstempel A und E auf dem Bleimantel) markiert. Die Papierdicke ist nicht vorgeschrieben. Die Schlaglänge darf sowohl bei der P- als auch bei der S-Verseilung 200 mm nicht überschreiten; die Schlaglänge der Lagen soll bei Lagendurchmessern von 10 mm und mehr höchstens das 18fache des Lagendurchmessers, bei Durchmessern unter 10 mm höchstens 180 mm betragen. In der Tabelle 112 sind die festgesetzten Seelendurchmesser[1] der normierten Typen mit 0,6 mm starken Leitern für P- und S-Verseilung, sowie die mit Hilfe der Koeffizienten f'_p und f'_s berechneten Durchmesser der isolierten Einzeladern angegeben. Tabelle 113 enthält dieselben Angaben für 40 Kabeltypen mit 0,8 mm starken Leitern. Im Mittel ergibt die Berechnung für

Tabelle 114. Mittelwerte aus den Tabellen 112 und 113.

$d_0 =$	0,6 mm	0,8 mm
d_p	1,37 mm	1,68 mm
d_s	1,21 „	1,58 „
$\alpha = d_s : d_p$.	0,88 „	0,94 „

Mit der höchstzulässigen Kapazität von $k_{max} = 0{,}037\,\mu$F/km erhält man hieraus für den

$$\text{0,6-mm-Leiter} \quad \varepsilon = 1{,}50\,,$$
$$\text{0,8-mm-Leiter} \quad \varepsilon = 1{,}38\,.$$

Für alle Maße der Kabel mit Ausnahme der Länge sind Abweichungen von $\pm$ 5% zulässig.

Bezirkskabel (Fernleitungskabel) der Deutschen Reichspost. Die in D-Verseilung hergestellten Kabel enthalten 0,9, 1,5 oder 2,0 mm starke Leiter. Die Adern des Vierers sind durch verschiedene Färbung des Papieres gekennzeichnet. Jeder Vierer wird mit einer Fadenspirale oder mit einem naturfarbenen Papierband in offener Spirale umgeben; die Spirale des Zählvierers ist blau. Zur Bestimmung der Zählrichtung darf ein zweiter Zählvierer angeordnet werden. Tabelle 115 enthält die Seelendurchmesser, die Verseilungsfaktoren und die berechneten Aderdurchmesser der 35 Bezirkskabeltypen. Für die Betriebskapazität sind keine Höchstwerte, sondern Mittelwerte mit einer zulässigen Abweichung von $\pm$ 12% festgesetzt; der Mittelwert beträgt für die 0,9-mm-Type 0,034, für die 1,5-mm-Type 0,036 und für die 2,0-mm-Type 0,041 μF/km, die resp. Höchstwerte sind somit 0,0381, 0,0403 und

[1] In den „Besonderen Vertragsbedingungen“ der Reichspost sind die lichten Bleimantelweiten angegeben; für die Berechnung der Aderstärken ist der um etwa 1,5 mm kleinere Seelendurchmesser, der in den Tabellen 112 und 113 eingesetzt ist, zu verwenden. (Der Bleimantel sitzt lose auf der mit einigen Papierbändern umhüllten Kabelseele.)

Tabelle 115. Aderdurchmesser in Bezirkskabeln (Fernleitungskabeln) der Deutschen Reichspost mit 0,9, 1,5 und 2,0 mm starken Leitern in D-Verseilung.

D, d_0 und d_1 in mm.

Anzahl der Aderpaare N	Verseilungsfaktor $F_{\frac{N}{2}}$	$d_0 = 0,9$		$d_0 = 1,5$		$d_0 = 2,0$	
		D gegeben	d_1 berechnet	D gegeben	d_1 berechnet	D gegeben	d_1 berechnet
4	2,00	—	—	13,0	2,50	15,5	2,98
10	2,70	12,0	1,71	19,5	2,77	24,0	3,42
14	3,10	13,5	1,68	21,5	2,67	26,5	3,29
20	4,00	17,0	1,64	26,5	2,55	33,5	3,22
24	4,16	—	—	28,5	2,64	36,5	3,57
30	4,70	20,5	1,67	32,5	2,66	30,5	3,31
40	5,34	—	—	37,0	2,66	46,5	3,34
50	6,16	27,0	1 ,68	41,5	2,58	51,5	3,22
54	6,16	—	—	42,5	2,65	53,0	3,31
56	6,41	—	—	43,0	2,58	54,0	3,24
60	6,42	—	—	45,0	2,70	55,5	3,33
70	7,10	—	—	48,5	2,63	59,5	3,23
74	7,10	—	—	49,5	2,68	60,5	3,28
100	8,42	37,5	1,71	—	—	—	—
150	10,16	45,0	1,71	—	—	—	—
200	12,00	52,0	1,66	—	—	—	—
250	13,10	57,0	1,67	—	—	—	—
		Mittelwerte	1,68		2,64		3,29

0,0458 μF/km. Diesen Werten und den berechneten mittleren Aderstärken von 1,68, 2,64 und 3,29 mm entsprechen die folgenden Werte der DK:

Tabelle 116. DK-Werte der Fernleitungskabel nach Tabelle 115.

	k_{max}	k_{mittel}
Für 0,9 mm starke Leiter	1,27	1,13
„ 1,5 „ „ „	1,25	1,11
„ 2,0 „ „ „	1,30	1,16

Englische Telephonkabel. (Vorschriften der Post Office Telegraphs, 1925). Gebräuchlich sind 8 Leiterstärken, die nach Gewicht in Pfund pro 1 Meile Länge gekennzeichnet werden:

Tabelle 117. Normalleiter der Englischen Postverwaltung.

Type	Gewicht Engl. Pfund/Meile	Durchmesser	
		in.	mm
I	6,5	0,020	0,51
II	10	0,025	0,64
III	20	0,0355	0,91
IV	40	0,050	1,27
V	60	0,066	1,68
VI	100	0,079	2,02
VII	150	0,097	2,46
VIII	200	0,112	2,85

Eine Abweichung der Drahtstärken um 0,0005 Zoll (= 0,013 mm) ist zulässig.

Das Isolierpapier muß mindestens 2,5 mils (= 0,065 mm) stark sein und wird bei den dünneren Typen spiralförmig um den Leiter gewickelt; bei den stärkeren Leitern ist auch die Längsfalzung des Papieres gestattet.

Die beiden Adern je eines Paares erhalten Papierhüllen gleicher Farbe; die Kennzeichnung erfolgt durch die Farbe eines um jede Ader geschlungenen Fadens. Die in den konaxialen Schichten liegenden Adernpaare erhalten abwechselnd verschiedene Schlaglängen, welche durch besondere Farben gekennzeichnet werden. Bei der D-Verseilung besitzen die beiden Paare des Vierers verschiedene Schlaglängen; die Vierer selbst werden gleichfalls mit abwechselnd verschiedenen, durch farbige, offene Papierbandspiralen gekennzeichneten Schlaglängen verseilt. Die vorgeschriebenen Schlaglängen und Farben zeigt die Tabelle 118.

Tabelle 118. Schlaglängen und deren Kennzeichnung nach Vorschrift der Englischen Postverwaltung.

Leiter-Type Engl. Pfund pro Meile	P-Verseilung				D-Verseilung			
	Farbe des oberen Aderpapieres				Farbe der offenen Papierspirale um den Vierer			
					orange oder rot	blau	grün	weiß
					Farbe der beiden Paare			
	rot oder orange	blau	grün	weiß	rot und grün	rot und grün	blau und weiß	blau und weiß
	Schlaglängen der Adern und der Vierer in engl. Zoll.							
6,5 / 10	4	5	6	7	—	—	—	—
20 / 40	5	6	7	8	10	12	14	16
70	6	8	10	12	14	16	18	20
100 / 150	8	10	12	14	16	18	20	22
200	12	14	16	18	20	22	24	26

Der Mittelwert der Betriebskapazität darf bei den $6^1/_2$- und 10-Pfund-Typen nicht mehr als 0,075 μF/Meile, bei den übrigen Typen nicht mehr als 0,065 μF/Meile betragen. Mit einem Zuschlag von 6% für Höchstwerte ergeben sich für die beiden ersten Typen 0,050 μF/km und für die übrigen Typen 0,043 μF/km.

In den Tabellen 119 und 120 sind für die Kabeltypen mit 0,51, 0,63, 0,91 und 1,27 mm starken Leitern die Anzahl der Paare und die vorgeschriebenen Durchmesserwerte angegeben. Bei der Umrechnung des Durchmessers von Zoll auf mm sind 1,5 mm für die Papierbewicklung unter dem Bleimantel abgezogen. Aus den bezeichneten Aderstärken d_1 ergeben sich die dem Höchstwert der Kapazität entsprechenden Werte der DK

Tabelle 119. Englische Telephonkabel mit dünnen Leitern.

Anzahl der Paare	F	Type: $6^1/_2$-Pfund-Leiter $d_0 = 0{,}51$ mm			Type: 10-Pfund-Leiter $d_0 = 0{,}63$ mm		
		Durchmesser der Seele		d_1	Durchmesser der Seele		d_1
		in.	mm	mm	in.	mm	mm
10	4,00	0,26	5,1	0,77	0,31	6,5	0,99
15	4,63	0,31	6,4	0,84	0,37	7,9	1,03
25	6,16	0,39	8,4	0,83	0,468	10,4	1,02
35	7,10	0,458	10,1	0,86	0,542	12,3	1,05
50	8,42	0,542	12,3	0,89	0,646	14,9	1,07
75	10,16	0,664	15,4	0,92	0,786	18,5	1,10
100	12,00	0,758	17,7	0,89	0,896	21,3	1,07
150	14,42	0,926	22,0	0,93	1,092	26,3	1,10
200	16,42	1,064	25,5	0,94	1,26	30,5	1,12
250	18,42	1,186	28,6	0,94	1,41	34,3	1,13
300	20,16	1,288	31,2	0,94	1,54	37,7	1,13
400	23,10	1,494	36,5	0,96	1,774	43,6	1,14
500	26,00	1,66	40,7	0,95	1,978	48,7	1,13
600	28,20	1,82	44,7	0,96	2,164	53,5	1,15
800	32,42	2,088	51,5	0,96	2,472	61,3	1,14
1000	36,42	2,352	58,3	0,97	—	—	—
		Mittelwerte		0,91			1,09

Tabelle 120. Englische Telephonkabel mit stärkeren Leitern.

Anzahl der Paare	F	Type: 20-Pfund-Leiter $d_0 = 0{,}91$ mm			Type: 40-Pfund-Leiter $d_0 = 1{,}27$ mm		
		Durchmesser der Seele		d_1	Durchmesser der Seele		d_1
		in.	mm	mm	in.	mm	mm
2	2,00	—	—	—	0,30	6,1	1,85
4	2,42	—	—	—	0,41	8,9	2,23
8	3,35	—	—	—	0,57	13,0	2,35
10	4,00	0,458	10,1	1,53	0,636	14,7	2,22
15	4,63	0,562	12,6	1,67	0,784	18,4	2,40
25	6,16	0,71	16,5	1,62	0,99	23,9	2,35
35	7,10	0,84	19,9	1,70	1,158	27,9	2,38
50	8,42	1,00	23,9	1,72	1,382	33,6	2,42
75	10,16	1,214	29,3	1,74	1,69	40,5	2,42
100	12,00	1,40	34,1	1,72	1,94	47,8	2,41
125	13,10	—	—	—	2,174	53,7	2,48
150	14,42	1,708	42,0	1,76	2,37	58,7	2,46
200	16,42	1,96	48,3	1,78	—	—	—
250	18,42	2,192	54,1	1,77	—	—	—
300	20,16	2,398	59,5	1,79	—	—	—
		Mittelwerte		1,71			2,33

für die $6^1/_2$-Pfund-Type	($d_0 = 0{,}51$ mm,	$d_1 = 0{,}91$ mm)	zu $\varepsilon = 1{,}46$
„ „ 10- „ „	0,63	1,09	1,41
„ „ 20- „ „	0,91	1,71	1,35
„ „ 40- „ „	1,27	2,33	1,31

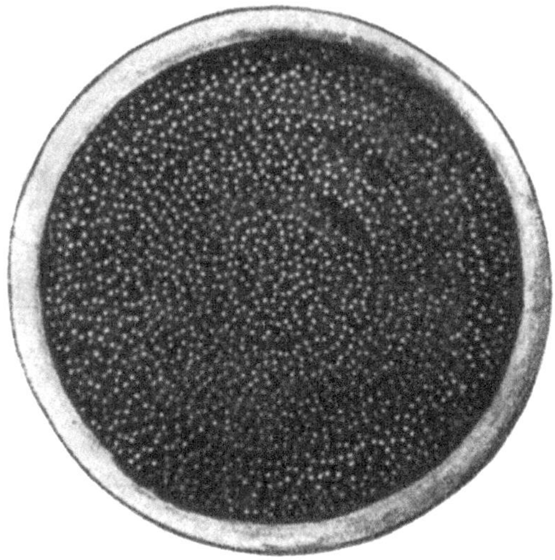

Abb. 140. 909-paariges Kabel mit 0,64 mm starken Kupferdrähten (ATTC.).

Drei amerikanische Teilnehmerkabel. Die Abb. 140, 141 und 142 zeigen die Photographien dreier Kabelquerschnitte der ATTC. Die drei Kabel stammen aus verschiedenen Epochen; alle drei sind zum Einziehen in Rohre bestimmt und haben fast genau gleichgroße Durchmesser.

Das Kabel in Abbild. 140 enthält 909 Paare aus 0,64 mm starken Leitern (AWG Nr. 22). Dem Seelendurchmesser von 58,5 m und dem Verseilungsfaktor $F = 34{,}6$ entspricht eine Aderstärke von 1,02 mm; hieraus und aus dem Höchstwert der Kapazität von 0,052 μF/km[1] ergibt sich

$$\varepsilon = \frac{0{,}052}{0{,}0121} \log \frac{1{,}25\,(1 \cdot 1{,}02 - 0{,}64)}{0{,}64} = 1{,}42\,.$$

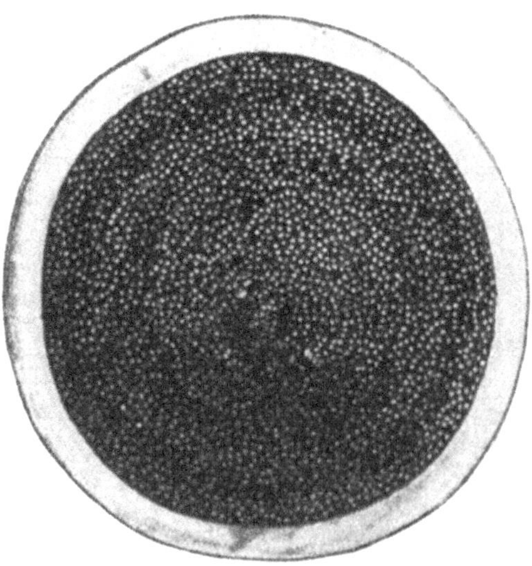

Abb. 141. 1212-paariges Kabel mit 0,51 mm starken Kupferdrähten (ATTC.).

Ähnlich findet man für das in der Abb. 141 dargestellte 1212-paarige Kabel mit 0,51 mm starken Leitern (AWG Nr. 24) aus $D = 57{,}5$ und $F = 38{,}4$

$$d_1 = 0{,}906 \text{ mm}\,,$$
$$\varepsilon = 1{,}65$$

und für das 455-paarige Kabel mit 0,91 mm starken Leitern (Abb. 142) aus $D = 57{,}5$ und $F = 24{,}7$

$$d_1 = 1{,}41 \text{ mm}\,,$$
$$\varepsilon = 1{,}37\,.$$

[1] Vgl. Tabelle 20, S. 112.

10. Ferntelephonkabel in D-Verseilung. Normal-Ferntelephonkabel mit 0,9 und 1,4 mm starken Leitern der Deutschen

Abb. 142. 455-paariges Kabel mit 0,91 mm starken Kupferdrähten (ATTC.).

Reichspost[1] (Tab. 121). Die Vierer sind 5,0 bzw. 7,0 mm stark; der Höchstwert der Betriebskapazität beträgt

für den schwächeren Vierer $0{,}035\,\mu F/\text{km}$,
„ „ stärkeren „ $0{,}037$ „

Tabelle 121. Deutsche Normalferntelephonkabel.

Type	98-paarig	166-paarig
Anzahl und Leiterstärke der Vierer		
im Kern (mit Bleimantel) . . .	$1 \times 0{,}9$	$1 \times 0{,}9$
in der 1. Lage	$7 \times 1{,}4$	$7 \times 1{,}4$
„ „ 2. „	$13 \times 1{,}4$	$13 \times 1{,}4$
„ „ 3. „	$28 \times 0{,}9$	$28 \times 0{,}9$
„ „ 4. „	—	$34 \times 0{,}9$
Durchmesser der Seele	46,0 mm	56,5 mm

Man erhält

$$\text{für } d_0 = 0{,}9: \qquad d_1 = \frac{5}{2{,}6} = 1{,}92\,\text{mm}$$

$$\text{„ } d_0 = 1{,}4: \qquad d_1 = \frac{7}{2{,}6} = 2{,}69\,\text{mm}$$

und

$$\varepsilon_{0,9} = \frac{0{,}035}{0{,}0161} \log \frac{1{,}25\,(2 \cdot 1{,}92 - 0{,}9)}{0{,}9} = 1{,}33\,,$$

$$\varepsilon_{1,4} = \frac{0{,}037}{0{,}0161} \log \frac{1{,}25\,(2 \cdot 0{,}62 - 1{,}4)}{1{,}4} = 1{,}27\,.$$

[1] Dohmen, K.: Fernkabel und Spulen im deutschen Fernkabelnetz. Fernkabel H. 7, S. 28. Berlin 1924.

Schweizerische Normal-Ferntelephonkabel mit 1,0 und 1,5 mm starken Leitern[1] (Tab. 122). Abb. 143 bis 146.

Tabelle 122. Schweizerische Normal-Ferntelephonkabel.

Lfd. Nr.	Anzahl der Adern-paare	Anzahl und Leiterstärke der Vierer				Durchmesser der Seele
		im Kern	und in der			
			1. Lage	2. Lage	3. Lage	mm
1	10	$5\times 1{,}0$	—	—	—	14,0
2	20	$2\times 1{,}0$	$8\times 1{,}0$	—	—	20,5
3	30	$4\times 1{,}5$	$11\times 1{,}5$	—	—	32,5
4	40	$1\times 1{,}5$	$7\times 1{,}0$	$12\times 1{,}5$	—	35,0
5	62	$1\times 1{,}0$	$6\times 1{,}0$	$9\times 1{,}5$	$15\times 1{,}5$	43,5
6	80	$3\times 1{,}0$	$9\times 1{,}0$	$11\times 1{,}5$	$17\times 1{,}5$	49,0
7	100	$4\times 1{,}5$	$12\times 1{,}0$	$14\times 1{,}5$	$20\times 1{,}5$	55,0

zeigen die Querschnitte der Typen Nr. 4 bis Nr. 7. Für die Betriebskapazität ist der Mittelwert zu 0,036 μF/km für die 1,0-mm-Paare und 0,039 μF/km für die 1,5-mm-Paare mit einer höchstzulässigen Abweichung von $\pm 3\%$ festgelegt; die Höchstwerte betragen somit 0,0371 bzw. 0,0402 μF/km. Hieraus und aus Tabellenwerten

Abb. 143. Schweizerisches Normal-Ferntelephonkabel mit 40 Adernpaaren. (OTD.)

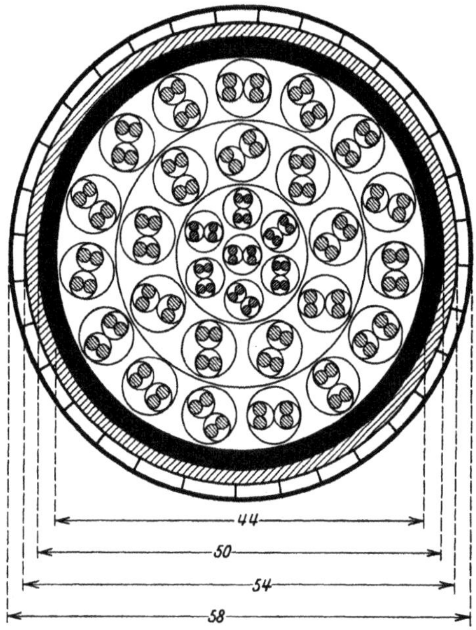

Abb. 144. Schweizerisches Normal-Ferntelephonkabel mit 62 Adernpaaren. (OTD.)

$$d_0 = 1{,}0\,\text{mm}: \quad d = 5{,}10\,\text{mm}, \quad d_1 = 1{,}96\,\text{mm}$$

$$d_0 = 1{,}5\ \text{,,} \quad d = 7{,}00\ \text{,,} \quad d_1 = 2{,}69\ \text{,,}$$

[1] Trechsel, W.: Die West-Ost-Transversale des schweizerischen Fernkabelnetzes. Techn. Mitt. der Schweiz. Tel. Verw. Bern 1925, Jg. 3, H. 5.

berechnen sich die D.K.-Werte zu

$$\varepsilon_{1,0} = \frac{0{,}0371}{0{,}0161} \log \frac{1{,}25\,(3{,}92 - 1{,}0)}{1{,}0} = 1{,}30\,,$$

$$\varepsilon_{1,5} = \frac{0{,}0402}{0{,}0161} \log \frac{1{,}25\,(5{,}38 - 1{,}5)}{1{,}5} = 1{,}28\,.$$

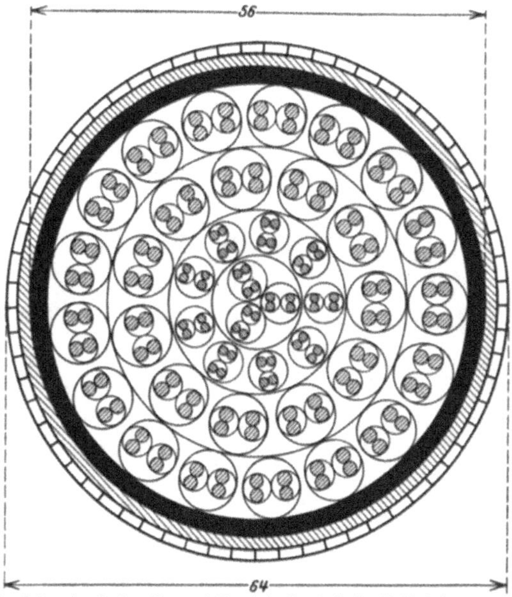

Abb. 145. Schweizerisches Normal-Ferntelephonkabel mit 80 Adernpaaren. (OTD.)

Zwei belgische Ferntelephonkabel[1] (Tab. 123). Die verschiedenen Kerne der beiden Kabel haben denselben Durchmesser

Tabelle 123. Zwei belgische Ferntelephonkabel.

Anzahl der Paare	162-paarig mm	100-paarig mm
Anzahl und Leiterstärke der Vierer		
im Kern	5 × 0,9	2 × 1,5
in der 1. Lage	10 × 1,3	10 × 1,3
„ „ 2. „	17 × 1,3	14 × 1,5
„ „ 3. „	19 × 1,5	24 × 1,3
„ „ 4. „	30 × 1,3	—
Durchmesser der Seele	62,5	50,0
Höchstwert der Betriebskapazität	0,0385 μF/km	

(D_0), weil der Aufbau der ersten Lage in beiden Fällen derselbe ist. Bezeichnen $d_{0,9}$, $d_{1,3}$ und $d_{1,5}$ die Viererdurchmesser, dann ist nach Tabelle 103

$$D_0 = 2{,}73\, d_{0,9} = 2{,}31\, d_{1,3} = 2\, d_{1,5}\,.$$

[1] Europäischer Fernsprechdienst 1926, H. 1, S. 44.

Bei dem 162-paarigen Kabel folgen in der zweiten Lage 17 Vierer auf die gleichen 10 Vierer der ersten Lage, deren äußerer Durchmesser

$$D_0 + 2\,d_{1,3} = 4{,}31\,d_{1,3}$$

vergrößert werden muß, um 17 Vierer (anstatt normalerweise 16) unterbringen zu können. Die Dicke δ der aufzutragenden Papierschicht berechnet sich nach Tabelle 103 für $n = 17$ aus

$$4{,}31\,d_{1,3} + 2\,\delta = 4{,}55\,d_{1,3}\,,$$

woraus

$$\delta = 0{,}12\,d_{1,3}\,.$$

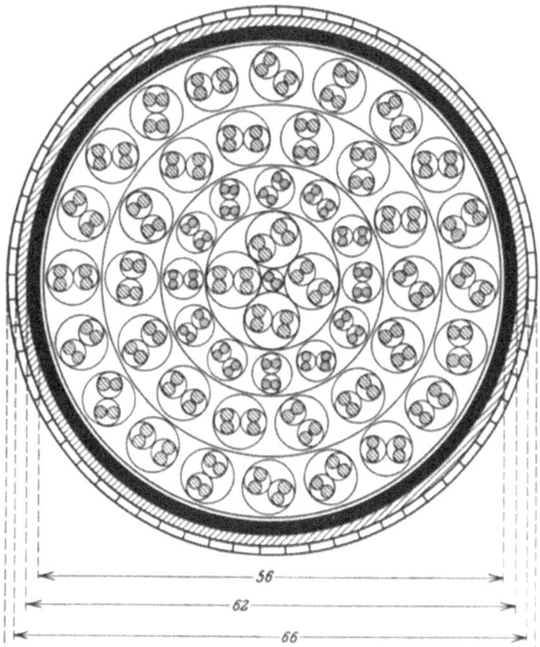

Abb. 146. Schweizerisches Normal-Ferntelephonkabel mit 100 Adernpaaren und einem nur Meßzwecken dienenden Adernpaar in der Mitte des Kerns. (OTD.)

Damit wird

$$62{,}5 = D_0 + 2\,d_{1,3} + 2\,\delta + 2\,d_{1,3} + 2\,d_{1,5} = 2\,d_{1,3} = 10{,}86\,d_{1,3}$$

und

$$d_{1,3} = 5{,}77 \sim 5{,}8\,\text{mm}\,.$$

Das 100-paarige Kabel ergibt

$$50{,}0 = 2{,}31\,d_{1,3} + 4\,d_{1,3} + 2{,}31\,d_{1,3} = 8{,}62\,d_{1,3}$$

ebenfalls

$$d_{1,3} = 5{,}8\,\text{mm}\,.$$

Weiter erhält man

$$d_{0,9} = 4{,}9\,\text{mm}\,, \quad d_{1,5} = 6{,}7$$

die Aderstärken

$$\begin{aligned} \text{für } d_0 &= 0{,}9: & d_1 &= 1{,}88 \sim 1{,}9\,\text{mm} \\ d_0 &= 1{,}3: & & 2{,}25 \sim 2{,}3 \;\;,, \\ d_0 &= 1{,}5: & & 2{,}58 \sim 2{,}6 \;\;,, \end{aligned}$$

und schließlich die Werte

$$\varepsilon_{0,9} = \frac{0{,}0385}{0{,}0161} \log \frac{1{,}25\,(3{,}8 - 0{,}9)}{0{,}9} = 1{,}45\,,$$

$$\varepsilon_{1,3} = \frac{0{,}0385}{0{,}0161} \log \frac{1{,}25\,(4{,}6 - 1{,}3)}{1{,}3} = 1{,}21\,,$$

$$\varepsilon_{1,5} = \frac{0{,}0385}{0{,}0161} \log \frac{1{,}25\,(5{,}2 - 1{,}5)}{1{,}5} = 1{,}17\,.$$

Zur Erzielung der vorgeschriebenen Kapazität der 0,9-mm-Adernpaare, müssen diese eine schwächere Isolierung, als hier berechnet, erhalten; deshalb werden die 5 Vierer im Kern des 162-paarigen Kabels durch Papierbewicklung auf den für die Unterbringung der 10 Vierer der ersten Lage notwendigen Durchmesser gebracht.

11. Ferntelephonkabel in S-Verseilung. Im Gegensatz zu den bisher beschriebenen, in D-Verseilung aufgebauten Kabeln ist in einer Anzahl von Fällen für Ferntelephonkabel auf Anregung der AEG[1] die S-Verseilung gewählt worden. Durch die Pupinisierung wird der wirtschaftliche Vorteil des D-Vierers dem S-Vierer gegenüber etwas verkleinert, da zur Pupinisierung der Viererkreise an jedem Spulenpunkt besondere Spulen[2] zugeschaltet werden müssen, welche Mehrkosten verursachen und die elektrischen Eigenschaften der Adernpaare verschlechtern. Das erste pupinisierte S-Kabel war das von der AEG hergestellte und verlegte 47 km lange Eisenbahnkabel zwischen Drammen und Kongsberg in Norwegen[3]. In den Jahren 1925 und 1926 wurde von der AEG und von F. & G. ein aus etwa 600 km pupinisierten S-Kabeln bestehendes Fernkabelnetz in Holland fertiggestellt. Die Kabel enthalten 1,13, 1,29, 1,60 und 1,67 mm starke Leiter; die Anzahl der Adernpaare schwankt zwischen 78 und 234. Die Abb. 147 und 148 zeigen die Querschnitte von zwei 148-paarigen Kabeltypen dieses Netzes.

Für sehr lange Verbindungen, bei welchen die Vierdrahtschaltung zur Anwendung kommt, ist die D-Verseilung ungeeignet, weil der Phantomkreis nicht ausgenützt werden kann. Dadurch kommt für

---

[1] Jordan, H.: Zur Einführung der Sternverseilung im Fernkabelbau. Fernkabel, Berlin 1926, H. 10, S. 23.

[2] Die WEC verwendet an jedem Spulenpunkt je eine Spule für den Phantomkreis; nach dem von A. Ebeling angegebenen Verfahren von S. & H. wird an jedem Spulenpunkt in jedes Paar je eine Zusatzspule für den Viererkreis geschaltet (D.R.P. 209655 v. 6. 8. 1908).

[3] Jordan, H. und W. Wolff: Das erste Fernkabel in Sternverseilung. E. N.T. 1925, S. 445.

solche Fälle eine wesentliche wirtschaftliche Überlegenheit des S-Vierers gegenüber dem D-Vierer zustande[1].

12. Das Krarupkabel. Wirtschaftlich bleibt das Krarupkabel hinter dem Pupinkabel zurück, sobald die Länge des Kabels die Einschaltung von Spulen rechtfertigt. Ein besonderes Gebiet für das Krarupsystem bilden lange Unterseekabel, deren Ausrüstung mit Pupinspulen nicht möglich oder noch nicht möglich ist. Die Deutsche Reichspostverwaltung benützt ferner Krarupkabel, um sie in lange

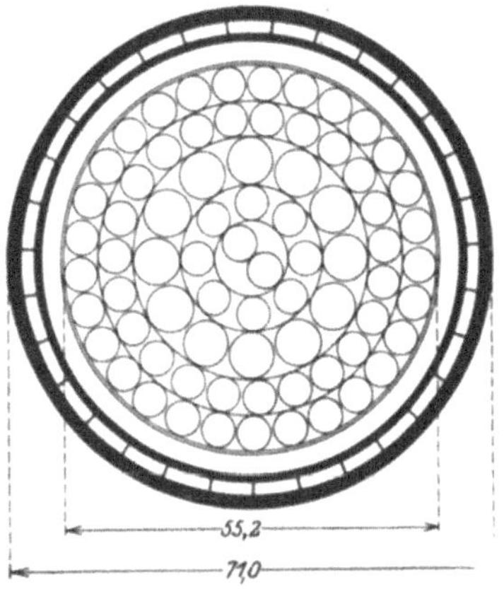

Abb. 147. Ferntelephonkabel in S-Verseilung mit 148 Adernpaaren. (AEG)

Aufbau der Kabelseele:
Kern : 2 × 4 × 1,29 mm
1. Lage: 8 × 4 × 1,29 „
2. „ 12 × 4 × 1,67 „
3. „ 23 × 4 × 1,29 „
4. „ 29 × 4 × 1,29 „

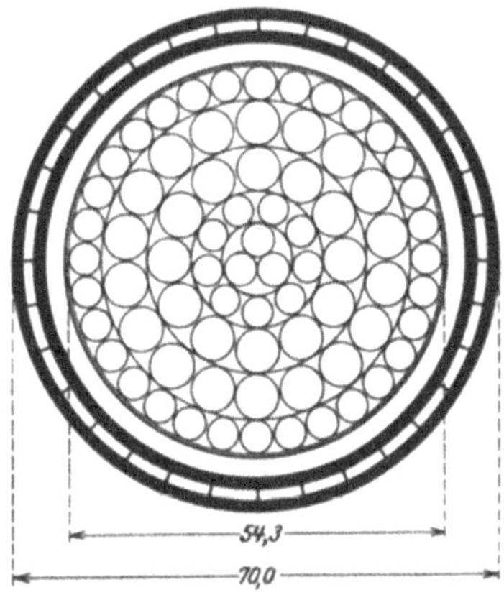

Abb. 148. Ferntelephonkabel in S-Verseilung mit 148 Adernpaaren. (AEG)

Aufbau der Kabelseele:
Kern: 3 × 4 × 1,13 mm
1. Lage: 9 × 4 × 1,13 „
2. „ 12 × 4 × 1,60 „
3. „ 18 × 4 × 1,60 „
4. „ 32 × 4 × 1,13 „

Freileitungen an Stellen, wo die Führung als Freileitung unmöglich oder unbequem ist, einzuschalten, so z. B. beim Durchqueren von Städten, Flußläufen usw. Hierbei ist der Verwendungszweck nicht so sehr die Verkleinerung der spez. Dämpfung, als vielmehr die Erhaltung der (elektrischen) Homogenität der durch das Kabel unterbrochenen mit Verstärkern betriebenen Freileitung, um deren Nachbildbarkeit nicht zu verschlechtern[2].

13. Beispiele moderner Krarup-Seekabel. 1. Ostpreußenkabel I[3] (1920). Das 176,7 km lange Kabel (Abb. 149) enthält 3 Telephon-S-Vierer und 3 Telegraphenadern. Die Telephonleiter bestehen aus

[1] Vgl. F. Unterbusch: Schweden—Finnland-Kabel in der F. & G.-Carlswerk Rundschau, Heft 4, Dezember 1928. Neuerdings wird eine sogenannte Doppelsternverseilung verwendet, bei welcher der S-Vierer statt aus Einzeladern aus Adernpaaren besteht. Ein Doppelsternvierer bietet vier Stamm- und zwei aus den diagonal liegenden Adernpaaren gebildete Phantomleitungen. Vgl. Heft 4 der F. & G.-Carlswerk Rundschau, ferner K. Fischer im „Europäischen Fernsprechdienst“, Heft 11 (Januar 1929).

[2] Feist, K.: Verkabelung von oberirdischen Fernsprechverbindungsleitungen. Tel.- u. Fernsprech-Techn. 1923, S. 32.

[3] Müller, E.: Das Seekabel nach Ostpreußen. ETZ 1921, S. 333.

1,45 mm starken, mit je zwei Flachkupferdrähten (2,70 × 0,35 mm) umgebenen Drähten und sind mit 0,2 mm starkem Eisendraht in zwei Lagen bewickelt; der Durchmesser der mit trockenem Papier isolierten Adern beträgt 4,4 mm. Am verlegten Kabel wurden die folgenden elektrischen Eigenschaften der Adernpaare gemessen:

R_0	= 10,56 Ohm/km bei 15° C
R_{eff} bei $\omega = 5000$	= 11,10 „ „ 15° C
K	= 0,0506 μF/km
L	= 0,0103 H/km
β	= 0,0125
Z	= 470

2. Ostpreußenkabel II (1922). Die Seele des 175,5 km langen Kabels besteht aus 4 S-Vierern und 4 Telegraphendoppeladern (Abb. 150).

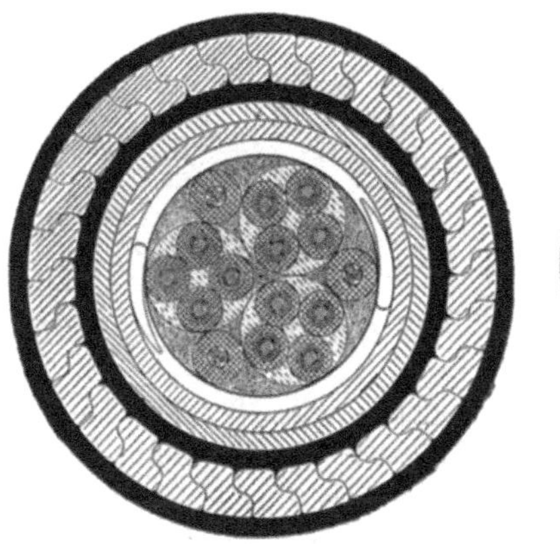
Abb. 149. Ostpreußenkabel I. 1920. (F. & G.)

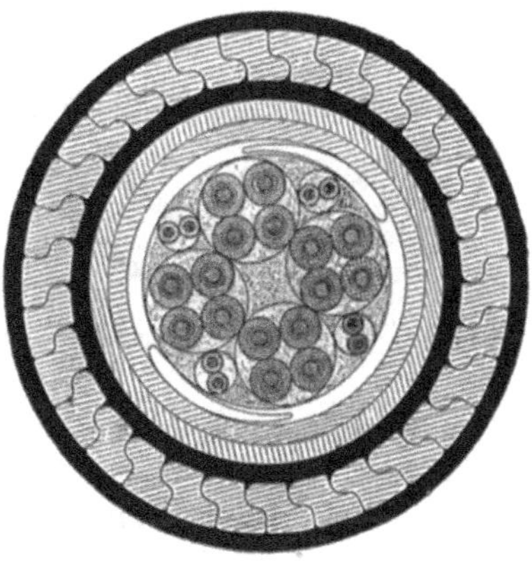
Abb. 150. Ostpreußenkabel II. 1922. (F. & G.)

Der aus einem Runddraht und zwei Flachdrähten bestehende Leiter (2,85 mm²) ist mit 0,3 mm starkem Eisendraht in einer Lage dicht bewickelt. Der Seelendurchmesser beträgt 24,5 mm; die elektrischen Eigenschaften sind die folgenden:

R_0	= 11,8 Ohm/km bei 15° C
R_{eff} bei $\omega = 5000$	= 12,4 „ „ 15° C
K	= 0,044 μF/km
L	= 0,0128 H/km

3. Bodenseekabel (1924) (Abb. 151). Die Seele besteht aus 7 S-Vierern und 6 Telegraphenadernpaaren. Die etwa 1,65 mm starken Leiter sind in einer Lage mit 0,3 mm starkem Eisendraht bewickelt. Elektrische Eigenschaften:

R_0	= 17,3 Ohm/km bei 15° C
R_{eff} bei $\omega = 5000$	= 18,3 „ „ 15° C
K	= 0,052 μF/km
L	= 0,015 H/km

4. Erstes englisch-holländisches Kabel (1924)[1].

[1] El. Review 1924, S. 384; ETZ 1925, S. 200.

5. Zweites englisch-holländisches Kabel[1] (1926). Beide Kabel sind 159 km lang; beide sind Hohlraum-Krarupkabel und enthalten je 4 zu einem S-Vierer verseilte S-Vierer; bei dem Kabel Nr. 5 (Abb. 152) befindet sich außerdem im Kern eine für Tonfrequenztelegraphie geeignete Einzelader. Die Leiter der S-Vierer sind 2,3 mm starke Drähte, der Kernleiter ist eine $7 \times 0{,}8$ mm-Litze; die Telephondrähte sind mit 0,2 mm starkem, der Kerndraht ist mit 0,3 mm starkem

Abb. 151. Kabel durch den Bodensee. 1924. (F. & G.).

Abb. 152. Englisch-Holländisches Kabel von F. & G. (1926.)

Eisendraht in je einer dichten Lage bewickelt. Alle 13 Adern sind als Kordelader ausgeführt; der Seelendurchmesser beträgt 25 mm[2].

Elektrische Eigenschaften der Kabel 4 und 5:

	Kabel 4	Kabel 5
R_0	= —	7,88 Ohm/km bei 15° C
R_{eff} bei $\omega = 5000$	= 8,69	8,4 „ „ 15° C
K	= 0,0593	0,0445 μF/km
L	= 0,0104	0,00868 H/km
β_{5000}	= 0,0100	0,0084

Eine erhöhte Wirksamkeit bietet das Krarupkabel bei Verwendung des Permalloymaterials nach dem Verfahren der WEC[3]; nach diesem Verfahren ist das Telegraphenkabel New York—Emden von der Telegraph Construction and Maintenance Co. in England und von den Norddeutschen Seekabelwerken in Nordenham hergestellt worden, nachdem die Prüfung eines 120 Meilen langen, in großer Seetiefe verlegten Versuchskabels günstig ausfiel[4]. Das Permalloyband von $3{,}18 \times 0{,}15$ mm Querschnitt ist als geschlossene Spirale um den Kupferleiter gewickelt; die Selbstinduktivität beträgt 0,029 H/km, die Permeabilität liegt über 2000 (zweitausend).

---

[1] Meyer, U.: Ein neues Fernsprechkabel zwischen Holland und England. ETZ 1926, S. 1409.

[2] Kabel 1, 2, 3 und 5 sind hergestellt und verlegt von F. & G.; Kabel 4 von Siemens Brothers.

[3] Engl. Pat. Nr. 188688 und Nr. 189075 v. 17. 5. 1921, D.R.P. Nr. 412706 und Nr. 422063 v. 10. 5. 1922 (Patente der WEC und der Bell Telephone Co.).

[4] Cruichshank, W.: Journal I. E. E. 1926, S. 156.

In großer Seetiefe verlegte Kabel zeigen eine Abnahme der Permeabilität infolge des hohen Wasserdruckes. Bei gewöhnlichem Eisen mit $\mu < 200$ ist die Abnahme geringfügig; in einem Fall betrug sie bei 3000 Atm. Druck 5%. Das Permalloy dagegen ändert seine Permeabilität bei Anwendung von großem Druck sehr stark[1]; bei einem Permalloyband mit 70% Nickelgehalt fiel der Wert μ bei 1000 Atm. von 2000 auf 100, bei einer Legierung mit $78^1/_2$% Nickelgehalt und bei derselben Druckbelastung von 3500 auf 1000. Man erkannte aber, daß nicht der Druck an und für sich, sondern dessen Ungleichmäßigkeit die Ursache der Verschlechterung ist; man überschwemmt daher das Belastungsmaterial im freien Raum zwischen Kupferdraht und Guttapercha mit einer isolierenden Flüssigkeit, und bringt so durch den hydraulischen Druck die störende Ungleichmäßigkeit zum Verschwinden. Zu diesem Zweck geeignete Substanzen sind flüssiges Bitumen[2] oder balsamartige Massen, wie z. B. synthetischer Kautschuk[3].

Während der große Erfolg des Permalloy-Telegraphenkabels New York—Emden dem Krarupsystem ein neues Verwendungsgebiet erschlossen hat, wird seine eigentliche Domäne, das Untersee-Telephonkabel von dem Pupinsystem mit in die Kabel selbst eingebauten Spulen schrittweise erobert. Das erste Kabel dieser Art war das von S. & H. im Jahre 1906 hergestellte und im Bodensee verlegte 12 km lange 7-paarige Kabel[4]. Im Jahre 1925 sind von S. & H. und F. & G. zwei 14-paarige Versuchskabel von je 16 km Länge hergestellt, verlegt und gemeinschaftlich mit dem RPM untersucht worden[5]; auf Grund der sehr günstigen Ergebnisse konnte S. & H. im Jahre 1926 ein 47 km langes, F. & G. im Jahre 1927 ein 117-km-Seekabel mit eingebauten Spulen liefern und verlegen[6]. So ist es nur noch eine Frage der Zeit, bis das Unterseekabel von dem System gänzlich erobert sein wird. Die kurzen Zwischenkabel werden mit den langen Telephonfreileitungen zusammen verschwinden.

14. Der Bleimantel. Vor Aufbringung des Bleimantels wird die Seele des Hohlraumaderkabels mit Papierstreifen, oder mit Papier- und Leinenstreifen umhüllt, um die Seele während der Weiterverarbeitung vor mechanischer Beschädigung zu schützen und den Abstand zwischen Außenlage und Bleimantel zu vergrößern. Zwischen

---

[1] Deutsche Patentanmeldung auf „Unterseekabel", Aktenzeichen J. 23976 v. 25. 8. 1923 (Bell-System).

[2] D.R.P. Nr. 401486 v. 28. 4. 1922 (Bell-System).

[3] D.R.P. Nr. 419818 v. 8. 6. 1924 (F. & G.).

[4] Ebeling, A.: Über das im Bodensee verlegte Fernsprechkabel mit Selbstinduktionsspulen nach dem Pupinschen System. ETZ 1907, S. 661. Bei diesem Kabel ist zum erstenmal eine Stahldrahtspirale unter dem Bleimantel angeordnet worden, um die Deformation des Kabels durch den hohen Wasserdruck zu verhindern. (Vgl. die Abb. 149, 150 und 151.)

[5] Craemer, P. und Ew. Müller: Neue Versuche mit pupinisierten Fernsprechseekabeln. ETZ 1925, S. 1577.

[6] Baum, Th.: F. & G.-Carlswerk-Rundschau, Juni 1928. Ein 186 km langes Ostpreußenkabel Nr. 3 mit 22 D-Vierern und eingebauten Pupinspulen wird von S. & H. im Auftrage des RPM im Laufe des Jahres 1929 hergestellt und verlegt. (ETZ 1928, S. 1755.)

Tabelle 124. Vorschrift der Deutschen Reichspost für Bleimantel und Armierung von Teilnehmerkabeln mit 0,6 mm starken Leitern in S-Verseilung. (Maße in mm.)

Anzahl der Adernpaare	Durchmesser der Seele	Bleimantelstärke des blanken Kabels	Bleimantelstärke des arm. Kabels	Armierungsdrähte Anzahl	Armierungsdrähte Breite außen	Armierungsdrähte Breite innen
2	4,0	1,2	1,1	9	4,0	3,0
4	6,5	1,4	1,1	10	4,0	3,0
5	7,0	1,4	1,1	11	4,0	3,0
7	7,5	1,4	1,1	12	4,0	3,0
10	8,5	1,4	1,2	12	4,0	3,0
14	9,5	1,4	1,2	13	4,0	3,0
15	10,0	1,4	1,2	14	4,0	3,0
20	12,0	1,5	1,3	15	4,0	3,0
25	13,0	1,6	1,4	15	4,0	3,0
28	13,0	1,6	1,4	15	4,0	3,0
30	13,5	1,6	1,4	15	4,0	3,0
40	15,5	1,7	1,4	17	4,0	3,0
50	17,5	1,8	1,4	19	4,0	3,0
56	18,5	1,9	1,4	17	4,9	4,0
60	18,5	1,9	1,4	17	4,9	4,0
70	20,0	1,9	1,4	17	4,9	4,0
75	20,5	2,0	1,5	18	4,9	4,0
80	21,0	2,0	1,5	18	4,9	4,0
90	23,0	2,0	1,5	19	4,9	4,0
100	24,0	2,1	1,5	20	4,9	4,0
112	25,0	2,1	1,5	21	4,9	4,0
140	28,0	2,2	1,6	22	4,9	4,0
150	28,5	2,2	1,6	23	4,9	4,0
168	30,0	2,3	1,7	24	4,9	4,0
200	33,5	2,3	1,8	26	4,9	4,0
210	34,0	2,3	1,8	26	4,9	4,0
224	34,5	2,3	1,8	27	4,9	4,0
250	36,0	2,4	1,9	28	4,9	4,0
280	39,0	2,5	2,0	24	6,2	5,0
300	40,0	2,5	2,0	24	6,2	5,0
350	44,0	2,6	2,1	26	6,2	5,0
400	45,0	2,7	2,2	27	6,2	5,0
420	46,0	2,7	2,2	27	6,2	5,0
450	48,5	2,8	2,3	29	6,2	5,0
490	50,0	2,8	2,3	30	6,2	5,0
500	50,5	2,9	2,5	30	6,2	5,0
560	54,0	2,9	2,5	32	6,2	5,0
600	55,5	3,0	2,7	33	6,2	5,0
630	57,0	3,0	2,7	33	6,2	5,0
700	60,0	3,1	2,9	35	6,2	5,0
800	63,0	3,2	3,2	37	6,2	5,0
900	67,0	3,4	3,4	39	6,2	5,0
1000	71,0	3,6	3,6	41	6,2	5,0

dieser Hülle und dem Bleimantel läßt man noch einen kleinen Spielraum von ca. 0,5 mm in Durchmesser.

Die Deutsche Reichspost schreibt für alle Hauptkabel Hartblei mit 1% Zinngehalt vor. Die in den Tabellen 124 bis 128 mitenthaltenen

Tabelle 125. Vorschrift der Deutschen Reichspost für Bleimantel und Armierung von Teilnehmerkabeln mit 0,8 mm starken Leitern in S-Verseilung. (Maße in mm.)

Anzahl der Adernpaare	Durchmesser der Seele	Bleimantelstärke des blanken Kabels	Bleimantelstärke des arm. Kabels	Armierungsdrähte Anzahl	Armierungsdrähte Breite außen	Armierungsdrähte Breite innen
2	4,5	1,2	1,1	9	4,0	3,0
4	8,0	1,4	1,1	12	4,0	3,0
5	8,5	1,4	1,2	12	4,0	3,0
7	9,5	1,4	1,2	13	4,0	3,0
10	11,0	1,5	1,3	14	4,0	3,0
14	12,5	1,6	1,4	15	4,0	3,0
15	13,0	1,6	1,4	15	4,0	3,0
20	15,0	1,7	1,4	17	4,0	3,0
25	16,5	1,8	1,4	18	4,0	3,0
28	16,5	1,8	1,4	18	4,0	3,0
30	17,0	1,8	1,4	18	4,0	3,0
40	19,5	1,9	1,4	17	4,9	4,0
50	22,0	2,0	1,5	19	4,9	4,0
56	23,0	2,0	1,5	19	4,9	4,0
60	23,5	2,1	1,5	20	4,9	4,0
70	25,5	2,1	1,5	21	4,9	4,0
75	26,5	2,2	1,6	22	4,9	4,0
80	27,5	2,2	1,6	22	4,9	4,0
90	29,5	2,3	1,7	24	4,9	4,0
100	30,5	2,3	1,7	24	4,9	4,0
112	32,0	2,3	1,7	25	4,9	4,0
140	36,0	2,4	1,9	28	4,9	4,0
150	36,5	2,4	1,9	29	4,9	4,0
168	39,0	2,5	2,0	24	6,2	5,0
200	43,0	2,6	2,1	25	6,2	5,0
210	43,5	2,6	2,1	26	6,2	5,0
224	44,5	2,7	2,2	26	6,2	5,0
250	47,0	2,7	2,2	28	6,2	5,0
280	50,5	2,9	2,5	30	6,2	5,0
300	51,5	2,9	2,5	31	6,2	5,0
350	57,0	3,0	2,7	34	6,2	5,0
400	59,5	3,1	2,9	35	6,2	5,0
420	61,0	3,1	2,9	36	6,2	5,0
450	64,0	3,2	3,2	37	6,2	5,0
490	66,0	3,2	3,2	38	6,2	5,0
500	66,5	3,4	3,4	39	6,2	5,0
560	70,0	3,4	3,4	41	6,2	5,0
630	74,0	3,6	3,6	43	6,2	5,0

Vorschriften führen zu den folgenden linearen Beziehungen der Bleimantelstärke (Δ) zum Seelendurchmesser (D):

Tabelle 126. Vorschrift der Deutschen Reichspost für Bleimantel und Armierung von Teilnehmerkabeln mit 0,6 mm starken Leitern in P-Verseilung. (Maße in mm.)

Anzahl der Adernpaare	Durchmesser der Seele	Bleimantelstärke des blanken Kabels	Bleimantelstärke des arm. Kabels	Armierungsdrähte Anzahl ca.	Armierungsdrähte Breite außen	Armierungsdrähte Breite innen
1	3,5	1,2	1,1	8	4,0	3,0
2	5,5	1,4	1,1	10	4,0	3,0
5	7,5	1,4	1,1	11	4,0	3,0
7	8,0	1,4	1,1	12	4,0	3,0
10	10,0	1,4	1,2	13	4,0	3,0
14	11,0	1,5	1,3	14	4,0	3,0
15	11,5	1,5	1,3	14	4,0	3,0
20	13,0	1,6	1,4	15	4,0	3,0
25	15,0	1,7	1,4	17	4,0	3,0
28	15,5	1,7	1,4	17	4,0	3,0
30	16,0	1,7	1,4	18	4,0	3,0
40	18,0	1,8	1,4	19	4,0	3,0
50	20,5	2,0	1,5	18	4,9	4,0
56	21,0	2,0	1,5	18	4,9	4,0
70	24,0	2,1	1,5	20	4,9	4,0
75	24,5	2,1	1,5	20	4,9	4,0
100	28,5	2,2	1,6	23	4,9	4,0
112	29,5	2,3	1,7	24	4,9	4,0
125	31,0	2,3	1,7	25	4,9	4,0
140	33,5	2,3	1,8	26	4,9	4,0
150	34,0	2,3	1,8	27	4,9	4,0
168	36,0	2,4	1,9	28	4,9	4,0
175	37,0	2,4	1,9	29	4,9	4,0
200	39,0	2,5	2,0	24	6,2	5,0
210	40,0	2,5	2,0	24	6,2	5,0
224	41,0	2,5	2,0	25	6,2	5,0
250	43,5	2,6	3,1	26	6,2	5,0
280	46,5	2,7	2,2	28	6,2	5,0
300	47,5	2,8	2,3	28	6,2	5,0
350	52,0	2,9	2,5	31	6,2	5,0
400	55,0	3,0	2,7	33	6,2	5,0
420	56,5	3,0	2,7	33	6,2	5,0
450	58,5	3,1	2,9	35	6,2	5,0
490	61,5	3,1	2,9	36	6,2	5,0
500	62,0	3,1	2,9	36	6,2	5,0
560	65,5	3,2	3,2	38	6,2	5,0
600	67,0	3,4	3,4	39	6,2	5,0
630	68,5	3,4	3,4	40	6,2	5,0
700	72,0	3,6	3,6	42	6,2	5,0

1. Blanke Kabel:

$$\Delta_{\mathrm{mm}} = 1{,}2 + 0{,}033\, D_{\mathrm{mm}}\,.$$

2. Armierte Kabel:

a) für $D \leqq 45$ mm:

$$\Delta_{\mathrm{mm}} = 0{,}9 + 0{,}028\, D_{\mathrm{mm}}\,.$$

b) für $D > 45$ mm:

$$\Delta_{\mathrm{mm}} = -0{,}45 + 0{,}057\, D_{\mathrm{mm}}\,.$$

Tabelle 127. Vorschrift der Deutschen Reichspost für Bleimantel und Armierung von Teilnehmerkabeln mit 0,8 mm starken Leitern in P-Verseilung. (Maße in mm.)

Anzahl der Adernpaare	Durchmesser der Seele	Bleimantelstärke des blanken Kabels	Bleimantelstärke des arm. Kabels	Armierungsdrähte Anzahl	Armierungsdrähte Breite außen	Armierungsdrähte Breite innen
1	4,0	1,2	1,1	9	4,0	3,0
2	6,5	1,4	1,1	10	4,0	3,0
5	8,5	1,4	1,2	12	4,0	3,0
7	9,5	1,4	1,2	13	4,0	3,0
10	11,5	1,5	1,3	14	4,0	3,0
14	13,0	1,6	1,4	15	4,0	3,0
15	14,0	1,6	1,4	16	4,0	3,0
20	15,5	1,7	1,4	17	4,0	3,0
25	18,0	1,8	1,4	19	4,0	3,0
28	18,5	1,9	1,4	16	4,9	4,0
30	19,0	1,9	1,4	17	4,9	4,0
40	22,0	2,0	1,5	19	4,9	4,0
50	24,5	2,1	1,5	20	4,9	4,0
56	25,0	2,1	1,5	21	4,9	4,0
70	29,0	2,2	1,6	23	4,9	4,0
75	30,0	2,3	1,7	24	4,9	4,0
100	35,0	2,3	1,8	28	4,9	4,0
112	36,0	2,4	1,9	28	4,9	4,0
125	38,0	2,4	1,9	29	4,9	4,0
140	41,5	2,6	2,1	25	6,2	5,0
150	42,0	2,6	2,1	25	6,2	5,0
168	44,5	2,7	2,2	27	6,2	5,0
175	45,5	2,7	2,2	27	6,2	5,0
200	48,0	2,8	2,3	29	6,2	5,0
210	49,5	2,8	2,3	29	6,2	5,0
224	51,0	2,9	2,5	31	6,2	5,0
250	54,0	2,9	2,5	32	6,2	5,0
280	57,0	3,0	2,7	34	6,2	5,0
300	59,0	3,1	2,9	35	6,2	5,0
350	64,0	3,2	3,2	37	6,2	5,0
400	68,0	3,4	3,4	40	6,2	5,0
420	69,5	3,4	3,4	40	6,2	5,0
450	72,0	3,6	3,6	42	6,2	5,0
490	75,5	3,8	3,8	44	6,2	5,0
500	76,0	3,8	3,8	44	6,2	5,0

Tabelle 128. Vorschrift der Deutschen Reichspost für Bleimantel und Armierung von Bezirks- (Fernleitungs-) Kabeln. (Maß in mm.)

Anzahl der Adernpaare	Durchmesser der Seele	Bleimantelstärke des blanken Kabels	Bleimantelstärke des arm. Kabels	Armierungsdrähte Anzahl ca.	Armierungsdrähte Breite außen	Armierungsdrähte Breite innen
		Kabel mit 0,9 mm starken Leitern.				
10	13,5	1,6	1,4	16	4,0	3,0
14	15,0	1,7	1,4	17	4,0	3,0
20	18,5	1,9	1,4	17	4,9	4,0
30	22,0	2,0	1,5	19	4,9	4,0
50	28,8	2,2	1,6	23	4,9	4,0
100	39,0	2,5	2,0	24	6,2	5,0
150	46,5	2,7	2,2	28	6,2	5,0
200	53,5	2,9	2,5	32	6,2	5,0
250	58,5	3,1	2,9	35	6,2	5,0
		Kabel mit 1,5 mm starken Leitern.				
4	14,5	1,7	1,4	17	4,0	3,0
10	21,0	2,0	1,5	18	4,9	4,0
14	23,0	2,0	1,5	19	4,9	4,0
20	28,0	2,2	1,6	23	4,9	4,0
24	30,0	2,3	1,7	24	4,9	4,0
30	34,0	2,3	1,8	27	4,9	4,0
40	38,5	2,5	2,0	24	6,2	5,0
50	43,0	2,6	2,1	26	6,2	5,0
54	44,0	2,6	2,1	27	6,2	5,0
56	44,5	2,7	2,2	27	6,2	5,0
60	46,5	2,7	2,2	28	6,2	5,0
70	50,0	2,8	2,3	29	6,2	5,0
74	51,0	2,9	2,5	30	6,2	5,0
		Kabel mit 2,0 mm starken Leitern.				
4	17,0	1,8	1,4	19	4,0	3,0
10	25,5	2,1	1,5	21	4,9	4,0
14	28,0	2,2	1,6	23	4,9	4,0
20	35,0	2,3	1,8	27	4,9	4,0
24	38,0	2,4	1,9	29	4,9	4,0
30	42,0	2,6	2,1	25	6,2	5,0
40	48,0	2,8	2,3	29	6,2	5,0
50	53,0	2,9	2,5	31	6,2	5,0
54	54,5	3,0	2,7	32	6,2	5,0
56	55,5	3,0	2,7	32	6,2	5,0
60	57,0	3,0	2,7	33	6,2	5,0
70	61,0	3,1	2,9	36	6,2	5,0
74	62,0	3,1	2,9	36	6,2	5,0

Die schweizerische Telegraphenverwaltung legt die Bleimantelstärken für Teilnehmer-Kabel (mit 0,6 und 0,8 mm starken

Leitern) in Abhängigkeit von der Leiterzahl, ohne gleichzeitige Vorschrift der Kabeldurchmesser fest. Es gelten die folgenden Zahlen:

Tabelle 129. Vorschrift der OTD. für die Bleimantelstärke von Teilnehmerkabeln.

Anzahl der Adernpaare		Bleimantelstärke
0,6-mm-Leiter	0,8-mm-Leiter	mm
2	2	1,5
von 5 bis 60	von 5 bis 40	2,0
„ 80 „ 120	„ 60 „ 80	2,5
„ 140 „ 220	„ 100 „ 140	3,0
„ 400 „ 600	„ 160 „ 220	3,5

Eine Unterscheidung zwischen blanken und armierten Kabeln wird nicht gemacht. Bei Pupinkabeln ist ein Zinnzusatz bis zu 3% gestattet; die Bleimantelstärke soll der Adernzahl angepaßt sein.

Die englische Postverwaltung setzt für vielpaarige Luftraumkabel als kleinste Bleimantelstärke 0,065 Zoll (= 1,65 mm) bis zu einem Durchmesser über Blei gemessen von 0,58 Zoll (= 14,7 mm) fest; von hier aufwärts wächst die Bleimantelstärke (Δ) linear mit dem Durchmesser über Bleimantel (D) nach der Gleichung

$$\Delta = 0{,}046 + 0{,}065\,D \quad \text{(in Zoll)},$$

$$\Delta = 1{,}17 + 1{,}65\,D \quad \text{(in mm)}.$$

15. Die Armierung. Nach der Vorschrift der Deutschen Reichspostverwaltung (Tab. 124 bis 128) besteht die Armierung aus verzinkten Flacheisendrähten von trapezförmigem Querschnitt oder zwei, um nicht weniger als $^2/_3$ des Umfanges der Kabelseele überlappende Stahl- oder Eisenbändern; die Stärke der Flacheisendrähte beträgt für Kabel bis zu 18 mm Seelendurchmesser mindestens 1,4 mm, für alle übrigen Kabel mindestens 1,7 mm, die Stärke des Stahl- oder Eisenbandes

bei Kabeln bis zu 18 mm	Seelendurchmesser	mindestens	0,5 mm
„ „ „ „ 35 „	„	„	0,8 „
„ „ „ „ 70 „	„	„	1,0 „
„ „ über 70 „	„	„	1,3 „

Bei dünnen Erdkabeln kann die Bewehrung auch aus Rundeisendrähten bestehen, deren Durchmesser

bei Kabeln bis zu 8 mm	Seelendurchmesser	mindestens	1,4 mm
„ „ „ „ 12 „	„	„	1,6 „
„ „ „ „ 14 „	„	„	1,8 „

betragen soll. Wenn Röhrenkabel eine Armierung erhalten, sind dafür Flachdrähte ohne äußere Juteschutzhülle zu verwenden.

Die schweizerische Telegraphenverwaltung verlangt eine aus dicht aneinander anschließenden, glatten, feuerverzinkten Eisendrähten bestehende Armierung; die Schlaglänge darf nicht größer als das Zehnfache und nicht geringer als das Sechsfache des Kabeldurchmessers über Blei betragen.

VII. Die Herstellung der Starkstromkabel.

Die Theorie des Starkstromkabels befaßt sich mit den Wirkungen des elektromagnetischen Feldes auf das Kabeldielektrikum; diesen Wirkungen entsprechend wird der Querschnitt des Kabels dimensioniert. Bei der Herstellung des Kabels sind die mechanischen Kräfte zu berücksichtigen, welchen die Baustoffe während der Arbeitsvorgänge unterworfen sind.

Die Mechanik der Kabelfabrikation unterscheidet sich von derjenigen des Maschinenbaues sehr wesentlich dadurch, daß alle Metallteile während aller Vorgänge ihrer Verarbeitung dauernde Deformationen erleiden; diejenigen in den Leiter- und den Armierungsdrähten gestatten Rückschlüsse auf die für eine Berechnung nicht zugänglichen mechanischen Spannungen, welche unter ungünstigen Umständen das Kabel beschädigen können.

Vorarbeiten.

Die Hauptrohstoffe der getränkten Papierbleikabel sind Kupfer, Blei, Eisen, Papier, Mineralöl und Jute; sie müssen für die Verarbeitung in der Kabelfabrik zubereitet werden. Die hauptsächlichen vorbereitenden Arbeiten sind:

das Auswalzen des Kupferbarrens,
das Ausziehen des Kupfer-Walzdrahtes zu Drähten,
das Zerschneiden der Papierballen auf schmale Streifen,
das Umspulen der in Ringform gelieferten Drähte auf die Trommeln der Kabelmaschinen.

In der Kabelfabrikation wird nur Kupfer von sehr großer Reinheit verwendet, das man aus Rohkupfer auf elektrolytischem Wege gewinnt. Die Kupferbarren werden in glühendem Zustand zum Walzdraht von 8 bis 6 mm Dicke ausgewalzt (Abb. 153). In der Kabelfabrik wird der Walzdraht durch Zieheisen stufenweise auf 2,0 bis 1,5 mm (Grobzug), weiter durch Diamantziehsteine (Feinzug) heruntergezogen. Die einzelnen Züge sind zu Mehrfachziehbänken vereinigt.

Das in Form von Ballen bezogene Papier wird zwischen rotierenden Walzenmessern auf Bänder von der verlangten Breite geschnitten. Die in den Kabelfabriken gebräuchlichen Papierschneide- und -wickelmaschinen schneiden die bis zu 800 mm breiten Ballen auf schmale Streifen bis auf wenige mm Breite; diese werden automatisch in Scheibenform aufgewickelt (Abb. 154).

Zum Umspulen der Drahtringe auf die Fabrikationstrommeln dienen Wickelböcke. Sie bestehen im wesentlichen aus einer mechanisch angetriebenen, die Aufwickeltrommel tragenden Achse; der Drahtring läuft von einem Konus ab. Beim Handbetrieb sorgt der die Maschine bedienende Arbeiter dafür, daß die Drahtwindungen sich dicht aneinanderlegen ohne übereinander zu laufen und führt den Draht nach Vollwicklung einer Lage in der nächsten Lage in der entgegengesetzten Richtung. Beim halbautomatischen Betrieb erfolgt die

Abb. 153. Auswalzen der Kupferbarren zum Draht im Carlswerk (F. & G.).

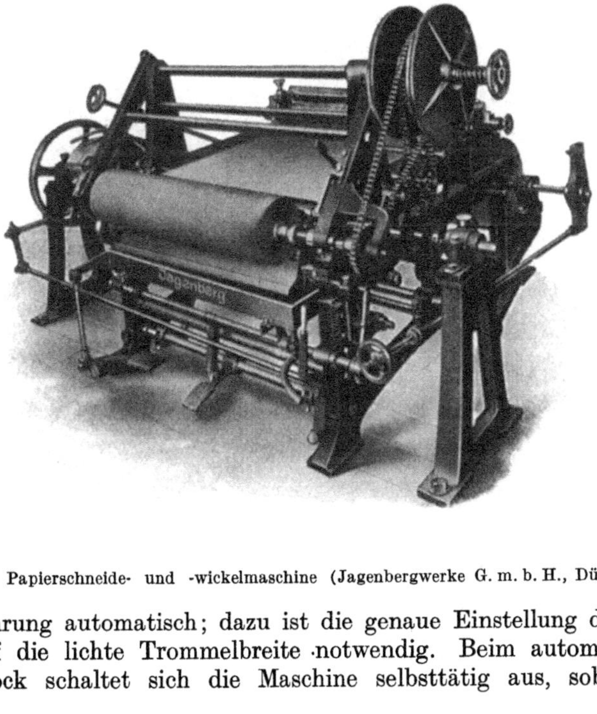

Abb. 154. Papierschneide- und -wickelmaschine (Jagenbergwerke G. m. b. H., Düsseldorf).

Drahtführung automatisch; dazu ist die genaue Einstellung der Führung auf die lichte Trommelbreite notwendig. Beim automatischen Wickelbock schaltet sich die Maschine selbsttätig aus, sobald die

Trommel vollgelaufen bzw. sobald die Drahtmenge, der entsprechend die Maschine eingestellt war, aufgewickelt ist, ebenso, wenn der Draht

Abb. 155. Halbautomatischer Wickelbock für dünne Drähte. (Knefel.)

abläuft, reißt, sich verknotet usw. Abb. 155 zeigt einen 6-gängigen halbautomatischen Wickelbock für dünne Drähte von Knefel, Abb. 156

Abb. 156. Zweigängige automatische Drahtwickelmaschine. (Froitzheim & Rudert.)

eine 2-gängige automatische Drahtwickelmaschine von Froitzheim und Rudert in Berlin.

Hauptarbeiten.

1. Das Verseilen der Drähte.

Bei der Verseilung erleiden die Drähte eine gleichzeitige Biegung und Torsion.

1. Reine Biegung. Ein gerader Draht (Abb. 157) vom Durchmesser d einmal um den halben Umfang der Rolle vom Durchmesser D geschlungen, erfährt im Teil BC eine reine Biegung, die sich durch die folgenden Merkmale kennzeichnet:

Eine durch die gebogene Drahtachse zur Zeichnungsebene senkrecht gelegte Halbzylinderfläche schneidet den Draht in Längsfasern, die ihre Länge beibehalten; alle anderen Fasern werden gestreckt oder gestaut, je nachdem, ob sie außerhalb oder innerhalb dieser Fläche liegen. L_0 ist die längste, L_u die kürzeste Faser. Ein zur Drahtachse senkrechter Querschnitt des gebogenen Drahtstückes steht zu ihr auch nach der Biegung senkrecht; einen solchen Querschnitt schneiden die Fasern von unveränderter Länge in der neutralen Schicht. Senkrecht zu dieser findet keine Materialverschiebung statt. Eine zur neutralen parallele Schicht $b \cdot \Delta y$ verändert nur ihre Breite b; oberhalb der neutralen Schicht wird sie kleiner, unterhalb deren größer, und zwar um so mehr, je größer der Abstand y ist.

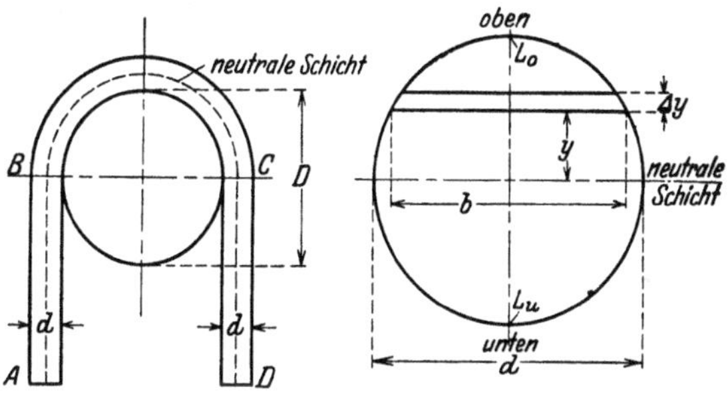

Abb. 157. Reine Biegung.

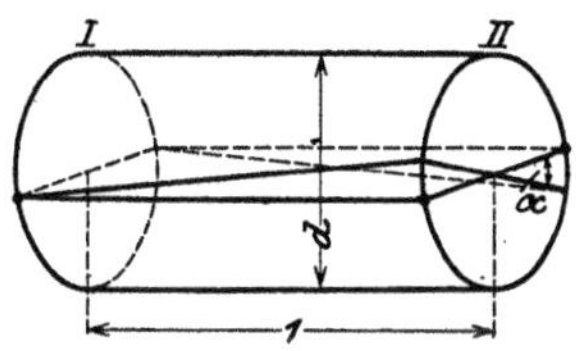

Abb. 158. Reine Torsion.

2. Reine Torsion. Ein gerader Draht vom Durchmesser d und der Länge 1 (Abb. 158) an seiner Endfläche I festgehalten, an der Endfläche II um den Winkel α verdreht, erleidet eine reine Torsion; die Erzeugenden haben nach der Verdrehung die Länge

$$\sqrt{1+\left(\frac{d\,\pi\,\alpha}{360^0}\right)^2}\,.$$

Wird ein Draht von der Länge L derselben Torsion unterworfen, dann ist die Länge eines Erzeugenden nach der Torsion

$$L' = L\sqrt{1+\left(\frac{d\,\pi\,\alpha}{360^0}\right)^2}\,.$$

Führt die Endfläche II eine volle Umdrehung aus, dann ist

$$\alpha = \frac{360}{L} \quad \text{und} \quad L' = L\sqrt{1+\left(\frac{d\,\pi}{L}\right)^2}\,.$$

Bei der Torsion eines kreisrunden Stabes findet keine Materialverschiebung in axialer Richtung statt; die Querschnitte senkrecht zur Stabachse bewahren ihre Kreisform.

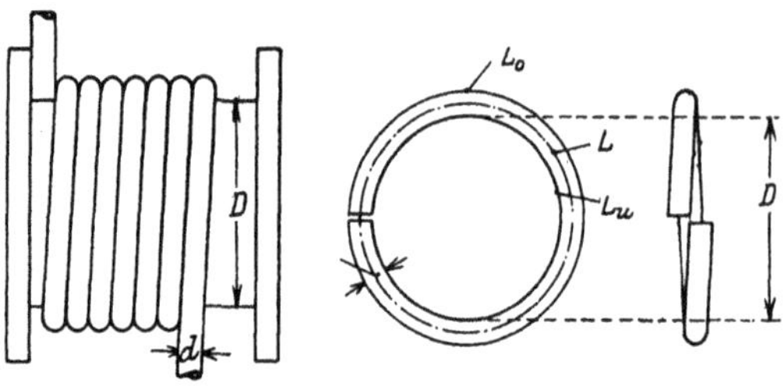

Abb. 159. Aufwickeln eines Drahtes auf eine Trommel.

Die Materialverschiebung bei der Torsion ist größer als die bei der Biegung; demzufolge setzt das Material der Torsion einen größeren Widerstand als der Biegung entgegen und die inneren Spannungen sind größer.

3. Wickeln und Verseilen. Den einfachsten Fall (Abb. 159) stellt das Aufwickeln eines Drahtes (Durchmesser d) auf eine zylindrische Trommel (Durchmesser D) dar. Der Draht tritt an die Trommel nahezu senkrecht zu deren Achse und legt sich an die Trommeloberfläche stets mit derselben Längsfaser; bezeichnen L_u deren Länge für eine Drahtwindung auf der Trommel, L_0 die Länge der ihr diametral gegenüberliegenden und L die ursprüngliche Länge der Fasern, dann ist nach der Aufwicklung

$$L_0 = L\sqrt{1+\left(\frac{d\pi}{L}\right)^2\left(3+2\frac{D}{d}\right)}, \qquad L_u = L\sqrt{1-\left(\frac{d\pi}{L}\right)^2\left(1+2\frac{D}{d}\right)}.$$

Bezeichnen α, α_0 und α_u die Steigwinkel der Spiralen L, L_0 und L_u, dann ist

$$\operatorname{tg}\alpha = \frac{d}{(D+d)\pi}, \quad \operatorname{tg}\alpha_0 = \operatorname{tg}\alpha\left(1+\frac{d}{D}\right)\cdot\frac{1}{1+2\frac{d}{D}}, \quad \operatorname{tg}\alpha_u = \operatorname{tg}\alpha\left(1+\frac{d}{D}\right).$$

Die ursprünglich gleichlangen und zueinander parallelen Geraden L, L_0 und L_u verwandeln sich beim Aufwickeln in Spiralen von verschiedenen Längen und verschiedenen Steigwinkeln, aber von gleichen Steighöhen. Jedes Stück des aufgewickelten Drahtes von der Länge einer Windung erfährt eine Torsion von 360°.

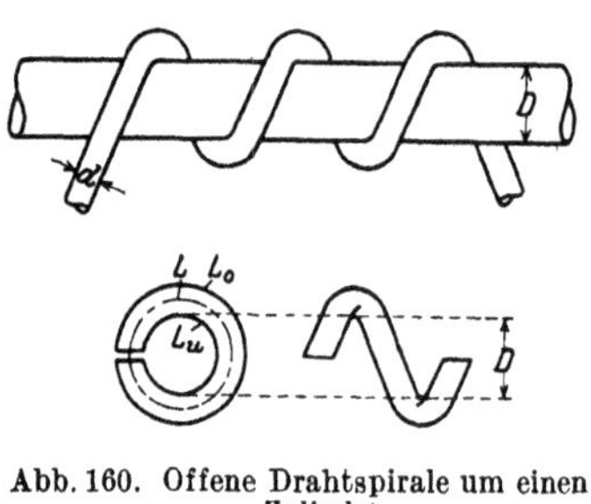

Abb. 160. Offene Drahtspirale um einen Zylinder.

Für eine größere Steighöhe, etwa $h > d$, erhält man analog (Abb. 160)

$$L = \sqrt{(D+d)^2\pi^2 + h^2}$$

und $\operatorname{tg}\alpha = \frac{h}{(D+d)\pi}$.

Eine reine Biegung würde in den Fasern L_0 und L_u dieselben, nur dem Vorzeichen nach verschiedenen Längenänderungen, z. B. $\pm l_1$ hervorrufen; die reine Torsion würde alle Erzeugenden um den gleichen Betrag, z. B. um $+l_2$ verlängern. Folglich können die veränderten

Längen L_0 und L_u als aus der Superposition der Änderungen l_1 und l_2 hervorgegangen aufgefaßt werden; dann ist

$$L_0 = L + l_1 + l_2, \qquad L_u = L - l_1 + l_2$$

und

$$l_1 = \frac{(L_0 - L) + (L - L_u)}{2},$$

$$l_2 = \frac{(L_0 - L) - (L - L_u)}{2}.$$

Die inneren Spannungen werden durch die Längenänderungen nur zum Teil ausgeglichen; es bleiben Spannungen bestehen, welche die Tendenz haben, den Draht in die ursprüngliche Lage zurückzuführen. Um die Wirkung dieser Kräfte auf die fertige Litze abzuschwächen, werden die konaxialen Lagen in den Drahtseilen abwechselnd rechts und links verseilt[1]; man kann jedoch durch einen einfachen Kunstgriff einen nahezu spannungslosen Zustand des verseilten Drahtes herbeiführen.

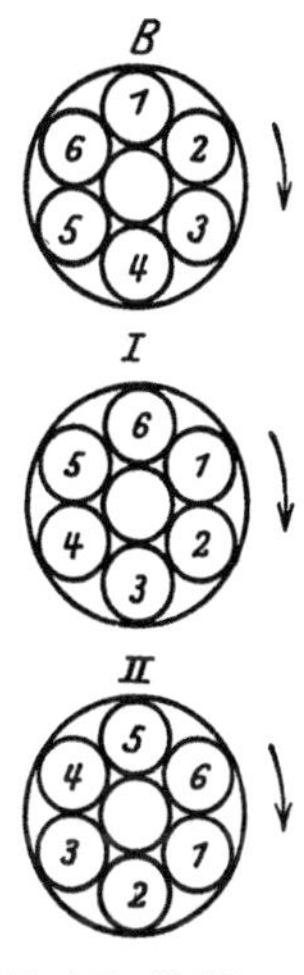

Abb. 161. Erklärung der erhöhten Biegsamkeit eines Drahtseiles.

4. Die Biegsamkeit von Drahtseilen. Der Erklärung dieses Verfahrens ist die Beantwortung der Frage vorauszuschicken: Weshalb ist ein Drahtseil biegsamer als ein gleich starker massiver Draht aus gleichem Material?

Auf S. 241 (Abb. 157) war die Querschnittsdeformation des um die Hälfte der Rolle D geschlungenen Drahtes d beschrieben worden. Es sei jetzt der Draht d durch eine siebenfache Litze vom Durchmesser d ersetzt; die Schlaglänge h der Litze sei genau gleich der ursprünglichen Drahtlänge BC, also $h = (D + d)\frac{\pi}{2}$. Die sechs um den siebenten als Kerndraht verseilten Litzendrähte seien der Reihe nach mit *1* bis *6* bezeichnet und am Endpunkt B des gebogenen Seilstückes befinde sich beispielsweise der Draht *1* an der Stelle der Linie L_0; dann ist an demselben Litzenquerschnitt der Draht *4* an der Stelle der Linie L_u (Abb. 161). An dieser Stelle erfährt der Draht *1* die größte Verlängerung, der Draht *4* die größte Verkürzung; die Drähte *2* und *6* werden um einen kleineren Betrag verlängert, die Drähte *3* und *5* um denselben kleineren Betrag verkürzt. Um ein Sechstel Schlaglänge weiter in der Richtung auf den Punkt C (Stellung I) zu befindet sich auf der Stelle L_0 der Draht *6*, und auf der Stelle L_u der Draht *3*; in jedem Sechstel der Schlaglänge tritt eine weitere Verschiebung um je einen Draht ein, bis schließlich im Querschnitt C sich das Bild des Querschnitts B wiederholt. Denkt man sich die sechs Drähte nicht stetig, sondern bei jedem Sechstel der Schlaglänge sprungweise von der einen Lage in die nächste übergehend und dazwischen zur Litzenachse parallel verlaufend, dann wird jeder Draht auf der Strecke B bis C dieselben

[1] Die Biegsamkeit der Litze wird dadurch verkleinert.

Verlängerungen und Verkürzungen erfahren, deren Summe für jeden der Drähte gleich Null ist. Für den Kerndraht bleiben die Verhältnisse des ursprünglichen massiven Drahtes bestehen, nur mit dem Unterschiede, daß dem vergrößerten „Trommeldurchmesser“ $\left(D+\frac{2}{3}d\right)$ und dem verkleinerten Drahtdurchmesser $\left(\frac{d}{3}\right)$ entsprechend die Unterschiede zwischen L_0 und L_u kleiner werden. Je kürzer die Schlaglänge der Litze gewählt wird, um so näher kommt die getroffene Annahme des sprungweisen Überganges der Drähte von der einen Lage in die andere der Wirklichkeit, um so leichter können die wirklichen Längenveränderungen innerhalb der Schlaglänge durch axiale Verschiebungen ausgeglichen werden[1]. Bei der Litze verschwindet somit die Differenz $L_0 - L_u$, und zwar für um so kürzere Stücke derselben, je kürzer ihre Schlaglänge ist; da die Schlaglänge um so kürzer gewählt werden kann, je feiner die Drähte sind, wird die Litze mit zunehmender Feinheit der Unterteilung und abnehmender Schlaglänge biegsamer.

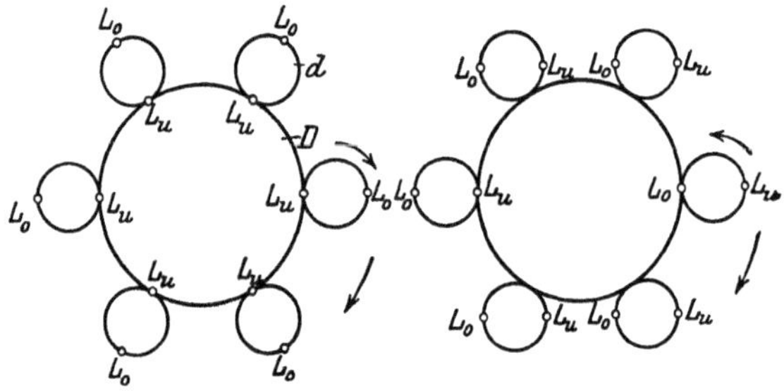

Abb. 162. Verseilung mit und ohne Rückdrehung.

5. Die Rückdrehung. Ein Draht d erfährt bei dem Umwickeln um den Kerndurchmesser D für jeden vollen Umlauf eine Torsion von 360^0 (Abb. 160); hierbei windet er sich längs seiner Erzeugenden L_u, welche sich am stärksten verkürzt um die Oberfläche des Kerns D. Erteilt man dem Draht d vor dem Umwickeln um D eine Torsion von der gleichen Größe, aber in entgegengesetzter Richtung und wickelt ihn dann genau so wie vorher um den Kern D, dann berührt er den Kern nicht mehr längs einer und derselben Erzeugenden, sondern es nehmen alle Erzeugenden nacheinander auf der Strecke eines vollen Umlaufes die Lage der Linie L_0 ein. In diesem Fall beteiligt sich jede Erzeugende an jeder vorkommenden Längenänderung und behält infolgedessen pro vollen Umlauf ihre ursprüngliche Länge bei. Die relativ großen Deformationen treten nicht ein und der Draht d befindet sich in einem nahezu[2] spannungslosen Zustande.

In der Praxis wird die Torsion dem zu verseilenden Draht während der Verseilung erteilt. In der Abb. 162 steht links das Querschnitts-

[1] Vgl. G. Benoit: Die Drahtseilfrage. Karlsruhe und Leipzig 1915.

[2] Nahezu und nicht vollständig: die Längenänderungen sind nicht verschwunden, sondern gleichen sich für jede Drahtfaser pro volle Schlaglänge aus.

bild der natürlichen Verseilung, wobei angenommen ist, daß der Draht d in der Richtung des Uhrzeigers um den Kern D herumgeführt wird. Die Berührung zwischen Draht und Kern erfolgt stets längs derselben Erzeugenden (L_u), weil der Draht d gleichzeitig mit der Rotation um den Kern D auch um seine eigene Achse in dem gleichen Sinne sich dreht, und zwar mit einer Geschwindigkeit, welche im Verhältnis $\frac{d}{D}$ kleiner ist als die Rotationsgeschwindigkeit um D. Die Rotation des Drahtquerschnittes um die eigene Achse entsteht auf natürlichem Wege, indem der Draht, in der einmal eingenommenen Lage festgehalten, um den Kern im Kreis herumgeführt wird. Im Querschnittsbild bewegt sich dann jeder Punkt des Drahtquerschnittes auf einen Kreis, dessen Mittelpunkt mit dem Mittelpunkt von D zusammenfällt; L_u bewegt sich auf dem Kreise vom Durchmesser D, L_0 auf dem Kreise vom Durchmesser $D + 2d$, usw.

Erteilt man dem Drahtquerschnitt während der Rotation um den Kernmittelpunkt (im Sinne des Uhrzeigers) eine Rotation um die eigene Achse, deren Geschwindigkeit genau so groß ist wie diejenige um die eigene Achse (im Sinne des Uhrzeigers), die aber in der entgegengesetzten Richtung erfolgt, dann heben sich die beiden (natürliche und künstlich erzeugte) Rotationen um die eigene Achse auf und die räumliche Orientierung des Drahtquerschnittes bleibt während des Verseilungsprozesses unverändert; bezeichnen jetzt (Abb. 162 Zeichnung rechts) L_0 und L_u zwei beliebige, einander diametral gegenüberstehende Erzeugende, dann bleibt der Durchmesser $L_0\,L_u$ immer zu sich parallel; die Querschnittspunkte aller Erzeugenden rotieren auf Kreisen vom Durchmesser $D + d$, deren Mittelpunkte auf einem Kreis um den Mittelpunkt von D mit dem Durchmesser d liegen.

Weil dieses Verfahren zur Aufhebung der Längenänderungen und der inneren Spannungen in der künstlichen Drehung des Drahtquerschnittes in einem der Verseilungsrichtung entgegengesetzten Sinne besteht, wird es als „Rückdrehung“ bezeichnet; man spricht von einer Verseilung mit Rückdrehung (ohne Torsion) im Gegensatz zu der natürlichen Verseilung (ohne Rückdrehung, mit Torsion).

In manchen Fällen ist die Anwendung der Rückdrehung notwendig, in anderen Fällen wäre sie wünschenswert, jedoch nicht möglich; schließlich gibt es Fälle, in welchen die Verseilung mit und ohne Rückdrehung ausgeführt werden kann.

6. Das Verseilen der Drähte. Die zum Verseilen dienenden Drahtverseilmaschinen sind so eingerichtet, daß mindestens die Drähte einer Lage in einem Arbeitsgang aufgebracht werden können. Die Verseilmaschine besteht im wesentlichen aus dem Verseilkorb, der Abzugs- und der Aufwickelvorrichtung. Die Drähte der zu verseilenden Lage werden auf Spulen gewickelt in den Verseilkorb gesetzt, während der Kerndraht oder die Kernlitze von einer hinter dem Verseilkorb um eine horizontale Achse drehbar aufgestellten Spule abgezogen und durch die hohle Welle des Verseilkorbes geführt wird. Am vorderen Ende der hohlen Welle sitzt eine Scheibe, die sogenannte Schlagscheibe; sie ist mit einer der Spulenzahl des Verseilkorbes entsprechenden Anzahl von symmetrisch verteilten Löchern versehen, durch welche die Drähte von den Spulen abgezogen und zum Verseilpunkt geführt werden. Im Verseilpunkt werden die Drähte mit dem Kern verbunden; dann wird der Korb in Rotation gesetzt, und die im Verseilpunkt entstehende Litze wird von der Abzugsvorrichtung nach vorwärts gezogen und der Aufwickelvorrichtung zugeführt. Die Schlaglänge ergibt sich als die Strecke, um welche die fertige Litze während einer Umdrehung des Verseilkorbes sich vorwärts bewegt.

Die Rückdrehung wird durch einfache Mechanismen bewerkstelligt. In der Abb. 163 bezeichnet $a_1 a_2$ die Achse einer im Rahmen A des sechsspuligen Verseilkorbes um den Zapfen a drehbar befestigten Ablaufspule; an der Achse $a_1 a_2$ ist im Drehpunkt a die Kurbel S be-

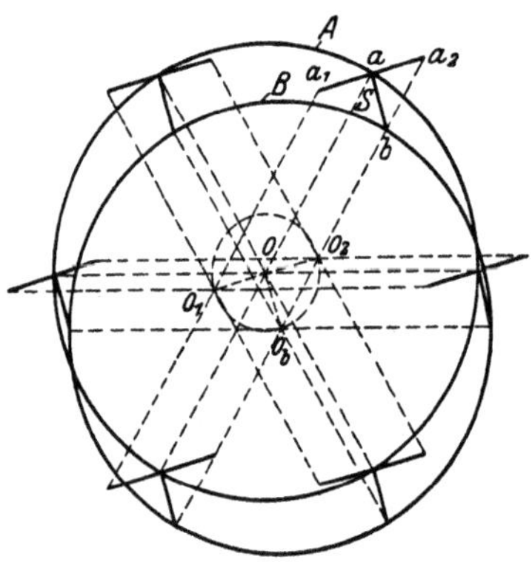

Abb. 163. Schema der Rückdrehung mit Exzenterring.

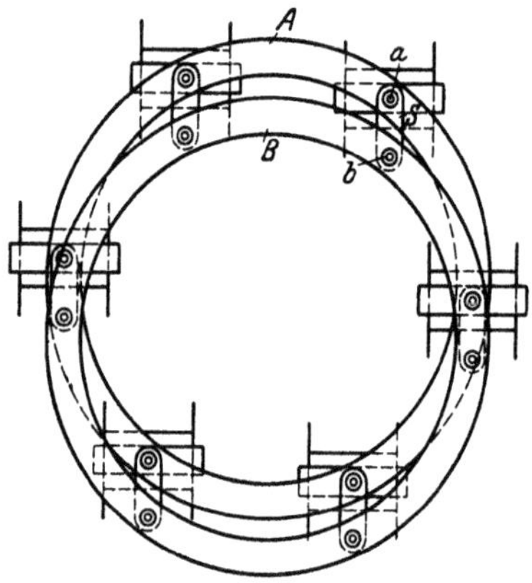

Abb. 164. Exzenterring in der praktischen Anordnung.

festigt, deren zweiter Endpunkt b mit einem Ring B drehbar verbunden ist. In derselben Weise sind die übrigen Spulenachsen mit dem exzentrisch hängenden Ring B verbunden. A und B haben gleiche Durchmesser, und während der Rotation des Korbes rotiert der Exzenterring um den Mittelpunkt O_b. In der praktischen Ausführung (Abb. 164) sitzen die Ablaufspulen in Jochen oder Gabeln, und die Kurbeln S sind mit diesen und nicht mit den Spulenachsen verbunden.

Bei Litzen für getränkte Papierbleikabel sind 15- bis 25-fache, in Mittel 20-fache Schlaglängen gebräuchlich. Wieweit für die Wahl der Schlaglängen einfache maschinelle Verhältnisse genügen, soll im folgenden durch die Berechnung für die 6-spulige Drahtverseilmaschine (Abb. 165) gezeigt werden; das ist die Maschine, welche zur Herstellung der ersten Lage normaler Seile mit eindrähtigen Kernen dient. Für die in der Tabelle 30 (S. 136) angegebenen VDE-Normaltypen kommen hier 31 verschiedene Drahtstärken in Frage, denen bei 15-, 20- und 25-fachem Drall die in der Tabelle 130 angegebenen Schlaglängen entsprechen.

Tabelle 130. Schlaglängen in mm für die erste Lage normaler Kabellitzen nach VDE-Vorschrift.

Drahtstärke	p			Drahtstärke	p			Drahtstärke	p		
mm	15	20	25	mm	15	20	25	mm	15	20	25
1,83	55	73	92	2,84	85	114	142	3,76	113	150	188
2,13	64	85	107	2,87	86	115	144	4,15	125	166	208
2,17	65	87	109	2,89	87	116	145	4,21	126	168	211
2,27	68	91	114	3,01	90	120	151	4,47	134	179	224
2,31	69	92	116	3,05	92	122	153	4,61	138	186	321
2,50	75	100	125	3,17	95	127	159	4,64	139	186	232
2,52	76	101	126	3,22	97	129	161	4,70	141	188	235
2,53	76	101	127	3,25	98	130	163	5,25	158	210	263
2,61	78	104	131	3,26	98	130	163	5,32	160	213	266
2,62	79	105	131	3,43	103	137	172				
2,73	82	109	137	3,71	111	148	186				

Abb. 165. Sechsspulige Drahtverseilmaschine (Krupp-Grusonwerk).

Das Schema des Antriebes einer Verseilmaschine ist in der Abb. 166 zu sehen. Die mit der Längsachse parallel verlaufende Hauptwelle der Maschine drehe sich mit der konstanten Tourenzahl n_0/min. Links befindet sich der Antrieb des Verseilkorbes, rechts derjenige der Abzugsvorrichtung; beide bestehen aus einer Anzahl von Zahnradübersetzungen, von welchen je ein Paar bei dem Korb und dem Abzug zum Variieren der Schlaglänge auswechselbar sind. Mit den Zahnrädern $\frac{Z_1}{Z_2}$* wird die Welle W_1 angetrieben, deren Tourenzahl pro Minute

$$n_1 = n_0 \frac{Z_1}{Z_2}$$

* In der Abb. 166 bezeichnen die Zahlen Z_1, Z_2, ... usw. die Zahnräder und geben zugleich auch die Zähnezahlen an.

beträgt. Auf der Welle W_1 und auf der von ihr angetriebenen Welle W_2 sitzen die Wechselräder des Korbantriebes Z_{k_1} und Z_{k_2}; Die Welle W_2 macht

$$n_2 = n_1 \cdot \frac{Z_{k_1}}{Z_{k_2}} = n_0 \cdot \frac{Z_1}{Z_2} \cdot \frac{Z_{k_1}}{Z_{k_2}}$$

Touren pro Minute. Mit der Übersetzung $Z_5 : Z_6$ treibt schließlich die Welle W_2 die Welle des Verseilkorbes W_k an. Der Korb macht also

$$n_k = n_2 \cdot \frac{Z_5}{Z_6} = n_0 \frac{Z_1}{Z_2} \cdot \frac{Z_5}{Z_6} \cdot \frac{Z_{k_1}}{Z_{k_2}} = A \cdot \frac{Z_{k_1}}{Z_{k_2}}$$

Touren pro Minute; in A sind die konstante Tourenzahl der Hauptwelle und die unveränderlichen Übersetzungsverhältnisse zusammen-

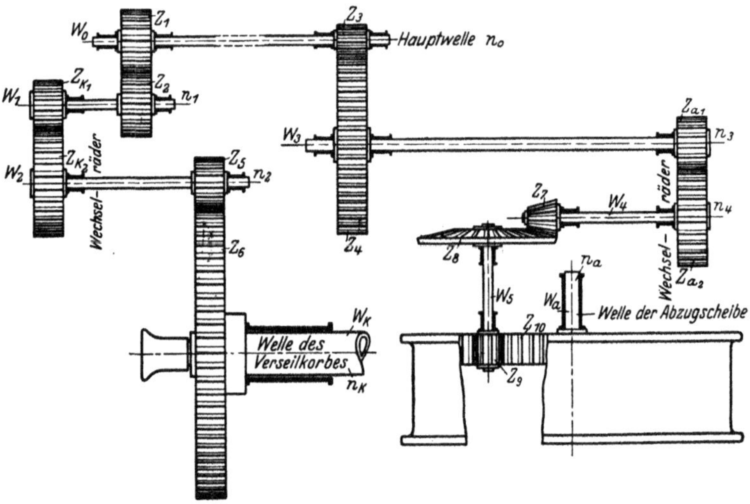

Abb. 166. Schema des Antriebes einer Verseilmaschine.

gefaßt. Ähnlich erhält man für die Tourenzahl der Welle W_a, auf welcher die Abzugsscheibe (der Abzugsvorrichtung) sitzt,

$$n_a = n_0 \cdot \frac{Z_3}{Z_4} \cdot \frac{Z_7}{Z_8} \cdot \frac{Z_9}{Z_{10}} \cdot \frac{Z_{a_1}}{Z_{a_2}} = B_0 \frac{Z_{a_1}}{Z_{a_2}}$$

mit

$$n_0 \cdot \frac{Z_3}{Z_4} \cdot \frac{Z_7}{Z_8} \cdot \frac{Z_9}{Z_{10}} = B_0 .$$

Ist ferner D der Durchmesser der Abzugsscheibe in m ausgedrückt, dann leistet die Maschine pro Minute

$$B_0 \cdot \frac{Z_{a_1}}{Z_{a_2}} \cdot D\pi = B \cdot \frac{Z_{a_1}}{Z_{a_2}} \text{ m}$$

fertiges Seil; hier ist $B = B_0 \cdot D\pi$. Daraus ergibt sich die Schlaglänge h

$$h = \frac{B \cdot \frac{Z_{a_1}}{Z_{a_2}}}{A \cdot \frac{Z_{k_1}}{Z_{k_2}}} = M \cdot \frac{Z_{a_1} \cdot Z_{k_2}}{Z_{a_2} \cdot Z_{k_1}} .$$

Da man die Schlaglänge gewöhnlich in mm ausdrückt, ist D ebenfalls in mm einzusetzen. Der Quotient $\frac{B}{A} = M$ ist eine mit der Maschinenkonstruktion gegebene Konstante. Oft findet man für beide Antriebe die gleichen Räderpaare. Es ist dann $Z_{a_1} + Z_{a_2} = Z_{k_1} + Z_{k_2} = Z$. Ferner werden die Zähnezahlen in der Regel so festgelegt, daß die Übersetzung im äußersten Fall 1:2 bzw. 2:1 ist; dann wird die kleinste Schlaglänge

$$h_{\min} = \frac{M}{4}$$

und die größte

$$h_{\max} = 4\,M\,,$$

also

$$h_{\max} = 16\,h_{\min}\,.$$

Wählt man die Übersetzungsverhältnisse so, daß man mit $\frac{Z}{2}$ die mittlere Schlaglänge von etwa 150 (Tab. 130) erhält, dann muß

$$\frac{\frac{M}{4} + 4\,M}{2} = \frac{17}{8}\,M = 150$$

sein, woraus $M \sim 70$. Unter der getroffenen Voraussetzung ist $\frac{Z}{3}$ die kleinste, $2\,\frac{Z}{3}$ die größte vorkommende Zähnezahl. Allgemein geht man bei Verseilmaschinen mit der Anzahl der Zähne eines Rades nicht gern unter 20, damit die Beanspruchung der Zähne nicht zu groß wird; man würde demnach als äußerste Grenze ein Rad mit 20 und eins mit 40, also $Z = 60$ wählen. Andererseits bevorzugt man aus 2 Gründen eine ungerade Zähnezahl. Erstens ist dabei die Abnutzung eine langsamere, da zwei bestimmte Zähne eines Radpaares nur nach einer sehr großen Anzahl von Umdrehungen wieder ineinander greifen (z. B. 41 und 20 Zähne nach 820 Umdrehungen), während bei $Z = 60$ je zwei Zähne des großen Rades bei jeder Umdrehung stets mit demselben Zahn des kleinen Rades zusammenkommen. Zweitens gibt eine ungerade Zähnezahl eine Schlaglänge mehr; z. B. geben mit $Z = 30$ zwei Räder 15:15 nur eine Schlaglänge, dagegen kann mit $Z = 31$ 15:16 oder 16:15 gewählt werden. Einer Zahl $Z = 61$ entsprechen 11 Räderpaare mit den Zähnezahlen

20 und 41
21 „ 40
⋮ ⋮ usw. bis
30 und 31

Diesen 2 × 11 Räderpaaren entsprechen 484 Kombinationen (Tab. 131), mit welchen die Schlaglängen der Tabelle 130 genau eingehalten werden können. Das ist nicht erforderlich, dagegen ist es wünschenswert, mit möglichst wenig Wechselrädern auszukommen. Nach Tabelle 131 kann eine Schlaglänge mit verschiedenen Kombinationen eingestellt werden, indem man einmal die Korbgeschwindigkeit, das andere Mal die Ab-

Tabelle 131. Schlaglängen in mm aller mit 22 Wechselräderpaaren möglichen Kombinationen einer gegebenen Verseilmaschine.

	Z_{a_1}	20	21	22	23	24	25	26	27	28	29	30
	Z_{a_2}	41	40	39	38	37	36	35	34	33	32	31
Z_{k_1}	Z_{k_2}											
41	20	17	18	19	21	22	24	25	27	29	31	33
40	21	18	19	21	22	24	25	27	29	31	33	36
39	22	19	21	22	24	26	27	29	31	34	36	38
38	23	21	22	24	26	27	29	31	34	36	38	41
37	24	22	24	26	27	29	32	34	36	39	41	44
36	25	24	26	27	29	32	34	36	39	41	44	47
35	26	25	27	29	31	34	36	39	41	44	47	50
34	27	27	29	31	34	36	39	41	44	47	50	54
33	28	29	31	34	36	39	41	44	47	50	54	58
32	29	31	33	36	38	41	44	47	50	54	57	61
31	30	33	36	38	41	44	47	50	54	58	61	66
30	31	35	38	41	44	47	50	54	57	61	66	70
29	32	38	41	44	47	50	54	57	61	66	70	75
28	33	40	43	47	50	54	57	61	65	70	75	80
27	34	43	46	50	53	57	61	65	70	75	80	85
26	35	46	49	53	57	61	65	70	75	80	85	91
25	36	49	53	57	61	65	70	75	80	86	91	98
24	37	53	57	61	65	70	75	80	86	92	98	104
23	38	56	61	65	70	75	80	86	92	98	105	112
22	39	61	65	70	75	80	86	92	99	105	112	120
21	40	65	70	75	81	86	93	99	106	113	121	129
20	41	70	75	81	87	93	100	106	114	122	130	139

Tabelle 131 (Fortsetzung).

	Z_{a_1}	31	32	33	34	35	36	37	38	3	40	41
	Z_{a_2}	30	29	28	27	26	25	24	23	22	21	20
Z_{k_1}	Z_{k_2}											
41	20	35	38	40	43	46	49	53	56	61	65	70
40	21	38	41	43	46	49	53	57	61	65	70	75
39	22	41	44	47	50	53	57	61	65	70	75	81
38	23	44	47	50	53	57	61	65	70	75	81	87
37	24	47	50	54	57	61	65	70	75	80	86	93
36	25	50	54	57	61	65	70	75	80	86	93	100
35	26	54	57	61	65	70	75	80	86	92	99	106
34	27	57	61	65	70	75	80	86	92	99	106	114
33	28	61	66	70	75	80	86	92	98	105	113	122
32	29	66	70	75	80	85	91	98	105	112	121	130
31	30	70	75	80	85	91	98	104	112	120	129	139
30	31	75	80	85	91	97	104	111	119	128	138	148
29	32	80	85	91	97	104	111	119	128	137	147	158
28	33	85	91	97	104	111	119	127	136	146	157	169
27	34	91	97	104	111	119	127	136	145	156	168	180
26	35	97	104	111	119	127	136	145	155	167	180	193
25	36	104	111	119	127	136	145	155	166	179	192	207
24	37	111	119	127	136	145	155	166	178	191	206	221
23	38	119	128	136	145	155	166	178	191	205	220	236
22	39	128	137	146	156	167	179	191	205	220	236	254
21	40	138	147	157	168	180	192	206	220	236	254	273
20	41	148	158	169	180	193	207	221	230	254	273	294

zugsgeschwindigkeit ändert. Die erste darf aus Festigkeitsgründen einen bestimmten Höchstwert nicht überschreiten, die zweite muß im Interesse der Produktion möglichst groß sein; man wird daher stets eine Kombination mit der größtmöglichen Abzugsgeschwindigkeit wählen.

Bei einer gegebenen Maschine lassen sich die beiden Geschwindigkeiten aus M und n_0 berechnen. Für den vorliegenden Zweck sei angenommen, daß die beiden Mittelwerte sich bei der Übersetzung 30 : **31** ergeben. Mit 5 m/min mittlerer Abzugsgeschwindigkeit und 8 m/sek

Tabelle 132. Erzielung der Schlaglängen nach Tabelle 131 mit den günstigsten Kombinationen von 11 Wechselräderpaaren.

Lfd. Nr.	Schlag-länge mm	Für Schlaglängen der Tab. 131 mm	Korb		Abzug		V m/sek	L m/st
			Z_{k_1}	Z_{k_2}	Z_{a_1}	Z_{a_2}		
1	18	18	41	20	21	40	8,00	163
2	19	19	41	20	22	39	8,00	175
3	21	21	41	20	23	38	8,00	188
4	22	22	41	20	24	37	8,00	202
5	24	24	41	20	25	36	8,00	215
6	25	25—26	41	20	26	35	8,00	230
7	27	27	41	20	27	34	8,00	246
8	29	29	41	20	28	33	8,00	263
9	31	31—32	41	20	29	32	8,00	281
10	33	33—34	41	20	30	31	8,00	300
11	35	35—36	41	20	31	30	8,00	321
12	38	38—39	41	20	32	29	8,00	342
13	40	40—41	41	20	33	28	8,00	365
14	43	43—44	41	20	34	27	8,00	390
15	46	46—47	41	20	35	26	8,00	417
16	49	49—50	41	20	36	25	8,00	447
17	53	53—54	41	20	37	24	8,00	478
18	56	56—58	41	20	38	23	8,00	513
19	61	61	41	20	39	22	8,00	550
20	65	65—66	41	20	40	21	8,00	591
21	75	75	40	21	41	20	7,44	636
22	81	80—81	39	22	41	20	6,91	636
23	87	85—87	38	23	41	20	6,45	636
24	93	91—93	37	24	41	20	6,01	636
25	100	97—100	36	25	41	20	5,62	636
26	106	104—106	35	26	41	20	5,25	636
27	114	111—114	34	27	41	20	4,91	636
28	122	119—122	33	28	41	20	4,60	636
29	130	127—130	32	29	41	20	4,30	636
30	139	136—139	31	30	41	20	4,02	636
31	148	145—148	30	31	41	20	3,77	636
32	158	155—158	29	32	41	20	3,54	636
33	169	166—169	28	33	41	20	3,31	636
34	180	178—180	27	34	41	20	3,10	636
35	193	191—193	26	35	41	20	2,89	636
36	207	205—207	25	36	41	20	2,70	636
37	221	220—221	24	37	41	20	2,53	636
38	236	236	23	38	41	20	2,36	636
39	254	254	22	39	41	20	2,20	636
40	273	273	21	40	41	20	2,05	636

höchster Korbgeschwindigkeit erhält man dann bei der Übersetzung $Z_1 : Z_2$ die Abzugsgeschwindigkeit von

$$V_a = 5{,}18 \cdot \frac{Z_{a_1}}{Z_{a_2}} \text{ m/min}$$

die Korbgeschwindigkeit von

$$V_k = 3{,}92 \cdot \frac{Z_{k_1}}{Z_{k_2}} \text{ m/sek}$$

und die Stundenleistung der Maschine von

$$L = 311 \cdot \frac{Z_{a_1}}{Z_{a_2}} \text{ m/st.}$$

Begnügt man sich für Korb und Auszug mit einem einzigen Satz von Wechselrädern, dann fallen die Kombinationen, die an beiden Stellen dieselben Räder erfordern, aus und es bleiben 440 übrig; wählt man von diesen diejenigen mit der größten Stundenleistung, dann ergeben sich die in der Tabelle 132 zusammengestellten Schlaglängen.

Tabelle 133. Mit 10 oder 6 Wechselräderpaaren erreichbare zwanzigfache Schlaglängen nach Tabelle 130.

Draht-stärke	Soll-wert der Schlag-länge für p=20	10 Wechselräderpaare				6 Wechselräderpaare			
		Wechselräder		Istwerte		Wechselräder		Istwerte	
mm	in mm	Z_{k_1}	Z_{k_2}	Schlag-länge mm	p	Z_{k_1}	Z_{k_2}	Schlag-länge mm	p
1,83	73	40	21	75	20,5	38	23	87	23,8
2,13	85	38	23	87	20,4	38	23	87	20,4
2,17	87	38	23	87	20,0	38	23	87	19,9
2,27	91	37	24	93	20,4	38	23	87	19,2
2,31	92	37	24	93	20,1	38	23	87	18,8
2,50	100	36	25	100	20,0	36	25	100	20,0
2,52	101	36	25	100	19,8	36	25	100	20,0
2,53	101	36	25	100	19,7	36	25	100	19,8
2,61	104	35	26	106	20,3	36	25	100	19,2
2,62	105	35	26	106	20,3	36	25	100	19,1
2,73	109	35	26	106	19,4	34	27	114	20,9
2,84	114	34	27	114	20,1	34	27	114	20,1
2,87	115	34	27	114	19,9	34	27	114	19,9
2,89	116	34	27	114	19,7	34	27	114	19,7
3,01	120	33	28	122	20,3	34	27	114	19,0
3,05	122	33	28	122	20,0	34	27	114	18,7
3,17	127	32	29	130	20,5	32	29	130	20,6
3,22	129	32	29	130	20,2	32	29	130	20,2
3,25	130	32	29	130	20,0	32	29	130	20,0
3,26	130	32	29	130	19,9	32	29	130	20,0
3,43	137	31	30	139	20,2	32	29	130	18,9
3,71	148	30	31	148	19,9	31	30	139	18,7
3,76	150	30	31	148	19,7	30	31	148	19,7
4,15	166	28	33	169	20,4	30	31	148	17,8
4,21	168	28	33	169	20,1	29	32	158	18,8
4,47	179	27	34	180	20,2	29	32	158	17,7
4,61	186	26	35	193	21,0	27	34	180	19,5
4,64	186	26	35	193	20,8	27	34	180	19,4
4,70	188	26	35	193	20,5	27	34	180	19,2
5,25	210	24	37	221	21,0	25	36	207	19,7
5,32	213	24	37	221	20,8	25	36	207	19,4

Mit Hilfe dieser Tabelle kann nunmehr die Werkstattvorschrift für die Herstellung 7-facher Kernlitzen aufgestellt werden.

Für $p = 20$ ist die kürzeste vorkommende Schlaglänge $l = 69$ mm; der nächstliegende Tabellenwert ist $l = 75$; bei dieser wird die Höchstleistung gerade erreicht. Somit arbeitet der Abzug dieser Maschine dauernd mit dem Räderpaar 41/20 und für den Korbantrieb stehen die übrigen 10 Räderpaare zur Verfügung.

Die Tabelle 133 enthält die für jede Drahtstärke der Tabelle 130 zu wählenden Zahnräder, und zwar je nachdem, ob 10 oder nur 6 Wechselräderpaare vorhanden sind; im ersten Fall schwankt p zwischen 21,0 und 19,4, im zweiten zwischen 23,8 und 17,7. Man kommt auch mit 3 Räderpaaren aus, wenn man p zwischen 27,4 und 14,8 variieren läßt:

Am Abzug		$Z_{a_1} = 41$,	$Z_{a_2} = 20$,
am Korb			
	für Drähte von 2—3 mm	$Z_{k_1} = 36$,	$Z_{k_2} = 25$
	3—4	32	29
	4—6	29	32

Abb. 167 zeigt eine 24-spulige Verseilmaschine. Der durch Riemen angetriebene Verseilkorb setzt die Abzugsvorrichtung vom vorderen Ende der Hohlwelle aus einer mit Zahnradübersetzung in Bewegung. Die 24 Spulen sind in drei Reihen (2×9 und 1×6) verteilt. Der Stand des Maschinenführers befindet sich vorne beim Verseilkorb,

Abb. 167. 24-spulige Verseilmaschine (Niehaus).

von wo aus er sowohl die Entstehung des Seiles als auch den Verseilkorb beobachten kann. Ein Handhebel dient zum Ein- und Ausrücken der Maschine, ein Fußhebel zur Betätigung einer Stahlbandbremse, mit welcher die Maschine schnell ausgerückt werden kann.

Die Spulen sitzen auf Bolzen, die durch die Joche gesteckt sind. Zur Erzielung einer gleichförmigen Spannung in den zu verseilenden Drähten müssen die Spulen gebremst werden, und zwar alle Spulen möglichst gleichmäßig. Zur Bremsung dient eine auf der Spulenachse sitzende Bremsscheibe, die von der Spule durch einen Nocken mitgenommen wird, und deren Bremsung durch ein Hanfstrick erfolgt, das mit beiden Enden an einen Haken befestigt, mit Hilfe einer Schraube mehr oder weniger fest angezogen werden kann. Abb. 168 zeigt eine Trommel-Lagerung, -Bremsung und selbstschließende Trommelachsensperrung[1] vom Krupp-Grusonwerk, welche die Besetzung des Verseilkorbes erleichtert.

Abb. 168. Trommel-Lagerung, -Bremsung und selbstschließende Trommelachsensperrung von Krupp-Grusonwerk.

2 oder 3 Verseilkörbe hintereinander angeordnet, stellen mit einer gemeinschaftlichen- Abzugs und Aufwickelvorrichtung 2 oder 3 Lagen des Seiles in einem Arbeitsgange her; die Körbe rotieren in abwechselnd entgegengesetzten Richtungen. Die hintereinanderstehenden Körbe können auch zur Herstellung einer einzigen Drahtlage benutzt werden; in diesem Fall rotieren sie in derselben Richtung.

Die die Aufnahmetrommel tragende Aufwickelvorrichtung wird von der Abzugsvorrichtung aus angetrieben; ihre Drehgeschwindigkeit wird der Abzugsgeschwindigkeit entsprechend einreguliert. Die Aufnahmetrommel sitzt entweder auf einer rotierenden

Abb. 169. Achsenwickler mit automatischer und regulierbarer Verlegung (Humboldt).

Achse (Abb. 169) oder auf zwei rotierenden, sog. „Unterwalzen" (Abb. 170). Bei dem Unterwalzenwickler befindet sich die hintere Walze mit ihrer Oberkante in Flurhöhe, die der Maschine zugekehrte ist etwas höher angeordnet; das Ein- und Aussetzen der Aufnahmetrommel besteht

[1] D.R.P. Nr. 292038 v. 10. 8. 1915 und D.R.P. Nr. 472576 v. 20. 9. 1927.

einfach in deren Hin- bzw. Fortrollen. Die beiden Hebelarme mit Laufgewichten dienen zur Entlastung und Schonung der Trommelflanschen, indem die Trommel mit Hilfe einer durchgesteckten Achse z. T. auch von den Hebelarmen getragen und das bei fortschreitender Bewicklung zunehmende Trommelgewicht durch entsprechende Verstellung der Laufgewichte ausgeglichen wird[1].

Die Verlegung der Litze auf der Aufnahmetrommel geschieht bei dem Unterwalzenwickler von der Hand aus; bei dem Achsenwickler

Abb. 170. Unterwalzenaufwickler (Krupp-Grusonwerk).

erfolgt sie automatisch mit einer hin- und herbewegten Führungsgabel, deren Wegbreite der Trommelbreite entsprechend eingestellt wird, und deren Geschwindigkeit bei dem Wickler nach Abb. 169 mit Hilfe einer Zahnscheibe und einer Bolzenscheibe durch Veränderung der Bolzenzahl reguliert werden kann. Bei größeren Achsenwicklern ruhen die Achsenlager auf Schraubenspindeln, die zum Ein- und Aussetzen der Trommeln heruntergelassen werden. Bei einem neueren Achsenwickler (Abb. 171) von Krupp-Grusonwerk sind nicht nur die Lager, sondern auch der Antrieb der Trommelachse in vertikaler Richtung verstellbar und der Wickler kann bei verschiedenen Höhenstellungen der Achse betrieben werden.

Die Leistungsfähigkeit der Korbverseilmaschinen ist durch die höchstzulässige Umfangsgeschwindigkeit des Korbes begrenzt. Wesentlich größere Leistungen erzielt man mit der sog. „Schnellverseilmaschine“;

[1] Für kleine Trommelgewichte werden Unterwalzenwickler auch ohne Gewichtsentlastung verwendet.

bei dieser sitzen die Ablaufspulen hintereinander auf stillstehenden Achsen im Innern des als länglichen Hohlzylinder von relativ kleinem Durchmesser ausgebildeten Verseilkörpers; der kleine Durchmesser und

Abb. 171. Achsenwickler mit verstellbarer Höhe des Achsenantriebes (Krupp-Grusonwerk).

die Kleinheit der rotierenden Masse gestatten eine drei- bis viermal so große Umlaufgeschwindigkeit als diejenige der Korbmaschinen.

Abb. 172. 12-spulige Schnellverseilmaschine vom Krupp-Grusonwerk.

Bei der Maschine vom Krupp-Grusonwerk (Abb. 172) besteht der Verseilkörper aus mit Ausschnitten versehenen nahtlosen Stahlrohren[1], bei der Maschine von Humboldt (Abb. 173) aus nahtlos gewalzten, mit je drei U-Eisen verbundenen Stahlringen. Niehaus rüstet ihre Schnellverseilmaschinen mit einer Vorrichtung aus[2],

[1] D.R.P. Nr. 364012 v. 10. 9. 1920.

[2] D.R.P. Nr. 364288 und D.R.P. Nr. 374130 v. 22. 1. 1922.

welche im Falle von Drahtbruch oder Leerlaufens einer Spule die Maschine durch elektrische Kontaktgebung automatisch abstellt.

7. Nippel und Meßuhren. In allen Arbeitsgängen der Kabelfabrikation ist die genaue Einhaltung und Kontrolle der Durchmesser von

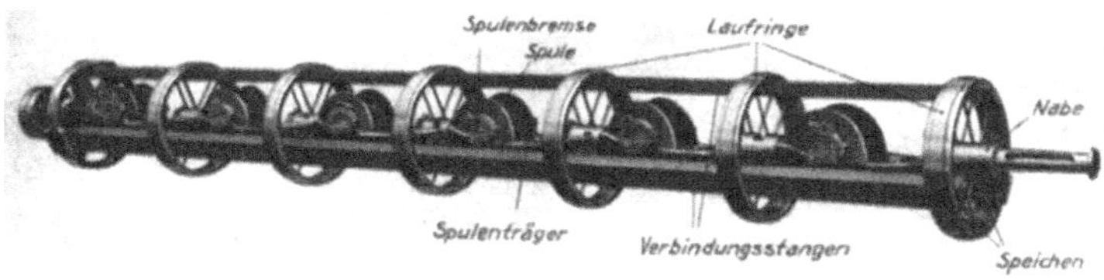

Abb. 173. Verseilkorb einer Schnellverseilmaschine von Humboldt.

großer Wichtigkeit; sie erfolgt automatisch mit Hilfe von Nippeln, das sind zylindrische Paßstücke aus Messing, Stahl oder Holz, durch welche man das Kabel führt und deren lichte Weite dem vorgeschriebenen Durchmesser angepaßt ist.

Die Messung der Länge des angefertigten Verseilgutes erfolgt auto-

Abb. 174. Längenmeßuhr für dünne Kabel (Knefel).

Abb. 175. Längenmeßuhr für starke Kabel (Knefel).

matisch mit Hilfe der sog. Längenmeßuhren, die durch die Vorwärtsbewegung des Verseilgutes selbst betätigt werden. Neben dem eigentlichen Zählwerk besteht die Meßuhr aus dem Meßrad (vgl. Abb. 167), das oberhalb der Abzugsscheibe angeordnet mit seinem glatten Umfang von genau 1 m Länge an das auf der Abzugsscheibe liegende Kabel gedrückt und von diesem in Rotation versetzt wird. Das Zählwerk zählt die Anzahl der Umdrehungen und damit die Meterzahl des Kabels oder des Seiles. Abb. 174 und 175 zeigen zwei als selbständige Organe ausgebildete Meßuhren, bei welchen das Meßrad unten sitzt; durch das obere Rad wird das Kabel an das Meßrad herangedrückt. Allgemein sind die gebräuchlichen Meßuhren, wenn das Zählwerk selbst in Ordnung ist, zuverlässig. Fehler entstehen meistens durch falsche Ablesungen, besonders infolge der Außerachtlassung von abfallenden Endstücken.

2. Das Umspinnen der Leiter mit Papier.

Ein Papierstreifen (Breite B, Dicke δ) kann um einen Kreiszylinder (Durchmesser D) mit unendlich vielen verschiedenen Schlaglängen (h), d. h. Steigwinkeln (α) gewickelt werden. Es ist stets $\operatorname{tg}\alpha = \frac{h}{(D+\delta)\pi}$ und jeder Schlaglänge entspricht eine bestimmte Überlappung

$$a = \frac{B}{\cos\alpha} - h;$$

diese kann positive und negative Werte, auch den Wert 0 annehmen.

Abb. 176. Isoliermaschine mit $6 \times 3 \times 4 = 72$ Spinntellern (Humboldt).

Die gebräuchlichen Isoliermaschinen sind zur Aufbringung vieler Papierlagen in einem Arbeitsgang eingerichtet. Der rotierende Spinnkörper, durch dessen Achse der zu isolierende Leiter sich mit gleichförmiger Geschwindigkeit vorwärts bewegt, trägt eine Anzahl von Spinntellern, von welchen die in Scheibenform aufgewickelten Papierstreifen abgerollt, nacheinander zum Leiter geführt und um diesen gewickelt werden. Abb. 176 zeigt eine Isoliermaschine von Humboldt, welche in einem Arbeitsgang 72 Streifen aufbringt. Die 72 Spinnteller sind auf 6 Spinner verteilt; jeder Spinner hat einen eigenen, von der Hauptwelle der Maschine betätigten Antrieb. Infolge dieser Anordnung haben sämtliche Papierspiralen, die aus den von je einem Spinner abrollenden Streifen entstehen, dieselbe Schlaglänge.

Enthält eine Maschine k verschieden schnellaufende Spinner mit je n Spinntellern, dann werden die $k \times n$ Papierspiralen k verschiedene Schlaglängen und mindestens n verschiedene Steigwinkel aufweisen. Bezeichnen V die Geschwindigkeit in m/min des sich vorwärts bewegenden Leiters, $N_1, N_2, \ldots, N_k$ die Tourenzahlen der Spinner pro Minute, dann sind die Schlaglängen der Spinner in mm ausgedrückt

$$h_1 = 1000\frac{V}{N_1}, \quad h_2 = 1000\frac{V}{N_2}, \ldots, h_k = 1000\frac{V}{N_k}$$

und der Steigwinkel der ν-ten Papierlage ist

$$\alpha_\nu = \operatorname{arc\,tg} \frac{h}{[D + (2\nu - 1)\,\delta]\,\pi},$$

wo h ohne Index mit einer der Schlaglängen h_1 bis h_k identisch ist. In der Regel laufen alle Spinner einer Maschine mit derselben, mit der höchstzulässigen Geschwindigkeit.

Zur Veranschaulichung der Arbeitsweise einer Isoliermaschine sind in der Tabelle 134 die charakteristischen Größen des Vorganges für

Tabelle 134. Darstellung des Zusammenhanges zwischen Wickeldurchmesser, Schlaglänge, Steigwinkel, Bandbreite und Überlappung. Berechnung der Bandbreite aus der Überlappung und umgekehrt.

Laufende Nr. des Spinntellers	$h = 20$ mm				$h = 25$ mm				$h = 30$ mm			
	tg α	B mm aus $-a=$ 0,5 mm	B' mm	$-a'$ aus B' mm	tg α	B mm aus $-a=$ 0,5 mm	B' mm	$-a'$ aus B' mm	tg α	B mm aus $-a=$ 0,5 mm	B' mm	$-a'$ aus B' mm
1	0,638	16,4	16,0	1,0	0,797	19,2	19,0	0,7	0,955	21,4	21,0	1,0
2	0,625	16,5	17,0	0	0,781	19,3		0,9	0,935	21,6	22,0	0
3	0,613	16,6		0,1	0,766	19,5		1,1	0,917	21,8		0,2
4	0,601	16,7		0,2	0,752	19,6	20,0	0	0,900	22,0		0,4
5	0,590	16,8		0,3	0,737	19,7		0,1	0,882	22,2		0,7
6	0,580	16,9		0,4	0,724	19,8		0,3	0,868	22,4		0,9
7	0,569	17,0		0,5	0,708	20,0		0,5	0,852	22,5		1,1
8	0,559	17,0		0,6	0,697	20,1		0,6	0,837	22,6	23,0	0,1
9	0,548	17,1		0,6	0,686	20,2		0,8	0,823	22,8		0,2
10	0,539	17,2		0,7	0,675	20,3		0,9	0,808	23,0		0,4
11	0,530	17,2		0,8	0,664	20,4		1,0	0,795	23,1		0,6
12	0,522	17,3		0,9	0,652	20,5		1,2	0,782	23,3		0,8
13	0,513	17,3		0,9	0,641	20,6	21,0	0	0,770	23,4		1,0
14	0,505	17,4		1,0	0,632	20,7		0,2	0,757	23,5		1,2
15	0,495	17,5		1,0	0,622	20,8		0,3	0,745	23,7	24,0	0,1
16	0,489	17,5	18,0	0	0,612	20,9		0,4	0,733	23,8		0,3
17	0,482	17,6		0	0,603	21,0		0,5	0,723	23,9		0,4
18	0,475	17,6		0,1	0,594	21,1		0,6	0,712	24,0		0,5
19	0,468	17,7		0,1	0,585	21,2		0,7	0,702	24,2		0,7
20	0,462	17,7		0,2	0,576	21,2		0,8	0,692	24,3		0,8
21	0,455	17,8		0,2	0,569	21,3		0,9	0,682	24,4		0,9
22	0,448	17,8		0,3	0,560	21,4		1,0	0,672	24,5		1,0
23	0,442	17,8		0,3	0,552	21,5		1,1	0,663	24,6	25,0	0
24	0,436	17,9		0,4	0,547	21,6		1,1	0,654	24,7		0,1
25	0,430	17,9		0,4	0,538	21,6	22,0	0	0,645	24,8		0,2
26	0,424	17,9		0,4	0,531	21,7		0,2	0,636	24,9		0,3
27	0,419	18,0		0,5	0,525	21,7		0,2	0,628	25,0		0,4
28	0,413	18,0		0,5	0,517	21,8		0,3	0,620	25,1		0,6
29	0,408	18,0		0,5	0,510	21,8		0,3	0,612	25,2		0,7
30	0,402	18,1		0,6	0,504	21,9		0,3	0,605	25,3		0,8
31	0,398	18,1		0,6	0,498	21,9		0,4	0,596	25,4		0,9
32	0,393	18,1		0,6	0,492	22,0		0,5	0,590	25,4		1,0
33	0,388	18,2		0,7	0,485	22,1		0,6	0,583	25,5	26,0	0
34	0,383	18,2		0,7	0,480	22,1		0,6	0,575	25,6		0
35	0,379	18,2		0,7	0,474	22,2		0,7	0,569	25,7		0,1
36	0,374	18,2		0,7	0,468	22,2		0,7	0,563	25,7		0,2
37	0,370	18,3		0,8	0,463	22,3		0,8	0,555	25,8		0,2
38	0,366	18,3		0,8	0,457	22,3		0,8	0,549	25,9		0,3
39	0,362	18,3		0,8	0,453	22,4		0,9	0,542	26,0		0,4
40	0,358	18,3		0,8	0,448	22,4		0,9	0,537	26,0		0,4

einen praktischen Fall berechnet. Diesem liegt die Annahme zugrunde, daß ein Leiter von 10 mm Durchmesser mit 40 Lagen Papier von 0,1 mm Dicke bewickelt werden soll. Die Verteilung der Spinnteller auf mehrere Spinner sei beliebig; alle Spinner rotieren mit derselben konstanten Tourenzahl. Durch Wechselräder seien drei verschiedene Abzugsgeschwindigkeiten einstellbar, denen die Papierschlaglängen $h = 20$, 25 und 30 mm entsprechen sollen. Laufen z. B. die Spinner mit 250 Touren/min, dann entsprechen den genannten Schlaglängen die Maschinenleistungen von 500, 625 und 750 cm/min. In der Tabelle 134 sind die Papierbreiten B unter der Annahme berechnet, daß die Bewicklung ohne Überlappung erfolgen und der Zwischenraum zwischen je zwei benachbarten Windungen 0,5 mm betragen soll[1].

Anstatt der langsamen Zunahme der Bandbreiten in praktisch undurchführbar kleinen Stufen, läßt man sie in größeren Stufen sprungweise anwachsen; diesen Werten B' entsprechen Zwischenräume a', die in der Tabelle 134 mit angegeben sind.

Bei unveränderter Spinnergeschwindigkeit entspricht der kleineren Maschinenleistung das biegsamere Kabel, zu dessen Herstellung weniger verschiedene Bandbreiten erforderlich sind, als im Falle der größeren Maschinenleistung mit größeren Bandbreiten. Läßt man für die Spinner verschiedene Geschwindigkeiten zu, so können diese bei hinreichender Unterteilung so berechnet werden, daß alle Bänder die gleiche Breite erhalten.

Theoretisch ist die Verteilung der Teller auf eine mehr oder weniger große Anzahl von Spinnern gleichgültig; man bevorzugt jedoch aus praktischen Gründen eine größere Spinnerzahl mit je weniger Tellern, weil man dadurch Spinner von geringerer Baulänge, demzufolge von größerer Stabilität und eine Papierbewicklung von größerer Präzision erhält.

Früher wurde in Deutschland die Papierbewicklung vorwiegend mit Überlappung hergestellt; man erblickte in der Geschlossenheit des einzelnen Papierrohres eine erhöhte Sicherheit in elektrischer wie auch in mechanischer Hinsicht. Die nachteilige Wirkung der Überlappung auf die Biegsamkeit der Isolierung machte sich erst beim Übergang zu den größeren Isolierungsdicken bemerkbar. Der Kampf gegen die Hohlraumbildung lenkte die Aufmerksamkeit auf die Falten, welche beim Aufwickeln des mit Überlappung hergestellten Kabels im Papier immer auftreten, und seit man in der Überlappung die Hauptursache der Faltenbildung erkannt hat, wird dieses Verfahren wenigstens bei Hochspannungskabeln in der Regel nicht mehr angewendet.

Die Herstellung der Bewicklung ohne Überlappung ist schwieriger als mit Überlappung, da die Lücken zwischen benachbarten Windungen weder zu groß sein noch in Überlappung übergehen dürfen, andererseits gegeneinander in axialer Richtung versetzt sein müssen. Gewisse Unregelmäßigkeiten der gebräuchlichen Spinnmaschinen fingen erst mit

[1] Zur Herstellung von Kabeln mit $a = 0$ ohne die Gefahr gelegentlicher Überlappungen ist die Dickengleichmäßigkeit der im Handel erhältlichen Papiersorten und die Vollkommenheit der Maschinen nicht hinreichend.

der Bevorzugung der überlappungsfreien Wicklung an, sich störend bemerkbar zu machen. Zur sicheren Einhaltung der gewählten Schlaglängen dürfen die Spinner nur durch Zahnräder, aber nicht durch Riemen, auch nicht durch Ketten angetrieben werden. In bezug auf die Bemessung und axiale Anordnung der Lücken verursacht die Führung des Papieres vom Spinnteller zum Leiter Schwierigkeiten. Damit das Papier den Leiter gleichmäßig gespannt und glatt umschließt, muß es dem Leiter gleichmäßig gespannt und glatt zugeführt werden; es muß nach Verlassen des Spinntellers in einer Tangentialebene des Kreiszylinders, um welche es gewickelt wird, liegen und mit der Richtung der Leiterachse einen Winkel einschließen, der dem Steigwinkel der Spirale gleich ist. Um den Spinnteller dieser Lage des Bandes entsprechend einstellen zu können, ist seine Achse um einen Zapfen drehbar angeordnet; dieser Zapfen sitzt auf einem Halter, der längs einer Führungsstange, die im Spinnkorb zum Leiter parallel befestigt ist, verschoben werden kann; die Spinner besitzen 2, 3 oder 4 Führungsstangen. Die gegenseitige Versetzung der Lücken stellt man durch Verschiebung der Halter auf den Führungsstangen, die Richtung des ablaufenden Streifens durch Drehung der Spinntellerachsen ein, während man dem ablaufenden Streifen durch Bremsung der Papierscheibe auf den Spinnteller die zur Herstellung einer festen Bewicklung notwendige Zugspannung erteilt. Alle diese für die Güte und Gleichmäßigkeit der Isolierung wichtigen Operationen sind von der Geschicklichkeit, Aufmerksamkeit und Gewissenhaftigkeit des Bedienungspersonals abhängig. Hierzu tritt als zweite Schwierigkeit, daß namentlich bei größeren Steigwinkeln die Richtung des ablaufenden Papierstreifens sich während des Arbeitsvorganges ändert und von Zeit zu Zeit neue Einstellung erfordert. Diese Änderung ist aus der Abb. 177 zu erkennen; das Bild zeigt die Entstehung der ersten Papierspirale. Der Papierstreifen verläßt die kreiszylinderförmige Papierscheibe längs der Erzeugenden AB (Ablaufkante) und erreicht den Leiter längs der Erzeugenden CD (Auflaufkante); während einer Umdrehung des Spinners macht die Linie CD einen vollen Umlauf auf der Zylinderfläche des Leiters, die Linie AB verschiebt sich um die Länge einer Papierwindung. Das Streifenstück $ABCD$ ist hierbei eine ebene Figur und bleibt auch eine solche während der Rotation des Spinners; das ist die einfache

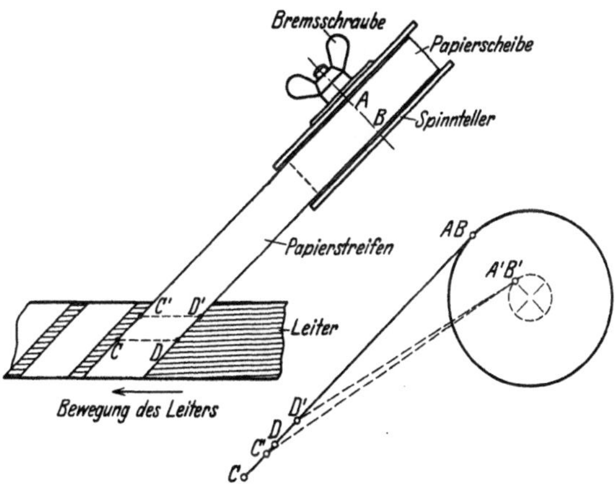

Abb. 177. Entstehung der ersten Papierspirale um den Leiter.

geometrische Voraussetzung der Entstehung einer glatten, den Leiter mit gleichmäßiger Spannung fest umschließenden Spirale. Die Änderung tritt infolge der allmählichen Abnahme des Papierscheibendurchmessers ein; die Ablaufkante AB geht in $A'B'$, die Auflaufkante CD in $C'D'$ über, aber das Viereck $A'B'C'D'$ ist windschief und muß durch Drehung der Spinntellerachse in der Ebene senkrecht zur Zeichnung wieder in eine ebene Figur verwandelt werden. Gleichzeitig wächst die Rotationsgeschwindigkeit der Papierscheibe und die Zugspannung im ablaufenden Streifen wird zu groß[1]. Es müssen also die Spinntellerachse, die Bremsschraube und hierbei meistens auch der Halter neu ein-

Abb. 178. Gruppe von drei sechsfachen Tangential-Papierbandspinnern (Krupp-Grusonwerk).

gestellt werden; dabei kann es vorkommen, daß die Lücken zweier aufeinander folgender Spiralen zu nahe aneinander geraten, wodurch eine umständliche und zeitraubende Neueinstellung mehrerer Spinnteller notwendig wird.

Zur Überwindung der Schwierigkeiten versuchten C. J. Beaver und E. A. Claremont die allmähliche Verdrehung der Spinntellerachse und die Regulierung der Zugspannung automatisch zu bewerkstelligen[2]. Die Erkenntnis, daß die Schwierigkeiten in der Hauptsache durch die schräge Stellung der Spinnteller verursacht werden,

[1] Der Reibungswiderstand der Bremsung wird durch das vom ablaufenden Streifen ausgeübte Drehmoment SH überwunden; hier ist S die Zugspannung im Streifen und H der Hebelarm, gleich dem Radius der Papierscheibe auf dem Teller. Wird H kleiner, so wächst S, wenn die Bremsung nicht rechtzeitig gelockert wird, bis zur Zerreißspannung des Papieres.

[2] D.R.P. Nr. 328585 v. 27. 9. 1919.

veranlaßte Arndt[1], die Spinnteller senkrecht zur Kabelachse anzuordnen und zur Einstellung des Spinnwinkels und der Zugspannung mit Führungsrollen ausgerüstete Spannvorrichtungen zu benutzen. Bei den in den Abb. 178 und 179 gezeigten Spinnerkonstruktionen[2] von Krupp-Grusonwerk sind die Achsen der Spinnteller senkrecht zur Kabelachse so angeordnet (Abb. 180), daß die Mittelebenen der Papierscheiben annähernd mit Tangentialebenen des

Abb. 179. Achtfacher Tangential-Papierbandspinner (Krupp-Grusonwerk).

Wicklungszylinders zusammenfallen; die Ablauf- und Auflaufkanten (AB und CD in Abb. 177) liegen nicht in einer Ebene, sondern sind gegeneinander um 90^0 verdreht. Die Verdrehung findet zwischen der Auflaufkante und einem U-förmigen Führungsstift statt, der auf einer auch den Halter des Spinntellers tragenden Führungsstange verschiebbar angeordnet und zugleich als Bremsvorrichtung ausgebildet ist; die Bremsung geschieht durch Drehung des Stiftes um seine Längsachse. Bei dieser Anordnung kommt der Papierstreifen am Leiter stets

[1] D.R.P. Nr. 401952 v. 21. 3. 1923. (Arndt und W. Goerke.)
[2] D.R.P. Nr. 467900 v. 7. 3. 1926 und D.R.P. Nr. 468461 v. 12. 9. 1926.

unter denselben Winkel und mit unveränderter Spannung an, die Veränderlichkeit des Durchmessers der Papierscheibe auf dem Spinnteller ist fast ohne Einfluß.

Die Drehung der Spinnteller in eine Lage, in welche die Mittelebenen der Papierscheiben mit Tangentialebenen des Wicklungszylinders zusammenfallen, erfolgt für alle Teller des Spinners gemeinschaftlich durch Drehung eines Hebels; die gegenseitige Versetzung der Auflaufstellen wird durch Ver-

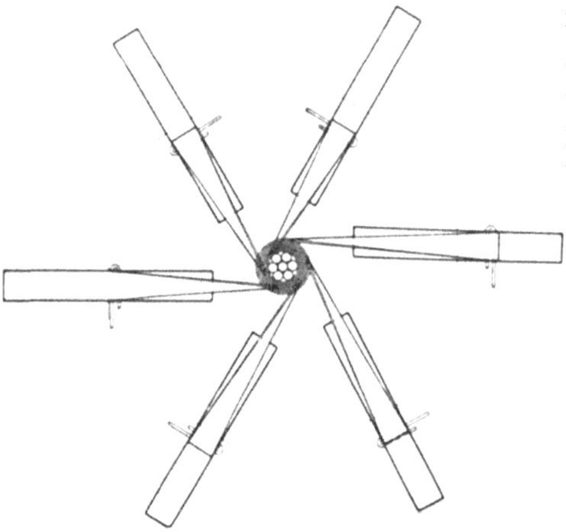

Abb. 180. Anordnung der Spinnteller des Tangentialspinners nach Abb. 178 (Krupp-Grusonwerk).

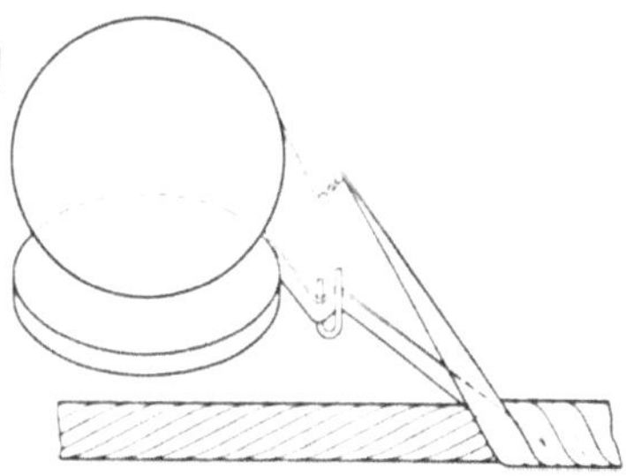

Abb. 181. Papierführung zweier benachbarter Spinnteller bei dem Tangentialspinner von Krupp-Grusonwerk.

Abb. 182. Sechsgängige vertikale Isoliermaschine mit je 12 Spinntellern pro Gang für dünne Leiter (Niehaus).

schieben der Bremsstifte gegeneinander erzielt. Abb. 181 zeigt die Papierführung zweier benachbarter Teller.

Bei einem von Felten & Guilleaume[1] konstruierten Spinner

[1] D.R.P. Nr. 460428 v. 17. 4. 1926.

stehen die Achsen der Spinnteller senkrecht zur Kabelachse, sind aber nicht einstellbar. Die Papierbänder werden über zwei Finger geführt, von denen der erste parallel zur Spinntellerachse, der zweite in einer zur Kabelachse senkrechten Ebene schwenkbar angeordnet ist. Die schwenkbaren Finger sind an eine gemeinsame Einstellvorrichtung angeschlossen.

Zur Herstellung von dünnen Adern (Prüfdrähte usw.) eignen sich kleine Maschinen mit vertikalen Spinnern; eine solche Maschine von Niehaus zeigt die Abb. 182. Die Maschine besitzt sechs voneinander unabhängig arbeitende Gänge; jeder Gang besteht aus Ablaufspule, Spinner mit 12 Tellern, Abzugscheibe und Aufwickelvorrichtung mit Führungsgabel.

3. Das Verseilen der isolierten Leiter.

Der Arbeitsvorgang ist im Prinzip derselbe wie bei der Verseilung von Drähten zu Litzen. Leiter mit kreisförmigen Querschnitten werden immer mit Rückdrehung verseilt; bei Leitern mit sektor- oder segmentförmigen Querschnitten kann die Rückdrehung nicht angewendet werden, weil diese Querschnitte ihre Spitzen stets dem Mittelpunkte des Kabelquerschnittes zuwenden müssen. Sie werden hierbei, von der Wirkung der sofort nachfolgenden Aufwicklung abgesehen, auf reine Torsion beansprucht; den fertigen Seilkern kann man so entstanden denken, daß man die 2, 3 oder 4 Adern zuerst passend zusammenlegt und dem so geformten Kreiszylinder nachträglich eine der Schlaglänge entsprechende Torsion erteilt. Bei den Sektor- und Segmentkabeln wird das Papier in den zur Kabelachse radial liegenden Teilen der Wicklung auf Druck, in den zylindrisch liegenden Teilen auf Zug beansprucht; da die Druckkräfte die Papierstreifen unter 90^0 treffen, während die Zugkräfte sie tangential angreifen, kann eine Gefährdung des Papiers nur in den äußeren zylindrischen Teilen der Wicklung eintreten. Nimmt man ein Stück eines ohne besondere Vorkehrungen verseilten Sektorkabels auseinander, so findet man im äußeren zylindrischen Teil schräg verlaufende Falten, während die radial liegenden Teile der Wicklung von solchen vollständig frei sind. Die Unterdrückung der Faltenbildung ist nicht aus ästhetischen Gründen, sondern aus denen der Sicherheit des Kabels erforderlich. Dazu stehen zwei Mittel zur Verfügung: Wicklung des Papieres ohne Überlappung und Wahl großer Schlaglängen für die Verseilung des Kabels. Die Falten kommen zustande, weil das Papier sich in der Richtung der Torsionskraft nicht oder nicht genügend verschieben kann; hindernd wirkt die zwischen den Papierlagen wirksame Reibung, die an der überlappenden Kante wesentlich vergrößert ist. Durch Verzicht auf die Überlappung vergrößert sich die Beweglichkeit des Papieres, durch Vergrößerung der Schlaglänge verkleinert sich die Torsion. Erfahrungsgemäß gelingt es, Sektoradern faltenfrei zu verseilen, wenn man die ohne Überlappung isolierten Adern mit einer Schlaglänge von etwa

$$h = 40 \cdot D$$

verseilt. Für die Verseilung runder Adern mit Rückdrehung wählt man in der Regel

$$h = 15\,D.$$

In beiden Fällen bezeichnet D den über der Verseilung sich ergebenden Durchmesser

Das zum Ausfüllen der Aderzwischenräume dienende Beilaufmaterial (Papier- oder Jutegarn) wird mit den Adern zusammen verseilt; es muß so beschaffen sein, daß es die verseilten Adern zu einem in allen Teilen gleichmäßig festen Kreiszylinder ergänzt. Vielfach wird noch die Verwendung von Jutegarn vorgeschrieben. Von der Ausfüllung der äußersten Spitzen der Raumzipfel abgesehen ist Papiergarn besser geeignet als Jute; es ist billiger, läßt sich leichter als Jute der Kabelkonstruktion anpassen und in gleichbleibender Qualität beschaffen, während die Jute als Naturprodukt nie ganz gleichmäßig ist und oft Verunreinigungen enthält, welche das Kabel gefährden können. Papiergarn wird in zahlreichen Ausführungsformen verwendet; eine gute Methode zur Ausfüllung der Zwischenräume ist diejenige der Kabelfabrik- und Drahtindustrie-Akt.-Ges. in Wien. Hiernach besteht der Einlauf aus vorgeformten, in den Zwischenraum genau hineinpassenden Papiersträngen, die durch lose Wicklung der Papierbänder so hergestellt werden, daß der Umfang des lose gewickelten Stranges demjenigen des auszufüllenden Zwischenraumes genau gleich ist[1].

Kabelverseilmaschinen. Die Hauptbestandteile der Verseilmaschinen sind Verseilkorb, Abzugs- und Aufwickelvorrichtung; zur Herstellung der Gürtelisolierung in einem Arbeitsgang mit der Verseilung befindet sich meistens zwischen Verseilkorb und Abzugsvorrichtung eine Isoliermaschine von der beschriebenen Art. Das besondere Kennzeichen der Starkstromkabel-Verseilmaschinen ist die schräge Stellung der die Ablaufspulen tragenden Joche, wodurch eine günstige Führung der zu verseilenden Adern bis an den Verseilpunkt heran ermöglicht wird. Der Verseilkorb besteht aus der hohlen Welle und den auf diese fest aufgekeilten Jochkränzen, die von Stützrollen getragen werden. Die Rückdrehvorrichtung der Joche ist auf der Rückseite des hinteren Jochkranzes angeordnet und kann für die Verseilung von Sektorkabeln ausgeschaltet werden; das Beilaufgarn läßt man von Kreuzspulen oder kleinen Trommeln ablaufen, die ersteren sind auf dem Jutespinner am vorderen Jochkranz, die kleinen Trommeln auf der Rückseite des hinteren Jochkranzes ohne Rückdrehung angeordnet. Die durch Handgriff und Fußhebel zu betätigende Bremsung des Verseilkorbes erfolgt mit einer auf den Umfang des hinteren (großen) Jochkranzes wirkenden Backenbremse. Abb. 183 zeigt eine Dreileitermaschine von Humboldt; die Ablaufspulen haben 1,8 m Flanschdurchmesser, 1,2 m Kerndurchmesser und eine lichte Weite von 0,9 m, der Verseilwinkel beträgt 15^0. In Abb. 184 ist die Rückseite der Maschine mit der Rückdrehvorrichtung zu sehen;

[1] D.R.P. Nr. 440240 v. 27. 2. 1923.

diese besteht aus einem bei Maschinen dieser Art allgemein üblichen System von Zahnrädern, in welchem je ein mit dem Ablaufspulenjoch fest

Abb. 183. Dreileiter-Verseilmaschine mit 1,8 m großen Einsetztrommeln (Humboldt).

Abb. 184. Rückseite der Dreileiter-Verseilmaschine nach Abb. 183 (Humboldt).

verbundenes Zahnrad in ein zwischengeschaltetes, rotierendes Hilfszahnrad eingreift, das auf einem feststehenden, im Bild zufällig verdeckten Zahnkranz abrollt, wobei die Übertragung so berechnet ist, daß daß Ablaufspulenjoch während der Rotation des Korbes zu sich angenähert parallel bleibt. Durch Entfernung des Hilfsrades wird die

Abb. 185. Dreileiter-Verseilmaschine mit 2,4 m großen Einsetztrommeln (Krupp-Grusonwerk).

Rückdrehung aufgehoben. Hinter dem Verseilkorb ist ein Hilfskorb mit drei etwas kleineren Spulen als diejenigen im Hauptkorb angebracht;

Abb. 186. Sechsleiter-Verseilmaschine[1] (Humboldt).

er dient zur Unterbringung der großen Mengen von Beilaufmaterial, die für große Fabrikationslängen stark isolierter Kabel erforderlich

[1] Vgl. Abb. 20, S. 24.

sind. Hauptkorb und Hilfskorb besitzen eine gemeinschaftliche Hohlwelle; der vom Hilfskorb ablaufende Beilauf wird zuerst zum hinteren Ende der Maschine und von da über drei Leitrollen durch die Hohlwelle zur Schlagscheibe geführt. Abb. 185 stellt eine große Dreileitermaschine mit Einsetztrommeln von 2,4 mm Flanschdurchmesser und 1,2 m lichte Weite von Krupp-Grusonwerk dar. Die kleeblattförmig ausgebildete Schlagscheibe dient nur zur Führung des Beilaufes. Die Leiter selbst gelangen unmittelbar aus den über die Schlagscheibe hinaus verlängerten Hohlzapfen zum Verseilungspunkt; in diese Hohlzapfen werden auch die Führungsstücke eingesetzt, welche die zu verseilenden Sektorleiter in der richtigen Lage, aus welcher die Torsion der ohne Rückdrehung erfolgenden Verseilung sie herausdrehen will, festhalten.

Abb. 187. Dreileiter-Verseilmaschine zur Verseilung von Sektorkabeln (Humboldt).

Bei der Humboldtschen Sechsleiter-Verseilmaschine (Abb. 186) ist die Rückdrehvorrichtung zur Freihaltung des Platzes auf der Rückseite des hinteren Jochkranzes für Beilaufgarnspulen nach vorne verlegt; die mit den Ablaufspulenjochen fest verbundenen Zahnräder greifen in den Zahnkranz einer die Haupthohlwelle von außen konaxial umgebenden Hohlwelle ab.

Abb. 187 ist das Bild einer ebenfalls Humboldtschen Dreileitermaschine ohne Rückdrehvorrichtung; trotz großer Ablaufspulen (1,4 × 0,7 m) ist der Verseilkorb und damit der Raumbedarf der Maschine relativ klein.

Viel verwendet wird die sog. Drei-Vierleitermaschine, bei welcher drei oder alternativ vier Joche eingebaut werden können; in beiden Fällen liegen die Joche gleichmäßig um die Hohlwelle verteilt.

4. Das Trocknen der Papierkabel.

In dem fertig isolierten und verseilten Kabel enthält das lufttrockene Papier etwa 3 bis 7% Feuchtigkeit, welche vor der Tränkung entfernt werden muß; am zweckmäßigsten geschieht das im Vakuum. Man unterbringt das erwärmte Kabel in einem luftdicht geschlossenen Gefäß, welches mit Hilfe einer Luftpumpe evakuiert wird; infolge der Erwärmung verdampft die Feuchtigkeit und die abgezogene Luft nimmt die Wasserdämpfe mit sich.

Durch die Verdampfung tritt eine Abkühlung des Kabels, damit eine Verlangsamung der Verdampfung ein; die Zufuhr neuer Wärme-

Abb. 188. Vakuumtrocknungsschrank für Kabel, geschlossen (Pintsch).

mengen wird im Vakuum durch die Abwesenheit der leitenden Luftschicht erschwert. Die größte Wasserdampfmenge, welche 1 kg Luft aufnehmen kann, wird mit sinkendem Druck kleiner; da gleichzeitig auch der Luftinhalt des Gefäßes abnimmt, erfährt die Trocknung aus diesen beiden Gründen eine weitere Verlangsamung.

Die abgezogene Luft durchströmt einen Oberflächenkondensator, bestehend aus einem vertikalen System wassergekühlter Rohre, in welchem die Wasserdämpfe sich niederschlagen und im unteren Teil des Kondensators ansammeln; die dem Kondensator von Zeit zu Zeit entnommenen Wassermengen geben ein relatives Maß für das Fortschreiten des Trocknungsvorganges. Da das Vakuum auch im Kondensator herrscht und die Verdampfungswärme des Wassers mit abnehmendem Luftdruck rasch abnimmt, tritt durch das steigende Vakuum auch eine Erschwerung der Kondensation ein.

Alle diese Ursachen führen schließlich zum Aufhören des Trocknungsvorganges, während im Kabelpapier noch erhebliche Mengen von Feuchtigkeit vorhanden sein können. Zur Fortsetzung der Trocknung ist daher eine Unterbrechung des Vakuums notwendig. Läßt man in das Gefäß Luft eintreten, dann erhöht diese durch ihre Wärmeleitfähigkeit die Wärmezufuhr von der geheizten Gefäßwandung zum Kabel und durch ihre Masse die Aufnahmefähigkeit des gasförmigen Gefäßinhaltes für Wasserdampf. Nach hinreichender Anwärmung des Kabels tritt bei Wiederbeginn des Evakuierens eine energische Verdampfung und Trocknung ein, ähnlich wie am ersten Anfang des Vorganges. Nach

Abb. 189. Vakuumtrocknungsschrank für Kabel, offen (Pintsch).

Eintritt des zweiten Stillstandes läßt man eine zweite Unterbrechung des Vakuums folgen, und man setzt das Verfahren fort, bis bei Wiederbeginn der Trocknung keine merklichen Feuchtigkeitsmengen mehr dem Gefäß entnommen werden können; dann ist die Trocknung beendet.

Die zur Trocknung der Kabel dienenden Gefäße haben die Form eines Schrankes oder eines zylindrischen, stehenden oder liegenden Kessels; die Schränke werden mit Körben, die Kessel mit Körben oder Trommeln beschickt. Abb. 188 zeigt einen großen Trockenschrank von Pintsch mit geschlossener Türe, Abb. 189 denselben Schrank offen; die 4 übereinander angeordneten Körbe werden auf wagenförmig ausgebildeten Tellern, die sich auf nach Bedarf eingehängten Schienen bewegen, in den Schrank gefahren. In Abb. 190 ist eine aus perforiertem Eisenblech bestehende Trommel von Paßburg, Abb. 191 ein mit Trommel beschickter liegender Kessel derselben Firma zu sehen. Abb. 192 ist die Teilansicht einer von Pintsch gebauten Trockenanlage in einer Kabelfabrik. Die sechs stehenden, zum Teil in den

Flurboden eingelassenen Kessel sind ebenso wie der im Hintergrund stehende offene Schrank zum Beschicken mit Körben eingerichtet; einen Korb sieht man auf dem Laufkran hängend. Die Rohrleitungen zur Pumpe führen an der Wand entlang; das angeschlossene vertikale zylindrische Gefäß ist der Oberflächenkondensator. An dessen Unterteil sind zwei einander gegenüberliegende Glasfenster angebracht; bei Beleuchtung des einen Fensters kann am anderen Fenster das aus den Röhren heruntertropfende Wasser beobachtet und das augenblickliche Stadium des Trocknungsprozesses beurteilt werden.

Abb. 190. Eisenblechtrommel für Trocknungskessel (Paßburg).

Unterbricht man das Vakuum, während der Kondensator noch merkliche Mengen Wasser abscheidet, dann kann man beobachten, daß die Kondensation sofort aufhört. Da infolge der plötzlich erhöhten Verdamp-

Abb. 191. Liegender, mit Blechtrommel beschickter Trocknungskessel (Paßburg).

fungstemperatur im Gefäß kein Dampf sich mehr bilden kann, weil die herrschende Temperatur niedriger ist als der erhöhte Wert der Verdampfungstemperatur, kann auch im Kondensator kein Dampf zum Niederschlagen mehr vorhanden sein.

Die größten bis jetzt in Deutschland von Pintsch gebauten Vakuum-Trockenschränke sind zur Aufnahme von je 4 Körben von je 3 m Durchmesser eingerichtet; da die Gefäße einem äußeren Überdruck von

Abb. 192. Vakuumtrocknungsanlage in einer Kabelfabrik (Pintsch).

Abb. 193. Vakuumtrocknungskessel von 3,8 m Durchmesser (Pintsch).

1 Atm. standhalten müssen, wird die Herstellung noch größerer Schränke schwierig und unsicher. Aus diesem Grunde wird für noch größere Gefäße ausschließlich die Kesselform gewählt. Abb. 193 zeigt die An-

sicht eines Kessels von 3,8 m Durchmesser von **Pintsch**, Abb. 194 die Konstruktionszeichnung eines 4,2 m großen, zur Beschickung mit 3 Körben eingerichteten Kessels der „Rota Kessel- und Maschinenbau Ges. m. b. H.“ in Berlin-Borsigwalde.

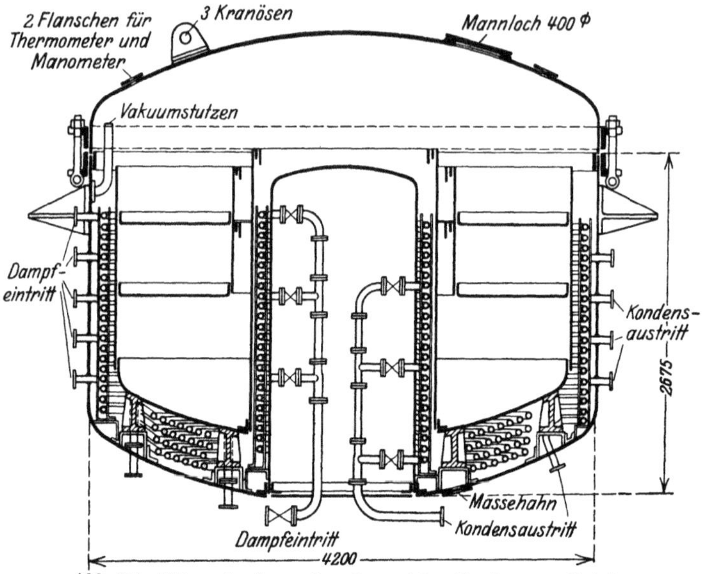

Abb. 194. Vakuumtrocknungskessel von 4,2 m Durchmesser (Rota).

Die Heizung der Trocknungsgefäße kann durch Dampf, heißes Wasser oder Öl erfolgen. Die namentlich in den Vereinigten Staaten

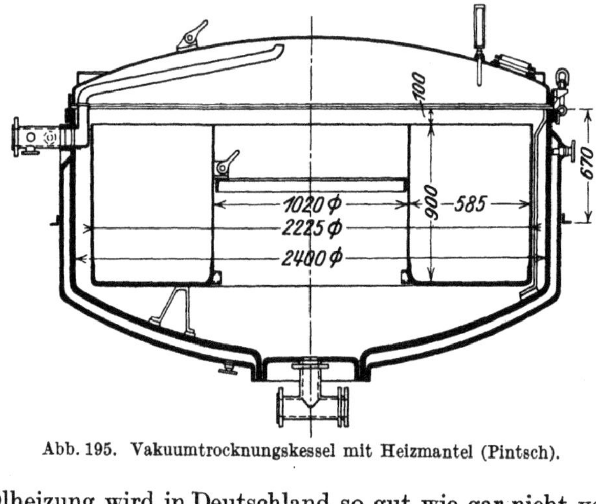

Abb. 195. Vakuumtrocknungskessel mit Heizmantel (Pintsch).

beliebte Ölheizung wird in Deutschland so gut wie gar nicht verwendet. Man sagt, daß die Heizung des Öles selbst feuergefährlich ist und daß aus dem Öl sich Destillationsprodukte entwickeln, deren Entfernung besondere Einrichtungen erfordert; die Anlage soll insofern auch unwirtschaftlich teuer sein, als zur Inbewegungsetzung des einmal erkalteten Öles verhältnismäßig hoher Druck notwendig ist und die Festigkeit der Rohrleitungen diesem vorübergehenden Betriebszustand entsprechend bemessen sein muß.

Die Dampfheizung kann in Form eines Heizmantels (Abb. 195) oder von Heizschlangen ausgeführt sein; beide Ausführungsarten haben ihre Vor- und ihre Nachteile. Der aufgeschweißte (nicht der aufgenietete) Heizmantel bietet absolute Garantie für dauerndes Dichtbleiben, erleichtert die gründliche Reinigung des Gefäßes von Rückständen der Tränkmassen (die Tränkung erfolgt meistens in denselben Gefäßen, in welchen das Kabel vorher getrocknet wurde) und gestattet die Verwendung von überhitztem Dampf. Die Heizschlange heizt mit ihrer ganzen Oberfläche, läßt sich überall bequem anbringen (bei Schränken unter jedem Teller) und ihre notwendige Wandstärke wächst mit der Dampftemperatur (Dampfdruck) langsamer als diejenige des Heizmantels. Ein Gefäß mit Heizschlange ist daher billiger als eines mit Heizmantel.

Vor Beginn des Vakuumtrocknens führt man dem Kabel die zur Verdampfung notwendige Wärme dadurch zu, daß man das mit dem Kabel beschickte Gefäß unverschlossen unter Dampf setzt. Bei ungenügender Vorwärmung tritt bald nach Beginn des Evakuierens zu starke Abkühlung ein und die Trocknung hört auf. Ein sehr feuchtes Kabel wird im Vakuum überhaupt nicht trocken; die mit der Vorwärmung vor sich gehende Lufttrocknung erleichtert und beschleunigt die Vakuumtrocknung.

Abb. 196. Umschaltbare Saugluftpumpe für Nieder- und Hochvakuum (Pintsch).

Die Trocknung wird bei einer Temperatur von ca. 105 bis 120° C vorgenommen; höhere Temperaturen vermeidet man zur Schonung des Papieres, bei niedrigeren Temperaturen wird die Abkühlung während der Vakuumtrocknung zu groß. Die Wärmezufuhr durch elektrische Strombelastung der Kabelleiter selbst ist bequem, aber teuer.

Eine der Hauptanforderungen, welchen eine Trocknungsanlage für Papierkabel entsprechen muß, ist die möglichst vollkommene Abdichtung der Gesamtanlage, damit ein möglichst hohes Vakuum erreicht werden kann. Dieses ist erst am Ende der einzelnen Vakuumperioden von Nutzen; die Trocknung wird nicht durch das Vakuum, sondern durch das Evakuieren erzielt und das erreichbare höchste Vakuum ist nicht der Zustand, dessen Erhaltung während einer längeren

Zeitperiode erwünscht wird, sondern nur die höchste Stufe, aber zugleich auch das Ende des erwünschten Zustandes. Je höheres Vakuum erreicht werden kann, um so länger ist die wirksame Dauer der Trocknungsperiode.

Diesen Anforderungen wird die in der Abb. 196 dargestellte Saugluftpumpe von Pintsch dadurch gerecht, daß ihre beiden Zylinder am Anfang der Evakuierungsperiode parallelgeschaltet größere Leistung bei „Niedervakuum", am Ende der Periode hintereinandergeschaltet kleinere Leistung bei „Hochvakuum" ergeben. Die Umschaltung erfolgt einfach durch Umlegung des mit Sperrklinke versehenen Handhebels.

Eine für Kabeltrocknungsanlagen geeignete Saugluftpumpe muß nicht nur imstande sein, hohes Vakuum zu erzeugen, sondern auch die Feuchtigkeitsmengen, welche bei Hochvakuum im Kondensator nicht abgeschieden werden, abzuführen. Besitzt sie diese Fähigkeit nicht in genügendem Maße, dann wird sie dauernd zu Störungen des Betriebes infolge der notwendigen Reparaturen Anlaß geben.

5. Das Tränken der Papierkabel.

Erfolgt das Tränken in demselben Gefäß, in welchem auch die Trocknung vorgenommen wurde, dann schließt es unmittelbar an das Trocknen an.

Die letzte, der Tränkung vorangehende Evakuierungsperiode soll nicht nur die noch vorhandene Feuchtigkeit, sondern auch die Luft möglichst gründlich entfernen, damit das Kabel mit Tränkmasse möglichst gut gefüllt wird. Zu diesem Zweck zieht man die in einem anderen Gefäß vorbereitete heiße Tränkmasse durch eine am Boden des stehenden Kessels angebrachte Öffnung langsam in die Höhe, bis das Kabel vollständig von der Masse überschwemmt ist, während das am Ende der letzten Vakuum-Trocknungsperiode herbeigeführte hohe Vakuum noch besteht. Hohes Vakuum, langsame Bewegung der heißen Tränkmasse: das sind die drei Bedingungen einer guten Durchtränkung. Je höher das bei dem Zutritt der Tränkmasse im Tränkgefäß herrschende Vakuum ist, desto kleiner sind die Luftteilchen, die noch zwischen den Papierfasern haften können; je höhere Temperatur die Tränkmasse hat, desto größer ist ihr Flüssigkeitsgrad desto leichter kann sie in die feinsten Poren des Papieres eindringen, und je langsamer das Ansteigen der Masse im Kessel erfolgt, um so größer ist die zum Fortdrängen der Luftreste verfügbare Zeit.

Der Hauptbestandteil der gebräuchlichen Tränkmassen für Papierkabel ist dickflüssiges Mineralöl; in Deutschland wird es meistens mit einem Zusatz von Fichtenharz verwendet, während man in den Vereinigten Staaten und in England reines Mineralöl bevorzugt. In Deutschland erzielt man durch den Harzzusatz eine Tränkmasse, deren Flüssigkeitsgrad bei der Betriebstemperatur des Kabels kleiner ist, als derjenige des reinen Mineralöls; bei den in Amerika zulässigen hohen Betriebstemperaturen würde durch denselben Harzzusatz eine empfindliche Erhöhung der dielektrischen Verluste eintreten. Zur Tränkung wird die Masse auf 115 bis 135° C erhitzt. In diesem Temperaturbereich sind die gebräuchlichen Massen, auch wenn sie Harz enthalten, dünnflüssig und erleiden, wenn die Erhitzung im Vakuum erfolgt, keine Verschlechterung; bei Erhitzung in der Luft tritt Oxydation ein. Es ist daher zweckmäßig, das Trocknen des Öles und die Herstellung der Harz-Öl-Mischung in besonderen heizbaren Gefäßen, die auch evakuiert werden können, vorzunehmen und die fertige Masse ohne Unterbrechung des Vakuums direkt in das Tränkgefäß hinüberzuleiten. Dieses Verfahren bietet noch einen besonderen weiteren Vorteil. Leitet man die Masse in den Tränkkessel aus einem nicht

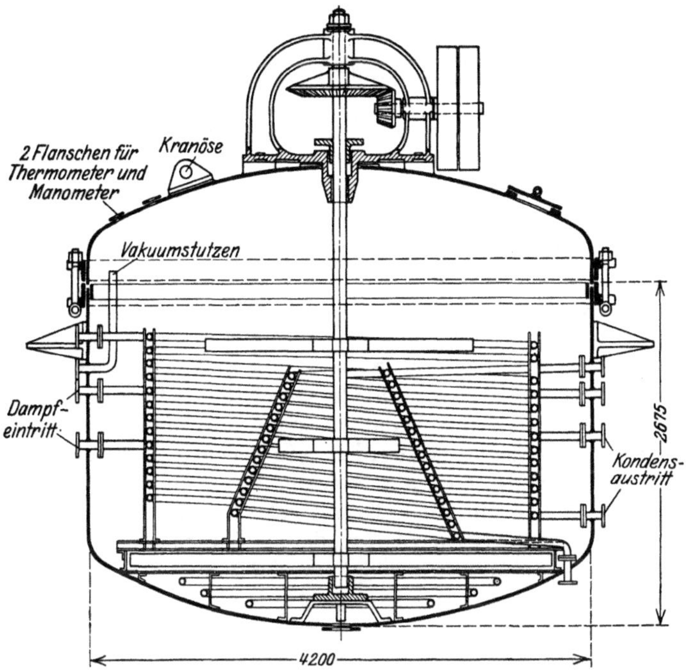

Abb. 197. Vakuumgefäß für die Zubereitung der Tränkmasse (Rota).

evakuierten Gefäß, so verursacht die mitgenommene Luft, sobald die Masse mit dem Vakuum in Berührung kommt, durch ihr vehementes Hervorsprudeln aus der Masse eine sehr starke Schaumbildung; es bildet sich eine mehrere Zentimeter dicke Schicht von seifenschaumähnlicher Konsistenz, und dieses aus Luft und Tränkmasse bestehende Gemisch überflutet das vorher mit großer Sorgfalt von Luft nach Möglichkeit befreite Kabel zuerst.

Ein solches zur Zubereitung der Tränkmasse geeignetes Gefäß zeigt die Abb. 197. Der Kessel von 4,2 m Durchmesser ist mit einer zylindrischen und mit einer konischen Heizschlange sowie mit einer Bodenheizschlange ausgerüstet, zwischen welchen drei verschieden große, auf einer vertikalen Welle befestigte Mischflügel mit 30 Umdrehungen pro Minute bewegt werden.

Die Fernhaltung von Luft bei Beginn des Tränkprozesses ist um so wichtiger, je dicker die zu durchtränkende Isolierungsschicht ist; man wird also insbesondere bei Höchstspannungskabeln auf Hochvakuum und auf langsame und schaumfreie Einführung der möglichst heißen Tränkmasse Wert legen.

Während die ca. 130° C heiße Masse in den Kessel strömt, hat das im Vakuum abgekühlte Papier eine um 20 bis 25° C niedrigere Temperatur; bei der Berührung des kälteren Papiers tritt eine plötzliche Abkühlung der Masse und damit eine Verringerung des Flüssigkeitsgrades ein. Zur vollen Ausnutzung der zulässigen höchsten Tränktemperatur ist es daher empfehlenswert, nach Beendigung der Trocknung die Dampfheizung auf eine etwas höhere Temperatur einzuregulieren.

Nachdem die heiße Tränkmasse langsam und ohne Schaumbildung hochgestiegen ist, hat das Vakuum für das Kabel keine Aufgabe mehr zu erfüllen; Luft- und Feuchtigkeitsreste, die dasselbe Vakuum aus dem „trocknen" Kabel nicht entfernen konnte, wird es durch die hohe Schicht der Tränkflüssigkeit noch weniger entfernen können. Trotzdem wird das Vakuum zur Schonung der Tränkmasse, die bei Luftzutritt sich durch Oxydation verschlechtern würde, während des Tränkens meistens beibehalten. Die Entfernung der Feuchtigkeit durch „Auskochen" aus dem nicht vorgetrockneten Kabel ist eine namentlich früher viel benutzte Trocknungsmethode, die heute nur noch für die Tränkung von Kabeln mit mäßigen Isolierungsdicken verwendet wird. Bei diesen Kabeln bietet die Anwendung sehr hoher Vakua keine Vorteile; es können somit mehrere Gefäße an eine Vakuumleitung geschlossen werden. In solchen Anlagen verwendet man große Sammelgefäße, aus welchen die heiße tränkfertige Masse nach Bedarf in die einzelnen Kessel geleitet und nach Maßgabe des Verbrauches durch frische Masse, deren Zubereitung in besonderen Schmelz- und Mischgefäßen erfolgt, ersetzt wird.

Die Abkühlung des fertig getränkten Kabels. Bei der hohen Tränktemperatur ist die Tränkmasse dünnflüssig; nach Beendigung des Tränkens muß man das Kabel auf eine tiefere Temperatur abkühlen lassen, damit die Tränkmasse bei der Weiterverarbeitung am Kabel haftet. Nach Abstellung der Heizung kühlt sich das Kabel langsam ab. Zur besseren Ausnutzung der Anlage ist es vorteilhaft, die Abkühlung künstlich zu beschleunigen, indem man in den Heizschlangen bzw. in den Heizmänteln Kühlwasser zirkulieren läßt. Bezüglich der Anwendbarkeit der künstlichen Kühlung erweist sich die Mantelheizung der Schlangenheizung überlegen; die mechanischen Spannungen, welche im Eisen infolge der Differenz zwischen Kühlmittel- und Kesselinhaltstemperatur entstehen, gefährden die Schweißstellen der Schlangen und können Undichtigkeiten herbeiführen, während bei Mantelheizung der gewölbte Boden des Kessels (vgl. die Abb. 193 und 195) den Spannungen ohne Gefährdung der Schweißstellen folgen kann.

Nach einem von Paßburg angegebenen Verfahren[1] wird die Tränkmasse selbst zwischen dem Tränkgefäß und einem künstlich gekühlten

[1] D.R.P. Nr. 428133 v. 12. 10. 1924.

Abkühlgefäß in Zirkulation gesetzt. Gegen die Folgerichtigkeit dieses Verfahrens, welche die beschleunigte Abkühlung auf eine Temperatur von ca. 50° C zum Ziele hat, ist nichts einzuwenden; es ist ohne Zweifel zur Beschleunigung des Prozesses geeignet. Andererseits ist es aber schon deshalb zweckmäßig, für die künstliche Kühlung eine wesentlich unterhalb von 50° C liegende Endtemperatur zu wählen, weil der Übergang in den hinreichend dickflüssigen Zustand bei den gebräuchlichen Kabeltränkmassen erst bei tieferen Temperaturen erfolgt.

Aus diesem Grunde kühlt man das getränkte Kabel auf eine tiefere Temperatur ab. Die natürliche oder beschleunigte Abkühlung auf 50° C mit Kühlwasser oder nach dem Paßburgschen Verfahren kann vorteilhaft in den zu diesen Zwecken eingerichteten Tränkgefäßen

Abb. 198. „Geschlossene" Kabelkörbe für Hochspannungskabel im Carlswerk (F. & G.).

selbst erfolgen; zur weiteren Abkühlung der Kabel stellt man die Körbe mit ihrem Inhalt im freien Raum oder in besonderen Kühlgefäßen oder Kühlräumen auf. Hierbei wird die Verwendung „geschlossener" (nicht perforierter) Körbe vorausgesetzt, in welchen die erkaltenden Kabel vollständig unter Tränkmasse liegen (Abb. 198).

Höchstspannungskabel kühlt man zweckmäßig mit künstlich gekühlter Luft auf Temperaturen, die unterhalb der herrschenden Raumtemperatur liegen; zur Luftkühlung dienen Kompressions-Kühlanlagen, wie sie z. B. von Escher, Wyss & Co. in Zürich gebaut werden. Man läßt die von einem hinreichend kräftigen Ventilator angetriebene Luft durch einen Rippenrohr-Luftkühler (Abb. 199), in welchem ein flüssiges Kältemittel (Ammoniak, Kohlensäure) verdampft wird, hindurchstreichen und führt sie dann zu den Kabelkörben; die Kältemitteldämpfe werden von einem Kältekompressor in einen Doppelröhren-

Gegenstromkondensator (Abb. 200) getrieben, dort durch Wasser abgekühlt und wieder verflüssigt. Durch den kontinuierlichen Kreislauf des Kältemittels wird eine beschleunigte Abkühlung auf die gewünschte Temperatur erreicht.

Manche Fabriken benutzen beim Tränken einen inneren Überdruck von 3 bis 4 Atm., um dadurch die Tränkmasse „in das Kabel

Abb. 199. Rippenrohr-Luftkühler von Escher, Wyss & Cie., Zürich.

hineinzudrücken". Die Anwendung dieser Methode setzt besonders kräftig gebaute Gefäße voraus; auch die bei Vakuum unbelasteten Deckelschrauben müssen dem hohen inneren Überdruck entsprechend dimensioniert sein. Die Frage der Zweckmäßigkeit dieses Verfahrens ist umstritten. Die Vorstellung, daß die Masse in das Kabel hinein-

Abb. 200. Doppelröhren-Gegenstromkondensator von Escher, Wyss & Cie., Zürich.

gedrückt wird, ist unphysikalisch, es ist aber möglich, daß der Überdruck während der Abkühlungsperiode nützlich wirkt, indem er die Hohlraumbildung unterbindet oder wenigstens erschwert. Es muß jedoch betont werden, daß der Nutzen dieses die Anlage wesentlich verteuernden Verfahrens bis jetzt weder durch besonders gute Ergebnisse bei seiner Anwendung, noch durch weniger gute Ergebnisse bei seiner Nichtanwendung nachgewiesen wurde.

6. Das Aufbringen des Bleimantels.

Das Aufbringen des Bleimantels erfolgt in der hydraulischen Bleipresse, welches nach dem Pascalschen Gesetz einen großen Druck mit einem kleinen Kraftaufwand erzeugt.

Den Körper K (Abb. 201) drückt der Stempel (Fläche F) gegen die feste Stützfläche S, wenn der Kolben (Fläche f), nach unten gedrückt wird. Ist p der den Kolben belastende Druck, dann übt der Stempel auf den Körper K den Druck

$$P = \frac{F}{f} \cdot p$$

aus. Bewegt sich hierbei der Stempel infolge der Nachgiebigkeit des Körpers K nach oben um den Weg A, dann bewegt sich der Kolben um den Weg a nach unten, wobei

$$FA = fa .$$

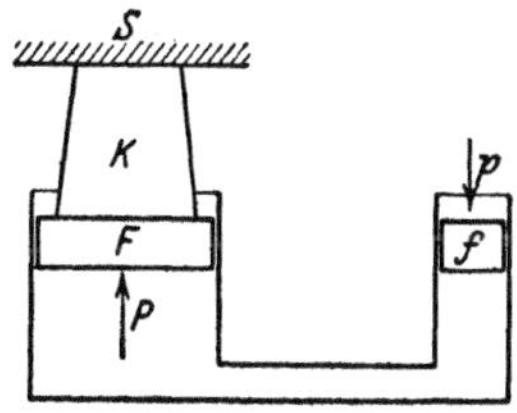

Abb. 201. Schema der hydraulischen Presse.

Tritt an Stelle des Kolbens eine Druckpumpe, welche das Wasser in den Zylinder preßt und den Stempel dadurch in die Höhe treibt, und ist L die von der Pumpe in der Zeiteinheit geförderte Wassermenge und c die Geschwindigkeit des Stempels, dann ist

$$F \cdot c = L .$$

Die Größe der Druckkraft wächst mit dem Widerstande, den der Körper K dem Druck entgegensetzt, darf jedoch die von der Festigkeit der Presse gezogenen Grenzen nicht überschreiten. Zum Schutz gegen Überschreitung dient ein Sicherheitsventil, welches sich bei einem bestimmten Druck öffnet und das überschüssige Wasser fortschafft. Die Druckwasser enthaltenden Teile der Presse müssen dem größten vorkommenden hydraulischen Druck $\frac{P_{max}}{F}$, die übrigen auf Festigkeit beanspruchten Teile der Presse dem größten ausgeübten Druck $P_{max} = \frac{F}{f}\, p_{max}$ entsprechend bemessen sein.

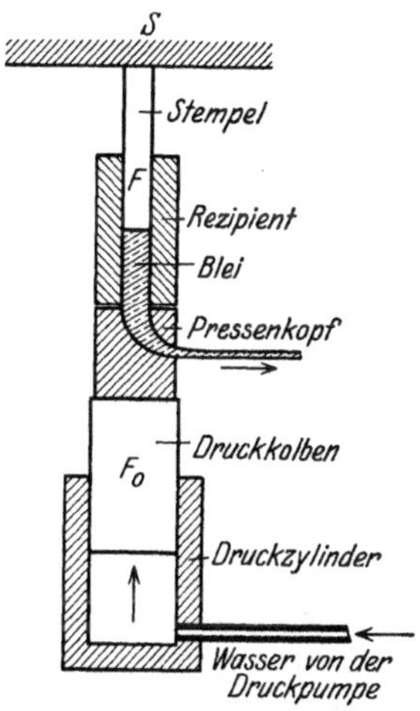

Abb. 202. Schema der hydraulischen Bleipresse.

Das Prinzip der hydraulischen Bleipresse zeigt die Abb. 202 schematisch; einfachheitshalber ist dabei die Herstellung eines Bleidrahtes angenommen. Der vertikal nach oben sich bewegende Druckkolben trägt den zweiteiligen Bleibehälter, in dessen Hohlraum das flüssige Blei oben eingegossen wird. Im oberen Teil (Rezipient) ist der Hohlraum kreiszylinderförmig, im unteren Teil (Pressenkopf) geht er allmählich in den Querschnitt der Austrittsöffnung über. Bewegt sich der vom Druckwasser getriebene Kolben nach oben, dann drückt er das Blei gegen den feststehenden, in die Rezipientenöffnung passenden Stempel; sobald der Druck groß genug ist, tritt das Blei aus der Öffnung. Der Preßvorgang ist beendet, sobald der Stempel den Boden des Rezipienten nahezu erreicht hat; der hierbei beschriebene Weg ist der Kolbenhub, das von der Stirnfläche des Stempels bestrichene Volumen des Rezipienten ist der effektive Bleiinhalt der Presse. Nach Beendigung des Pressens wird der bewegliche Teil in die Anfangsstellung zurückgeführt und der Rezipient erneut mit flüssigem Blei gefüllt, wobei das warme Blei im Pressenkopf mit dem hinzutretenden flüssigen Blei sich zusammenschweißt; das aus einzelnen Füllungen der Presse zusammengesetzte Preßgut bildet so ein homogen zusammenhängendes Ganzes und kann — theoretisch — in beliebigen Längen hergestellt werden.

Bezeichnet

F_0 den Kolbenquerschnitt in cm²,
F den Stempelquerschnitt in cm²,
f den Preßgutquerschnitt in cm²,
c die Kolbengeschwindigkeit in cm/min,
L die in den Zylinder geförderte Wassermenge in l/min,
h den Hub der Presse in cm,
v die Geschwindigkeit des aus dem Pressenkopf tretenden Preßgutes in m/min,
A den hydraulischen Druck in Atm.,
P_0 die gesamte Drucklast in Tonnen,
P die spez. Druckbelastung des Bleies im Rezipienten in kg/cm²,
M die in der Zeiteinheit ausgepreßte Bleimenge in kg/min ($\sigma_B = 11{,}4$),
E die Leistung der Druckpumpe in PS,
B den effektiven Bleiinhalt des Rezipienten in kg,

dann bestehen die einfachen Beziehungen

$$L = 10^{-3} \cdot F_0 \cdot c, \quad P_0 = 10^{-3} \cdot A \cdot F_0, \quad P = A \cdot \ddot{u},$$

$$v = 10^{-2} \cdot c \cdot \frac{F}{f}, \quad M = 10^{-3} \cdot 11{,}4 \cdot F \cdot c, \quad E = 2{,}22 \cdot 10^{-6} \cdot F_0 \cdot A \cdot c,$$

$$B = h \cdot F \cdot 10^{-3} \cdot 11{,}4.$$

Die Druckregulierung erfolgt — bei elektrisch betriebenen Pumpen ausschließlich — mit Hilfe eines Ventils, welches das von der Pumpe in stets konstanter Menge geförderte Druckwasser ganz oder teilweise an der Presse vorbei in den Wasserkasten der Pumpe zurückführt. Bei vollständig geschlossenem Ventil strömt das ganze Wasser in den Druckzylinder, bei ganz geöffnetem Ventil verschwindet im Zylinder der hydraulische Druck. Bei Dampfpumpen erfolgt die Regulierung mit einem Dampfventil wirtschaftlicher.

Der zum Herauspressen des Bleies notwendige Druck hängt unter anderem von der Temperatur des Bleies ab. Die erfahrungsgemäß am besten geeignete Temperatur des Bleies im Rezipienten und im Pressenkopf wird durch Kühl- bzw. Heizvorrichtungen erhalten.

Bei konstanter Temperatur und Wassermenge L bleiben die Geschwindigkeiten v und c während des Pressens konstant; dagegen nimmt der hydraulische Druck mit abnehmender Höhe der Bleisäule im Rezipienten ab. Für einen und denselben Preßgutquerschnitt wächst der hydraulische Druck mit der Preßgeschwindigkeit, d. h. mit höher steigendem Druck erreicht man größere Preßgeschwindigkeiten. Mit abnehmendem Preßgutquerschnitt nimmt der hydraulische Druck zu. Diese Tatsachen zusammengefaßt besagen, daß der Druck mit Widerstand wächst (und abnimmt), den das in Rezipient und Pressenkopf eingeschlossene Blei der bei dem Herauspressen aufgezwungenen Formänderung infolge innerer und äußerer Reibung entgegensetzt.

Die Abnahme des hydraulischen Druckes vom Anfang bis zum Ende des Preßvorganges erfolgt nahezu proportional mit der Höhe des Bleistandes im Rezipienten.

Im Rezipienten findet bis auf eine kleine Zusammendrückung keine Formänderung statt. Alle Bleiteilchen wandern mit derselben Geschwindigkeit und in derselben Richtung; Bleiteilchen, die vor Beginn der Bewegung in einem horizontalen Querschnitt des Rezipienten lagen, ändern ihre relative Lage zueinander nicht. Eine Änderung tritt im Pressenkopf ein; die an verschiedenen Stellen eines zur Hauptbewegungsrichtung senkrechten Querschnittes befindlichen Bleiteilchen haben verschieden lange Wege zu beschreiben und erhalten demzufolge verschiedene Geschwindigkeiten, was wieder Unterschiede der Spannungen hervorruft. So kommen große innere Reibungen zustande, zu deren Überwindung ein großer Druck erforderlich ist.

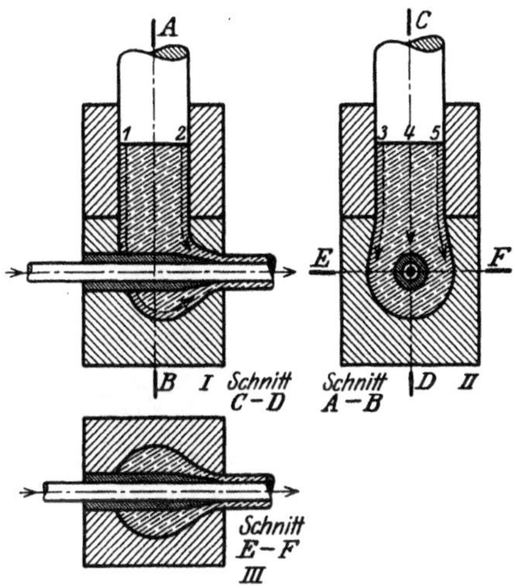

Abb. 203. Schema des Bleibehälters.

Die schematische Skizze des Bleibehälters einer Bleikabelpresse zeigt die Abb. 203. Die zu umpressende Kabelseele tritt durch einen hohlen Dorn in den Pressenkopf; das zugespitzte Ende des hohlen Dornes und die kreisförmige Austrittsöffnung des Pressenkopfes begrenzen einen kreisringförmigen Raum, in welchem der nahtlose, geschlossene Mantel entsteht. Die Zeichnung läßt die verschiedenen Weglängen des bewegten Bleies erkennen. Die Zahlen *1* bis *5* bezeichnen kleine Teilchen des Bleies auf der Füllungsoberfläche im Rezipienten. Im Rezipienten sind die Wege der 5 Teilchen gleich lang, im Pressenkopf hat das Teilchen *2* den kürzesten, das Teilchen *1* den längsten Weg zu beschreiben. Damit alle Teilchen gleichzeitig an der Mündung ankommen, müssen ihre Geschwindigkeiten den Weglängen angepaßt sein. Die Geschwindigkeiten sind von der Größe des an der Rezipientenoberfläche wirkenden Druckes und von der inneren Reibung im Bleibehälter abhängig und an verschiedenen Stellen der Wege verschieden groß. Der Hohlraum des Pressenkopfes muß eine solche Form erhalten, daß die Geschwindigkeitsänderungen allmählich und gleichmäßig vor sich gehen, keine Lockerung im Bleigefüge hervorrufen, daß die obere Fließgrenze nicht überschritten wird und daß die

Bleiteilchen auf allen Wegen und aus allen Richtungen mit derselben Geschwindigkeit in der Austrittsöffnung ankommen.

Statt des Bleibehälters kann auch der Stempel mit dem Kolben des hydraulischen Zylinders verbunden sein und bewegt werden, während der Bleibehälter unbeweglich angeordnet ist; an der schematischen Skizze, Abb. 203, ändert sich hierdurch nichts, ebensowenig an den erörterten Bleiströmungen.

Bleipressen. Bei der von C. Huber[1] konstruierten liegenden Presse sind rechts und links von dem ruhenden Bleibehälter zwei Stempel symmetrisch angeordnet; ihre Achsen liegen in einer horizon-

Abb. 204. Erste Huber-Presse von Krupp-Grusonwerk (1892).

talen Geraden. Jeder der beiden Stempel hat einen besonderen hydraulischen Antrieb und die Bewegung wird mit Hilfe einer sinnreichen Einrichtung so gesteuert, daß beide Stempel sich stets mit derselben Geschwindigkeit vor- und rückwärts bewegen.

Die erste im Jahre 1892 gelieferte Huber-Presse dieser Firma zeigt die Abb. 204; die Ausführung der Presse ist im wesentlichen bis heute dieselbe geblieben. In der Mitte steht der Bleibehälter, darunter ein Heizofen zur Erhaltung der Bleitemperatur im Rezipienten[2] auf dem gewünschten Grad, darüber der Bleischmelzkessel mit je ein durch Handhebel zu betätigendes Ventil rechts und links zum Ein-

[1] D.R.P. Nr. 42179 v. 2. 4. 1887.

[2] Bei der Huber-Presse erfolgt die Formänderung nicht in einem besonderen Pressenkopf, sondern in einer Kammer des Rezipienten.

lassen des flüssigen Bleies in die beiden Rezipientenhälften. Den Rezipientenbohrungen stehen beiderseitig die beiden Stempel konaxial gegenüber; sie werden von den Kolben der hydraulischen Zylinder getragen, welche mit dem Bleibehälter durch Zugstangen verbunden sind.

Abb. 205. Stehende Bleipresse (Krupp-Grusonwerk).

Abb. 205 zeigt eine stehende Presse von Krupp-Grusonwerk. Der Druckwasserkolben trägt den als zweiteiligen Stahlblock ausgebildeten Pressenkopf und den darüber stehenden Rezipienten; diese Teile werden von 4 leicht lösbaren Schrauben zusammengehalten. Der um den Rezipienten sichtbare Kupfermantel dient zur Vorwärmung des in den Kühlkanal des Rezipienten eintretenden Kühlwassers[1]. Das

[1] D.R.P. Nr. 442716 v. 14. 10. 1925 und D.R.P. Nr. 457856 v. 29. 1. 1926.

Ganze ist in einem aufrechtstehenden Stahlgußrahmen untergebracht, in dessen oberem Teil der Stempel befestigt ist.

Abb. 206. Universalpressenkopf für stehende Pressen (Krupp-Grusonwerk).

Die Presse wird neuerdings an Stelle der zwei auswechselbaren Pressenköpfe mit einem Universalpressenkopf[1] (Abb. 206) ausgerüstet, der für Kabel von 5 bis 120 mm Durchmesser verwendet werden kann. Das lästige Auswechseln der Pressenköpfe fällt hierbei fort, außerdem erleichtert die besondere Ausführung des Pressenkopfes die Feineinstellung der Werkzeuge.

Die beiden seitlich sichtbaren Druckwasserzylinder dienen zur Zurückführung des beweglichen Teiles in die Anfangslage nach Auspressung des Rezipienteninhaltes. Neben der Presse befindet sich der von einer erhöhten Bühne aus zu bedienende Bleischmelzofen, aus welchem das flüssige Blei durch ein Handrohr in den Rezipienten geleitet wird.

Abb. 207. Drei-Kolbendruckpumpe (Krupp-Grusonwerk).

Abb. 207 zeigt eine zu dieser Presse gehörige Dreikolbendruckpumpe von Krupp-Grusonwerk; von den drei Kolben sind zwei ausschaltbar.

Zur Herstellung von Bleimänteln verschiedener Durchmesser und Wandstärken sind die rohrbildenden Werkzeuge, Hohldorn und Ring (Matrize), auswechselbar angeordnet; sie sitzen in den zylindrischen Werkzeughaltern, welche in die Rezipientenwand bzw. in den Pressenkopf eingeschraubt werden. Neuerdings unterbringt Krupp-Grusonwerk die Werkzeuge in einteiligen, nicht drehbaren aber sonst frei beweglichen Büchsen[2]. Der Hohldorn wird dem Seelen-

[1] D.R.P. Nr. 461699 v. 16. 3. 1927. [2] D.R.P. Nr. 445768 v. 10. 2. 1926.

durchmesser des Kabels entsprechend gewählt; die Wandstärke des Bleimantels wird dadurch einreguliert, daß man den Abstand zwischen Matrize und Hohldornspitze durch mehr oder weniger weites Einschrauben des Hohldornhalters verkleinert oder vergrößert. Die zur Herstellung eines Bleimantels von allseitig gleichmäßiger Wandstärke notwendige genau zentrische Lage der Matrize wird mit Hilfe von vier Zentrierschrauben eingestellt.

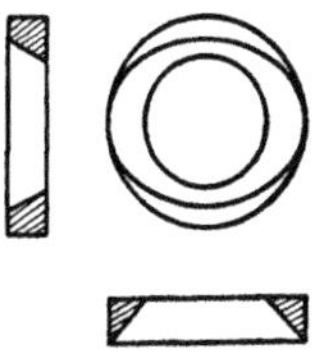

Abb. 208. Ovaler Grundring zur Regelung der Bleiströmung (Krupp-Grusonwerk).

In der Skizze Abb. 203 sind die Wege eingezeichnet, die Bleiteilchen von der Füllungsoberfläche bis zur Austrittsöffnung aus dem Pressenkopf zu beschreiben haben. Das Teilchen *2* hat den kürzesten, das Teilchen *1* den längsten Weg. Zum Ausgleich der hieraus sich ergebenden Druckdifferenzen in der Austrittsöffnung, welche Faltenbildung im Bleimantel hervorrufen, wird von Krupp-Grusonwerk vor den Matrizenring ein ovaler Grundring[1] (Abb. 208) gelegt, der so geformt ist, daß der kreisringförmige Raum zwischen Hohldornspitze und Matrize an der Stelle des kürzesten Bleiweges verengt wird und bis zu den Stellen des längsten Bleiweges allmählich zunimmt.

Abb. 209. Kleine stehende Bleipresse von Haniel & Lueg, Düsseldorf (Osnabrücker Kupfer- und Drahtwerke).

Abb. 209 zeigt eine kleine, im Osnabrücker Kupfer- und Drahtwerk montierte stehende Bleipresse in der der Kruppschen ähnlichen Bauart von Haniel & Lueg in Düsseldorf; rechts ist das Steuerventil, links der Schmelzofen mit der Bedienungsbühne zu sehen.

[1] D.R.P. Nr. 122452 v. 6. 6. 1900.

Krupp-Grusonwerk stellt die Huber-Presse in zwei, die stehende Presse in fünf Ausführungen her; die Füllung dieser Normaltypen bewegt sich zwischen 100 und 830 kg, der hydraulische Höchstdruck beträgt bei den Huber-Pressen 300, bei den stehenden Pressen 500 Atm. Haniel & Lueg bauen stehende Pressen für 100, 300 und 650 kg Bleifüllung.

Abb. 210. Champigneul-Presse im Kabelwerk von V. Tedeschi, Turin.

Außerhalb Deutschlands werden Bleipressen ausschließlich in der stehenden Form hergestellt. Abb. 210 zeigt eine kleine Presse von V. Champigneul Paris in der Kabelfabrik von V. Tedeschi in Turin, Abb. 211 vier große Pressen englischer Herkunft der Enfield Cable Works in London mit bewegtem Stempel; die Zurückführung des Stempels erfolgt, wie bei der Huber-Presse, mit Hilfe des als Differentialkolben ausgebildeten Druckkolbens selbst. Abb. 212 zeigt zwei stehende Pressen des Kabelwerks Hawthorne (Chikago) der WEC.

Die Arbeitsweise der Bleipressen ist die folgende: Das zu umpressende auf einer Trommel oder in einem Korb befindliche Kabel wird hinter der Presse aufgestellt, und es wird so viel Kabel abgewickelt, daß das Kabelende durch den hohlen Dorn gesteckt werden kann. Dann setzt man die Druckwasserpumpe in Tätigkeit, der Stempel beginnt in den Rezipienten einzudringen und der herausgepreßte Bleimantel nimmt das Kabel mit sich, welches mit Hilfe einer Aufwickelvorrichtung auf eine Trommel gebracht wird. Die Geschwindigkeit der Ablauf- und der Aufwickelvorrichtung sowie die Preßgeschwindigkeit müssen aufeinander abgestimmt werden. Sobald eine Füllung des Rezipienten ausgepreßt ist, wird die Presse in die Anfangsstellung zurückgebracht und der Rezipient mit Blei gefüllt; dann wird so lange gewartet, bis die frische Füllung sich auf die zum Pressen geeignete Temperatur abgekühlt hat.

Vielfach wird angenommen, daß die periodischen Stillstände die Qualität des Kabels dadurch gefährden, daß die Tränkmasse bei dem

Abb. 211. Bleipressen mit bewegtem Stempel der Enfield Cable Works in London.

Abb. 212. Bleipressen des Kabelwerks Hawthorne (WEC).

Durchgang des Kabels durch den 180 bis 200° C heißen Pressenkopf und unter dem noch warmen Bleimantel flüssig wird, und auf der stillstehenden Trommel von höher liegenden Punkten nach tiefer liegenden Teilen des Kabels abfließt. Eine solche Gefahrmöglichkeit kann in gewissen Fällen dadurch vermieden oder verkleinert werden, daß man durch nur teilweises Auspressen der Füllungen die Wartezeit abkürzt oder gänzlich beseitigt. Diese Methode ist um so empfehlenswerter, als dadurch in vielen Fällen die gesamte Preßdauer abgekürzt wird.

Es sei z. B. bei einer bestimmten Presse und bei der Herstellung eines bestimmten L m langen Kabels l die Meterzahl der durch Auspressen einer ganzen Füllung hergestellten Länge und t_1 die hierzu nötige Zeit in Minuten. Die Zeit für das Zurückführen der Presse in den Anfangszustand und Füllen des Rezipienten sei t_2, die Wartezeit t_3. Dann wird die Länge von L m in

$$T = \frac{L}{l}(t_1 + t_2 + t_3)$$

Minuten fertig gepreßt. Wird jetzt jedesmal nur der k-fache Betrag (k ein positiver Bruch) der Füllung herausgepreßt, dabei in t_1' Minuten l' m Kabel angefertigt, dann ist

$$l' = k \cdot l \quad \text{und} \quad t_1' = k \cdot t_1 .$$

t_2 ändert sich wenig, fällt übrigens aus der Rechnung heraus. Die Wartezeit t_3' kann gegenüber t_3 abgekürzt werden

1. um die Zeit t_2, da während der Ausführung der Hilfsarbeiten die Abkühlung fortschreitet,

2. um die Zeit t_1'', welche zum Auspressen des von der vorhergehenden Füllung verbleibenden Rezipienteninhaltes notwendig ist; es ist

$$t_1'' = t_1(1-k)$$

und

$$t_3' = t_3 - t_2 - t_1(1-k) .$$

Bei dieser Arbeitsweise ist die zum Umpressen der Fabrikationslänge von Lm nötige Zeit in Minuten

$$T' = \frac{L}{l'}(t_1' + t_2 + t_3') = \frac{L}{kl}\{kt_1 + t_2 + t_3 - t_2 - t_1(1-k)\}$$

$$= \frac{L}{kl}\{2kt_1 - t_1 + t_3\} = T \cdot \frac{t_1(2k-1) + t_3}{k(t_1 + t_2 + t_3)} .$$

Für $k = \frac{1}{2}$ (es wird jedesmal nur die Hälfte des Rezipienteninhaltes ausgepreßt) erhält man

$$T' = T \cdot \frac{2t_3}{t_1 + t_2 + t_3} = T \cdot \frac{2}{1 + \frac{t_1 + t_2}{t_3}} .$$

Es ist $T' \leqq T$, wenn $t_3 \leqq t_1 + t_2$. Für $t_1 = 10$, $t_2 = 2$ und $t_3 = 8$ Minuten ist

$$T' = 0{,}8\,T .$$

Die Wartezeit beträgt in diesem Fall

$$t_3' = t_3 - t_2 - t_1(1-k) = 8 - 2 - 10(1 - 0{,}5) = 1 \text{ Minute.}$$

Nach jeder Füllung kann demnach im gepreßten Teilstück die Tränkmasse $2 + 1 = 3$ Minuten lang abwärts fließen, während bei der normalen Arbeitsweise diese Bewegung jedesmal $2 + 8 = 10$ Minuten lang dauert. Aus der Gleichung

$$t_3' = 0 = t_3 - t_2 - t_1 (1 - k)$$

ergibt sich derjenige Wert k, für welchen das Pressen nach jeder Füllung ohne Wartezeit fortgesetzt werden kann; im vorliegenden Fall ist $k = 0{,}4$ und die Verbleiung der ganzen Länge L erfordert die Zeit T'

$$T' = T \cdot \frac{10\,(0{,}8 - 1) + 8}{0{,}4\,(10 + 2 + 8)} = 0{,}75\,T.$$

Ergibt die Berechnung für t_3' einen negativen Wert, dann ist die wirkliche gesamte Preßdauer

$$T'_{\text{corr}} = T' + \frac{L}{k\,l}\,t_3' .$$

Der Fall $t_3' = 0$ ist nur möglich, wenn $t_3 - t_2 > t_1$, also bei starken Kabeln.

Die Wirtschaftlichkeit der hydraulischen Bleipresse ist durch die periodische Arbeitsweise begrenzt und wird mit zunehmendem Bleiquerschnitt infolge Zunahme des Quotienten $(t_2 + t_3)/t_1$ ungünstiger. Sie kann bei größeren Kabelquerschnitten dadurch verbessert werden, daß man die Preßgeschwindigkeit bei Beginn des Pressens auf den höchstzulässigen hydr. Druck einstellt und in dem Maße, in welchem mit sinkendem Bleistand im Rezipienten der hydraulische Druck abnimmt, die Geschwindigkeit bis zum Höchstdruck steigert. Diese Arbeitsweise setzt die Möglichkeit der schnellen und stetigen Änderung der Aufwickelgeschwindigkeit voraus. Hierzu ist die in der Abb. 213 dargestellte Aufwickelvorrichtung von Krupp-Grusonwerk gut geeignet. Sie ist mit einem Reibungsgetriebe ausgerüstet, bei welchem die antreibende Rolle durch Fußtritthebel oder Steuerrahmen an die angetriebene Scheibe gedrückt wird; die Vorrichtung gestattet die Winkelgeschwindigkeit schnell zu ändern, den Aufwickler ohne Stillsetzung des Motors plötzlich anzuhalten, mit Unterbrechungen zu arbeiten, usw.

Bei der Herstellung von dünnen Kabeln an verhältnismäßig großen Pressen kann die größtmögliche Preßgeschwindigkeit so groß werden, daß die größte Umdrehungszahl der Aufwickelvorrichtung nicht mehr ausreicht, oder daß die ordnungsmäßige Verlegung des Kabels auf der Aufwickeltrommel nicht mehr möglich ist. In solchen Fällen ist man gezwungen, mit kleineren Preßgeschwindigkeiten zu arbeiten.

Die stehende Presse ist der Huber-Presse in mehrfacher Hinsicht überlegen; sie hat eine Reihe von Vorzügen und ist gewissen Fehlermöglichkeiten nicht in dem Maße, wie jene, ausgesetzt. Während die Huber-Presse des Krupp-Grusonwerkes in der größten Ausführung nur eine nutzbare Füllung von 200 kg hat, werden stehende Pressen, in erster Linie auch diejenigen des Krupp-Grusonwerkes mit wesentlich größeren Füllungen gebaut. Am meisten verbreitet ist die stehende Presse dieser Firma mit 650 kg nutzbarer Füllung. Da diese Presse die dreifache Füllung der größten liegenden Presse hat, ermöglicht sie bei gleicher Kabelstärke und Bleimantelstärke die dreifache Kabellänge aus einer Füllung zu umpressen. Bei der stehenden Presse sind Pressenkopf und Rezipient leicht zugänglich, die Temperatur kann durch Heizung und Wasserkühlung an mehreren Stellen des Bleibehälters genau reguliert werden; bei der liegenden Presse fehlt die Wasserkühlung, und bei der Herstellung von mehreren starken Kabeln hintereinander muß die Arbeit verlangsamt werden, da sonst die Temperatur zu hoch steigt. Die bei der Füllung aus dem Schmelzkessel mitgerissene Luft kann aus dem noch flüssigen Blei durch den oben offenen Rezipienten der stehenden Presse leichter entweichen, als durch die kleine

Abb. 213. Unterwalzenwickler mit Reibungsgetriebe (Krupp-Grusonwerk).

Füllöffnung des sonst geschlossenen Rezipienten der liegenden Presse; bei dieser ist infolge der doppelten Füllöffnung auch die Fehlerwahrscheinlichkeit infolge Luftblasen[1] oder Verunreinigungen[2] (Bleioxyde) größer. Schließlich ist die liegende Presse zur Herstellung dünner Kabel weniger als die stehende geeignet, weil schon ein kleiner Unterschied in dem von den beiden Zylindern ausgeübten Druck schlechte Bindung zwischen Rechts- und Linkshälfte des dünnen Mantels hervorrufen kann.

[1] Luftblasen entstehen durch beim Füllen des Rezipienten mitgerissene Luft oder infolge von nicht hinreichendem Druck des Stempels während der Abkühlungszeit t_3 (vgl. S. 290); die Luftblasen geraten in den Bleimantel und verursachen durch Aufplatzen der verbleibenden dünnen Wandstärken Löcher, die oft unsichtbar klein sind, aber die Feuchtigkeit in das Kabel eindringen lassen.

[2] Die stehenden Pressen des Krupp-Grusonwerkes werden neuerdings mit besonders geformten Preßstempeln ausgeführt, deren Kopf so ausgebildet ist, daß etwaige Verunreinigungen vor Beginn des Auspressens seitlich abgedrängt werden. (D.R.P. Nr. 463136 v. 23. 7. 1927.)

7. Die Herstellung der Armierung.

Die Aufbringung und Tränkung des Polsters, die Herstellung der Armierung aus Bändern oder Drähten und die Aufbringung und Tränkung der äußeren Jutehülle erfolgt bei einfach armierten Kabeln in einem Arbeitsgange; bei mehrfacher Armierung sind meistens zwei Arbeitsgänge erforderlich.

Die Bandeisen-, Flach- und Profildrahtarmierung wird nach dem Prinzip der Papierbandumspinnung, die Runddrahtarmierung nach dem Prinzip des Litzenverseilens hergestellt; Runddrähte werden mit, Bandeisen, Flach- und Profildrähte ohne Rückdrehung aufgebracht.

1. Bandeisenarmierung. Die beiden von einem gemeinsamen Spinner hergestellten offenen Bandeisenspiralen haben verschiedene Durchmesser, gleiche Schlaglängen und verschiedene Steigwinkel. Bezeichnet D den über dem Polster gemessenen Kabeldurchmesser, δ die Dicke des Bandeisens, h die Schlaglänge, α_1 und α_2 die Steigwinkel, B_1 und B_2 die Breiten der Eisenbänder, dann ist die in axialer Richtung gemessene Lückenbreite benachbarter Spiralenwindungen a

$$a = h - \frac{B_1}{\cos \alpha_1} = h - \frac{B_2}{\cos \alpha_2},$$

wo

$$\operatorname{tg} \alpha_1 = \frac{h}{(D+\delta)\pi}, \quad \operatorname{tg} \alpha_2 = \frac{h}{(D+3\delta)\pi}.$$

Wählt man $a = 0{,}25\,h$, dann ist

$$B_1 = 0{,}75\,h \cos \alpha_1, \quad B_2 = 0{,}75\,h \cos \alpha_2,$$

also $B_2 > B_1$. Da die Differenz $B_2 - B_1$ sehr klein ist, kann

$$\alpha_1 = \alpha_2 = \alpha = \operatorname{arc\,tg} \frac{h}{(D+2\delta)\pi}$$

und

$$B_1 = B_2 = B = 0{,}75\,h \cos \alpha = 0{,}75\,(D+2\delta)\,\pi \sin \alpha$$

gesetzt werden. Mit zunehmender Bandbreite wird die Biegsamkeit des Kabels kleiner, die Leistung der Maschine größer.

Zur Beantwortung der Frage, wie man die zum Armieren eines Kabels vom Durchmesser D am besten geeignete Bandbreite B ermittelt, sind die in der Werkstatt gegebenen praktischen Verhältnisse zu berücksichtigen:

1. Der Bandeisenwickler der Armiermaschine rotiert stets mit derselben, der höchstzulässigen Tourenzahl N/min.

2. An der Abzugsvorrichtung der Maschine stehen n Wechselräderpaare zur Verfügung, welche $2\,n$ Abzugsgeschwindigkeiten einzustellen gestatten.

3. Das Bandeisen wird in einer Anzahl von Breitendimensionen in Vorrat gehalten.

Für jeden Wert D können demnach $2\,n$ Werte B berechnet werden; diese werden allgemein von den vorrätigen Bandbreiten verschieden sein. Man wird Breiten wählen, welche den berechneten Werten möglichst nahe kommen; der Abweichung zwischen gewählten und berechneten Wert entspricht dann eine Abweichung der wirklichen Lückenbreite gegenüber dem gewünschten Wert. Von den $2n$ Breiten, die man für einen Wert D berechnet, wird man den größten bevorzugen, bei welchem eine für den Winkel gezogene obere Grenze noch nicht überschritten ist.

Zahlenbeispiel. An der Abzugsvorrichtung der Armiermaschine seien drei Wechselräderpaare mit $41+20$, $36+25$ und $32+29$ Zähnen vorhanden; für $Z_1=32$ und $Z_2=29$ betrage die Abzugsgeschwindigkeit 7,2 m/min. Die Tourenzahl des Bandeisenwicklers sei $N=120$/min. Das 1 mm dicke Bandeisen sei in 8 Breiten von 25 bis 60 mm, jeweils um 5 mm steigend vorhanden. Der Steigwinkel α soll im Bereich von 10^0 bis 35^0 möglichst groß sein.

Die Maschinenkonstante M im Ausdruck

$$h = M\frac{Z_1}{Z_2}$$

ergibt sich aus

$$\frac{7200}{120} = M\cdot\frac{32}{29}$$

zu $M=54{,}375$. Daraus erhält man die 6 in der Tabelle 135 angegebenen Schlaglängen. Damit sind für $D=10$ bis $D=110$ mm (in Abständen von je 10 mm) die Werte des Steigwinkels α aus

$$\operatorname{tg}\alpha = \frac{h}{(D+2)\pi}$$

und die entsprechenden Bandbreiten B aus

$$B = 0{,}75\,(D+2)\,\pi\sin\alpha$$

in allen Fällen $10^0 < \alpha < 35^0$ berechnet worden. Es zeigt sich zunächst, daß das 10 mm starke Kabel nicht armiert werden kann und daß die Schlaglängen $h_1=26{,}6$ mm und $h_1=111{,}5$ mm, d. h. die Räder mit 41 und 20 Zähnen unbenutzt bleiben müssen, weil im vorgeschriebenen Winkelbereich die Bandbreiten zu klein oder zu groß sind. Für die 4 restlichen Schlaglängen und für die Kabel mit $D \geq 20$ mm können aus dem Lagervorrat Bandeisensorten ausgesucht werden, deren Breite B' mit den berechneten Werten B möglichst übereinstimmt. Infolge der Verwendung der Breite B' an Stelle von B verwandelt sich die Lückenbreite $a=0{,}25\,h$ in den Wert $a'=k\cdot h$, wo

$$k = 1 - \frac{1}{h}\cdot\frac{B'}{\cos\alpha}.$$

Die Änderung der Lückenbreite in Prozenten des normalen Wertes (0,25) beträgt

$$p = 100\,\frac{k-0{,}25}{0{,}25} = 100\,(4\,k-1)\,.$$

Alle Rechnungsgrößen sind in der Tabelle 161 enthalten; auf Grund der in der Tabelle 162 zusammengestellten Ergebnisse kann die folgende Werkstattvorschrift aufgestellt werden:

$D=20$ mm:	$B=30$ mm,	$Z_1=29$,	$Z_2=32$
30	40	32	29
40	50	36	25
50 und mehr:	55	36	25

Mit 3 Wechselräderpaaren, welche 6 brauchbare Schlaglängen ergeben, könnten die vorhandenen Bandbreiten an die berechneten besser angepaßt werden[1]. Das Bandeisen wird ebenso wie das Isolier-

[1] Praktisch wird das Bandeisen von 1 mm Stärke nicht unter 30 mm Breite verwendet; für schmälere Sorten nimmt man schwächeres, bis 0,5 mm starkes Bandeisen. Die kleinste für normale Armierung gebrauchte Dimension ist etwa $15\times 0{,}5$ mm. Es werden auch keine 8, sondern 4 oder höchstens 5 Breiten von einer Stärke auf Vorrat gehalten.

Tabelle 135. Berechnung der Bandeisenbreiten für verschiedene Kabeldurchmesser und für eine gegebene Armiermaschine.

D' mm	tg α	α	B mm	B' mm	k	p
I. $Z_1=20$, $Z_2=41$, $\boldsymbol{h_1=26{,}6}$ **mm**						
10	0,70	35° 10′	16,3	—	—	—
20	0,385	21° 2′	18,6	—	—	—
30	0,265	14° 50′	19,3	—	—	—
40	0,202	11° 25′	19,6	—	—	—
II. $Z_1=25$, $Z_2=36$, $\boldsymbol{h_2=37{,}8}$ **mm**						
20	0,548	28° 40′	24,8	25	0,245	− 2,0
30	0,377	20° 40′	26,6	25	0,294	+ 17,6
40	0,287	16°	27,3	25	0,312	+ 24,8
50	0,232	13° 5′	27,6	30	0,185	− 26,0
60	0,194	11°	27,9	30	0,190	− 24,0
III. $Z_1=29$, $Z_2=32$, $\boldsymbol{h_3=49{,}3}$ **mm**						
20	0,715	35° 35′	30,1	30	0,250	0,0
30	0,491	26° 10′	33,3	35	0,210	− 16,0
40	0,374	20° 30′	34,6	35	0,242	− 3,2
50	0,302	16° 50′	35,5	35	0,258	+ 3,2
60	0,254	14° 15′	36,0	35	0,268	+ 7,2
70	0,218	12° 20′	36,2	35	0,273	+ 9,2
80	0,192	10° 50′	36,3	35	0,276	+ 10,4
IV. $Z_1=32$, $Z_2=29$, $\boldsymbol{h_4=60{,}0}$ **mm**						
30	0,598	30° 50′	38,6	40	0,223	− 11,8
40	0,456	24° 30′	41,1	40	0,268	+ 7,2
50	0,368	20° 10′	42,2	40	0,290	+ 16,0
60	0,309	17° 10′	43,0	40	0,303	+ 21,2
70	0,266	14° 55′	43,5	45	0,225	− 10,0
80	0,234	13° 10′	44,0	45	0,230	− 8,0
90	0,208	11° 45′	44,2	45	0,237	− 5,2
100	0,188	10° 40′	44,3	45	0,238	− 4,8
V. $Z_1=36$, $Z_2=25$, $\boldsymbol{h_5=78{,}3}$ **mm**						
40	0,595	30° 45′	50,7	50	0,257	+ 2,8
50	0,480	25° 40′	53,0	55	0,220	− 12,0
60	0,403	22°	54,9	55	0,242	− 3,2
70	0,347	19° 10′	55,5	55	0,255	+ 2,0
80	0,304	16° 55′	56,0	55	0,266	+ 6,4
90	0,272	15° 15′	57,0	55	0,272	+ 8,8
100	0,245	13° 45′	57,1	55	0,276	+ 10,4
110	0,223	12° 35′	57,5	55	0,280	+ 11,2
VI. $Z_1=41$, $Z_2=20$, $\boldsymbol{h_6=111{,}5}$ **mm**						
50	0,685	34° 25′	69,1	—	—	—
60	0,574	29° 50′	72,8	—	—	—
70	0,495	26° 20′	75,2	—	—	—
80	0,434	23° 30′	77,0	—	—	—
90	0,387	21° 10′	78,2	—	—	—
100	0,349	19° 15′	79,2	—	—	—
110	0,318	17° 40′	80,3	—	—	—

papier in der Isoliermaschine in Scheibenform gewickelt auf den Teller des Wicklers gelegt; da das Gewicht des mit Bandeisen besetzten

Wicklers bei gleichem Scheibendurchmesser sich mit der Bandbreite ändert, kann der Wickler bei gleicher Beanspruchung und Sicherheit um so schneller laufen, je schwächeres Bandeisen verarbeitet wird. Man kann infolgedessen in den Antrieb des Wicklers ebenfalls Wechselräder einschalten, wodurch eine noch bessere Übereinstimmung zwischen den Werten B und B' erzielt wird. Zweckmäßiger ist es allerdings, für die Verarbeitung verschieden schwerer Bandeisensorten entsprechend schwere bzw. leichte Maschinen zu verwenden und den Wickler in jedem Fall mit einer konstanten Geschwindigkeit rotieren zu lassen.

Tabelle 136. Wahl der Bandeisenbreiten nach Tabelle 135.

D mm	Gewählte Größen B' mm	Z_1 Wechselräder	Z_2	Berechnete Größen α	k	h mm
10	nicht ausführbar					
20	25	25	36	28° 40′	0,245	37,8
	30	29	32	35° 35′	0,250	49,3
30	25	25	36	20° 40′	0,294	37,8
	35	29	32	26° 10′	0,210	49,3
	40	32	29	30° 50′	0,223	60,0
40	25	25	36	16° 0′	0,312	37,8
	35	29	32	20° 30′	0,243	49,3
	40	32	29	24° 30′	0,268	60,0
	50	36	25	30° 45′	0,257	78,3
50	30	25	36	13° 5′	0,185	37,8
	35	29	32	16° 50′	0,258	49,3
	40	32	29	20° 10′	0,290	60,0
	55	36	25	25° 40′	0,220	78,3
60	30	25	36	11° 0′	0,190	37,8
	35	29	32	14° 15′	0,268	49,3
	40	32	29	17° 10′	0,303	60,0
	55	36	25	22°	0,242	78,3
70	35	29	32	12° 20′	0,273	49,3
	45	32	29	14° 55′	0,225	60,0
	55	36	25	19° 10′	0,255	78,3
80	35	29	32	10° 50′	0,276	49,3
	45	32	29	13° 10′	0,230	60,0
	55	36	25	16° 55′	0,266	78,3
90	45	32	29	11° 45′	0,237	60,0
	55	36	25	15° 15′	0,272	78,3
100	45	32	29	10° 40′	0,238	60,0
	55	36	25	13° 45′	0,276	78,3
110	55	36	25	12° 35′	0,280	78,3

Abb. 214 zeigt einen großen Bandeisenwickler von Humboldt für starke Kabel; der Durchgang hat eine lichte Weite von 150 mm. Die beiden schräg gestellten, zur Aufnahme der Bandeisenscheiben dienenden Teller sind drehbar auf dem in axialer Richtung verschiebbaren Halter angeordnet; die Bandeisen werden durch je zwei gleichfalls drehbare und axial verschiebbare Führungsklemmen zum Kabel geleitet. Durch die axiale Verschiebung von Teller und Führungsklemme stellt man den Wickler so ein, daß die Auflaufkante des oberen Bandes mindestens um eine Schlaglänge hinter der jenigen des unteren

Bandes zurückbleibt; die Überwachung des Arbeitsvorganges wird dadurch erleichtert.

Abb. 215 zeigt einen neuartigen Tangential-Bandeisenwickler von Krupp-Grusonwerk, bei welchem die Spinnteller zu beiden Seiten der hohlen Achse eines auf Tragrollen ruhenden Laufkranzes untergebracht sind; die Anordnung der Teller gestattet eine große Umlaufgeschwindigkeit des Wicklers. Das Bandeisen wird auf Rollen zum Kabel geführt; zwischen der letzten Rolle und der Auflaufkante findet eine Verdrehung des Bandeisens um 90° statt.

Abb. 214. Bandeisenwickler mit 150 mm Durchgang (Humboldt).

2. Drahtarmierung. Die Herstellung der Drahtarmierung erfolgt in der Drahtarmiermaschine, deren Verseilkorb demjenigen der

Abb. 215. Tangential-Bandeisenwickler mit 200 mm Durchgang. (Krupp-Grusonwerk.)

Litzenverseilmaschinen ähnlich gebaut ist, mit dem Unterschiede, daß die Bauart eine kräftigere, die Anzahl der meistens auch größeren

Spulen eine größere ist. Abb. 216 zeigt den Verseilkorb einer 48-spuligen Drahtarmiermaschine von Krupp-Grusonwerk. Die 48 Spulen von je 600 mm Durchmesser und 370 mm lichte Weite sind auf 5 Felder verteilt; durch die verhältnismäßig große Länge des Korbes wird dessen Durchmesser kleiner, damit seine höchst zulässige Umdrehungszahl größer. Durch eine abstellbare Kurbelrückdrehvorrichtung[1] vereinfacht sich die Bedienung der Maschine, da beim Armieren mit Flach- oder Profildrähten die Exzenterringe nicht abgenommen werden müssen.

Ein Unterschied gegenüber der Litzenverseilung besteht in bezug auf die von Fall zu Fall zu bestimmende Anzahl der Armierungsdrähte; in der Regel schreibt die Konstruktion nur den Durchmesser bzw. das

Abb. 216. 48-spuliger Verseilkorb einer Draht-Armiermaschine. Durchmesser der Einsetzspulen 600 mm. (Krupp-Grusonwerk.)

Querschnittsprofil der Drähte vor. Die Anzahl n der Drähte bei geschlossener Armierung wird für runde Drähte aus

$$\sin\frac{\pi}{n} \sim \frac{\pi}{n} = \frac{d\,(1+k)}{D+d}$$

und für Flach- und Profildrähte aus

$$\sin\frac{\pi}{n} \sim \frac{\pi}{n} = \frac{b\,(1+k)}{D+\delta}$$

berechnet. Hier bezeichnet D den über dem Polster gemessenen Kabeldurchmesser, d den Durchmesser des runden Drahtes, b die Breite und δ die Dicke des Flach- oder Profildrahtes; ferner ist

$$k = \frac{1}{2}\left(\frac{\pi}{p}\right)^2,$$

darin

$$p = \frac{h}{D+d}, \quad \text{bzw.} \quad p = \frac{h}{D+\delta}$$

[1] Deutsche Patentmeldung K. 105036 v. 23. 7. 1927.

und h die Schlaglänge. Meistens wird für runde Drähte $p = 12$, für flache $p = 8$ und für Profildrähte $p = 7$ gewählt; damit ist die Drahtzahl bei runden Drähten

$$n = \pi \cdot \frac{D + d}{1{,}034\, d},$$

bei Flachdrähten

$$n = \pi \cdot \frac{D + d}{1{,}077\, b}$$

und bei Profildrähten

$$n = \pi \cdot \frac{D + d}{1{,}10\, b}.$$

Die kurzen Schlaglängen sind im Interesse der Biegsamkeit des Kabels erforderlich; bei der ohne Rückdrehung erfolgenden Aufbringung der Drähte werden sie sonst zu steif. In der Regel ergibt die Berechnung für n keine ganze Zahl; bei der Wahl der am nächsten liegenden ganzen Zahl ist zu kontrollieren, ob die Schlaglänge nicht zu groß wird. Ist das der Fall, dann sind $n - 1$ Drähte mit dem entsprechend kleineren Drall zu verwenden. Die Flach- und Profildrahtarmierung erfordert genaue Anpassung der berechneten Drahtzahl an Durchmesser und Schlaglänge; bleiben zwischen den Drähten Lücken bestehen, dann kann das Kabel durch den starken Druck der Drähte deformiert und beschädigt werden. Bei gut schließender Armierung nehmen die Drähte den von der Verseilung herrührenden Druck gegenseitig auf, bilden ein in sich geschlossenes Rohr, welches das Kabel vom Druck entlastet.

Die Führungsnippel der Armierungsdrähte in der Schlagscheibe müssen genau gleichförmig auf den Umfang verteilt sein; vielfach werden, insbesondere für Profildrahtarmierung, Schlagscheiben mit auswechselbaren (zweiteiligen) Nippeln aus hartem Material verwendet. Damit die Drähte sich nicht verdrehen oder ineinander geraten, wählt man den Abstand zwischen Schlagscheibe und Verseilpunkt möglichst kurz.

3. Armiermaschinen. Außer dem Bandeisenwickler oder dem Verseilkorb enthält eine Armiermaschine einen Papierspinner, mindestens zwei Jutewickler und mehrere Tränkapparate zur Herstellung und Tränkung des Jutepolsters und der äußeren Jutehülle.

Das von einem hinter der Armiermaschine aufgestellten Abwickelgestell ablaufende blanke Bleikabel wird bei seinem Eintritt in die Maschine zuerst geteert, indem es durch einen „Teerkasten" geführt und in diesem mit warmem flüssigen Teer umspült wird. Das Kabel tritt mit einer Teerschicht überzogen aus dem Teerkasten und erhält eine ein- oder mehrfache Papierbandbewicklung, darüber in einem zweiten Teerkasten eine zweite Teerschicht. Man wählt zweckmäßig möglichst breite Streifen, damit bei gegebener Abzugsgeschwindigkeit der Papierspinner möglichst langsam laufen kann und die Gefahr des Reißens kleiner wird. Zur Herstellung des Polsters dient der Jutespinner, der ebenso wie der vorerwähnte Papierspinner in der Regel für 3 verschiedene Umdrehungsgeschwindigkeiten eingerichtet ist. Der Jutespinner trägt einen Kranz horizontal stehender Haltestifte, auf welche die Jutekreuzspulen aufgesteckt werden; die Anzahl der Jutefäden richtet sich nach dem zu umhüllenden Kabelumfang. Auf den Jutespinner folgt ein dritter Teerkasten, dann der Bandeisenwickler bzw. der Drahtverseilkorb, ein vierter Teerkasten, ein zweiter Jutespinner für die Außenhülle und ein fünfter Teerkasten. Durch die häufige Teerung werden die beiden Juteschichten mit Teer gut durchtränkt, gleichzeitig erhält die Armierung einen wirksamen Rostschutz. In einem sechsten Teerkasten wird das Kabel mit einer durch Pechzusatz dickflüssig gemachten Compoundschicht überzogen, welche die Aufgabe hat, das Herausfließen des dünnflüssigen Teers zu verhindern. Abb. 217 zeigt einen großen Papierspinner von Humboldt mit 2 Tellern und einer dreistufigen Antriebsscheibe; Abb. 218 eine Bandeisen-

Abb. 217. Großer Papierspinner für Armiermaschinen (Humboldt).

armiermaschine derselben Firma mit 5 Teerkästen, 2 Jutespinnern und einem Bandwickler. Das Kabel läuft im Teerkasten durch eine über die Breite des Kastens hinausragende Rinne, damit es lange im Teer bleibt; die an den Kästen sichtbaren Riemenscheiben dienen zum Antrieb des Schöpfrades, welches das Teer dauernd in eine schräg über dem Kabel angebrachte Rinne hinauffördert, aus welcher es in breitem Strom auf das Kabel herunterfließt. Der Antrieb erfolgt von einer besonderen, auch bei Stillstand der Maschine laufenden Welle aus, um das Eindicken des Teeres zu verhindern; zum Erwärmen des Teeres sind die Kästen mit Heizschlange oder Heizmantel versehen. Bei dem Teerkasten von Krupp-Grusonwerk (Abb. 219 links[1]) besitzt die geschlossene Haube den allgemein üblichen Rohransatz zum Anschluß an eine ins Freie führende Rohrleitung, durch welche die Teerdämpfe abgezogen werden.

[1] Vgl. auch Abb. 220 links.

Bei einem neuartigen Jutespinner (Abb. 220) von Krupp-Grusonwerk ruht der Laufkranz auf zwei in Kugellagern laufenden Tragrollen,

Abb. 218. Bandeisenarmiermaschine (Humboldt).

anstatt, wie allgemein üblich, die Hohlwelle des Spinners in Lagern laufen und den Kranz schwebend vorstehen zu lassen. Die Anordnung gestattet den Spinner mit vielen und großen Jutespulen zu besetzen; der abgebildete Spinner faßt 72 Spulen von 200 mm Durchmesser und 200 mm Höhe.

Abb. 219. Teerkasten und Kalkkasten für eine Armiermaschine (Krupp-Grusonwerk).

Zur Verhinderung des Zusammenklebens der geteerten Kabelwindungen auf der Aufwickeltrommel wird das Kabel in einem nach dem letzten Teerkasten angeordneten Kalkkasten (Abb. 219 rechts) mit einer Kalkschicht versehen.

Manchmal rüstet man die Armiermaschine mit einem Bandeisenwickler und mit einem Verseilkorb aus, um alle Arten von Armierungen auf derselben Maschine herstellen zu können.

Abb. 220. Jutespinner mit auf Tragrollen ruhendem Laufkreuz (Krupp-Grusonwerk).

8. Aufstellung und Größe der Kabelmaschinen.

In allen Kabelmaschinen erfolgt die Arbeit automatisch; mit wenigen Ausnahmen beschränkt sich die Tätigkeit des Bedienungspersonals auf das Einrichten der Maschine, auf die Überwachung der Arbeitsprozesse, Löt- und Schweißarbeiten, Nachstellen von Spinnern usw. Zum Einrichten der Maschine gehört das Einsetzen der mit Kupfer- oder Eisendraht bewickelten Ablauftrommeln in die Verseilkörbe der Litzenverseil- oder der Drahtarmiermaschinen, das Einsetzen der Papierscheiben in die Spinner der Isoliermaschinen, der Bandeisenscheiben in die Wickler, der mit den isolierten Adern bewickelten Ablauftrommeln und der Beilaufspulen in die Verseilmaschinen und das Aufstellen der Ablauf- und der Aufwickeltrommeln; sodann die Zuführung der von den Ablauftrommeln oder Spinntellern abgezogenen Drähte, Adern oder Bänder an die Auflaufstelle und ihre Befestigung am Kabel, die Einstellung der Spinntellerwinkel, der Bremsen usw. Durch den für diese Arbeiten erforderlichen Zeitaufwand bleibt die effektive Stundenleistung einer Maschine hinter der „theoretischen" Stundenleistung

$$60 \times \text{Umdrehungszahl} \times \text{Schlaglänge}$$

wesentlich zurück.

Von den zahlreichen Maßnahmen, welche zur Verkürzung dieser sog. „unproduktiven" Arbeitszeiten angewendet werden, seien hier nur zwei genannt: die zweckmäßige Aufstellung und Gruppierung der Maschinen und die Benutzung vergrößerter Maschinentypen, welche die Herstellung von größeren Fabrikationslängen ermöglichen.

Abb. 221. Achsenwickler für Trommeln von 3 m Flanschdurchmesser (Humboldt).

Am besten stellt man, wenn die Raumverhältnisse es gestatten, die Maschinen ihrer Länge nach hintereinander in der Reihenfolge auf, in welcher sie zur Anfertigung eines Kabels gebraucht werden; dann steht z. B. das Ablaufgestell der Isoliermaschine vor der Aufwickelvorrichtung der Litzenverseilmaschine. Anstatt die Litze aufzuwickeln, kann man sie jedoch auch direkt in die Isoliermaschine einführen; man spart dann eine Aufwickelung. In großen Fabriken, welche von jeder Maschinengattung eine größere Anzahl besitzen, ist eine solche Kombination nicht immer zweckmäßig; man beschränkt sich auf die Aufstellung der gleichartigen Maschinen in Gruppen und ordnet die Gruppen in der Reihenfolge der fortschreitenden Fertigstellung aneinander.

Durch die Verwendung großer Maschinen verteilt sich der unproduktive Zeitaufwand für die Einrichtung auf die Herstellungsdauer einer größeren Fabrikationslänge und der Unterschied zwischen effektiver und theoretischer Stundenleistung wird kleiner. Unter den vorstehend abgebildeten Maschinen befinden sich mehrere moderne Großkonstruktionen. Die schweren und großen Fabrikationslängen erfordern, besonders an den Armiermaschinen, kräftig gebaute und entsprechend große Aufwickelapparate. Abb. 221 zeigt eine für Trommeln von 3 m Flanschdurchmesser geeignete Achsen-Aufwickelvorrichtung von Humboldt mit automatischer Verlegung und Umschaltung der

Abb. 222. Achsenwickler für 3,6 m große und 30 Tonnen schwere Trommeln. (Humboldt.)

Verlegergabel; durch das links sichtbare große Kettenrad erfolgt der Antrieb von der Maschine aus, während die unten angeordnete Welle, die ihrerseits durch einen kleinen Motor angetrieben wird, zur Auf- und Abwärtsbewegung der die Aufwickeltrommel tragenden Achse dient. Eine ähnliche, aber viel kräftigere Vorrichtung derselben Firma für 3,6 m große Trommeln bis zu 30 Tonnen Gewicht zeigt die Abb. 222. Die ebenfalls für Trommeln bis 30 Tonnen Gewicht bestimmte Unterwalzen-Aufwickelvorrichtung von Krupp-Grusonwerk (Abb. 223) ist mit einer neuartig ausgestatteten Entlastungsvorrichtung[1] versehen. Die Trommelachse sitzt in Führungsstücken, die an den Ständern gleiten und mit den oberen Enden der in dem Bild sichtbaren je zwei kräf-

[1] D.R.P. 450455 v. 9. 2. 1926.

tigen Spiralfedern durch Schrauben verbunden sind. Die unteren Enden dieser als Puffer ausgebildeten Federn stützen sich auf Köpfe der beiden nicht drehbaren, aber in der Längsrichtung verschiebbaren Gewindespindeln. Während des Aufwickelvorganges wird die Entlastung durch eine dem zunehmenden Trommelgewicht entsprechende Drehung der an den oberen Enden der Ständer sitzenden Gewindebüchsen bewerkstelligt; dadurch bewegen sich die Gewindespindel nach oben und die Federn drücken sich unter der Last des ausgeglichenen Gewichtes zusammen. Nach Beendigung des Vorganges werden die Federn durch Zurückführung der Spindel entlastet, die Trommelachse wird aus den Führungsstücken durch einen einfachen Mechanismus freigelöst und die Trommel aus der Wickelvorrichtung herausgerollt. Zur Rechts- und Linksdrehung der Spindelbüchsen dient die unten sichtbare, von einem Elektromotor angetriebene Welle, welche mit den beiden Spindelbüchsen durch Kettenübertragung und Schnecke verbunden ist[1].

Abb. 223. Unterwalzenwickler für 3,6 m große und 30 Tonnen schwere Trommeln (Krupp-Grusonwerk).

VIII. Die Herstellung der Schwachstromkabel.

Dieser Abschnitt beschäftigt sich ausschließlich mit den Papier-Lufträumkabeln, und zwar mit der Herstellung der blanken Bleikabel; die Armierung wird in derselben Weise wie bei Starkstromkabeln hergestellt. Die allgemeinen Ausführungen über Verseilen, Umhüllen und über die Aufbringung des Bleimantels sind auch hier gültig.

[1] Der auf S. 256 erwähnte Achsenwickler vom Krupp-Grusonwerk (Abb. 171) faßt gleichfalls 30 Tonnen schwere Trommeln von 3,6 m Flanschdurchmesser.

1. Die Herstellung der Adern. Bei der Papierspirale der Hohlraumadern sind die geometrischen Verhältnisse dieselben wie bei den Starkstromkabeladern; bezeichnet in Abb. 224 B die Breite des Streifens, D den Aderdurchmesser, h die Schlaglänge und α den Steigwinkel, dann ist die stets positive Überlappung

$$b = B - D \cdot \pi \cdot \sin \alpha .$$

D wird aus der vorgeschriebenen Kapazität berechnet, b nach praktischen Gesichtspunkten bemessen; damit ergibt sich B aus α oder α aus B. Läßt man den Spinner mit der höchstzulässigen Geschwindigkeit rotieren, dann wird mit zunehmender Bandbreite die Leistung der Maschine größer, die Geschmeidigkeit der Ader kleiner. Da die höchstzulässige Spinnergeschwindigkeit nicht nur von der Konstruktion des Spinners, sondern auch von der Zugfestigkeit des verarbeiteten Papieres abhängig, diese aber ihrem absoluten Betrage nach bei dem breiten Streifen größer ist, als bei dem schmalen, wächst die Maschinenleistung schneller als die Bandbreite, und zwar um so schneller, je festeres und geschmeidigeres Papier verarbeitet wird. Man steht demnach vor der Alternative: billiges Papier teuer, oder teueres Papier billig zu verarbeiten, und trifft die Entscheidung nach wirtschaftlichen Gesichtspunkten[1]. Für $\alpha = 60^0$ ist $B = b + 2{,}72\,D$ und mit einer Überlappung von 50% wird $B = 5{,}44\,D$. Den extremen Fall stellt das längsgefalzte Papierrohr ($\alpha = 90^0$, $B = b + D$) dar; in diesem Fall ergibt sich eine wesentlich größere Leistung, da das Papier ohne Gebrauch eines Spinners mit einem unbeweglich angeordneten Säumer (Abb. 225) zum Rohr geformt wird und die Tourenzahl des leichten Fadenspinners einer großen Abzugsgeschwindigkeit leicht angepaßt werden kann.

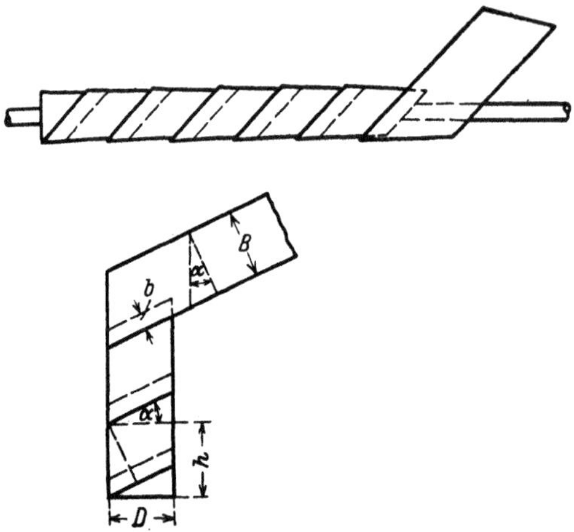

Abb. 224. Die geschlossene Papierspirale der Hohlraumader.

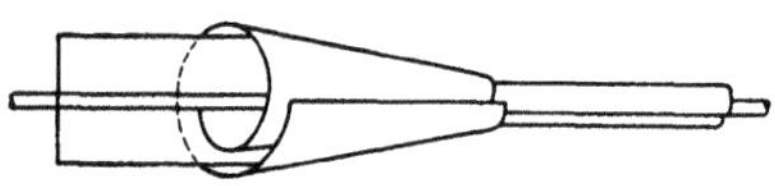
Abb. 225. Säumer für die Herstellung einer Luftraumader mit längsgefalztem Papierrohr.

Bis jetzt ist der Durchmesser D stillschweigend als eine gegebene unveränderliche Größe vorausgesetzt worden; in der Wirklichkeit ist seine Erhaltung auf dem konstanten Wert D eine der Hauptbedingungen, denen die Isoliermaschine entsprechen muß. Die Entstehung

[1] Je höhere Löhne bezahlt werden, um so vorteilhafter ist die Verwendung des teueren Papiers.

der Hohlraumader mit einer doppelten Spiralhülle zeigt die Abb. 226. Der zu isolierende Draht bewegt sich vertikal von unten nach oben durch die Drehpunkte zweier übereinander horizontal angeordneter Spinnteller, auf welche mehrere scheibenförmig aufgewickelte Papierstreifen, wie sie in der Papierschneidemaschine entstehen, vor Durchstecken des Leitungsdrahtes aufgesetzt werden. Der obere Teller rotiert im Sinne des Uhrzeigers, der untere im entgegengesetzten Sinne; je drei Führungsstifte leiten die von den zu oberst gelegenen Scheiben ablaufenden Streifen in drei Winkelstufen in die Steigrichtung der durch die Rotation der Teller und der Vorwärtsbewegung des Drahtes entstehenden Spiralen. Ist V m/min die Abzugsgeschwindigkeit, N/min die Tourenzahl der Teller, dann ist die Steighöhe in mm

$$h = 1000 \frac{V}{N} = D \pi \operatorname{tg} \alpha .$$

Bei Beginn der Arbeit wird der Streifen am Leitungsdraht festgebunden; setzt man die Maschine in Bewegung, dann stellen sich Durchmesser (D) und Winkel (α) automatisch auf Werte ein, welche von der Elastizität und Biegsamkeit, Breite und Bremsung des Streifens abhängen, durch Verstellung des letzten (horizontalen) Führungsstiftes innerhalb gewisser Grenzen verändert werden können, aber stets der Beziehung

$$D \operatorname{tg} \alpha = \frac{1000}{\pi} \cdot \frac{V}{N}$$

genügen. Die Größe D ist in der Konstruktion der zu erreichenden Kapazität entsprechend bis auf 0,1 mm genau vorgeschrieben; da diese Genauigkeit von der automatischen Einstellung nicht erwartet werden kann, führt man die Ader an der Stelle ihres Entstehens durch einen Stahlnippel, in dessen genau dimensionierter Bohrung der Entstehungsdurchmesser D' der Ader auf den etwas kleineren genauen Wert D reduziert wird.

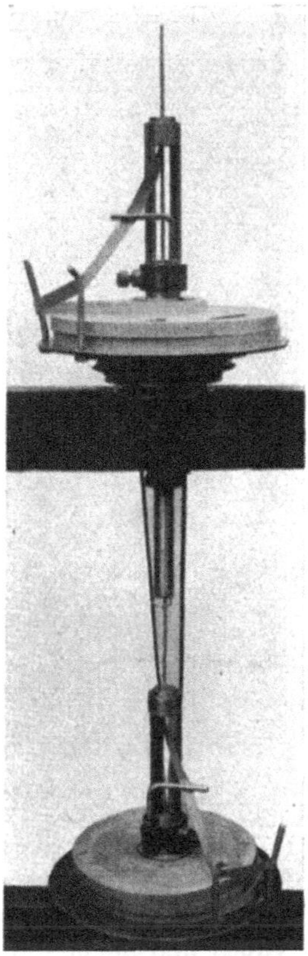

Abb. 226. Entstehung der Hohlraumader mit doppelter Papierspirale (Knefel).

Die aus einer oder zwei überlappenden Papierspiralen bestehende Aderhülle bildet ein in sich festes und biegsames Rohr; sog. „blinde Adern", die keinen Leitungsdraht enthalten, können in großen Längen angefertigt, auf Trommel gewickelt und z. B. als Beilauf verwendet werden, ohne ihre Form zu verlieren. In kurzen, gerade gestreckten Teilen einer Kabelader liegt der Leitungsdraht symmetrisch in der Achse; beim Biegen und Verseilen der Ader legt er sich einseitig an die Wand des Rohres.

Bei der Kordelader erhält die mit einem der beschriebenen ähnlichen Spinner aufgebrachte Kordelspirale den Leiter auch beim Biegen und Verseilen in der axialen Lage; die Papierspirale wird fest um den von der festen Kordelspirale gegebenen Zylinder gewickelt und der vom Nippel ausgeübte Druck hat nur die Aufgabe, die kleinen Ungleichmäßigkeiten der Kordel- und der Papierdicke auszugleichen.

Die in der Abb. 226 dargestellten Papierspinner sind sog. Zentralspinner, deren Rotationsachsen mit der Spinnachse zusammenfallen. Der kleineren Schwungmaße entsprechend ist bei dieser Anordnung eine größere Tourenzahl zulässig, als bei exzentrischen Spinnern. Die Zentralspinner der in Deutschland gebräuchlichen Telephonkabel-

Abb. 227. Achtgängige Isoliermaschine mit Schnurantrieb der Spinner (Knefel).

Isoliermaschinen rotieren mit etwa 400 bis 800 Touren/min und die Teller haben Durchmesser von ca. 300 mm. Die etwas kleineren Papierbandscheiben bleiben in der Mitte offen und werden auf die hohle, den Nippel und einen Führungsstift tragende Achse geschoben. Das Aufstecken mehrerer Papierscheiben auf den Spinnteller ermöglicht die Herstellung von längeren Adern ohne Lötstellen im Kupferdraht. Weitere Vorratsscheiben können auf dem Rohrstück oberhalb des Spinners untergebracht werden.

Die Isoliermaschinen. Die dem geringen Adergewicht entsprechend leicht gebauten Maschinen werden in Gruppen von 4 bis 12 Gängen auf gemeinsamen Gestellen untergebracht; ihre Hauptbestandteile sind die Spinner, die Abzugsscheibe und die Aufwickelvorrichtung. Solange auf eine möglichst gleichmäßige Beschaffenheit der Adern kein

Wert gelegt wurde und als Gütemaßstab des Kabels nur die Einhaltung eines Höchstwertes der Kapazität gegolten hat, konnte man einfache Maschinen benutzen, welche den zur Herstellung der mit Baumwolle isolierten Dynamodrähten benutzten Spinnmaschinen nachgebildet waren. Eine in mehrfacher Hinsicht verbesserte Type dieser einfachen Maschinengattung stellt die in Abb. 227 gezeigte achtgängige Isoliermaschine von Knefel dar. Jeder Gang besitzt unten einen Kordelspinner, in der Mitte und oben je einen Papierspinner, eine Längenmeßuhr mit springenden Zahlen an der Abzugsscheibe und eine vom Gang selbst in Bewegung gesetzte Führungsgabel der Aufwickelspule.

Abb. 228. Zehngängige Isoliermaschine mit Zahnradantrieb für Spinner und Abzug (Niehaus).

Jeder Gang ist einzeln ein- und ausrückbar. Der blanke Kupferdraht läuft von den unten sichtbaren kleinen Spulen ab, passiert die Spinner und kommt als fertige Ader von der Abzugsscheibe auf der Vorderseite der Maschine zu der ebenfalls unten aufgestellten Aufwickelspule zurück; die Anordnung der Ablauf- und Aufwickelspulen auf derselben Seite der Maschine erleichtert deren Bedienung und die Übersichtlichkeit. Die Abzugsgeschwindigkeit wird durch Wechselräder, die Tourenzahl der mit Schnüren abgetriebenen Spinner durch Stufenscheiben geändert.

Vom Standpunkte einer Präzisionsherstellung ist der Hauptmangel der Maschinen dieser Art der Schnurantrieb der Spinner, und zwar nicht nur deshalb, weil die Schnüre infolge Schlüpfung und Abnutzung zu Unregelmäßigkeiten der Aderbildung führen können[1], sondern weil die Einstellung und Erhaltung einer bestimmten, wünschenswerten Schnurspannung nur gefühlsmäßig erfolgt; man hat infolgedessen keine Gewähr für gleiche und konstante Tourenzahl aller Spinner, und die verschiedenen Gänge ergeben ungleichmäßige und unter sich verschiedene Adern. Bei einer Maschine, welche Adern von erhöhter Gleichmäßigkeit liefern soll, müssen die Antriebe der Spinner und des Abzuges miteinander durch eine zwangläufige Übertragung, d. h. durch Zahnräder oder Zahnketten verbunden sein.

Abb. 228 zeigt eine zehngängige Aderspinnmaschine von Niehaus, welche den erhöhten Anforderungen gerecht wird. Die Maschine besitzt pro Gang zwei Spinner, von welchen der untere sowohl zum

Abb. 229. **Fünfgängige** Isoliermaschinen für Telephonkabeladern im Kabelwerk Hawthorne (WEC).

Kordel- als auch zum Bandspinnen, der obere nur zum Bandspinnen eingerichtet ist. Die Spinner werden durch Zahnräder, die in einem Schutzkasten eingeschlossen sind, angetrieben. Der Maschinenrahmen ruht auf sechs kräftigen Ständern, so daß zwischen je zwei Ständern nur zwei Gänge untergebracht sind; dadurch wird ein erschütterungsfreier Gang erzielt. Die Spinner sind mit Vorrichtungen ausgerüstet, welche beim Reißen oder Ablaufen der Kordel bzw. des Bandes den Gang selbsttätig stillsetzen. Der Kupferdraht läuft direkt von den Ringen, in welchen er aus der Drahtzieherei bezogen wird, ab; dadurch wird der Draht geschont, und man spart die Arbeit des Umwickelns.

Nach einem anderen Prinzip sind die in Abb. 229 dargestellten fünfgängigen Spinnmaschinen des Kabelwerks Hawthorne der WEC gebaut; sie stellen Adern mit einer einzigen Papierspirale ohne Kordel

[1] Durch die Schlüpfung ändert sich die Tourenzahl des Spinners, damit ändern sich die Größen D und α.

her. Von den hinter den Arbeiterinnen aufgestellten Drahtringen, die auf besonders geformten Ablaufgestellen sitzen, gelangt der Draht über den Köpfen der Arbeiterinnen hinweg auf zwei Führungsrollen zur Maschine, wird neben dem einzigen Spinner des Ganges hinunter, von unten her durch den Spinner als Ader in die Höhe zur Abzugsscheibe und von hier durch eine Leitrolle wieder hinunter zur Aufwickeltrommel geführt. Auf dem unter einem flachen Schutzgitter mit sehr großer Geschwindigkeit rotierenden Spinnteller befindet sich nur

Abb. 230. Fünfgängige Isoliermaschinen für Telephonkabeladern mit vertikal stehenden Spinntellern (St. E. C.).

der ablaufende Papierstreifen; die Vorratsscheiben stecken auf einem zwischen Spinner und Abzugsscheibe unterbgebrachten Halter. Der Papierstreifen wird unter einem Winkel von nehazu 90^0 an den Draht herangeführt; Steigwinkel, Bandbreite und Maschinenleistung sind dementsprechend groß.

Die 5-gängigen Isoliermaschinen (Abb. 230) der St.E.C. in London stellen gleichfalls Adern mit einfacher Papierspirale her. Das Prinzip der Maschinen ist denjenigen nach Abb. 229 ähnlich, nur stehen hier die Spinnteller vertikal und rotieren mit sehr großer Geschwindigkeit um horizontale Achsen.

2. Die Herstellung der Gruppen. Bei allen bisher besprochenen Verseil- und Umspinnprozessen ging die Wahl der Schlaglänge aus einem Kompromiß zwischen den zwei entgegengesetzt gerichteten Anforderungen der Maschinenleistung und der Geschmeidigkeit hervor. Bei den Hohlraumadergruppen treten zwei weitere Bestimmungsgrößen auf, zwischen welchen eine ähnliche Gegensätzlichkeit besteht: die Kapazität und das Nebensprechen. Mit abnehmender Schlaglänge wächst die Kapazität, das Nebensprechen dagegen wird schwächer, weil die Ungleichmäßigkeit der Gruppen bei kleinen Schlaglängen einen besseren Ausgleich als bei großen findet. Die Wahl der Schlaglänge erfolgt erfahrungsgemäß.

Abb. 231 zeigt eine dreigängige stehende Dralliermaschine von Knefel. Die Achsen der Ablaufspulen sitzen fest im Verseilkorb; die Verseilung erfolgt ohne Rückdrehung. Die Ader von der oberen Spule tritt direkt, die von der unteren Spule über die kleine Führungsrolle zum Verseilpunkt; das aus dem Jochzapfen heraustretende Adernpaar

Abb. 231. Dreigängige stehende Dralliermaschine ohne Rückdrehung (Knefel).

kommt über ein Führungsrad zu der tiefer unten angeordneten Abzugsscheibe. Jeder Gang ist für sich ein- und ausrückbar, hat eigenes Zählwerk an der Abzugsscheibe und selbstbetätigte Verlegung an der Aufwickelspule.

Die in der Abb. 232 dargestellte zweigängige liegende Maschine derselben Firma ist nach dem Prinzip der Schnellverseilmaschinen gebaut. Die eine Trommel sitzt auf einem Ablaufgestell am Ende der Maschine, die andere in einem ruhenden Joch innerhalb des rotierenden Verseilkorbes, welcher die von der hinten aufgesetzten Spule ablaufende Ader um die vordere Spule herumführt; das geringe Korbgewicht gestattet die Anwendung hoher Umlaufzahlen, wodurch eine hohe Maschinenleistung erreicht wird.

Ein ähnliches Prinzip weisen die zweigängigen Zusammenschlagmaschinen des Kabelwerks Hawthorne auf (Abb. 233). Die beiden Ablaufspulen sitzen auf einer ruhenden, horizontalen Achse innerhalb des um eine vertikale Achse rotierenden Verseilkorbes; die Adern

Abb. 232. Zweigängige liegende Dralliermaschine (Knefel).

treten unten in Führungsrohre des Korbes, für dessen jede Umdrehung ein Doppeladerstück von der doppelten Schlaglänge entsteht. Die Doppelader bewegt sich vertikal nach oben bis zu einer Leitrolle, wird von dieser zu der etwas tiefer angebrachten Abzugsscheibe ge-

Abb. 233. Zweigängige stehende Dralliermaschinen im Kabelwerk Hawthorne (WEC).

führt, umschlingt diese einigemal, gelangt zu einer zweiten Leitrolle und nach einer abermaligen Richtungsänderung zu der unter den Ablaufspulen angebrachten Aufwickelspule. Die hinter der Abzugsscheibe angeordnete Leitrolle sichert die genau gleichbleibende Führung der Doppelader auf der Abzugsscheibe, unabhängig von der Stellung der Führungsgabel der Aufwickelspule. Der die Maschine bedienende Arbeiter hat die sechs Spulen und die beiden Abzugsscheiben mit den Zählwerken stets vor Augen; alles befindet sich auf derselben Seite der weniger als 2 m hohen Maschine. Zum Ein- und Ausrücken der Gänge dienen die rechts und links unten angeordneten Fußhebel; in der Mitte unten befindet sich der Antriebsmotor, darüber sind die Schaltorgane sichtbar. Die Verseilkörbe rotieren hinter Schutzgittern, die aus ineinandergreifenden Röhren und Stäben bestehen und durch Verschiebung von rechts nach links oder umgekehrt je einen Gang frei geben.

Abb. 234. Zweigängige stehende Dralliermaschine für S-Vierer (Niehaus).

Zur Herstellung von S-Vierern dienen stehende oder liegende Verseilmaschinen, deren Körbe vier symmetrisch angeordnete, meistens für Rückdrehung eingerichtete Ablaufspulen aufnehmen. Zur Umwindung des Vierers mit einem Faden oder Papierband trägt die Maschine einen passenden Spinner von der früher beschriebenen Art. Abb. 234 zeigt eine zweigängige stehende, Abb. 235 eine eingängige liegende Maschine von Niehaus. Diese Maschinen werden auch zur Herstellung von Adernpaaren oder zur Ausführung der zweiten Verseilung von D-Vierern benutzt.

Abb. 235. Eingängige liegende Dralliermaschine für S-Vierer (Niehaus).

Eine andere, in Deutschland gebräuchliche Art von Maschinen führt die Isolierung der Einzeladern und deren Verseilung zu Paaren oder S-Vierern in einem Arbeitsgange aus; eine solche viergängige S-Vierermaschine von Knefel zeigt die Abb. 236. Zu jedem Gang gehört ein um eine vertikale Achse rotierender Verseilkorb, der an seinem unteren Ende vier symmetrisch angeordnete, ohne Rückdrehung rotierende Ablaufspulen trägt. Von diesen werden die blanken Leitungsdrähte geradlinig zum Verseilpunkt geführt und bilden die Erzeugende eines Kreiskegels mit dem Verseilpunkt als Spitze. Unterwegs durchläuft jeder Draht nacheinander drei Zentralspinner, welche mit Hilfe von Zahnradübersetzungen vom Verseilkorb aus angetrieben werden, und von welchen der untere zum Kordelspinnen, die beiden

Abb. 236. Viergängige stehende kombinierte Maschine zur gleichzeitigen Isolierung von vier Einzeladern und zu ihrer Verseilung zu S-Vierern in einem Arbeitsgange (Knefel).

folgenden zum Bandspinnen eingerichtet sind; die Maschine kann somit S-Vierer mit verschiedenen Aderkonstruktionen herstellen.

Maschinen dieser Art bieten den Vorteil, daß die Verarbeitung einer bestimmten Menge blanken Drahtes zu verseilten Gruppen weniger Raum und weniger Bedienung erfordert als bei getrenntem Isolieren und Drallieren. Dafür ist die Tourenzahl der Gänge wesentlich kleiner, als bei einer reinen Zusammenschlagmaschine von derselben Größe; insgesamt tritt eine Verringerung der theoretischen Leistung ein. Eine darüber noch hinausgehende Verschlechterung der effektiven Leistung wird dadurch verursacht, daß bei jeder Störung an einem einzigen der Spinner der ganze Verseilkorb stillgesetzt werden muß, jeder Zeitverlust vervielfacht sich. Die kombinierten Maschinen eignen sich daher nur für kleinere Betriebe, in welchen ungenügende oder unregelmäßige Beschäftigung Maschinen mit hoher Leistung weniger vorteilhaft erscheinen läßt, als Maschinen mit zwar geringerer Leistung, dafür aber mit kleinerem Bedarf an Raum und Bedienungspersonal.

Die Verseilung der Adern zu Paaren und die der Paare zu D-Vierern kann prinzipiell im gleichen oder im entgegengesetzten Richtungssinne erfolgen; in der Seilfabrikation bezeichnet man die Verseilung der ersten Art als „Albertschlag“, die der zweiten Art als „Kreuzschlag“[1]. Beim Albertschlag wird jede Einzelader des einen Paares beim Aufliegen auf dem anderen Paare sich zwischen dessen Adern zu legen suchen, als die dritte von drei symmetrisch der Länge nach zusammengelegten und verseilten Adern und das gelingt ihr um so besser, je weniger verschieden die Schlaglängen der beiden Paare sind.

Abb. 237. 108-spulige Telephonkabelverseilmaschine mit Rückdrehung. (Krupp-Grusonwerk).

Beim Kreuzschlag wird dieses gegenseitige Sichhineinlegen wegen der Verschiedenheit der Schlagrichtungen unmöglich. Demnach wird der Raumbedarf des Albertschlag-D-Vierers kleiner als derjenige des Kreuzschlag-D-Vierers; dafür wird aber die Kapazität und die kapazitive Unsymmetrie größer, weil die Adern durch das Sichhineinlegen zusammengedrückt, ihre Abstände verkleinert und die Schlaglängen mehr oder weniger unregelmäßig verändert werden, d. h. die Kreuzungsstellen vor oder hinter den Punkten zustande kommen, an welchen sie, sich selbst überlassen, zustande kommen würden. Aus diesen Gründen wird für die D-Vierer fast ohne Ausnahme der Kreuzschlag ver-

[1] Hrabak, Josef: Die Drahtseile. Berlin: Julius Springer 1902.

wendet, wobei die beiden Paare des Vierers mit verschiedenen Schlaglängen hergestellt sind.

3. Die Verseilung der Gruppen. Die Verseilung der Gruppen in konaxiale Schichten ist prinzipiell ein mit der Verseilung blanker Drähte zu normalen Litzen vollkommen identischer Arbeitsvorgang; ein Unterschied besteht nur insofern, daß die Steigwinkel der Schichten im Interesse der Gleichmäßigkeit der Kapazitätswerte genauer als bei den Drahtseilen eingehalten werden müssen und daß die Verseilung anstandslos ohne Rückdrehung erfolgen kann, da die Kupferdrähte dünn, die Schlaglängen relativ groß sind und die hohlen Adern, namentlich bei spiralförmig gewickelten (und nicht längsgefalzten) Papierstreifen den kleinen deformierenden Kräften leicht folgen.

Abb. 238. 85-spulige Telephonkabelverseilmaschine mit Rückdrehung (Humboldt).

Eigentümlicherweise hat sich in Deutschland für die Verseilung der Telephonkabel die Anwendung der Rückdrehung fast ausnahmslos allgemein eingebürgert; große und langsam laufende Verseilkörbe, d. h. teuere Maschinen und teuere Arbeit sind die Folgen dieser Gewohnheit. Gebräuchlich sind 6- bis 108-spulige Maschinen; man findet in Betrieben Telephonkabelverseilmaschinen mit 6, 12, 18, 24, 36, 48, 64, 85 und 108 Spulen. Ein 1000-paariges Kabel besteht aus 17 Lagen; die Anzahl der Paare in der letzten Lage beträgt 107. Eine für diese Verseilung geeignete Maschine mit 108 Spulen zeigt die Abb. 237; die zugehörigen Ablaufspulen sind 400×200 mm groß. Der Verseilkorb einer 85-spuligen Maschine derselben Bauart mit Spulen derselben Größe ist in Abb. 238 zu sehen. Bei der 24-spuligen Maschine von Krupp-Grusonwerk (Abb. 239) sind die Ablaufspulen zur Erleichterung des Einsetzens stehend angeordnet. Die kleinen, 6-, 12- und 18-spuligen Maschinen stellt man oft als Tandemmaschinen hintereinander auf und fertigt die ersten 2 oder 3 Lagen des Kabels in einem Arbeitsgange her; die übrigen Lagen werden einzeln aufgebracht. In einem solchen Fall erfordert die Verseilung des 1000-paarigen Kabels 16 Verseilungen mit jedesmaliger Umstellung der Aufwickeltrommel und Umwicklung des bereits fertigen Kernteiles der Seele.

Durch Verzicht auf die überflüssige Rückdrehung gestaltet sich die Arbeitsweise wesentlich einfacher. Der Verseilkorb, in dem die Ablaufspulen dicht aneinander gereiht werden können, wird kleiner, leichter und billiger als bei einer Maschine mit Rückdrehung. Ein weiterer Vorzug besteht in der durch die Torsion der Verseilung ge-

Abb. 239. 24-spulige Telephonkabelverseilmaschine mit Rückdrehung und mit stehend angeordneten Ablaufspulen (Krupp-Grusonwerk).

botenen erhöhten Gewähr für die Erhaltung der Gleichmäßigkeit der Gruppen.

In den Fabriken der WEC und in vielen anderen Kabelwerken werden mehrere Verseilkörbe hintereinander aufgestellt und zu einer Vielfach-Verseilmaschine vereinigt. Eine Maschine dieser Art des Kabelwerkes Hawthorne zeigt die Abb. 240. Ein 1000-paariges Kabel, dessen Herstellung nach der in Deutschland üblichen Praxis 16 Operationen erfordert, wird von dieser Maschine in drei bis vier Arbeitsgängen verseilt. Die Ablaufspulen sitzen in 10 Reihen auf dem Korbumfang; ihre Achsen stehen zur Drehachse des Korbes parallel. Die eiserne, auf drei Rollen stehende Aufwickeltrommel dreht sich um eine vertikale Achse und bedarf keines Wickelgestelles. Der aus perforiertem Blech bestehende Trommelkörper besitzt keine Flanschen; das aufgewickelte Kabel ruht auf radial angeordneten flachen Armen. An der oberen Stirnfläche trägt der Trommelkörper 6 vertikal stehende Bolzen, welche in eine von oben heruntergelassene, die Rotationsbewegung herbeiführende

Greifvorrichtung ragen. Die Kabel bleiben bis zur Aufbringung des Bleimantels auf diesen Trommeln. Ähnliche Maschinen der St. E. C. in London sind in den Abb. 241 und Abb. 242 dargestellt; die Maschine in Abb. 242 trägt in jedem Korb zwei konaxiale Spulenreihen, wodurch

Abb. 240. Vielkörbige Telephonkabelverseilmaschine ohne Rückdrehung im Kabelwerk Hawthorne (WEC).

bei gleicher Spulenzahl die Länge, aber auch die Umdrehungszahl des Korbes kleiner wird.

Eine etwas andere Ausführung zeigt Abb. 243, die ebenfalls ohne Rückdrehung arbeitende Dreifach-Tandemmaschine der Sumitomo

Abb. 241. Vielkörbige Telephonkabelverseilmaschine ohne Rückdrehung (St. E. C.).

Draht- und Kabelwerke in Osaka (Japan)[1]. Hier stehen die Achsen der Ablauftrommeln senkrecht zur Korbachse; in den ersten beiden

[1] El. Comm. 1923, S. 121.

Körben sind je 5×12, im dritten 4×12 Spulen untergebracht. Bei Anfertigung von hochpaarigen, aber kürzeren Kabeln können in jeden Korb die doppelte Anzahl halb so breiter Spulen eingesetzt werden, wobei je zwei Spulen auf der Achse einer breiten Spule sitzen. Die gleiche Anordnung der Spulen zeigt eine ebenfalls ohne Rückdresung arbeitende Verseilmaschine von Krupp-Grusonwerk (Abb. 244); der Korb faßt 112, auf 8 Felder verteilte Spulen von 350 mm Durchmesser.

Abb. 245 zeigt eine Zweifach-Verseilmaschine ohne Rückdrehung von Arndt; hier besteht der Verseilkorb aus einer hohlen Welle mit

Abb. 242. Vielkörbige Telephonkabelverseilmaschine ohne Rückdrehung (St. E. C.).

einem einzigen Jochkranz, der auf beiden Seiten mit den Ablaufspulen besetzt ist. Der hintere Korb der abgebildeten Maschine trägt 36, der vordere 42 Spulen. Läßt man beide Kränze mit derselben Tourenzahl in derselben Richtung rotieren, dann kann die Maschine eine Lage mit 78 Gruppen herstellen; sie ist somit zur Verseilung eines aus 500 Sternvierern bestehenden 1000-paarigen Kabels geeignet.

4. Das Trocknen der Papierhohlraumkabel. In einem Papierhohlraumkabel ist die Menge des Papieres kleiner, die freie, mit Luft in Berührung stehende Papieroberfläche größer, als in einem Starkstrompapierkabel von gleichem Seelendurchmesser; dementsprechend läßt sich die Feuchtigkeit aus den Hohlraumkabeln schneller und leichter

Abb. 243. Dreikörbige Telephonkabelverseilmaschine ohne Rückdrehung von Johnsson & Philips (Sumitomo Draht- und Kabelwerke, Osaka).

Abb. 244. 112-spuliger Verseilkorb einer Telephonkabelverseilmaschine ohne Rückdrehung. Durchmesser der Einsetzspulen 350 mm (Krupp-Grusonwerk).

Abb. 245. Zweikörbige Telephonkabelverseilmaschine ohne Rückdrehung von Arndt.

als aus den Starkstrompapierkabeln entfernen. Man erzielt eine allgemeine genügende Trocknung ohne Anwendung von Vakuum, wenn man das Kabel 1 bis 2 Tage lang von heißer und trockener Luft durchströmen läßt. Das Trocknen im Vakuum ist jedoch wirtschaftlicher, weil es schneller vor sich geht und weniger Wärme verbraucht, es ist auch gründlicher, weil es höhere Temperaturen anzuwenden erlaubt; deshalb wird es auch allgemein der Lufttrocknung vorgezogen.

Abb. 246. Liegender Vakuumkessel zum Trocknen von Telephonkabeln im Carlswerk (F. & G.).

In Deutschland verwendet man zum Trocknen Vakuumschränke oder Vakuumkessel von der früher beschriebenen Art, in die man die Kabel auf perforierten eisernen Trommeln oder in Körben einsetzt. Abb. 246 zeigt Trockenkessel mit Kabeltrommeln im Carlswerk (F. & G.) Die Trommel, welche bei der letzten Verseilung zum Auf-

Abb. 247. Teilansicht der Trocknungsanlage für Telephonkabel in der Kabelfabrik der St. E. C. in London.

wickeln gedient hat, wird in den liegend angeordneten Kessel hineingeschoben; ein Kessel nimmt 2 bis 3 Trommeln auf. Bei Benutzung von Trockenschränken muß das Kabel von der letzten Aufnahmetrommel in den Trockenkorb umgewickelt werden. Die Abb. 247 und Abb. 248

zeigen Teile der ausgedehnten Trocknungsanlage für Papier-Luftraumkabel der St. E. C.

Vor dem Trocknen wird geprüft, ob im Kabel keine Drahtbrüche

Abb. 248. Trocknungskessel und Trocknungskammer (rechts) für Telephonkabel in der Kabelfabrik der St. E. C. in London.

Abb. 249. Raum für die Kontrolle der Telephonkabel vor dem Trocknen in der Kabelfabrik der St. E. C. in London.

oder Berührungen benachbarter Drähte infolge Fehler der Papierhülle (blanke Stellen) vorhanden sind. Bei vieladrigen Kabeln, deren Verseilung in mehreren Arbeitsgängen erfolgt, wiederholt man die Prüfung nach jeder Verseilung. In großen Fabriken erfolgt diese Prüfung in besonderen Räumen (Abb. 249 und Abb. 250).

5. Die Herstellung der Krarupleiter. Zur Aufbringung des Eisens dienen Umspinnmaschinen, welche nach dem Prinzip der Aderpapier-Umspinnmaschinen gebaut sind (Abb. 251). Die Tourenzahl der Spinner und die Abzugsgeschwindigkeit der Maschine sind so eingestellt, daß der Kupferdraht für je eine Spinnerumdrehung genau um die Stärke des Eisendrahtes sich vorwärts bewegt. Mit Rücksicht auf die große Geschwindigkeit laufen die Antriebsräder der Spinner in Ölgehäusen.

Abb. 250. Kontrolle der Telephonkabel vor dem Trocknen im Kabelwerk Hawthorne (WEC).

Die Verwendung von Eisenband an Stelle des Runddrahtes ist nicht nur in magnetischer, sondern auch in wirtschaftlicher Hinsicht günstiger; bei 1200 Touren/min des Spinners beträgt die theoretische Stundenleistung eines Maschinenganges

für Eisendraht von 0,2 mm Durchmesser. . 14,4 m
„ Eisenband von 2 mm Breite . . . . . 144 „

Es ist indessen zu berücksichtigen, daß diese theoretisch zehnfache Überlegenheit für die effektive Leistung wesentlich kleiner wird. Bei Verarbeitung von Runddraht kann eine Arbeiterin angesichts des sehr langsamen Auszuges bequem alle 12 Gänge der vorhin erwähnten Maschine bedienen, da sie Zeit hat, alle Gänge nacheinander zu beobachten und etwaige Fehler zu entdecken, bevor die Fehlerstelle vom Spinner sich weit entfernt hat. Bei dem zehnmal schnelleren Abzug genügt zur Bedienung der 12 Gänge eine Arbeiterin nicht. Dazu kommt bei der schnelleren Arbeit der häufigere Wechsel der Aufwickeltrommel, der Eisen- und der Kupferdrahtspule, die Vermehrung der Verlustzeiten.

Durch das Umspinnen wird das Eisen härter und seine magnetische Qualität verschlechtert sich; zur Wiederherstellung der ursprünglichen Weichheit kann man den fertigen Krarupleiter in Töpfen ausglühen. Eine bessere Wirkung erzielt man mit dem für Krarupkabel mit Permalloy-Bewicklung entwickelte Verfahren der WEC[1]; es beruht auf der Erkenntnis, daß die Anfangspermeabilität beträchtlich ansteigt, wenn man das Material k u r z z e i t i g auf eine der kritischen Grenze sehr nahe liegende Temperatur erhitzt und dann schnell abkühlen läßt. Zum Glühen benutzt man einen elektrisch geheizten

Abb. 251. Zwölfgängige Maschine zur Aufbringung der Eisendrahtbewicklung auf die Kupferleiter für Krarup-Kabel (Knefel).

Muffelofen, als dessen Glühraum ein etwa 1 m langes, mit einem inneren Kupfermantel versehenes Eisenrohr von ca. 15 mm lichte Weite dient; der Ofen ist in der Rohrrichtung nur 600 mm lang und das Rohr ragt an beiden Seiten um je 200 mm aus dem Ofen hervor. Während die Temperatur im Glühraum dauernd auf 875° C einreguliert ist, bewegt man den fertig gewickelten Krarupleiter mit einer Geschwindigkeit von ca. 1 bis 1,5 m/min durch das Rohr; beim Verlassen des Ofens sinkt die Temperatur des Leiters, beim Verlassen des aus dem Ofen herausragenden Rohrendes kühlt er sich auf die Raumtemperatur von ca. 20° C ab. Im Interesse der guten Abkühlung wird der Leiter genügend weit vom Ofen geradlinig weggeführt und erst dann aufgewickelt.

6. Das Aufbringen des Bleimantels. Das trockene Papier ist im heißen Zustande sehr hygroskopisch; deshalb werden besondere Vorkehrungen getroffen, um das Kabel nach Herausnahme aus dem

[1] Engl. Patent Nr. 188688 v. 17. 5. 1921.

Trocknungsgefäß bis zum Eintritt in die Presse trocken zu erhalten. In Deutschland benutzt man meistens geheizte und zugedeckte Ablauf-

Abb. 252. Bleipressen im Kabelwerk Kearny (New Jersey) der WEC.

Abb. 253. Bleipressen im Londoner Kabelwerk der St. E. C.

gefäße bei der Bleipresse und führt das Kabel von diesem Gefäß bis an die Presse durch geschlossene Rohre. In den Fabriken der WEC bringt man die fertig getrockneten Kabel in Trockenkammern nach Abb. 248, aus welchen das Kabel durch eine kleine Öffnung in der Wand direkt in die jenseits der Wand stehende Bleipresse tritt. Abb. 252 zeigt den Pressenraum der Telephonkabelfabrik Kearny (New Jersey) der WEC. Sieben vertikale Pressen stehen an der Wand, hinter welcher sich die Trockenkammern befinden; neben jeder Bleipresse steht ein Schmelzofen. In Abb. 253 ist die ähnliche Anlage im Londoner Werk der St. E. C. zu sehen.

Die Herstellung der Hartbleilegierung erfordert ein gründliches Herumrühren der geschmolzenen Metalle im Schmelzkessel, da Schmelztemperatur und spez. Gewicht der Bestandteile sehr verschieden sind.

Tabelle 137. Metalle für Hartbleilegierungen.

Es beträgt	die Schmelztemperatur	das spez. Gewicht
für Blei	334°	11,4
„ Zinn	233°	7,3
„ Antimon	430°	6,8
„ Kadmium	320°	8,6

Nach Tabelle 137 scheint Kadmium das am meisten geeignete Legierungsmetall zu sein; nach Feststellungen der AEG erteilt ein Kadmiumzusatz von 0,8% dem Bleimantel dieselbe Festigkeit, Dehnbarkeit und Härte, wie ein Zusatz von 3% Zinn.

IX. Kabelmeßtechnik.

Die Kabelfabrikation erfordert zahlreiche verschiedenartige Messungen und Prüfungen der Rohstoffe und der aus ihnen hergestellten Kabel. Den Hauptgegenstand dieses Abschnittes bilden die an den Kabeln selbst vorzunehmenden elektrischen Messungen; einige Rohstoffprüfungen und mechanische Untersuchungen an Kabeln werden an Hand von in einzelnen Fällen bestehenden Vorschriften oder praktischen Regeln kurz beschrieben.

Elektrische Messungen an Kabeln.

Die elektrischen Messungen an den Kabeln sollen in erster Linie die elektrische Qualität der Kabel zahlenmäßig feststellen; sie dienen jedoch auch anderen Zwecken. So kann z. B. die im Innern eines Kabels herrschende Temperatur durch die Messung des Leitungswiderstandes ermittelt werden, wobei nur die Enden des Kabels zugänglich sein müssen. Beim Auftreten von Kabelfehlern infolge von Erdschluß, Kurzschluß oder Leitungsbruch läßt sich die Entfernung der Fehlerstelle vom Kabelanfang aus Widerstands- oder Kapazitätsmessungen berechnen; einen im Entstehen begriffenen Erdschlußfehler erkennt man an der Abnahme des Isolationswiderstandes, Veränderungen im Dielektrikum getränkter Papierkabel an Veränderungen des Verlustwinkels. In allen Fällen handelt es sich um direkte oder indirekte Messung der als die elektrischen Eigenschaften des Kabels bezeichneten Größen

Leitungswiderstand (der metallischen Leiter),
Isolationswiderstand,
Kapazität,
Induktivität,
Ableitung oder Verlustwinkel.

Als sechste Größe tritt die elektrische Festigkeit hinzu, die im Gegensatz zu den fünf ersten, quantitativ anzugebenden Größen nur für die qualitative Prüfung zugänglich ist.

Im folgenden werden die Grundprinzipien der Messungen und die wichtigsten in der Kabelmeßtechnik gebräuchlichen Apparate kurz beschrieben.

1. Gleichstrommessungen.

A. Messung des Leitungswiderstandes von linearen Leitern.

1. Das Wheatstonesche Prinzip. 6 Widerstände w, w_0, w_1 bis w_4 bilden die Seiten und Diagonalen des Vierecks $ABCD$ (Abb. 254). Die eine Diagonale enthält einen Strommesser vom Widerstande w, die andere eine EMK vom Werte p. Die Buchstaben A, B, C und D bezeichnen zugleich die in den Eckpunkten herrschenden Potentiale; i, i_0, i_1 bis i_4 sind die Ströme, die in den durch die gleichen Indizes bezeichneten Zweige fließen. Einer der vier Seiten, z. B. w_1, stellt den zu messenden Widerstand dar; w_2, w_3 und w_4 sind bekannte veränderliche Widerstände, die so eingestellt werden, daß der Strom, der den Strommesser durchfließt, $i = 0$ wird. Dann ist

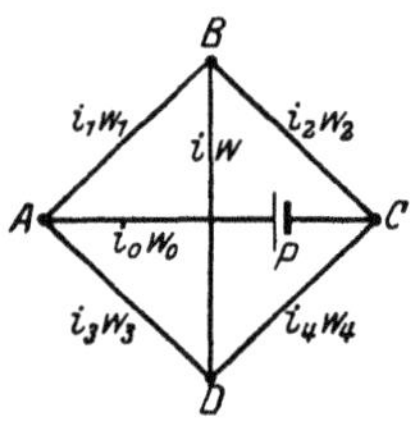

Abb. 254. Die Wheatstonesche Schaltung.

$$w_1 = w_2 \cdot \frac{w_3}{w_4}.$$

Für w_3 und w_4 wählt man bestimmte Werte, z. B. 10, 100 und 1000 Ohm, die wahlweise eingestellt werden können. Dann ist das Meßbereich der Schaltung durch die Werte $0{,}01 \cdot w_2$ und $100 \cdot w_2$ begrenzt. Läßt sich z. B. w_2 von 0,1 bis 1000 Ohm variieren, dann mißt die Schaltung Widerstände von 0,001 Ohm bis 100000 Ohm.

Zur Herstellung der Schaltung aus der zu messenden Leitung und den bekannten Widerstandssätzen sind Verbindungsdrähte mit den Widerständen w_1', w_2' w_3' und w_4' erforderlich; schreibt man

$$w_1' = k_1 \cdot w_1, \quad w_2' = k_2 \cdot w_2 \quad \text{usw.},$$

dann ist der gesuchte Widerstand

$$w_1 = w_2 \cdot \frac{w_3}{w_4} \cdot \frac{1 + k_2 + k_3 + k_3 \cdot k_2}{1 + k_1 + k_4 + k_1 \cdot k_4}.$$

k_2, k_3 und k_4 sind meistens sehr klein, k_1 nur dann, wenn w_1 nicht sehr klein ist. Für kleine w_1 ist

$$w_1 = w_2 \cdot \frac{w_3}{w_4} \cdot \frac{1}{1 + k_1}.$$

In solchen Fällen erfordert eine genaue Messung die Kenntnis des natürlich auch sehr kleinen Zuleitungswiderstandes w_1'. Die hieraus sich ergebende Schwierigkeit wird bei Anwendung des

2. Thomsonschen Prinzipes vermieden. In der Figur $ABCDEFGH$ (Abb. 255) sind die Seiten Widerstände w_1, w_2 usw., durchflossen von Strömen i_1, i_2 usw. An den Punkten A und D ist eine EMK vom Wert p angeschlossen; die in den Eckpunkten stehenden großen Buchstaben bezeichnen die Potentiale dieser Punkte. w_1 ist der gesuchte kleine, w_2 ein kleiner unveränderlicher Widerstand von bekannter Größe, w_3, w_4, w_5 und w_6 sind bekannte Widerstände, die so verändert werden, daß die Quotienten $\frac{w_3}{w_4}$ und $\frac{w_5}{w_6}$ stets einander gleich bleiben. Stellt man die veränderlichen Widerstände so ein, daß der im Zweige MN fließende und gemessene Strom $i = 0$ wird, dann ist

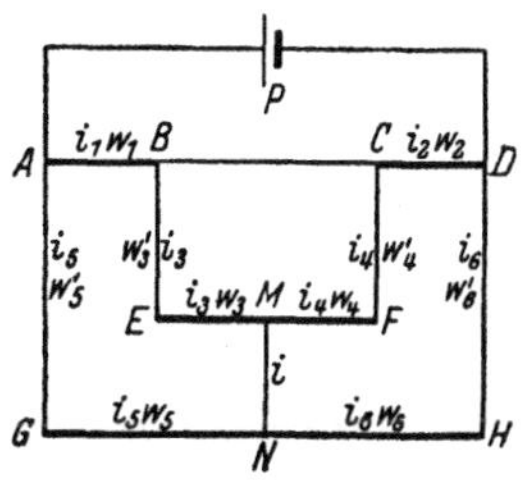

Abb. 255. Die Thomsonsche Schaltung.

$$i_1 \cdot w_1 + i_2 (w_3 + w_3') = i_3 (w_5 + w_5'),$$
$$i_1 \cdot w_2 + i_2 (w_4 + w_4') = i_3 (w_6 + w_6').$$

Da es stets möglich ist, die Quotienten $\frac{w_3'}{w_3}$, $\frac{w_4'}{w_4}$, $\frac{w_5'}{w_5}$ und $\frac{w_6'}{w_6}$ so klein zu machen, daß sie neben 1 vernachlässigt werden können, wird

$$w_1 = w_2 \cdot \frac{w_3}{w_4}.$$

3. Indirekte Widerstandsmessung. Diese beruht auf dem Ohmschen Gesetz; fließt der Strom i durch den Widerstand w, an dessen Enden die Potentialdifferenz p herrscht, dann ist $w = \frac{p}{i}$. Das Prinzip wird in mannigfaltiger Weise angewendet.

4. Fehlerortsbestimmung als Widerstandsmessung[1]. Tritt in einem Kabel Erd- oder Kurzschluß auf, so läßt sich die Entfernung der Fehlerstelle vom Kabelende in den meisten Fällen aus Widerstandsmessungen bestimmen. Das Grundprinzip der Methode besteht in der Berechnung einer Länge aus den bekannten Größen Leiterquerschnitt, Leitungswiderstand und spezifischer Leitungswiderstand.

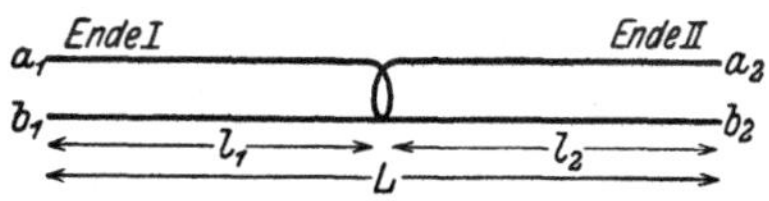

Abb. 256. Fehler durch Drahtknoten in einem Telephonkabel.

Den einfachsten Fall bildet die Berührung zweier benachbarter Drähte in einem vieladrigen Schwachstromkabel, z. B. infolge einer die Isolierung durchdrückenden Schleife (Abb. 256) in einem der Drähte. Man führt die Messung vom Ende I oder vom Ende II des Kabels aus, indem man die Enden der sich berührenden Drähte an eine Wheatstonesche Schaltung legt und den zwischen ihnen liegenden Widerstand mißt.

[1] Im folgenden sind neben den Meßschaltungen stets auch die Prinzipschaltungen abgebildet.

Ist σ der spez. Widerstand und q der Querschnitt der Drähte und ergibt z. B. die Messung vom Ende I aus den Wert w_1, dann ist die gesuchte Entfernung der Fehlerquelle vom Ende I

$$l_1 = \frac{q}{2 \cdot \sigma} \cdot w_1 .$$

Anders liegen die Verhältnisse, wenn an der Fehlerstelle ein Übergangswiderstand (Fehlerwiderstand) vorhanden ist; die Größe des Fehlerwiderstandes ist zunächst nicht nur unbekannt, sie kann auch veränderlich sein. Allgemein wird man einen endlich großen Fehlerwiderstand voraussetzen und diesen zu bestimmen oder zu eliminieren suchen.

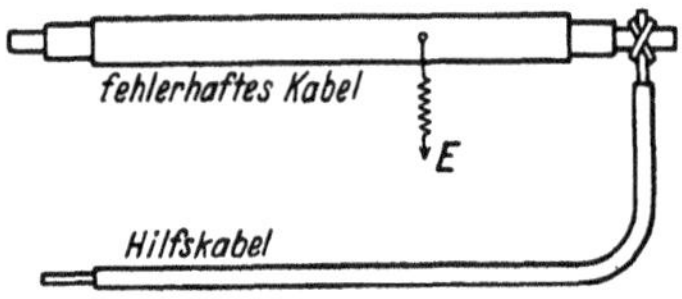

Abb. 257. Schleifenbildung mit einem Hilfskabel.

Der Fehlerwiderstand erschwert namentlich bei Erdschlüssen in Starkstromkabeln mit großen Leiterquerschnitten die Fehlerortsbestimmung, da er oft von der gleichen Größenordnung ist, wie die zu messenden Leitungswiderstände.

Steht eine gut isolierte Leitung mindestens von der Länge des schadhaften Kabels zur Verfügung, die, am fernen Ende an das schadhafte Kabel geschlossen, mit diesem eine am Meßende offene Schleife

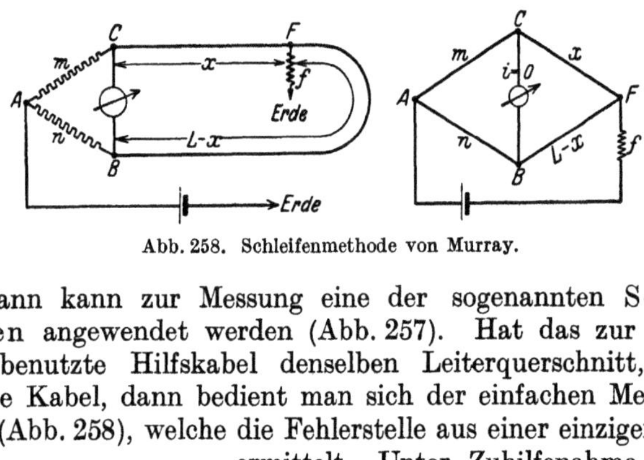

Abb. 258. Schleifenmethode von Murray.

bildet, dann kann zur Messung eine der sogenannten Schleifenmethoden angewendet werden (Abb. 257). Hat das zur Schleifenbildung benutzte Hilfskabel denselben Leiterquerschnitt, wie das fehlerhafte Kabel, dann bedient man sich der einfachen Methode von Murray (Abb. 258), welche die Fehlerstelle aus einer einzigen Messung ermittelt. Unter Zuhilfenahme von zwei veränderlichen Widerständen m und n wird eine Wheatstonesche Schaltung aufgebaut, wobei die Kabelschleife zwei Seiten, die Fehlerstelle einen Eckpunkt des Vierecks bildet. Ein Pol der Meßbatterie wird geerdet, der andere Pol wird an den Eckpunkt des Vierecks, in welchem m und n zusammentreffen, gelegt, während der Strommesser die Enden der Kabelschleife von der Gesamtlänge L miteinander verbindet. Für $i=0$ ist

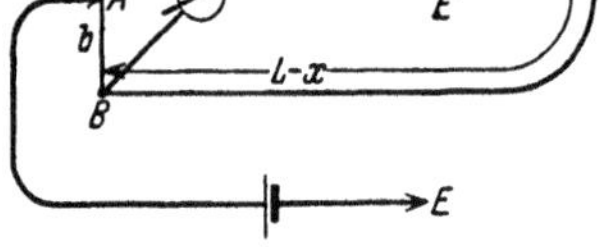

Abb. 259. Methode Murray unter Zuhilfenahme eines gespannten Drahtes.

$$x = L \cdot \frac{m}{m+n} .$$

Bei dieser Schaltung liegt der Fehlerwiderstand in der Diagonale der Batterie, hat somit auf die Messung keinen Einfluß[1].

Stehen für m und n variable Stöpsel- oder Kurbelrheostaten nicht zur Verfügung, dann benutzt man einen gespannten Draht und führt den nicht geerdeten Batteriepol (Abb. 259) zu einem Gleitkontakt auf dem ausgespannten Draht hin und her, bis man den Punkt A findet, bei welchem der Strom im Galvanometer 0 wird. Sind a und b die entsprechenden Längenabschnitte des Drahtes, dann ist

$$x = L \cdot \frac{a}{a+b}.$$

In den meisten praktischen Fällen müssen die Kabelenden mit Hilfe von Zuleitungen (Abb. 260) an die Schaltungspunkte C und B ge-

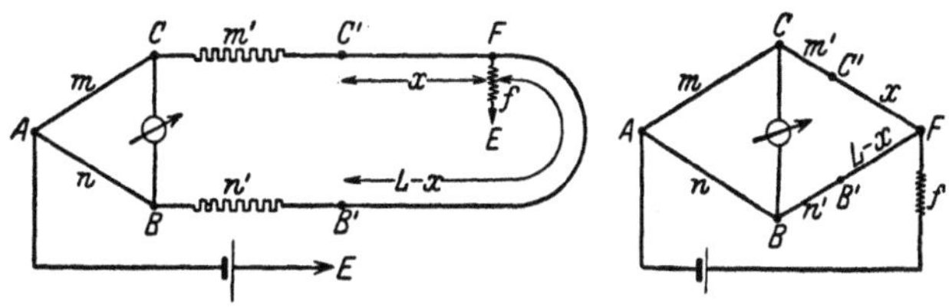

Abb. 260. Methode Murray mit Berücksichtigung der Zuleitungen zum Kabel.

schlossen werden; sind m' und n' deren Widerstände, dann ist die Fehlerstellenentfernung

$$x = \frac{L m}{m+n} \left\{1 + (n' - m') \cdot \frac{n}{m}\right\}.$$

Da der Widerstand der Galvanometerdiagonale keine Rolle spielt, kann das Galvanometer mit etwas längeren Zuleitungen (Abb. 261) direkt

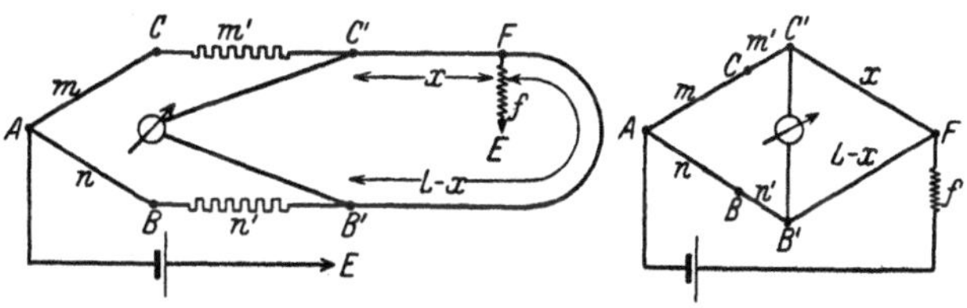

Abb. 261. Methode Murray mit direktem Anschluß des Galvonometers an das Kabel.

an die Kabelenden geschlossen werden. Dann ist

$$x = \frac{L(m+m')}{(m+n)+(m'+n')}.$$

[1] Hier und bei den folgenden Schleifenmethoden wird stillschweigend vorausgesetzt, daß die Hilfsleitung und das schadhafte Kabel, welche zusammen die Schleife bilden, Leiter aus demselben Metall und von demselben Querschnitt enthalten. Ist das nicht der Fall, dann sind die Ergebnisse entsprechend umzurechnen. Ist z. B. q der Querschnitt des Kabels, q' derjenige der Hilfsleitung und bestehen beide aus Kupfer, dann ist

$$x = L \cdot \frac{n}{m+n} \cdot \frac{1}{2}\left(1 + \frac{q}{q'}\right).$$

Stehen genaue Widerstandssätze zur Verfügung, dann kann die aus zwei Messungen bestehende genaue Methode von Varley benutzt werden (Abb. 262); sie beruht auf der künstlichen Verlängerung der Kabelschleife durch Zuschaltung eines variablen Widerstandes von genau

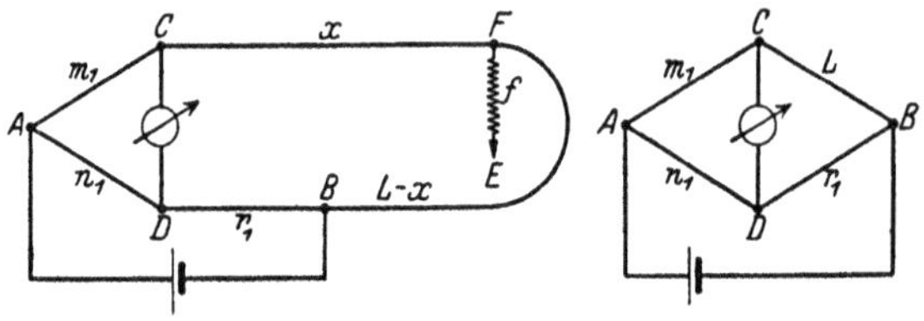

Abb. 262. Methode Varley. Erste Messung.

bekannter Größe r. Mit der ersten Messung wird der Gesamtwiderstand der Kabelschleife L gemessen; man erhält

$$L = r_1 \cdot \frac{m_1}{n_1};$$

mit der zweiten Messung bestimmt man die Fehlerentfernung in der bekannten Weise nach Abb. 263 zu

$$x = \frac{m_2}{m_2 + n_2}\left(r_2 + r_1 \cdot \frac{m_1}{n_1}\right).$$

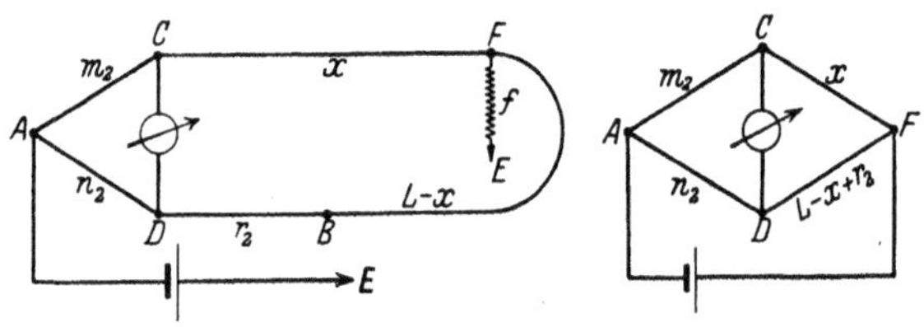

Abb. 263. Methode Varley. Zweite Messung.

Gestattet der Rheostat r eine sehr feinstufige Regulierung, dann läßt man m und n für beide Messungen ungeändert und erhält

$$x = \frac{m}{n} \cdot \frac{r_1 m + r_2 n}{m + n}.$$

Als Hilfsleitungen benutzt man gut isolierte dünne Leitungen, die leicht transportabel sind und gegebenenfalls in mehreren Längen hinter-

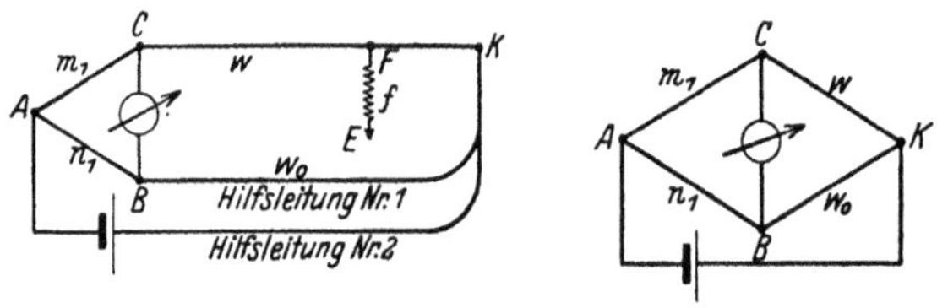

Abb. 264. Methode Heinzelmann. Erste Messung.

einandergeschaltet werden können. Hat man zwei Hilfsleitungen zur Verfügung, dann kann die Fehlerstelle auch ohne Kenntnis der Hilfsleitungswiderstände aus zwei Messungen ermittelt werden[1] (Abb. 264).

[1] Heinzelmann: ETZ 1916, S. 514.

Zuerst wird der unbekannte Widerstand w_0 der einen Hilfsleitung durch den ebenfalls unbekannten Widerstand w des Kabels ausgedrückt, wobei die zweite Hilfsleitung als Batteriezuleitung dient. Es ist $m_1 w_0 = n_1 w$. Die zweite Messung (Abb. 265) ist eine normale Fehlermeßschaltung

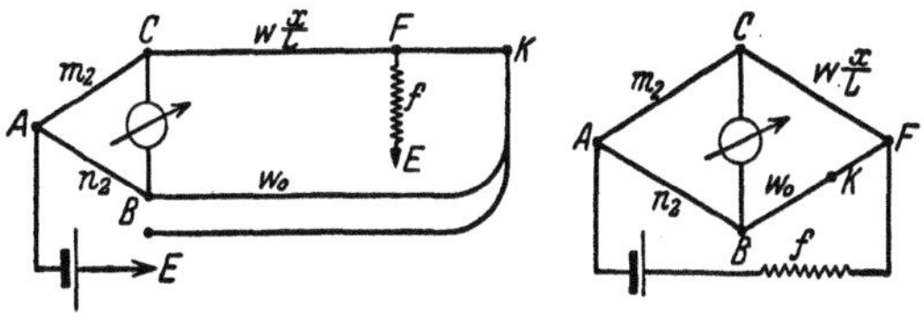

Abb. 265. Methode Heinzelmann. Zweite Messung.

mit einem geerdeten Batteriepol und den Widerständen $w + w_0$ als Meßschleife; die zweite Hilfsleitung bleibt unbenutzt. Man erhält

$$x = L \frac{m_2}{m_1} \cdot \frac{m_1 + n_1}{m_2 + n_2}.$$

Es muß also nur die Länge und nicht auch der Widerstand des schadhaften Kabels bekannt sein.

Bei den Schleifenmethoden liegt der Fehlerwiderstand in der Batterieleitung; ihre Größe spielt nur insofern eine Rolle, als ein großer Fehlerwiderstand eine entsprechend große EMK der Batterie erfordert. Ist eine Schleifenbildung nicht möglich, dann ist man auf Methoden angewiesen, bei welchen der Fehlerwiderstand in die Messung hineingeht und entweder bestimmt oder durch besondere Schaltungen eliminiert werden muß.

Die älteste Methode, die Fehlerstelle ohne Rückleitung zu ermitteln, stammt von Blavier (Abb. 266); sie erfordert zwei Messungen

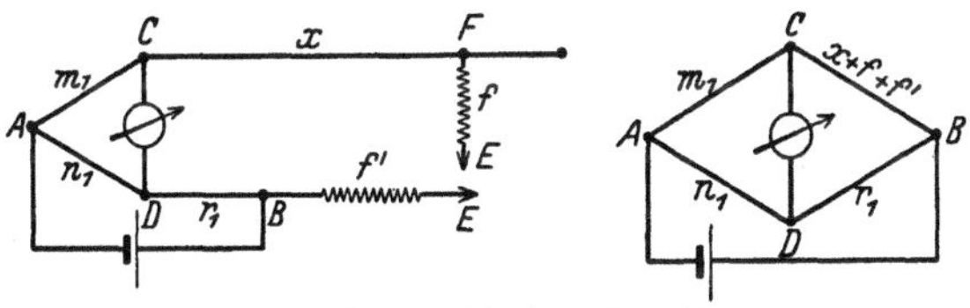

Abb. 266. Methode Blavier. Erste Messung.

und drei veränderliche Widerstände m, n und r. Bei der ersten Messung wird die aus dem Widerstand des schadhaften Kabels zwischen Meßstelle und Fehler und dem Fehlerwiderstand bestehende „Schleife" gemessen, wobei die variablen Widerstände m, n und r die drei weiteren Seiten der Wheatstoneschen Schaltung bilden. Der Widerstand r wird an einem Ende an den Galvanometer geschlossen, am anderen Ende geerdet; ist keine widerstandslose Erdung möglich, dann stellt der Erdungswiderstand f' eine Vergrößerung des Fehlerwiderstandes f vor. Die Messung ergibt

$$m_1 r_1 = n_1 (x + f + f'). \tag{1}$$

Die zweite Messung (Abb. 267) ist eine Wiederholung der ersten mit dem Unterschied, daß das schadhafte Kabel am fernen Ende widerstandslos geerdet wird. Durch diese Erdung schaltet man den Widerstand des schadhaften Kabels zwischen Fehlerstelle und fernem Ende der Fehlerwiderstandssumme $f+f'$ parallel; demnach liegt im Zweig $\overline{CB}$

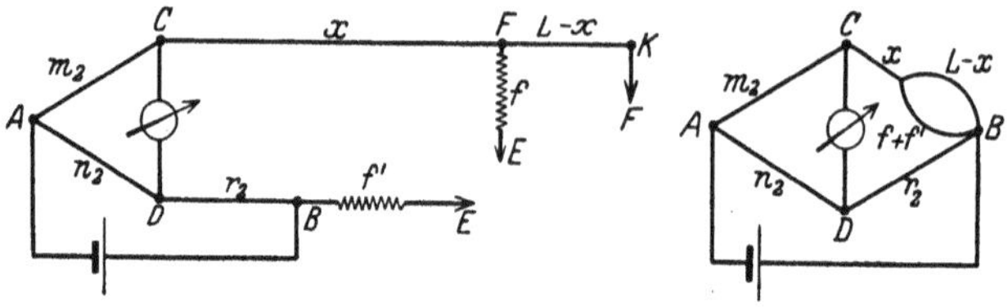

Abb. 267. Methode Blavier. Zweite Messung.

der Schaltung der Widerstand

$$x+\frac{(f+f')(L-x)}{f+f'+L-x}$$

und die Messung ergibt mit den Einstellungen m_2, n_2 und r_2 den Ausdruck

$$m_2 r_2 = n_2 \left\{x+\frac{(f+f')(L-x)}{f+f'+L-x}\right\}, \qquad (2)$$

Eine Vereinfachung der Ausdrücke erreicht man, wenn man für r einen hinreichend großen und feinstufig regulierbaren Widerstand zur Verfügung hat, $m=n$ setzt und für beide Messungen unverändert läßt. Dann wird

$$x = r_2 - \sqrt{(L-r_2)(r_1-r_2)}\,.$$

Vor dem Wurzelzeichen ist das negative Zeichen zu wählen, da für $m=n$ stets $r_2>x$.

Steht ein Stück gutes Kabel zur Verfügung, dann kann die Methode auch mit einem Schleifdraht ausgeführt werden. In diesem Fall tritt an Stelle der variablen Werte r_1 und r_2 der unveränderliche Widerstand r des Hilfskabels, und die Größen m_1, n_1, m_2 und n_2 sind voneinander verschieden. Man erhält

$$x = r\left\{\frac{m_2}{n_2} - \sqrt{\left(\frac{m_2}{n_2}-\frac{L}{r}\right)\left(\frac{m_2}{n_2}-\frac{m_1}{n_1}\right)}\right\}.$$

Die Methode von Blavier erfordert die widerstandslose Erdung des fernen Kabelendes bzw. einen vernachlässigbar kleinen Erdungswiderstand. Lassen sich diese Bedingungen nicht genau erfüllen, dann ist es zweckmäßig, statt der zweiten Messung die erste Messung am fernen Kabelende zu wiederholen. Für $m_1=m_2=n_1=n_2$ erhält man dann bei der ersten Messung

$$r_1 = x+f+f',$$

bei der zweiten etwa

$$r_2 = L-x+f+f'$$

und daraus

$$x = \frac{1}{2}(L+r_1-r_2)\,.$$

Besteht zwischen den Leitern eines Kabels unvollständiger Kurzschluß mit nicht vernachlässigbar kleinem Fehlerwiderstand, dann läßt sich die Methode von Blavier wie folgt ausführen[1]: Zuerst mißt man den Schleifenwiderstand $2 \cdot x + f$ mit den drei variablen Widerstandswerten m_1, n_1 und r und erhält (Abb. 268)

$$m_1 r_1 = n_1 (2 \cdot x + f) .$$

Dann schließt man (Abb. 269) am fernen Ende die beiden Leiter kurz. In diesem Fall ist in der Mitte des Zweiges CB der Widerstand $2(L-x)$

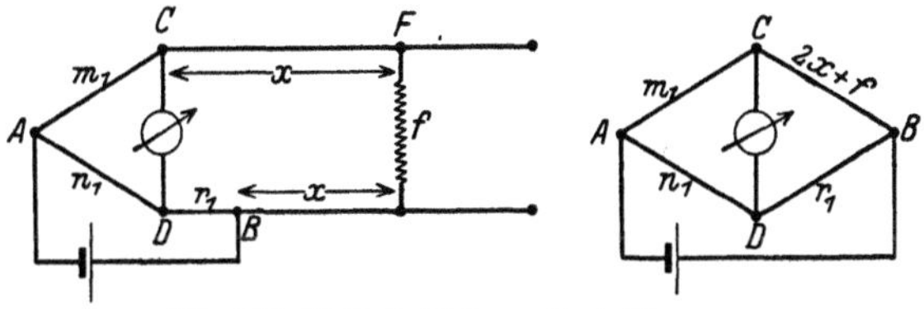

Abb. 268. Methode Tietgen. Erste Messung.

dem Fehlerwiderstand f parallelgeschaltet und der Widerstand dieses Zweiges hat den Wert

$$2 \cdot x + \frac{2 \cdot f (L-x)}{2 \cdot (L-x) + f}$$

und die Gleichgewichtsbedingung des Galvanometers lautet

$$2 \cdot n_2 \left\{ x + \frac{f(L-x)}{2(L-x)+f} \right\} = m_2 r_2 .$$

Beschränkt man sich auch hier auf die Veränderung von r bei unver-

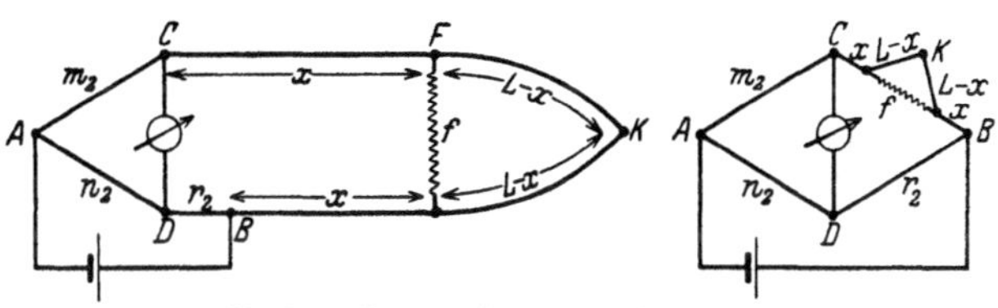

Abb. 269. Methode Tietgen. Zweite Messung.

ändert gleichem Wert $m_1 = n_1 = m_2 = n_2$, dann sind die beiden Bestimmungsgleichungen

$$r_1 = 2 \cdot x + f , \quad r_2 = 2 \cdot x + \frac{2 \cdot f (L-x)}{2(L-x)+f} .$$

Sie ergeben für x die Gleichung

$$x = \frac{r_2}{2} - \frac{1}{2} \sqrt{(r_1 - r_2)(2 \cdot L - r_2)} .$$

Eine andere Variante der Blavierschen Methode kann angewendet werden, wenn zwischen den Adern eines Kabels unvollständiger Kurzschluß besteht, dabei die Adern gegen Erde vollständig isoliert geblieben sind und eine Schleife nicht gebildet werden kann. Zur Messung benutzt man wieder drei veränderliche Widerstände m, n und r und zwei vom

[1] Tietgen: ETZ 1920, S. 292.

Kurzschluß betroffene Adern des Kabels (Abb. 270). Eine Ader wird am fernen Ende an Erde gelegt und man mißt den Widerstand der am Ende geerdeten Kabelader vermehrt durch den Erdübergangswiderstand f' zwischen dem geerdeten Endpunkt (K) der Ader und dem ge-

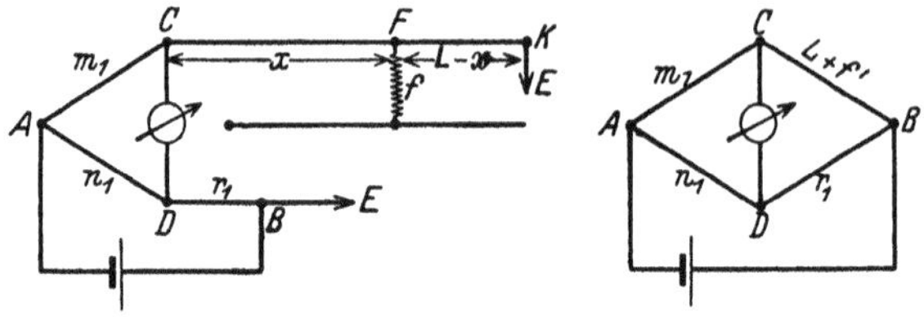

Abb. 270. Methode für unvollständigen Kurzschluß. Erste Messung.

erdeten Batteriepol (B). Diese Messung ergibt

$$m_1 r = n_1 (L + f').$$

Bei einer zweiten Messung (Abb. 271) dient eine zweite vom Kurzschluß betroffene Ader des Kabels als Batterieleitung zur Fehlerstelle und die Messung ergibt

$$x \cdot n_2 = m_2 (L - x + f')$$

Aus den beiden Messungen erhält man

$$x = \frac{m_1 \cdot m_2 \cdot r}{n_1 (m_1 + m_2)}.$$

Ist bei vollständiger Isolierung gegen Erde der Kurzschlußwiderstand sehr groß, dann wird bei der zweiten Messung der Blavierschen

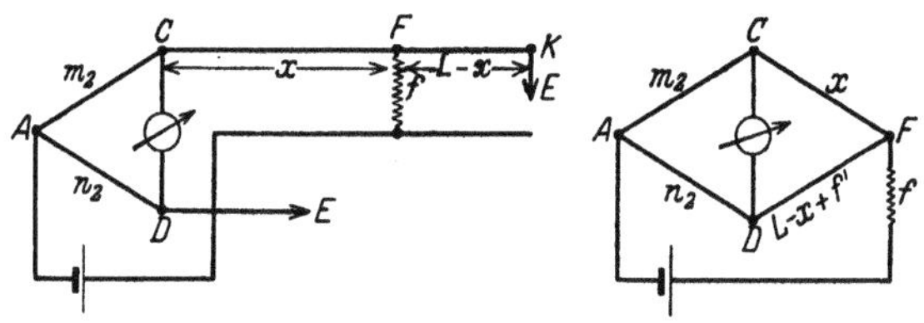

Abb. 271. Methode für unvollständigen Kurzschluß. Zweite Messung.

Methode am fernen Kabelende ein entsprechend groß gewählter Widerstand R zwischen den zwei, vom Kurzschluß betroffenen Leitern des Kabels geschaltet. Die Messungen werden dann in den folgenden Schaltungen ausgeführt:

Erste Messung (Abb. 272)

$$n_1 (2 \cdot x + f) = m_1 r_1.$$

Bei der zweiten Messung (Abb. 273) liegt in der Verbindung $\overline{CB}$ der Widerstand

$$2 \cdot x + \frac{f [2 \cdot (L - x) + R]}{f + 2 \cdot (L - x) + R}$$

und die Messung ergibt

$$n_2 \cdot \left\{ 2 \cdot x + \frac{f [2 \cdot (L - x) + R]}{f + 2 \cdot (L - x) + R} \right\} = m_2 r_2;$$

Mit

$$\frac{m_1 r_1}{n_1} = A\,, \quad \frac{m_2 r_2}{n_2} = B$$

erhält man

$$x = \frac{B}{2} - \frac{1}{2}\sqrt{(B - A)(B - 2L - R)}\,.$$

Vor dem Wurzelzeichen ist das negative Vorzeichen zu wählen, da gemäß Definition $B > 2 \cdot x$.

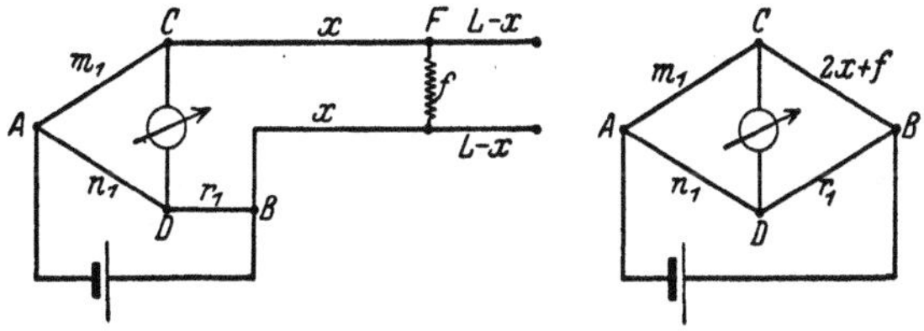

Abb. 272. Methode für großen Kurzschlußwiderstand. Erste Messung.

Bei allen besprochenen Methoden erfolgt die Fehlerortsbestimmung aus direkten Widerstandsmessungen. Bei der weniger genauen, aber ein-

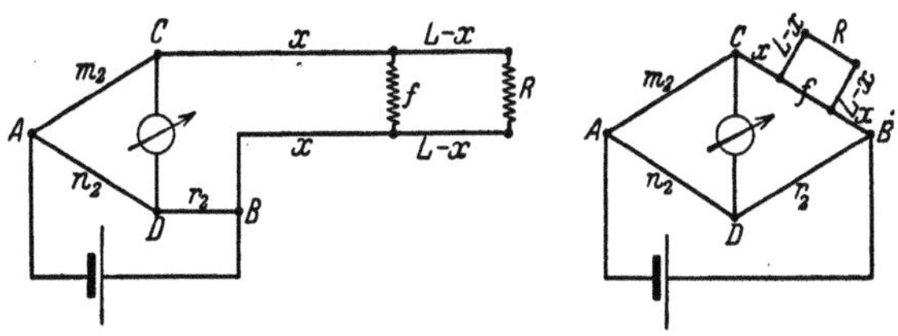

Abb. 273. Methode für großen Kurzschlußwiderstand. Zweite Messung.

facheren Spannungsabfallmethode (Abb. 274) wird der gesuchte Widerstand indirekt aus einer Strom- und Spannungsmessung bestimmt. Dem schadhaften Kabel wird ein Stück gutes Kabel vom bekannten Leitungswiderstand R vorgeschaltet und durch die so gebildete Leitung aus einer Batterie, die mit dem anderen Pol geerdet ist, ein Strom i geschickt. Ist q der Leiterquerschnitt des schadhaften Kabels und σ der spez. Widerstand des Leitermetalls, dann beträgt, wenn wieder x die Entfernung der Fehlerstelle von der Meßstelle bezeichnet, der Widerstand des Kabelleiters von der Länge x

$$R = \frac{\sigma \cdot x}{q}\ \text{Ohm}.$$

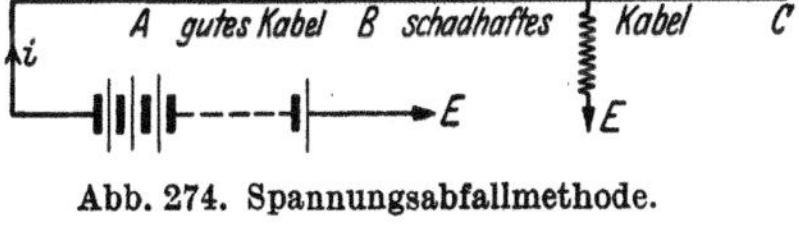

Abb. 274. Spannungsabfallmethode.

Der Strom i fließt durch das schadhafte Kabel bis zur Fehlerstelle und von da durch den Fehlerwiderstand zur Erde; das Kabelstück von Fehlerstelle bis zum nicht angeschlossenen Ende des Kabels dient nur als Voltmeterzuleitung. Daher ist

$$R = \frac{P}{i}\,;$$

für i ergibt die Spannungsmessung am vorgeschalteten Kabelstück

$$i = \frac{P_0}{R_0},$$

mithin ist

$$x = \frac{q}{\sigma} \cdot R_0 \cdot \frac{P}{P_0}.$$

Die Messung erfordert ein Voltmeter mit großem Widerstand, damit der Kabelstrom beim Anlegen des Voltmeters keine merkliche Veränderung erfährt, ferner eine Konstanz des Meßstromes. Die Methode kann jede Schleifenmethode ersetzen und hat den Vorteil, daß die Voltmeterleitung zwar bis an das ferne Ende des defekten Kabels reichen muß, aber nahezu beliebig kleinen Querschnitt haben kann.

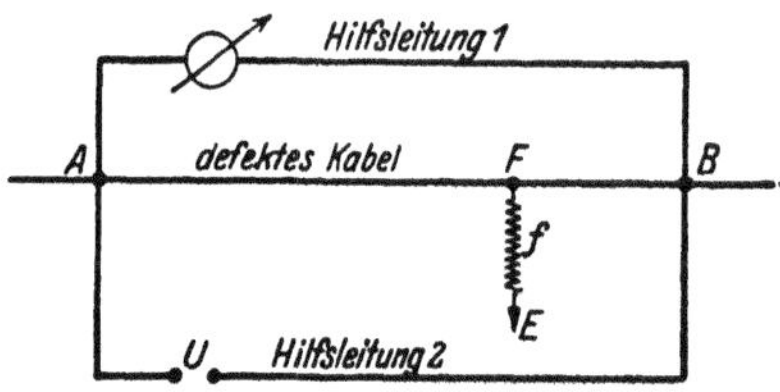

Abb. 275. Spannungsabfallmethode mit zwei Hilfsleitungen.

Stehen zwei Hilfsleitungen zur Verfügung, dann wird die Messung ohne vorgeschaltetem Kabel wie folgt ausgeführt. Man schaltet das Voltmeter (Abb. 275) an die Enden A und B des Kabels; die zweite Hilfsleitung verbindet das ferne Kabelende B mit dem Umschalter U, mit dessen Hilfe der Batteriestrom abwechselnd vom A-Ende oder vom B-Ende aus in das Kabel geführt wird. Im ersten Fall fließt der Strom im Kabel von A bis F, im zweiten Fall von B bis F; ist die Voltmeterangabe im ersten Fall α_1, im zweiten Fall α_2, dann ist

$$x = L \cdot \frac{\alpha_1}{\alpha_1 + \alpha_2}.$$

B. Die Messung des Isolationswiderstandes.

Sie beruht auf der Bestimmung eines Widerstandes aus dem Quotienten Spannung/Strom; an Stelle der Spannungsmessung tritt die Messung des Stromes, der einen Widerstand von bekannter Größe durchfließt, und an dessen Enden dieselbe Spannung herrscht wie bei der ersten Messung an den Belegungen des Dielektrikums. Zur Strommessung dient ein empfindliches Galvanometer; die Ausschläge sind den Strömen proportional. Ist (Abb. 276) P die Batteriespannung, R der gesuchte Isolationswiderstand des Kabels, R_0 der bekannte Vergleichswiderstand, und fließt bei unveränderter Spannung P durch R_0 der Strom i_0, durch das Kabeldielektrikum der Strom i, wobei α_0 und α die entsprechenden Galvanometerausschläge sind, dann ist

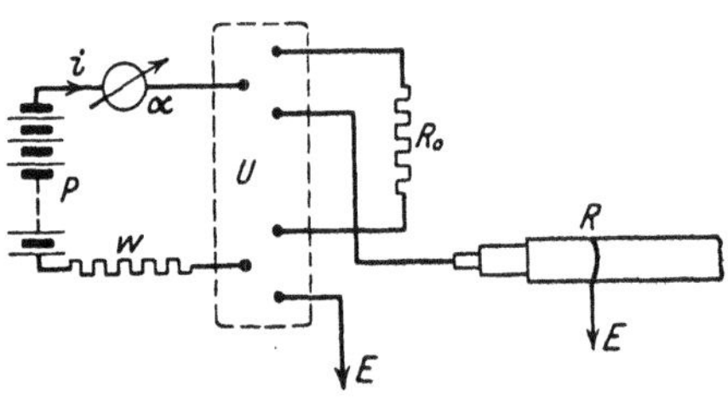

Abb. 276. Messung des Isolationswiderstandes.

$$P = i_0 R_0 = i \cdot R \quad \text{und} \quad R = \frac{\alpha_0}{\alpha} R_0.$$

Für den Isolationswiderstand gilt der 1 Minute nach der Einschaltung abgelesene Wert α. Wegen der großen Temperaturabhängigkeit des Isolationswiderstandes ist stets die Angabe der Meßtemperatur erforderlich; die Umrechnung auf eine „Normaltemperatur" mit Hilfe von Reduktionskoeffizienten ist nicht zu empfehlen.

Bei der Messung des Isolationswiderstandes können Kriechströme an den Kabelenden Meßfehler verursachen. In einer fertig montierten Kabelanlage sind die Kabelenden sorgfältig abgeschlossen; bei der Prüfung der einzelnen Fabrikationslängen in der Fabrik findet an den Enden eine Oberflächenleitung statt, wodurch der gemessene Isolationswiderstand kleiner erscheint, als er ist.

Man kann die Kriechströme durch Vergrößerung des Kriechwiderstandes schwächen, indem man die Absatzstufen vergrößert; radikal wird die Messung von ihrem Einfluß dadurch befreit, daß man an beiden Kabelenden auf der Isolierung Drahtringe (Abb. 277) (Schutzringe) befestigt und diese mit dem nicht geerdeten Batteriepol durch eine besondere Leitung (Schutzleitung) unmittelbar verbindet. Zwischen Schutzring und geprüfter Kabelader fließen, da beide mit demselben Pol der Batterie verbunden sind, keine Kriechströme; die vom anderen Pol (Bleimantel und zweite Ader) zum Schutzring fließenden Kriechströme werden durch die Schutzleitung an dem Galvanometer vorbei zur Batterie zurückgeführt, und durch das Galvanometer fließt nur der wirkliche Isolationsstrom.

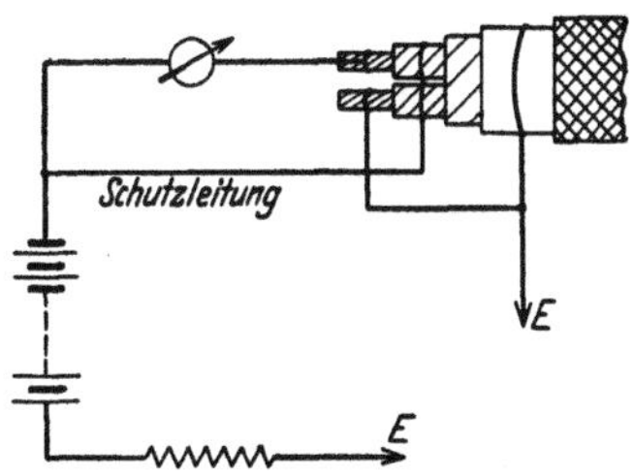

Abb. 277. Schutzschaltung gegen Kriechströme bei der Messung des Isolationswiderstandes.

Der Einfluß der störenden Nebenschlüsse wächst mit abnehmender Länge des gemessenen Hebels. Dieser Einfluß der Kabellänge ist besonders bei Schwachstromkabeln mit trockener Papier-Luft-Isolierung zu berücksichtigen. Um das Eindringen von Feuchtigkeit zu verhindern, pflegt man die Enden solcher Kabel mit einer die Hohlräume abschließenden Tränkmasse zu vergießen; die getränkten kurzen Endstücke, die bei der Montage der Kabel abgeschnitten werden, verstärken die Kriechströme namentlich in feuchter Luft. Man findet daher bei kurzen Schwachstromkabeln dieser Art, besonders wenn die Aderzahl sehr hoch, d. h. der Kriechweg zwischen der jeweils geprüften Ader und der „Erde" sehr breit ist, zu niedrige Werte des Isolationswiderstandes. In den Vorschriften der Deutschen Reichspost für Fernleitungskabel trägt diesem Umstand die folgende Bestimmung[1] Rechnung:

„Für die Ermittlung des Isolationswiderstandes ist die kürzeste Länge 200 m. Bei Längen von weniger als 200 m, jedoch mehr als 100 m, muß der Isolationswiderstand der Länge[2] mindestens 25000 Megohm, bei Längen von höchstens 100 m mindestens 30000 Megohm betragen."

[1] Besondere Vertragsbedingungen, Ausgabe 1928, § 50.
[2] Der absolute, nicht auf 1 km umgerechnete Wert.

Allgemein ist ein Wert von 5000 Megohm per km bei 20° C vorgeschrieben.

Bei Starkstromkabeln ist man von der Vorschrift eines bestimmten Mindest- oder Höchstwertes gänzlich abgekommen; dagegen wird meistens die Angabe des Isolationswiderstandes sowohl in Preisangeboten als auch in den Prüfprotokollen bei Lieferungen verlangt.

C. Die Messung der Kapazität.

Die Messung der Kapazität erfolgt durch Vergleich der Ladung mit der Ladung eines Kondensators von bekannter Größe bei gleichem Potential nach der Beziehung $k = \frac{e}{P}$ und $k_0 = \frac{e_0}{P}$, wo P das Potential (Ladespannung), k und e Kapazität und Ladung des gemessenen Kabels, k_0 und e_0 die entsprechenden Werte des Vergleichskondensators bezeichnen. Es ist dann

$$k = k_0 \cdot \frac{e}{e_0}.$$

Statt des Ladevorganges kann auch der Entladevorgang benutzt werden. Zur Messung der Ladungen dient das ballistische Galvanometer. Man schickt die Ladung durch das bewegliche System des Galvanometers, welches sich erst nach Abfließen der ganzen Elektrizitätsmenge der Ladung in Bewegung setzt. Dann ist die Anfangsgeschwindigkeit und der entstehende erste Ausschlag α* der Ladung proportional und es ist

$$k = k_0 \cdot \frac{\alpha}{\alpha_0}.$$

Bei der Messung der Kapazität muß die Kapazität der Zuleitungen durch eine besondere Messung bestimmt und von dem Ergebnis abgezogen werden. Durch Verwendung von Zuleitungen mit konaxialen, isolierten Metallhüllen, welche mit der für die Isolationsmessung benötigten Schutzleitung verbunden sind, wird die Kapazität der Zuleitungen unwirksam; in diesem Fall bedürfen die gemessenen Werte keiner Korrektur.

Besteht ein Kabelfehler in der Unterbrechung des Leiters, z. B. eine gebrochene Lötstelle im dünnen Leiter eines Schwachstromkabels, oder ein durch Bodensenkung verursachter Kabelbruch, dann wird die Fehlerortsbestimmung auf Kapazitätsmessungen mit Gleichstrom zurückgeführt, wenn nicht gleichzeitig auch ein merklicher Isolationsfehler aufgetreten ist. Mißt man die Kapazität des gebrochenen Leiters einmal vom A-Ende mit dem Galvanometerausschlag α_1, dann vom B-Ende (Ausschlag α_2) aus, und bezeichnet L die Länge des Kabels, x die Entfernung des Fehlers vom A-Ende, dann ist

$$x = L \cdot \frac{\alpha_1}{\alpha_1 + \alpha_2}.$$

---

* Genau $2 \cdot \sin \frac{\alpha}{2}$; da der Winkel klein ist, kann $2 \cdot \sin \frac{\alpha}{2} = \alpha$ gesetzt werden. Vgl. z. B. Kohlrausch: Lehrbuch der praktischen Physik, 1901, S. 452.

Enthält das Kabel fehlerfreie Leiter von der Art des gebrochenen Leiters dann kann zum Vergleich die Messung ihrer Kapazitäten benutzt werden.

D. Apparate und Schaltungen für Gleichstrommessungen.

1. Die Wheatstonesche Brücke. Die drei bekannten Widerstände R, m und n, die Verbindungsleitungen und die Anschlußklemmen befinden sich auf einer isolierten Platte oder in einem Holzkasten. Für die Herstellung der eingebauten Widerstände benutzt man Legierungen mit einem hohen spez. Widerstand (etwa das 30-fache desjenigen des Kupfers) und mit sehr kleinen Temperaturkoeffizienten (100- bis 200mal so klein wie bei Kupfer); sie sind praktisch von der Temperatur unabhängig.

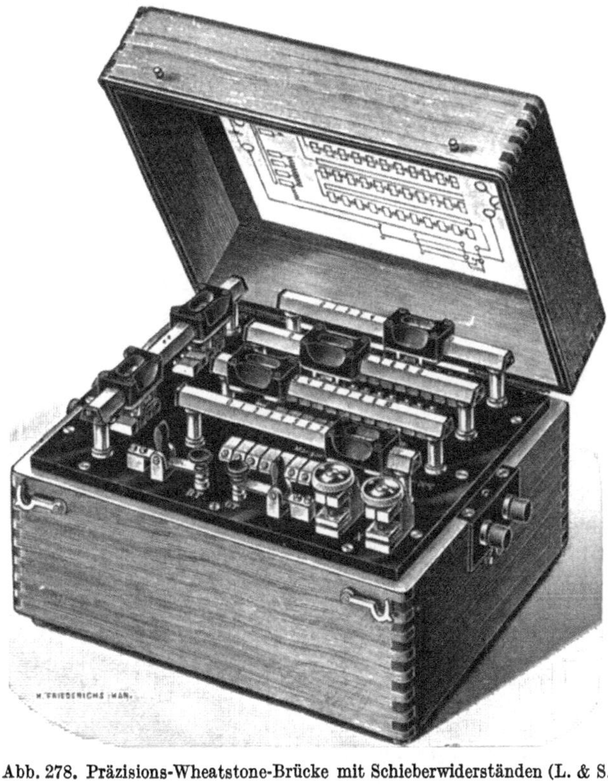

Abb. 278. Präzisions-Wheatstone-Brücke mit Schieberwiderständen (L. & S.).

m und n bestehen entweder aus den beiden Abschnitten eines ausgespannten Drahtes oder aus je zwei gleichen Widerstandssätzen. Als R dient meistens ein variabler Widerstand und bei der Messung wird entweder das Verhältnis $\frac{m}{n}$ bei gewähltem R oder der Wert R bei gewähltem Verhältnis $\frac{m}{n}$ gesucht.

Bei der Präzisions-Schieber-Meßbrücke der L. & S. (Abb. 278) sind sowohl m und n als auch R als Widerstandssätze mit Schieberkontakten ausgebildet; R besteht aus 4 Gruppen von je 10mal 1-, 10-, 100- bzw. 1000-Ohm-Sätzen, die gruppenweise mit je einem Schieberkontakt geschaltet alle Widerstandswerte zwischen 0 und 11110 Ohm in Stufen von 1 Ohm steigend darstellen können. Die Stromzuleitung erfolgt durch eine über die Kontaktreihe angeordnete Schiene mit Hilfe von reichlich dimensionierten Kupferfedern; bei den Umschaltungen zwischen Kontakt und Kontakt findet keine Unterbrechung der Stromzufuhr statt und der Übergangswiderstand ist vernachlässigbar.

Abb. 279. Präzisions-Thomson-Brücke mit Schieberwiderständen (L. & S.).

2. Die Thomson-Brücke. Bei der Schieber-Thomson-Brücke der L. & S. (Abb. 279) ist zur Erfüllung der Bedingung $\frac{w_3}{w_4} = \frac{w_5}{w_6}$ dauernd $w_3 = w_5$ und $w_4 = w_6$. w_3 und w_5 bestehen aus je zwei durch Schieberkontakte umschaltbaren Sätzen von 10, 100 und 1000 Ohm, w_4 und w_6 sind als vier Doppelschieberdekaden mit je zweimal den Werten 10×0,1, 10×1, 10×10 und 10×100 Ohm ausgebildet.

3. Das Galvanometer. Der für Gleichstrommessungen an Kabeln meistens verwendete Strommesser ist das Deprez-d'Arsonvalsche Drehspulgalvanometer. Eine kleine rahmenförmig gewickelte rechteckige Spule mit vielen Windungen befindet sich, um eine in ihrer Windungsebene liegende Symmetrieachse drehbar, in dem starken Feld eines Dauermagneten; ein innerhalb der Spule unbeweglich angebrachter Weicheisenzylinder erhöht die Homogenität und Stärke des magnetischen Feldes. Auf die stromdurchflossene Spule übt das Feld ein Drehmoment aus, dem das mit dem Ausschlag wachsende Torsionsmoment des zur Aufhängung der Spule und Stromzuführung dienenden feinen Metallbandes entgegenwirkt; bei einem gewissen Ausschlagswinkel α tritt Gleichgewicht ein. Solange der Winkel α klein ist, ist er dem die Spule durchfließenden Strom proportional.

Durch das starke Feld des Dauermagneten wird die Anordnung gegen äußere Einflüsse unempfindlich.

Mit der Feldstärke, der Anzahl und Größe der Spulenwindungen und mit abnehmendem Querschnitt des Aufhängebandes wächst die Empfindlichkeit des Galvanometers; mit zunehmender Empfindlichkeit wächst jedoch auch die Schwingungsdauer und die praktische Brauchbarbeit nähert sich infolgedessen einer oberen Grenze.

Für Messungen, die keine sehr große Empfindlichkeit erfordern, z. B. die meisten Messungen in der Wheatstoneschen Brücke, kann die Drehspule in Spitzen gelagert sein, wobei als Direktionskraft die Torsion einer flachen Spiralfeder dient. Die Ablesung erfolgt auf einer Skala, vor welcher ein mit der Spule fest verbundener Zeiger sich bewegt. Solche Instrumente sind in jeder Lage verwendbar. Bei Fadenaufhängung muß das Galvanometer genau horizontal aufgestellt werden. Die Ablesung kann mit Zeiger oder Spiegel und Skala erfolgen; im letzteren Fall ist die praktische Empfindlichkeit bei unveränderter Konstruktion des Instrumentes erheblich größer.

Abb. 280. Drehspulgalvanometer mit Fadenaufhängung und Zeigerablesung (L. & S.).

Schließt man die schwingende Spule kurz, dann wirken die durch die Bewegung des Leiters im magnetischen Feld induzierten Ströme auf die Schwingung dämpfend; die Dämpfung wächst mit abnehmendem Widerstand des Kreises, also auch mit abnehmender Empfindlichkeit und Schwingungsdauer.

Abb. 280 zeigt ein Drehspulgalvanometer mit Fadenaufhängung und Zeigerablesung der L. & S.; der Spulenwiderstand beträgt ca. 150 Ohm, die Empfindlichkeit, d. h. die Stromstärke für 1 Skalenstrich, ca. $1 \cdot 10^{-7}$ Ampere.

Zur Variierung der Empfindlichkeit der Galvanometer dienen veränderliche Nebenschlußwiderstände, die zweckmäßig so bemessen werden, daß der abgelesene Ausschlag mit einer einfachen, ganzen Zahl multipliziert den gesuchten Stromwert ergibt. Bezeichnet R_0 und R die Widerstände der Galvanometerspule und des Nebenschlusses, J den zu messenden, J_0 den die Galvanometerspule durchfließenden Strom, dann ist

$$J_0 = J \cdot \frac{R_1}{R_0 + R_1}.$$

Soll J eine ganze Vielfache von J_0, etwa $k \cdot J_0$ sein, dann ist

$$R_1 = \frac{R_0}{k - 1}.$$

So ist z. B. für

$$k = 10 \qquad \frac{R_0}{R_1} = 9$$
$$= 100 \qquad = 99$$
$$= 1000 \qquad = 999 \text{ usw.}$$

Einem Wert $R_0 = 1000$ Ohm entsprechen für die drei angegebenen Werte k die Nebenschlußwiderstandswerte 111,11 Ohm, 1,0010 Ohm und 0,10001 Ohm, also recht unbequeme Größen, die zudem nur mit dem Galvanometer, für welches sie berechnet wurden, zusammen zu gebrauchen sind. Wesentlich günstigere Verhältnisse bietet der Ayrtonsche Nebenschluß.

Dieser ist ein mit Anzapfpunkten für Stromzuführung versehener Nebenschlußwiderstand, der dauernd eingeschaltet bleibt, während die Stromzuführung einerseits direkt am Galvanometer, andererseits an einem der Anzapfpunkte erfolgt. Jedem dieser Punkte entspricht eine bestimmte Empfindlichkeit des Galvanometers, die größte erhält man durch Anlagen beider Stromzuführungen an das Galvanometer selbst (Abb. 281). Im Falle I (größte Empfindlichkeit) ist

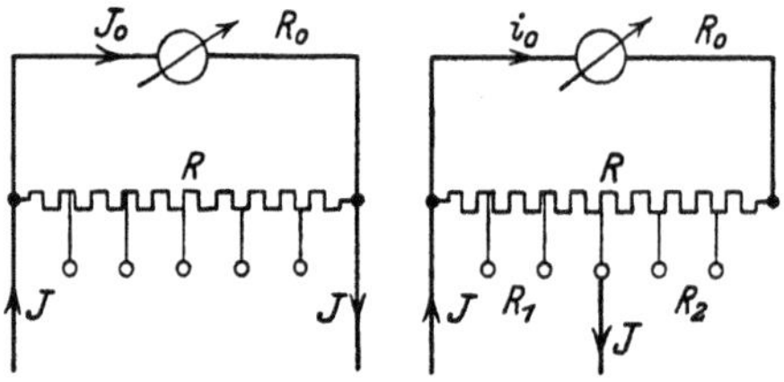

Abb. 281. Schaltung des Ayrtonschen Nebenschlußwiderstandes.

$$J_0 \cdot R_0 = (J - J_0) \cdot R$$

und

$$J_0 = J \cdot \frac{R}{R_0 + R},$$

und im allgemeinen Fall II

$$i_0 = J \cdot \frac{R_1}{R_0 + R_1 + R_2}$$
$$= J \cdot \frac{R_1}{R_0 + R},$$

folglich ist

$$i_0 = J_0 \cdot \frac{R_1}{R}.$$

Soll jetzt wieder J_0 eine ganze Vielfache von i_0, etwa $k \cdot i_0 = J_0$ sein, dann ist

$$R_1 = \frac{R}{k}.$$

Besteht der Nebenschlußwiderstand R aus n Abteilungen w_1, $w_2 \ldots$ bis w_n, mit $n-1$ Anzapfpunkten P_1, P_2, $P_3 \ldots$ bis P_{n-1}, dann kann für jeden dieser Punkte eine bestimmte Empfindlichkeit, d. h. ein Wert k vorgeschrieben werden, wobei natürlich nur die Regel

$$k_{m-1} > k_m$$

eingehalten zu werden braucht. Man hat dann etwa die Werte k_1, k_2, $k_3 \ldots$ bis k_{n-1}, aus welchen die Widerstände w_1, w_2, $w_3 \ldots$ bis w_n als Funktionen von R berechnet werden können. Man beginnt mit der Berechnung von w_n; für den Punkt P_{n-1} ist

$$R_1 = r - w_n \quad \text{und} \quad \frac{R - w_n}{R} = \frac{1}{k_{n-1}},$$

folglich

$$w_n = \frac{(k_{n-1} - 1) \cdot R}{k_{n-1}}.$$

Ähnlich erhält man für den Punkt P_{n-2}

$$w_{n-1} = \frac{R}{k_{n-2}} \left(\frac{k_{n-2}}{k_{n-1}} - 1 \right)$$

und allgemein für den Punkt P_m den Wert

$$w_{m+1} = \frac{R}{k_m} \left(\frac{k_m}{k_{m+1}} - 1 \right).$$

Der große Vorteil des Ayrtonschen Prinzipes besteht in der Unabhängigkeit der Empfindlichkeitsabstufung des Nebenschlußwiderstandes von dem Widerstand der Galvanometerspule. Wählt man R groß genug gegenüber R_0, dann ist die größere Empfindlichkeit der Schaltung kaum merklich kleiner als die wahre Empfindlichkeit des Galvanometers.

4. Das Ohmmeter. Die Wirkungsweise des Ohmmeters beruht auf dem Kreuzspulprinzip. Zwei kleine, miteinander fest verbundene und mit ihren Windungsebenen zueinander senkrecht stehende Spulen sind um eine gemeinschaftliche Achse drehbar im Feld eines Dauermagneten untergebracht. Werden die Spulen von Gleichströmen durchflossen, dann verdreht sich das System um einen von dem Quotienten der beiden Ströme bedingten Winkel; eine besondere mechanische Direktionskraft erübrigt sich (Kreuzspulenprinzip). Schließt man die eine Spule mit einem unveränderlichen, die zweite mit dem zu messenden Widerstand hintereinander geschaltet an eine gemeinschaftliche Gleichstromquelle, dann erscheint der Winkel nur noch als Funktion des gesuchten Widerstandes, unabhängig von der Spannung. Die als Zeigerinstrumente ausgebildeten Ohmmeter werden mit Skalen in Ohmteilung versehen und gestatten die direkte Ablesung des gesuchten Widerstandes in Ohm. Abb. 282 zeigt einen Ohmmeter von H. & B., vier Klemmen dienen zum Anschluß der Stromquelle (bis 100 Ohm genügen 1,5 bis 2 Volt) und des zu messenden Widerstandes.

Abb. 282. Kreuzspulohmmeter (H. & B.).

5. Isolationsmesser. Der für den ordnungsmäßigen Betrieb einer elektrischen Leitungsanlage notwendige Isolationswiderstand ist je nach Art und Verwendung der Leitung in weiten Grenzen verschieden; für eine kurze Klingelleitung z. B. genügen 1000 Ohm, während ein Telephonluftraumkabel Hunderte von Megohm erfordert.

In manchen Fällen dient die Isolationsprüfung nur der Feststellung, ob die Isolierung unverletzt ist; bei Schwachstromkabeln mit vielen dünnen Leitern wird diese Prüfung immer vor der eigentlichen Isolationsmessung ausgeführt. Zu diesem Zweck (Abb. 283) setzt man den Bleimantel an den Kabelenden zurück, biegt die an ihren Enden von der Isolierung befreiten Adern fächerartig auseinander und verbindet sie an dem einen Kabelende der Reihe nach unter sich und mit dem Bleimantel mit Hilfe eines dünnen blanken Kupferdrahtes. An den Bleimantel schließt man eine kleine Batterie, deren zweiter Pol mit einem einfachen Stromanzeiger verbunden ist. Der eigentlichen Isolationsprüfung, der „Prüfung auf Berührung" geht die „Prüfung auf Bruch" vor, indem man die Adern am isolierten Kabelende nacheinander an den Stromanzeiger legt; „Stromlosigkeit" kündigt Aderbruch an. Bei der am anderen Kabelende erfolgenden Isolationsprüfung werden die Kabeladern einzeln vom dünnen Verbindungsdraht isoliert und mit dem Stromanzeiger verbunden. Stromlosigkeit ist in diesem Fall Zeichen für Unversehrtheit der Isolierung. Statt der Batterie kann auch die Netzspannung einer Lichtleitung benutzt werden mit einer Klingel oder Glühlampe als Stromanzeiger.

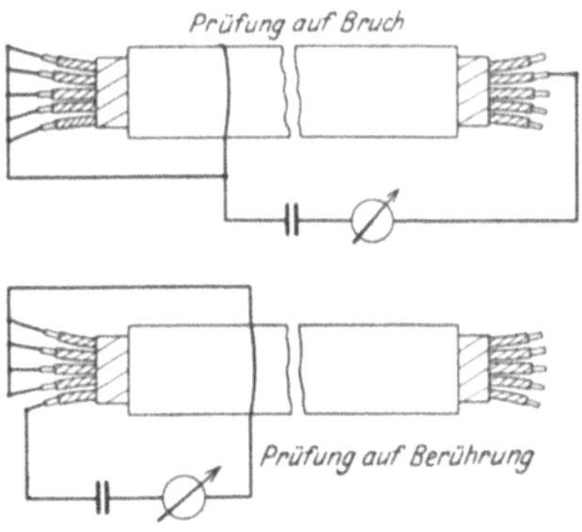

Abb. 283. Prüfung der Kabeladern auf Bruch und Berührung.

Der einfachste Stromanzeiger ist ein Galvanoskop, welches mit einem Trockenelement zusammen in ein Metallgehäuse eingebaut wird; mit einem solchen „Leitungsprüfer" lassen sich noch Isolationsfehler von der Größenordnung von 1000 Ohm nachweisen. In Verbindung mit größeren Batterien — bis etwa 10 Volt — können mit dem Galvanoskop auch Isolationswiderstände von 1 bis 2 Megohm noch gemessen werden. Ein Galvanoskop mit eingebauter Batterie der L. & S. ist in Abb. 284 dargestellt; es ist geeignet zur Messung von Isolationswiderständen bis zu 0,5 Megohm.

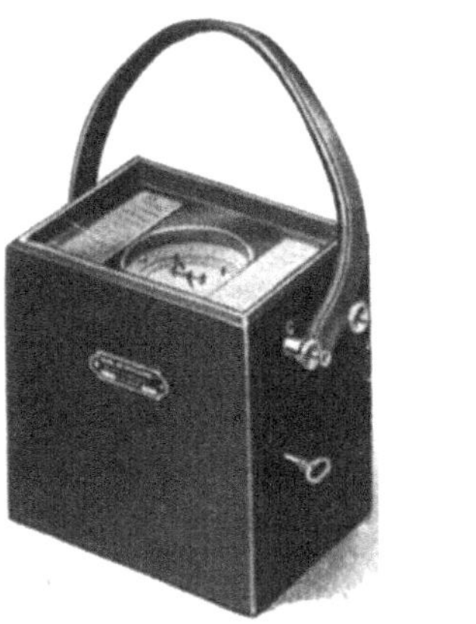

Abb. 284. Galvanoskop mit eingebauter Batterie (L. & S.).

Zur Erzielung von größeren Empfindlichkeiten sind höhere Spannungen erforderlich; man kann Akkumulatorenbatterien, die Netzspannung von Gleichstrom-Lichtanlagen benutzen, allgemein wird jedoch der Gebrauch kleiner Gleichstromdynamomaschinen, die mit Handkurbeln angetrieben werden (Kurbelinduktoren), vorgezogen. Zur Strommessung dient das als Zeigerinstrument ausgebildete Drehspulgalvanometer, welches den Isolationswiderstand unmittelbar als Kiloohm oder Megohm abzulesen gestattet. Eine gewisse Unsicherheit verursacht die Abhängigkeit der Meßspannung von der Drehgeschwindigkeit der Kurbel, weshalb die Drehzahl pro Sekunde, für welche die Skalenangaben richtig sind, vorgeschrieben wird. Bei dem „Fixohmmeter" von H. & B. (Abb. 285), hält eine als Zeigerfang bezeichnete Vorrichtung den Zeiger in dem Augenblick fest, in welchem die richtige Drehgeschwindigkeit und damit auch die richtige Meßspannung erreicht ist. Nach erfolgter Ablesung wird der Zeiger mit einem Druckknopfschalter freigegeben. Diese Apparate werden mit Meßspannungen von 250, 500 und 1000 Volt für Meßbereiche bis 50, 100 bzw. 200 Megohm hergestellt.

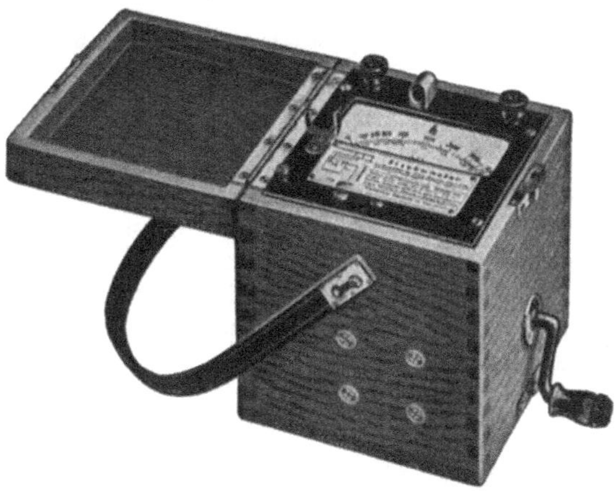

Abb. 285. Fixohmmeter (H. & B.).

Auch die Angaben der nach dem Kreuzspulprinzip ausgebildeten Isolationsmesser sind von der Spannung unabhängig; diese Instrumente sind im Prinzip mit dem Ohmmeter identisch und werden als Megohmmeter bezeichnet. S. & H. kombiniert Ohmmeter und Megohmmeter zu einem Instrument mit zwei Skalenteilungen, indem der zu messende Widerstand entweder in Reihe oder parallel mit der einen Systemspule geschaltet wird; dadurch können, je nach dem Anschluß an die entsprechenden Klemmen, sehr große (Megohmteilung) oder kleinere (Ohmteilung) Widerstände gemessen werden. Eine weitere Verbesserung des Megohmmeters betrifft den Induktorstrom, durch dessen Pulsieren infolge der Kapazität der gemessenen Leitung mit der Meßspannung wachsende Meßfehler entstehen. Zu deren Vermeidung ist von S. & H. ein Induktor ausgebildet worden, welcher durch Übereinanderlagern von drei je um 120^0 gegeneinander verschobenen Sinusspannungen eine nahezu vollkommene Gleichspannung erzeugt.

Bei dem ebenfalls nach dem Kreuzspulprinzip gebauten, als „Megger" bezeichneten Isolationsmesser der Firma Evershed and Vignoles, London, ist der Kurbelinduktor zur Vermeidung des schädlichen Pulsierens des Meßstromes als Kollektordynamo ausgebildet. Eine Zentrifugal-Friktionsklaue verhindert automatisch das Überschreiten einer bestimmten Meßspannung; infolgedessen treten keine zusätzlichen, die Meßgenauigkeit beeinträchtigenden Ladeströme auf. Für häufig wiederholte Messungen wird der Megger mit Motorantrieb ausgerüstet (Abb. 286); zur Kupplung des Motors dient eine flexible Spindel[1].

6. Schaltungen für Isolations- und Kapazitätsmessungen. Fabrikationslängen von Bleikabeln haben Isolationswiderstände meistens zwischen 10^2 und 10^5 Megohm, also Werte, die oberhalb des Meß-

Abb. 286. „Megger" mit Motorantrieb (Evershed and Vignoles, London).

bereiches der als Zeigerinstrumente ausgebildeten Isolationsmesser liegen. Ihre Messung erfordert die Benutzung des empfindlicheren Spiegelgalvanometers; da die Messung der Kapazität in derselben Anordnung erfolgt, sind die benutzten Schaltungen so ausgebildet, daß sie die Ausführung beider Messungen ermöglichen. Es handelt sich hierbei um sich in großer Zahl wiederholender Messungen, wobei meistens die Messungen der Kapazität und des Isolationswiderstandes abwechselnd aufeinander folgen. Bei der Konstruktion der Schaltungen war man daher darauf bedacht, die notwendigen Handgriffe auf eine Mindestzahl zu beschränken und die Möglichkeit von Fehlschaltungen zu vermeiden. Abbild. 287 zeigt das Schema einer Meßschaltung, enthaltend

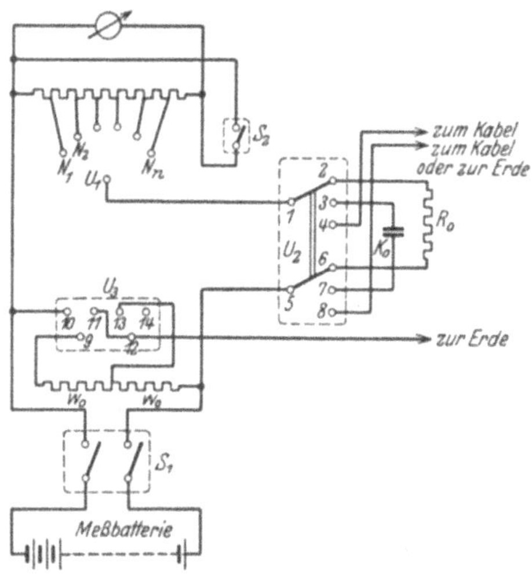

Abb. 287. Kabelmeßschaltung.

1. das Spiegelgalvanometer,
2. den Ayrtonschen Nebenschlußwiderstand mit dem
3. zugehörigen Umschalter U_1 zur Einstellung der passenden Galvanometerempfindlichkeit durch Stellung des Schalters auf einen der Kontakte N,
4. den Normal-Vergleichswiderstand R_0 für die Isolationsmessung,

[1] Bercowitz, D.: Megger, ein Isolationsprüfer mit Kurbelinduktor, zugleich als Wheatstone-Brücke. Helios 1925, H. 7. In der Wheatstone-Schaltung dient der Megger als Strommesser.

5. den Normal-Vergleichskondensator K_0 für die Kapazitätsmessung,
6. den zweipoligen Umschalter U_2 für drei Stromkreise zum wahlweisen Anschluß des zu messenden Kabels oder eines der Vergleichsnormalen,
7. die Meßbatterie,
8. den Vorschaltwiderstand $2 \cdot w_0$,
9. den Hauptschalter S_1,
10. den Druckknopftaster S_2 zur Dämpfung der Galvanometerschwingung und
11. den zweipoligen Umschalter U_3.

Bei den vielpaarigen Telephonkabeln gestattet diese Schaltung wahlweise die Messung der betriebsmäßigen oder der wirklichen Kapazität der Einzeladern. Im ersten Fall müssen die beiden Adern je eines Paares auf Potentiale P_1 und P_2 geladen werden, zwischen welchen das Erdpotential genau in der Mitte liegt; bezeichnet P die Meßspannung, dann muß

$$P_1 = +\frac{P}{2}, \qquad P_2 = -\frac{P}{2}$$

sein. Man genügt dieser Bedingung durch die Stellung des Schalters U_3 nach links auf die Klemmen *10* und *13*, und Anschluß der beiden Kabeladern an die Klemmen *4* und *8* des Umschalters U_2.

Die verschiedenen Eichungen und Kabelmessungen erfordern allgemein verschiedene Empfindlichkeiten des Galvanometers; da die Messungen der Kapazität und des Isolationswiderstandes abwechselnd aufeinanderfolgen, kann die dauernd erforderliche Umschaltung des Nebenschlusses Fehlschaltungen oder Fehlablesungen des Einstellungswertes verursachen, die man ohne die nicht immer mögliche Wiederholung der Messung nachträglich nicht überprüfen kann. Zur Vermeidung dieses Übelstandes dient ein Ayrtonscher Nebenschlußwiderstand von S. & H., bei welchem die Anzapfpunkte mit je zwei Anschlüssen, die zu zwei getrennten Kurbelschaltern führen, ausgerüstet sind; die beiden Kurbelschalter liegen an einem Umschalter, der bei jeder Messung umgelegt wird, während die beiden Kurbelschalter selbst, wenn eine größere Reihe sich abwechselnder Kapazitäts- und Isolationsmessungen auszuführen ist, unverändert stehenbleiben können (Abb. 288).

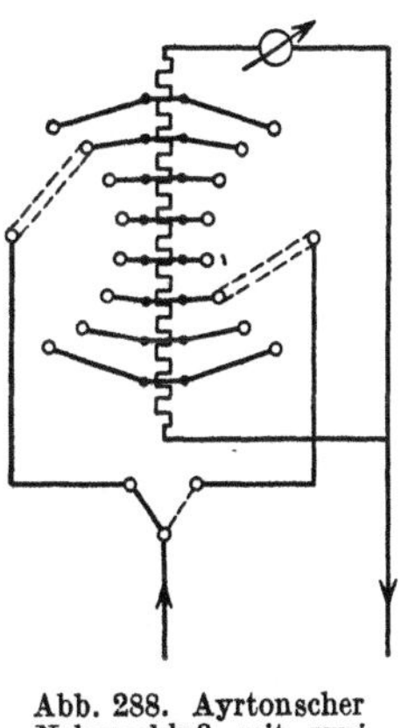

Abb. 288. Ayrtonscher Nebenschluß mit zwei Kurbelschaltern nach S. & H.

Schaltungen für Isolations- und Kapazitätsmessungen stellt man gebrauchsfertig in Tischform oder in tragbarer Form her, die letzteren sind gewöhnlich auch zur Widerstandsmessung und Fehlerortsbestimmung eingerichtet. Mit dem Universal-Kabelmeßapparat (Abb. 289) der L. & S. können Widerstandsmessungen, Kapazitätsmessungen und Fehlerortsbestimmungen ausgeführt werden. Im Apparat sind ein Ayrton-Nebenschlußwiderstand, ein Vergleichskondensator, sechs Vergleichswiderstände und ein mit einem Schieberwiderstand kombinierter Schleifdraht vorhanden. Der Schieberwiderstand besteht aus 11 in Serie geschalteten Widerständen von je 2 Ohm; der mit einer 100-teiligen

Skala versehene Schleifdraht hat 4 Ohm Widerstand und ist je nach Stellung des Schiebers zu zwei aufeinanderfolgenden Abteilungen des Schieberwiderstandes parallel geschaltet. Ist bei Nullstellung des Gal-

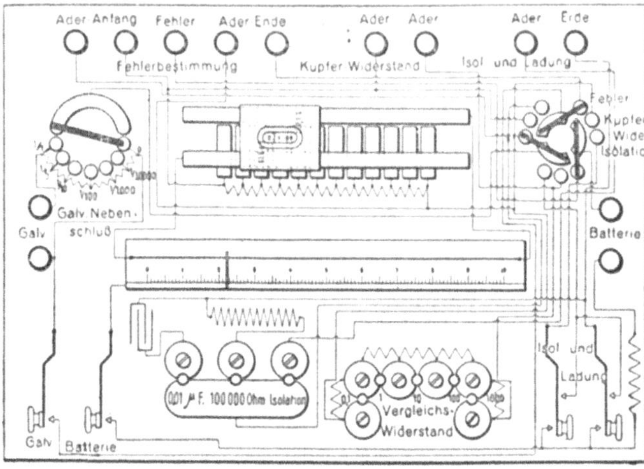

Abb. 289. Schaltbild des Kabelmeßapparates von L. & S.

vanometers der Schieber so weit nach rechts geschoben, daß A Abteilungen links von den zum Schleifdraht parallel geschalteten Abteilungen liegen und liest man an der Schleifdrahtskala a Teilstriche ab, dann ist, wie man sich leicht überzeugt, der gesuchte Widerstand

$$x + N \cdot \frac{100\,A + a}{1000 - (100 \cdot A + a)}\,.$$

N ist der gestöpselte Vergleichswiderstand.

Abb. 290. Kabelmeßapparat von V. Planer (NKW).

Abb. 290 zeigt die obere Ansicht des von V. Planer konstruierten, von der NKW hergestellten, als „Kafob" (Kabel-Fehlerorts-Bestimmungsapparat) bezeichneten Apparates, bei welchem die Entfernung des Fehlerortes von der Meßstelle automatisch ermittelt und an einem Zählwerk mit springenden Zahlen direkt in Metern abgelesen wird. Prinzipiell besteht der Apparat aus einer Wheatstone-Brücke, kombiniert mit einer Kurbel-Rechenmaschine und ist in allen Fällen zu gebrauchen, in welchen die Schleifenbildung möglich ist. Bezeichnet L die Länge der Schleife, d. h. die doppelte Kabellänge, und sind bei Nullstellung des Galvanometers a und b die beiden

Abschnitte auf dem Schleifdraht von der Länge $l = a + b$, dann ist die gesuchte Entfernung der Fehlerstelle vom Kabelende

$$x = L \cdot \frac{a}{l}.$$

Ist die Skala des Schleifdrahtes mit einer Teilung versehen, welche direkt das Verhältnis $\frac{a}{l} = \alpha$ angibt, dann erscheint x als das Produkt aus den zwei Zahlen L und α. Der „Kafob“ ist nun so konstruiert, daß das Zählwerk „Fehlerstelle“ in jeder Stellung des Schleifdrahtschiebers das Produkt aus der am Zählwerk „Kabellänge“ erscheinenden Zahl und dem Skalenwert α angibt; die Stellung des Schiebers wird mit der zum Zählwerk „Fehlerstelle“ gehörenden Kurbel geändert. Zur Ausführung der Messung verbindet man die Enden der Kabelschleife und eine Erdleitung mit den hierfür bestimmten Klemmen des Apparates, stellt auf dem Zählwerk „Kabellänge“ die Länge L ein und ändert die Stellung des Schiebers mit der vorderen Kurbel so lange, bis der Zeiger des in den Apparat eingebauten Galvanometers in die Nullstellung kommt. Dann ist die am Zählwerk „Fehlerstelle“ abgelesene Zahl $x = L \cdot \alpha$ die gesuchte Entfernung in Metern. Ähnlich einfach gestaltet sich die Messung auch in anderen Fällen; von Fall zu Fall ändert sich die Stellung des Drehschalters und die auf dem Zählwerk „Kabellänge“ einzustellende Zahl.

2. Messungen an Telephonkabeln mit Tonfrequenzströmen.

Die in dieser Gruppe zu beschreibenden Messungen beruhen entweder auf der Anwendung einer Nullmethode, oder bestehen in vergleichenden Dämpfungsmessungen unter Zuhilfenahme von Kunstschaltungen (künstlichen Kabeln) mit bekannten elektrischen Eigenschaften. Die Nullmethode wird nach dem Prinzip der Wheatstoneschen Brücke oder nach dem Kompensationsprinzip ausgeführt. Als Meßstrom werden in allen Fällen Tonfrequenz-Wechselströme benutzt.

A. Nullmethoden nach dem Wheatstoneschen Prinzip.

1. Die Wiensche Brücke. In der einen Diagonale der Wheatstoneschen Schaltung befinde sich eine Wechselstromquelle, in der anderen ein geeigneter Strommesser, z. B. ein Telephon. Die Seiten *1* und *2* (Abb. 291) seien aus den komplexen Scheinwiderständen $\mathfrak{W}_1$ und $\mathfrak{W}_2$, die Seiten *3* und *4* aus den kapazitäts- und induktionsfreien Widerständen w_3 und w_4 gebildet und so abgeglichen, daß der Strom im Telephon verschwindet; dann ist

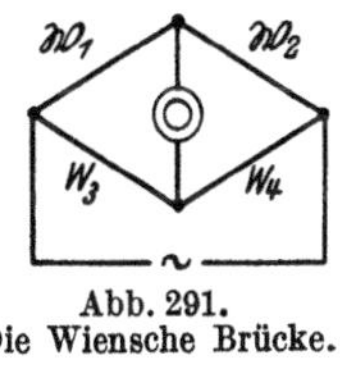

Abb. 291. Die Wiensche Brücke.

$$\mathfrak{W}_1 \cdot w_4 = \mathfrak{W}_2 \cdot w_3 .$$

Mit $\mathfrak{W}_1 = x + iy$ und $\mathfrak{W}_2 = m + in$ erhält man hieraus nach Trennung der reellen Größen von den imaginären

$$x = m \cdot \frac{w_3}{w_4} \quad \text{und} \quad y = n \cdot \frac{w_3}{w_4} .$$

Bestehen auch die Seiten *3* und *4* der Brücke aus komplexen Scheinwiderständen, etwa $\mathfrak{W}_3$ und $\mathfrak{W}_4$, dann erhält man mit $\mathfrak{W}_3 = w_3 + i w_3'$ und $\mathfrak{W}_4 = w_4 + i w_4'$ im Falle der Stromlosigkeit des Telephons

$$x = \frac{m(w_3 w_4 + w_3' w_4') - n(w_3' w_4 - w_3 w_4')}{w_4^2 + w_4'^2}$$

und

$$y = \frac{n(w_3 w_4 + w_3' w_4') + m(w_3' w_4 - w_3 w_4')}{w_4^2 + w_4'^2}.$$

Sind w_3' und w_4' sehr klein, z. B. Verlustwinkel der Ohmschen Widerstände w_3 und w_4 nach Abb. 291, so daß $w_3' w_4'$ und $w_4'^2$ neben *1* als verschwindend klein angesehen werden können, dann wird

$$x = m\frac{w_3}{w_4}\left\{1 - \frac{n}{m}\left(\frac{w_3'}{w_3} - \frac{w_4'}{w_4}\right)\right\}$$

und

$$y = n\frac{w_3}{w_4}\left\{1 + \frac{m}{n}\left(\frac{w_3'}{w_3} - \frac{w_4'}{w_4}\right)\right\}.$$

Gestattet die Zusammensetzung des Normal-Zweiges *2* die Ausführung der Messung mit gleichen Brückenarmen *3* und *4*, dann bleiben, da $w_3 = w_4$, $w_3' \sim w_4'$, die kleinen Winkelfehler ohne Einfluß auf das Meßergebnis. Die Winkelfehler der nach K. W. Wagner[1] abgeglichenen Widerstände können auch bei ungleichen Brückenarmen vernachlässigt werden.

2. Messung der Induktivität (Abb. 292). Man schaltet im Vergleichszweig einen veränderlichen Präzisionswiderstand (R_n') und eine Normalspule der Selbstinduktivität mit R_n'' Widerstand und L_n Selbstinduktivität hintereinander und erhält

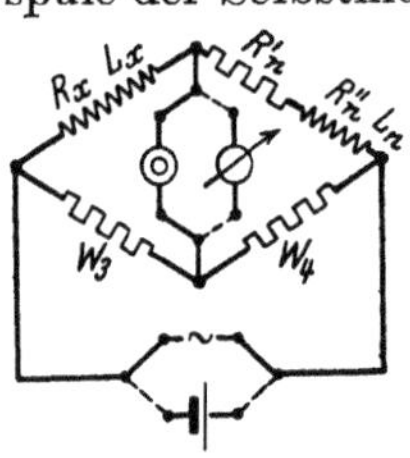

Abb. 292. Messung einer Induktivität.

$$R_x = \frac{w_3}{w_4}(R_n' + R_n''),$$

$$L_x = \frac{w_3}{w_4}\cdot L_n.$$

Vertauscht man die Wechselstromquelle mit einer Batterie, das Telephon mit einem Galvanometer und läßt sonst alles bis auf die Einstellung R_n' unverändert, dann ergibt sich aus der neuen Gleichgewichtslage mit R_n''' der Gleichstromwiderstand

$$R_{x0} = \frac{w_3}{w_4}(R_n'' + R_n''')$$

und die der Frequenz ω entsprechende Zunahme des Widerstandes ist

$$\Delta R_x = \frac{w_3}{w_4}(R_n' - R_n''').$$

3. Messung der Ableitung. Die Messung der Ableitung ist für Kabel mit künstlich erhöhter Selbstinduktivität wegen ihres Einflusses auf die

[1] Wagner, K. W. und A. Wertheimer, Über Präzisionswiderstände für hochgespannten Wechselstrom. ETZ 1913, S. 613.

Dämpfung von größter Wichtigkeit. Da in der Wechselstrombrücke nur Scheinwiderstände gemessen werden, ergibt die Messung zugleich den Wechselstromwert der Kapazität.

Dem Begriff „Ableitung“ liegt die Vorstellung zugrunde, daß die dielektrischen Energieverluste ähnlich, wie in einer metallischen Leitung nach dem Ohmschen Gesetz in Form von Joulescher Wärme entstehen; schematisch (Abb. 293) kann daher die Ableitung A_x als der reziproke Wert eines zum Kondensator (Kabelleiter) parallel geschalteten Widerstandes w_x dargestellt werden. Infolge des Energieverlustes eilt der Strom der Spannung nicht um 90^0, sondern nur um $90^0 - \delta_x$ vor; für den Verlustwinkel ist

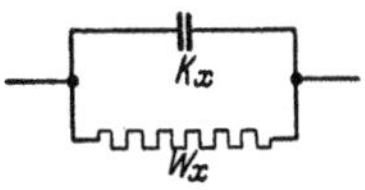

Abb. 293. Definition der Ableitung.

$$\operatorname{tg}\delta_x = \frac{1}{\omega k_x w_x} = \frac{A_x}{\omega k_x}, \quad A_x = k_x \cdot \operatorname{tg}\delta_x .$$

Schaltet man auch im Vergleichszweig der Brücke (Abb. 294) dem veränderlichen Kondensator k_n einen veränderlichen Widerstand w_n' parallel, und setzt man wieder $\frac{w_3}{w_4} = a$, dann ergibt die Gleichgewichtsbedingung

$$\mathfrak{W}_x = a \cdot \mathfrak{W}_n$$

die Ausdrücke

$$w_x = a \cdot w_n', \quad k_x = \frac{1}{a} k_n, \quad A_x = \frac{1}{a w_n'}$$

und

$$\operatorname{tg}\delta_x = \operatorname{tg}\delta_n = \frac{1}{\omega k_n w_n'} .$$

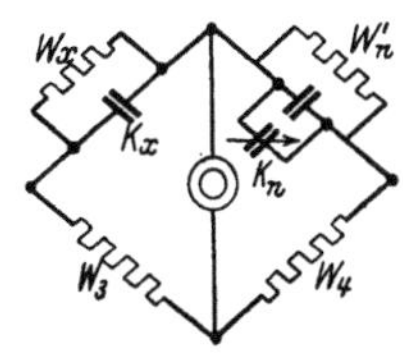

Abb. 294. Messung der Ableitung mit Nebenschlußwiderstand am Vergleichskondensator.

Diese Darstellung ist unbequem, weil infolge der Kleinheit des Winkels δ für w_n' sehr große Widerstände notwendig sind; zweckmäßiger ist es (Abb. 295) im Vergleichszweig einen Widerstand w_n mit dem Kondensator k_n in Reihe zu schalten. Die Bestimmungsgleichung lautet in diesem Fall

$$\frac{w_x}{1 + i\omega w_x k_x} = a\left(w_n - \frac{i}{\omega k_n}\right)$$

und ergibt

$$A_x = \frac{\omega^2 k_n^2 w_n}{a(1 + \omega^2 k_n^2 w_n^2)} .$$

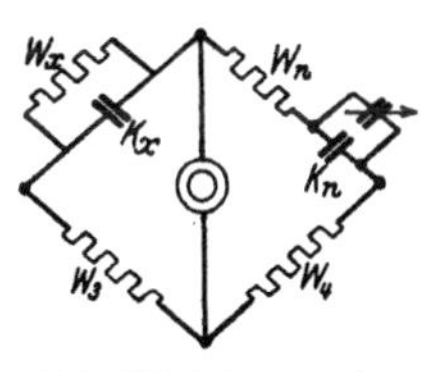

Abb. 295. Messung der Ableitung mit Vorschaltwiderstand am Vergleichskondensator.

$\omega^2 k_n^2 w_n^2$ ist in der Regel neben 1 vernachlässigbar klein; für gleiche Brückenarme *3* und *4* wird $a = 1$ und man erhält

$$k_x = k_n = k$$

und

$$A_x = \omega^2 k^2 \cdot w_n .$$

Ist z. B. $k_x = 0{,}02\,\mu\mathrm{F}$, $A_a = 1\,\mu\mathrm{S}$, $\omega = 5000$ und $a = 1$, dann ist $w_n' = 10^6$ Ohm, dagegen $w_n = 100$ Ohm.

Aus $\operatorname{tg}\delta_x = \omega k_x w_n$ ist

$$\operatorname{tg}\delta_x = \frac{1}{\omega} \cdot \frac{A_x}{k_x},$$

daher pflegt man zur Kennzeichnung der Größe des Verlustwinkels den Quotienten $\frac{A_x}{k_x}$ anzugeben.

Als Vergleichskondensatoren benützt man Stöpsel-Glimmerkondensatoren und für die Feineinstellung Drehkondensatoren mit Luft als Dielektrikum; diese sind verlustfrei, während die Glimmerkondensatoren kleine Winkelfehler haben. Ist k_0 der am Stöpselkondensator, k_0' der am Drehkondensator eingestellte Wert der Kapazität (d. h. $k_n = k_0' + k_0'$) und δ_0 der dem Wert k_0 entsprechende Verlustwinkel, dann kann der Glimmerkondensator durch einen verlustfreien Kondensator von derselben Kapazität k_0 ersetzt gedacht werden, dem der Widerstand w_0 vorgeschaltet ist, wenn

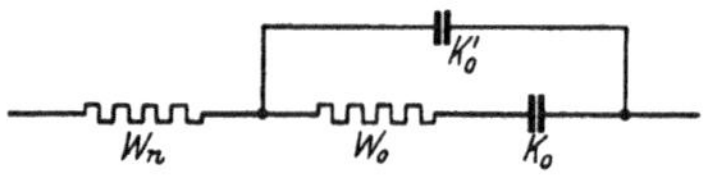

Abb. 296. Vergleichskondensator mit Verlustwinkel.

$$w_0 = \frac{\operatorname{tg} \delta_0}{\omega k_0}.$$

Den Vergleichszweig der Brücke zeigt in diesem Fall schematisch Abb. 296. Wie man sich leicht überzeugt, ist der Scheinwiderstand dieser Zusammenstellung

$$\mathfrak{W}_n = w_n + \frac{1 + i\omega k_0 w_0}{i\omega k_n - \omega^2 k_0 k_0' \cdot w_0}.$$

Der Nenner im zweiten Glied auf der rechten Seite der Gleichung kann in der Form

$$\omega k_n (i - \omega k_0' w_0) + \omega^2 k_0'^2 w_0$$

geschrieben werden. Da w_0 eine sehr kleine Größe ist und in der Regel auch k_0' klein ist, begeht man nur einen sehr kleinen Fehler, wenn man das Glied mit $k_0'^2$ vernachlässigt. Meistens kann auch das Glied mit k_0' vernachlässigt werden; dann ist der Scheinwiderstand des Vergleichszweiges

$$\mathfrak{W}_n = (w_n + w_0) - \frac{i}{\omega k_n}$$

und für w_x und k_x ergeben sich dieselben Ausdrücke wie vorhin, nur mit dem Unterschiede, daß an Stelle w_n die Werte $w_n + w_0$ eingesetzt werden müssen. Man erhält

$$A_x = \frac{\omega^2 k_n^2 (w_n + w_0)}{a\{1 + \omega^2 k_n^2 (w_n + w_0)^2\}}$$

und

$$k_x = \frac{k_n}{a\{1 + \omega^2 k_n^2 (w_n + w_0)^2\}}.$$

Bei gleichen Brückenarmen *3* und *4* ($a = 1$) und mit der früheren Vernachlässigung ist hieraus

$$k_x = k_n = k, \qquad A_x = \omega^2 k_n^2 (w_n + w_0).$$

Bei der Messung der Kapazität und Ableitung eines Adernpaares wird die gemessene Leitung stillschweigend als widerstands- und induktionslos aufgefaßt. Diese Auffassung ist zulässig, solange die Leitung nicht sehr lang ist. Bei längeren Leitungen hat man nicht punktförmig konzentrierte, sondern verteilte Kapazität und Ableitung gemessen, und zwar an einer Leitung, die auch mit verteiltem Widerstand und ebensolcher Selbstinduktivität belastet ist. In diesem Fall dient zur Kontrolle die Ergänzung der Messung durch eine zweite Messung mit kurzgeschlossenem Ende des Adernpaares und die Auswertung der beiden Messungen nach der Zweiimpedanzen-Methode.

Abb. 297. 12-teiliger Glimmerkondensator (H. & B.).

Abb. 297 zeigt einen 12-teiligen Glimmerkondensator mit Stöpselschaltung von H & B., mit welchem die Kapazität von 0 bis 1,11 Mikrofarad in Stufen von 0,001 Mikrofarad gesteigert werden kann. Mit Hilfe der in der Abb. 298 skizzierten Schaltung wird jede nicht benutzte Abteilung durch Umsetzung des Stöpsels kurzgeschlossen. Ist für jede Abteilung der genaue Kapazitätswert und der Winkelfehler bekannt, dann kann der in den letzten Ausdruck einzusetzende Betrag w_0 für jede Stöpselung berechnet werden.

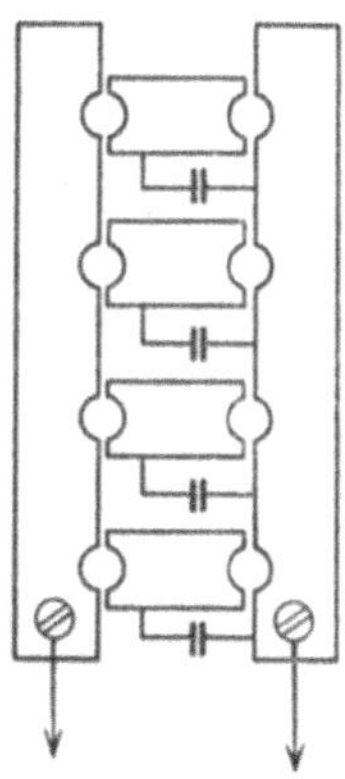

Abb. 298. Schaltung zum Kurzschließen nicht benutzter Abteilungen eines Stöpselkondensators.

Nach einem Vorschlag von U. Meyer[1] wird die Ableitung mit einer für technische Zwecke hinreichenden Genauigkeit ohne Benutzung von genauen Kondensatoren und ohne die von diesen benötigten umständlichen Korrekturberechnungen in der Schaltung nach Abb. 299 gemessen. Die Zweige *2* und *3* enthalten die unveränderlichen Ohmschen Widerstände w_2 und w_3, im Vergleichszweig *4* sind der veränderliche Widerstand w_4 und eine Spule mit der veränderlichen und ablesbaren Induktivität L und Widerstand w_4' in Reihe geschaltet. Die Gleichgewichtsbedingung dieser Schaltung lautet

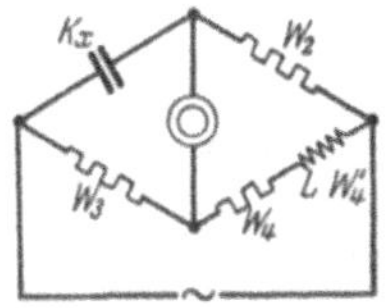

Abb. 299. Messung der Ableitung nach U. Meyer.

$$\frac{(w_4 + w_4') + i\omega L}{A_x + i\omega k_x} = w_2 w_3$$

und ergibt

$$k_x = \frac{L}{w_2 w_3} \quad \text{und} \quad A_x = \frac{w_4 + w_4'}{w_2 w_3}\,.$$

Durch Parallelschaltung eines veränderlichen Widerstandes w_1 an den gemessenen Kondensator k_x wird der Spulenwiderstand w_4' eliminiert,

[1] Meyer, U.: ETZ 1923, S. 779; D.R.P. 389411 v. 1. 10. 1922.

wenn w_1 aus der Beziehung

$$w_1 w_4' = w_2 w_3$$

bestimmt wird. Die Einstellung dieses Wertes w_1 erfolgt bei Umschaltung der Brücke auf eine Gleichstrommessung bei Kurzschluß des Widerstandes w_4; w_1 und w_4' müssen hierbei ihren Größen nach nicht bekannt sein. Man erhält dann

$$A_x = \frac{w_4}{w_2 w_3}.$$

Die Wheatstonesche Beziehung gilt nur unter der Voraussetzung, daß die Schaltung außer den vier Seiten und zwei Diagonalen keine weiteren Verzweigungen enthält. Bei Messung mit Wechselstrom können solche Verzweigungen in Form von elektrischen und magnetischen Feldern und Ableitungswegen vorhanden sein. Während Induktionsstörungen bei einiger Vorsicht leicht zu vermeiden sind, besitzen die Bestandteile der Brücke stets Kapazität und Ableitung gegen Erde, welche die Auffindung einer scharf ausgeprägten Nullstellung erschweren. Da die Erdkapazitäten der Bestandteile nicht nur von deren Form, Größe und Beschaffenheit, sondern auch von ihrer Umgebung und von ihrer relativen Lage zur Umgebung abhängig sind, kann der entstehende Fehler bei Messung eines und desselben Prüfobjektes von Fall zu Fall verschieden sein. Deshalb ist es notwendig, die Erdkapazitäten möglichst klein und dadurch unveränderlich zu machen, daß man alle Bestandteile mit Metallhüllen, die während der Messung geerdet werden, ausrüstet. Abb. 300 zeigt einen nach diesen Gesichtspunkten gebauten Drehkondensator für die Feineinstellung der Kapazität von F. & G. Der Kondensator, dessen Kapazität von 0 bis 0,002 Mikrofarad stetig verändert werden kann, befindet sich in einem Metallgehäuse, welches ihn auch gegen die den Zeiger und Skala tragenden Hartkautschukdeckelplatte abschirmt.

Abb. 300. Abgeschirmter verlustfreier Drehkondensator (F. & G.).

4. Substitutionsmethode von Grover. Durch die Abschirmung der Brückenbestandteile werden die Erdkapazitäten eindeutig bestimmt; ihr Einfluß auf das Meßergebnis bleibt bestehen. Zur Beseitigung dieses Einflusses wird im Bureau of Standards in Washington die von Grover[1] angegebene Substitutionsmethode in der folgenden Weise angewendet:

Zwischen Brücke und Wechselstromquelle befindet sich ein Übertrager, dessen an die Brückenzuleitung geschlossene Wicklung aus zwei genau gleichen hintereinander geschalteten Spulen besteht und in der

[1] Curtis, H. L. and A. Th. Mc Pherson: Technologic papers of the Bureau of Standards, Washington 1925, Nr. 299, S. 675. Darin zitiert: Grover: The Simultaneous Measurement of the Capacity and Powerfactor of condensers. B. S. Bull. 3, 389, Nr. 64. 1907.

Mitte geerdet ist. Die Potentiale der Brückenendpunkte, an welche die Stromzuleitungen geschlossen sind, liegen dann symmetrisch in bezug auf das Erdpotential. Sind die Scheinwiderstände rechts und links von der Telephondiagonale (Abb. 301) in der Gleichgewichtslage gleich groß, dann befindet sich die stromlose Telephondiagonale auf Erdpotential. Die zu Fehlern Anlaß gebenden Erdkapazitäten können als in den vier Eckpunkten der Brücke wirksam gedacht werden. Befindet sich die Telephondiagonale auf Erdpotential, dann sind die an ihren Enden gedachten Erdkapazitäten infolge Potentialgleichheit unwirksam, während diejenigen der beiden anderen Eckpunkte in besonderen, die Brücke nicht beeinflussenden Stromkreisen der geerdeten Übertragerspule liegen.

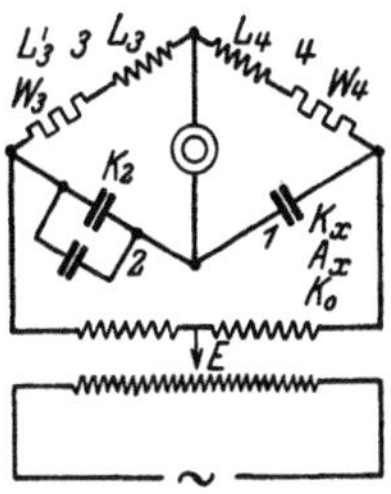

Abb. 301. Substitutionsmethode von Grover.

Da es nicht immer möglich ist, die Telephondiagonale genau auf Erdpotential zu halten, bleiben kleine, von den Erdkapazitäten herrührende Fehler bestehen; diese zu eliminieren ist die Aufgabe der Substitutionsmethode. Man schaltet in Zweig *1* den zu messenden Kondensator mit der Kapazität k_x und der Ableitung A_x, in Zweig *2* den veränderlichen und verlustfreien Kondensator k_2 (zwei Luft-Drehkondensatoren parallel geschaltet zur Grob- und Feineinstellung), in die Zweige *3* und *4* die Widerstände und Selbstinduktivitäten w_3, w_4, L_3 und L_4. Durch Regulierung von L_3 und k_2 wird das Gleichgewicht hergestellt. Dann vertauscht man k_x mit einem verlustfreien und veränderlichen Normalkondensator und stellt durch Regulierung des Normalkondensators und der Spule L_3 abermals das Gleichgewicht ein, wobei man etwa die Werte k_0 und L_3' abliest. Dann lautet die Gleichgewichtsbedingung im ersten Fall

$$\frac{w + i\,\omega\,L_3}{A_x + i\,\omega\,k_x} = \frac{w + i\,\omega\,L_4}{i\,\omega\,k_2}$$

und im zweiten Fall

$$\frac{w + i\,\omega\,L_3'}{i\,\omega\,k_0} = \frac{w + i\,\omega\,L_4}{i\,\omega\,k_2}\,.$$

Durch die gewählte Anordnung gelingt es, das Potential der Telephondiagonale in der Nähe des Erdpotentials zu halten. Durch die Zerlegung der Prüfung auf zwei Messungen, bei welchen die Anordnung der Brücke bis auf die Vertauschung des Prüfobjektes mit dem Normalkondensator unveränderlich bleibt, hebt sich die etwa verbleibende Wirkung der Erdkapazitäten auf. Aus den beiden Bedingungsgleichungen ist

$$\frac{w + i\,\omega\,L_3}{A_x + i\,\omega\,k_x} = \frac{w + i\,\omega\,L_3'}{i\,\omega\,k_0}\,.$$

Somit ist die Kenntnis der Größen k_2 und L_4 nicht notwendig, sie fallen aus der Berechnung heraus. Man erhält

$$A_x = \frac{\omega^2 k_0}{w}\,\frac{L_3' - L_3}{1 + \left(\frac{\omega\,L_3'}{w}\right)^2}$$

und

$$k_x = k_0 - \frac{\omega^2 k_0 L_3'}{w^2} \frac{L_3' - L_3}{1 + \left(\frac{\omega L_3'}{w}\right)^2}.$$

Da meistens

$$\left(\frac{\omega L_3'}{w}\right)^2 \sim 0 \text{ neben } 1$$

gesetzt werden kann, vereinfachen sich die Ausdrücke zu

$$A_x = \frac{\omega^2 k_0}{w} \cdot (L_3' - L_3)$$

und

$$k_x = k_0 - \frac{\omega^2 k_0 L_3'}{w^2} (L_3' - L_3) = k_0 - \frac{L_3'}{w} \cdot A_x.$$

Für den Verlustwinkel erhält man

$$\operatorname{tg} \delta_x = \frac{A_x}{\omega k_x} = \frac{\omega (L_3' - L_3)}{w}.$$

5. Die Wagner-Brücke. Durch eine einfache Modifikation der Wheatstoneschen Brücke ist es K. W. Wagner[1] gelungen, die von Grover angestrebte Verbringung der Telephondiagonale auf Erdpotential unabhängig von der Stromquelle und von der Zusammensetzung der Brückenseiten genau zu erreichen und dementsprechend den Einfluß der Erdkapazitäten vollständig zu beseitigen; die Meßgenauigkeit der Anordnung ist dadurch außerordentlich gestiegen. Wagner schaltet (Abb. 302) den im Punkte D' geerdeten Hilfsbrückenzweig $A'D'B'$ der Brücke parallel und schließt ein Telephon T_2 in den Punkten D und D' ausschaltbar an. Nach einem ersten annähernden Abgleich der Brücke mit dem Telephon T_1 werden die zur Variierung eingerichteten Hauptbrückenzweige und der Hilfszweig $A'B'$ abwechselnd so lange reguliert, bis beide Telephone stromlos sind. Dann befindet sich die Diagonale CD auf Erdpotential; T_2 wird ausgeschaltet und die Brücke genau abgeglichen.

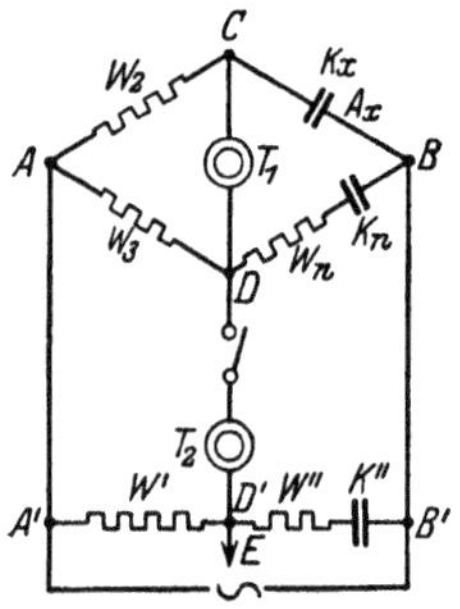

Abb. 302. Die Schaltung der Wagner-Brücke.

Der Hilfszweig $A'B'$ kann aus Widerständen, Kapazitäten und Induktivitäten beliebig aufgebaut sein, wenn er nur die Nulleinstellung des Telephons T_2 ermöglicht. Die Größenwerte seiner Bestandteile können unbekannt bleiben.

Die Wagner-Brücke ermöglicht die direkte Messung der Teilkapazitäten; schließt man zwei Leiter des Kabels an die x-Seite der Brücke und verbindet alle anderen Leiter einschließlich des Bleimantels mit der Erde, dann ergibt die Messung die zwischen den beiden angeschlossenen Leitern wirksame Teilkapazität, da die Erdkapazitäten infolge Potentialgleichheit unwirksam sind. Zur Messung der Teilkapa-

[1] Zur Messung dielektrischer Verluste mit der Wechselstrombrücke. ETZ 1911, S. 1001.

zität zwischen einem Leiter und dem Bleimantel muß dieser von der Erde isoliert sein.

Die Bestimmung der drei Teilkapazitäten und der zugehörigen Ableitungswerte eines Adernpaares in einem vielpaarigen Telephonkabel erfordert demnach die Ausführung von drei Messungen; Abb. 303 zeigt die Schaltung der ersten Messung, die nachstehende Tabelle 138 die Übersicht der drei Schaltungen und der Meßergebnisse. Es bedeutet:

1 den Leiter *1* des Paares,
2 „ „ *2* „ „
M die Gesamtheit von allen übrigen Leitern und dem Bleimantel,
k_0 die Teilkapazität zwischen *1* und *2*,
k_1 „ „ „ *1* „ *M*,
k_2 „ „ „ *2* „ *M*,
A_0 die Ableitung „ *1* „ *2*,
A_1 „ „ „ *1* „ *M*,
A_2 „ „ „ *2* „ *M*.

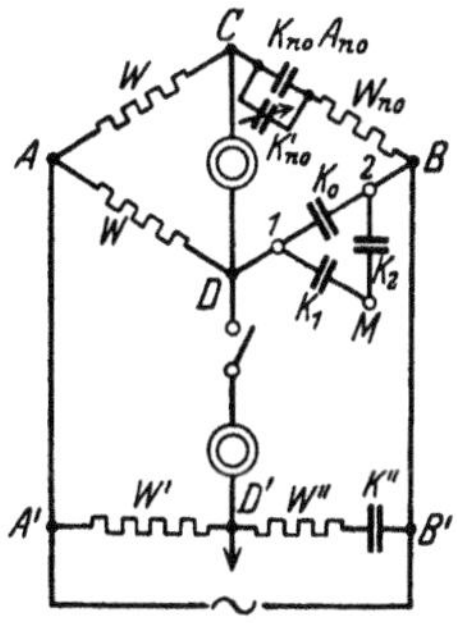

Abb. 303. Messung eines Telephonkabeladernpaares mit der Wagner-Brücke.

k_{n0}, k_{n1}, k_{n2} bedeuten die entsprechenden Einstellungen am Normalkondensator, δ_{n0}, δ_{n1} und δ_{n2} die zugehörigen Verlustwinkel des Normalkondensators, w_{n0}, w_{n1} und w_{n2} die Einstellungen an dem Normalwiderstand.

Tabelle 138. Messung der Kapazität und der Ableitung eines Adernpaares mit der Wagner-Brücke.

Schaltung	I	II	III
Anschluß an Brückenpunkte *D* . .	*1*	*1*	*2*
„ „ „ *B* . .	*2*	*M*	*M*
„ „ Erde	*M*	*2*	*1*
Einstellung des Normalkondensators.	k_{n0}	k_{n1}	k_{n2}
„ „ Luftkondensators . .	k'_{n0}	k'_{n1}	k'_{n2}
Verlustwinkel des Normalkondensators	δ_{n0}	δ_{n1}	δ_{n2}
Einstellung des Normalwiderstandes	w_{n0}	w_{n1}	w_{n2}
Gemessene Kapazität	k_0	k_1	k_2
Gemessene Abteilung	A_0	A_1	A_2

Bezeichnen ferner k_x und A_x die der betriebsmäßigen Schaltung entsprechenden Werte der Kapazität und der Ableitung des Adernpaares, dann bestehen, gleiche Brückenarme ($w_2 = w_3 = w$) vorausgesetzt, die folgenden Beziehungen:

$$k_0 = k_{n0} + k'_{n0}, \quad k_1 = k_{n1} + k'_{n1}, \quad k_2 = k_{n2} + k'_{n2},$$

$$A_0 = \omega^2 (k_{n0} + k'_{n0})^2 \cdot \left(w_{n0} + \frac{\operatorname{tg} \delta_{n0}}{\omega k_{n0}}\right),$$

$$A_1 = \omega^2 (k_{n1} + k'_{n1})^2 \cdot \left(w_{n1} + \frac{\operatorname{tg} \delta_{n1}}{\omega k_{n1}}\right),$$

$$A_2 = \omega^2 (k_{n2} + k'_{n2})^2 \cdot \left(w_{n2} + \frac{\operatorname{tg} \delta_{n2}}{\omega k_{n2}}\right),$$

und die betriebsmäßigen Werte ergeben sich zu

$$k_x = k_0 + \frac{k_1 k_2}{k_1 + k_2} \quad \text{und} \quad A_x = A_0 + \frac{A_1 A_2}{A_1 + A_2}.$$

Für diese Messung ist der Bleimantel des nicht armierten Kabels hinreichend von der Erde isoliert, wenn das Kabel auf eine trockene Holztrommel gewickelt und allenfalls die Trommel auf trockene Bretter gestellt ist. Unter dieser Bedingung ergibt die in der Abb. 304 dargestellte Schaltung I die betriebsmäßigen Werte direkt, wenn M nicht an Erde gelegt, sondern isoliert gelassen wird.

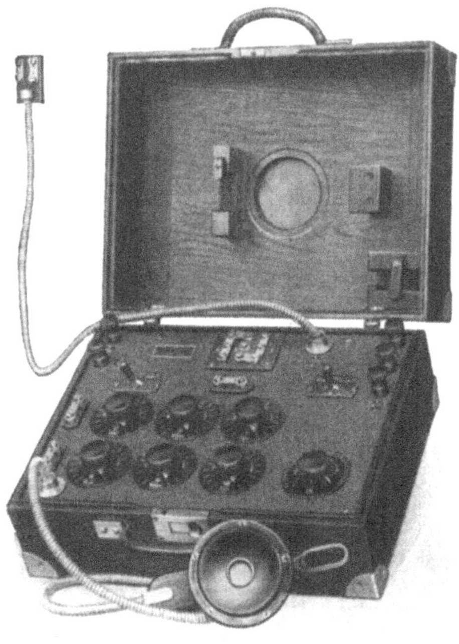

Abb. 304. Tragbare Wagner-Brücke von S. & H.

In der praktischen Ausführung der Wagner-Brücke genügt ein einziges Telephon, dessen eine Zuleitung dauernd mit dem Brückenpunkt D verbunden bleibt, während die andere mit einem Umschalter alternativ an die Punkte C und D' gelegt werden kann. Abb. 304 zeigt die in tragbarer Form ausgebildete Wagner-Brücke von S. & H. Der an den Innenseiten durch Metallbekleidung abgeschirmte Holzkasten enthält die beiden Hauptbrückenarme, den Kondensator k'' und die mit Drehschaltern regulierbaren Widerstände w' und w'' des Hilfszweiges, 2 Anschlußklemmen für die Zuleitung zu den Normalen, 3 für das Kabel, einen Stromschließer, einen Telephonumschalter, das Telephon mit abgeschirmter Zuleitung und die gleichfalls abgeschirmte Zuleitung zur Stromquelle.

6. Die Brücke von Küpfmüller und Thomas[1]. Die Anordnung (Abb. 305) unterscheidet sich von einer gewöhnlichen Wechselstrombrücke durch den Widerstand w', welcher am Brückeneckpunkt B in die Stromzuleitung geschaltet ist; die Potentiale der Punkte A und B müssen symmetrisch zum Erdpotential liegen. Sind die beiden von A ausgehenden Brückenzweige einander gleich, dann kann die Schaltung bei Stromlosigkeit des Telephons durch die Schaltung nach Abb. 306 er-

[1] Küpfmüller, K. und P. Thomas: Wechselstrombrücke zum Messen der Scheinwiderstände von Fernsprechkabeln. ETZ 1922, S. 461.

setzt gedacht werden, wobei

$$\mathfrak{W}_n = \mathfrak{W}_x$$

ist. Daraus folgt, daß die Leiter *1* und *2* des gemessenen Adernpaares,

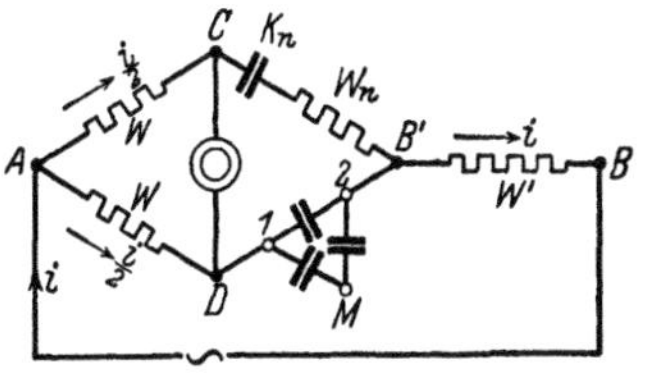

Abb. 305. Die Brücke von Küpfmüller und Thomas.

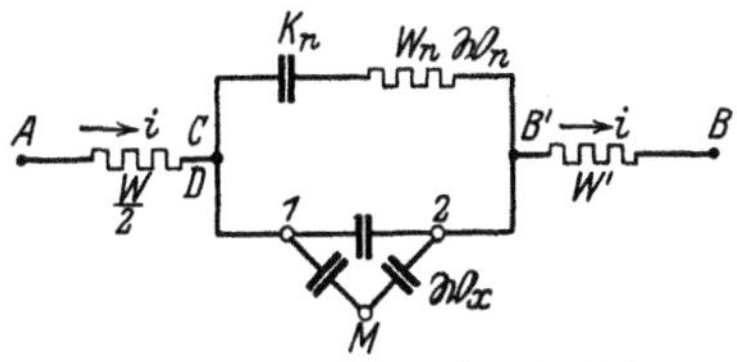

Abb. 306. Ersatzschema für die Brücke von Küpfmüller und Thomas.

ebenso wie die Punkte A und B, symmetrisch in bezug auf das Erdpotential liegen, wenn

$$w' = \frac{w}{2}$$

ist. Die Brücke von Küpfmüller und Thomas ist somit zur Messung der betriebsmäßigen Werte der Kapazität und der Ableitung auch von verlegten Kabeln geeignet. Sie erfordert ebenfalls die Abschirmung der Bestandteile, nur verbindet man die metallischen Verkleidungen nicht mit der Erde, sondern mit den Punkten A und B; von der Erde sind sie zu isolieren.

7. Kopplungsmesser. Die Kopplungsmesser dienen zur Bestimmung der Differenzbeträge derjenigen Teilkapazitäten vieladriger Telephonkabel, welche aus Symmetriegründen einander gleich sein müßten und die infolge ihrer Unsymmetrie das Nebensprechen verursachen. Die gebräuchlichen Geräte sind zur Messung der bei D-Vierern auftretenden Kopplungen, welche Übersprechen und Mitsprechen hervorrufen und der Erdkapazitätsdifferenzen, durch welche die Felder benachbarter Stromkreise störend wirken, eingerichtet.

Die Ausführung der Messungen erfolgt nach dem zuerst von Pollock[1] beschriebenen Verfahren, welches seinerseits auf der Erfindung von Blackwell und Anderegg[2] beruht.

Zwischen den vier Drähten A, B, C und D eines Vierers (Abb. 307), in welchem A und B das eine, C und D das andere Paar bilden, bestehen die Seitenkapazitäten a, b, c, d, die Erdkapazitäten e, f, g, h und die hier nicht interessierenden Paarkapazitäten m und n. In einem idealen Kabel ist $m = n$, $a = b = c = d$, $e = f = g = h$ und es findet kein Nebensprechen statt. In einem wirklichen Kabel bestehen zwischen den genannten Teilkapazitäten kleine Unterschiede, die in der Form

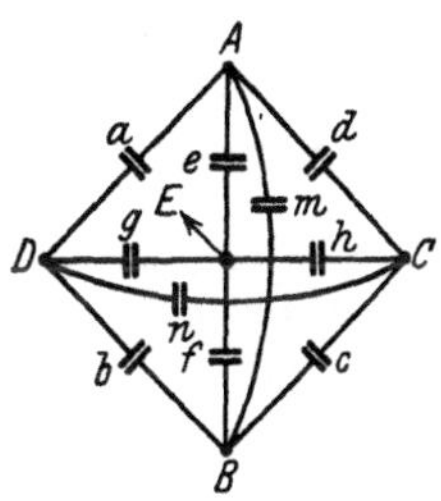

Abb. 307. Teilkapazitäten eines Vierers.

$$d - c = p, \quad a - b = q, \quad d - a = r, \quad c - b = s$$

[1] Pollock, S. A.: Journ. Post Off. El. Eng. 1914, S. 41. [2] Vgl. S. 128.

geschrieben werden sollen; dabei wird vorausgesetzt, daß die Größen p, q, r und s hinreichend klein sind, um die Quotienten

$$\frac{p}{d}, \quad \frac{p}{c}, \quad \frac{q}{a}, \quad \frac{q}{b}, \quad \frac{r}{d} \quad \text{usw.}$$

neben 1 vernachlässigen zu können.

Übersprechen findet nicht statt, wenn

$$a c = b d .$$

Schließt man das Paar $A B$ (Stamm I) an eine Wechselstromquelle, das Paar $C D$ (Stamm II) an ein Telephon, oder umgekehrt, dann bleibt das Telephon, wenn die Bedingung $ac = bd$ erfüllt ist, stromlos. Meistens ist sie jedoch nicht erfüllt, und um den Ton zum Verschwinden zu bringen, muß man zwischen zwei, nicht zu einem Paar gehörenden Drähte, z. B. zwischen A und C, eine Kapazität k_1 zuschalten. Dann ist aus

$$a c = b (d + k_1)$$

$$k_1 = \frac{c}{b} a - d = \frac{c}{b}(a - b) + (c - d) = (a - b) + (c - d)$$

$$= (a - b) - (d - c) = q - p .$$

Für eine Zusatzkapazität zwischen A und D vom Werte k' würde sich

$$k' = \frac{b}{c}(d - c) + (b - a)(d - c) + (b - a) = p - q = -k_1$$

ergeben; ebenso für k'' zwischen D und B und k''' zwischen B und C

$$k'' = k_1 , \quad k''' = -k_1 .$$

Man erhält somit in allen Fällen denselben absoluten Betrag k_1, nur muß dieser in 2 Fällen addiert, in 2 Fällen subtrahiert werden. Um die Messung mit einer einzigen Einstellung ausführen zu können, stellt man drei feste Kondensatoren und einen Drehkondensator zu einem Wheatstoneschen Viereck zusammen und schließt an dessen Eckpunkten die vier Drähte des Vierers an. Die drei unveränderlichen Kondensatoren haben den gleichen Wert, etwa k_0; der Drehkondensator hat in seiner mit Null bezeichneten Mittelstellung denselben Wert und wird durch Drehung nach rechts oder nach links vergrößert oder verkleinert. Ist kein Übersprechen vorhanden, dann bleibt das Telephon in der Nullstellung des Drehkondensators stromlos; die hierfür gültige Beziehung

$$(a + k_0)(c + k_0) = (n + k_0)(d + k_0)$$

ist mit der Bedingung $ac = bd$ identisch, weil die Ausführung der Multiplikation

$$ac - bd = k_0 (p - q) = 0$$

ergibt. Ist Übersprechen vorhanden, dann findet man Stromlosigkeit bei dem Wert k_1' des Drehkondensators, wobei $k_1' = k_0 \pm k_1$; der Wert $\pm k_1$ wird an der Skala des Drehkondensators abgelesen.

Mitsprechen zwischen Stamm I und Vierer findet nicht statt, wenn

$$a + d = b + c$$

zwischen Stamm II und Vierer, wenn

$$a + b = c + d\,.$$

Läßt man durch die parallel geschalteten Drähte C und D einen Wechselstrom fließen, während die Drähte A und B an ein Telephon gelegt sind, oder umgekehrt, dann bleibt das Telephon stromlos, wenn die angeschriebenen Bedingungen erfüllt sind. Diese können auch in der Form

$$a + d - b - c = (a - b) + (d - c) = p + q = 0$$

und

$$c + d - a - b = (c - b) + (d - a) = r + s = 0$$

geschrieben werden. Sind die Bedingungen nicht erfüllt, dann tritt Mitsprechen auf und im Telephon erscheint ein Ton, der wieder durch Zuschaltung eines Widerstandes — k_2 bzw. k_3 — zwischen den parallel geschalteten Drähten des einen Stammes einerseits und einem der Drähte des anderen Stammes andererseits zum Verschwinden gebracht wird. Man hat also

$$a + d = b + c + k_2\,, \quad a + b = c + d + k_3$$

und

$$k_2 = p + q\,, \quad k_3 = r + s\,.$$

Die Messung der Größen k_2 und k_3 erfolgt in einer Wheatstoneschen Brücke; Abb. 308 zeigt die Schaltung zur Messung von k_2. Den Wechselstrom führt man zu dem Eckpunkt O, an welchen zwei gleiche Brückenarme w anschließen, und an den gegenüberliegenden Punkt, in welchem die parallel geschalteten Drähte C und D des Stammes II angeschlossen sind. An den Enden der Telephondiagonale liegen die Drähte A und B des Stammes I. Im Zweig $A - CD$ liegt dann die Teilkapazitätensumme $a + d$, im Zweig $B - CD$ die Summe $b + c$; zur ersten schließt man 2 der bei der Messung von k_1 benützten unveränderlichen Kondensatoren, zur zweiten den dritten und den Drehkondensator parallel, der mit der Einstellung $k_0 \pm k_2$ das Telephon zum Schweigen bringt. Dann ist

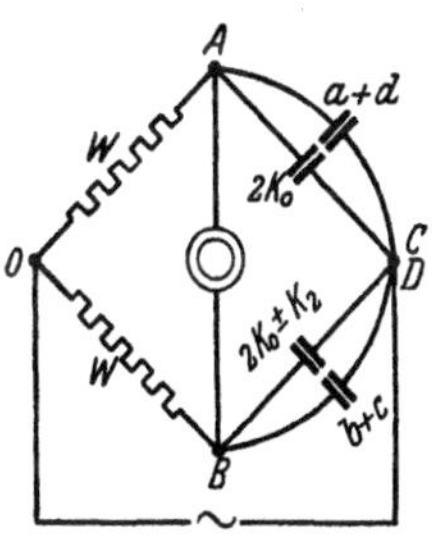

Abb. 308. Messung der Kopplungsgröße k_2.

$$\pm k_2 = p + q\,.$$

Analog findet man nach Abb. 309

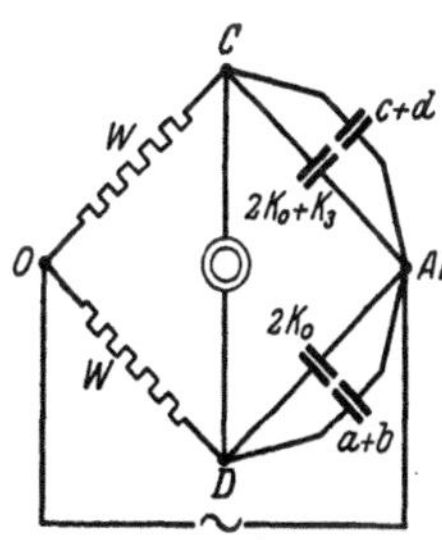

Abb. 309. Messung der Kopplungsgröße k_3.

$$\pm k_3 = r + s\,.$$

Die bei der Ableitung der Bedingungsgleichungen $p + q = 0$ und $r + s = 0$ unberücksichtigt gebliebenen Erdkapazitätsdifferenzen $e - f$ und $g - h$ der Stämme, sowie der entsprechende Ausdruck $(e + f) - (g + h)$ des Vierers werden in der einfachen Brückenschaltung nach Abb. 310 mit zwei gleichen Brückenarmen, einem festen und einem veränderlichen Kondensator gemessen. Man erhält

$$e - f = \pm k_4\,, \quad g - h = \pm k_5 \quad \text{und} \quad (e + f) - (g + h) = \pm k_6\,.$$

Abb. 311 zeigt den tragbaren Kopplungsmesser von F. & G. Das Gerät enthält die zwei gleichen Widerstände, die drei festen Kondensatoren, den Drehkondensator mit einer maximal ablesbaren Kapazität von $\pm 1700\,\mu\mu F$[1] (1 Grad der Dreherskala entspricht $10\,\mu\mu F$) und einen weiteren festen Kondensator von $1000\,\mu\mu F$, der mit einem Drehschalter zugeschaltet werden kann. Die Umschaltungen für die verschiedenen Kopplungs-

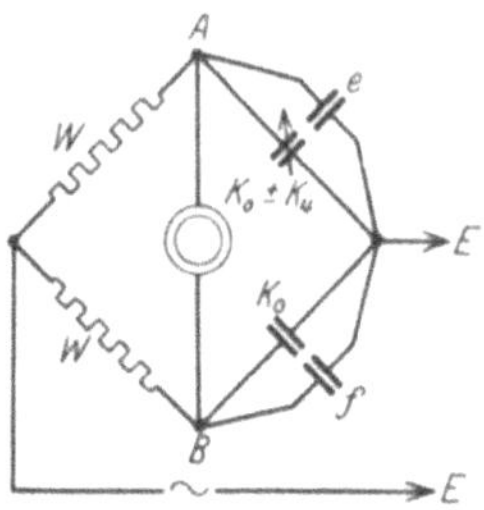

Abb. 310. Messung der Erdkapazitätsdifferenz k_4.

Abb. 311. Tragbarer Kopplungsmesser von F. & G.

messungen werden mit einem Walzenschalter hergestellt, während die Adern des Vierers an den hierfür vorgesehenen Klemmen angeschlossen bleiben.

Bei dem Kopplungsmesser der WEC[2] sind zwei feste und zwei veränderliche Kondensatoren für die vier Brückenzweige vorgesehen. Die zwei festen Kondensatoren sind gleich groß, sie werden mit den beiden unter sich gleichen Widerständen w abwechselnd als Brückenzweige benutzt; die veränderlichen Kondensatoren liegen in den beiden anderen Brückenzweigen und besitzen ein gemeinsames bewegliches Plattensystem, durch dessen Drehung nach links oder nach rechts die Kapazität in dem einen Brückenzweig um denselben Betrag vermehrt oder vermindert, wie in dem anderen vermindert oder vermehrt wird. In der Nullstellung des beweglichen Systems sind die vier Brückenkapazitäten gleich groß.

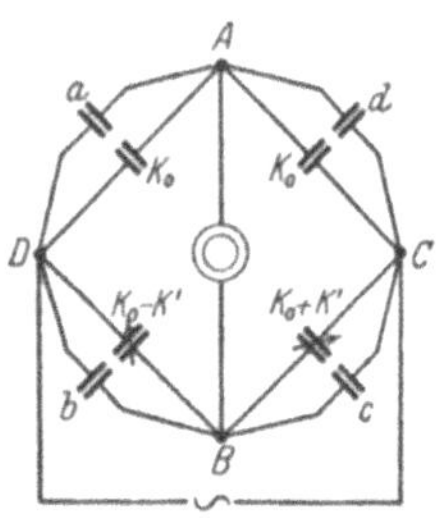

Abb. 312. Messung des Übersprechens (k_1) mit dem Kopplungsmesser der WEC.

Die Messung der Kopplung k_1 erfolgt in der Schaltung nach Abbild. 312. Ist k' diejenige Einstellung der variablen Kondensatoren, bei welcher das Telephon stromlos wird, dann ist

$$(a + k_0)(c + k_0 + k') = (d + k_0)(b + k_0 - k'),$$

wofür man

$$a \cdot c - d \cdot b + k_0 (q - p) + k' (a + d + 2 \cdot k_0) = 0$$

schreiben kann. Da andererseits

$$k_1 = q - p \quad \text{und} \quad a(c + k_1) = bd,$$

[1] $1\,\mu\mu F = 10^{-12}$ F. [2] Mougey, W. E.: El. Comm. 1925, S. 247.

erhält man

$$k' = k_1 \cdot \frac{a + k_0}{a + d + 2k_0} \sim k_1 \cdot \frac{a + k_0}{2(a + k_0)}$$

und

$$k_1 = 2k'.$$

Die Skala des drehbaren Systems ist so beziffert, daß statt k' direkt die gesuchte Größe k_1 abgelesen werden kann.

Die Messung der Kopplungen k_2 bis k_6 erfolgt nach Abb. 313; der Umschalter befindet sich bei der Messung von k_2 und k_3 in der Stellung 1, bei der Messung der Erdkapazitätsdifferenzen k_4, k_5 und k_6 in der Stellung 2; hierbei sind die nicht gemessenen Adern durch das Gerät selbst mit dem beweglichen System des variablen Doppelkondensators verbunden[1]. Die Doppeladern AB und CD werden sinngemäß vertauscht.

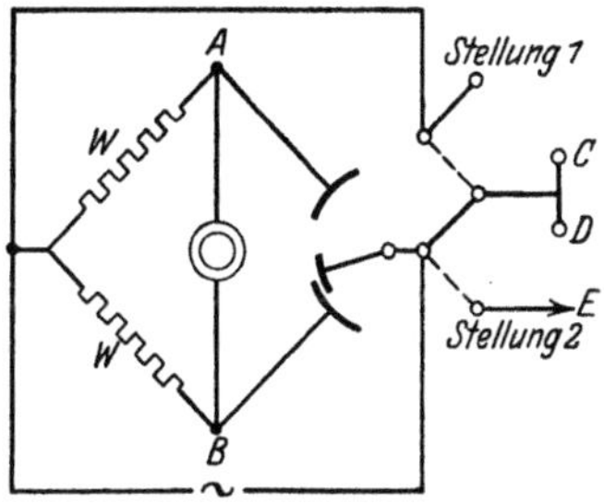

Abb. 313. Messung der Größen k_2 mit dem Kopplungsmesser der WEC.

B. Nullmethoden nach dem Kompensationsprinzip.

Die Messung eines Scheinwiderstandes nach dem Kompensationsprinzip beruht auf dem Vergleich einer unbekannten Wechselspannung mit einer bekannten, der Größe und der Phase nach beliebig und meßbar veränderlichen Wechselspannung.

Die Kompensationsschaltung von Kühle[2] zeichnet sich durch große Einfachheit der Anordnung und der Handhabung, Unabhängigkeit vom Erdpotential und große Genauigkeit aus. Sie benutzt zwei gleiche eisenfreie Transformatoren und veränderliche Vergleichsnormalien für Kapazität und Widerstand. Abb. 314 zeigt das Schaltungsschema zur Messung der betriebsmäßigen Werte an einem Kabeladernpaar. Die Primärspulen der Transformatoren bestehen aus je zwei gleichen Hälften P_{1a}, P_{1b}, P_{2a} und P_{2b}; an den Mittelpunkten A und B sind die Zuleitungen der Wechselstromquelle, an den Enden auf der einen Seite die zu messenden Kabeladern, auf dem anderen Ende die hintereinander geschalteten Vergleichsnormalien angeschlossen. Die beiden Sekundärspulen und das Telephon bilden einen geschlossenen Stromkreis. Man reguliert die Vergleichsnormalen auf Stromlosigkeit des Telephon sein; dann sind die Scheinwiderstände des Normalzweiges und des angeschlossenen

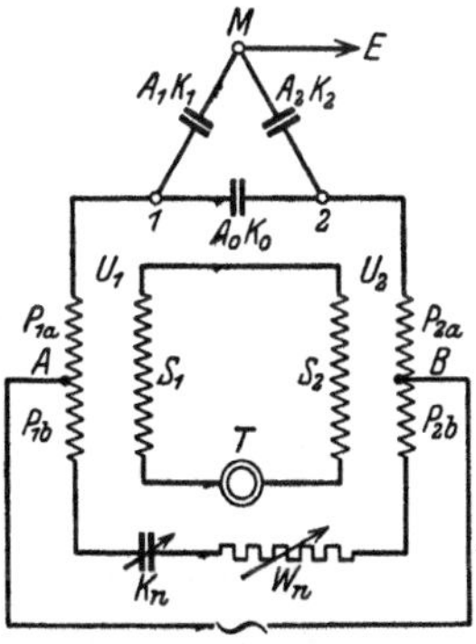

Abb. 314. Kompensationsschaltung von Kühle.

[1] Vgl. Engl. Pat. Nr. 203870 v. 12. 8. 1922 (WEC).

[2] Kühle, J.: Eine einfache Kompensationsschaltung zur Messung der Betriebswerte von Kapazität und Ableitung an Fernsprechkabeln. ETZ 1922, S. 1205. Andere Kompensationsmethoden bei Breisig: Theor. Tel. II, S. 261.

Adernpaares einander gleich. Mit k_B und A_B als betriebsmäßige Werte ist

$$k_B = k_n\,, \quad A_B = \omega^2 \cdot k_n^2 \cdot W_n\,.$$

Die Symmetrierung der Stromquelle und die Abschirmung der Normalen ist nicht notwendig; dagegen ist die getrennte Abschirmung der Primär- und Sekundärspulen erforderlich. Hierbei werden die Metallhüllen der Primärspulen zur Ausschaltung deren Erdkapazitäten mit den Punkten A und B, diejenigen der Sekundärspulen zu deren Schutz gegen elektrostatische Beeinflussung durch die Primärspulen mit der Erde verbunden.

Abb. 315. Tragbare Kühle-Schaltung von F. & G.

Abb. 315 zeigt die Kühlesche Kompensationsschaltung in der Ausführung von F. & G. Das Gerät enthält die beiden Lufttransformatoren mit je einem Schalter für die Kommutierung der Stromquelle, der Kabeladern und zur Symmetriekontrolle der Anordnung und die Klemmen zum Anschluß der Stromquelle, der Kabeladern, des Telephons, der Vergleichsnormalen und der Erdleitung.

C. Vergleichende Dämpfungsmessungen.

Im Gegensatz zu den, in dieser Gruppe bis hier beschriebenen Nullmethoden, welche die Messung der elektrischen Eigenschaften der Leitungen zur Aufgabe haben, dienen die vergleichenden Dämpfungsmessungen zur unmittelbaren Bestimmung der Übertragungsgüte oder des Nebensprechens oder der Wirkungen fremder Stromkreise, die sich in dem an das untersuchte Kabel angeschlossenen Telephon störend bemerkbar machen. Das Kriterium der Messung ist auch hier eine Stromstärke, die bei einigen Geräten an einem Zeigerinstrument abgelesen, meistens als die Lautstärke eines von ihr im Telephon erzeugten Tones beobachtet wird. Man schließt eine Wechselstromquelle bestimmter Frequenz zuerst an das zu prüfende Leitungssystem und beobachtet am Telephon die Lautstärke, welche sich infolge der zu messenden Dämpfung einstellt; dann schaltet man Stromquelle und Telephon auf eine veränderliche Vergleichsschaltung (Eichleitung) um und reguliert diese auf die an der zu messenden Leitung beobachtete Lautstärke ein. Mit der hierzu notwendigen Einstellung der Eichleitung wird die Größe der gemessenen Dämpfung zahlenmäßig ausgedrückt.

1. Die Eichleitung. Als Vergleichsschaltung zur Bestimmung der Übertragungsgüte benutzte man anfangs in England und den Ver. Staaten ein Kabel von willkürlich gewählter Bauart und Länge; das „Standard-Kabel" hatte die Eigenschaften eines 1 engl. Meile langen Luftraum-Adernpaares aus 0,91 mm starken Kupferdrähten ($R = 88$ Ohm, $K = 0{,}056\,\mu$F, $L = 0{,}001$ Henry). Der Vergleich wurde durch Sprechversuche ausgeführt, indem man die Anzahl der Meilen bestimmt hat, bei welcher die Übertragungsgüte des Vergleichskabels derjenigen des untersuchten Kabels entsprach. Die Methode erwies sich als ungenau und wurde aufgegeben.

In Deutschland hat F. Breisig[1] schon im Jahre 1902 Versuche mit Eichleitungen begonnen, die die Übertragungsgüte eines Kabels unmittelbar durch das Dämpfungsmaß ausdrücken. Diese von Breisig als H-Schaltung bezeichneten Kunstleitungen sind symmetrische Kombinationen von Scheinwiderständen, die durch drei komplexe Koeffizienten $\mathfrak{A}$, $\mathfrak{B}$ und $\mathfrak{C}$ (vgl. S. 47) gekennzeichnet werden können. Eine solche H-Schaltung zeigt die Abb. 316; wie man sich leicht überzeugt, ist für diese

$$\mathfrak{A} = \left(1 + \frac{R}{W}\right) + i\,\omega\,K \cdot R\,,$$

$$\mathfrak{B} = R \cdot \frac{(R + 2\,W) + i\,\omega\,K\,R \cdot W}{1 + i\,\omega\,K\,W}\,,$$

$$\mathfrak{C} = \frac{1}{W} + i\,\omega\,K\,.$$

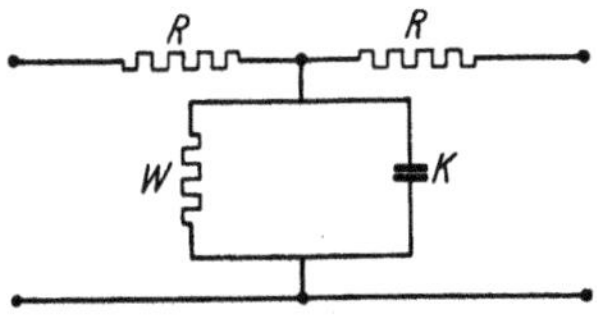

Abb. 316. „H-Schaltung" von Breisig.

Soll die Übertragungsgüte der H-Schaltung mit derjenigen eines durch die Koeffizienten $\mathfrak{A}'$, $\mathfrak{B}'$ und $\mathfrak{C}'$ gegebenen Kabels genau übereinstimmen, dann müssen R, W und K so berechnet werden, daß $\mathfrak{A} = \mathfrak{A}'$, $\mathfrak{B} = \mathfrak{B}'$ und $\mathfrak{C} = \mathfrak{C}'$ wird. Die Berechnung beschränkt man auf Werte $\beta\,l \geqq 2$, da das Ohr bei den vergleichenden Messungen kleine Dämpfungswerte schlecht unterscheidet; mit dieser Vereinfachung wird

$$\mathfrak{A}' = \frac{e^{\gamma l}}{2} = \frac{e^{\beta l}}{2}(\cos\alpha\,l + i\sin\alpha\,l) = m + i\,\omega\,n$$

und

$$\frac{e^{2\beta l}}{4} = m^2 + \omega^2 n^2\,.$$

Sind β_1 und β_2 den Kreisfrequenzen ω_1 und ω_2 entsprechende Werte der spez. Dämpfung, dann erhält man

$$m = \frac{1}{2}\sqrt{\frac{\omega_2^2\,e^{2\beta_1 l} - \omega_1^2\,e^{2\beta_2 l}}{\omega_2^2 - \omega_1^2}} \quad \text{und} \quad n = \frac{1}{2}\sqrt{\frac{e^{2\beta_2 l} - e^{2\beta_1 l}}{\omega_2^2 - \omega_1^2}}$$

und damit

$$W = \frac{R}{m - 1} \quad \text{und} \quad K = \frac{n}{R}\,.$$

---

[1] Breisig, F.: Absolute Bestimmung der Dämpfung von Fernsprechleitungen durch Sprechversuche. Verh. dt. Phys. Ges. Bd. 12, Nr. 5, S. 184. 1910.

R findet man aus dem Ansatz

$$\frac{\mathfrak{B}}{\mathfrak{C}} = \frac{\mathfrak{B}'}{\mathfrak{C}'} = |Z|^2,$$

der die Bestimmungsgleichung

$$\left(\frac{Z}{R}\right)^4 = \left\{1 + \frac{2\,(m-1)}{(m-1)^2 + \omega^2 n^2}\right\}^2 + \left\{\frac{2\,\omega\,n}{(m-1)^2 + \omega^2 n^2}\right\}^2$$

ergibt. Für ω_1 und ω_2 wählt man zweckmäßig möglichst verschiedene Werte, z. B. $\omega_1 = 3000$, $\omega_2 = 7000$; für die Berechnung von R wählt man den mittleren Wert $\omega = 5000$.

Praktisch genügt eine nur aus drei Ohmschen Widerständen R, R und W bestehende H-Schaltung; in diesem Fall ist $\mathfrak{A} = 1 + R/W$, $\mathfrak{B} = R\,(R + 2\,W)$, $\mathfrak{C} = 1/W$ und man erhält

$$R = Z\sqrt{\frac{m-1}{m+1}}, \qquad W = \frac{Z}{\sqrt{(m+1)\,(m-1)}}.$$

Es werden unveränderliche und veränderliche Eichleitungen gebaut; die letzteren bestehen aus einer größeren Anzahl mit Stöpsel oder Kurbeln umschaltbarer, in einem gemeinsamen Kasten untergebrachter H-Schaltungen, die in mehr oder weniger feinen Abstufungen die Größe βl innerhalb gewisser Grenzen variieren lassen. Abb. 317 zeigt eine variable Eichleitung von F. & G., welche βl in Stufen von 0,01 von 0,1 bis 12,2 verändern läßt; für die Zehntel- und Hundertstelwerte sind zwei Kurbeln vorgesehen, die Einerstufen sind als Stöpsel ausgebildet und entsprechen den Einzelwerten L, 2, 3 und 5. Der Berechnung ist ein Wellenwiderstand von $Z = 600$ zugrunde gelegt.

Abb. 317. Variable Eichleitung in H-Schaltung (F. & G.).

In Deutschland werden die Dämpfungsgrößen in βl-Werten gemessen, da βl eine dimensionslose Zahl ist, bedarf es hierzu keiner Einheit. In England und den Vereinigten Staaten ist ein solches Bedürfnis, anscheinend durch die Gewöhnung an das Standard-Kabel, entstanden; man hat hier die „Übertragungseinheit"[1] (transmission unit) N eingeführt, definiert durch die Gleichung

$$10^{0.1\,N} = e^{2\cdot\beta l}$$

oder

$$N = 8{,}6858\,\beta l.$$

[1] Vgl. die Diskussion in The Electrician 1925 zwischen R. V. L. Hartley, F. Breisig, T. F. Purves und Jewett, deutsch in der Zeitschrift: Das Fernkabel 1925, H. 8, S. 14.

Die gemessene Dämpfung wird also durch eine Zahl ausgedrückt, die etwa 9mal so groß ist wie die Zahl βl. Es mag dahingestellt bleiben, ob die Einführung dieser Einheit als besonders praktisch und bequem irgendwelche Vorteile bietet; man muß sich aber bewußt sein, daß sie keine Einheit im physikalischen Sinne ist, da sie keine Dimension hat und im CGS-System nicht dargestellt werden kann.

2. Dämpfungsmesser. Diese Geräte bestehen aus einer veränderlichen Eichleitung, deren Einstellungswert in βl-Werten oder in willkürlichen Einheiten abgelesen werden kann, und den Schaltorganen, welche die wechselnden Schaltungen schnell auszuführen gestatten. Die Möglichkeit des schnellen Umschaltens ist eine wesentliche Anforderung; während des Einregulierens der Eichleitung werden Stromquelle und Telephon in rascher Folge von der Eichleitung auf das geprüfte Kabel und zurück umgelegt, um den Vergleich der beiden Lautstärken durch das Ohr zu erleichtern.

Steht das zu messende Kabel in Form einer Schleife mit beieinander liegenden Enden zur Verfügung, dann erfolgt die Messung mit einem Dämpfungsmesser in der angegebenen Weise. Bei verlegten Kabeln mit weit auseinanderliegenden Enden sind zwei Stromquellen erforderlich; die eine liefert einen Wechselstrom in das Sende-Ende des zu messenden Kabels, die andere einen Strom von der gleichen Frequenz und Stärke in eine am Empfangs-Ende des Kabels aufgestellte Eichleitung, durch deren Veränderung der Endstrom der Eichleitung auf die Stärke des Kabelendstromes einreguliert wird.

Der Dämpfungsmesser der WEC[1] hat eine etwas andere Arbeitsweise; sie beruht auf einer Substitutionsmethode und ist in Abb. 318 schematisch dargestellt. Man schickt am Empfangs-Ende des zu messenden Kabels einen Wechselstrom bestimmter Stärke und Frequenz durch

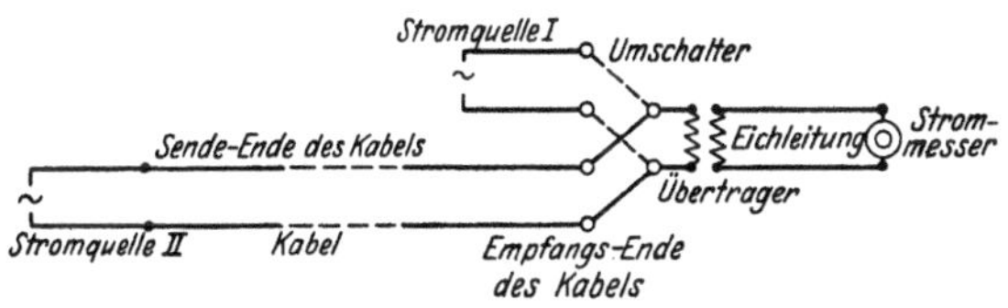

Abb. 318. Arbeitsweise des Dämpfungsmessers der WEC.

eine auf ihren größten Wert eingestellte veränderliche Eichleitung und beobachtet an deren Ende die Stärke des ankommenden Stromes. Dann schickt man aus der Stromquelle II einen Strom von derselben Frequenz und Anfangsstärke in das Sende-Ende des Kabels, während am Empfangsende die Eichleitung mit einem Umschalter von der Stromquelle I auf das Kabel umgeschaltet wird und reguliert die Eichleitung durch Verkleinerung seines Einstellwertes auf den bei der ersten Messung beobachteten Endwert der Stromstärke ein. Aus der ablesbaren Verkleinerung der Einstellung ergibt sich die Dämpfung des Kabels. Die

[1] Capen, Wm. H.: Instandhaltung der Übertragungsgüte in Fernsprechanlagen. El. Comm. 1925, S. 275.

Stromstärke wird gleichgerichtet, verstärkt und an einem Milliamperemeter abgelesen[1]. Die veränderliche Eichleitung war ursprünglich in Standard-Kabel-Meilen von 0 bis 30 geeicht und gestattete Ablesungen bis auf 0,1 Standard-Kabel-Meile genau; sie wurde auf Übertragungseinheiten umkalibriert.

3. Nebensprechmesser. Das Nebensprechen wird als Dämpfung gemessen, indem in die störende Leitung ein Wechselstrom geschickt, die Stromstärke (Lautstärke) in der gestörten Leitung gemessen und an einer Eichleitung diejenige Einstellung aufgesucht wird, bei welcher der Eichleitungsausgangsstrom ebenso stark ist, wie der Strom in der gestörten Leitung. Je nachdem, ob es sich um die Stromstärke am Anfang oder am Ende der gestörten Leitung handelt, wenn der Wechselstrom am Anfang in die störende Leitung tritt, unterscheidet man Nebensprechen und Gegennebensprechen. Bei der Nebensprechmessung müssen die freien Enden beider Leitungen durch Widerstände, welche deren Wellenwiderständen gleich sind, abgeschlossen werden.

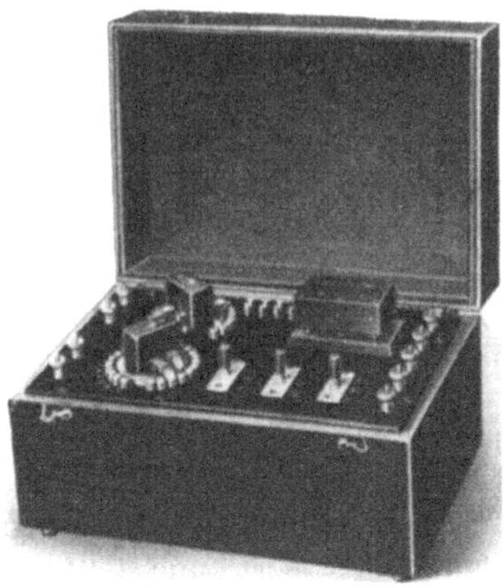
Abb. 319. Nebensprechmesser von F. & G.

Abb. 319 zeigt einen Nebensprechmesser für Kabel in Vierergruppen von F. & G. Die eingebaute Eichleitung hat einen Meßbereich von $\beta l = 6$ bis 12 und wird mit 2 Kurbelschaltern, einen für die ganzzahligen Stufen und einen für die Zehntel-Stufen reguliert. Ein Umschalter bewirkt die Umstellung der vier Leitungen von der Messung des Übersprechens (I/II) auf die Messungen des Mitsprechens (I/V und II/V). In Abb. 320 ist die Meßschaltung des Übersprechens, in Abb. 321 die des Mitsprechens nach U. Meyer[2] dargestellt; R, W und w sind veränderliche Widerstände, die nach der Methode von Breisig berechnet werden können. Bei der Messung des Mitsprechens wird dem Zweig R der H-Schaltung

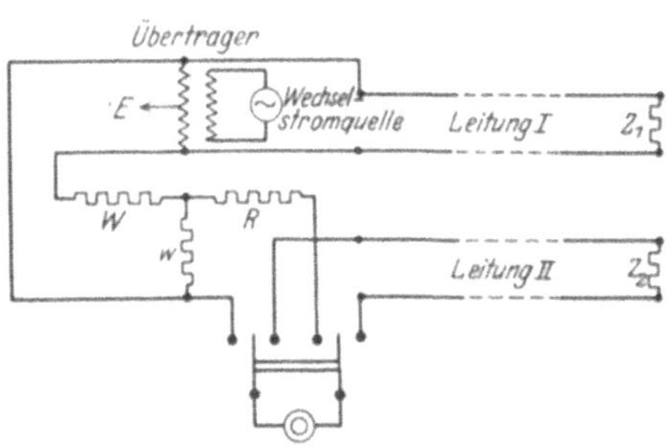

Abb. 320. Messung des Übersprechens nach U. Meyer.

[1] Ausführliche Angaben über verschiedene Streckendämpfungsmesser bei Walther Wolff: Tel.- u. Fernspr.-Techn. 1925, S. 337.

[2] Meyer, U.: Die Messung des Nebensprechens. Tel.- u. Fernspr.-Techn. 1926, H. 1, S. 1.

der Wert r vorgeschaltet, um den Einfluß der die Stämme abschließenden Widerstände $2r$ zu beseitigen.

Die Wechselstromquelle muß stets symmetrisch sein.

In der Regel erstrecken sich die Nebensprechmessungen nicht nur auf die drei Stromkreise eines Vierers, sondern auch auf solche in verschiedenen Vierern. Zur vereinfachten Durchführung der sich hierbei ergebenden Schaltungen dient der Umschalter (Abb. 322) von F. & G., der auf der einen Seite an den Nebensprechmesser, auf der anderen an die beiden Vierer geschlossen wird.

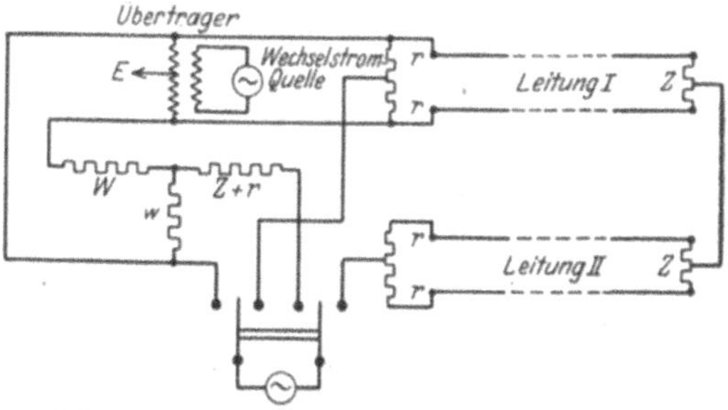

Abb. 321. Messung des Mitsprechens nach U. Meyer.

Zur Messung der Störwirkung benachbarter Starkstromleitungen dienen die sogenannten Geräusch-Spannungsmesser, deren Wirksamkeit ebenfalls auf vergleichenden Lautstärkenmessungen beruht, und deren Hauptbestandteil eine veränderliche Widerstandschaltung ist. Man vergleicht die Lautstärke des in einem verlegten Kabel mit dem angeschlossenen Telephon abgehörten Geräusches mit der Lautstärke einer normierten Stromquelle an den Klemmen des Geräusch-Spannungsmessers, indem man das Telephon abwechselnd an das Kabel und an den Geräusch-Spannungsmesser anschließt und die Lautstärke am Geräusch-Spannungsmesser auf diejenige des Geräusches im Kabel einreguliert. S. & H.[1] benutzt eine Wechselspannung von 800 Per/s, welche im Geräusch-Spannungsmesser von 0,25 bis 130 mV in 10 Stufen mit Spannungssprüngen von je 100% eingestellt werden kann. Die normierte Stromquelle der WEC[2] liefert einen Wechselstrom von niedriger Grundfrequenz und vielen Obertönen. Zur erleichterten Ermittelung der Störungsquelle dient der Geräuschanalysator[3] der WEC; das Gerät enthält einen veränderlich einstellbaren Stromkreis, der mit allen Wechselströmen von 100 bis 2400 Per/s in Resonanz gebracht werden kann.

Abb. 322. Umschalter zum Nebensprechmesser von F. & G. nach Abb. 319.

---

[1] Kaspareck, P. und W. Gebhardt: Geräte für Wechselstrommessungen S. & H.-Druckschrift, S. 47.

[2] Capen, Wm. H.: a. a. O. [3] Ebenda.

D. Stromquellen für Tonfrequenzmessungen.

Die Meßströme können auf maschinellem Wege durch ein rotierendes Magnetfeld, durch mechanische Unterbrechung eines Gleichstromes (Magnetsummer) oder mit Glühkathodenrohrschaltungen erzeugt werden.

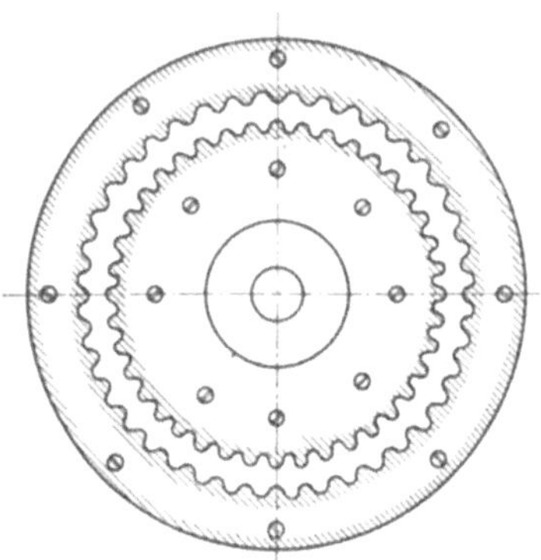

Abb. 323. Polringe der Frankeschen Maschine (S. & H.).

Bis zu deren Einführung wurde in Deutschland die von Ad. Franke[1] im Jahre 1891 angegebene, von S. & H.[2] zu hoher Vollkommenheit entwickelte Doppelankermaschine vorzugsweise verwendet. Der rotierende eiserne Polring (Abb. 323) der Frankeschen Maschine trägt je 40, einander genau gegenüberstehende und annähernd sinusförmig geschnittene Zähne, wodurch ein periodisch veränderliches Magnetfeld entsteht; dieses wiederum ruft in den Wicklungen der beiden voneinander elektrisch unabhängigen Anker je eine periodisch veränderliche EMK von der 40-fachen Umdrehungszahl der Maschine als Periodenzahl hervor. Der eine Anker läßt sich in axialer Richtung verschieben (aus dem Magnetfeld hinausbewegen),

Abb. 324. Tonfrequenzmaschine der WEC.

der andere sich um die Achse verdrehen; dadurch kann in der einen Wicklung die Amplitude, in der anderen der Phasenwinkel stetig und

[1] Franke, Adolf: Die elektrischen Vorgänge in den Fernsprechleitungen, Apparaten. ETZ 1891, S. 447.

[2] Ebeling, A.: Wechselstrommaschine für Messungen mit Sprechfrequenzströmen nach Ad. Franke. ETZ 1913, S. 433.

ablesbar verändert werden. Ad. Franke benutzte seine Maschine zur Ausführung der Zwei-Impedanzen-Methode nach dem Kompensationsverfahren.

Die Maschine der WEC[1] (Abb. 324) erzeugt Wechselströme von 1000 Perioden; der Strom wird in einer Siebkette von den Obertönen gereinigt und unter Zwischenschaltung eines abgeschirmten Übertragers zur Meßschaltung geführt. Ähnliche Maschinen werden auch von S. & H. hergestellt.

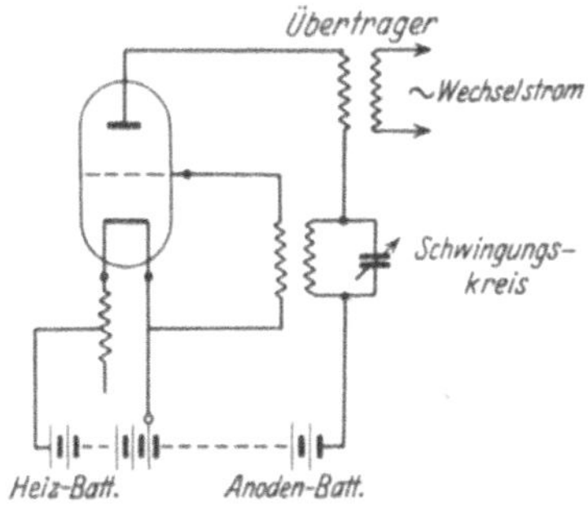

Abb. 325. Röhrensummerschaltung.

Die wichtigsten Stromquellen für Messungen an Telephonkabeln sind die Glühkathodenrohrschaltungen, auch Röhrensummer genannt; ihre Wirkung beruht auf dem in der Abb. 325 schematisch dargestellten Prinzip der Rückkopplung. Solche Summer werden für eine bestimmte Frequenz (800 Per/s) oder für mehrere, durch Umschaltung oder Regulierung einstellbare Frequenzen hergestellt; die Regulierung erfolgt mit veränderlichen Kondensatoren oder durch Herausbewegung des Eisenkerns der Schwingungsspule

Abb. 326. Röhrensummer für große Leistung (S. & H.).

(S. & H.). Abb. 326 zeigt einen Röhrensummer für größere Leistung von S. & H., bei welchem die Frequenz zwischen 150 und 6400 Per/s stetig verändert werden kann. Der als Oszillator bezeichnete Röhrensummer der WEC erzeugt nahezu reine Sinusschwingung und die Frequenz kann in Stufen von 20 Per/s mit einer Genauigkeit von 0,14% zwischen 100 und 5000 Per/s verändert werden.

[1] Capen, Wm. H.: a. a. O.

E. Beispiele für Vorschriften bezüglich der elektrischen Eigenschaften von Luftraumkabeln.

1. Anschlußkabel der Deutschen Reichspost in P- und S-Verseilung.

	Leiterstärke	
	0,6 mm	0,8 mm
Leitungswiderstand für 1 km Doppelader bei 20° C höchstens . . . . Ohm	130,0	73,2
Isolationswiderstand für 1 km bei 20° C mindestens Megohm	5000	5000
Betriebsmäßige Kapazität für 1 km Doppelader höchstens . . . . μF	0,037 + 5%	

Bei 20% aller Adernpaare darf die Kapazität 0,040 μF/km, bei 10% aller Adernpaare 0,042 μF/km bteragen; im zweiten Fall tritt Preisnachlaß ein.

Bei Messung der Kapazität mit Wechselstrom sind die Werte um 1% niedriger.

Das Übersprechen zwischen benachbarten Adernpaaren darf nicht stärker sein, als die Sprechübertragung über eine Leitung mit $\beta l = 7$. Die Messung wird mit Wechselstrom von $\omega = 5000$ ausgeführt, während das Ende der Doppelader mit einem Widerstand von 600 Ohm abgeschlossen ist.

2. Fernleitungskabel der Deutschen Reichspost in D-Verseilung.

	Leiterstärke		
	0,9 mm	1,5 mm	2,0 mm
Leitungswiderstand für 1 km Doppelader bei höchstens 20° C . Ohm	57,8	20,8	11,7
Ableitung der Paare . . . . . . μS	0,8	0,85	1,00
„ „ Vierer . . . . . „	1,4	1,5	1,8
Isolationswiderstand für 1 km bei 20° C mindestens . . . Megohm	5000	5000	5000
Betriebsmäßige Kapazität für 1 km der Paare . . . . μF	0,034	0,036	0,041
„ Vierer . . . . „	0,054	0,058	0,064

Die Abweichung der mit Gleichstrom gemessenen Widerstandswerte für die Hin- und Rückleitung der Stromkreise darf pro Fabrikationslänge nicht mehr als 0,4 Ohm betragen.

Die Betriebskapazität darf von den angegebenen Werten um $\pm$ 12%, bei 10% aller Paare und Vierer um $\pm$ 15% abweichen.

Die Kapazitätsdifferenzen innerhalb eines Vierers dürfen betragen:

Übersprechen ($k_1 = p - q = r - s$) höchstens 200 $\mu\mu$F;

Mitsprechen ($k_2 = p + q$, $k_3 = r + s$) „ 750 „

Für 4 Vierer eines höchstens 100paarigen Kabels oder für 7 Vierer eines höherpaarigen Kabels darf

$$k_1 = 300\,\mu\mu\text{F}$$

sein.

Für das Übersprechen zwischen benachbarten Vierern ist ein Höchstwert von 120 $\mu\mu$F, für 10% der gemessenen Werte 200 $\mu\mu$F, für die Erdkapazitätsdifferenzen ein Höchstwert von 1000 $\mu\mu$F angegeben.

3. Ferntelephonkabel der Schweizerischen Telegraphenverwaltung.

	Leiterstärke	
	0,9 mm	1,4 mm
Leitungswiderstand eines Adernpaares für 1 km Kabellänge bei 20° C höchstens . . . . Ohm	28,3	11,7
Die Abweichung der gemessenen Widerstände der vier Drähte eines Vierers, vom Mittelwert, gebildet aus den vier Werten, darf nicht größer sein als . . . . Ohm	± 0,1	
Isolationswiderstand eines Drahtes von 1 km Länge, gemessen mit 300 Volt Gleichspannung, reduziert auf 20° C, mindestens . . . . Megohm	15000	
Ableitung für 1 km Kabellänge höchstens		
der Paare . . . . μS	0,8	
„ Vierer . . . . „	1,4	
Betriebskapazität für 1 km Kabellänge		
der Paare . . . . μF	0,036	0,039
„ Vierer . . . . „	0,058	0,063

In einer und derselben Fabrikationslänge darf die Betriebskapazität einer Stamm- oder Viererleitung für dieselbe Drahtsorte vom Mittelwert, gebildet aus den Kapazitäten sämtlicher Stamm- oder Viererleitungen, nicht mehr als ± 8% des Mittelwertes abweichen. Dabei darf die Abweichung für 90% aller gleichwertigen Stamm- oder Viererleitungen nicht mehr als ± 5% des Mittelwertes betragen.

Die Kapazitätsdifferenzen dürfen betragen

	$\mu\mu$F	
	Mittelwert	Höchstwert
Übersprechen ($k_1 = p - q = r - s$)	30	100
Mitsprechen ($k_2 = p + q$, $k_3 = r + s$)	75	250
Übersprechen zwischen benachbarten Vierern . .	50	100
Übersprechen zwischen Stamm und Stamm oder Stamm und Vierer in zwei benachbarten Viereren	—	60
Übersprechen zwischen Stamm und Stamm, Stamm und Vierer oder Vierer und Vierer in nicht benachbarten Vierern	—	40
Erdkapazitätsdifferenz der Stämme	100	350
„ „ Vierer	250	700

4. Vorschriften des CCI[1]. (Allgemeine Vorschriften.)

Leitfähigkeit des Kupfers: 1/58 Ohm per m/mm² bei 20° C.
Leitungswiderstand: Höchstens 4% mehr als der gerechnete Wert.
Der Schlaglänge wird nach der folgenden Tabelle Rechnung getragen:

Außendurchmesser der Lage, in welcher der gemessene Draht sich befindet, in mm	Zulässiger Mehrwert des Widerstandes in %
bis 30	1,0
von 30 „ 40	1,6
„ 40 „ 50	2,5
„ 50 „ 60	3,7
„ 60 „ 70	5,0
„ 70 „ 80	7,0

[1] Comité Consultatif International des Communications Téléphoniques à grande distance. Assemblée plénière de Paris, 29. 11. bis 6. 12. 1926, S. 142—145.

Die Widerstandsdifferenz der beiden Drähte eines Paares darf höchstens 1% des Schleifenwiderstandes des Paares betragen.

Isolationswiderstand: Mindestens 10000 Megohm per km Kabel bei mindestens 15° C.

Durchschlagsfestigkeit: Alle Leiter zusammen müssen gegen Bleimantel mindestens 2 Sekunden lang 2000 Volt Wechselspannung von 50 Per/s aushalten ohne durchzuschlagen.

Gegenseitige Kapazität: Der Mittelwert der Paarkapazitäten für Leiter derselben Stärke darf für 90% aller Fabrikationslängen von dem vorgeschriebenen Wert höchstens um $\pm$ 5% verschieden sein; für 10% der Fabrikationslängen ist eine Abweichung von $\pm$ 8% zulässig.

Der Mittelwert der Viererkapazität für Gruppen aus gleichstarken Leitern darf höchstens um $\pm$ 5% verschieden sein von der Zahl, die man gewinnt, wenn man den Mittelwert der Paarkapazitäten derselben Leiter mit 1,62 multipliziert.

Die Differenz zwischen der Kapazität eines Paares und dem Mittelwert der Kapazität aller Paare mit gleich starken Leitern derselben Fabrikationslänge darf von dem genannten Mittelwert in Mittel um 4%, im Höchstfall um 12,5% verschieden sein.

Ableitung. Bezeichnet A die Ableitung, ω die Kreisfrequenz und K die Kapazität, dann darf das Verhältnis

$$\frac{A}{\omega K}$$

bei Messung mit einer Wechselspannung von der Kreisfrequenz 5000 höchstens 0,005 betragen.

Die Kapazitätsdifferenzen, gemessen mit einem Wechselstrom von der Kreisfrequenz 5000, dürfen bei normalen Fabrikationslängen von 230 m höchstens betragen:

für die Messung von	$\mu\mu$F	
	Mittelwert	Höchstwert
Paar gegen Paar	40	150
Vierer „ Paar	150	750
Vierer „ Nachbarvierer	80	300
Paar „ Erde	150	720

Bei Kabeln für Vierdrahtbetrieb darf die Kapazitätsdifferenz zwischen den koordinierten Stromkreisen der beiden Richtungen höchstens 3 $\mu\mu$F betragen.

Für Kabel von der Länge L sind die Zahlen der vorstehenden Tabelle mit

$$\sqrt{\frac{L}{230}}$$

zu multiplizieren. Für Längen unter 100 m gelten dieselben Werte wie für eine 100-m-Länge.

3. Wechselstrommessungen mit Niederfrequenz.

A. Fehlerortsbestimmung mit Wechselstrom.

Die in der Gruppe A beschriebenen Methoden der Fehlerortsbestimmung können auch mit Wechselstrom ausgeführt werden, wenn man die Meßbatterie mit einer Wechselstromquelle, das Galvanometer mit einem Telephon vertauscht und berücksichtigt, daß die Meßergebnisse Scheinwiderstände sind. Allgemein wird hierdurch die Messung verwickelter; in einigen Fällen jedoch bietet die Verwendung des Wechselstromes durch erhöhte Genauigkeit oder Bequemlichkeit Vorteile.

Ist der Übergangswiderstand an der Fehlerstelle des Kabels sehr groß (1 Megohm und mehr), dann ist, da dieser Widerstand bei den Schleifenmethoden in der Batteriezuleitung liegt, zur Ausführung der Messung eine sehr hohe Gleichspannung erforderlich. Solche hohen Gleichspannungen lassen sich ohne weiteres erzeugen; ihre Verwendung zu Fehlerortsbestimmungen macht aber diese Messungen zu schwerfällig und auch zu teuer. Bequemer ist die folgende, von V. Planer[1] vorgeschlagene Methode: an Stelle des Galvanometers in einer normalen Gleichstrombrückenschaltung setzt man einen beliebigen, mechanischen oder elektrischen Unterbrecher und erhöht die Empfindlichkeit der Schaltung durch Verstärkung des zerhackten Gleichstromes mit Glühkathodenröhren; den Strom in der Meßdiagonale stellt man mit Hilfe eines Telephones auf Null ein. Abb. 327 zeigt ein von den NKW. hergestelltes Zusatzgerät zu dem früher beschriebenen Kafobapparat, enthaltend die Unterbrecher, Verstärker und die notwendigen Schaltorgane.

Abb. 327. Gerät für Fehlerortsbestimmung mit Wechselstrom nach Planer (NKW).

Ist an der Fehlerstelle eine Unterbrechung des Kabelleiters eingetreten, dann schickt man von einem Ende aus einen Wechselstrom in das Kabel; an der Fehlerstelle fließt der Strom zur Erde und das hinter der Fehlerstelle folgende Kabelstück bleibt stromlos. Schreitet man das Kabel mit einer geeignet geformten Meßspule in der Hand ab und beobachtet mit einem an die Enden der Spule geschlossenen Telephon den in der Spule vom Kabelstrom induzierten Strom, dann erkennt man die Fehlerstelle an dem Verschwinden des Tones. Abb. 328 zeigt die dreieckförmig gewickelte Fehlersuchspule von H. & B. Bei einem Kabelstrom von mindestens 1 Amp. Stärke kann die Fehlerortsbestimmung an dem in normaler Tiefe verlegten Erdkabel ohne Öffnung des Kabelgrabens erfolgen.

Abb. 328. Fehlersuchspule von H. & B.

B. Verlustmessungen an Starkstromkabeln.

Die dielektrischen Verluste, sowie die im Bleimantel und in der Armierung von Wechselstrom-Einleiterkabeln auftretenden Energiever-

[1] Planer, V.: Nouvelle méthode pour la recherche des défauts dans les câbles à haute tension. Génie civil 1927, S. 193.

luste können mit dem elektrodynamischen Wattmesser direkt oder in einer Brückenschaltung indirekt gemessen werden. Da es sich meistens um relativ kleine Verluste bei großen Scheinleistungen handelt, ist die Messung mit dem Wattmeter unbequem, ungenau und auch nicht immer anwendbar; einfacher und genauer sind Brückenmethoden, die für besondere Zwecke ausgebildet wurden.

1. Die Schering-Brücke. Die von H. Schering[1] angegebene Anordnung der Wienschen Brücke (Abb. 329) dient zur Messung der dielektrischen Verluste in Hochspannungskabeln. Die als Stromquelle dienende Hochspannungswicklung des Prüftransformators ist an einem Pol geerdet, der zweite Pol ist im Brückenpunkt B mit dem Leiter des zu prüfenden Kabels und mit der einen Belegung eines verlustfreien Vergleichskondensators von bekannter Kapazität k_n verbunden. In der Meßdiagonale AD befindet sich als Stromanzeiger ein Vibrationsgalvanometer[2]. Die beiden anderen Brückenzweige werden

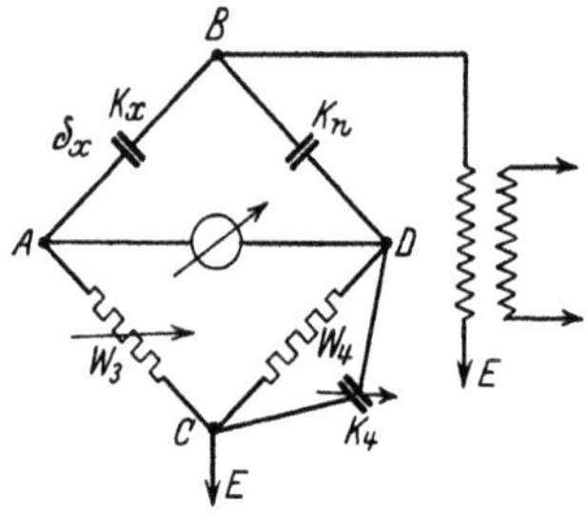

Abb. 329. Die Schering-Brücke.

aus dem veränderlichen Widerstand w_3 und dem unveränderlichen Widerstand w_4, dem die veränderliche Kapazität k_4 parallel geschaltet ist, gebildet; der Brückenpunkt C (zwischen w_3 und w_4) ist geerdet. Die Regulierung der Brücke erfolgt in den Zweigen AC und CD, die sich nahezu auf Erdpotential befinden; auf der Hochspannungsseite der Brücke sind keine Schaltungen vorzunehmen. Der Bleimantel muß von der Erde, allerdings nur der sehr geringen, zwischen den Punkten A und C herrschenden Spannung entsprechend, isoliert sein. Bezeichnet δ_x den gesuchten Verlustwinkel des Kabels, ω die Kreisfrequenz der Meßspannung und denkt man das Kabel durch einen verlustfreien Kondensator von derselben Kapazität k_x ersetzt, dem ein Widerstand

$$w_x = \frac{1}{\omega \cdot k_x \cdot \operatorname{tg} \delta_x}$$

parallel geschaltet ist, dann ist in der Gleichgewichtslage

$$k_x = k_n \cdot \frac{w_4}{w_3} \cdot \frac{1}{1 + (\omega \cdot k_4 \cdot w_4)^2} \sim \frac{w_4}{w_3} \cdot k_n$$

und

$$\operatorname{tg} \delta_x = \frac{1}{\omega \cdot k_x \cdot w_x} = \omega \cdot k_4 \cdot w_4 .$$

Da die Kreisfrequenz der in Deutschland gebräuchlichen technischen Wechselströme meistens $100\,\pi$ ($n = 50$ Per/s) beträgt, gibt

[1] Semm: A. f. E. Bd. 9, S. 30. 1921. — Schering, H.: Isolierstoffe der Elektrotechnik. Berlin: Julius Springer 1924.

[2] Das Vibrationsgalvanometer ist ein Stromanzeiger für Wechselströme, das ein zur Ausführung mechanischer Schwingungen von bestimmter Frequenz geeignetes System (gespannte Feder, Nadel usw.) in einem starken konstanten magnetischen Feld enthält, und das durch das dem konstanten sich überlagernden Wechselfeld des zu messenden Wechselstromes in Schwingungen versetzt wird.

man dem Widerstand w_4 zweckmäßig den Wert $\frac{1000}{\pi} = 319$ Ohm; dann erhält man $\operatorname{tg}\delta_x$ unmittelbar aus der Ablesung an dem veränderlichen Kondensator k_4

$$\operatorname{tg}\delta_x = 100\pi \cdot k_4 \cdot \frac{1000}{\pi} \cdot 10^{-6} = 0{,}1 \cdot k_4\,,$$

wenn k_4, wie üblich, in Mikrofarad eingesetzt wird.

Zur Erhöhung der Genauigkeit fügt man zwischen den Brückenpunkt A und den Regulierwiderstand w_3 einen Schleifdraht S ein (Abb. 330), mit welchem die Feineinstellung des Brückenverhältnisses erfolgt. Ist σ der in der Gleichgewichtsstellung neben w_3 liegende Widerstandswert, dann ist

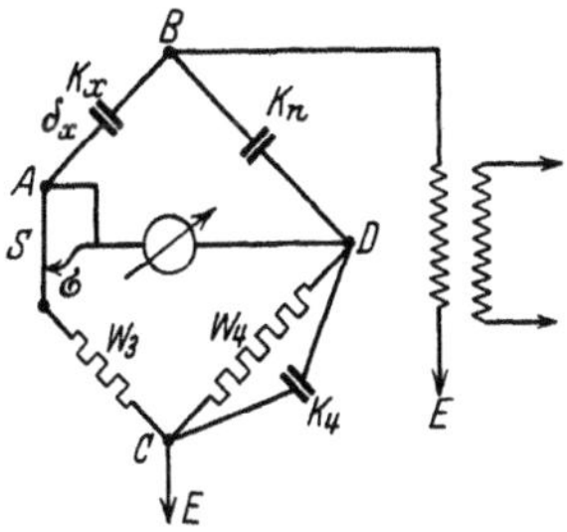

Abb. 330. Schering-Brücke mit erhöhter Genauigkeit.

$$k_x = k_n \cdot \frac{w_4}{w_3 + \sigma}\,.$$

Als verlustfreier Vergleichskondensator wird vorteilhaft ein aus zwei konaxialen Kreiszylindern bestehender Kondensator mit Luft als Dielektrikum verwendet; der Außenzylinder liegt an der Hochspannung, der Innenzylinder ist mit dem Brückenpunkt D verbunden. Bezeichnet d_a die lichte Weite des Außenzylinders, d_i den Außendurchmesser des Innenzylinders, dann ist die Kapazität des 1 m langen Zylinderkondensators

$$k_n = \frac{0{,}02413 \cdot 10^{-3}}{\log \frac{d_a}{d_i}}\,\mu\text{F} = \frac{24{,}13}{\log \frac{d_a}{d_i}}\,\mu\mu\text{F}\,.$$

Zur Vermeidung von Fehlern infolge von Randwirkungen wird der Luftkondensator in der von W. Petersen[1] angegebenen Weise mit geerdeten Schutzzylindern versehen.

Die in der Abb. 331 dargestellte von Schering angegebene Schaltung gestattet die Verlustmessung an ganzen Fabrikationslängen auszuführen[2]. In dem Brückenarm AC liegen hintereinander ein veränderlicher Widerstand w_3', der Schleifdraht S und ein unveränderlicher Widerstand w_3''; dem ganzen Brückenarm ist der feste Widerstand w_5 parallel geschaltet. Die Nullstellung ergibt sich auch hier durch Änderung von w_3' und Verschiebung des Kontaktes auf S. Sind σ_1 und σ_2 die der Nullstellung entsprechenden Abschnitte des Schleifdrahtes in Widerstandswerten ausgedrückt und

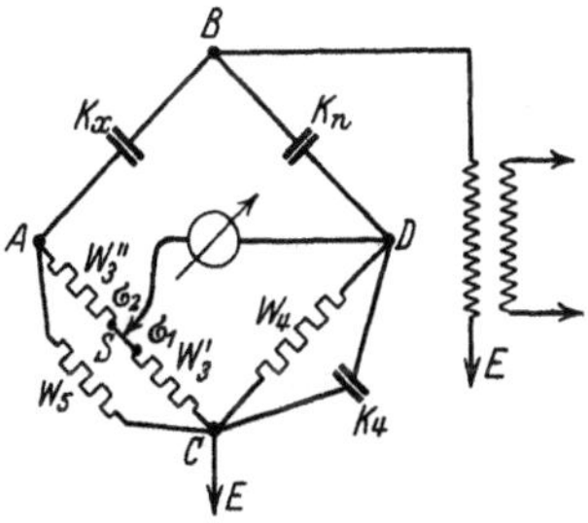

Abb. 331. Schering-Brücke zur Messung ganzer Fabrikationslängen.

[1] Petersen, W.: Hochspannungstechnik, S. 92. Stuttgart 1911.
[2] Zeitschr. f. Instrumentenkunde 1924, S. 98.

setzt man $w_3' + \sigma_1 = a$, $w_3'' + \sigma_2 = b$, $a + b = w_3$, und denkt man k_x und k_n durch Widerstände w_x' und w_n' ersetzt, dann ist, wie man sich leicht überzeugen kann, für die Nullstellung

$$w_x' = \frac{w_5}{w_3 + w_5}\left(\frac{w_N'}{w_4}\,a - b\right).$$

Setzt man in diesem Ausdruck an Stelle der Widerstände w_x', w_N' und w_4 die Scheinwiderstände

$$\frac{w_x}{1 + i\omega \cdot k_x w_x}, \quad \frac{1}{i\omega \cdot k_n}, \quad \frac{w_4}{1 + i\omega \cdot k_4 w_4},$$

dann erhält man, nach Trennung der Reellen von den Imaginären

$$\operatorname{tg}\delta_x = \omega \cdot k_4 w_4 \left\{1 - \frac{N}{k_4} \cdot \frac{b}{a}\right\} \sim \omega \cdot k_4 w_4$$

und

$$k_x = k_n \frac{w_4 \cdot (w_3 + w_5)}{a \cdot w_5} = k_n \cdot \frac{w_4}{w_3' + \sigma_1}\left\{1 + \frac{w_3' + w_3'' + S}{w_5}\right\}.$$

Durch die Wahl eines hinreichend kleinen Wertes w_5 können Verlustwinkel und Kapazität eines mehrere hundert Meter langen Kabels mit einem Luftkondensator von ca. 50 $\mu\mu$F Kapazität gemessen werden.

Bezüglich des Widerstandes w_5 ist zu beachten, daß er das

$$\frac{1}{1 + \frac{w_5}{w_3}}\text{-fache}$$

des Ladestromes des gemessenen Kabels führt; die für ihn zulässige Strombelastung muß somit mit abnehmendem Ohmwert größer werden.

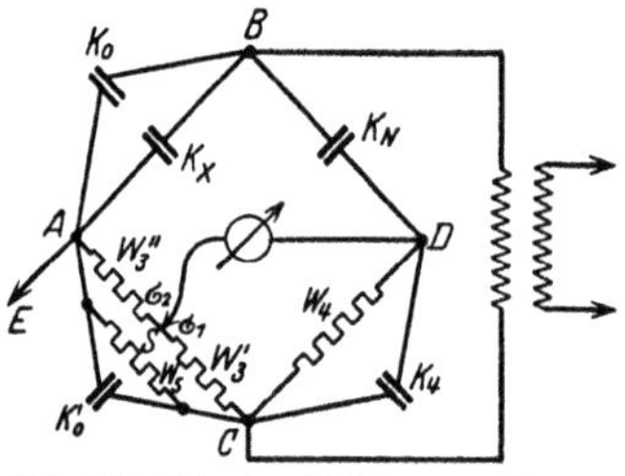

Abb. 332. Schering-Brücke zur Messung verlegter Kabel.

An verlegten Kabeln kann die Messung der dielektrischen Verluste mit der Schering-Brücke nach der in Abb. 332 dargestellten Schaltung[1] erfolgen; hierbei ist statt des Brückenpunktes C der mit dem Bleimantel verbundene Brückenpunkt A geerdet; während die früher geerdete Transformatorklemme an dem Punkt C liegt. Die Erdkapazität k_0 der Zuleitung von der Hochspannungsklemme des Transformators zum Brückenpunkt B erscheint in der Schaltung der zu messenden Kapazität k_x parallel geschaltet; die Erdkapazität k_0' der Zuleitung von der anderen Transformatorklemme zu Punkt C kann, da die Potentialdifferenz zwischen den Punkten B und C sehr klein ist, vernachlässigt werden. Bezeichnet δ den in dieser Schaltung gemessenen, δ_0 den zur Kapazität k_0 gehörigen Verlustwinkel, dann ist das Ergebnis dieser Messung

$$k = k_0 + k_x \quad \text{und} \quad \operatorname{tg}\delta = \frac{k_0 \cdot \operatorname{tg}\delta_0 + k_x \cdot \operatorname{tg}\delta_x}{k_0 + k_x}.$$

[1] Borman, Elisabeth und J. Seiler: Dielektrische Verlustmessungen an einem verlegten Hochspannungskabel. ETZ 1925, S. 114.

Eine Wiederholung der Messung ohne Anschluß des Kabels ergibt die Werte k_0 und δ_0. Dann ist

$$k_x = k - k_0 \quad \text{und} \quad \operatorname{tg}\delta_x = \frac{k_0 + k_x}{k_x}\operatorname{tg}\delta - \frac{k_0}{k_x}\operatorname{tg}\delta_0$$

oder, da k_x viel größer ist als k_0, mit großer Annäherung

$$\operatorname{tg}\delta_x = \operatorname{tg}\delta - \frac{k_0}{k_x}\operatorname{tg}\delta_0 .$$

Dem Verhältnis $\frac{k_0}{k_x}$ zufolge bleibt die notwendige Korrektion selbst bei einem großen Winkel δ_0 klein.

Abb. 333 zeigt den Brückenkasten, den Regulierwiderstand w_3 und den Regulierkondensator k_4 in der von der Phys.-Techn. Reichsanstalt angegebenen Ausführung von H. & B. Der Brückenkasten (in der Mitte des Bildes) enthält einen Kurbelwiderstand mit sechs verschiedenen Werten w_5, den Schleifdrahtwiderstand S, einen Umschalter für das Vibrationsgalvanometer, je zwei (Grob- und Fein-) Spannungssicherungen für die Widerstandszweige AC und DC der Brücke und neun Anschlußklemmen (je eine für k_x, k_n und Erde und je zwei für w_3, k_4 und das Galvanometer). Die sechs im Kasten selbst untergebrachten Widerstandswerte w_5 sind

Abb. 333. Brückenkasten (W_5, S), Regulierwiderstand (W_3) und Regulierkondensator (K_4) für die Schering-Brücke nach Abb. 330 (H. & B.).

$w_0 = \infty$	bemessen für einen Ladestrom bis	0,030 Amp.
= 30 Ohm	„ „ „ „ „	0,075 „
= 10 „	„ „ „ „ „	0,25 „
= 3 „	„ „ „ „ „	0,75 „
= 1 „	„ „ „ „ „	2,5 „
= 0,3 „	„ „ „ „ „	5,0 „

Zur weiteren Vergrößerung des Meßbereichs dienen zwei in einem Zusatzkasten angebrachte Widerstände:

$w_5 = 0{,}2$ Ohm für einen Höchststrom von 10 Amp. und
$= 0{,}06$ „ „ „ „ „ 30 „

Der Kasten links in Abb. 333 ist ein Dekaden-Kurbelwiderstand für w_3, enthaltend je 10mal 0,1, 1, 10 und 100, insgesamt 1111 Ohm induktions- und kapazitätsfreie, nach Wagner und Wertheimer abgeglichene Widerstandsspulen. Der Kasten rechts ist ein Kurbel-Glimmerkondensator mit je 10mal 0,001, 0,01 und 0,1, zusammen 1,11 Mikrofarad Kapazität.

Der 1790 mm hohe und 175 kg schwere Preßgaskondensator von H. & B. (Abb. 334) enthält Stickstoff von etwa 12 Atm.; dementsprechend sind seine Abmessungen viel kleiner als diejenigen des Petersen-Kondensators. Seine Kapazität beträgt etwa 90 cm, seine Prüfspannung 180 kV.

Einen kleineren Luftkondensator (Abb. 335) von 45 cm Kapazität stellten H. & B. ohne Preßgasfüllung her. Die Prüfspannung dieses Kondensators beträgt 40 kV, seine Höhe 1300 mm und sein Gewicht 80 kg. Noch kleiner und wesentlich billiger, aber nicht verlustfrei sind die von Schott und Genossen in Jena aus Minosglas hergestellten Flaschenkondensatoren.

Abb. 336 zeigt das von H. Schering und R. Schmidt[1] angegebene Vibrationsgalvanometer in der Ausführung von H. & B. Das schwingende System besteht aus einer auf einem dünnen Faden aufgehängten

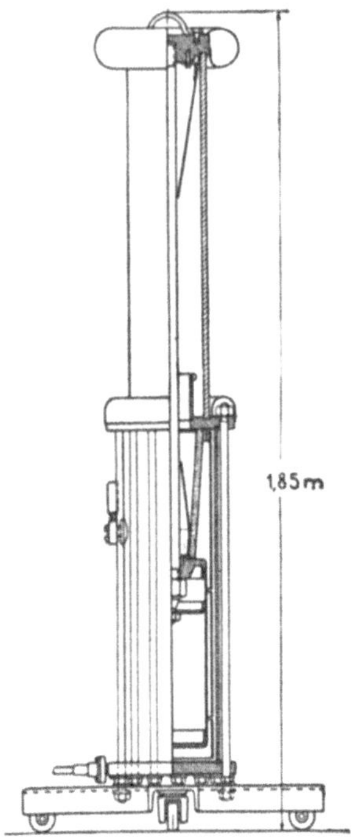

Abb. 334. Preßgaskondensator von H. & B.

Abb. 335. Luftkondensator von H. & B.

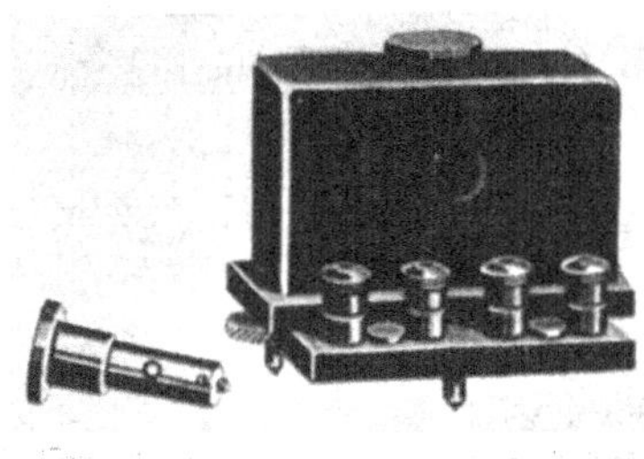

Abb. 336. Vibrationsgalvanometer nach Schering und Schmidt (H. & B.).

eisernen Nadel, deren Eigenschwingung auf die Frequenz des zu messenden Wechselstromes eingestellt werden kann. Die Nadel ist in dem besonderen, neben dem Galvanometer sichtbaren Nadeleinsatz, der von oben in das Gehäuse gesteckt wird, untergebracht; das Gehäuse schützt das Instrument gegen fremde Felder. Zur Beobachtung der Schwingungen trägt die Nadel einen kleinen Spiegel; dieser reflektiert die Strahlen einer Lichtquelle (Fadenlampe) auf eine Mattscheibe, auf welcher bei schwingender Nadel ein breiter Lichtstreifen, in der Nullstellung der Brücke das Bild des glühenden Fadens

[1] Zeitschr. f. Instrumentenkunde. 1918, H. 1, S. 1.

erscheint. Der Strahlengang ist mit einem Beobachtungskasten (Abb. **337**) abgedeckt, so daß die Messung auch in einem hellen Zimmer erfolgen kann. Die Empfindlichkeit des Galvanometers beträgt bei einem Skalenabstand von 1 m etwa 10^{-6} Amp. für 1 mm Ausschlag.

2. Die Wechselstrom-Thomson-Brücke[1]. Der mit einem kleinen Phasenwinkel behaftete Scheinwiderstand $\mathfrak{R}_x$ kann in der Schaltung

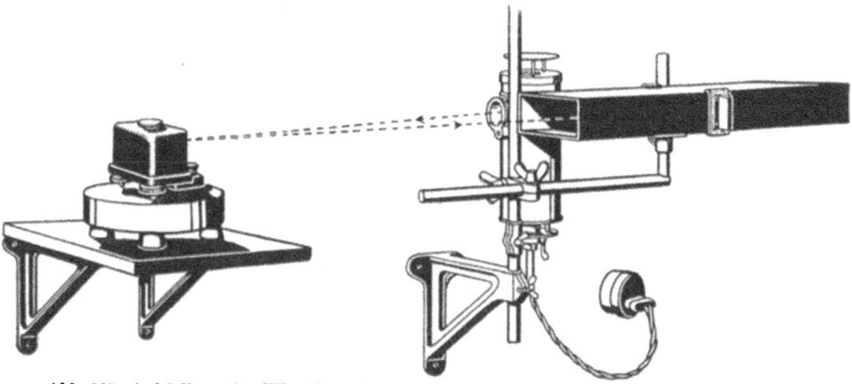

Abb. 337. Aufstellung des Vibrationsgalvanometers und des Beobachtungskastens (H. & B.).

der Thomson-Brücke nach dem Schema in Abb. **338** durch Vergleich mit dem bekannten Scheinwiderstand $\mathfrak{R}_N$ gemessen werden, indem man in zwei Zweigen der Thomson-Brücke die zwei gleichen Ohmschen Widerstände durch zwei gleiche Scheinwiderstände ersetzt. Ist beispielsweise $\mathfrak{R}_x$ ein mit Induktivität behafteter Scheinwiderstand, dann kann man nach Schering für $\mathfrak{R}_1$ einen kapazitiven, oder nach Vogel für $\mathfrak{R}_2$ einen induktiven Scheinwiderstand wählen. Im allgemeinen Fall erhält

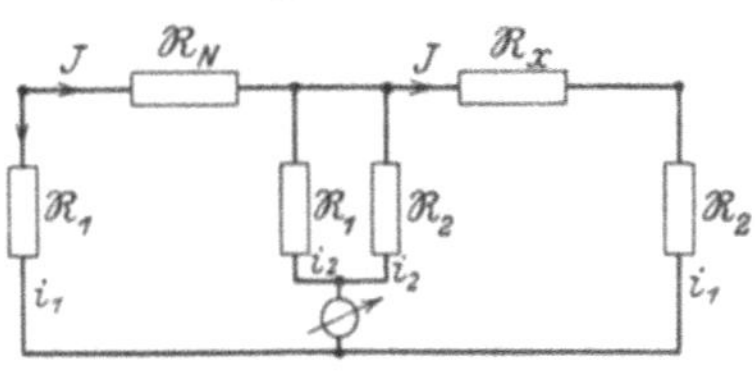

Abb. 338. Die Wechselstrom-Thomson-Brücke.

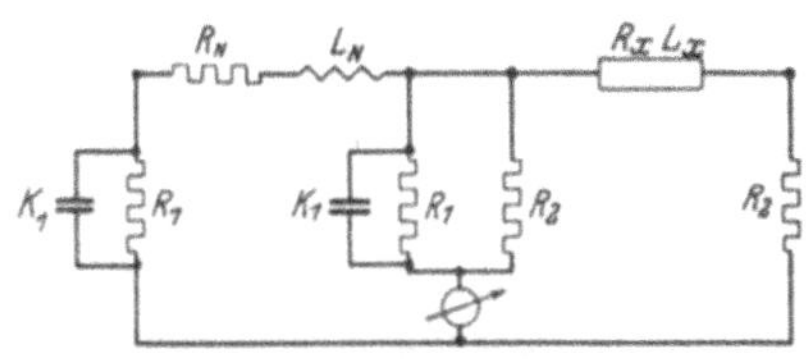

Abb. 339. Wechselstrom-Thomson-Brücke nach Schering.

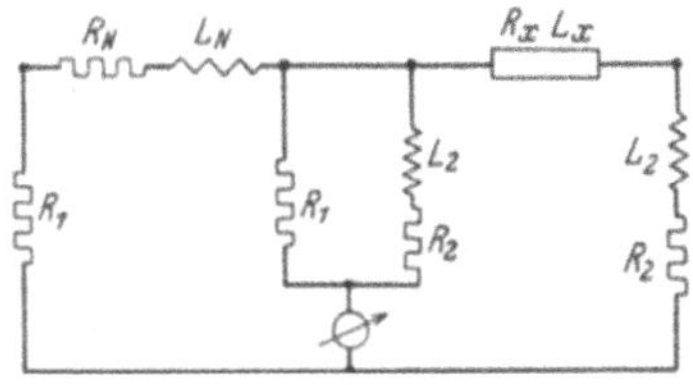

Abb. 340. Wechselstrom-Thomson-Brücke nach Vogel.

man für die Gleichgewichtslage der Brücke die Gleichungen

$$\mathfrak{J}\cdot\mathfrak{R}_N = (i_1 - i_2)\,\mathfrak{R}_1 \quad \text{und} \quad \mathfrak{J}\cdot\mathfrak{R}_x = (i_1 - i_2)\cdot\mathfrak{R}_2$$

[1] Schering, H.: Die Doppelbrücke zur Messung des Phasenwinkels sehr kleiner Widerstände bei technischer Frequenz. ETZ 1917, S. 241, 436. — Vogel, W.: Magnetische Messungen an Einleiterhochspannungskabeln. ETZ 1927, S. 1361.

und daraus die Bestimmungsgleichung

$$\mathfrak{R}_x = \mathfrak{R}_N \cdot \frac{\mathfrak{R}_2}{\mathfrak{R}_1}.$$

Abb. 339 zeigt die von Schering, Abb. 340 die von Vogel angegebene Schaltung. Nach Abb. 339 ist

$$\mathfrak{R}_x = R_x + i\,\omega \cdot L_x\,,$$
$$\mathfrak{R}_N = R_n + i\,\omega \cdot L_N\,,$$
$$\mathfrak{R}_1 = \frac{R_1}{1 + i\,\omega \cdot k_1 R_1}\,,$$
$$\mathfrak{R}_2 = R_2\,.$$

Setzt man diese Ausdrücke in die obige Gleichung für $\mathfrak{R}_x$ ein, so erhält man nach Trennung der reellen Glieder von den imaginären

$$R_x = R_N \cdot \frac{R_2}{R_1} \cdot \left\{1 - \omega \cdot k_1 \cdot R_1 \frac{\omega L_N}{R_N}\right\}$$

und

$$L_x = L_N \cdot \frac{R_2}{R_1} \cdot \left\{1 + \omega \cdot k_1 \cdot R_1 \frac{R_N}{\omega \cdot L_N}\right\}.$$

Ähnlich erhält man für die Vogelsche Anordnung aus

$$\mathfrak{R}_x = R_x + i\,\omega \cdot L_x\,,$$
$$\mathfrak{R}_N = R_N + i\,\omega \cdot L_N\,,$$
$$\mathfrak{R}_1 = R_1\,, \quad \mathfrak{R}_2 = R_2 + i\,\omega\,L_2$$
$$R_x = R_N \cdot \frac{R_2}{R_1} \cdot \left\{1 - \frac{\omega \cdot L_2}{R_2} \cdot \frac{\omega \cdot L_N}{R_N}\right\}$$

und

$$L_x = L_N \cdot \frac{R_2}{R_1} \cdot \left\{1 + \frac{\omega \cdot L_2}{R_2} \cdot \frac{R_N}{\omega \cdot L_N}\right\}.$$

Abb. 341. Wechselstrom-Thomson-Brücke nach Vogel von F. & G.

Abb. 341 zeigt ein in der Vogelschen Anordnung von F. & G. hergestelltes Gerät. Die Widerstände $2 \cdot R_1$ und $2 \cdot R_2$ sind als Dekaden-Kurbelwiderstände ausgebildet und zwangsläufig miteinander verbunden; als Stromanzeiger dient ein Vibrationsgalvanometer. Die Brücke ist auch zur Messung mit Gleichstrom eingerichtet; der Übergang von Wechselstrom zum Gleichstrom erfolgt mit einem Umschalter, während Wechselstrom- und Gleichstromquelle, Vibrations- und Gleichstromgalvanometer dauernd angeschlossen bleiben. Während der Gleichstrommessung werden die Selbstinduktivitäten durch Stöpsel kurzgeschlossen. Die Brücke ist besonders zur Messung der Mantelverluste in Einleiterwechselstromkabeln geeignet;

die Messung kann an Kabelstücken von 10 bis 50 m Länge mit Vergleichsnormalen von $R_N = 0{,}01$ Ohm und $L_N = 0{,}25$ Henry, welche eine dauernde Belastung von 300 Amp. ertragen, mit Wechselströmen von 50 Per/s hinreichend genau ausgeführt werden.

4. Die Prüfung der Kabel mit Hochspannung.

Zur Messung der dielektrischen Verluste in Hochspannungskabeln sowie zur Prüfung der elektrischen Festigkeit der Kabel werden diese mit einer entsprechend hohen Wechselspannung belastet; die Festigkeitsprüfung kann auch mit hoher Gleichspannung erfolgen. Als Stromquelle dient in allen Fällen ein Transformator für Wechsel- oder Drehstrom; für die Gleichspannungsprüfung wird die vom Transformator gelieferte Wechselspannung gleichgerichtet.

1. Der Prüftransformator. Für die Wahl des Transformators ist Art und Höhe der gewählten Prüfspannung sowie die scheinbare Leistungsaufnahme des zu prüfenden Kabels maßgebend. Es sind zwei Fälle zu unterscheiden: Transformatoren für Durchschlagsversuche an kurzen Kabelstücken (hohe Spannung bei kleiner Leistung) und Transformatoren für Belastungsversuche (kleinere Spannung, größere Leistung). Im folgenden werden hauptsächlich Prüftransformatortypen von K. & St. beschrieben.

Man unterscheidet drei Typengruppen von Transformatoren.

1. Das eine Ende der Hochspannungswicklung ist mit dem geerdeten Gehäuse direkt verbunden; das zweite Ende ist als Hochspannungselektrode für die volle Spannung isoliert und die Prüfung erfolgt gegen Erde.

2. Jede der Elektroden ist für die halbe Spannung isoliert. Infolge guter kapazitiver Symmetrie ist die Mitte der Hochspannungswicklung sehr nahe auf das Potential des Gehäuse; durch leitende Verbindung kann die genaue Übereinstimmung gesichert werden. Eine wechselseitige Erdung und Prüfung gegen Erde ist nur bis zur Höhe der halben Spannung zulässig.

3. Beide Elektroden sind für die volle Spannung isoliert. Die Prüfung kann beliebig mit wechselseitiger Erdung und mit voller Spannung erfolgen.

Die kleinsten und leichtesten Modelle sind Einphasentransformatoren für Spannungen von 4 bis 160 kV mit Leistungen von 0,1 bis 10 kVA. Für Kabelprüfzwecke haben diese Transformatoren nur als Stromquellen für Gleichrichter bei Prüfung mit Gleichspannung Bedeutung.

Einphasen-Öltransformatoren für Spannungen bis zu 500 kV werden bezüglich der Isolierung der Hochspannungswicklung in allen drei genannten Ausführungen hergestellt. Abb. 342 zeigt die Ansicht eines 250-kV-Transformators für 250 kVA mit zweiteiliger Sekundärspule; die volle Leistung erhält man sowohl bei 250 als auch bei 125 kV.

Drehstromprüftransformatoren werden nach ähnlichen Gesichtspunkten hergestellt.

Mit zunehmender Spannung wachsen die Schwierigkeiten, welche die Isolierung der Sekundärspule gegen Erde verursacht; zugleich wachsen Raumbedarf, Gewicht und Preis des Transformators. Zur Vermeidung dieser Nachteile dient die als Staffel- oder Kaskadenschaltung[1] bezeichnete, zuerst von K. & St. im Jahre 1919 ausgeführte, aus mehreren Transformatoren bestehende Anordnung. Ihr Prinzip beruht auf der Hintereinanderschaltung der Sekundärwicklungen der Transformatoren bei indirekter Parallelschaltung der Primärwicklungen unter Zuhilfenahme von Zwischentransformatoren. Abb. 343 zeigt eine Staffelschaltung, in welcher vier Transformatoren für je 125 kV eine Prüfspannung gegen Erde von 500 kV ergeben, wobei jede

Abb. 342. 250-kV-Prüftransformator (K. & St.).

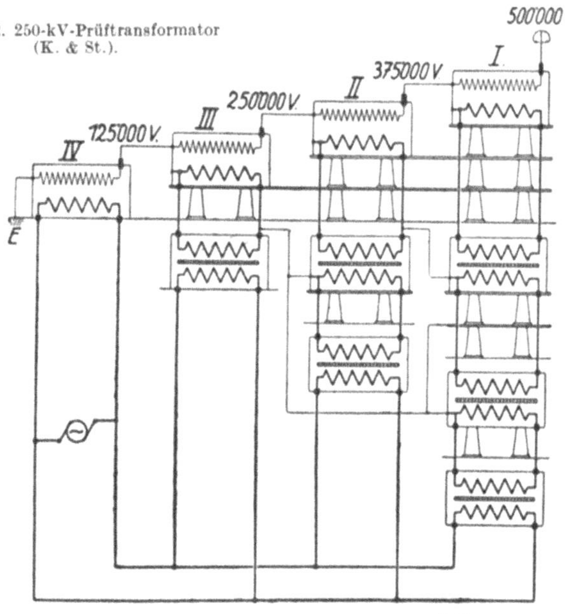

Abb. 343. Staffelschaltung mit Zwischentransformatoren (K. & St.).

Wicklung gegen das Gehause nur für 125 kV isoliert ist. Die linke Hochspannungsklemme des Transformators *IV* ist geerdet, die rechte

[1] Dessauer Patent. Vgl. El. u. Maschinenb. 1918, S. 169; ETZ 1922, S. 969; El. u. Maschinenb. 1922, S. 257. — Franz Pat. Nr. 359186 v. 28. 1. 1908.

mit der linken des Transformators *III*, dessen Gehäuse gegen Erde für 125 kV isoliert ist, verbunden. Mit Rücksicht auf das Gehäusepotential des Transformators *III* wird seiner Primärwicklung die Leistung durch den Zwischentransformator mit dem Übersetzungsverhältnis 1 : 1, dessen Sekundärwicklung von der Primärwicklung für 125 kV isoliert ist, zugeführt; das Gehäuse dieses Zwischentransformators ist geerdet und seine Primärwicklung ist derjenigen des Transformators *IV* parallel geschaltet. Zwischen der geerdeten Klemme des Transformators *IV* und der rechten Klemme des Transformators *III* ergibt sich somit eine Spannung von 250 kV bei der Gesamtleistung der Transformatoren *III* und *IV*. Nach demselben Prinzip schließt sich Transformator *II* mit zwei und Transformator *I* mit drei stufenweise angeordneten Zwischentransformatoren kaskadenförmig an, indem jeweils das Gehäuse des angeschlossenen Transformators auf das

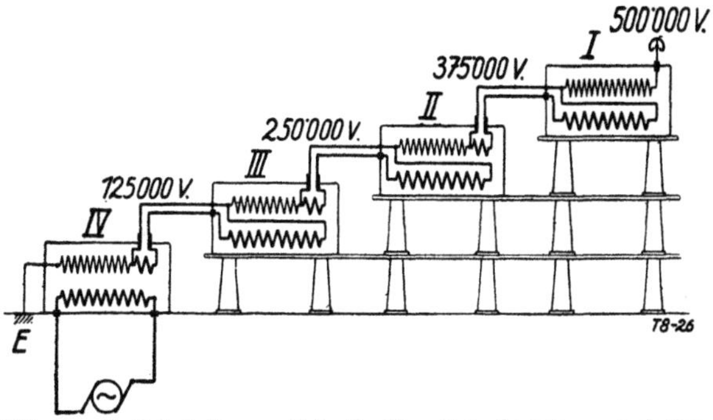

Abb. 344. Staffelschaltung mit in die Haupttransformatoren verlegten Zwischentransformatoren (K. & St.).

Potential der Ausgangsklemme des vorhergehenden Transformators gebracht wird.

Durch Verlegung der Zwischentransformatoren in die Haupttransformatoren wird die Anordnung vereinfacht. Man verlängert (Abb. 344) den Eisenkern des Transformators *IV* und wickelt anschließend an die Sekundärspule eine Anzahl Zusatzwindungen, welche dem System dieselbe Kilovoltamperezahl zuführen, wie in der Schaltung nach Abb. 343 die drei geerdet aufgestellten Zwischentransformatoren. Diese Zusatzwindungen, welche in bezug auf die Erde ein Potential von 125 kV haben, speisen die Primärwicklung des Transformators *III*, diesem ein Drittel ihrer Scheinenergie abgebend, während zwei Drittel auf die Zusatzwindungen der Sekundärspule des Transformators *III* übergehen; diese zwei Drittel sind dieselbe Energiemenge, welche in der Schaltung nach Abb. 343 die beiden für 125 kV isolierten Zusatztransformatoren den Haupttransformatoren *II* und *I* zugeführt haben. Ähnlich erklärt sich die Rolle der Zusatzwindungen im Haupttransformator *II*. Abb. 345 zeigt eine vierstufige Staffel für $4 \cdot 125 = 500$ kVA und $4 \cdot 125 = 500$ kV. Die Stützrahmen sind den hohen Potentialen von 125, 250 und 375 kV entsprechend durch Blechwulste mit großen Krümmungsradien statisch abgeschirmt.

Ein aus der Staffelschaltung entwickeltes Prüfaggregat von K. & St. bringt eine hohe Drehstrom-Prüfspannung mit drei Einphasentransformatoren hervor; zwei von den Transformatoren werden von der Erde für die halbe Klemmenspannung isoliert aufgestellt, wozu die Hochspannungsdurchführungen gegen Erde ebenfalls nur für die halbe Klemmenspannung isoliert sein müssen. Die Anordnung bietet den großen Vorteil, daß die Transformatoren, ohne sie vom Platze zu rühren, auch auf Einphasenprüfspannung umgeschaltet und damit vielerlei Bedürfnissen eines Kabelprüffeldes angepaßt werden können. Durch Hinzufügung von zwei Zwischentransformatoren mit dem Übersetzungsverhältnis 1:1, deren Sekundärwicklung von der Primärwicklung gleichfalls für

Abb. 345. Vierstufige Staffel für 500 kV und 500 kVA (K. & St.).

Abb. 346. Transformatorenaggregat für das Hochspannungsprüffeld eines Kabelwerkes (K. & St.).

die halbe Klemmenspannung der Haupttransformatoren isoliert sind, wird der Spannungsbereich der Einphasenschaltung vergrößert. Abb. 346 zeigt eine solche Prüfanlage. Im Vordergrund sind die drei Haupttrans-

Tabelle 139. Schaltungsmöglichkeiten des Hochspannungs-Prüfaggregates nach Abb. 346.

Lfd. Nr.	Sek.-Spannung kV	Leistung kVA	Stromart	Schaltung		Sekundär-Wicklungen
				Primär	Sekundär	
1	260	450	Drehstrom			in Serie
2	130	450	,,			Parallel
3	150	450	,,			in Serie
4	75	450	,,			Parallel
5	86,6	260	,,			in Serie
6	43,4	260	,,			Parallel
7	150	450	Wechselstrom	Parallel	Parallel	in Serie
8	75	450	,,	,,	,,	Parallel
9	150	450	,,	,,	,,	in Serie
10	75	450	,,	,,	,,	Parallel
11	300	300	,,	,,	Serie	in Serie
12	450	450	,,	,,	,,	Parallel
13	225	450	,,	,,	,,	in Serie
14	225	450	,,	,,	,,	Parallel

formatoren für je 150 kV Spannung und je 150 kVA Leistung zu sehen, zwei sind gegen Erde für 75 kV isoliert. Die Hochspannungswicklungen bestehen aus je zwei gleichen Hälften, deren vier Enden durch die Deckel der Ölkästen geführt sind. Im Hintergrund sind die beiden Zusatztransformatoren und das Schaltpult sichtbar. Mit diesem Aggregat lassen sich 14 verschiedene Schaltungen (Tab. 139) herstellen.

Abb. 347. Lufttransformator für 500 kV (Haefely).

Die Verwendung des Öles als Isolier- und Kühlmittel von Transformatoren für sehr hohe Spannungen vergrößert neben deren Betriebssicherheit nicht unwesentlich auch deren Preis. Deshalb fehlte es nicht an Bestrebungen, den Lufttransformator für sehr hohe Spannungen auszubilden. Besonders hervorgehoben zu werden verdient die erfolgreiche Transformatorkonstruktion, welche Haefely auf Anregung von W. Petersen und auf Grund dessen Vorversuchen ausgebildet und auf den Markt gebracht hat[1]. Abb. 347 zeigt das Bild eines Haefely-Transformators für 500 kV Spannung gegen Erde und 200 kVA. Sein wesentliches Merkmal ist die Verwendung eines Luftmantels als Isolierung zwischen Primär- und Sekundärwicklung[2], und die isolierte Aufstellung des Kerns auf großen Isolatoren. Die Dicke

Abb. 348. Haefely-Transformatoren in der Staffelschaltung für 1000 kV (Cie. Gén. d'Electro-Céramique, Ivry bei Paris).

des von zwei dünnen Isolierzylindern begrenzten Luftmantels ist so bemessen, daß Glimmentladungen im Innern des Luftmantels erst oberhalb der größten vorkommenden Spannung auftreten. Das Gewicht eines solchen Transformators ist etwa ein Drittel desjenigen eines Öl-

[1] Einen anderen Hochspannungs-Lufttransformator beschreibt K. Fischer: ETZ 1925, S. 186.

[2] Heß, W.: Ein Lufttransformator für sehr hohe Spannungen. Zürich 1921. — Derselbe: Erfahrungen und Fortschritte im Bau des Lufttransformators für sehr hohe Spannungen. Basel 1926.

transformators für dieselbe Spannung und Leistung. Der Lufttransformator wird auch in der Staffelschaltung verwendet (Abb. 348).

Ein Nachteil des Lufttransformators ist seine kleine Leistung, wodurch seine Verwendbarkeit im Kabelprüffeld beschränkt bleibt. Man kann jedoch sein Prüfbereich vergrößern, indem man den Ladestrom des Kabels durch Parallelschaltung einer Drosselspule kompensiert. Abb. 349 zeigt eine Haefelysche Luft-Drosselspule für 300 kV und 50 kVA bei 50 Per/s; sie kann bei voller Leistung auf 150 kV umgeschaltet werden. An der Spule ist bemerkenswert, daß sie aus einer großen Anzahl von Teilspulen besteht, deren Eisenkerne voneinander isoliert und durch leitende Verbindung mit der jeweils zugehörigen Teilspule auf deren Potentiale gebracht sind. Durch diese Maßnahme ist die Aufgabe, die Wicklung für eine hohe Spannung zu isolieren, wesentlich erleichtert.

Abb. 349. Luftdrosselspule für 300 kV und 50 kVA (Haefely).

2. Die Regulierung der Spannung. Zur Einstellung einer bestimmten Prüfspannung auf der Hochvoltseite des Transformators muß nach Wahl der am besten geeigneten Schaltung die Niederspannung einreguliert werden. Die Regulierung kann bei Anlagen, welche aus eigenen Generatoren gespeist werden, durch Änderung deren Erregung, bei Transformatoren, die an das Netz angeschlossen sind, durch Regulierwiderstände erfolgen. Diese Art der Regulierung hat den Nachteil, daß die Hochspannung, den Regulierstufen folgend, sich sprungweise ändert und daß die genaue Einstellung einer gewünschten Prüfspannung, besonders bei größeren Spannungsschwankungen im Netz, nicht immer möglich ist.

Zur stufenlosen Spannungsregulierung dienen die unter dem Namen Induktionsregler oder Drehtransformatoren bekannten Apparate. Diese sind Transformatoren, bei welchen die in der Art eines Dynamo-Maschinenankers gewickelte Primärspule der Sekundärspule gegenüber durch Drehung verstellt wird; mit der dadurch hervorgerufenen Änderung der Induktion ändert sich die Sekundärspannung stetig zwischen einem Höchstwert und dem Wert Null.

Der Schubtransformator. Eine einfache Vorrichtung zur stufenlosen Spannungsreglung ist der von F. J. Fischer angegebene[1], von K. & St. hergestellte und weiter entwickelte[2] Schubtransformator; sein Prinzip erläutert die Abb. 350. Die beiden parallel geschalteten,

[1] D.R.P. Nr. 354704 v. 15. 6. 1920.

[2] Reiche, W.: Ein neuer Tranformator zur stufenlosen Spannungsregelung. ETZ 1927, S. 651.

gleich großen, aber in entgegengesetzten Richtungen gewickelten Primärspulen w_1 und w_2 rufen in den Jochen J_1 und J_2, sowie in dem axial verschiebbaren, die Sekundärspule S tragenden Kern die einander entgegengesetzt gerichteten Induktionsflüsse Φ_1 und Φ_2 hervor. In den Endstellungen bildet S mit w_1 bzw. w_2 einen normalen Trans-

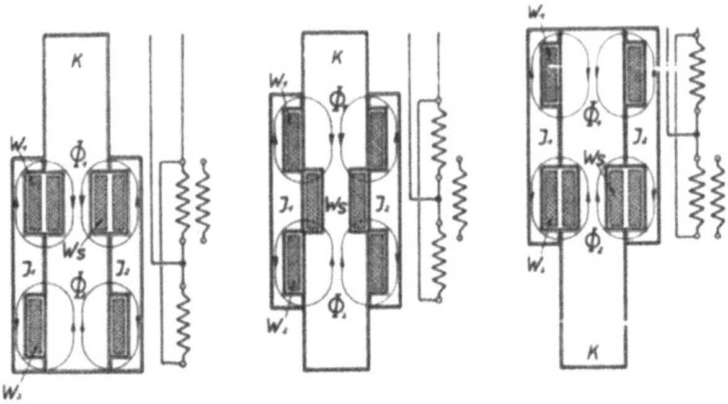

Abb. 350. Grundprinzip des Schubtransformators (K. & St.).

formator, und an den Klemmen von S treten in beiden Fällen gleich große, aber im Vektordiagramm gegeneinander um 180^0 verschobene Spannungen auf. In der symmetrischen Mittelstellung erzeugen Φ_1 und Φ_2 in S gleich große und einander entgegengesetzt gerichtete EMKe und die Klemmenspannung von S wird zu Null. Durch die

Abb. 351. Schaltpult mit Druckknopfschalter zur Betätigung des Schubtransformators (K. & St.).

eigenartige Anordnung der beiden Primärspulen ändert somit der Schubtransformator die Spannung zwischen Null und dem doppelten Betrag der Netzspannung. Bei Apparaten für Kabelprüfanlagen wird die den Kern bewegende Gewindespindel elektrisch angetrieben; zum Einschalten des Motors in der einen oder in der anderen Richtung (für steigende oder sinkende Spannung) dienen gewöhnlich Druckknopfschalter, die am Schaltpult (Abb. 351) angebracht werden. Für

Drehstromnetze wird der Schubtransformator dreifach als Dreiphasenregler ausgebildet.

3. Die Messung der Spannung. Hohe Wechselspannungen mißt man am genauesten mit einem Spannungswandler und Präzisionsniederspannungsvoltmeter; für sehr hohe Spannungen wird jedoch der Wandler zu teuer.

Die Spannungsmessung auf der Niederspannungsseite des Prüftransformators ist unzuverlässig.

Spannungsmessung mit der Kugelfunkenstrecke in Luft nach Vorschrift des VDE[1]. Abb. 352 zeigt eine Kugelfunkenstrecke von K. & St. mit veränderlichem Kugelabstand. Die beiden Kugeln von je 75 cm Durchmesser ruhen auf isolierenden Säulen; durch Verschiebung der einen Säule kann der Kugelabstand vergrößert oder verkleinert werden. Die Säule wird durch einen am Apparat links sichtbaren Elektromotor, dessen Schaltung durch Druckknopftaster vom Schaltpult aus erfolgt, in Bewegung gesetzt; den jeweiligen Kugelabstand gibt die Stellung der beiden Zeiger auf dem Zifferblatt der Meßuhr an. Zur Messung der Spannung verbindet man die Kugeln mit den Polen der zu messenden Spannung und verkleinert den Abstand so lange, bis ein Überschlag eintritt. Der erste Überschlag tritt bei dem Scheitelwert der Spannung ein; zwischen dem Effektivwert der Überschlagsspannung P, dem Durchmesser (D) und Abstand (S) der Kugeln und der relativen, auf einen Druck von 760 mm Quecksilbersäule und auf eine Temperatur von 20° C bezogene Luftdichte δ besteht die von F. W. Peek jr. angegebene Beziehung

Abb. 352. Kugelfunkenstrecke (K. & St.).

$$P = \delta \cdot 19{,}6 \cdot \left(1 + \frac{0{,}775}{\sqrt{\delta \cdot D}}\right) D \cdot \left(\frac{S}{D} \cdot \frac{1}{f}\right),$$

wo man D und S in cm einsetzt und P in kV erhält. f ist ein Faktor, der mit dem Quotienten P/S multipliziert die Durchschlagsspannung

[1] Vorschriftenbuch des VDE, 16. Aufl., S. 435. Berlin: Julius Springer 1929.

der Luft zwischen den Kugeln ergibt und je nachdem, ob eine der Kugeln oder ob der Mittelpunkt der Hochspannungswicklung des Transformators geerdet ist — die obige Gleichung gilt nur für diese beiden Fälle — einen anderen Wert hat. Er ist eine Funktion des Quotienten S/D.

Für einen Luftdruck von b mm Quecksilbersäule und eine Temperatur von t^0 C ergibt sich die relative Luftdichte

$$\delta = \frac{b}{760} \cdot \frac{293}{273 + t} = \frac{0{,}386 \cdot b}{273 + t}.$$

Als normale Kugeldurchmesser gelten 5, 10, 15, 25, 50, 75 und 100 cm; für diese sind die Durchschlagsspannungen bezogen auf $\delta = 1$ berechnet und in Tabellen zusammengestellt[1]. Die in einem praktischen Fall bei b mm Luftdruck und t^0 C Temperatur beobachtete wirkliche Überschlagsspannung P erhält man dann aus dem Tabellenwert P' mit

$$P = K \cdot P',$$

Abb. 353. Dämpfungsvorschaltwiderstand für die Kugelfunkenstrecke (K. & St.).

wo K ein Korrektionsfaktor von der Größe

$$K = \delta \cdot \frac{1 + \frac{0{,}775}{\sqrt{D \cdot \delta}}}{1 + \frac{0{,}775}{\sqrt{D}}}$$

ist und δ nach dem vorhin angegebenen Ausdruck aus b und t berechnet wird. Eine Reihe von Tabellen, die in dem Vorschriftenbuch des VDE enthalten sind, erleichtern diese Berechnungen.

Zur Dämpfung der Schwingungen, die infolge des Überschlages in der Kugelfunkenstrecke erregt werden können, sind nach VDE-Vorschrift der Funkenstrecke induktionsfreie Widerstände von der Größe 0,2 bis 1 Ohm je 1 Volt (Abb. 353) vorzuschalten; bei Erdung der einen Kugel liegt der Widerstand vor der ungeerdeten Kugel, bei der symmetrischen Anordnung vor jeder Kugel der halbe Widerstand.

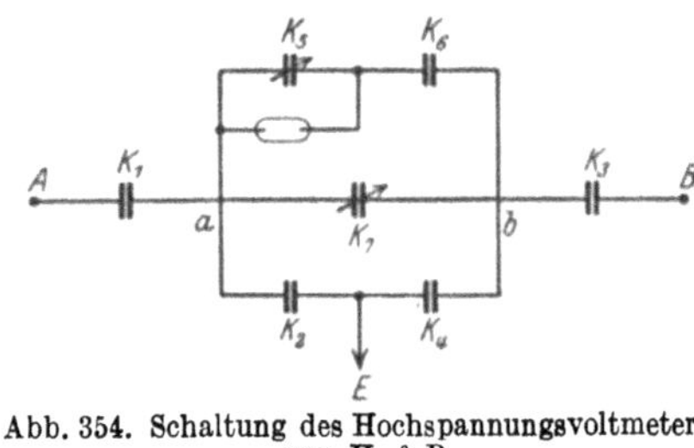

Abb. 354. Schaltung des Hochspannungsvoltmeters von H. & B.

Das Hochspannungsvoltmeter von H. & B.[2] Die Spannungsmessung mit der Kugelfunkenstrecke ist zeitraubend und umständlich. Das H. & B.sche Gerät bietet die Bequemlichkeit, den Effektivwert direkt ablesen, gleichzeitig den Scheitelwert einfach und von den Vorgängen auf der Niedervoltseite unabhängig bestimmen zu können. Seine Wirksamkeit beruht auf dem Prinzip der Spannungsunterteilung durch Kondensatoren und ist in Abb. 354 schematisch angedeutet.

[1] Vorschriftenbuch des VDE, 16. Aufl., S. 439. Berlin: Julius Springer 1929.

[2] Palm, A.: Über neuere Hochspannungsmeßgeräte und ihre Anwendung. ETZ 1926, S. 873 u. 904.

Zwischen den Punkten A und B liegt die zu messende Spannung P. k_1 und k_3 sind zwei aus mehreren, in Reihe geschalteten Hochspannungskondensatoren gebildeten, vertikal stehende Säulen von relativ kleiner Kapazität; die Kondensatoren bestehen aus topfförmig ausgebildeten, ineinander gestellten Porzellankörpern mit nach dem Spritzverfahren aufgebrachten Metallbelegungen und eisernen Verbindungsringen. Als Glimmschutz erhalten die Säulen an ihren oberen, an die Hochspannung angeschlossenen Enden mit Zinkblech benagelte Holzscheiben aufgesetzt, auf deren Rand ein dicker Metallschlauch befestigt ist; Zinkblech und Metallschlauch sind mit dem Hochspannungspol leitend verbunden. k_2 und k_4 sind Niederspannungskondensatoren, deren miteinander verbundene Belegungen geerdet sind; ihre Kapazitäten sind größer als k_1 und k_3. k_7 ist ein als Voltmeter ausgebildeter Drehkondensator mit einem der Spannung proportionalen Zeigerausschlag; k_6 ist ein kleiner Niederspannungskondensator und k_5 ein Drehkondensator, dem eine Glimmröhre parallel geschaltet ist. Mit dem Voltmeter k_7 wird der Effektivwert der zwischen den Punkten a und b herrschenden Spannung p, dadurch die dieser proportionale, zwischen A und B herrschende Spannung P gemessen; der Drehkondensator k_5 und die Glimmröhre dienen zur Messung der Scheitelspannung. Die Glimmröhre hat die Eigenschaft, bei langsamer Spannungserhöhung auf einen genau bestimmten (und bekannten) Scheitelwert P_g anzusprechen. Dreht man den Drehkondensator k_5 langsam in der Richtung der abnehmenden Kapazität und spricht die Glimmröhre bei einer Stellung k_5 an, dann ist der Scheitelwert P_{max} der zwischen den Punkten a und b herrschenden Spannung

Abb. 355. Scheitelspannungsmesser (H. & B.).

$$P_{max} = P_g \cdot \left(1 + \frac{k_5}{k_6}\right).$$

Abb. 355 zeigt den Scheitelspannungsmesser; zwischen 100 und 860 kV ist seine Skala der Spannung praktisch proportional. Mit dem Zeiger ist der außerhalb der Glasscheibe sich befindliche Drehknauf des Kondensators k_5 verbunden; das Schauloch oben dient zur Beobachtung der Glimmröhre. Ein mit der Glimmröhre in Reihe geschaltetes Telephon ermöglicht den Beginn des Glimmens auch akustisch zu beobachten.

Zu den Vorteilen des H. & B.schen Voltmeters gehört neben seiner Genauigkeit und bequemen Handhabung seine Unabhängigkeit von der Symmetrie der zu messenden Spannung der Erde gegenüber und von der Frequenz. Diese Unabhängigkeit ist gegeben, sobald die Bedingung[1]

$$k_1 \cdot k_4 = k_2 \cdot k_3$$

erfüllt ist und sobald die Zeitkonstanten[2] der vier Kondensatoren unter sich gleich sind.

Abb. 356 zeigt die Gesamtanordnung des Gerätes mit den beiden Meßapparaten und den Kondensatorsäulen.

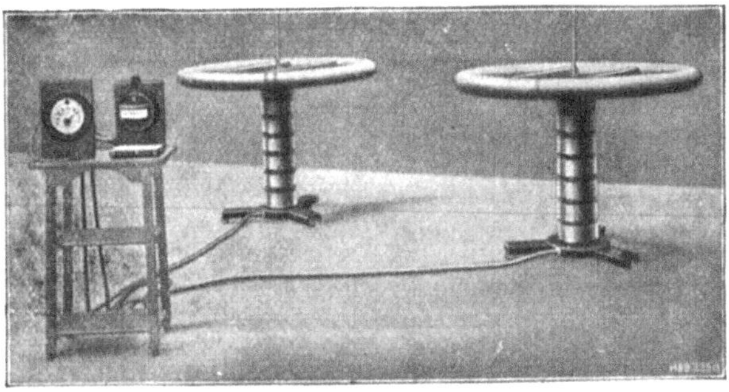

Abb. 356. Hochspannungsvoltmeter von H. & B.

Das Kugel-Kilovoltmeter von K. & St. (Abb. 357)[3]. Das aus einem festen (*1*) und einem beweglichen (*2*) Plattensystem bestehende statische Voltmeter befindet sich in dem kugelförmigen, von einem Isolierstützer getragenen Metallgehäuse (*3*) vom Durchmesser D_1 (ca. 30 cm); der Skala gegenüber ist das Gehäuse mit einer Öffnung zum Ablesen versehen. Rechts und links von der Öffnung, an den Enden eines horizontal verlaufenden Durchmessers der Kugel sind aus deren Oberfläche zwei Kalotten mit dem Zentriwinkel 2α (ca. 30°) ausgeschnitten, von dem Gehäuse durch einen schmalen Luftspalt isoliert und mit den Voltmeterplatten (*1*) und (*2*) verbunden. Durch die Schirmwirkung des Gehäuses sind die Teilkapazitäten des in ihm eingeschlossenen Systems eindeutig definiert. Den Kalotten gegenüber stehen zwei vom Isolierstützer getragene Kugelschalen (*4*) und (*5*) vom Durchmesser D_2 und vom Zentriwinkel 2β (ca. 90°), deren Ränder zur Verhinderung der Strahlung nach außen hin in Ringwulste übergehen. In dieser Konstrukton ist das elektrische Feld weit über den Bereich

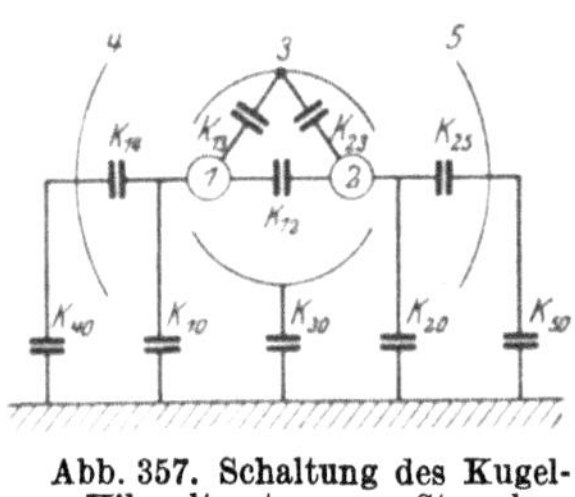

Abb. 357. Schaltung des Kugel-Kilovoltmeters von Sterzel.

[1] Der Beweis hierfür ist in der H. & B.schen Patentschrift D.R.P. Nr. 323490 v. 8. 5. 1919 gegeben.

[2] Die Zeitkonstante multipliziert mit der Kreisfrequenz ergibt die Tangente des Verlustwinkels.

[3] Sterzel, K. A.: Ein statisches Meßgerät für sehr hohe Wechselspannungen. ETZ 1924, S. 117.

der Kalotten hinaus homogen und der zu messenden Spannung proportional. Bei genau symmetrischer Anordnung ergibt die Berechnung der „wirksamen“ Kapazität zwischen *1* und *4* bzw. *2* und *5* aus den fünf Teilkapazitäten und den fünf Erdkapazitäten des Leitersystems mit großer Annäherung den Wert

$$k = \frac{1}{36} \frac{D_1 \cdot D_2}{D_2 - D_1} \left(1 - \cos\alpha\right) \text{ cm}.$$

Abb. 358. Kugel-Kilovoltmeter für 20 bis 240 kV von Sterzel (K. & St.).

Abb. 358 zeigt ein Kugel-Kilovoltmeter für Spannungen bis 240 kV; von etwa 20 kV an ist der Ausschlag der angelegten Spannung fast vollständig proportional. Das Instrument ist etwa 1,2 m hoch.

Das Hochspannungs-Röhrenvoltmeter von Haefely[1] ist ein Scheitelspannungsmesser, bei welchem die Spannungsmessung auf die Messung des gleichgerichteten Ladestromes eines Kondensators von bekannter Kapazität zurückgeführt wird; sie ist von W. Heß und Ed. Welter angegeben.

Zwei gleich große Kugeln[2] (Abbild. 359) stehen in einem gewissen Abstand vertikal übereinander; an der oberen Hälfte der unteren Kugel ist eine Kalotte mit horizontaler Grundfläche durch einen schmalen Luftspalt von dem restlichen Kugelkörper isoliert. Die obere Kugel und die Kalotte bilden den Hochspannungskondensator; die obere Kugel ist mit der Hochspannungsklemme des Transformators, deren Spannung gegen Erde gemessen werden soll, verbunden, von der Kalotte führt eine isolierte Leitung zum Punkte *A* der Meßeinrichtung, während der restliche Teil der unteren Kugel, die nur den Kondensator statisch abschirmen soll, mit der Erde verbunden wird.

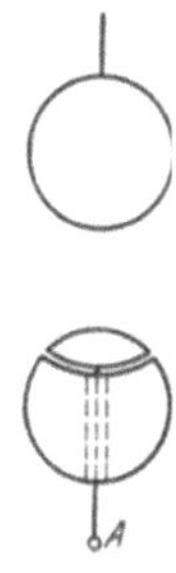

Abb. 359. Kugelkondensator zum Hochspannungs-Röhrenvoltmeter von Haefely.

Die Meßeinrichtung[3] besteht aus einem geschlossenen Stromkreis, enthaltend zwei Glühkathodenröhren, einen Gleichstrom- (Drehspul-) Milliamperemeter und eine kleine Batterie (Abb. 360). Die eine Röhre ist mit der Kathode, die andere mit der Anode an den Punkt *A* angeschlossen; die beiden anderen Elektroden führen durch Milliamperemeter und Batterie zu dem geerdeten Punkt *B*. Die aufeinanderfolgenden halben Wellen des zur Erde abfließenden Ladestromes wer-

[1] D.R.P. Nr. 394014 v. 11. 9. 1923. [2] Vgl. Abb. 347.

[3] Auf Grundlage des D.R.P. Nr. 273819 v. 30. 7. 1913 von A. Bibolini und P. Riboni in Italien.

den von den beiden Röhren abwechselnd durchgelassen und im Meßstromkreis fließt dauernd ein am Milliamperemeter ablesbarer Gleichstrom. Die Batterie dient zur Kompensierung des schwachen, von der Kathodenheizung (4 Volt Wechselstrom) verursachten Stromes; mit ihrer Hilfe wird der Zeiger des Milliamperemeters bei eingeschalteter Heizung, aber spannungslosem Zustand des Kondensators in die Nullstellung gebracht.

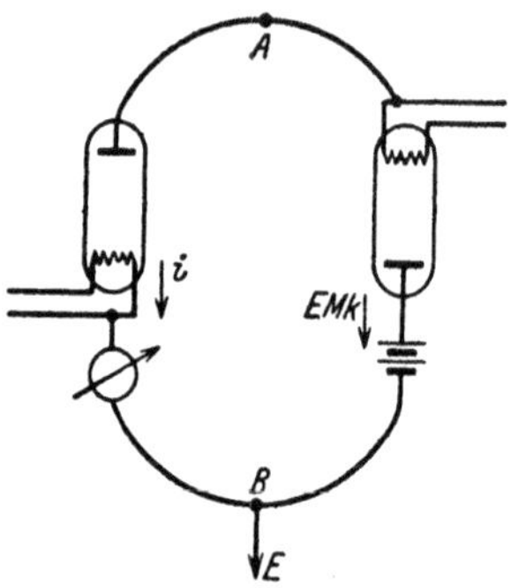

Abb. 360. Meßschaltung zum Röhrenvoltmeter von Haefely.

Ist i der am Milliamperemeter gemessene Gleichstrom in Ampere und k die Kapazität des Kondensators in Mikrofarad, dann ist der Scheitelwert der Wechselspannung bei n Per/s in kV[1]

$$P_{\max} = \frac{1000}{2n} \cdot \frac{i}{k}.$$

Durch Veränderung des Kugelabstandes kann die Kapazität des Kondensators verändert werden; dadurch ändert sich die Empfindlichkeit der Messung oder man stellt den Ausschlag auf einen bequemen Skalenwert ein (z. B. Anzahl kV = Anzahl Skalenteile). Der Kugelabstand wird durch Bewegung der unteren, auf einem Gestell ruhenden Kugel geändert und auf einer Millimeterskala abgelesen.

Das Haefely-Voltmeter zeichnet sich durch eine Reihe großer Vorzüge aus; es kann nahezu beliebig weit vom Transformator, Kondensator und Prüfobjekt aufgestellt werden, die Ablesungen können ohne Unterbrechung der Versuche dauernd und in jeder Phase des Versuchsvorganges erfolgen, die Messung ist unabhängig von atmosphärischen Einflüssen und von der Form der Spannungskurve, solange diese nicht innerhalb der Halbperiode Umkehrpunkte aufweist.

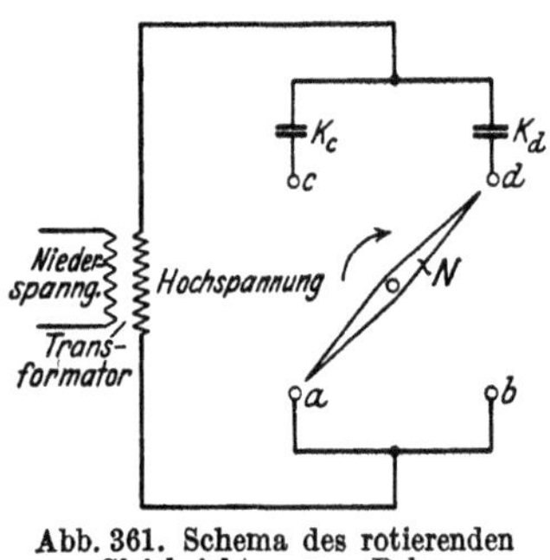

Abb. 361. Schema des rotierenden Gleichrichters von Delon.

4. Die Prüfung der Kabel mit hoher Gleichspannung. Die Prüfung fertig verlegter Kabelstrecken gemäß VDE-Vorschrift mit der 1,5fachen Betriebsspannung erfordert besondere Prüftransformatoren, welche wegen der Größe der notwendigen scheinbaren Leistung zu teuer und schwer transportierbar sind. Einfacher ist die Prüfung mit Gleichspannung.

Die erste brauchbare Anordnung zur Erzeugung hoher Gleichspannungen aus einer Wechselspannung ist der von J. Delon[2] angegebene rotierende Gleichrichter.

[1] Vgl. z. B. A. Roth: Hochspannungstechnik, S. 356. Berlin: Julius Springer 1927.

[2] Armagnat: Bull. Soc. Int. Electr. 1910, S. 613. — Delon, J.: Ersatz des Wechselstromes durch Gleichstrom bei der Spannungsprüfung elektrischer

Eine Nadel N (Abb. 361) sitzt am Ende einer horizontalen, von einem vierpoligen Synchronmotor angetriebenen Achse und rotiert in einer vertikalen Ebene; in dieser sind vier, gegeneinander um 90° versetzte Bürsten a, b, c und d untergebracht, die von der rotierenden Nadel je einmal pro Umdrehung berührt werden. Bei jeder Berührung stellt die Nadel zwischen je zwei einander diametral gegenüberliegenden Bürsten eine leitende Verbindung her. Die Bürsten a und b sind unter sich und mit der einen Hochspannungsklemme eines Transformators verbunden; die Bürsten c und d zu den parallel geschalteten und mit der zweiten Hochspannungsklemme verbundenen Kondensatoren k_c und k_d. Synchronmotor und Transformator werden aus einer gemeinsamen Stromquelle gespeist; während einer vollen Periode des Wechselstromes macht die Nadel eine halbe Umdrehung.

Zur Erklärung ihrer Wirksamkeit sei angenommen, daß sie im Sinne des Uhrzeigers rotiert und daß der Momentenwert der Spannung in dem Zeitpunkt, in welchem die Nadel die gezeichnete Lage einnimmt, $+p'$ beträgt (Abb. 362). Der Kondensator k_d wird positiv geladen und behält seine Ladung bei, weil die Verbindung mit a sofort wieder unterbrochen wird. Nach einer halben Periode ist der Momentenwert $-p'$ und jetzt erhält der Kondensator k_c durch die Nadel von der Bürste b aus eine negative Ladung. Nach einer weiteren halben Periode erhält wieder k den Momentenwert $+p'$ entsprechend einer positiven Ladung, welche sich zu der vorhandenen positiven Ladung addiert usw. Nach kurzer Zeit sind beide Kondensatoren auf die Potentiale $+p'$ und $-p'$ aufgeladen und zwischen den Bürsten c und d besteht die Spannung $2p'$.

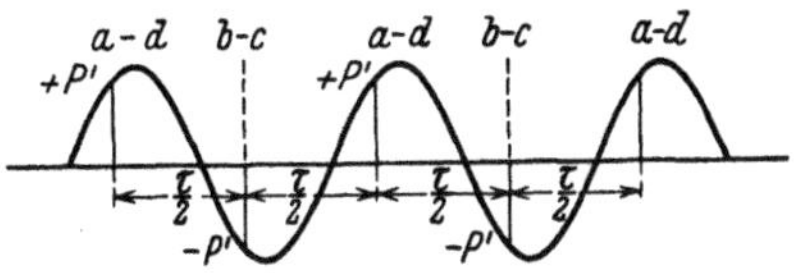

Abb. 362. Wirkungsweise des Delonschen rotierenden Gleichrichters.

Ein zwischen die Bürsten c und d geschalteter Kondensator wird bei Aufrechterhaltung der Potentialdifferenz zwischen c und d durch die rotierende Nadel mit der Gleichspannung $2p'$ belastet; dieser Schaltung entspricht z. B. die Prüfung eines Leiters gegen den geerdeten Bleimantel.

Durch Verschiebung der Zeitpunkte, in welchen die Berührungen zwischen Nadel und Bürsten erfolgen, kann der wirksame Momentenwert der Spannung zwischen Null und dem Scheitelwert geändert werden; auf diese Weise erfolgt die Spannungsregulierung[1] durch Verdrehung des Stators des Synchronmotors mit dem in der Abb. 363 sichtbaren Handrad. Unter der Annahme einer sinusförmigen Spannungskurve vom Effektivwert P_{eff} ist die größtmögliche Gleichspannung

$$2 \cdot \sqrt{2} \cdot P_{eff} = 2,84 \cdot P_{eff}.$$

Leitungen. ETZ 1912, S. 1179. — Lichtenstein, L.: ETZ 1914, S. 1008. — Weiset, M.: Berl. Diss. 1915 und ETZ 1920, S. 48. — Allen, N. A.: Testing high voltage Cables with D. C. after Installation. El. Comm. 1926, S. 184.

[1] Fischer, F. J.: Mitt. V. El.-Werke 1923, Nr. 341, S. 249.

Infolge Spannungsverluste an den Übergangsstellen zwischen Nadel und Bürsten bleibt der erreichbare Höchstwert hinter diesem theoretischen Wert zurück; praktisch rechnet man mit dem 2,6-fachen des Effektivwertes. Zur Prüfung nach dem Delonschen Verfahren mit einer Gleichspannung von P Volt genügt demnach ein Transformator, der bei kleiner scheinbarer Leistung eine effektive Sekundärspannung von 0,4 P Volt erzeugt.

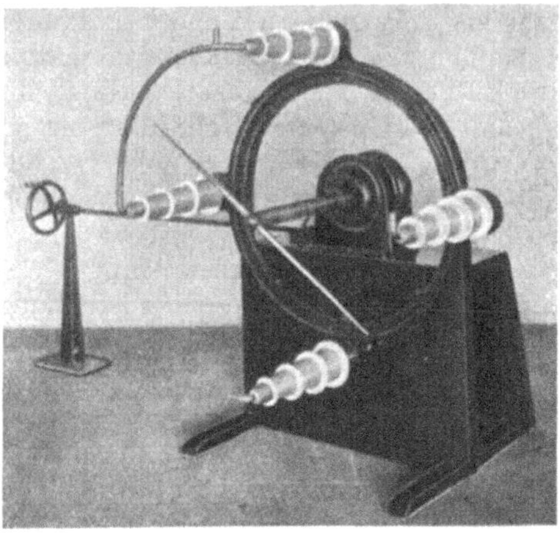

Abb. 363. Rotierender Gleichrichter nach Delon (K. & St.).

Für fahrbare Prüfanlagen werden Transformator und Gleichrichter zusammengebaut (Abb. 364). Der Synchronmotor sitzt auf dem Deckel des Transformatorgehäuse und die Nadel, die in eine isolierende Scheibe eingebettet ist, rotiert um eine vertikale Achse.

Als Nachteil des Delonschen Verfahrens gelten die zwischen Nadel und Bürsten auftretenden Funken. Zu ihrer Verkleinerung empfiehlt Fischer[1] möglichst auf dem absteigenden Ast der Sinuskurve zu arbeiten; die Gefahr wird dadurch verkleinert, aber nicht beseitigt. Dieser Umstand hat mit dazu beigetragen, bei Kabelprüfanlagen den rotierenden Gleichrichter durch den bequemen Glühkathodengleichrichter[2] zu ersetzen.

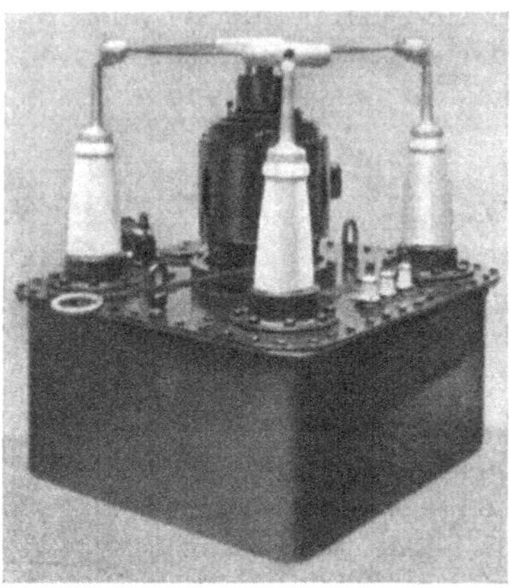

Abb. 364. Transformator mit auf dem Gehäusedeckel montiertem rotierenden Gleichrichter. (K. & St.)

Die Glühkathodenröhre läßt den Strom nur in der Richtung von Anode zu Kathode, also von jeder Periode des Wechselstromes nur die eine Hälfte durch. Zur Ausnutzung beider Wellenhälften verwendet man zwei gegengeschaltete Röhren (Abb. 365); die eine wird mit der Kathode, die andere mit der Anode an die eine Hochspannungs-klemme des Transformators geschlossen, während die anderen Elektroden zu den Kondensatoren k_1 und k_2, die zueinander parallel

[1] Fischer, F. J.: a. a. O.

[2] Nach dem Vorschlag von S. Dushman: Phys. Rev. Bd. 5, S. 339; ETZ 1915, S. 527.

an die zweite Hochspannungsklemme geschlossen sind, und zu dem geprüften Kabel führen. Die Wirkung der Kathodenröhren ist im Endeffekt dieselbe wie die des rotierenden Gleichrichters; ist P der Effektivwert der sekundären, sinusförmig gedeckten Wechselspannung, dann wird der Kondensator k_2 auf das Potential $+ 2 \cdot P$, der Kondensator k_1 auf $- 2 \cdot P$ geladen und das Kabel bei dauernder Aufrechterhaltung dieser Potentiale einer Gleichspannung von $2 \cdot \sqrt{2} \cdot P = 2{,}84 \cdot P$ Volt unterworfen. Praktisch rechnet man nur mit dem Wiedergewinn von 85% der Wechselspannung, so daß die zur Verfügung stehende Gleichspannung im Höchstfalle

$$2 \sqrt{2 \cdot P} \cdot 0{,}75 = 2{,}4 \cdot P \text{ Volt}$$

beträgt.

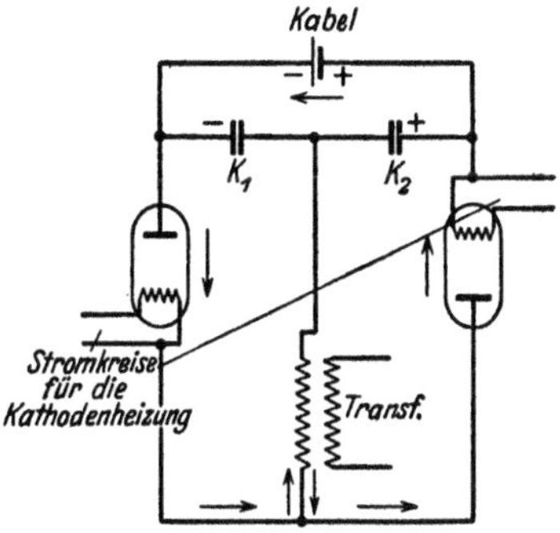

Abb. 365. Schema des Glühkathodenrohr-Gleichrichters.

Zur Kathodenheizung benutzt man Wechselspannung von 8 Volt, welche von zwei an die Stromquelle des Hochspannungstransformators geschlossenen Heiztransformatoren geliefert wird. Die Messung des Heizstromes mit einem Amperemeter erfolgt auf der Niedervoltseite, seine Regulierung auf der Hochvoltseite des Heiztransformators. Die Prüfspannung wird mit einer Peekschen Kugelfunkenstrecke gemessen und auf der Niederspannungsseite des Prüftransformators reguliert. Mit einem Milliamperemeter im Gleichspannungskreis mißt man den das Kabel durchfließenden Gleichstrom.

Bei der Prüfung eines verlegten Dreileiterkabels können die Kapazitäten k_1 und k_2 der Schaltung durch Teilkapazitäten des geprüften

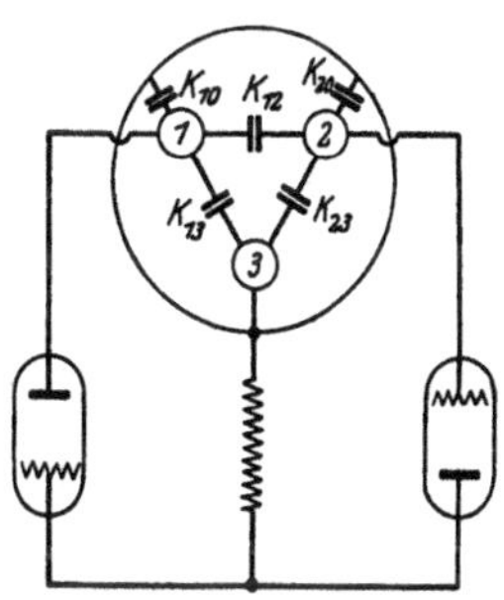

Abb. 366. Vereinfachte Gleichrichterschaltung für Kabelprüfung.

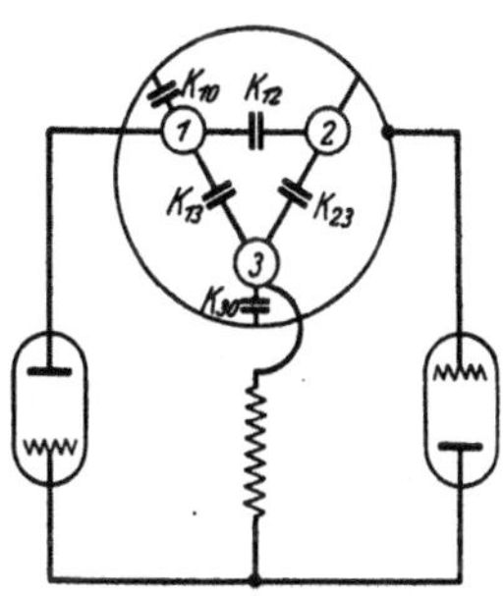

Abb. 367. Vereinfachte Gleichrichterschaltung für Kabelprüfung.

Kabels selbst ersetzt werden. Bei der Prüfung des Leiters *1* gegen den Leiter *2* (Abb. 366) bei gleichzeitiger Verbindung des Leiters *3* mit dem (geerdeten) Mantel tritt an Stelle der Kapazität k_1 die Teilkapazitätensumme $k_{10} + k_{13}$, an Stelle von k_2 die Summe $k_{20} + k_{23}$. Wie aus der Schaltung hervorgeht, werden hierbei die Leiter *1* und *2* gegen den Leiter *3* und den Mantel mit der Hälfte der zwischen *1* und *2* wirksamen Gleichspannung belastet. Bei der Prüfung des Leiters *1* gegen den Mantel (und den Leiter *2*) mit der vollen Spannung erfolgt die Prüfung gegen den Leiter *3* mit der halben Spannung und die Schaltungskapazitäten k_1 und k_2 sind durch k_{13} und $k_{23} + k_{30}$ ersetzt. Im Falle der Abb. 366 fließt der Meßstrom durch die Teilkapazität k_{12}, im Falle der Abb. 367 durch die Teilkapazitäten $k_{12} + k_{10}$. Bei der

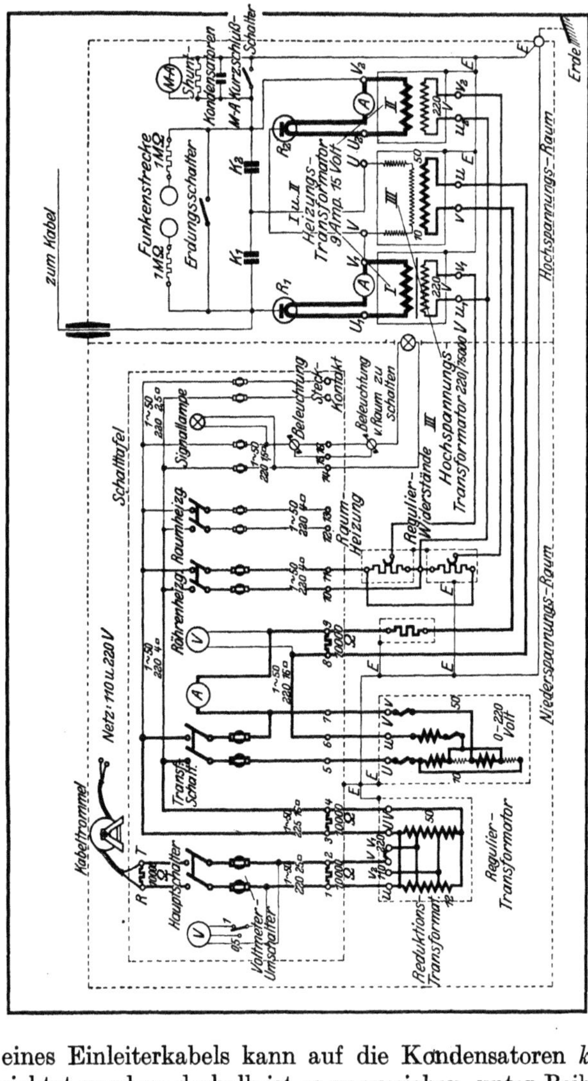

Abb. 368. Schaltung einer fahrbaren Gleichspannungsprüfanlage für Kabel von K. & St.

Prüfung eines Einleiterkabels kann auf die Kondensatoren k_1 und k_2 nicht verzichtet werden; deshalb ist es vorzuziehen, unter Beibehaltung der Kondensatoren k_1 und k_2 nur gegen Erde zu prüfen, ein Dreileiterkabel z. B. in der Schaltung der Kapazitätsmessung eines Leiters gegen zwei Leiter und Bleimantel. Abb. 368 zeigt die Schaltung des nach diesem Prinzip gebauten fahrbaren Apparates von K. & St.;

der für maximal 75 kV bestimmte Transformator gibt Gleichspannungen bis zu 180 kV gegen Erde. Die Kondensatoren k_1 und k_2 haben 0,01 μF. Kapazität. Ein kurzschließbarer Milliamperemeter mißt den Meßstrom. Da die Kathode der zum Hochspannungspol führenden Röhre an die Hochspannungswicklung des Transformators angeschlossen ist, muß in dem zugehörigen Heiztransformator die Niedervoltwicklung dem hohen Röhrenpotential entsprechend isoliert sein. Die in Abb. 369 dargestellte Anordnung ohne den Kondensatoren k_1 und k_2 dient in England und den Vereinigten Staaten zur Prüfung von verlegten Dreileiterkabeln; in der gezeichneten Schaltung wird ein Leiter gegen den Bleimantel mit der vollen, gegen die beiden anderen Leiter auf der halben Spannung geprüft. Den zwei verschiedenen Prüfspannungen entsprechen zwei verschiedene Gleichströme, zu deren Messung die

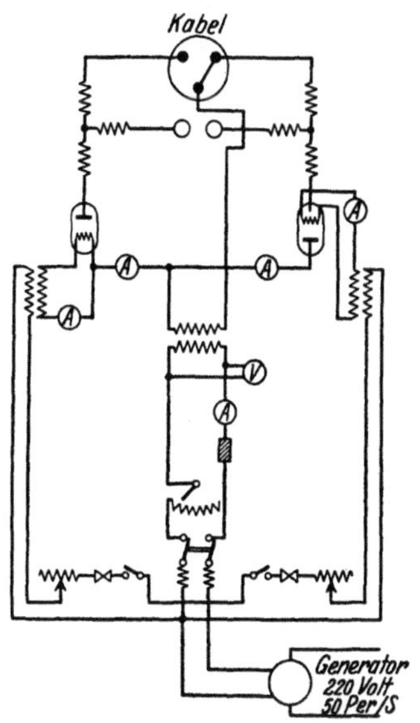

Abb. 369. Fahrbare Gleichspannungsprüfanlage der St. E. C.

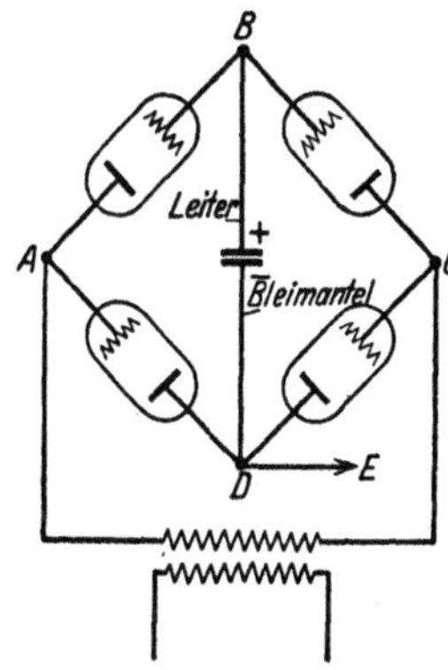

Abb. 370. Die Graetzsche Gleichrichterschaltung.

beiden Milliamperemeter dienen. Die der zuletzt beschriebenen Schaltung entsprechende fahrbare Prüfanlage der St.T.C.C. ist auf einem Wagen von 4×2 m Plattengröße aufgebaut; als Stromerzeuger dient ein von einem Petroleummotor angetriebener Wechselstromgenerator, der bei 50 Per/s eine Spannung von 220 Volt erzeugt, die in einem 5-kVA-Transformator auf 75 kV erhöht wird.

Abb. 370 zeigt eine von Graetz[1] für elektrolytische Gleichrichter angegebene, für Glühkathodenröhren anwendbare Schaltung. Sie besteht aus vier Röhren, die in der Art eines Wheatstoneschen Vierecks so zusammengesetzt sind, daß an den Endpunkten der einen Diagonale je zwei Kathoden bzw. je zwei Anoden liegen. Dann ist an dieser Diagonale dauernd eine Gleichspannung vorhanden, wenn man an der zweiten Diagonale dauernd eine Wechselspannung unterhält. Die Eckpunkte A und C legt man an die Hochspannungswicklung des Transformators,

[1] Wied. Ann. Bd. 62, S. 323. 1897.

den Leiter des zu prüfenden Kabels an den Eckpunkt B, den geerdeten Bleimantel an den Eckpunkt D; bei sinusförmiger Wechselspannung zwischen A und C wird zwischen B und P eine Gleichspannung herr-

Abb. 371. Innenansicht der fahrbaren Gleichspannungsprüfanlage der AEG.

schen, die $\sqrt{2}$-mal so groß ist als der Effektivwert der Wechselspannung. Die Graetzsche Schaltung verzichtet somit auf die Spannungsver-

Abb. 372. Außenansicht des Prüfwagens mit der Gleichspannungsprüfanlage der AEG.

dopplung durch Kondensatoraufladung nach dem Delonschen Prinzip, vergrößert aber dafür die zum Zweck der Prüfung zur Verfügung stehende Energiemenge.

Abb. 371 zeigt die Innenansicht einer fahrbaren, in der Graetzschen Schaltung ausgeführten Prüfanlage für 200 kV der AEG mit dem Transformator, den auf den Hochspannungsdurchführungen aufgebauten vier Röhren und dem Induktionsregler; Abb. 372 zeigt die Außenansicht des Prüfwagens.

5. Hochspannungsprüfungen an Kabeln. Hauptsächlich sind es drei Arten von Hochspannungsprüfungen, die an Hochspannungskabeln regelmäßig auszuführen sind:

a) Prüfung der elektrischen Festigkeit durch Belastungsversuch an Fabrikationslängen in der Kabelfabrik und an fertig verlegten Kabelstrecken.

b) Prüfung der elektrischen Festigkeit durch Bestimmung der Durchschlagsspannung kurzer Kabelstücke.

c) Messung des dielektrischen Verlustwinkels.

In den meisten Ländern sind die Prüfungen unter a) und c), zum Teil auch unter b), normalisiert. Im folgenden sind einige der bestehenden Bestimmungen zusammengestellt:

1. VDE-Vorschrift für die Spannungsprüfung von Bleikabeln mit getränkter Papierisolierung. In der Tabelle 140 bezeichnet

Tabelle 140. VDE-Vorschrift für die Spannungsprüfung von Bleikabeln mit getränkter Papierisolierung.

Kabelart	Schaltung	P_f Volt	T_f Min.	P_w Volt	P_g Volt	T_v Min.
Einleiter-Gleichstrom-Bleikabel bis 1 kV	*1* gegen *M*	2500	30	—	—	—
Prüfdrähte . .	gegen *1* und *M*	1250	30	—	—	—
Einleiter-Wechselstromkabel	*1* gegen *M*	$2{,}5\,U_0 + 1000$[2]	20	$2\,U_0$	$4\,U_0$[3]	60
Mehrphasenkabel, verseilt aus Einphasenwechselstromkabeln . . .	*1+2+3* gegen *M*	$2{,}5\,U_0 + 1000$[2]	20	$2\,U_0$	$4\,U_0$[3]	60
Zweileiterkabel	*1* gegen *2*	$2\,U + 1000$[2]	15	$1{,}5\,U$	$3\,U$[4]	30
„	*1+2* gegen *M*	$2\,U + 1000$[2]	15	$1{,}5\,U$	$3\,U$[4]	30
Dreileiterkabel	*1+2* „ *3+M*	$2\,U + 1000$[2]	10	$1{,}5\,U$	$3\,U$[4]	20
„	*1+3* „ *2+M*	$2\,U + 1000$[2]	10	$1{,}5\,U$	$3\,U$[4]	20
„	*2+3* „ *1+M*	$2\,U + 1000$[2]	10	$1{,}5\,U$	$3\,U$[4]	20
	oder					
„	*1+2+3* gegen *M*	$2\,U + 1000$[2]	15	$1{,}5\,U$	—	30
„	*1* gegen *2* gegen *3*	$2\,U + 1000$[1]	15	$1{,}5\,U$[1]	—	30
Vierleiterkabel	*1+3* gegen *2+4*	$2\,U + 1000$[2]	15	$1{,}5\,U$	$3\,U$[4]	30
„	*1+2* „ *3+4*	$2\,U + 1000$[2]	15	$1{,}5\,U$	$3\,U$[4]	30
„	*1+2+3+4* geg. *M*	$2\,U + 1000$[2]	10	$1{,}5\,U$	$3\,U$[4]	20

[1] Prüfung mit Drehspannung. [2] Prüfung mit Wechselspannung.

[3] Prüfung kurzzeitig mit $5{,}5\,U_0$
[4] Prüfung kurzzeitig mit $4{,}2\,U$
} wenn diese Gleichspannungen nicht höher liegen, als der Scheitelwert der Prüfspannung für die Durchführungsisolatoren in den Endverschlüssen des Kabels. Kontrolle durch Kugelfunkenstrecke.

1, *2*, *3*, *4* und *M* die Adern und den Mantel eines Bleikabels,
U_0 die Phasenspannung in Volt (Spannung einer Ader gegen Mantel),
U die Betriebsspannung (Spannung zwischen zwei Adern, verkettete Spannung) in Volt,
P_f Prüfspannung in der Fabrik (mit Wechselspannung) in Volt,
T_f Dauer der Prüfung in der Fabrik in Minuten,
P_w Prüfspannung nach der Verlegung mit Wechselstrom in Volt,
P_g Prüfspannung nach der Verlegung mit Gleichstrom in Volt,
T_v Dauer der Prüfung nach der Verlegung in Minuten.

Prüfung eines Mindestwertes der elektrischen Festigkeit. Ein beliebiges, dem Kabel entnommenes Stück von höchstens 5 m Länge wird bei Einleiter-Wechselstrombleikabeln und bei Mehrphasenkabeln, die aus Einleiter-Wechselstrombleikabeln verseilt sind, mit $5\,U_0$, bei verseilten Mehrleiterkabeln mit $5\,U$ 5 Minuten lang geprüft und muß der Prüfung standhalten. Die Spannung wird schnell auf den vorgeschriebenen Wert gesteigert.

Prüfung eines Mindestwertes der mechanischen Widerstandsfähigkeit der Isolierhülle. Ein beliebiges von der Bewehrung befreites Kabelstück von höchstens 5 m Länge ist bei Raumtemperatur (nicht unter 10° C) über einen Kern vom Durchmesser D aufzuwickeln, wieder abzuwickeln und gerade zu richten; darauf in der entgegengesetzten Richtung aufzuwickeln und gerade zu richten. Nach dreimaliger Wiederholung dieser Biegeprobe soll das Stück die normale Fabrikationsprüfung nach Tabelle 141 aushalten. Der Kerndurchmesser D beträgt

bei Einleiter-Wechselstromkabeln das 25-fache,
bei verseilten Mehrleiterkabeln das 15-fache

des Kabeldurchmessers, über Blei gemessen.

Tabelle 141. Englische Vorschrift[1] für die Spannungsprüfung von Bleikabeln mit getränkter Papierisolierung

Kabelart	Betriebsspannung Volt	Nullpunkt	Prüfung in der Kabelfabrik: Wechselspannung Volt	Prüfung in der Kabelfabrik: Prüfdauer Min.	Prüfung nach der Verlegung mit: Wechsel-Spannung Volt	Prüfung nach der Verlegung mit: Gleich-Spannung Volt	Prüfung nach der Verlegung mit: Prüfdauer Min.
Einleiterkabel	660	—	2500	15	1000	—	15
Verseilte Mehrleiterkabel	2200	isoliert	6000	15	4000	—	15
	2200	geerdet	3600	15	2400	—	15
	3300	isoliert	10000	15	6000	—	15
	3300	geerdet	6000	15	3600	—	15
	5500	isoliert	15000	15	10000	—	15
	5500	geerdet	9000	15	6000	—	15
	6600	isoliert	18000	15	12000	—	15
	6600	geerdet	10800	15	7200	—	15
	11000	isoliert	25000	15	20000	30000[2]	15
	11000	geerdet	15000	15	12000	—	15
	22000	isoliert	—	—	44000	75000[2]	—
	33000	„	—	—	66000	100000[2]	—

[1] British Engineering Standards Association 1926.
[2] Allen, N. A.: El. Comm. a. a. O.

2. **Französische Vorschrift für die Spannungsprüfung von Bleikabeln mit getränkter Papierisolierung**[1]. Die Spannungsprüfung in der Fabrik besteht aus einer kurzzeitigen (T_1 Minuten) Prüfung mit einer höheren Spannung (U_1) und mit einer Prüfung von längerer Dauer (T_2 Minuten) mit einer niedrigeren Spannung (U_2). Die Prüfung erfolgt mit Wechselstrom von 20 bis 60 Per/s. U bedeutet die Betriebsspannung. Die Prüfung des fertig verlegten Kabels kann mit Wechselspannung oder mit Gleichspannung erfolgen (Tab. 142).

Tabelle 142. Französische Vorschrift für die Spannungsprüfung von Bleikabeln mit getränkter Papierisolierung.

a) Prüfung in der Fabrik	U_1 Volt	T_1 Min.	U_2 Volt	T_2 Min.
Kabel unter 20 kV Betriebsspannung	$4U$	3	$3U$	30
„ über 20 kV „	$2U+40$ kV	3	$U+40$ kV	30

b) Prüfung nach der Verlegung	Gleich- Spannung Volt	Wechsel- Spannung Volt	Prüfdauer Min.
Kabel bis 6 kV Betriebsspannung .	—	1500	—
„ unter 20 kV Betriebsspannung			
Leiter gegen Leiter	$5{,}0\,U$	$2{,}0\,U$	15
„ „ Bleimantel . . .	$3{,}5\,U$	$1{,}5\,U$	15
Kabel über 20 kV Betriebsspannung			
Leiter gegen Leiter	$U+80000$	$U+20000$	15
„ „ Bleimantel . . .	$U+50000$	$U+10000$	15

3. **Holländische Vorschrift**[2] **für die Spannungsprüfung von Bleikabeln mit getränkter Papierisolierung** (Tab. 143). Dauer jeder Einzelprüfung 15 Minuten.

Prüfschaltungen:

Zweileiterkabel . . . . *1* gegen *2*+*M*
2 „ *1*+*M*
Dreileiterkabel . . . . *1*+*2* gegen *3*+*M*
1+*3* „ *2*+*M*
Vierleiterkabel . . . . *1*+*2* „ *3*+*4*+*M*
2+*4* „ *1*+*2*+*M*

Tabelle 143. Prüfspannungen der holländischen Vorschrift für Bleikabel mit getränkter Papierisolierung.

Spannungsprüfung	In der Fabrik: nach Biegeprobe (Wechselstrom)	In der Fabrik: nach der Fabrikationslänge (Wechselstrom)	Nach der Verlegung: mit Wechselspannung	Nach der Verlegung: mit Gleichspannung
Niederspannungskabel	2400	2000	1200	2400
Kabel für 3000 Volt Betriebsspann. .	12000	7500	6000	12000
„ „ 6000 „ „ .	24000	15000	12000	24000
„ „ 10000 „ „ .	40000	25000	20000	40000

[1] Union des syndicats de l'électricité in Frankreich. 1923.
[2] Hauptkommission für Normalisierung in Holland. 1925.

Biegeproben: Ein Stück armiertes Kabel wird in drei dichten Lagen um den 12-fachen Durchmesser gewickelt, abgewickelt und in der entgegengesetzten Richtung aufgewickelt. Dieser Vorgang noch zweimal wiederholt, nachher Spannungsprüfung in den obigen Schaltungen. Dauer: 2 Minuten.

Die Prüfung nach der Verlegung erfolgt in den obigen Schaltungen. Dauer: 5 Minuten.

Die Wechselspannungsprüfungen sind mit einer möglichst sinusförmig verlaufenden Spannungskurve von 50 Per/s auszuführen.

4. Vorschriften bezüglich Messung des dielektrischen Verlustwinkels von Hochspannungskabeln. VDE-Vorschrift:

„Bei Kabeln für Betriebsspannungen von 15 kV aufwärts kann verlangt werden, daß die dielektrischen Verluste bei der 15-fachen Betriebsspannung und einer Temperatur von etwa 20° C festgestellt werden. Die hierbei ermittelten Verluste sollen nicht mehr als 2% der von dem Kabel aufgenommenen Scheinleistung betragen."

Nach der holländischen Vorschrift für 10-kV-Kabel ist der Verlustwinkel als Funktion der Spannung (sinusförmige Spannungskurve, 50 Per/s) im Bereiche von 5 bis 25 kV in acht möglichst gleichmäßig verteilten Stufen

a) bei Zimmertemperatur,

b) bei einer Leitertemperatur von 40° C, nachdem das Kabel langsam erwärmt und eine halbe Stunde lang auf dieser Temperatur gehalten wurde, und

c) nach Wiederabkühlung des Kabels auf 10 bis 15° C zu messen; dabei darf der Ionisierungspunkt nicht tiefer liegen als

bei 14000 Volt für die Messung a) und
„ 12500 „ „ „ „ c).

Bei der Messung b) darf der größte, oberhalb des Ionisierungspunktes gemessene Wert des Verlustwinkels einen Grenzwert tg θ nicht überschreiten; diese Grenze ist in Abhängigkeit von dem Leiterquerschnitt Q (in mm²) wie folgt festgesetzt:

$Q=$ 10	16	25	35	50	70	95	120	150
tg $\theta=$ 0,0075	0,0090	0,011	0,013	0,014	0,016	0,017	0,019	0,020

Bezüglich der Lage des Ionisierungspunktes gilt die Bestimmung, daß die Verlustkurve als eine zur Abszissenachse parallele Gerade anzusehen ist, solange der Verlustwinkelunterschied für zwei um 1000 Volt auseinanderliegenden Abszissenpunkten nicht größer als 0,01 Z ist.

Die technischen Vorschriften der Berliner Elektrizitätswerke enthalten in bezug auf die Verlustwinkelmessung an 30-kV-Kabeln von 3×50, 3×70, 3×95 und 3×120 mm² Querschnitt die folgende, von der VDE-Vorschrift abweichende Bestimmung:

„An jeder zur Abnahme bereitgestellten Länge sind die dielektrischen Verluste bei der Betriebsspannung und Raumtemperatur (etwa 20° C) zu messen. Sie sollen nicht mehr als 2% der vom Kabel aufgenommenen scheinbaren Leistung betragen. Um Aufschluß über die Spannungs- und Temperaturempfindlichkeit zu erhalten, ist es im Einvernehmen mit der Lieferfirma erwünscht, an einer beliebig herausgegriffenen Länge den Verlauf der dielektrischen Verluste in Abhängigkeit von der Spannung und Temperatur zu bestimmen."

6. Beschreibung einer modernen Prüfanlage. Die St. E. C. in London hat ihr Hochspannungskabelprüffeld mit einem Meßaggregat[1] ausgerüstet, welches gestattet, die Kabel gleichzeitig einer Spannungs- und einer Strombelastung zu unterwerfen, dabei Spannung und Strom voneinander unabhängig zu regulieren und ohne Unterbrechung der Belastungen eine Reihe von Messungen vorzunehmen.

Drei Ferranti-Einphasentransformatoren (Abb. 373) für je 100 kVA und 150 kV geben in der Dessauer Schaltung 450 kV Einphasenspannung und zum Stern geschaltet 260 kV Drehspannung. Die Spannung wird mit Induktionsreglern eingestellt und mit einem statischen Volt-

Abb. 373. Einphasenprüftransformatoren von Ferranti für je 150 kV und 100 kVA (St. E. C.).

meter (die beiden Kugelkalotten rechts im Bilde) oder mit der Kugelfunkenstrecke (in der Mitte unten) gemessen. Das vorn herunterhängende Rohr ist ein in Bakelit eingeschlossener Wasserwiderstand und wird dem zu prüfenden Kabel vorgeschaltet. Zur Strombelastung dienen drei Einphasentransformatoren (Abb. 374) für je 25 kVA, die gegen Erde für die volle Phasenspannung von 150 kV isoliert sind; sie liefern 400 Amp. bei 62,5 Volt oder 200 Amp. bei 125 Volt und ihre Wicklungen werden mit je einem der unter Spannung zunehmenden Kabelleiter kurzgeschlossen. Diese Transformatoren können auch parallel oder in Reihe geschaltet werden und geben dann 1200 Amp. bei 62,5 Volt oder 200 Amp. bei 375 Volt.

Zur Messung der Leitertemperatur während der Strom- und Span-

[1] Riley, T. N.: El. Comm. 1927, S. 315.

nungsbelastung (Abb. 375) wird eine Akkumulatorzelle und ein Widerstand von 0,01 Ohm, welche kurzzeitig den vollen Belastungsstrom von 400 Amp. ertragen, hintereinander in den Stromkreis der einen

Abb. 374. Einphasenbelastungstransformatoren von Ferranti, gegen Erde für 150 kV isoliert (St. E. C.).

Abb. 375. Aufstellung der Apparate für Messungen an dem mit Strom und Spannung belasteten Kabel (St. E. C.).

Kabelader geschaltet; es wird damit dem Belastungswechselstrom ein Gleichstrom übergelagert. Durch Messung des Spannungsabfalls im Vorschaltwiderstand und im Kabelleiter ergibt sich der Leitungswiderstand der letzteren und daraus die gesuchte Leitertemperatur. Akkumulator, Vorschaltwiderstand, das zur Messung der Gleichspannungsabfälle notwendige Spiegelgalvanometer, die zugehörigen Schalter, ferner ein Wechselstromamperemeter zur Messung des Belastungsstromes und ein Wechselstromvoltmeter zur Messung des Wechselspannungsabfalls am Kabelleiter sind auf einem besonderen, für 150 kV isolierten Schaltbrett befestigt, welches zum Schutz gegen Strahlung mit einem an die Hochspannungsleitung angeschlossenen Metallgehäuse abgeschirmt ist.

Rohstoffprüfungen und mechanische Untersuchungen an Kabeln.

1. Rohstoffprüfungen.

1. Isolierpapier. Die Vorschrift der Deutschen Reichspost bezüglich Isolierpapier für Luftraumkabel aller Art lautet:

„Das zur Isolierung verwendete Papier muß vollkommen trocken, gleichmäßig im Gefüge und Dicke, möglichst langfaserig und fest sein und ein möglichst geringes Bestreben haben, Wasser aufzunehmen und festzuhalten sowie aufzuquellen. Es muß ferner frei von Säuren sowie von sauer reagierenden Bestandteilen sein und darf keinen schädlichen Harzgehalt besitzen. Der Gehalt an unaufgeschlossenem Zellstoff muß so gering sein, daß sich bei der Behandlung des Papiers mit Phloroglucinsalzsäure nur ganz geringe Rotfärbung zeigt. Auch darf das Papier keine Metallteilchen oder Stoffe enthalten, die auf die Leiter oder den Bleimantel zersetzend einwirken können. Der Aschengehalt darf 2,5% nicht übersteigen. Hinsichtlich der Festigkeit wird beansprucht, daß jeder beliebige unverarbeitete Papierstreifen eine Reißlänge in der Längsrichtung von mindestens 6 km und eine Bruchdehnung[1] in der Längsrichtung von mindestens 1,7% auf eine Meßlänge von 150 bis 180 mm besitzt.“

Unter Reißlänge versteht man diejenige Länge eines Papierbandes, deren als Zug wirkendes Gewicht gerade ausreicht, das Papierband zu zerreißen. Da das mittlere spezifische Gewicht des Kabelpapiers etwa 0,8 beträgt, entspricht einer Reißlänge von 6 km eine Zerreißfestigkeit von 4,8 kg/mm².

Die Vorschrift der Schweizerischen Telegraphenverwaltung enthält die gleichen allgemeinen Bedingungen; die Festigkeitsvorschriften haben bezüglich der Ferntelephonkabel den folgenden Wortlaut:

„Die Bruchfestigkeit soll nicht kleiner sein als 3,5 kg pro mm²*. Papier, das 24 Stunden im Wasser gelegen hat, soll nach erfolgter Trocknung immer noch eine Bruchfestigkeit von 3,5 kg aufweisen. Die Bruchdehnung soll mindestens 1,8% betragen. Für die Festigkeits- und Dehnungsproben sollen Papierstreifen von 180 mm Länge und 15 mm Breite verwendet werden. Im Zweifelsfalle sind diejenigen Prüfergebnisse als richtig anzunehmen, welche sich mit Proben ergeben, die 24 Stunden in Luft mit einem relativen Feuchtigkeitsgehalt von 65% gelegen

[1] Dehnung in Prozenten der Gesamtlänge vor Eintritt des Bruchs.

* Für Teilnehmerkabel ist eine Bruchfestigkeit von nur 2,8 kg/mm² vorgeschrieben.

haben. Fertig isolierte Kabeladern sollen auf einen Dorn von 5 mm Dicke spiralförmig aufgewickelt werden können, ohne daß das Papier Brüche oder Risse aufweist. Die elektrische Durchschlagsfestigkeit des Papierbandes soll per 0,1 mm Dicke mindestens 500 Volt betragen, gemessen mit einer sinusförmigen effektiven Wechselspannung von 40 bis 50 Perioden, zwischen Platten von 5 mm Durchmesser, deren Rand mit einem Radius von 3 mm umgebördelt ist, bei einem Druck, Platte gegen Platte, von 1000 g."

Die Englische Postverwaltung schreibt eine Mindestpapierdicke von 2½ mils = 0,064 mm und eine Zerreißfestigkeit von 4 engl. Pfund pro 1 mil Dicke bei einer Bandbreite von 1 engl. Zoll vor; das ist eine Zerreißfestigkeit von 2,8 kg/mm^2.

In der schweizerischen und in der englischen Vorschrift wird allgemein von Zerreißfestigkeit und Bruchdehnung gesprochen, während die Deutsche Reichspost für beide Größen Mindestwerte in der Längsrichtung vorschreibt. Damit hat es die folgende Bewandtnis: Das Papier entsteht aus einer breiigen Masse, deren wertvollsten Bestandteil die möglichst langen Pflanzenfasern bilden; die Masse läuft über eine große Anzahl von Walzen und geht allmählich in die Form eines breiten, stückweise in Ballen zusammengerollten Bandes über. Während des Überganges aus der breiigen in die feste Form lagern sich die Pflanzenfasern bei den meisten der gebräuchlichen Arten von Papiermaschinen vorzugsweise in der Längsrichtung des entstehenden Bandes; da diese Fasern die Hauptträger der Papierfestigkeit sind, wird die Zerreißfestigkeit in der Längsrichtung notwendigerweise größer — etwa 5- bis 6mal so groß — als in der Querrichtung. Umgekehrt ist die Bruchdehnung aus naheliegenden Gründen in der Querrichtung größer. Man hat Papiermaschinen konstruiert, bei welchen eine weniger ungleichmäßige Orientierung der Fasern in bezug auf die beiden Richtungen auch die Unterschiede der entsprechenden Festigkeitszahlen verkleinert; für die Kabeltechnik ist indessen allgemein eine möglichst hohe Festigkeit in der Längsrichtung erwünscht, und das abgeänderte Herstellungsverfahren ist höchstens insofern von Interesse, als dadurch die Vergrößerung der Bruchdehnung in der Längsrichtung ermöglicht wird. Zur Kennzeichnung einer Papierqualität werden in der Regel Festigkeit und Dehnung in beiden Richtungen gemessen; Werte ohne Richtungsangabe, wie in der schweizerischen und der englischen Vorschrift, sind in solchen Fällen als Mittelwerte anzusehen.

Sehr eingehende Vorschriften in bezug auf die Qualität des Papiers enthalten die Vorschriften der Belgischen Telegraphenverwaltung für Ferntelephonkabel[1].

Hiernach muß das Papier von bester Qualität sein, vollständig neutral, frei von Chlor, Schwefel, Säuren und von allen Stoffen, welche das Papier selbst, die Kupferdrähte oder den Bleimantel schädigen könnten. Das Papier soll gleichmäßig hergestellt, gut verfilzt und sehr homogen sein, soll keine hellen Flecken, harte Stellen, Körner oder Wulste aufweisen und keine elektrisch leitenden (metallische oder

[1] Lastenheft Nr. 3/144 vom Jahre 1925.

kohlenartige) Teilchen enthalten. Das Gewicht pro Quadratmeter darf nicht weniger als 56 g, die Dicke nicht weniger als 0,08 mm betragen. Der Aschengehalt darf für jede Probe 2,5%, für den Durchschnitt aller Proben 2% nicht übersteigen. Die Zugfestigkeit eines Papiers vom Gewicht 64 g/m² darf, gemessen mit dem Zugdynamometer an einem unverarbeiteten Papierband von 10 mm Breite und 180 mm Länge nicht weniger als 4,5 kg, die Bruchdehnung nicht weniger als 2% betragen. Ein nach 24stündiger Wässerung wieder getrocknetes Papierband muß bei gleichen Prüfbedingungen wie vorher eine Mindestzugfestigkeit von 4 kg und eine Mindestdehnung von 2% aufweisen. 10 mm breite und 330 mm lange Papierbänder von 64 g/m² Gewicht, durch Gewichte von P_{kg} auf Zug beansprucht, müssen N Torsionen im gleichen Sinne hintereinander (Verdrehungen um 180°) ertragen, ohne zu reißen. Für P und N gelten die folgenden Werte:

1. Unverarbeitetes Band	$P = 2{,}5$	$N = 20$
2. Dasselbe, 24 Stunden gewässert und getrocknet	2,5	12
3. Verarbeitetes, einem fertigen Kabel entnommenes Band.	2,25	12
4. Dasselbe, 24 Stunden gewässert und getrocknet	2,25	12

Zur Prüfung der sog. „Saugfähigkeit" läßt man auf einem Gestell frei aufgehängte Papierstreifen ein wenig in Wasser eintauchen und beobachtet die Geschwindigkeit, mit welcher das Wasser hochgezogen wird. Zur Kennzeichnung der Saugfähigkeit gibt man die Steighöhe nach 10, 30 usw. Minuten in Millimeter an.

Zur Beurteilung der Saugfähigkeit von Starkstromkabelpapier unter Fabrikationsbedingungen benutzt man zu dem Versuch neben Wasser auch erwärmte Öle oder die Tränkmasse selbst. Auch die Saugfähigkeit wird in der Längs- und in der Querrichtung geprüft.

Die elektrische Festigkeit des trockenen Papiers steht mit derjenigen des getränkten Papiers nur in sehr losem Zusammenhang und ist außerdem in hohem Maße von der Luftfeuchtigkeit abhängig. Man bestimmt daher vorwiegend die elektrische Festigkeit des getränkten Papieres; da sie von der Lagenzahl des Papiers bei der Prüfung erfahrungsgemäß nicht unabhängig ist, wird diese mit verschiedenen Lagenzahlen vorgenommen.

2. Tränkmasse. Die physikalische Prüfung der Tränkmasse erstreckt sich auf die Bestimmung der Viskosität, des spez. Gewichtes, des Wärmeausdehnungskoeffizienten, des Verdampfungsverlustes der elektrischen Festigkeit und des Verlustwinkels. Die Viskosität wird in relativem Maß angegeben. Gleiche Mengen von Flüssigkeiten, deren Viskosität man miteinander vergleichen will, läßt man durch ein bestimmtes Rohr fließen und vergleicht die Durchlaufszeiten; je größer die Zeit, um so größer die Viskosität, um so kleiner der Flüssigkeitsgrad. Es ist gebräuchlich, die Viskosität auf diejenige des Wassers bei 20° C zu beziehen, wobei die Durchlaufszeit des Wassers gleich Eins gesetzt wird. In Deutschland benutzt man meistens den Englerschen Viskosimeter, ein 20 mm langes, oben 2,9, unten 2,8 mm weites

Rohr, durch welches man 200 cm³ Flüssigkeit laufen läßt; die Viskosität ist dann in Engler-Graden (°E) ausgedrückt.

Eine einfache Einrichtung zur Prüfung der elektrischen Festigkeit ist der in Abb. 376 dargestellte Ölprüfapparat von K. & St. In einem allseitig geschlossenen Gefäß befindet sich ein 3-kVA-Transformator für 220 V/50 kV bei 50 Per/s. Die unmittelbar auf den Hochspannungsklemmen des Transformators befestigten Prüfelektroden, die der VDE-Vorschrift entsprechend als Kupferkalotten mit 50 mm Durchmesser ausgebildet sind, tauchen in das mit Öl gefüllte Gefäß. Abb. 377 zeigt ein in der PTR ausgebildetes Ölprüfgefäß[1] mit Stahlkugeln von 12,5 mm Durchmesser, deren Abstand mit einer Mikrometerschraube auf einen ablesbaren Wert eingestellt werden kann. Da es bei der laufenden Fabrikationskontrolle nur auf Vergleichswerte der Durchschlagsfestigkeit ankommt, brauchen die absoluten Werte der Durchschlagsfestigkeit, die sich aus der größten, bei der gewählten Anordnung (Form- und Abstand der Elektroden) auftretenden Feldstärke ergeben, nicht berechnet zu werden[2].

Abb. 376. Ölprüfapparat von K. & St.

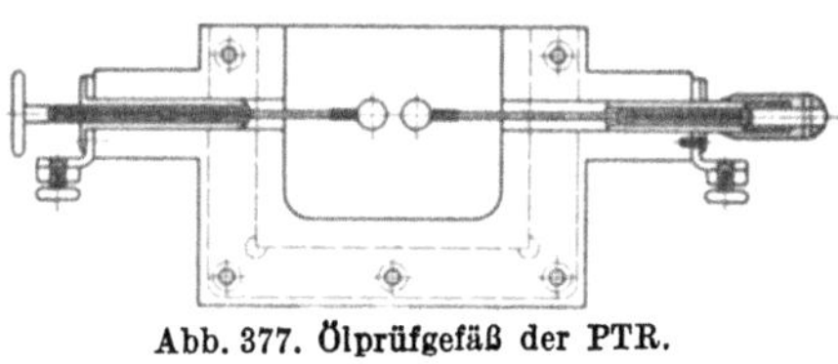

Abb. 377. Ölprüfgefäß der PTR.

2. Prüfung des Bleimantels von Luftraumkabeln auf Luftdichte und Biegsamkeit.

Damit der Bleimantel Luft und Feuchtigkeit von der Kabelseele dauernd fernhält, muß er frei von Undichtigkeitsstellen sein; solche

---

[1] Schering: Isolierstoffe, S. 374.

[2] Vgl. Birnbaum, H. W.: ETZ 1924, S. 229; Retzow, U: Die Eigenschaften elektrotechnischer Isoliermaterialien in graphischen Darstellungen. Berlin: Julius Springer 1927. Riley, T. N., und T. R. Scott: Journ. I. E. E. 1928, S. 805.

können durch Risse[1], Löcher[2] oder Verunreinigungen[3] entstehen. Da das Auftreten von Fehlern nicht mit Sicherheit verhindert werden kann, ist die Prüfung des Bleimantels auf seine Dichtigkeit hin notwendig, und zwar besonders bei dünnen Kabeln, in deren dünnwandigen Mänteln die angegebenen Fehlerursachen leichter eine Undichtigkeit hervorrufen, als in den dickwandigen Mänteln starker Kabel.

Bei Luftraumkabeln, die durch den Zutritt der geringsten Feuchtigkeitsmengen unbrauchbar werden, lassen sich Fehlerstellen durch die Messung des Isolationswiderstandes nachweisen, wenn vorher das blanke Bleikabel mit wasserdicht verschlossenen Enden unter Wasser gestanden hat; zur Vornahme dieser Prüfung sind in den Prüffeldern der Kabelfabriken geräumige Wasserbassins vorhanden. Ein nach zwölfstündiger Wasserprüfung des blanken Bleikabels gemessener guter Wert des Isolationswiderstandes ist der untrügliche Beweis für die Abwesenheit jeglicher Undichtigkeitsstellen im Mantel.

Einfacher gestaltet sich die Prüfung durch Anwendung eines inneren Überdrucks; bei fehlerfreiem Bleimantel bleibt der Überdruck mehrere Stunden hindurch bestehen, bei Undichtigkeit sinkt er auf einen kleineren Wert oder verschwindet gänzlich. Die Fehlerstelle macht sich durch das ausströmende Gas bemerkbar. Bei Benutzung von Luft wird diese durch eine mit Chlorkalzium beschickte Trocknungsbatterie geführt, als komprimiertes Gas kommt Stickstoff oder wasserfreie Kohlensäure in Frage.

Die entsprechende Vorschrift der Deutschen Reichspost lautet:

„Der Bleimantel ist für jede Einzellänge aus einem Stück ohne Verbindungs- oder Schweißstellen anzufertigen. Der Bleimantel bildet einen hohlen Zylinder von gleichmäßiger Wandstärke, der die Kabelseele mit möglichst geringem Zwischenraum umschließt; er darf weder Löcher, Risse noch sonstige Unvollkommenheiten enthalten, auch nicht verbeult oder geknickt sein... Der Lieferer ist verpflichtet, zur Prüfung des Bleimantels die Kabel, zutreffendenfalls vor Anbringung einer Schutzhülle, entweder mindestens 12 Stunden unter Wasser zu legen oder einem inneren Überdruck von wenigstens 3,5 Atm. auszusetzen. Bei dieser Druckluftprüfung sind die Kabel bis zu einem Durchmesser unter Blei von 16 mm mindestens 3 Stunden, Kabel mit höherem Durchmesser unter Blei mindestens 2 Stunden unter Druck zu belassen. Zur Vornahme der Druckluftprüfung sind die Enden der Kabel luftdicht abzuschließen und Vorkehrungen zu treffen, um den Druck der an einem Ende zugeführten Luft am anderen Ende mit einem Manometer messen zu können. Die Druckluft ist ganz allmählich so lange in das Kabel einzublasen, bis das Manometer am anderen Kabelende einen inneren Überdruck von mindestens 3,5 Atm. anzeigt. Während der vorstehend angegebenen Zeiten von 2 oder 3 Stunden darf der Druck nicht heruntergehen."

Nach der Vorschrift der Belgischen Telegraphenverwaltung wird die Druckluftprobe im Wasserbad mit trockener Luft von 1,9 bis 2,1 Atm. Überdruck ausgeführt. Vor Beginn der Prüfung wird mit Hilfe einer am zweiten Kabelende angebrachten Pfeife die Geschwindig-

[1] Bei Verwendung von minderwertigem oder überhitztem Blei, bei schlecht arbeitender Presse infolge von ungenügender Bindung der von zwei Seiten kommenden Bleiströme im Pressenkopf.

[2] Infolge von Luftblasen oder mechanischen Beschädigungen.

[3] Z. B. infolge von Bleioxyden, die aus dem Schmelzkessel oder von den Zuführungswegen des geschmolzenen Bleies in den Rezipienten gelangen.

keit festgestellt, mit welcher die Luft durch das Kabel strömt und welche nicht weniger als 100 m/min betragen darf. Nachher wird die Pfeife entfernt, das Kabelende luftdicht verschlossen und die Druckluft 10 Minuten lang auf dem Kabel gelassen; Fehlerstellen machen sich durch die im Wasser aufsteigenden Luftblasen bemerkbar.

Die Englische Postverwaltung schreibt außer einer 24stündigen Wasserprüfung eine 3stündige Druckluftprüfung mit 75 engl. Pfund pro Quadratzoll (= 5,27 Atm.), die Schweizerische Telegraphenverwaltung eine 12stündige Druckluftprüfung mit 3 Atm. vor. Diese Verwaltung wiederholt die Druckluftprüfung an den verlegten Kabeln mit 2 bis 3 Atm. während 24 Stunden, um etwaige durch den Transport oder bei der Verlegung entstandene Schäden sofort zu entdecken.

Eine Biegsamkeitsprüfung wird unter den genannten Verwaltungen nur von der schweizerischen verlangt; die diesbezügliche Vorschrift lautet:

„Der Bleimantel darf bei 10 Abbiegungen des Kabels über einen Zylinder mit 16fachem Kabeldurchmesser keine Risse bekommen. Kabel mit geflickten und unzuverlässig hergestellten Bleimänteln werden zurückgewiesen."

3. Ausmessung der Aderlagerung in vieladrigen Luftraumkabeln.

Die Erfahrung lehrt, daß die kapazitive Unsymmetrie in vieladrigen Kabeln weniger durch die Ungleichmäßigkeit der Adern als durch die Mängel des Verseilens herbeigeführt wird. Man ist bestrebt, durch Vervollkommnung der Verseilmaschine und der Verseilprozesse eine bessere Gleichmäßigkeit im Aufbau zu erreichen; es ist dabei von Inter-

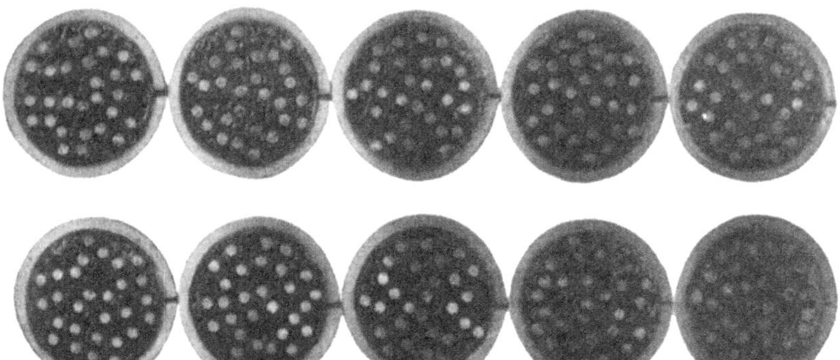

Abb. 378. Äquidistante Querschnitte eines aus 7 D-Vierern bestehenden Kabels zur Ausmessung der Aderlagerung. (Hackethal Draht- und Kabelwerke A.-G.).

esse, sich ein Bild vom Erreichten dadurch zu verschaffen, daß man die wirkliche Lagerung der Einzeladern im Kabel bzw. in der Gruppe durch unmittelbare Ausmessung feststellt. Diese Feststellung kann nach dem folgenden Verfahren ausgeführt werden: Von dem zu untersuchenden Kabel schneidet man ein 1 bis 2 m langes Stück ab und tränkt es, ohne den Bleimantel zu entfernen, mit einer bei Zimmertemperatur möglichst harten Tränkmasse, z. B. einer Asphaltmischung, Harz oder dergleichen. Die Masse füllt alle Hohlräume des Kabels aus und hält nach Erkalten die Drähte in ihrer ursprünglichen Lage fest. Dann zerschneidet man das Probestück auf gleich lange Stücke von je 1 bis 2 cm Länge, numeriert die Stücke fortlaufend und photographiert sie. Abb. 378 zeigt zehn in Abständen von je 2 cm aufeinanderfolgende Querschnittsphotographien eines 14paarigen Bezirkskabels mit 2 mm starken Leitern. Durch Ausmessung der evtl. vergrößerten Photographien kann die Lage eines jeden Drahtes in jedem Querschnitt genau angegeben werden[1].

Von besonderem Interesse ist die Darstellung eines D-Vierers. Man wählt dabei zweckmäßig in allen Querschnittsbildern den Querschnittsmittelpunkt eines der vier Drähte als Koordinatenanfangspunkt; dann beschreiben in dieser Darstellung die drei anderen Drähte

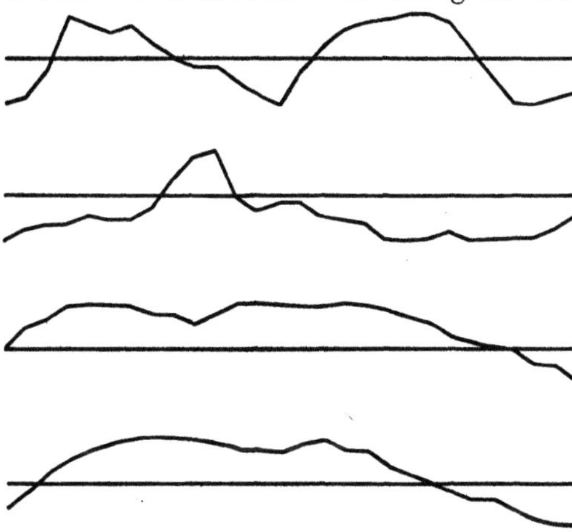

Abb. 379. Darstellung der relativen Lage der 4 Adern eines D-Vierers im fertigen Kabel (Hackethal Draht- und Kabelwerke A.-G.).

um den geradlinig angenommenen Draht Spiralen, deren Verlauf den Grad der erreichten geometrischen Symmetrie erkennen läßt.

Zur Darstellung der Spiralen werden die gleichen gegenseitigen Entfernungen der abgebildeten Kabelquerschnitte als Abszissen, die Winkelbeträge als Ordinaten aufgetragen. In Abb. 379 sind die Spiralen der Adern *2*, *3* und *4* bezogen auf die Ader *1*[2] auf Grund von 28 Querschnittsaufnahmen dargestellt.

X. Das fertige Kabel.

1. Verlegung der Kabel.

1. Verpackung und Transport. Von wenigen Ausnahmefällen abgesehen kommen die Kabel auf Trommeln gewickelt zum Transport. Die fertigen Kabel werden nach erfolgter Prüfung und Entfernung

[1] Klein, M.: Hackethal-Nachrichten Heft 1. 1921.
[2] Und im Fall II die der Ader *4* bezogen auf die Ader *3*.

der Prüf-Enden mit aufgelöteten Bleikappen luft- und wasserdicht verschlossen, das freie Ende wird an der Trommel festgebunden und diese mit Brettern verschalt. Das innere Kabelende kann entweder durch die Trommelwand geführt[1] oder auf der Innenwand der Trommel[2]

Abb. 380. Rollwagen mit Winde und Drahtseil zum Transport von Kabeltrommeln (St. E. C.).

zugänglich befestigt werden; im ersten Fall erfordert das herausragende Kabelende eine besondere Schutzhülle evtl. eine Bretterverschalung.

Ein Pfeil auf den Außenwänden der Trommel gibt die Richtung an, in welcher die Trommel sich bei dem Aufwickeln des Kabels ge-

Abb. 381. Eisenbahnwaggon für sehr schwere Kabeltrommel (AEG).

dreht hat; die Trommel darf nur in dieser Richtung gerollt werden, da sonst die Kabelwindungen sich lockern und eine Beschädigung des Kabels eintreten kann.

[1] Vgl. Abb. 380. [2] Vgl. Abb. 383.

Allgemein ist man aus wirtschaftlichen Gründen bestrebt, die Kabel in großen Längen herzustellen; doch müssen bei der Bemessung der Fabrikations- bzw. der Lieferlänge neben den Hilfsmitteln der Fabrik

Abb. 382. Spezialwagen zum Transport von schweren Kabeltrommeln auf Straßen (AEG).

auch die am Verlegungsort zur Verfügung stehenden Transportmittel und Hebezeuge, der Zustand der Verkehrswege, die Verkehrsmöglichkeiten usw. berücksichtigt werden.

Abb. 383. Trommeln von 4 m Durchmesser für den Transport der Sund-Kabel (F. & G.).

Kurze Kabelstücke werden ohne Trommel zu Ringen zusammengewickelt und in Strohgeflecht oder Sackleinwand verpackt.

Trommeln mittlerer Größe transportiert man auf Rollwagen; die

Auf- und Abladung der Trommeln erfolgt, wenn kein Kran zur Verfügung steht, mit Winde und Drahtseil (Abb. 380).

Sehr große Trommeln erfordern besondere Transportmittel. In Abb. 381 sind Waggons der Deutschen Reichsbahn mit Trommeln beladen zu sehen, welche je 800 m 3 × 95 mm² Erdkabel für 30 kV (AEG) tragen; Abbild. 382 zeigt die gleiche Trommel mit demselben Kabel auf einem von der Firma Conrad Möller in Berlin konstruierten Kabelwagen. In Abb. 383 sind Kabeltrommeln von 4 m Durchmesser von F. & G. dargestellt, welche zum Transport der 900 m langen 50-kV-Unterseekabel 3 × 95 mm² für die Verbindung Helsingör—Helsingborg (1925) verwendet wurden; das Bruttogewicht der Trommel betrug 40 Tonnen. Die auf der ersten Trommel sichtbare besondere Ausgestaltung der inneren Trommelwand dient zur Herausführung des inneren Kabelendes.

Abb. 384. Seekabeltank im Carlswerk (F. & G.).

Der Transport eines in sehr großer Länge angefertigten Untersee-Telephonkabels zur Seeküste erfolgt in einem geräumigen Flußkahn oder auf mehreren offenen Eisenbahnwaggons; das Kabel wird aus dem Prüftank[1] der Fabrik (Abb. 384) auf Leitrollen zum Kahn oder Waggon übergeführt und in großen Schleifen aufgestapelt. Die Umladung an der Küste (Abb. 385) in den Kabeldampfer erfolgt in derselben Weise.

Verlegung der Kabel. Die Kabel können unmittelbar im Erdboden (Erdkabel), in unterirdisch verlegten Rohren (Röhrenkabel), unter Wasser (Fluß- oder Seekabel) oder auf Masten (Luftkabel) verlegt werden. Eine besondere Kategorie bilden die in Tunneln und Bergwerken verlegten Kabel (Tunnelkabel, Schachtkabel, Grubenkabel usw.).

2. Erdkabel. Die Tiefe des Kabelgrabens wird allgemein auf etwa 80 cm bemessen. Seine Breite hängt von der Anzahl der zu verlegenden Kabel ab; als Mindestbreite kann am oberen Rand 50 cm, unten etwa 30 cm angenommen werden. Bezüglich der Herstellung des Grabens enthält die Telegraphenbauordnung[2] der Deut-

[1] Das von der Bleipresse kommende Kabel wird in einen Prüftank eingeschossen. Nach erfolgter Prüfung unter Wasser wird es zur Armiermaschine und von hier erneut in einen Prüftank zur Vornahme der zweiten Prüfung gebracht.

[2] Amtliche Ausgabe. Berlin 1922.

schen Reichspost die folgenden allgemein gültigen instruktiven Bestimmungen:

„Zur Herstellung des Grabens ist das vorher bis zu der erforderlichen Breite aufzunehmende Straßenpflaster oder die sonstige Straßenbedeckung aufzuschichten und bis zur Wiederverwendung aufzubewahren. Die gewonnenen Erdmassen sind davon getrennt zu halten und am besten auf der anderen Grabenseite so zu lagern, daß unmittelbar neben dem Grabenrand auf beiden Seiten ein Streifen von etwa 50 cm Breite unbedeckt bleibt, so daß der Graben stets zugänglich ist und die Last der Erdmassen nicht unmittelbar auf die Grabenwandungen drückt ... Als Grundsatz gilt, daß der Kabelgraben täglich nur so weit ausgehoben werden soll, als er mit dem Kabel belegt und ordnungsmäßig wieder zugeschüttet werden kann ... Wird die Kabellinie durch Gas- oder Wasserleitungsrohre oder durch Kanäle usw. gekreuzt, so ist der Kabelgraben möglichst so tief herzustellen, daß das Kabel unterhalb dieser Anlagen verläuft, weil es bei solcher Lage vor Beschädigungen, wie sie bei Arbeiten an den Gas-

Abb. 385. Einschießen eines Seekabels in den Kabeldampfer (F. & G.).

rohren usw. leicht vorkommen, am besten geschützt ist. Derartige Vertiefungen der Grabensohle dürfen aber nicht sprungweise, sondern nur ganz allmählich verlaufen ... Alle losen und vorspringenden Steine sind von der Grabensohle zu entfernen . . ."

Zum Herunternehmen des Kabels von der Trommel hängt man diese auf eine horizontale, von zwei fest unterstützten Hebeböcken getragene Welle und zieht das Kabel langsam ab; hierbei muß die Trommel sich in der Pfeilrichtung drehen. Oft wird bei Mehrleiterkabeln „Anfang" und „Ende" der Längen unterschieden. Z. B. kennzeichnet man die drei Adern eines Dreileiterkabels mit besonderen Farben, oder man fixiert in einem vieladrigen Telephonkabel die Zählrichtung der Paare durch die Anordnung von zwei Zählgruppen in jeder Lage und bestimmt als „Anfang" dasjenige Kabelende, an welchem die Draufsicht auf das Kabelende etwa die rote auf die grüne Gruppe im Sinne der Uhrzeigerbewegung folgt. Dann wird verlangt, daß die auf diese Weise eindeutig gekennzeichneten Adern mit den entsprechend gekennzeichneten Adern der folgenden Länge verbunden werden; um einer solchen Vorschrift[1] ohne lästige Kreuzungen in den Verbindungsstellen genügen zu können, ist bei der Aufstellung der Trommel auch darauf zu achten, daß das „Ende“ der einen Länge sich an den „Anfang“ der folgenden Länge oder umgekehrt anschließt.

Das abgezogene Kabel wird von Arbeitern abgetragen, deren Anzahl von dem Gewicht der abzutragenden Länge abhängt. Während des Abtragens wird die Trommel leicht gebremst, damit kein Stauen oder Knicken des Kabels infolge zu schneller Bewegung der Trommel eintreten kann. Das abgetragene Kabel wird entweder unmittelbar in den Graben oder, wenn das Kabel im Graben unter Hindernisse hindurch zu ziehen ist, vorerst neben den Graben gelegt. Das Kabel darf hierbei weder geknickt oder tordiert noch gezogen[2] werden; bei Biegungen beträgt der kleinste zulässige Krümmungshalbmesser das 12- bis 15fache des Kabeldurchmessers.

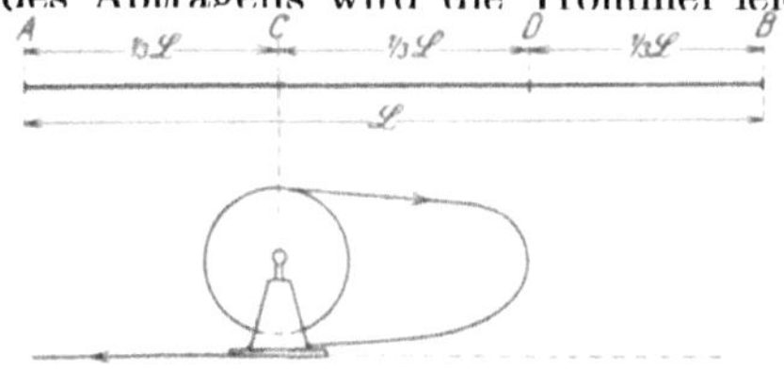

Abb. 386. Zweckmäßige Aufstellung der Trommeln bei der Verlegung eines Erdkabels.

Abb. 386. Zweckmäßige Aufstellung der Trommeln bei der Verlegung eines Erdkabels.

Soll ein Kabel von L m Länge zwischen den Punkten A und B (Abb. 386) verlegt werden und kann ein Arbeiter 1 m des Kabels tragen, so sind zum Abtragen L Arbeiter erforderlich, wenn die Trommel in A oder in B, aber nur $\frac{1}{3}L$, wenn die Trommel in C steht, wo $AC = \frac{1}{3}AB$. Die $\frac{L}{3}$ Arbeiter tragen zuerst ein Drittel des Kabels von C

Abb. 387. Verlegung von 35-kV-Dreileiterkabeln für die Berliner Stadtbahn vom Eisenbahnwaggon aus (AEG).

bis A ab, anschließend legen sie das zweite Drittel von C bis D unmittelbar von der Trommel auf die Erde und tragen gleichzeitig das letzte Drittel D bis B ab. Noch vorteilhafter ist die Verlegung des Kabels vom fahrenden Fuhrwerk aus, doch ist das nicht immer möglich. Für

[1] Sie bietet allerdings keine besonderen Vorteile.
[2] Bis auf den kleinen Zug an der Trommel.

die Aufstellung, Drehung und Bremsung der auf einem Wagen aufgestellten Trommel und für das Abziehen des Kabels gilt das vorhin Gesagte, nur erfordert das Abtragen weniger Hände, weil das Kabel, nachdem es in sanfter Linie den Erdboden erreicht hat, hingelegt wird und nur das Stück zwischen Trommel und Erdboden getragen werden muß. In Abb. 387 ist das Verlegen des Kabels vom fahrenden Eisenbahnzug aus zu sehen. Zur Verlegung des 458 km langen Eisenbahn-Telephonkabels zwischen Stockholm und Gotenburg[1] diente ein aus Plattformwaggons zusammengestellter Eisenbahnzug (Abb. 388); auf jedem Waggon standen zwei schräg zur Fahrrichtung aufgestellte

Abb. 388. Verlegung der 458 km langen Telephonkabelstrecke zwischen Stockholm und Gotenburg vom Eisenbahnwaggon aus (WEC).

Trommeln, von welchen die einzelnen Fabrikationslängen nacheinander abrollen konnten.

Im Graben wird das Kabel gerade ausgerichtet, nur in bergbaulichen Gebieten läßt man es leicht wellenförmig liegen, damit es bei etwaigen Bodensenkungen nachgeben kann. Oft bettet man das Kabel auf eine 5 bis 10 cm dicke, vor der Verlegung in den Graben gebrachte Sandschicht.

Zum mechanischen Schutz des Kabels dient zunächst eine Bedeckung mit Sand, welcher den Graben in einer Schichtdicke von mindestens 10 cm über dem Kabel füllt; die Sandhülle wirkt auch in bezug auf die Abkühlung belasteter Starkstromkabel günstig. Den eigentlichen mechanischen Schutz bilden dicht aneinander gereihte Ziegelsteine oder geformte, für diesen Zweck hergestellte dach- oder halb-

[1] Billing, J.: Das Eisenbahnkabel Stockholm—Gotenburg. El. Comm. 1926, S. 220.

zylinderförmige Kabelabdecksteine. Mancherorts verwendet man als Schutz der Länge nach ausgelegte Bretter (1½ Zoll dick, 3 m lang, gegen Fäulnis getränkt), in welchen bei Erdarbeiten die Picke sich verfängt und den Arbeiter auf die Nähe elektrischer Kabel aufmerksam macht. Die Deutsche Reichspost benutzt mit Betonmischung gefüllte kleine Säcke, die unter Zwischenlage von Dachpappstreifen über die Kabel gelegt werden. Diese Methode scheint die wirksamste Art der Abdeckung zu sein. Die Schichtdicke der aufgelegten Säcke soll mindestens 5 cm betragen; die Mischung besteht aus Zement, grobkörnigem Kies und Sand im Verhältnis 1 : 2 : 5. Man läßt die einzelnen Säcke in der Längsrichtung um mindestens 5 cm einander übergreifen. Die Dachpappstreifen haben den Zweck, schädliche chemische Einflüsse des Zements auf den Bleimantel zu verhüten. Die natürliche Feuchtigkeit des Erdbodens verwandelt die Zementmischung in einen harten Schutzpanzer.

Abb. 389. Verlegung von Starkstrom-Erdkabeln. (Pirelli.)

An besonders gefährdeten Stellen, z. B. bei Kreuzungen mit Eisenbahnlinien, zieht man das Kabel durch vorher verlegte Rohre aus Eisen oder Ton; man kann auch zweiteilige Rohre verwenden. An solchen Stellen führt man das Kabel in Tiefen von mindestens 1,2 bis 1,5 m.

An den Verbindungsstellen zweier aufeinanderfolgender Längen werden beide Kabel leicht in Bogen geführt und um etwa 80 bis 100 cm überlappend nebeneinander gelegt, damit für die Montage der Verbindungsmuffe reichlich Material vorhanden ist und die Muffe etwas schräg zur Richtung der Kabel zu liegen kommt; dadurch wird ihr eine gewisse Beweglichkeit gesichert, ohne die Verbindungsstelle der Gefahr einer Zugbeanspruchung auszusetzen.

Sollen mehrere Kabel nebeneinander in demselben Graben verlegt werden, dann ist dieser bei Starkstromkabeln so weit auszuschachten, daß die Kabel je nach der Höhe der Spannung mindestens 20 bis 30 cm voneinander entfernt gelegt werden können. Noch zweckmäßiger ist

Abb. 390. Verlegung von Telephon-Erdkabeln (F. & G.).

es, die Kabel durch eine geschlossene Reihe von hochkant gestellter Ziegelsteine voneinander zu trennen; dadurch wird eine gegenseitige Beschädigung durch Kurzschlußfeuer verhindert (Abb. 389). Bei Telephonkabeln ist diese Vorkehrung nicht notwendig; diese Kabel können unbeschadet der Betriebssicherheit dicht nebeneinander liegen (Abb. 390). Für die Verlegung können die Trommeln mit nebeneinander zu verlegenden Kabeln dicht hintereinander (Abb. 391) aufgestellt werden. Vom fahrenden Wagen können solche Längen bei entsprechender Aufstellung der Trommeln auf dem Wagen auch gleichzeitig abgerollt werden.

Abb. 391. Aufstellung der Trommeln bei der Verlegung von mehreren Kabeln in einem Graben (F. & G.).

Nach erfolgter Abdeckung der Kabel ist der Graben wieder zuzufüllen; hierüber sind in der Telegraphenbauordnung die folgenden Vorschriften enthalten:

„Das Erdreich ist in wagerechten Lagen von etwa 20 cm Höhe festzustampfen ... Insbesondere müssen auch die ... die Kabel ... umgebenden oder zwischen diesen befindlichen Erdmassen auf das sorgfältigste verfüllt werden ... Bei dem Feststampfen der in dem unteren Teil des Grabens liegenden Erde ist mehr durch Druck als durch Stoß zu wirken, um Beschädigungen des Kabels zu verhüten. Es sollen stets so viele Arbeiter stampfen, daß die eingeworfene Erde gleichzeitig festgemacht wird; die Stampfen erhalten zweckmäßig ein Gewicht von mindestens 10 kg. Der ausgehobene Boden ist, wenn er aus Schutt oder Lehm besteht, durch einschlemmbaren Boden zu ersetzen. Nach der Zufüllung des Grabens ist dafür zu sorgen, daß die Straßendecke sorgfältig und schnell wiederhergestellt wird ...“

Zum Schutze von Erdkabeln verwendet man in der Schweiz längsgeteilte eiserne Röhren, sog. „Zoreseisen“ (Abb. 392 und Tab. 144); man legt das Kabel in die vorher im ausgeschachteten Graben ausgelegten Rohrhälften, setzt die oberen Hälften auf und schließt den Graben wie bei Erdkabeln.

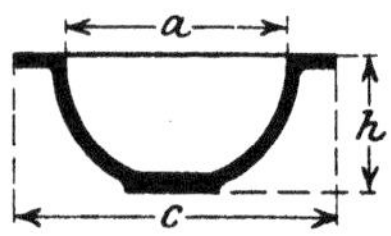

Abb. 392. „Zoreseisen“ für Erdkabelverlegung (OTD).

Tab. 144. Abmessungen (mm) und Gewichte (kg/m) der Zoreseisen-Halbrohre nach Abb. 390.

Nr.	*a*	*c*	*h*	Gewicht
4	80	110	43	4,1
8	116	170	60	8,0
9	161	225	90	15,8

Zur Verlegung von unbewehrten Hochspannungseinleiterbleikabeln ist von F. & G. ein Verfahren[1] ausgearbeitet worden, welches die blanken Bleikabel gegen chemische und mechanische Gefährdung wirksam schützt. Die Kabel werden einzeln in die aus U-förmigen Schutzsteinen gebildeten Rinnen gelegt und diese bis zum Rande mit Sand oder gesiebter Erde gefüllt. Zur gemeinsamen Abdeckung der dicht nebeneinander verlaufenden Rinnen dienen lückenlos aneinander gereihte Betonplatten von entsprechender Breite; eine reichlich bemessene Sandschicht zwischen Rinnenoberkante und Abdeckplatten, deren Wirksamkeit durch Zwischenschichten aus Ton oder Lehm verstärkt werden kann, schützt den Sandinhalt der Rinnen gegen Fortschwemmen.

3. Mechanische Erdkabelverlegung. Die große zur Erdkabelverlegung notwendige Arbeiterzahl macht die Mechanisierung der Arbeit wünschenswert. Der nächstliegende Gedanke, den Kabelgraben dort, wo es die Verhältnisse gestatten, durch einen Bagger aufzuwerfen, wurde zuerst in Amerika verwirklicht; so wurde bei der Verlegung des Eisenbahn-Telephonkabels Stockholm—Gotenburg[2] ein Bagger amerikanischer Herkunft benutzt. Der mit Druckluft arbeitende Bagger läuft auf den Eisenbahnschienen und wird von der Lokomotive geschleppt.

Auf Anregung von W. R. R. Schramm in Weißenfels konstruierte die Eisenwerk-Weserhütte Akt.-Ges. in Oeynhausen (Westf.)[3] eine Vorrichtung, welche nicht nur den Graben ausschachtet, sondern auch

[1] D.R.P. Nr. 415593 v. 30. 3. 1924; D.R.P. Nr. 419004 v. 27. 9. 1924.
[2] Billing, J.: a. a. O.
[3] Ehrich, H.: Eine neue Kabelverlegungsmaschine. Z. V. d. I. 1927, S. 1690.

das Kabel in den Graben legt, den Graben zuschüttet und festwalzt. Sie besteht aus dem auf zwei Raupenbändern laufenden Grabenbagger, aus dem Gurtförderer, der die herausgeholte Erdmasse 5 bis 6 m hinter dem Bagger durch eine Schurre wieder in den Graben schüttet, aus dem gleichfalls auf Raupenbändern laufenden Kabelwagen und dem Zuführungsapparat, der das Kabel unmittelbar hinter den Bagger-

Abb. 393. Gesamtansicht der Schrammschen Kabelverlegungsmaschine (Eisenwerk Weserhütte).

schaufeln in den Graben sinken läßt. Da die Stundengeschwindigkeit der Maschine bei der Arbeit 60 bis 90 m beträgt, ist Zeit und Raum reichlich vorhanden, um das Kabel im Graben vor dem Zuschütten nachzusehen und mit Ziegelsteinen abzudecken. Zur Bedienung der Maschine sind 5 Mann nötig; im 8-stündigen Arbeitstag können etwa 750 m Kabel verlegt werden. Die Gesamtkosten der Verlegung ein-

Abb. 394. Kabelwagen und Schurre der Schrammschen Kabelverlegungsmaschine (Eisenwerk Weserhütte).

schließlich Anschaffungskosten der Maschine betragen etwa RM. 300.— pro km Kabel gegenüber RM. 1800.— bis 2000.— bei Handverlegung. Die Einzelheiten der Maschine sind aus den Abb. 393 und 394 zu ersehen.

4. Röhrenkabel. Die zur unterirdischen Verlegung von Kabeln dienenden Rohrleitungen können aus glasiertem Ton, Steingut, Holz, Fiber[1], Zement oder Gußeisen bestehen; in den Ver. Staaten werden

[1] In Amerika werden Starkstromkabel überwiegend in Fiberrohren, die mit Beton vergossen sind, verlegt.

auch gemauerte Kanäle aus Ziegelsteinen benutzt. Man unterscheidet zwischen dem „Einziehsystem“ und dem „Solidsystem“. Nach dem Einziehsystem werden die Kabel in die Rohre der vorher fertiggestellten unterirdischen Rohrleitungsanlagen eingezogen, nach Bedarf, z. B. beim Auftreten von Fehlern oder bei Änderungen des Kabelnetzes, auch herausgezogen ohne die Straßenoberfläche über die Anlage zu verändern und den Verkehr zu stören. Nach dem in den Ver. Staaten und England gebräuchlichen Solidsystem verlegt man die Kabel in offene Kanäle aus Steingut, Holz, Gußeisen usw., die ebenso, wie Erdkabel, in besonders ausgeschachtete Gräben gelegt sind; man füllt die Kanäle mit Asphalt, Teer oder dergleichen isolierenden Stoffen aus, bedeckt sie mit den zugehörigen Oberteilen und schüttet und stampft den Graben, genau so wie bei der Verlegung von Erdkabeln, wieder zu. Das nach dem Solidsystem verlegte Kabel stellt somit einen Übergangstyp zwischen dem eigentlichen Röhren- und dem Erdkabel dar. Der Vorteil des Solidsystems[1] dem Einziehsystem gegenüber ist die bessere Wärmeableitung der Kabel im Betrieb und die billigere Herstellung, dem Erdkabelsystem gegenüber der billigere Preis der Kabel; seine großen Nachteile sind der geringere Schutz des Bleimantels gegen chemische Schädigungen und die starre Verbundenheit des Kabels mit der Umgebung. Die am Bleimantel nicht fest genug haftende Asphaltmasse wird rissig und ermöglicht den Zutritt schädlicher Stoffe zu dem Bleimantel; solche sind u. a. die säurehaltigen, als Fäulnisschutz verwendeten Tränkmittel der aus Holz hergestellten Kanäle. Die starre Verbundenheit wirkt nicht nur beim Auftreten von Fehlern infolge der erschwerten Fehlerortsbestimmung und Fehlerbeseitigung nachteilig, sondern auch überall da, wo Bodensenkungen oder auch nur Vibrationen des Erdbodens vorkommen; die starre Verbindung überträgt diese letzteren auf die Kabel und hat z. B. zur Folge, daß das Blei durch interkristallinische Korrosion brüchig wird.

Die folgenden Ausführungen über Röhrenkabel beschränken sich auf das Einziehsystem.

Die Röhrenanlage muß vor Beginn der Kabelverlegung vollständig hergestellt sein und einen für den in absehbarer Zeit erwarteten Zuwachs des Kabelnetzes ausreichenden Vorrat an Reserveröhren enthalten; es besteht aus den Rohrleitungen und den Kabelbrunnen, in welchen die Rohre enden, und welche zum Einziehen der Kabel und zur Unterbringung der Verbindungs-, Abzweigs- usw. Muffen und der Pupinspulenkästen dienen. Die Rohrleitungsanlage muß auf festem Boden unbeweglich ruhen und hinreichend erschütterungsfest abgedeckt sein, damit der Straßenverkehr sie nicht beschädigen kann; zwischen je zwei Brunnen verlaufen die Rohre geradlinig und erhalten zwecks Erleichterung des Wasserabflusses ein kleines Gefälle von etwa 0,1 bis 0,2%.

In Deutschland benutzt man das Röhrensystem so gut wie ausschließlich nur für die Verlegung von Schwachstromkabeln, da die

[1] Vernier, C.: The laying and maintenance of transmission cables. Journ. I.E.E. 1911, S. 313.

wärmeisolierende Wirkung der in den Röhren zwischen Kabel und Rohrwand stagnierenden Luftschicht die höchstzulässige Strombelastung der Starkstromkabel begrenzt und die Wirtschaftlichkeit des Betriebes verschlechtert. Trotz dieses Nachteils hat in den dicht-

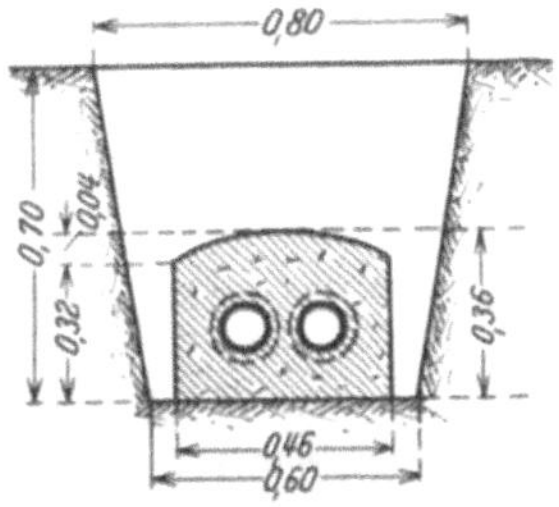

Abb. 395. Steingutröhre für Kabelverlegung in Ortschaften (Maße in m).

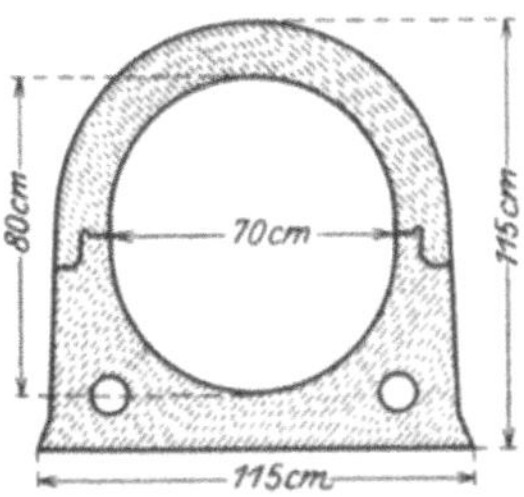

Abb. 396. Tonröhre für Kabelverlegung auf Landstraßen.

bevölkerten Großstädten der Ver. Staaten Platzmangel unter den Straßen den vorzugsweisen Gebrauch des Röhrensystems auch für Starkstromkabel erzwungen.

Die Schweizerische Telegraphenverwaltung benutzt zur Kabelverlegung 4 bis 5 m lange Betonröhren und gußeiserne Muffenröhren mit lichten Weiten von 250 bis 500 mm.

Abb. 397. Steingutrohranlage für die Erweiterung des Mailänder Telephonkabelnetzes im Bau (Pirelli).

Abb. 398. Steingutrohranlage für die Erweiterung des Mailänder Telephonkabelnetzes im Bau (Pirelli).

In den Fugen der Stoßstellen werden die Betonrohre mit Mörtel, die Gußeisenrohre mit Blei abgedichtet. Zur Erleichterung des Einziehens der Kabel schaltet man zwischen Rohrenden und Brunnenwand becherförmige Zwischenstücke von etwa 0,75 bis 1 m Länge, welche den lichten Rohrdurchmesser allmählich um rund 30% vergrößern.

Die Ferntelephonkabel werden in der Schweiz meistens in Röhren verlegt, und zwar benutzt man in wasserreichen Gegenden und bei Kreuzungen mit elektrischen Bahnlinien Eisenröhren, in anderen Fällen Betonröhren.

Die Italienische Telegraphenverwaltung benutzt für die Verlegung von Telephonkabeln in bewohnten Ortschaften Steingutröhren (Abb. 395), auf Landstraßen (für Ferntelephonkabel) Tonröhren (Abb. 396), auf Brücken und ähnlichen Bauten Eisenröhren[1].

Abb. 399. Steingutrohranlage für die Erweiterung des Mailänder Telephonkabelnetzes im Bau (Pirelli).

Abb. 400. Steingutrohranlage für die Erweiterung des Mailänder Telephonkabelnetzes im Bau (Pirelli).

Die Abb. 397, 398, 399 und 400 zeigen den Bau von Steingutrohranlagen für die Erweiterung des Telephonkabelnetzes in Mailand in verschiedenen Stadien der Fertigstellung.

Die Deutsche Reichspost verwendet allgemein Rohranlagen aus Zement oder Eisen, in welchen jeder Rohrzug in der Regel für ein einziges Kabel bestimmt ist. Hauptsächlich kommen Zementrohre in der Form von rechteckigen, 1 m langen Formstücken zur Verwendung, welche 2, 3 oder 4 kreisrunde Rohröffnungen von 100 mm lichte Weite

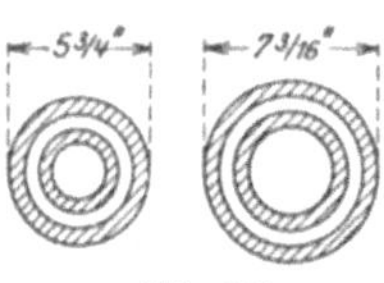

Abb. 401. Muffenrohr aus glasiertem Ton (Engl. Post).

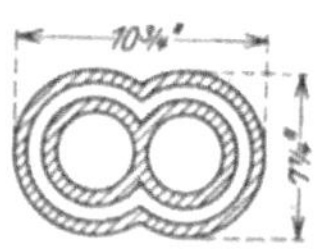

Abb. 402. Zweizügiges Muffenrohr aus glasiertem Ton (Engl. Post).

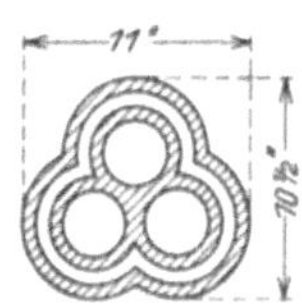

Abb. 403. Dreizügiges Muffenrohr aus glasiertem Ton (Engl. Post).

im gegenseitigen Abstande von 16 mm enthalten und eine äußere Wandstärke von 25 mm aufweisen. Die Formstücke haben entweder eine flache oder eine gewölbte Decke; im ersten Fall sind sie 150, im zweiten 180 mm hoch. Bei dem Bau einer Anlage werden sie gewöhnlich flach aufgelegt, doch können sie je nach den örtlichen Verhältnissen auch hochkantstehend, und die Platten verschiedener Größe in jeder beliebigen Kombination zusammengestellt werden. Zur Herstellung

[1] Magagnini, G.: El. Comm. 1925, S. 212.

sicherer Stoßverbindungen zwischen den einzelnen Stücken sind an deren Stirnwänden 50 mm lange Vertiefungen von 10 mm lichter Weite vorgesehen, in welche bei dem Aufbau des Kanals 90 mm lange eiserne Dorne gesteckt werden.

Eiserne Rohre werden nur verwendet, wenn aus irgendeinem Grunde (z. B. Verlegung auf einer Brücke) erhöhte Festigkeit erforderlich ist oder wenn der zur Verfügung stehende Raum zur Unterbringung der Zementformstücke nicht ausreicht.

Die Hauptröhrentypen der Englischen Telegraphenverwaltung sind Muffenrohre aus glasiertem Ton (Abb. 401 bis Abb. 406) für den

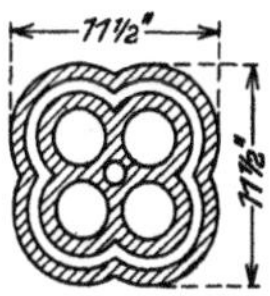

Abb. 404. Vierzügiges Muffenrohr aus glasiertem Ton (Engl. Post).

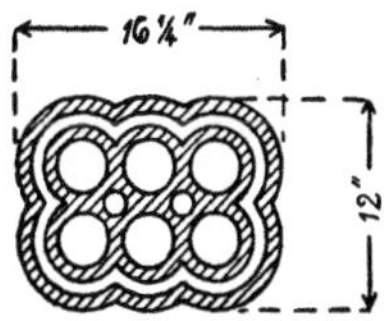

Abb. 405. Sechszügiges Muffenrohr aus glasiertem Ton (Engl. Post).

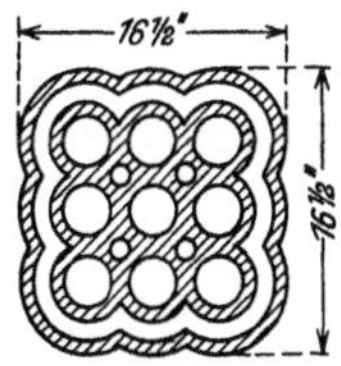

Abb. 406. Neunzügiges Muffenrohr aus glasiertem Ton (Engl. Post).

allgemeinen Gebrauch, gußeiserne Muffenrohre für Kreuzungen unter Straßen- und Eisenbahn, sowie für Stellen, an welchen häufige Störungen zu befürchten sind, und Tröge aus glasiertem Ton (Abb. 407) oder aus mit Kreosot behandeltem Holz (Abb. 408) zur Verlegung von dünnen Teilnehmerkabeln in geringer Tiefe. Die glasierten Tonrohre und -tröge sind 45 bis 60 cm, die Gußeisenrohre bis 2,7 m und die Holztröge 1,8 bis 6 m lang.

Abb. 407. Zweiteiliger Trog aus glasiertem Ton (Engl.Post).

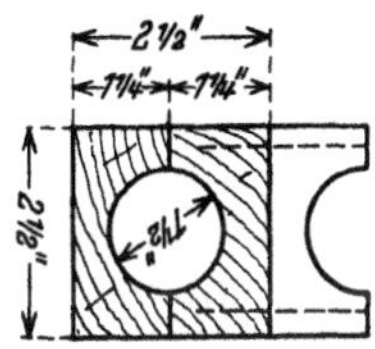

Abb. 408. Hölzerner Trog (Engl. Post).

Die Größe der Kabelbrunnen ist je nach der Anzahl der einmündenden Rohrzüge und der Zweckbestimmung sehr verschieden. In Deutschland haben die Lötbrunnen, in welchen die Verbindungsmuffen untergebracht sind, Grundflächen von 1,2 × 1,9 m, bei mehr als 12 Rohröffnungen 1,5 × 2,5 m. Der gegenseitige Abstand der Lötbrunnen ist von der Länge der einzuziehenden Kabel abhängig; allgemein geht man über 150 m nicht hinaus. Bei Krümmungen der Wege werden oft zur Erleichterung des Einziehens zwischen den Lötbrunnen kleine Hilfsbrunnen mit 1 × 1 m Grundfläche eingebaut. Brunnen für die Unterbringung der Pupinspulenkästen sind größer als die Lötbrunnen; in der Schweiz wurden sie z. B. bei 1,8 m Höhe und 2,6 m Breite mit 3,0, 3,6 und 4,0 m Länge normalisiert. Die Tiefe der Brunnen wird in Deutschland so bestimmt, daß die Sohle 75 cm unterhalb der Unterkante des untersten Kanalzuges liegen soll; bei Anlagen mit wenig Kanalzügen und bei Hilfsbrunnen werden geringere Tiefen zugelassen. Man stellt die Brunnen aus Stampfbeton oder aus Ziegelsteinen in 1 bis 1,5 Stein Wandstärke (25 oder 38 cm) oder ohne Lüftungsschlitze oder Granitplatten her, zur Entwässerung werden 12 cm starke Sickerrohre aus Eisen oder Ton, welche nicht bis zum Grundwasser reichen, eingebaut.

Abb. 409. Amerikanischer Kabelbrunnen (ATTC).

Zur Ergänzung der vorstehenden Angaben über die Praxis europäischer Verwaltungen zeigen die Abb. 409 und 410 Lötbrunnen der ATTC und Abb. 411 einen Brunnen derselben Gesellschaft für Pupinspulenkästen.

Das Einziehen der Kabel erfolgt mit der Winde und Zugseil; an einem Brunnen (*A*) ist die Kabeltrommel, am anderen (*B*) die Winde mit der Seiltrommel aufgestellt. Neben der Kabeltrommel steht eine kleine Seilwinde mit einem schwachen Seilchen, welches zum Einziehen des Zugseiles von *B* nach *A* dient. Das Ende des Hilfsseilchens wird mit Hilfe eines Gestänges, welches aus einer entsprechend großen Anzahl von etwa 1 m langen, leicht miteinander gekuppelten und hintereinander in das Rohr geschobenen Holzstäben besteht, von *A* nach *B* gebracht; sodann wird das Ende des Zugseiles mit dem Hilfsseilchen nach *A* hinübergezogen und am Kabelende befestigt. Hierzu dienen weitmaschige, als Ziehschlauch oder Ziehstrumpf bezeichnete zylindrische Stahldrahtgeflechte, die am einen Ende strumpfartig offen

Abb. 410. Amerikanischer Kabelbrunnen (ATTC).

stehen, am anderen Ende in eine oder in zwei Ösen spitz auslaufen; mit den Ösen werden sie am Zugseil befestigt, mit dem offenen Ende so weit wie möglich über das Kabel gezogen. Durch den Zug zieht sich der Schlauch zusammen, preßt sich an das Kabel und nimmt es mit sich. Außerhalb des Rohres werden Kabel und Zugseil, soweit es erforderlich, über Gleitrollen geführt. An Stelle der an den Rohrenden eingebauten becherförmigen Ansatzstücke der schweizerischen Anlagen benutzt die Deutsche Reichspost zum Schutze des Kabels beim Eintritt in das Rohr 9 cm lange zweiteilige Blechhüllen, die in die Rohröffnung gesetzt werden. Einen noch wirksameren Schutz bietet der in Amerika gebräuchliche, als „Bolony“ bezeichnete biegsame Stahlschlauch[1] von etwa 100 mm lichter Weite und 2 bis 3 m Länge, durch welchen das Kabel von der Trommel bis zum Rohr geführt wird. An einem Ende ist der Schlauch mit einem in das Rohr genau passenden Ansatzstück versehen, am anderen Ende, an welchem das Kabel in den Schlauch tritt, ist er trichterförmig erweitert. Als Zugseil hat sich nach den Erfahrungen der Deutschen Reichspost ein 18 mm starkes Stahlseil mit einer Bruchfestigkeit von 40 kg/mm²

Abb. 411. Amerikanischer Kabelbrunnen für Pupinspulenkästen (ATTC).

Abb. 412. Einziehen eines Hochspannungskabels (Pirelli).

[1] del Mar, W. A.: Electric cables, their design, manufacture and use, S. 26. New York 1924.

Abb. 413. Einziehen eines Telephonkabels. Einlauf des Kabels in den Brunnen (ATTC).

Abb. 414. Einziehen eines Telephonkabels. Lastauto mit Winde und Zugseil (ATTC).

für ausreichend erwiesen. Mit der Länge des im Rohr gleitenden Kabels wächst die Zugspannung linear[1]; zur Verkleinerung des Reibungswiderstandes bestreicht man das Kabel vor seinem Eintritt in das Rohr oder beim Passieren des Hilfsbrunnens, namentlich auf seiner unteren, gleitenden Seite, mit einem Schmiermittel. Als solche können säurefreie mineralische Fette verwendet werden; als gut geeignet hat sich reine Vaseline erwiesen. Ein „Kabelgleitfett" muß auch wasserfrei sein, damit es im Rohr nicht eintrocknet und das spätere Herausziehen des Kabels, wenn das notwendig sein sollte, nicht verhindert. Bei trockener und warmer Witterung hat man auch mit Talkum, als festem Schmiermittel, gute Erfahrungen gemacht[2].

5. Unterwasserkabel. Die Trommel mit dem zu verlegenden Kabel wird entweder am Ufer oder auf dem Wasserfahrzeug drehbar aufgestellt; sehr lange Seekabel verlegt man von dem Tank des Kabeldampfers aus. Das Fahrzeug muß die Richtung, in welcher das Kabel liegen soll, genau einhalten, und die Geschwindigkeit des abrollenden Kabels und die Geschwindigkeit des Fahrzeuges müssen genau aufeinander abgestimmt sein, damit das Kabel weder

[1] Kelley, W. G.: Cable-Pulling Tensions. El. World 1925, S. 1015.
[2] Telegraphenbauordnung, Abschnitt III, S. 102.

sich in Schlingen legt noch einer unzulässigen Zugbeanspruchung ausgesetzt wird. Oft ist es notwendig, namentlich bei der Durchquerung von befahrenen Flüssen oder in Häfen, das Kabel einzubaggern, was nur mit Hilfe von Taucherarbeit möglich ist; in anderen Fällen bietet die allmähliche Versandung oder Verschlammung des auf der Sohle ausgelegten Kabels hinreichenden Schutz.

Im allgemeinen gestaltet sich die Verlegung je nach Gewicht des Kabels, Breite und Tiefe des Wassers und sonstigen Umständen verschieden; am besten können die Verhältnisse an Hand einiger charakteristischer Beispiele illustriert werden.

1. Verlegung eines 34 mm starken Telephonkabels (Bruttogewicht 2345 kg) durch den Königssee[1].

„Die genaue Kabellänge wurde ... dadurch gewonnen, daß man einen geschmeidigen Flußeisenlitzendraht von etwa 3 mm Dicke in der Kabellinie quer durch den See versenkte. Der Draht wurde während des Auslegens von 2 zu 2 m mit 1 bis $1^1/_2$ kg schweren Bleiplättchen beschwert ... und war außerdem mit aufgelöteten Marken von 50 zu 50 m versehen ... Als wirkliche Länge des auf den Seegrund zu verlegenden Kabels ergab sich der Betrag von 392 mm (bei 351 m auf der Wasseroberfläche)."

Mit den auf beiden Ufern unterirdisch zu verlegenden Endstücken war die notwendige Gesamtlänge 475 m.

Die Trommel mit dem Kabel wurde auf einer sogenannten „Schiffsplätte" (12 m lang, 2,5 m breit, Bordwände 0,8 m hoch, Tragfähigkeit 5 Tonnen) an die nachherige westliche Landungsstelle des Kabels gebracht; die Verlegung dauerte von 6 Uhr morgens bis 7 Uhr abends desselben Tages.

„Zunächst wurde ... der Kabelgraben bis zum Uferrand des Sees ausgehoben, dann wurde die Plätte mit dem Kabel an die Ostufer gefahren, gleichzeitig hiermit ein 4,5 mm starker Eisendraht von Ufer zu Ufer gespannt, um die Kabellinie genau einhalten zu können. Die Plätte ... wurde am Ostufer fest verankert. Dann wurde das eine Kabelende von der Trommel genommen und mittels eines weiteren größeren Bootes mit einer Tragfähigkeit von rund 2,5 Tonnen an das Westufer gezogen. Zu diesem Zweck war dieses Boot an einen Stahldraht gehängt, mit welchem dasselbe der Eisendrahtlinie entlang unter Verwendung eines von vier Arbeitern bedienten Flaschenzuges und unter Beihilfe von vier Rudern im Schiff an das Westufer gezogen wurde ... Je nach etwa 50 m Abrollung und Vorwärtsziehen des Kabels wurde je ein weiterer Kahn als Boje unter das Kabel eingefahren. Die eingefahrene Boje schwamm infolge des Weiterziehens des Kabels von selbst mit vorwärts. Schließlich ruhte das ganze Kabel mit entsprechenden Durchhängen im Wasser schwimmend auf sechs Kähnen quer über den See, während das vorderste Ende am Westufer in den Kabelgraben verlegt wurde ... die Kabeltrommel auf der Plätte war wirksam gebremst ... Am Westufer wurde der Kabelgraben sofort wieder eingefüllt (46 m). Hiermit war das Kabel an diesem Ufer unverrückbar festgelegt ... Nachdem am Ostufer der Rest des Kabels abgewickelt und mehrfach gut befestigt worden war, wurde mit der eigentlichen Auslegung des Kabels auf dem Seegrund begonnen. Dies geschah in der Weise, daß mit jenem Boote, welches das Anfangsende des Kabels auf das Westufer gezogen hatte, nunmehr jeweils an die sechs Kahnbojen herangefahren, das Kabel jeweils von der Boje übernommen und... abgeworfen wurde..."

[1] Hintermayr, O., Fernsprechkabel durch den Königssee. ETZ 1907, S. 428.

Schließlich wurde das Kabel auch am Ostufer (24 m) in den Graben gelegt und der Graben zugeschüttet.

2. Verlegung von 9 Kabeln in einer 90 m langen Baggerrinne im Hamburger Hafen[1].

„In den ausgebaggerten Graben waren bereits Gas- und Wasserleitungsdüker versenkt worden. Aus irgendeinem Grunde konnten die Pfahlgerüste, welche die Senkwinden trugen, noch nicht entfernt werden, so daß in Richtung der Kabeltrace schlecht mit einem Fahrzeug zu hantieren war. Man half sich in diesem Falle so, daß man dicht an den Pfahlgruppen entlang genau über der Trace eine endlose Stahltrosse anbrachte, diese zwischen Umlenkrollen auf den Ufern nach einer Spillkopfwinde (Abb. 415) ... hinführte, wo dieses Tragseil einen gleichmäßigen gleichgerichteten Antrieb erhielt. Dann wurden an dieses Stahlseil die zu verlegenden Kabel nacheinander mit einem Ende befestigt und zum anderen Ufer hinübergezogen ..."

3. Verlegung von 16 Kabeln in einer 280 m langen Rinne an einem Sonntag ohne die Hilfe richtungangebender Pfähle[2].

„Die Kabel ohne Richtungsmittel von der Schute, welche die Trommeln enthielt, ablaufen zu lassen, schien bei dem Einfluß von Wind und Tide nicht

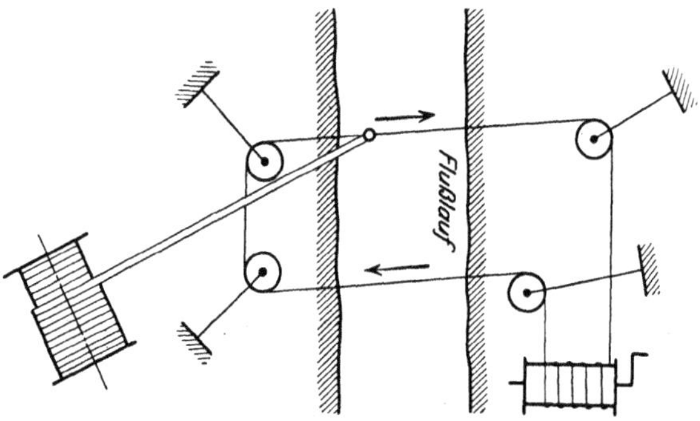

Abb. 415. Flußkabelverlegung mit Hilfe einer endlosen Stahltrosse.

geraten. Es wurde in folgender Weise die Einhaltung der Trace beim Verlegen erzwungen. Mit den an Ort und Stelle noch vorhandenen Baggerfahrzeugen (2 Greifbagger und 5 Baggerschuten) wurde eine zusammenhängende Reihe gebildet derart, daß die Fahrzeuge, in der Längsrichtung aneinander stoßend, genau in einer Richtung so verankert wurden, daß die eine Bordkante über der Baggerrinne lag. An dieser Bordkante entlang wurde nun die Kabelschute, welche 4 Trommeln mit je 2 Längen Kabeln für Hin- und Rückfahrt enthielt, durch einen längsseit festgemachten Schlepper bugsiert. Die vier jeweils zusammen abrollenden Kabel wurden dabei nicht gleich versenkt, sondern zunächst mittels Tauschlingen an Klampen und Pollern der Baggerfahrzeuge befestigt. War die Trace einmal zurückgelegt, so wurden auf der Rückfahrt die zweiten 4 Kabellängen abgerollt ... Die übrigen 8 Kabel wurden von vier anderen Trommeln, die ... in einer zweiten Schute montiert waren, abgerollt ... Nachdem nun alle 16 Kabel in den Tauschlingen ... mit genügendem Durchhang befestigt und die Fahrzeuge noch einmal genau über der Trace ausgerichtet worden waren, konnten alle Kabel auf einmal durch aufeinanderfolgendes Lösen der Befestigungsschlingen innerhalb weniger Minuten hinabgesenkt werden. Auf diese Weise erreichte man, daß sämtliche Kabel sicher in die richtige Lage kamen."

[1] Wundram, O.: Verlegung von Unterwasserkabeln im Hamburger Hafen. ETZ 1912, S. 811.

[2] Wundram, O.: a. a. O.

Das Landen der etwa 30 m langen Enden verursachte keine Schwierigkeit, da die Kabelschiffe an die Kaimauer herankommen konnten. Die Arbeit dauerte 16 Stunden und erforderte 30 Mann Schiffsbesatzung, und 35 Monteure und Arbeiter.

4. Verlegung eines 21 km langen 11-kV-Dreileiterseekabels in Japan[1]. Im Jahre 1922 wurde von der Sumitomo Draht und Kabelwerke-Gesellschaft das 21 km lange Dreileiterkabel von 3×53 mm² Querschnitt und 8,9 mm Isolierungsdicke hergestellt und zwischen der Stadt Niihama und der Insel Shisaka verlegt. In die Gürtelisolierung des Kabels (Abb. 416) sind vier, aus 12,7 mm breiten und 0,33 mm dicken Kupferbändern bestehende, über den Umfang symmetrisch verteilte Spiralen eingebettet, welche durch etwaige Bleimantelfehler eindringende Feuchtigkeit vor Auftreten eines starken Kurzschlusses anmelden und die Fehlerortsbestimmung ermöglichen sollen. Das mit 24 Eisendrähten von je 7,6 mm Stärke armierte Kabel hat einen Außendurchmesser von 76 mm und wiegt 20 t/km. Die Fabrikationslängen von je 1000 m wurden in der Fabrik zu einem 10 und zu einem 11 km langen Kabel aneinandergeschlossen; diese wurden von den beiden Ufern des bis zu 60 m tiefen Binnenmeeres aus verlegt und in der Mitte des Meeres miteinander verbunden. Die in der üblichen Weise hergestellte Verbindung befindet sich in einer mit Isoliermasse gefüllten Bleimuffe, welche mit Jute umhüllt und ihrer ganzen Länge nach durch die Armierungsdrähte der Kabel zugedeckt und mechanisch geschützt ist.

Abb. 416. Hochspannungs-Seekabel mit vier Kupferbändern in der Gürtelisolierung zur rechtzeitigen Ankündigung von Bleimantelfehlern (Sumitomo Draht- und Kabelwerke, Osaka).

5. Verlegung des 50-kV-Drehstromkabels zwischen Helsingör und Helsingborg durch F & G.[2].

„Als Verlegungsschiff stand ein nach den früheren Erfahrungen ausgwähltes und zweckmäßig eingerichtetes Kabelschiff zur Verfügung, das jedesmal eine um eine Achse drehbare Kabeltrommel (Bruttogewicht 40 Tonnen) aufnehmen konnte. Es war mit einer kräftigen, auf die Holme der Trommel wirkenden Bremse ausgerüstet und mit einem Montagehaus für die Herstellung der Muffenverbindungen versehen. Bei der Verlegung wurde es durch einen Dampfer fortbewegt (Abb. 417). Sobald eine Kabellänge verlegt war, wurde das durch Bleikappe und Eisenhaube sorgfältig geschützte Kabelende versenkt, worauf der Kabeldampfer die nächste Trommel holte, das Kabel auslegte und das Ende versenkte. Hierauf wurden die zu verbindenden Enden des ersten und zweiten Kabels (im Ganzen 6 Längen je 900 m = 5,4 km) unter Mitwirkung eines Dampfers aufgenommen und in das Montagehaus des Kabelschiffes eingeführt ... Die Auslegung der an das Ufer führenden Enden der beiden äußeren Kabellängen vollzog sich an beiden Ufern

[1] Kawakami, K. und K. Shimizu: Das neue Shisakajima-Unterseekabel. El. Comm. 1924, S. 260.

[2] Druckschrift von F. & G.

in gleicher Weise. Vom Kabelschiff wurde ein Drahtseil nach dem Lande und von dort über eine Rolle zum Schiffe zurückgeführt. Das Kabel wurde an dem einen Seilende befestigt und mit ihm durch eine Kabelwinde landwärts gezogen. Eine Anzahl leerer Tonnen, am Kabel festgebunden, hielt dieses schwimmend und erleichterte dadurch das Ziehen."

Abb. 417. Dampfer mit Kabelschiff fertig zum Auslauf (F. & G.).

5. Verlegung des Holland—England-Telephonseekabels 1926 durch F. & G.[1].

„Vor Verlegung in offener See werden zur Fixierung der Verlegungsrichtung Markierungsbojen ausgelegt. Auf der 159 km langen Strecke Domburg (Holland) — Aldeburgh (England) kamen 8 große und 10 kleine Bojen zur Auslegung. Der Kabeldampfer Neptun[2] von F. & G. besitzt 4 Kabeltanks von je 8 m Tiefe, drei von 14 m und einen von 12 m Durchmesser; sie fassen zusammen 8000 Tonnen Kabel. Das in diesem Fall zu verlegende Kabel war 1650 Tonnen schwer und wurde von den aus dem Carlswerk kommenden Eisenbahnwaggons in Nordenham auf den Kabeldampfer umgeladen ... Zuerst wurde das holländische Ende des Kabels verlegt. Ein holländischer Leichter (Abb. 418) nahm etwa 2,5 km Kabel

Abb. 418. Verlegung des 159 km langen Telephonkabels zwischen Holland und England. Leichter mit 2,5 km langem Endstück des Kabels macht klar zur Abfahrt (F. & G.).

[1] Druckschrift von F. & G. (vgl. S. 230).

[2] Länge 139,4 m, Breite 17,4 m. 15000 Tonnen Wasserverdrängung bei 8,3 m Tiefgang und 2700 PS Maschinenleistung.

vom ‚Neptun' über und verlegte es durch das flache Wasser, und noch während die Landungsmannschaften das Kabelende zur holländischen Verstärkerstation schleppten (Abb. 419), begann der ‚Neptun' die Verlegungsfahrt über die offene See. — Schon nach kurzer Zeit war die Sprechverbindung mit Domburg hergestellt und blieb während der ganzen Verlegungsfahrt zur Überwachung des Kabels bestehen. Die Nacht brachte dichten Nebel, der bei den unberechenbaren Strömungen in diesen Gewässern die Navigation außerordentlich erschwerte. Die ausgelegten Bojen nützten sehr wenig und waren zum größten Teil nicht zu sehen. Trotzdem wurde bis gegen Morgen genauer Kurs gehalten; erst dann stellte sich eine geringe Kursabweichung ein ... Man entschloß sich, den Fehler zu verbessern und das letzte Ende wieder aufzunehmen ... Bis zum folgenden Morgen hatte sich das Wetter so verschlechtert, daß die starke Brandung eine Kabellandung (an der englischen Küste) unmöglich machte. Das Kabel wurde deshalb geschnitten, mit doppelter Bleikappe verlötet und an eine Boje gelegt ... Erst am vierten Tag hatte sich das Wetter so weit gebessert, daß das Verlegungswerk vollendet werden konnte ... Ein englisches Küstenboot führte die Landung aus, während der Kabeldampfer die beiden zu verspleißenden Enden an Bord nahm. Gegen 6 Uhr abends — am siebenten Tag nach Beginn der Verlegung — lag das

Abb. 419. Verlegung des 159 km langen Telephonkabels zwischen Holland und England. Abtragen des Kabelendes an Land (F. & G.).

englische Ende im Verstärkeramt ... und dann war nur noch die Kabelverbindung auf dem Dampfer herzustellen ... Um 2 Uhr nachts ging der fertige Spliß über Bord."

6. Bergwerks-, Tunnel- und Brückenkabel. Stollenkabel werden mit Rücksicht auf die Möglichkeit von Gebirgsverschiebungen in der Regel nicht fest verlegt, sondern an den Wänden oder an der Decke des Stollens auf Flacheisenhaltern oder breiten Tragschellen aufgehängt; zum Schutz gegen mechanische Beschädigung erhalten sie ihrer ganzen Länge nach eine Verkleidung aus Holz oder Eisen. Die Holzverkleidung besteht aus geteerten Brettern; die Teerung wird periodisch erneuert. Auf den Tragvorrichtungen sollen die Kabel nicht straff gespannt, sondern schlaff in Wellenlinie liegen.

Schachtkabel können von der Armierung getragen[1] oder an den

[1] Dick, J. R. and F. Fernie: Electric mains and distributing systems. London 1910.

Schachtwänden mit Holzschellen befestigt werden. Nach der ersten, weniger gebräuchlichen Methode schiebt man über das obere Kabelende einen Metallring von konischem Querschnitt mit der breiteren Basisfläche nach oben gekehrt, biegt die Armierungsdrähte um den Ring herum nach unten und bindet sie unterhalb des Ringes auf die Armierung des Kabels gepreßt zu einem festen Bündel zusammen. Mit Hilfe des so gebildeten konischen Drahtbündelkopfes, den man auf einer entsprechend kräftigen Aufhängevorrichtung ruhen läßt, trägt die Armierung das ganze Kabelgewicht.

Die zweite Art der Schachtkabelbefestigung, mit Hilfe von Schellen, ist der anderen überlegen und allgemein gebräuchlich. Die Schellen halten das Kabel ohne Quetschung nur durch Reibung; zur Vergrößerung des Reibungswiderstandes werden sie reichlich lang be-

Abb. 420. Schachtkabelverlegung. Ablaufgestell mit Bremsvorrichtung (AEG).

messen. Entsprechend des nach unten zu abnehmenden Kabelgewichtes kann ihr gegenseitiger Abstand nach unten zu größer werden. Um zu verhindern, daß auf der Schelle sich Schmutz, Schlamm u, dgl. ansammelt, sowie zum Schutze der Schellen gegen Wasser und herabfallende Steine ist es zweckmäßig, jede Schelle durch einen leichten, am Kabel selbst oberhalb der Schelle befestigten Blechschirm zu schützen[1].

Die Verlegung eines Schachtkabels kann mit oder ohne Hilfe des Förderkorbes erfolgen. Mit Hilfe des Förderkorbes gestaltet sie sich einfach; man stellt die Trommel im Förderkorb drehbar auf, befestigt das Kabel mit der ersten Schelle — die Unterteile aller Schellen müssen vor Beginn der Verlegung montiert sein — und fährt langsam von Schelle zu Schelle abwärts, entsprechende Längen des Kabels von der Trommel abrollend. Bei dieser Verlegungsart wird der Förderkorb

[1] Morton, W. R.: The selection and installation of electric cables in collieries. Electricien 1909, S. 102.

sehr lange ununterbrochen in Anspruch genommen; gewöhnlich steht er jedoch solange nicht zur Verfügung. Deshalb wird das zu verlegende Kabel ohne Inanspruchnahme des Förderkorbes entweder von der oben aufgestellten Trommel heruntergelassen, oder von der unten aufgestellten Trommel hinaufgezogen; die zweite Methode erfordert einen Schacht, der hinreichend weit ist, um die Trommel mit der ganzen Länge hinunterzubringen.

In den meisten Fällen erfolgt die Verlegung von oben aus. Zusammen mit dem Kabel läßt man von der Seiltrommel einer Winde ein Stahlseil abschnittweise langsam in den Schacht und bindet an diesem das Kabel in kurzen Abständen mit Hanfseilen oder kleinen Schellen fest; schließlich hängt das ganze Kabel, getragen vom Stahlseil, im Schacht. Dann wird das Kabel, unten beginnend, angeschellt;

Abb. 421. Schachtkabelverlegung. Dampfwinde (AEG).

durch allmähliches Nachlassen des Kabels während des Anschellens wird erreicht, daß das Kabel nicht straff gespannt an den Schachtbalken sitzt. Während der Verlegung müssen Trommel und Winde fest verankert und mit schnell wirkenden kräftigen Bremsvorrichtungen versehen sein.

Die Abb. 420 bis 422 veranschaulichen Einzelheiten der Verlegung eines 1200 m langen AEG-Hochspannungsschachtkabels[1] (3×25 mm², 15 kV).

„Das Kabel wurde mittels Sonderschellen an dem Hilfsseil befestigt, anfangs in Entfernungen von 3, 6 und 10 m und weiterhin in Entfernungen von 20 m. Jede Schelle wurde durch langsames Nachlassen des Kabels auf ihre Haltefähigkeit geprüft. Nach Ablauf von 6 Stunden hingen etwa 1030 m Kabel am Hilfsseil im Schacht. Es zeigte sich, daß das verwendete Hilfsseilprofil (Flachseil von über 100 mm Breite) noch keinen genügend großen Verdrehungswiderstand hatte, denn nach vollständiger Abwicklung hatte es sich, der Drallspannung des angeschellten Kabels folgend, mit diesem etwa 30 mal

[1] AEG-Mitt. 1926, S. 104.

herumgedreht. Die Befestigung des Kabels im Schacht geschah durch Hartholzschellen, die durch je vier $^5/_8$-zöllige Schrauben in Abständen von 6 m an den Schachtbalken befestigt wurden ... Das Anschellen wurde durch die Verdrehung des Seiles mit dem Kabel erheblich erschwert; es gelang jedoch, nachdem das Kabel in den oberen Schellen befestigt war, die Verdrehung durch teilweises Gegendrehen — unter Lösung einiger Schellen, die das Kabel mit dem Hilfsseil verbanden — zu beseitigen und das Kabel in die richtige Lage zu bringen. In jeder Schicht wurden durchschnittlich 140 m Kabel angeschellt. Nachdem das Kabel in seiner ganzen Länge verlegt war, wurde das Drahtseil wieder aufgewunden, eine Arbeit, die $6^1/_2$ Stunden in Anspruch nahm."

Tunnelkabel. Bezüglich der normalen Verlegung in Eisenbahntunneln enthält die Telegraphenbauordnung[1] die folgenden Bestimmungen:

„Beim Durchschreiten von Tunneln werden die Kabel entweder in der Tunnelsohle eingebettet oder oberhalb an den Wänden entlang geführt ... In dem

Abb. 422. Schachtkabelverlegung. Führungsräder für Kabel und Verlegungsseil (AEG).

Erdboden sollen die Kabel möglichst nahe der Tunnelwand geführt werden ... Oberirdisch können die Kabel entweder in besonderem Kabelkasten oder in ausgesparten Rinnen der Seitenmauern geführt werden... Durch kurze und trockene Tunnel können die Erdbleikabel auch auf einfachen Unterstützungen längs der Mauerwand gelegt werden. Allgemein ist noch zu beachten, daß das Kabel für Instandsetzungen genügend zugänglich bleiben muß... Die Kabelkasten für die Führung der Kabel an den Tunnelwänden... bestehen nach guten Erfahrungen aus getränkten kiefernen Brettern von etwa 25 mm Stärke, die in größeren Einzellängen zusammengesetzt und an den Stoßenden durch unterlegte Lattenstücke mit Holzschrauben zu einem laufenden Ganzen verbunden und mit einem verschließbaren Deckel versehen werden. Die Hinterwand der Kästen soll etwa 10 mm Abstand von der Tunnelwand erhalten und um etwas höher sein als die Vorderwand, damit der Deckel eine nach dem Innern des Tunnels abfallende Lage erhält, um die an den Tunnelwänden herabträufelnde Feuchtigkeit abfließen zu lassen. Der Kabelkasten ist in einer Höhe von etwa 1,5 m an der Tunnelwand zu befestigen."

Brückenkabel[2]. Die Durchkreuzung eines Gewässers mit einem Kabel erfolgt leichter und billiger auf der Brücke als unter dem Wasser. Bei Brücken mit Erdaufschüttung oder Pflasterung können Erd- und

[1] Abschn. III, S. 83. [2] Telegraphenbauordnung, Abschn. III, S. 81.

Röhrenkabel ohne weiteres verlegt werden. Vorsicht ist bei dem Übergang vom Ufer zur Brücke erforderlich, damit die Erschütterungen der Brücke an dieser Stelle keinen Bruch des Kabels verursachen. Ist für die normale unterirdische Verlegung auf der Brücke kein genügender Raum vorhanden, dann wird das Kabel entweder ohne äußeren Schutz an den Bauteilen der Brücke oder in eisernen Kabelrohren oder Schutzkasten längs des Brückenkörpers verlegt. Die erste Verlegungsart kommt in Frage, wenn „eine gesicherte Lagerung oder Aufhängung des Erdkabels, unter Befestigung mit eisernen Bändern und Schellen, an den Seiten oder unterhalb der Brückenbahn" möglich ist. In anderen Fällen erfolgt die Verlegung in Schutzkästen; diese „sollen mit gut schließendem Deckel versehen, dem Eingriff Unberufener oder der Beschädigung durch Fahrzeuge des Flußverkehrs entzogen und ferner geräumig genug für eine etwaige spätere Erweiterung der Kabelanlagen sein".

7. Luftkabel. In einigen Fällen erweist sich die Aufhängung von Kabeln auf Stangen als die wirtschaftlich günstigste Verlegungsart. Nach den Richtlinien der Schweizerischen Telegraphenverwaltung werden Luftkabel für Teilnehmerleitungen in baumreichen Gebieten, in Gegenden mit häufigen Naßschneefällen und Rauhreifansätzen als Ersatz für Freileitungen verwendet, ferner in kleineren Orten und in neu entstehenden Bauquartieren größerer Städte, wo die Erdarbeiten einer unterirdischen Verlegung für wenige Leitungen, namentlich durch die künstlichen Straßenbeläge, relativ zu teuer wären, oder wo sich die spätere Entwicklung noch nicht mit Sicherheit übersehen läßt und deswegen provisorisch nur Kabel mit wenigen Leitungen verlegt werden sollen. Ähnliche Gesichtspunkte gelten auch in Deutschland und in England. In England und insbesondere in den Ver. Staaten verlegt man oft auch Ferntelephonkabel auf Stangen, wenn die relativ hohen Kosten für die Erdarbeiten eines einzigen Kabels, ungünstige Bodenverhältnisse oder die Kosten für abzulösende Grundstücksrechte die Verlegung von Erdkabeln nicht gestatten.

Die Unterbringung der Luftkabel auf den Stangen erfolgt in der Weise, daß man die Kabel mit über ihre ganze Länge verteilten Traghaken oder Tragösen (Briden) auf ein Stahlseil hängt, welches in bestimmter Höhe auf den Stangen ausgespannt ist. In der Regel kommen Bodengestänge, Dachgestänge nur ausnahmsweise zur Verwendung.

Als Tragseile verwendet die Schweizerische Telegraphenverwaltung bei Spannweiten von 30 bis 40, meistens 40 m Seile aus verzinkten Stahldrähten mit einer Zugfestigkeit von mindestens 140 kg/mm². Gebräuchlich sind zwei Seiltypen: für Kabel bis zum Gewicht von 4 kg/m ein Seil (I) $7 \times 1{,}7$ mm (Durchmesser 5,1 mm) und für Kabel bis 6 kg/m ein Seil (II) $7 \times 2{,}0$ mm (Durchmesser 6 mm). Für Kabel von weniger als 1,3 kg/m wird ein 5 mm dicker Eisendraht mit einer Zugfestigkeit von 45 kg/mm² verwendet.

Die Vorschrift der Englischen Telegraphenverwaltung[1]

[1] Technical Instructions XIII. The construction of aerial lines, S. 81. London 1925.

unterscheidet zwischen Spannweiten von 40 und 60 Yards (37 und 55 m). Bei einer Spannweite von

37 m	55 m	sollen
und bei einem Kabelgewicht von		verwendet werden:
0 bis 1,5 kg/m	0 bis 1,2 kg/m	2 Stahldrähte, je 3 mm dick
1,5 „ 2,8 „	1,2 „ 2,3 „	1 Stahlseil 7 × 2,0 mm
2,8 „ 4,5 „	2,3 „ 3,8 „	1 „ 7 × 2,6 „
4,5 „ 7,5 „	3,8 „ 6,0 „	1 „ 7 × 3,3 „

Die Deutsche Reichspost[1] benutzt Drahtseile aus verzinktem Gußstahldraht von mindestens 70 kg/mm² Zugfestigkeit. Die Bruchlast des Tragseiles soll bei einem Gewicht des aufzuhängenden Kabels von

4 kg/m nicht weniger, als 3000 kg
7 „ „ „ „ 5000 „ und
12 „ „ „ „ 8000 „

betragen. Die Seilkonstruktion ist nicht vorgeschrieben. Die Stangenabstände dürfen allgemein nicht größer als 50 m sein.

Zur Befestigung der Tragseile dienen Seilschellen (Abb. 423); bei 1 oder 2 Seilen erfolgt die Befestigung auf der Stange (Abb. 424), bei mehr als 2 Seilen auf Querträgern. Müssen aus irgendeinem Grunde 2 Seile auf derselben Seite der

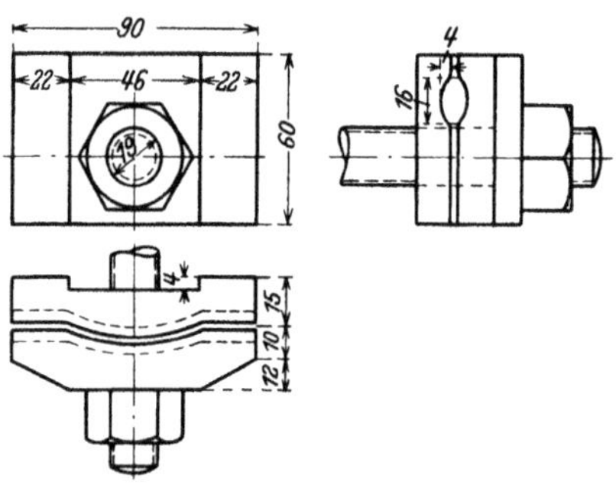

Abb. 423. Seilschelle für das Tragseil von Luftkabeln (RPM).

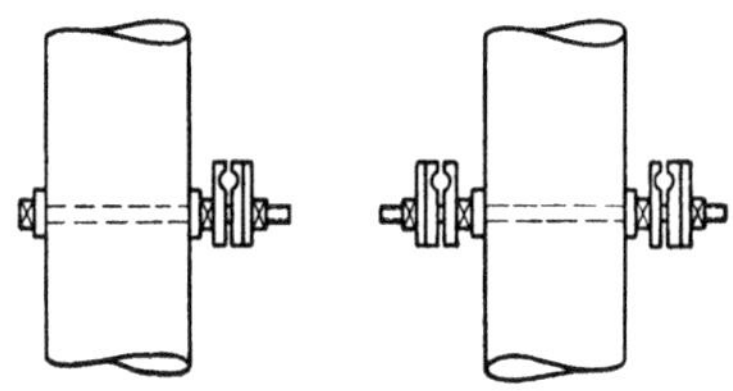

Abb. 424. Befestigung des Tragseils für Luftkabel auf der Stange (RPM).

Stange untergebracht werden, dann ist zwischen ihnen ein vertikaler Abstand von 30 cm einzuhalten.

Nach der deutschen Vorschrift muß die Höhe der Tragseile über dem Erdboden an Eisenbahnen nicht unter 2,5 m, an Landstraßen nicht unter 3,5 m betragen. Die Seile sind so zu spannen, daß nach dem Anhängen der Kabel der Durchhang mindestens beträgt:

bei Spannweiten von	und bei Kabeln bis 5 kg/m Gewicht	über 5 kg/m Gewicht
25 m	25 cm	40 cm
30 „	40 „	55 „
40 „	55 „	85 „
45 „	75 „	110 „
50 „	105 „	155 „
60 „	145 „	210 „

Alle Kabel eines Spannfeldes erhalten denselben Durchhang; bei verschieden starken Kabeln in einem Felde sind die Seile der schwä-

[1] Telegraphenbauordnung, Abschn. II, S. 46.

cheren Kabel dem größeren Durchhang der stärkeren Kabel entsprechend weniger zu spannen.

Die Traghaken sind in verschiedenen Konstruktionen gebräuchlich. In Deutschland (Abb. 425) verwendet man S-förmige Haken aus 2 mm starkem Bandeisen, welche vor Anhängen des Kabels auf das Seil in Abständen von 50 bis 75 cm abwechselnd von rechts und von links in das Kabel eingehakt und mit verzinktem Draht festgebunden werden; zum Schutze des Bleimantels an den Bindestellen dienen Bleistreifeneinlagen.

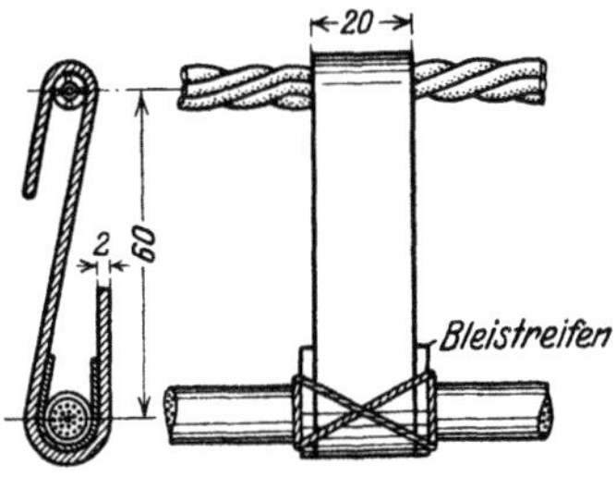

Abb. 425. Eiserner Traghaken für Luftkabel (RPM).

Nach einem neueren in Deutschland und in der Schweiz geübten Verfahren läßt man das Kabel auf 20 mm breiten und etwa 0,5 mm starken Streifen aus weichem, verbleitem Kupferblech ruhen, welche nach Fertigstellung der Montage das Kabel fest umschließen (Abb. 426

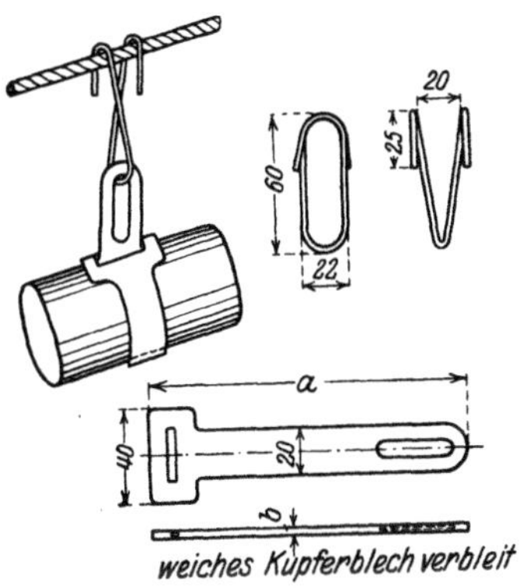

Abb. 426. Kupferblechtraghaken für Luftkabel (OTD).

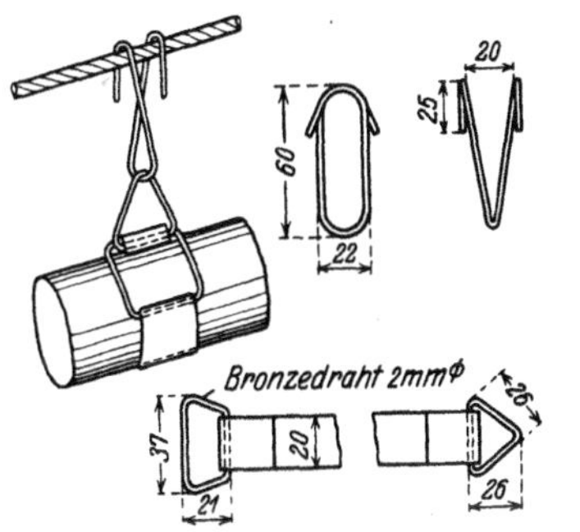

Abb. 427. Kupferblechtraghaken für Luftkabel (OTD).

und 427). Die Länge der Streifen richtet sich nach der Dicke der Kabel; der gegenseitige Abstand der Traghaken beträgt 50 cm.

In England legt man um das Kabel in Abständen von 50 cm (20 Zoll) Knotenschleifen aus dünnen Hanfseilen (Abb. 428) und hängt

Abb. 428. Aufhängen des Luftkabels auf das Tragseil mit Knotenschleifen aus Hanfseil und Stahlhaken (Engl. Post)

Abb. 429. Herstellung einer Knotenschleife mit vergrößerter Tragfläche (Engl. Post).

Abb. 430. Knotenschleife mit vergrößerter Tragfläche.

diese mittels Stahlhaken auf das Tragseil. Zur Verhütung einer etwaigen Beschädigung des Bleimantels durch das Seilchen infolge Vibrationen stellt man die Nachbarschleifen rechts und links von jeder Stange mit vergrößerten Tragflächen nach Abb. 429 und 430 her.

Zur Aufbringung des Kabels[1] auf das Seil wird die Trommel mit dem Kabel $1^1/_2$ Spannweite weit von der Stange, an welcher die aufzuhängende Kabellänge endigen wird, um eine horizontale Achse dreh-

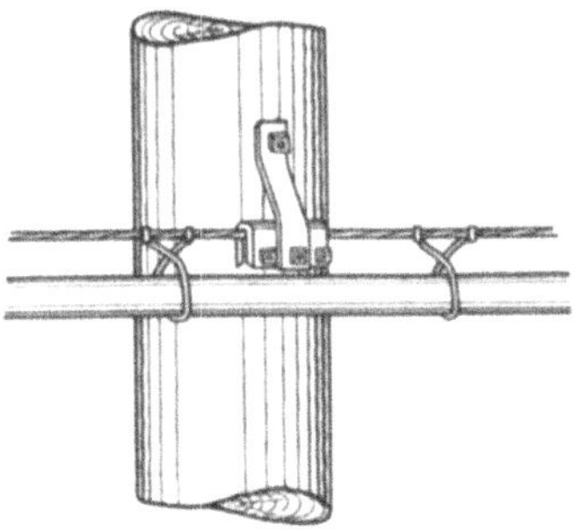

Abb. 431. Aufhängen des Luftkabels auf das Tragseil mit Tragringen (ATTC).

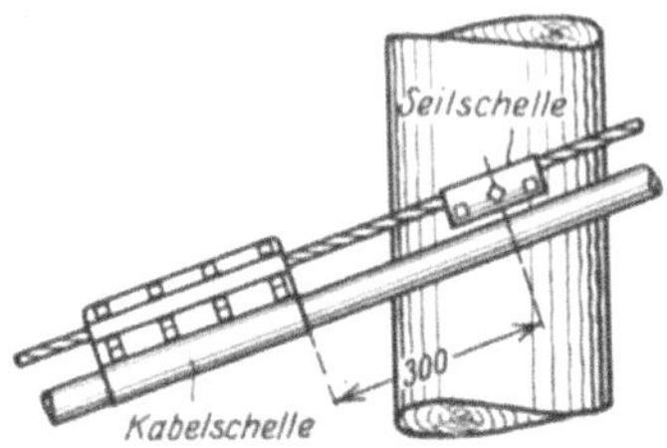

Abb. 432. Aufhängen des Luftkabels bei abschüssigem Gelände.

bar fest aufgestellt. Über das von der Trommel ablaufende Kabelende wird ein Ziehschlauch bis zur Öse gezogen und mit Draht und Isolierband festgebunden. An der Öse wird ein kräftiges Manilahanfseil zum Hochziehen des Kabels und an jeder Stange eine Gleitrolle zur Führung des Zugseiles befestigt. Das mit dem Zugseil in Bewegung ge-

Abb. 433. Luftkabelmontage in Amerika: Aufstellung der Ablauftrommel auf Böcke (ATTC).

setzte Kabel steigt an einem 4 mm starken, zwischen Trommel und erster Stange für die Montage schräg gespannten Eisendraht zum Tragseil hinauf; währenddessen werden die Haken auf das Kabel in den vorgesehenen Abständen aufgesetzt. Zweckmäßig befestigt man am Kabelanfang eine kleine Gleitrolle und setzt diese auf das Trag-

[1] Telegraphenbauordnung, Abschn. III, S. 85.

seil; bei der Vorwärtsbewegung des Kabels wird jeder dritte oder vierte Haken reichlich eingefettet auf das Tragseil eingehängt. So gleitet das Kabel am Tragseil entlang. An jeder Stange steht ein Arbeiter,

Abb. 434. Luftkabelmontage in Amerika: Ablauftrommel auf einem Kabeltransportwagen (ATTC).

der die eingehängten Traghaken vor der Stange vom Tragseil abnimmt und hinter der Stange wieder aufsetzt. Nach Beendigung des Ein-

Abb. 435. Luftkabelmontage in Amerika: Hochziehen des Kabels mit Zugseil und Motorwinde (ATTC).

ziehens werden die Kabelenden provisorisch festgebunden, damit das Kabel sich nicht durch das eigene Gewicht aus den letzten Haken zurückzieht.

Die ATTC befestigt die Traghaken, die sie als relativ große Tragringe ausbildet[1] (Abb. 431), nicht am Kabel, sondern auf dem Tragseil; das Kabel gleitet beim Ziehen durch die am Tragseil unverrückbar

Abb. 436. Spulenpunkt eines Luftkabels mit einem Spulenkasten (ATTC).

sitzenden Ringe, und die Montage erfordert weniger Hilfskräfte. Bei großem Gefälle des Terrains muß das Kabel mit Hilfe von langen Schellen an dem Tragseil befestigt werden (Abb. 432)[2].

Abb. 437. Spulenpunkt eines Telephonluftkabels mit drei Spulenkästen (ATTC).

Ist ausnahmsweise eine unerwünscht große Spannweite unvermeidlich, dann spannt man zur Verkleinerung des zu großen Durchhanges

---

[1] Pilliod, J. J.: Journ. A. J. E. E. 1922, S. 585.
[2] Meyer, E. B.: Vgl. Fußnote S. 29.

zwischen den beiden Stangen des Feldes, welche der höheren Beanspruchung entsprechend besonders abgespannt werden müssen, ein Hilfsseil und zieht mit diesem den tiefsten Punkt des Tragseiles höher. Die Abb. 433, 434 und 435 zeigen Einzelheiten der amerikanischen Luftkabelmontage, die Abb. 436 und 437 zwei Ferntelephonkabellinien mit den an den Gestängen befestigten Pupinspulenkästen.

2. Die Kabelgarnituren.

Die verlegten Kabel müssen miteinander und den anschließenden Bestandteilen ihrer Stromkreise verbunden werden. Diese Arbeit setzt sich dem Aufbau des elektrischen Kabels entsprechend aus drei Einzelarbeiten zusammen: die Verbindung der aneinanderstoßenden Leiter, die Isolierung der Verbindungsstelle und der äußere Schutz der Isolierung. Die Ausführung muß den folgenden Anforderungen entsprechen: die Verbindungsstellen dürfen keinen merklichen elektrischen Übergangswiderstand besitzen; ihre mechanische Festigkeit muß mindestens ebenso groß, wie diejenige des Kabels sein. Die Isolierung der Verbindungsstelle muß dem Kabeldielektrikum in Hinsicht auf Isolationswiderstand, dielektrische Festigkeit und Verlustwinkel mindestens gleichwertig sein. Der Schutz, den die Außenhülle bietet, darf qualitativ dem Schutz des Bleimantels und der Armierung nicht nachstehen, insbesondere muß die Hülle den Zutritt von Luft und Feuchtigkeit ebenso wie der unversehrte Bleimantel sicher und dauernd verhindern.

Zur Verbindung innerhalb der Kabellinien dienen Verbindungsmuffen, wenn zwei Kabel aneinandergeschlossen werden, und Abzweigmuffen, wenn im Zuge der Kabellinie eine Verzweigung stattfindet; zur Verwendung in Speisepunkten von Starkstromkabelnetzen mit mehreren abgehenden Stromkreisen dienen Abzweigmuffen, die als Kabelkästen augebildet sind. An den Enden einer Kabellinie befinden sich Endverschlüsse, welche das Dielektrikum luft- und wasserdicht abschließend, die Kabelleiter voneinander und von der Außenhülle isoliert herausführen. Alle diese Verbindungsteile werden mit dem Sammelnamen Kabelgarnituren bezeichnet. Für die Betriebssicherheit einer Kabelanlage sind außer der guten Qualität der verlegten Kabel die zweckmäßige Konstruktion und sorgfältige Montage der Garnituren unerläßliche Voraussetzungen.

Die folgende Beschreibung der Garnituren und ihrer Montage unterscheidet Starkstromkabelgarnituren für Niederspannung und mittlere Hochspannung, Starkstromgabelgarnituren für Höchstspannung und Schwachstromkabelgarnituren.

1. Starkstromkabelgarnituren für Niederspannung und mittlere Hochspannung. Die Starkstromkabelgarnituren bis einschließlich 10 kV Betriebsspannung sind in Deutschland seit 1925 normalisiert[1]. Die Hauptbestandteile der Starkstromkabelgarnituren sind

[1] DIN-Taschenbuch 8. Normen der Elektrotechnik für Installationsmaterial, Kabel, Freileitungen. Berlin 1927.

a) die Schrauben- (oder Löt-) Hülsen zur Verbindung der Leiter,

b) das Schutzgehäuse, welches, auf das zu verbindende Kabelende gesetzt, die Verbindungsstelle von allen Seiten umschließt, und

c) das Isoliermittel, mit welchem zur Isolierung der Verbindungsstelle der zwischen Kabel und Schutzgehäuse verbleibende Hohlraum vollständig gefüllt wird.

Die Schraubenhülse ist für Verbindungsmuffen ein zylindrisches, für Abzweigmuffen ein T-förmiges und für Endverschlüsse ein kappenförmig ausgebildetes Röhrchen, in welchem die zu verbindenden Leiter verschraubt und verlötet werden. Bei Muffen bis zu 4 mm^2 Querschnitt genügt das Löten.

Das Schutzgehäuse besteht in der Regel aus Gußeisen. Bei Muffen ist es horizontal geteilt; im unteren Teil werden die Kabelenden an den Muffenhälsen mit Schellen festgemacht, die oberen Teile werden nachher aufgesetzt und festgeschraubt. Die Abdichtung zwischen Unter- und Oberteil erfolgt mit Nut und Falz und zwischengelegten getränkten Jutefäden. Bei Verbindungsmuffen für höhere Spannungen wird außer der gußeisernen Schutzmasse oft noch eine innere Bleimuffe verwendet, welche ebenfalls horizontal geteilt ist und mit den Bleimänteln der hineingeführten Kabelenden verlötet wird.

Bei Mehrleiterkabeln werden die Kabeladern in den Muffen auseinandergebogen und durch Trennungsstege in bestimmten gegenseitigen Abständen gehalten.

Das Isoliermaterial ist eine in heißem Zustande flüssige, in erkaltetem Zustand feste, als Ausguß- oder Füllmasse bezeichnete Substanz[1], die neben hohem Isolationswiderstand und hinreichender elektrischer Festigkeit den folgenden Anforderungen entsprechen muß: sie darf keine Bestandteile enthalten, welche die übrigen Bestandteile der Garnitur oder des Kabels angreifen, ihre Wärmeausdehnung muß möglichst klein sein, damit die periodischen Volumenänderungen mit der Temperatur innerhalb mäßiger Grenzen bleiben, sie darf weder porös noch rissig sein und muß an Eisen, an Blei und an den Trennstegen festhaften, damit keine Kriechwege für eindringende Feuchtigkeit sich bilden können. Im übrigen muß die Beschaffenheit der Füllmasse dem jeweiligen Verwendungszweck angepaßt sein; für Endverschlüsse in warmen Maschinenhäusern ist eine härtere, bei höheren Temperaturen schmelzende Füllmasse zu verwenden, während für eine normal verlegte unterirdische Kabelmuffe eine mehr plastische Füllmasse mit niedriger liegendem Schmelzpunkt die geeignetere ist[2].

---

[1] In der Hauptsache werden natürliche Asphalte mit Petrol-Asphalten gemischt, oft mit weiteren Zutaten versetzt; vgl. ETZ 1915, S. 232; ETZ 1923, S. 706; ETZ 1925, S. 23: Vorschriftenbuch des VDE, 16. Aufl. 1929, S. 189. Die älteste derartige in der Kabeltechnik verwandte Masse, eine Mischung aus Pflanzenteer, Harz und Guttapercha, rührt nicht, wie es allgemein angenommen wird, von John Chatterton („Chatterton's Compound"), sondern von Willoughby Smith her; Engl. Pat. Nr. 1811 v. 9. 8. 1858. (Vgl. Ch. Bright: Submarine Telegraphs. London 1898.)

[2] Die erstgenannte harte Masse könnte bei zu niedrigen Temperaturen rissig werden.

Als Beispiel wird die Montage einer Dreileiterverbindungsmuffe mit Bleimuffeneinsatz für 10 kV Betriebsspannung nach DIN-Vorschrift beschrieben[1] (Abb. 438).

Die Kabelenden sind etwa 1 m übereinanderzulegen und vor Eintritt in den Muffenhals seitlich auszubiegen, um für Ausbesserungsarbeiten genügenden Kabelvorrat zu schaffen. Die Kappen sind von den Kabelenden zu entfernen, die Enden so weit abzuschneiden, daß die Einzeladern nach dem Auseinanderbiegen stumpf gegeneinanderstoßen. Das Muffenunterteil ist zum Anreißen unter die Kabelenden zu legen. An der Übergangsstelle von Muffenhals und innerem Hohlraum ist die Bewehrung durch kräftige Drahtbunde zu befestigen und zwar so, daß diese Bewicklung noch im Muffenhals liegt. Kurz hinter der Bewicklung ist die Jute zu entfernen, die Bewehrung mit einer Dreikantfeile leicht anzufeilen und dann mit einer Zange abzureißen. Die Eisenbewehrung darf nicht mit einer Säge abgetrennt werden, da hierbei der Bleimantel beschädigt werden könnte. Das auf dem Bleimantel haftende Papier wird nach Anwärmen mit der Lötlampe abgenommen und der Bleimantel wird gereinigt. Das im Muffenhals liegende Kabelstück ist zur Abdichtung mit einer Umwicklung aus Isolierpappe oder geteertem Band dem Halsdurchmesser des Gehäuses anzupassen. Die Pappe ist mit einer Lage Isolierband zu befestigen. Außerdem kann die Übergangsstelle zwischen der äußeren Bewicklung und dem Bleimantel noch durch eine den Bleimantel höchstens auf 5 mm bedeckende Lage Kautschuk- oder Isolierband geschützt werden. Zum Freilegen der isolierten Adern werden der Bleimantel und die Gürtelisolierung bei Querschnitten bis 35 mm² auf 85 mm, bei größeren Querschnitten auf 100 mm entfernt. Das Füllmaterial ist mit einem Messer von innen nach außen abzuschneiden. Vor dem Auseinanderbiegen werden die Adern durch feste Umwicklung mit feuerfestem Band geschützt und durch eine Lötlampe mäßig erwärmt. Dann werden sie vorsichtig auf den Abstand der Stegbohrungen gebogen und die Isolierung auf halbe Schraubenhülsenlänge zuzüglich etwa 5 mm von den Adern entfernt. Die Isolierung der Adern wird an den Enden mit Zwirn befestigt. Der Steg wird auf die Adern eines jeden Kabelendes geschoben. Die blanken Kupferleiter werden gereinigt, verzinnt und so in die Schraubenhülsen eingeführt, daß jeweils die Enden in der Mitte des Lötloches zusammenstoßen. Zum Halten der Kabelenden sind die Schellen bei lose aufgelegtem Muffenoberteil festzuschrauben. Die Gewindestifte der Schraubenhülsen sind anzuziehen und die Enden der Schraubenhülsen für die Lötung mit feuerfestem Band zu bewickeln, damit das Lötmaterial nicht ausläuft. Die Lötung wird mit flüssigem Lötzinn von mindestens 40% Zinngehalt ausgeführt. Zu diesem Zweck wird unter die Lötstelle eine Schale gebracht und mit einem Lötlöffel so lange flüssiges Lötzinn über die Schraubenhülse gegossen, bis diese genügend durchwärmt ist. Die Gewindestifte sind hierauf nochmals nachzuziehen. Zu beachten ist, daß die Gewindestifte nicht über die Oberfläche der Schraubenhülse hinausragen. Unter Zuführung des nötigen Lötmittels (Kolophoniumpulver od. dgl.) ist so viel Lötzinn in das Loch der Schraubenhülse einzugießen, bis diese vollständig gefüllt ist und das Lötmaterial nicht mehr nachsackt. Empfohlen wird durch zeitweiliges leichtes Beklopfen der Schraubenhülse

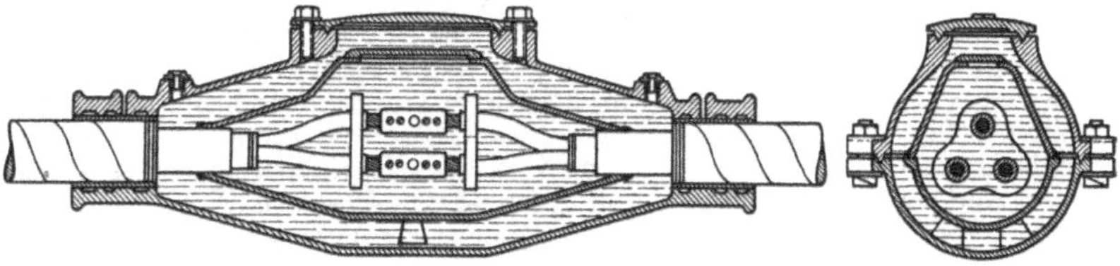

Abb. 438. Bleiverbindungsmuffe mit gußeiserner Schutzmuffe nach VDE-Vorschrift.

[1] Die Beschreibung ist aus an verschiedenen Stellen gegebenen Vorschriften zusammengesetzt und enthält neben einigen Kürzungen einige geringfügige Änderungen der Originaltexte.

das Nachsacken des Lötmittels zu beschleunigen. Nach der Verlötung ist das feuerfeste Band von der Schraubenhülse zu entfernen. An den Enden muß zu ersehen sein, daß das Lötmittel gut durchgelaufen ist, Zinntropfen oder sonstige Lötreste dürfen nicht mehr vorstehen. Zu beachten ist, daß bereits verlötete Schraubenhülsen durch Überdecken mit Asbestpappe gegen Hitzeeinwirkung beim Verlöten der anderen Schraubenhülsen geschützt werden. Die Stege dürfen nicht auf den blanken Teilen der Adern liegen, sondern müssen mindestens 10 mm von der Schraubenhülse entfernt auf der isolierten Ader sitzen. Nach Fertigstellung der Lötung wird das um die Adern gewickelte feuerfeste Schutzband abgenommen und vom Bleimantel noch ein Stück von etwa 30 bis 35 mm entfernt, so daß die Gürtelisolierung frei liegt; diese wird am Ende mit Zwirn abgebunden. Ober- und Unterteil der Bleimuffe werden um die Verbindungsstelle gelegt und vorläufig durch einen Drahtbund zusammengehalten. Die Bohrung der Bleimuffe ist dem Durchmesser des Kabelmantels anzupassen, d. h. bei zu großer Muffenbohrung ist das Bleiblech mit einem Holzhammer vorsichtig aufzuklopfen, bei zu kleiner Bohrung dagegen entsprechend aufzuweiten. Die Bleimuffe muß an den Enden mit den vorher auf dem blankgeschabten Bleimantel angezeichneten Marken abschneiden. Hierauf kann das Löten der Bleimuffe beginnen[1]. Zweckmäßig lötet man zuerst die Längsnähte der Muffe. Die zu verlötenden Stellen werden gut verzinnt. Durch Erhitzen der Lötfläche mit der Lötlampe wird Schmierzinn auf die Lötnaht gebracht, das unter Zuführung von Rindertalg mit einem talggetränkten Lappen verschmiert wird. Nach Fertigstellung der beiden Längsnähte wird der Hals der Bleimuffe mit dem Bleimantel an beiden Seiten verlötet, wobei die Lötstelle zur Verstärkung als dicke Wulst ausgeführt wird. Die nächste Arbeit ist das Vergießen der Bleimuffe. Die Masse wird vorsichtig bis zu der für sie vorgesehenen Vergußtemperatur erwärmt, sie darf nicht kochen und nicht anbrennen. Kleine aufsteigende Blasen zeigen an, daß die Vergußtemperatur erreicht ist; dann ist der Massetopf vom Feuer zu nehmen. Nach etwa 10 Minuten verschwinden die Blasen und die Masse ist vergußfertig. Schäumt die Masse beim Erwärmen — ein Zeichen vorhandener Feuchtigkeit —, dann ist sie unter ständigem Umrühren so lange warm zu halten, bis der Schaum verschwindet. Angebrannte oder aus alten Garnituren stammende Masse darf nicht verwendet werden. Vor dem Vergießen ist die Muffe, namentlich bei kalter Witterung, anzuwärmen. Beim Vergießen ist so viel Masse über die Verbindungsstelle zu gießen, bis alle Teile der Adern und des Bleimantels von Masse bedeckt sind. Je nach Größe der Muffe wird in Zwischenpausen so viel Masse nachgegossen, daß die Adern dauernd mit Masse bedeckt bleiben. Die Masse zum Nachfüllen darf nicht zu heiß sein; es genügt, sie so warm zu machen, daß sie sich gerade gießen läßt. Vor dem jeweiligen Nachgießen ist die Eingußöffnung anzuwärmen. Während des Nachgießens ist der Deckel mit einem Luftzwischenraum aufzulegen und mit einem Lappen zu überdecken, zum Schutz gegen Staub und Feuchtigkeit. Nach Erkalten der Muffe wird der Deckel aufgelötet. Jetzt werden in die Nut des Unterteiles der Schutzmuffe die Jutefäden eingelegt, das Oberteil wird aufgesetzt und angeschraubt und die Schutzmuffe wird in ähnlicher Weise wie vorhin die Bleimuffe vergossen. Vor dem Erkalten sind sämtliche Befestigungsschrauben nochmals nachzuziehen, da durch die Erhitzung des Gehäuses das Material in allen Dichtstellen erweicht. Durch das Nachziehen der Schrauben wird eine gute Dichtung erzielt. Die Schrauben sind zum Schutze gegen Rost mit Füllmasse leicht zu übergießen. Zum Vergießen der Schutzmuffe kann als Füllmaterial eine Masse geringerer Güte verwendet werden.

In Niederspannungskabelanlagen ist die Muffenmontage eine einfache Aufgabe des guten Lötens und Abdichtens, sowie der richtigen Auswahl der Füllmasse. Bei den Muffen verzichtet man in den meisten Fällen auf die Bleieinlagen, bei Gleichstromkabeln oft auch auf das

---

[1] Statt Löten kann man auch mit Wasserstoff-Sauerstoffgebläse schweißen. Das Löten hat den Vorteil, daß bei Ausbesserungsarbeiten die Bleimuffe, ohne zerstört zu werden, leicht geöffnet und wieder verwendet werden kann.

Gußgehäuse; die Berliner Elektrizitätswerke z. B. stellen bei Gleichstromkabeln bis 300 mm² über die sorgfältig hergestellte Lötverbindung lediglich die Isolierung, den Bleimantel und die Armierung wieder her[1]. In anderen Fällen wieder wählt man als Schutzgehäuse lediglich eine aufgelötete Bleimuffe — in England wurden zu diesem Zweck vielfach ungeteilte, an den Enden entsprechend zubereitete Bleirohre verwendet — und setzt allenfalls diese in einen mit Asphalt gefüllten Holzkasten.

Die in Deutschland normierten Endverschlüsse für Innenräume sind entweder Flachendverschlüsse mit in einer Ebene liegenden Ausführungen, Kegelendverschlüsse mit kegelförmigem oder Zylinderendverschlüsse mit zylinderförmigem Gehäusekörper. Endverschlußtypen für Montage im Freien werden in der nächsten Abteilung beschrieben.

2. Verbindungsmuffen für hohe Spannungen. Mit der Höhe der Betriebsspannung steigen die Anforderungen, welche an die Isolierung der Verbindungen in den Garnituren zu stellen sind; es handelt sich dabei weniger um erhöhten Isolationswiderstand, als vielmehr um die Vermeidung der Ionisierung, deren Bekämpfung in den Kabelgarnituren viel früher als in den Kabeln begonnen hat[2]. Zuerst versuchte man die häufigen Muffendurchschläge, die man auf ungenügende elektrische Festigkeit der Ausgußmassen zurückführte, durch Glimmerplatten, die man in der Muffe zwischen die Adern gelegt hat, zu verhüten; erst nach dem Mißerfolg dieses Verfahrens erkannte man, daß die Hauptursache des Übels die zu große Wärmeausdehnung der Füllmassen gewesen ist, die bei der von außen nach innen fortschreitenden Abkühlung der vergossenen Muffe gerade in deren innersten Teil, in der Nähe der Leiter zur Hohlraumbildung führen konnte. Zur Vermeidung oder Verkleinerung dieser Gefahr fing man schon am Anfang dieses Jahrhunderts die Verbindungsstellen in den Muffen nicht lediglich durch die Füllmasse, sondern mit getränkten Papierbändern zu isolieren und wandte dieses Verfahren schon bei Betriebsspannungen von 4000 bis 5000 Volt an. Bei Mehrleiterkabeln bewickelte man zuerst die einzelnen Verbindungsstellen, einschließlich der ganzen freigelegten Länge der verbundenen Adern bis an die Gürtelisolierung, legte dann die bewickelten Adern dicht aneinander und versah sie noch mit einer der Gürtelisolierung ähnlich angeordneten gemeinsamen Bewicklung; den im Schutzgehäuse noch verbleibenden Raum füllte man, wie sonst, mit Ausgußmasse. Bei diesem Verfahren mußte man stets mit der Möglichkeit rechnen, den zwischen der Ader- und der Gürtelwicklung, die natürlich nicht luftdicht aufeinanderliegen und normalerweise zwischen sich Tränkmasse enthalten, Hohlräume entstehen können; deshalb beschränkte man die Gürtelwicklung auf 2 bis 3 schmale Streifen, welche die Adern fest zusammenhalten und die Bewegung der Füllmasse zwischen ihnen nicht erschweren. Ebenfalls

[1] Otto: Unterirdische Speiseleitungen. XVII. internat. Straßenbahn- und Kleinbahnkongreß in Christiania. Brüssel 1912.

[2] Vernier, C.: a. a. O. (S. 428).

frühzeitig sind Vorschläge bekannt geworden, zur Verhütung der Hohlraumbildung Füllmassen zu verwenden, die auch in erkaltetem Zustand nicht hart werden, also in erster Linie Kabeltränkmassen und insbesondere reines Mineralöl.

Eine zweite Gefahrenquelle bilden scharfe Kanten und Spitzen im Innern des Gehäuses, welche auch unter Öl zu Ionisierungserscheinungen

Abb. 439. Vakuumapparat für Muffenmontage (AEG).

(Sprühen) führen, sobald die Spannung eine bestimmte Grenze erreicht. Besonders gefährlich sind die Schraubenhülsen oder ähnliche Mittel zur Verbindung der Leiter und die abgesetzten Enden des Bleimantels oder der Metallhüllen der H-Kabel. Alle diese Stellen müssen

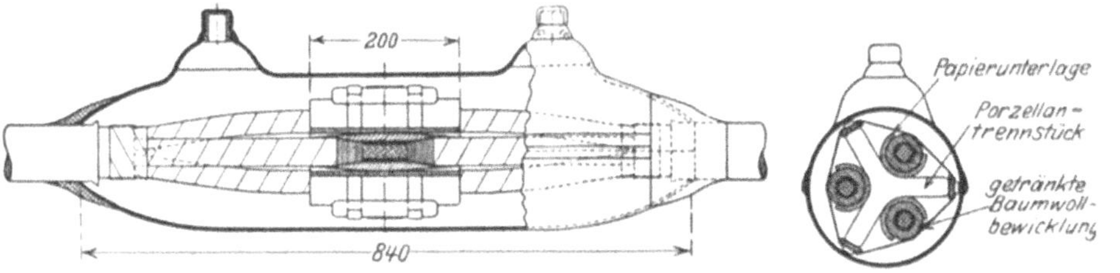

Abb. 440. Verbindungsmuffe für 3 × 35 kV (W. T. Henley's Telegraph Works Co. Ltd.).

abgerundet, die Bleimantelenden außerdem trichterförmig aufgeweitet werden.

Eine weitere Verbesserung bestand in der Anordnung von zwei Öffdungen auf dem Schutzgehäuse, damit während des Vergießens durch die eine Öffnung die Luft durch die zweite Öffnung entweichen kann. Hierauf beruht auch das erfolgreiche Verfahren, die Muffe vor dem Vergießen mit der heißen Füllmasse durchzuspülen. Man führt die Füllmasse durch die eine Öffnung direkt zur tiefsten Stelle des Gehäuses ein, läßt sie an der zweiten Öffnung, nachdem das ganze Gehäuse vollgelaufen ist, wieder abfließen und setzt dieses Verfahren längere Zeit hindurch fort, bevor man die Ausflußöffnung verschließt und damit die eigentliche Füllung vornimmt.

Ein radikales Hilfsmittel zur Bekämpfung der Lufteinschlüsse ist das Vortrocknen und Evakuieren des Gehäuses, sowie dessen Vergießen unter Vakuum. Dieses Prinzip wird z. B. von der AEG[1] bei Betriebsspannungen von 30 kV aufwärts seit Jahren mit Erfolg angewendet (Abb. 439).

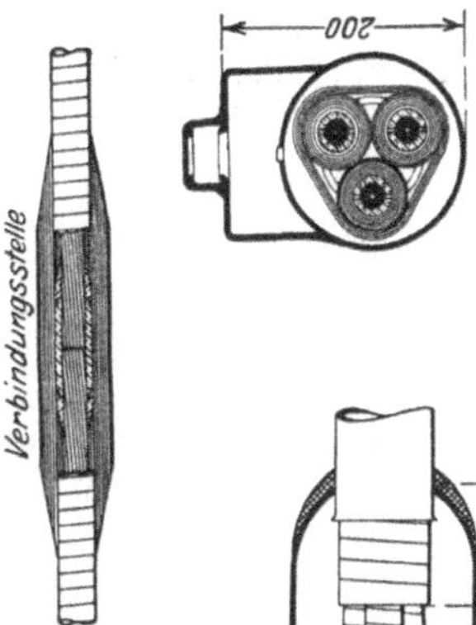

Die im folgenden beschriebenen Kabelgarnituren für höchste Spannungen sind auf Grund der vorstehend angegebenen Prinzipien konstruiert und ausgeführt.

Abb. 440 stellt eine Konstruktion der W. T. Henley's Telegraph Works Co. Ltd. in London für 3×350000 circ. mils ($= 3 \times 178\,\text{mm}^2$) Querschnitt und 3×35 kV Betriebsspannung dar[2]. Zur Verbindung der Leiter dienen zylindrische Kupferdrahtgeflechte, welche über die je zwei aneinander stoßenden Enden der Leiter ausgestreckt und festgelötet werden. Das Papier an den Aderenden ist schräg abgesetzt; die

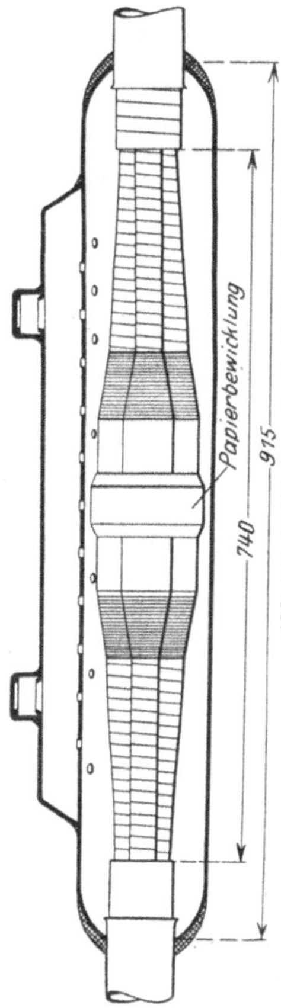

Abb. 441. Verbindungsmuffe für 3×6 kV (Pirelli).

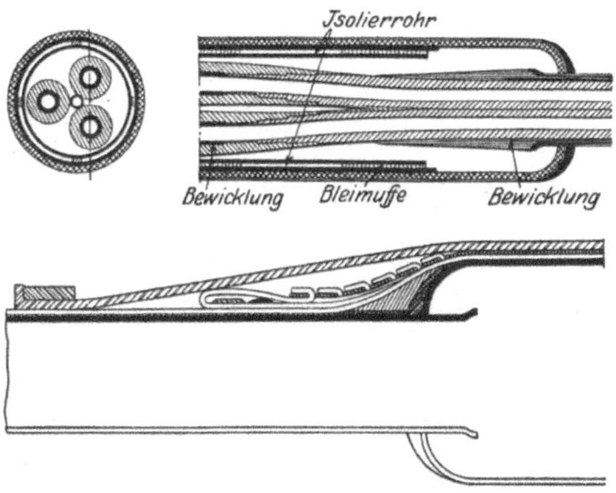

Abb. 442. Konstruktionseinzelheiten einer amerikanischen Seekabelmuffe für 3×33 kV.

Verbindungsstellen sind bewickelt. Die drei Adern liegen auf Unterlagen aus getränktem Papier in den Öffnungen eines 120 mm langen

[1] D.R.P. Nr. 363606 v. 4. 9. 1921.

[2] Die Abb. 440, 441, 442, 443 und 448 sind einem Bericht der El. World 1925, S. 1313 über einen in S. Francisco gehaltenen Vortrag von W. H. Cole, Vorsitzender der Kabelkommission der N.E.L.A. entnommen. Die Muffen sind in New York, Chikago, Boston und St. Louis montiert.

Porzellansteges von dreieckigem Querschnitt und werden in dieser Lage durch zwei Wicklungen aus getränkter Baumwolle festgehalten. Die längsgeteilte 850 mm lange Bleimuffe hat zwei Füllöffnungen und wird auf die Bleimäntel aufgelötet; die in die Muffe hineinragenden Enden der Bleimäntel sind aufgeweitet.

Die in Abb. 441 dargestellte Muffe für 3×36 kV von Pirelli ent-

Abb. 443. Seekabelverbindungsmuffe für 3×50 kV (F. & G.).

hält keine Trennstege; die etwa 180 mm langen blanken Verbindungsstellen werden zuerst auf Aderdicke, dann über eine Breite von 320 mm mit getränktem Papier fest bewickelt und durch eine schmale gemeinsame Bewicklung zusammengehalten. Als Füllmaterial dient Öl.

Abb. 444. Montage der 3×50 kV-Seekabelmuffe von F. & G. Herausholen der fertig montierten Muffe aus dem aufgekippten Montagehaus.

Abb. 442 gibt Einzelheiten einer Seekabelmuffe (3×350000 c. m. $= 3 \times 178\ mm^2$ Querschnitt und 3×33 kV Betriebsspannung). An der Verbindungsstelle sind die Adern durch ein axial eingelegtes Isolierrohr von 16 mm Durchmesser auseinandergehalten. Die Verbindungen selbst sind mit nach beiden Seiten hin sich verjüngenden, aus Isolierleinen bestehenden Wicklungen bedeckt, und der Bund der drei Verbindungen steckt in einem doppelwandigen Isolierrohr. Von den in die Muffe hineinragenden trichterartigen Erweiterungen der Bleimantelenden gehen ebenfalls in der Richtung auf die Muffenmitte zu sich verjüngende Isolierleinenbewicklungen aus.

Abb. 445. Montage der 3 × 50 kV-Seekabelmuffe von F. & G. Versenkung der Muffe.

In Abb. 443 ist die fertig montierte Seekabelmuffe des Sundkabels von F. & G. (3 × 95 mm² Querschnitt, 3 × 50 kV Betriebsspannung) zu sehen[1]. Die eigentliche Muffe ist eine aufgelötete Muffe normaler Bauart, die in einem schmiedeeisernen, durch zwei Köpfe abgeschlossenen Flanschrohr eingeschlossen ist. Der Raum zwischen Rohr und Bleimuffe

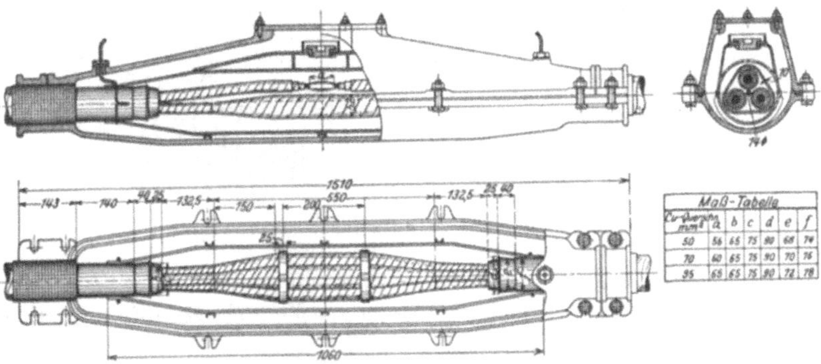

Abb. 446. Bleiverbindungsmuffe mit gußeiserner Schutzmuffe im 30 kV-Netz der Bewag.

ist mit einer wasserdichten Masse vergossen. Die Armierungsdrähte des Seekabels sind beiderseitig in einem Konus des Muffenkopfes festgeklemmt, so daß das Schutzrohr die ganze Zuglast übernimmt, Bleimuffe und Bleikabel vollständig entlastend. Die Montage der Muffe erfolgt in dem Montagehaus des Kabelschiffes, in welches die zu verbindenden, aus der See aufgenommenen Enden der bereits verlegten Kabel eingeführt werden. Während der Montage ruhen diese auf einem Gestell[2],

[1] Die 5,4 km lange Seekabelstrecke enthält 8 Muffen dieser Art.
[2] D.R.P. Nr. 405700 v. 18. 4. 1924.

das nach der Montage mit der darauf ruhenden Muffe versenkt wird. Die Krümmung dieses Gestells entspricht dem für das Kabel zulässigen Krümmungsradius und verhindert ein zu scharfes Abbiegen des Kabels am Austritt aus der Muffe. Nach Beendigung der mehr als 50 Stunden in Anspruch nehmenden Montage wird das Montagehaus aufgekippt (Abb. 444), die Muffe auf einer Gleitbahn herausgeholt und mit Hilfe eines Kranes versenkt (Abb. 445).

Abb. 446 stellt die im 30-kV-Kabelnetz der Stadt Berlin benutzten Verbindungsmuffen für Kabel von 3×50, 3×70 und 3×95 mm^2 Leiterquerschnitt dar. Die Verbindungen sind mit Papierbändern bewickelt und durch zwei Wicklungen von je 10 mm Dicke und 25 mm Breite über eine Isolierrolle von 14 mm Durchmesser zusammengehalten. Die

Abb. 447. Blei-Eisen-Verbindungsmuffen für 3×60 kV (AEG).

Montage erfolgt nach dem Vakuumverfahren der AEG. Die innere Bleimuffe wird mit einer weicheren (gelben), die Schutzmuffe mit einer härteren (schwarzen) Füllmasse vergossen.

Zur Fertigstellung einer Muffe (3×95 mm^2) sind folgende Materialien erforderlich:

900 m Wickelpapier 25 mm breit,
100 m „ 11 „ „
30 m Zwirn,
250 g Isolierband,
3 m Hassianleinen,
100 g Bindedraht,
6 m Kupferlitze $84 \times 0{,}62$ mm zur Erdung,
400 g Lötzinn,
3,5 kg Schmierzinn,
20 kg gelbe Füllmasse,
25 kg schwarze Füllmasse,
3,5 m Juteschnur,
1 m Stanniolband $40 \times 0{,}05$ mm,
2 Stück Strahlungstrichter,
2 Stück Distanzrollen,
2 kg Benzin,
1 kg Lappen,
40 kg Holzkohle,
100 g Talg,
100 g Lötmittel.

Abb. 447 zeigt zwei fertig montierte Verbindungsmuffen des von der AEG hergestellten und in Magdeburg verlegten Höchstädter-Pfannkuch-

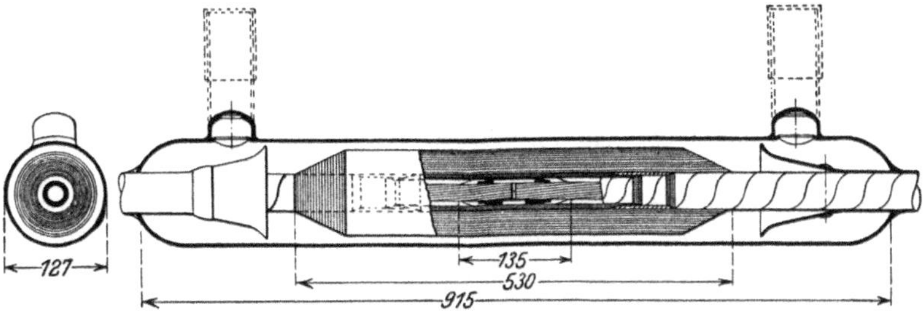

Abb. 448. Einleiterkabel-Verbindungsmuffe für 46 kV (Pirelli).

Dreileiterkabels von etwa 12 km Gesamtlänge für 3 × 60 kV Betriebsspannung. Zur sicheren Lagerung der Muffen sind diese untermauert worden.

Abb. 448 zeigt eine Einleiterkabel-Verbindungsmuffe[1] (500000 c. m.

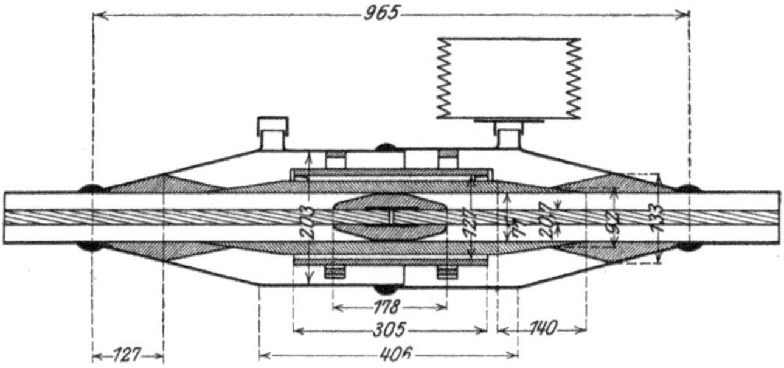

Abb. 449. Einleiterkabel-Verbindungsmuffe für 38 kV (Cleveland El. Ill. Co.).

= 254 mm² Kabelquerschnitt und 46 kV Betriebsspannung) von Pirelli. Die Verbindungsstelle ist mit Papier breit bewickelt, dem Bleimantel sind auf beiden Seiten große Strahlungstrichter aufgesetzt; die Druckgefäße für die Füllmasse sind punktiert angedeutet.

Abb. 449 stellt den vertikalen Längsschnitt einer von der Cleveland Electric Illuminating Co. konstruierten Verbindungsmuffe[2] für Einleiterkabel von 500000 c. m. (= 254 mm²) Querschnitt und 76 mm Außendurchmesser für eine Betriebsspannung (Leiter gegen Blei) von 38 kV; Abb. 450 läßt die Zubereitung der Kabelenden für die Montage der Muffe erkennen. Nachdem Blei und Papier um ¾″

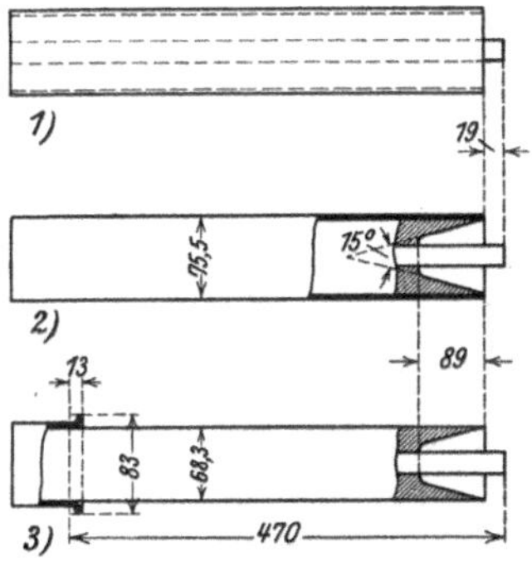

Abb. 450. Zubereitung der Kabelenden für die Montage der Muffe nach Abb. 448.

---

[1] Vgl. Fußnote 2 auf S. 455.

[2] Wallau, H. L.: El. World 1923, S. 1058; 1924, S. 667; ETZ 1924, S. 879. La Génie Civil 1924, S. 433. — Ruhling, T. C.: Underground Systems, S. 265. New York 1927. — ETZ 1924, S. 879.

(19 mm) zurückgesetzt sind, wird das Papier unter dem Bleimantel so ausgehöhlt, daß um den Leiter ein 89 mm tiefer Hohlraum von der Form eines abgerundet abgestumpften Kegels vom Scheitelwinkel 15° entsteht. Zur Verbindung der Leiter dient eine Messinghülse, darüber eine hohle, mit Öffnungen versehene Messingschale, welche genau in die Hohlräume der Kabelenden hineinpaßt; die Hülse wird angeschweißt, die Schale mit Lötmetall vergossen und der Bleimantel an beiden Enden auf 470 mm zurückgesetzt. Die Verbindungsstelle wird auf eine Gesamtbreite von 600 mm bewickelt; in der Mitte, auf einer Breite von 310 mm ist die Bewicklung 19 mm dick, nach den Enden zu verjüngt sie sich bis auf den Kabeldurchmesser. Über die Bewicklung wird ein

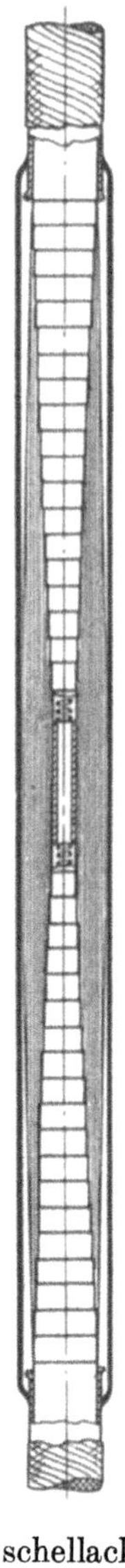

Abb. 451. Einleiterkabel-Verbindungsmuffe für 74 kV zwischen Leiter und Mantel (Pirelli).

Abb. 452. Hochspannungskabel-Endverschlüsse für geschlossene Räume (Pirelli).

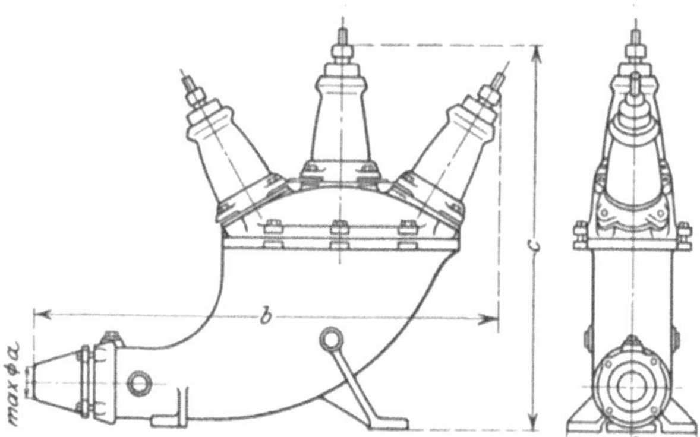

Abb. 453. Hochspannungskabel-Endverschluß für geschlossene Räume und für horizontal ankommende Kabel (AEG).

Maße in mm:

Max. ∅ a	b	c	d
75	840	700	220
80	900	810	220
90	975	920	245

schellackiertes Papierrohr geschoben und durch Stege festgehalten. Das aus Messing bestehende Gehäuse ist vertikal geteilt und wird durch drei Rundnähte verlötet. In den spitz zulaufenden Enden der Muffe wird das Kabel vor Aufsetzen des Gehäuses mit einer Bewicklung aus getränkter Baumwolle, deren erste Wicklungen unter die aufgeweiteten Bleimantelenden gepreßt sind, versehen.

Das Ausgießen mit Kabeltränkmasse erfolgt nach dem Spülprinzip bei 115°C Temperatur. Nach beendeter Spülung wird die Muffe 18 Stunden lang unter einen inneren Druck gesetzt. Zum Schluß wird an der Einflußöffnung ein mit Ausgußmasse gefüllter zusammendrückbarer Behälter aus Messing angebracht, der unter Atmosphärendruck stehend die vollständige Füllung der Muffe bei den betriebsmäßigen Volumenschwankungen der in der Muffe befindlichen Masse dauernd aufrechterhält.

Die Cleveland-Muffe ist vor allem durch das Bestreben bemerkenswert geworden, von der Geschicklichkeit des Monteurs unabhängig zu werden und die hochqualifizierte Handarbeit durch maschinelle Präzisionsarbeit zu ersetzen; das Aushöhlen des Papieres, das Aneinanderpressen der beiden Kabelenden und vor allem die Aufbringung der Papierbewicklung erfolgte mit einfach zu handhabenden Werkzeugen und Maschinen.

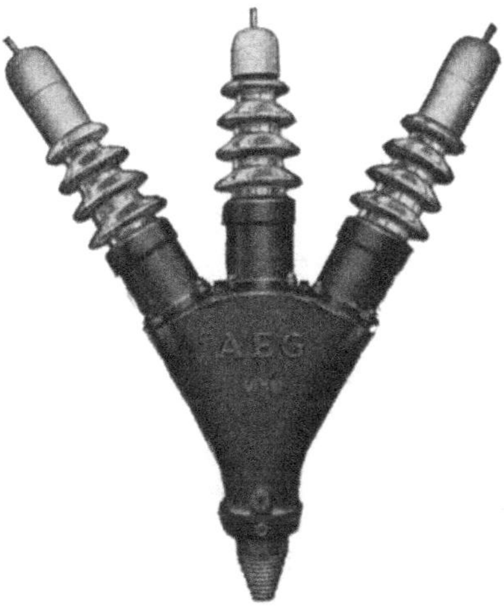

Abb. 454. Hochspannungskabel-Endverschluß zum Übergang zur Freileitung (AEG).

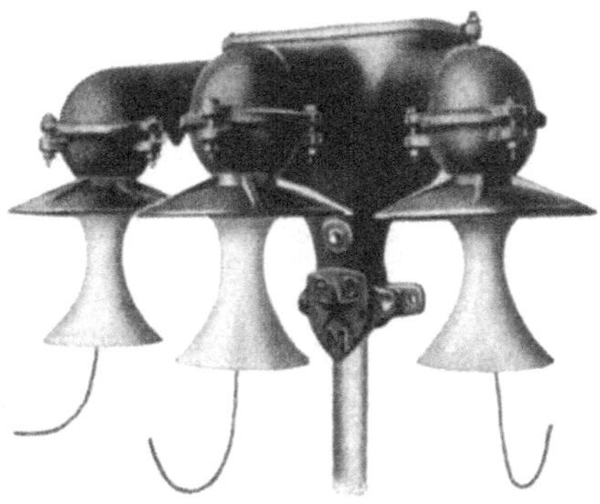

Abb. 455. Hochspannungskabel-Endverschluß zum Übergang zur Freileitung (Pirelli).

Für die Verbindung von Einleiterkabeln nach Emanueli, deren Tränkung mit flüssigem Öl nach der Verlegung erfolgt, verwendet Pirelli die in der Abb. 451 dargestellte Muffe[1]. Als Verbindungsklemme dient ein mit den Leiterdrähten verlötetes Röhrchen, welches der Bewegung des Öles durch die hohlen Kabelleiter hindurch auch in der Muffe freien Weg bietet. In der langgestreckten Muffe ist die Papierisolierung des Leiters in breiten Schritten abgestuft und mit Papierlagen fest bewickelt. Das flüssige Tränkmittel von sehr hoher elektrischer Festigkeit gestattet den Innendurchmesser des zylindrischen Muffengehäuses nur um so viel größer, als den Kabeldurchmesser zu wählen, daß der Bleimantel mit leicht aufgeweiteten Enden gerade noch in das Gehäuse eingeführt werden kann.

[1] Vgl. Fußnote 1 auf S. 95.

3. Endverschlüsse für hohe Spannungen. Abb. 452 zeigt eine Ausführungsform von Pirelli, eine für horizontal ankommende Kabel geeignete Konstruktion der AEG ist in Abb. 453 dargestellt. Diese Endverschlüsse können nur in gedeckten Räumen verwendet werden; zur Aufstellung im Freien, auf Masten, für den Übergang der Leitung vom Kabel zur Freileitung dienen Endverschlüsse von der Art nach Abb. 454 (AEG) oder nach Abb. 455 (Pirelli).

Bei Betriebsspannungen von etwa 35 kV aufwärts würde ein Dreileiterendverschluß unwirtschaftliche Dimensionen annehmen und erhebliche Schwierigkeiten bei der Montage verursachen. Deshalb überführt man in solchen Fällen das Dreileiterkabel mit einer Übergangsmuffe in drei Einleiterkabel und schließt diese mit den leichter herzustellenden Einleiterkabelendverschlüssen ab. Abb. 456 (AEG)[1] und Abb. 457 (Pirelli) zeigen Endverschlüsse dieser Art für sehr hohe Spannungen; in Abb. 458 ist ein aus drei Einleiterkabelendverschlüssen bestehender Endverschluß für eine 3×60 kV-Kabelanlage der AEG mit dem angebauten Trennschalter zu sehen.

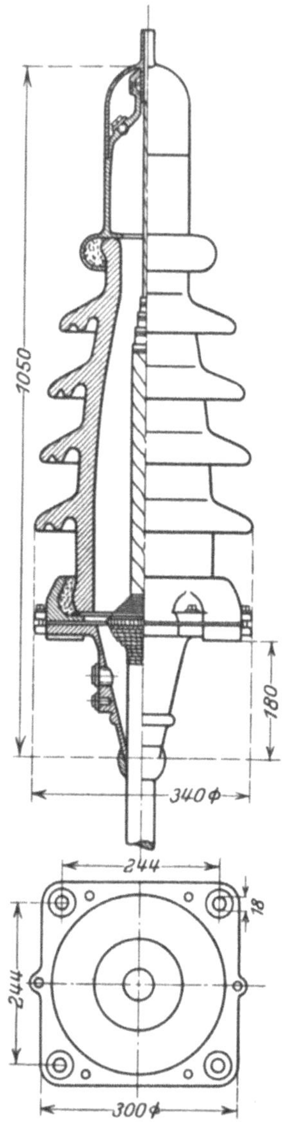

Abb. 456. Einleiter-Endverschluß für Höchstspannungskabel (AEG.)

Abb. 457. Einleiter-Endverschluß für Höchstspannungskabel (Pirelli).

Abb. 459 zeigt den Pirelli-Endverschluß für das mit flüssigem Öl getränkte 76-kV-Einleiterkabel. Die konisch verlaufende Papierbewicklung an der Eintrittsstelle des Kabels in den Endverschluß verhindert den Überschlag zwischen dem Bleimantel und dem aus dem Endverschluß tretenden blanken Leiter. In dem vierteiligen Porzellanisolator ist der Hohlraum zwischen dem Innenrohr und der glockenförmig ausgebildeten Außenwand mit einer

[1] Steiner, W.: Endverschlüsse für Hochspannungskabel. Mitt. V. El.-Werke 1924, Nr. 357.

festen Isoliermasse gefüllt, dabei sind die Fugen durch geteerte Juteeinlagen abgedichtet. Der axiale, den Kabelleiter umgebende Hohlraum enthält Öl, welches durch die Öffnungen *c* aus dem Hohlleiter eintritt und vorhandene Luft durch den Hahn *d* hinaustreibt.

Der Gedanke, die Garnituren statt mit fester Füllmasse mit der halbflüssigen Kabeltränkmasse (Petrolatum) oder gar mit dünnflüssigem Öl zu vergießen, um dadurch deren Betriebssicherheit bei hohen Spannungen zu erhöhen, führte die General Electric Co.[1] in Schenectady zu den in den Abb. 460 und 461 dargestellten Konstruktionen. Abb. 460 zeigt einen Dreileiterölendverschluß; er ist als ein Flachendverschluß ausgebildet. Der Bleimantel wird im Hals des Endverschlusses abgedichtet und an der Eintrittsstelle in das Gehäuseinnere entfernt; nach Abstufung der Gürtelisolierung werden die Adern auseinandergebogen, mit zusätzlicher Papierbewicklung versehen und darüber mit einer geschlossenen Spirale aus dünnem Kupferband, das unten zwischen Bleimantel und Seele gesteckt und mit dem Bleimantel verlötet wird, bewickelt. Diese Metallisierung soll den Durchschlag von Ader zu Ader verhindern. Die flüssige Ölfüllung des Endverschlusses reicht bis an das obere Ende der Durchführungsisolatoren, an welchen Schaugläser angebracht sind, welche die Beobachtung des Ölstandes ermöglichen. Für höhere Spannungen ist der Ölendverschluß in der Einleiterform ausgebildet (Abb. 461). Die flüssige Füllmasse und die einfache Bauweise erleichtert und beschleunigt die Montage, weshalb die Einleiter-Ölendverschlüsse sich insbesondere auch zu serienweise vorzunehmenden Hochspannungsversuchen an Kabeln im Prüffeld gut eignen.

Abb. 458. Aufteilungsendverschluß mit Trennschalter für ein 3 × 60 kV-Dreileiterkabel (AEG).

4. Schwachstromkabelgarnituren (für Luftraumkabel). Die aus Walzblei hergestellten Verbindungs- und Verzweigungsmuffen sind im Gegensatz zu den Bleimuffen der Starkstromkabel nicht in der Rich-

[1] Eby, E. D.: Oil-filled terminals for high-voltage cables. Journ. A. I. E. E. 1925, S. 593.

tung der Kabelachse, sondern senkrecht dazu auf zwei teleskopartig ineinandergeschobene Stücke geteilt, die miteinander und den hineinragenden Bleimänteln durch drei Rundnähte verlötet werden. Zum mechanischen Schutz erhält die Bleimuffe eine weitere, je nach der Art der Verlegung verschiedene Umkleidung.

Verbindungs- und Verzweigungsmuffen. Bei der Herstellung der Verbindungen ist größte Sorgfalt auf Trockenhaltung der offenen Kabelenden zu verwenden. Bei Erdkabeln ist die Grube, in welcher die Montage stattfindet, so weit und tief auszuheben, daß alle Arbeiten bequem ausgeführt werden können. Über die Grube wird bei zweifelhaftem Wetter ein wasserdichtes Zelt gestellt, auf den Grubenboden wird trockenes Sägemehl gestreut. Bei nassem Wetter sind die Kabelenden mit Lötlampen warm zu halten, das Hineinfließen von Regenwasser in die Grube ist unbedingt zu verhüten.

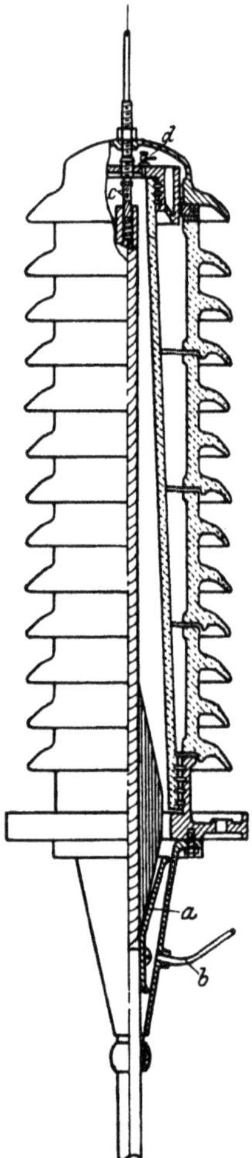

Abb. 459. Einleiter-Endverschluß für Höchstspannungskabel mit flüssiger Öltränkung (Pirelli).
a: Strahlungsschutz.
b: Ölzuführung.
c: Ölaustritt.
d: Gasaustritt.

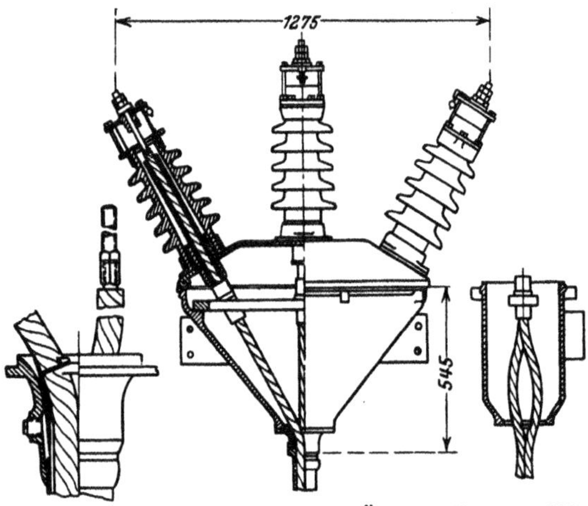

Abb. 460. Dreileiter-Endverschluß mit Ölfüllung für 3 × 37 kV (Gen. El. Co.).

Tabelle 145. Bleiverbindungsmuffen (OTD) (Maße in mm).

Nr.	*a*	*b*	*c*	*d*	*e*	Stückgewicht kg
1	30	305	60	73	205	2,5
2	40	385	80	93	265	4
3	50	470	95	110	320	6,5
4	60	550	105	120	390	9
5	72	550	105	120	390	9
6	75	620	120	135	460	12
7	90	620	130	145	460	13

Die Länge der Verbindungsstelle ist aus den Dimensionen der Bleimuffe zu ersehen. Die Schweizerische Telegraphenverwaltung[1] verwendet Verbindungsmuffen in 7 (Tab. 145, Abb. 462), Verzweigungsmuffen in 6 (Tab. 146, Abb. 463) Dimensionen.

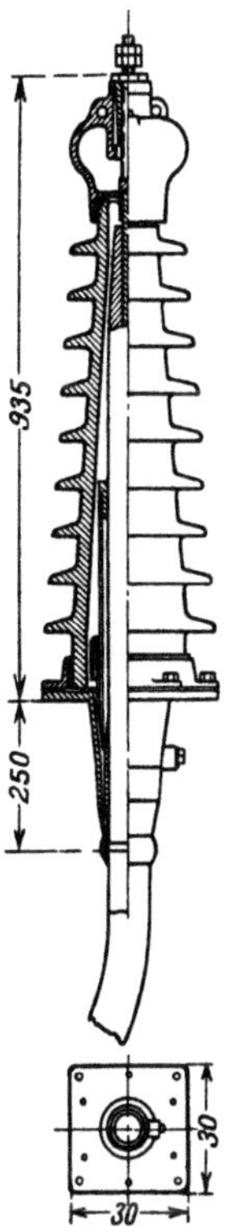

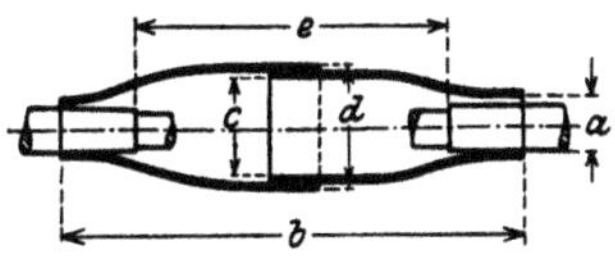

Abb. 462. Bleiverbindungsmuffe für Telephonkabel (OTD).

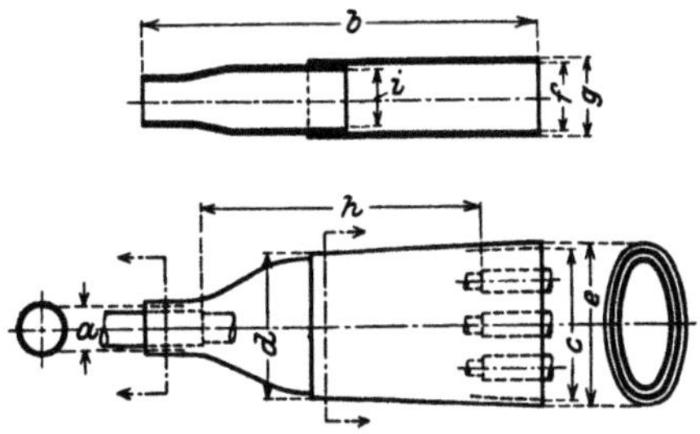

Abb. 463. Bleiverzweigungsmuffe für Telephonkabel (OTD).

Abb. 461. Einleiter-Endverschluß mit Ölfüllung für 42 kV (Gen. El. Co.).

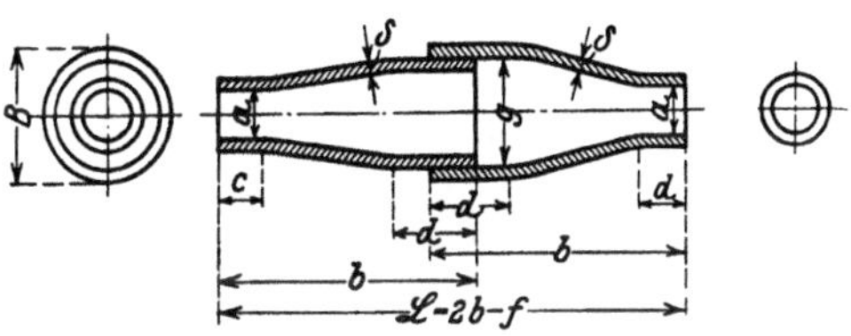

Abb. 464. Bleiverbindungsmuffen für Telephonkabel (RPM).

Tabelle 146. Bleiverzweigungsmuffen (OTD) (Maße in mm).

Nr.	*a*	*b*	*c*	*d*	*e*	*f*	*g*	*h*	*i*	Stückgewicht kg
1	30	375	90	87	96	55	61	255	45	3
2	40	445	135	127	141	70	76	325	60	6
3	50	505	180	169	187	85	92	355	75	9
4	60	570	225	209	232	100	107	410	90	12
5	72	570	225	209	232	100	107	420	90	12
6	80	635	300	286	308	125	133	455	115	16

Die Deutsche Reichspost hat Blei-Verbindungsmuffen in 11 Größen, Blei-Verzweigungsmuffen für zweifache Verzweigung in 23, für drei-

[1] Der folgenden Beschreibung der Montage dienten hauptsächlich die „Vorschriften für die Spleißung von Kabeln mit Papierisolation", Vorschrift Nr. B. 121 der Schweiz. Telegr.-Verwaltung vom 1. 3. 1925, zur Grundlage.

fache in 16 Größen und für vierfache Verzweigung in einer Größe normiert. Über die Blei-Verbindungsmuffen und ihre Verwendung (Abb. 464) gibt die Tabelle 147 Auskunft:

Tabelle 147.
Blei-Verbindungsmuffen der Deutschen Reichspost (Maße in mm).

Lfd. Nr.	L	B	a	b	c	d	f	δ	Verwendung für Kabel mit 0,6-mm- Leiter Anzahl der Paare	Verwendung für Kabel mit 0,8-mm-Leiter Anzahl der Paare
1	190	30	10	110	20	45	25	2,5	—	1/2
2	240	60	20	135	30	60	55	2,5	—	5/14
3	310	70	30	170	30	75	65	2,5	—	20/40
4	390	81	40	210	40	90	75	3	—	50/75
5	440	101	50	240	40	105	95	3	—	100/125
6	520	111	60	280	50	120	105	3	300	150/224
7	550	121	70	295	50	130	115	3	350/400	250
8	600	137	80	320	50	140	130	3,5	450/500	300/350
9	630	153	90	335	50	145	145	4	—	450
10	650	163	100	345	50	150	150	4	—	500
11	680	153	87	365	50	175	145	4	600	400

Die Bleimäntel läßt man 3 bis 4 cm in die Muffe hineinragen: Vom Ende des Bleimantels gerechnet hält man 40 bis 70 cm der Kabelseele zur Herstellung der Verbindung verfügbar, der Rest wird weggeschnitten. Vor Entfernen der überschüssigen Bleimantelenden werden die Muffenhälften auf die Kabel gesetzt und so weit zurückgeschoben, daß sie bei der Arbeit nicht behinderlich sind. Nach dem Absetzen werden die Bleimantelenden in der Muffe etwas geweitet und die Kabelseele wird an ihrer Austrittsstelle aus dem Mantel fest abgebunden.

In manchen Fällen, namentlich bei vielpaarigen Teilnehmerkabeln, Flußkabeln usw. wird die Abdichtung der Verbindungsstellen mit Isoliermasse vorgeschrieben. In solchen Fällen biegt man das Kabelende vor Absetzen des Bleimantels auf eine Länge von 1 bis $1^1/_2$ m nach oben, setzt einen passenden Trichter auf den Bleimantel und dichtet ihn durch eine feste Bewicklung mit Isolierband ab. Dann gießt man die bis auf etwa 120 bis 150° C erwärmte Isoliermasse so lange in den Trichter, bis der Spiegel sich nicht mehr senkt; hierbei wird das nach oben gebogene Kabelende angewärmt. Nachdem sich das Kabel abgekühlt hat und die Masse fest geworden ist, wird das Kabelende in die normale Lage zurückgebracht und der Bleimantel abgesetzt. Als Isoliermasse werden weiche, aus Wachs, Zeresin u. dgl. nicht hygroskopischen und gut isolierenden Bestandteilen zusammengesetzte Mischungen verwendet. In der Regel kommt dieses früher allgemein übliche Verfahren nicht mehr in Frage; die Kabelseele bleibt auch in der Muffe trocken und luftdurchlässig, wie innerhalb der einzelnen Fabrikationslängen.

Nach Abbindung der Kabelseele dicht an dem abgesetzten Ende des Bleimantels werden die Adern der obersten Lage der beiden miteinander zu verbindenden Kabel ohne Knick um 180^0 zurückgebogen und in der richtigen Reihenfolge an dem Kabel provisorisch festgebunden. Dann wird etwas weiter die nächste Lage abgebunden, zurückgebunden und befestigt usw. bis auf die letzte Lage, in welcher die Verbindung der Adern beginnt.

Die Verbindung der Leitungsdrähte erfolgt je nach deren Dicke durch einfaches Verwürgen oder durch Einstecken in Metallhülsen, mit welchen sie zusammengeklemmt oder verlötet werden; über die Verbindungsstelle wird ein Papierröhrchen, welches vorher auf die eine der Adern gesteckt ist, geschoben. Das Würgeverfahren wendet die Deutsche Reichspost bei den 0,6 und 0,8 mm starken Leitern der Teilnehmerkabel an und beschreibt es folgendermaßen[1]:

„Die erste Ader des einen wird neben die des anderen Kabelendes gelegt und auf der Papierhülle beider Adern die Verbindungsstelle bezeichnet. 5 bis 10 mm seitwärts der Marken werden die Papierhüllen nötigenfalls mit Fäden abgebunden und dann abgeschnitten. Nachdem auf die eine Ader ein Papierröhrchen geschoben ist, und die den Leitungsdrähten etwa anhaftenden Unreinigkeiten beseitigt worden sind, werden die Drähte an der Berührungsstelle rechtwinklig zur Aderrichtung umgebogen und in mehreren Gängen fest zusammengedreht. Die Würgstelle wird durch Abkneifen der Drahtenden auf etwa 3 cm verkürzt, parallel zur Ader umgebogen und durch Überschieben des Papierröhrchens isoliert ... Die einzelnen Aderverbindungen sind möglichst gleichmäßig auf die ganze Länge der Spleißstelle zu verteilen, die Würgestellen der Adern desselben Paares müssen sich aber gegenüberstehen.“

Nach der Schweizerischen Vorschrift werden die 0,6- und 0,8-mm-Leiter in Kupferhülsen zusammengeklemmt; die diesbezügliche Vorschrift hat den folgenden Wortlaut:

„Die beiden zum Paare gehörenden Drähte sind so weit voneinander zu trennen, daß über jeden Draht, ohne die Isolation zu verletzen, ein Papierröhrchen geschoben werden kann. Bei Verwendung numerierter Röhrchen kommt über den einen Draht des Paares ein numeriertes, über den anderen Draht ein unnumeriertes Röhrchen. Die zu spleißenden Adern sind durch Aufdrehen des Isolierpapieres bloßzulegen. Das Papier ist jedoch nicht abzuschneiden. Die beiden Adern werden hierauf in eine Preßhülse von rechteckigem Querschnitt gesteckt, auf ihre richtige Länge angezogen und mittels der Preßzange, deren Gebiß gezahnt ist, zusammengepreßt. Die beiderseitig über die Hülse vorstehenden Drahtenden sind mit der Schrägzange abzuschneiden. Die Preßzange soll mit Hilfe der Stellschraube so eingestellt werden, daß beim vollständigen Zusammendrücken die Schneiden der beidseitigen Zacken in eine Ebene zu liegen kommen. Der Raum in der Hülse ist so zu bemessen, daß genau zwei 0,6- oder zwei 0,8-mm-Drähte nebeneinander Platz haben. Das Isolierpapier der Ader wird wieder um den Draht gewickelt. Die ganze Verbindungsstelle soll vollständig überdeckt sein. Sodann ist das Isolierröhrchen über die Verbindungsstelle zu schieben; es darf sich nicht zu leicht verschieben lassen. Überflüssiges Papier wird entfernt.“

Vor der Verwendung werden die Papierröhrchen in Isoliermasse ausgekocht; gut durchtränkte Röhrchen sinken in der heißen Masse nach unten, feuchte schwimmen oben.

Bei einer kleineren Lagenzahl wird man die oberen Lagen während der Herstellung der Verbindungen in den unteren Lagen nicht ganz, sondern nur um etwa 90^0 zurückbiegen und sie in dieser Lage leicht

[1] Telegraphenbauordnung, Abschn. III, S. 118.

bündeln (Abb. 465); Abb. 466 zeigt eine fertige Verbindung mit versetzten Spleißstellen.

Die Weiterverarbeitung erfordert, wenn sie ohne Isoliermasse hergestellt wird, die Austrocknung der Verbindungsstelle. Die Dauer der Trocknung richtet sich nach der Anzahl und Stärke der Adern und

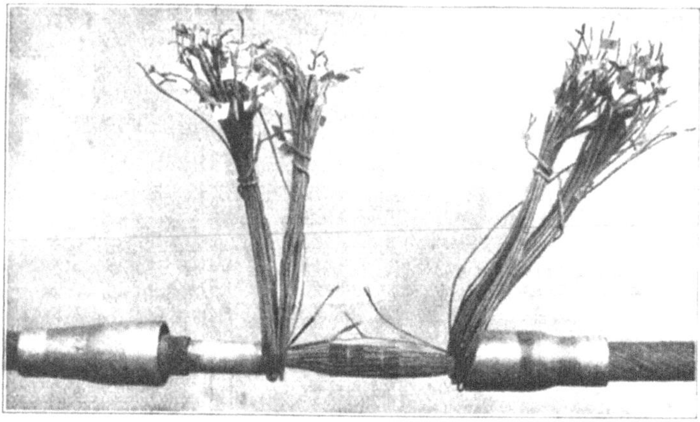

Abb. 465. Herstellung der Verbindungen eines vielpaarigen Telephonkabels (OTD).

dem herrschenden Wetter und beträgt allgemein 1 bis 2 Stunden. Während der Trocknung soll die Temperatur der Spleißstelle nicht über 90° C steigen. Sofort nach beendigter Trocknung wird das Adernbündel mit Baumwollband bewickelt, und die beiden Muffenhälften werden zur Vornahme der Lötung in die richtige Lage gebracht.

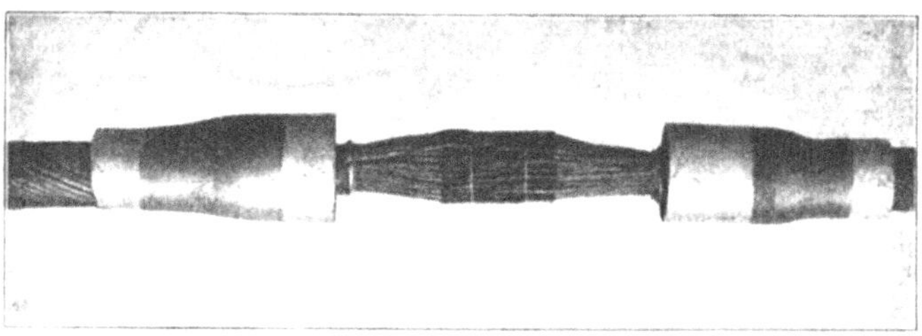

Abb. 466. Fertige Verbindungsstelle eines Telephonkabels mit zurückgeschobenen Bleimuffenhälften (OTD).

Soll die Verbindungsstelle im Innern luftdurchlässig bleiben, aber gegen besondere Wassergefahr durch Isoliermasse geschützt sein, dann wird nach Vorschrift der Deutschen Reichspost[1] das folgende Verfahren angewendet:

Nach erfolgter Verspleißung und Trocknung bewickelt man die Spleißstelle mit einer doppelten Lage 50 mm breiten Nesselbandes, darüber mit einer einfachen Lage 25 mm breiten und 0,4 mm starken Bandes aus nicht vulkanisiertem Kaut-

[1] Telegraphenbauordnung, Abschn. III, S. 121.

schuk und zuletzt nochmals mit einer doppelten Lage Nesselband. Die erste Nesselbandumwicklung wird so aufgebracht, daß das Band noch etwa 1 cm auf die in die Muffe hineinragenden Bleimantelenden des Kabels greift. Über diese Bewicklung wird das Kautschukband so gelegt, daß es auf den Bleimantelenden noch 1 cm über die Nesselbandbewicklung hinüberreicht. Die obere Nesselbandlage ist so zu wickeln, daß sie die Kautschukbewicklung auf den Bleimantelenden auf etwa 1 cm Breite freiläßt. Beim Bewickeln muß jeder Gang des Nesselbandes und des Kautschukbandes den vorhergehenden etwa bis zu halber Bandbreite überlappen. Statt Kautschukband kann auch Lackleinenband verwendet werden, das jedoch nicht dehnbar ist und deshalb zweimal in entgegengesetzten Richtungen um die Spleißstelle gewickelt werden muß, um ein etwaiges Eindringen der flüssigen Isoliermasse in den Kern der Spleißstelle zu verhüten[1].

Zur Verlötung der Bleimuffe sind zunächst die beiden Kabelenden unverrückbar zu befestigen und die beiden Muffenhälften in die richtige Lage zu bringen. Eine Berührung zwischen Muffenwand und Spleißung darf nicht stattfinden. Man verlötet zuerst die mittlere Naht, dabei kann die Muffe, wenn es sich um eine Verbindungsmuffe handelt, gedreht werden, was die Arbeit erleichtert. Zur Verstärkung werden über die Nähte dicke Zinnwulste (Abb. 467) aufgetragen.

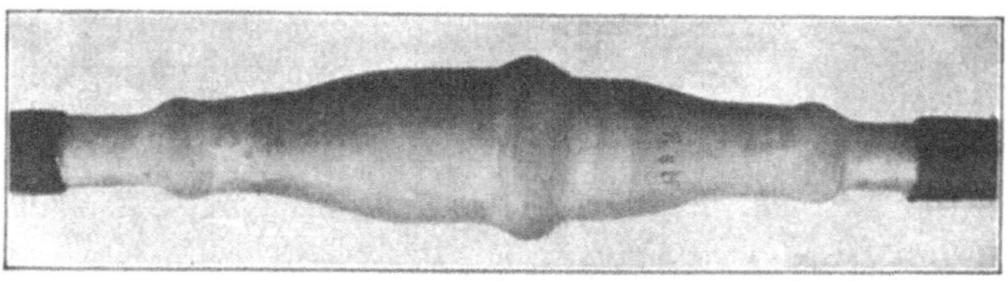

Abb. 467. Fertig verlötete Bleiverbindungsmuffe eines Telephonkabels (OTD).

Für luftdurchlässige Muffenverbindungen, welche nach außen hin gegen Wassergefahr durch Isoliermassenverguß geschützt sein sollen, verwendet man nach der deutschen Vorschrift[2]

„Walzbleimuffen, deren Hälse weniger schlank als bei den sonst üblichen Muffen geformt sind. Dadurch wird das innere der Muffe geräumiger als bei den Muffen gewöhnlicher Bauart und kann zwischen den Enden der Spleißstellen und den Wandungen Isoliermasseschicht aufnehmen. Dies hat den Vorteil, daß die Spleißverbindung in den Muffenhälsen, wo erfahrungsgemäß Feuchtigkeit am leichtesten eindringt, besser geschützt ist. Beim Anlegen der Muffe um eine solche Spleißstelle ist besonders darauf zu achten, daß dieser wirklich genau in die Mittellinie der Muffe zu liegen kommt, und daß die Muffenhälse beiderseits gleich weit die Spleißstelle überragen. Nach dem Verlöten der Muffe wird der zwischen Spleißstelle und Muffenwandungen gebildete Hohlraum mit Isoliermasse ausgegeossen. Dazu werden oben in der Muffe, an den Stellen, wo der starke Mittelteil in den Hals übergeht, durch V-förmige Winkelschnitte und durch Aufwärtsbiegen der so entstandenen dreieckförmigen Bleilappen zwei Öffnungen hergestellt, durch welche die auf 120° C erhitzte Isoliermasse abwechselnd in die vorher mit der Lötlampe etwas angewärmte Muffe langsam einzugießen ist, bis die Masse nicht mehr sackt. Nach dem Erkalten der Isoliermasse werden die Bleilappen mit einem Holzhammer in ihre frühere Lage zurückgeklopft und vorsichtig verlötet."

Bei Kabeln mit doppeltem Bleimantel werden zwei Bleimuffen übereinander angebracht, von welchen die innere mit dem unteren, die

[1] Der Absatz ist fast wörtlich der angegebenen Stelle der Telegraphenbauordnung entnommen.

[2] Telegraphenbauordnung, Abschn. III, S. 129.

äußere mit dem oberen Kabelbleimantel verlötet und der zwischen ihnen verbleibende Raum mit Isoliermasse vergossen wird. Abb. 468 zeigt die der Deutschen Reichspostvorschrift entsprechende Ausführung[1].

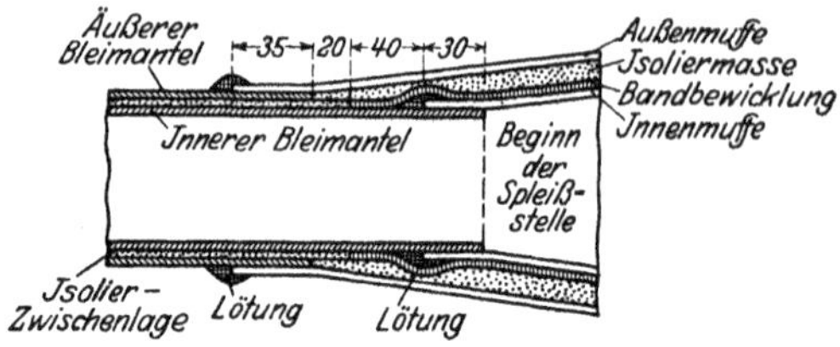

Abb. 468. Anordnung der doppelten Bleimuffe für Kabel mit doppeltem Bleimantel (RPM).

Die Bleimuffen von Erdkabeln erfordern einen mechanischen Schutz. Im einfachsten Fall besteht dieser aus einer 4 bis 5 cm dicken Asphalthülle, zu deren Anbringung die Muffe mit einem kastenförmigen Umbau aus Ziegelsteinen, imprägnierten Brettern oder aus Eisenblech versehen und dieser mit Asphalt ausgegossen wird. Zur besseren Bindung zwischen eingegossenem Asphalt und Bleimuffe wird diese vorher mit Asphalt bestrichen.

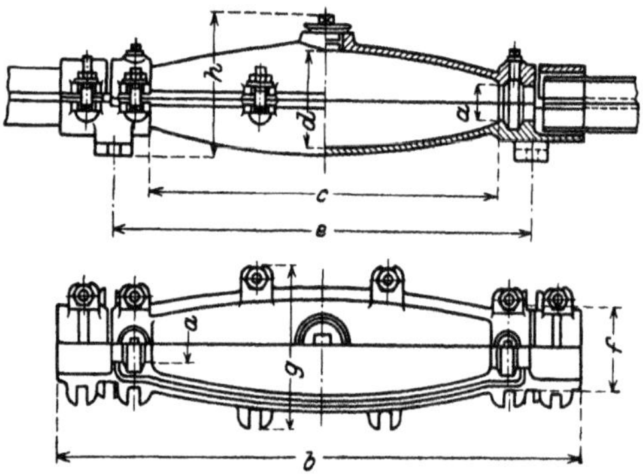

Abb. 469. Gußeiserne Verbindungsschutzmuffe für Telephonkabel (OTD).

In bergbaulichen Gebieten müssen die Bleimuffen der Erdkabel auch gegen Zugbelastung im Falle von Bodensenkungen geschützt werden. An solchen Stellen verwendet man gußeiserne Schutzmuffen, welche durch Verbindung mit den Armierungsdrähten die Zugbeanspruchung von den Lötstellen und der Bleimuffe fernhalten. Die Schweizerische Tele-

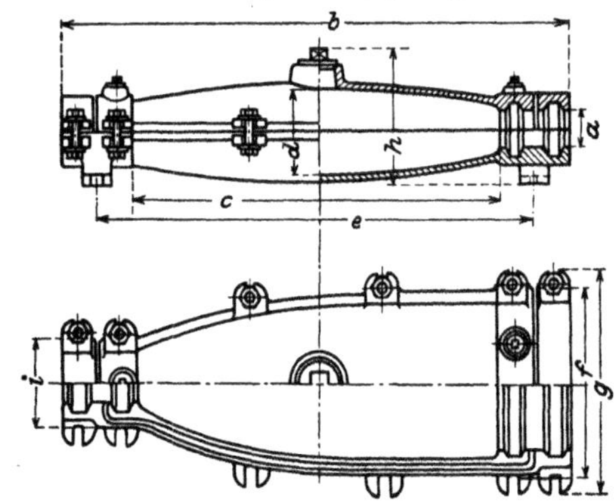

Abb. 470. Gußeiserne Verzweigungsschutzmuffe für Telephonkabel (OTD).

Tabelle 148. Gußeiserne Verbindungsschutzmuffen (OTD). Maße in mm.

Nr.	*a*	*b*	*c*	*d*	*e*	*f*	*g*	*h*	Gewicht kg
1	40	560	350	95	455	115	180	155	16
2	50	660	450	120	555	115	210	190	19
3	60	760	550	135	655	125	225	205	27
4	70	840	630	150	735	135	245	225	32
5	90	940	700	165	820	155	260	235	42

[1] Telegraphenbauordnung, Abschn. III, S. 132.

graphenverwaltung verwendet in der Regel Schutzmuffen für Verbindungs- (Abb. 469) und Verzweigungsstellen (Abb. 470) in je 5 Größen (Tab. 148 und 149).

Tabelle 149. Gußeiserne Verzweigungsschutzmuffen (OTD). Maße in mm.

Nr.	*a*	*b*	*c*	*d*	*e*	*f*	*g*	*h*	*i*	Gewicht kg
1	40	640	420	85	525	165	215	165	105	18
2	50	710	500	110	605	215	265	185	115	25
3	60	780	570	130	675	265	315	205	225	33
4	70	865	650	145	745	325	370	220	145	42
5	90	980	730	165	855	415	460	245	175	60

Um das Kabel der Halsweite der Schutzmuffe anzupassen, werden nach der schweizerischen Vorschrift Kabel und Bleimuffe mit Teerband umwickelt; der Raum zwischen Schutz- und Bleimuffe wird mit Asphalt vergossen. Bei Verzweigungsmuffen werden die abgehenden Kabel durch Holz- oder Blecheinlagen, die der Anzahl und den Durchmessern der Kabel genau angepaßt sind und keine scharfen Kanten oder Unebenheiten aufweisen dürfen, voneinander getrennt.

Muffen für Unterwasserkabel bedürfen eines kräftigen Schutzes gegen Zug- und bei größeren Wassertiefen auch gegen Druckbelastung. Abb. 471[1] gibt Einzelheiten einer der in Abb. 443 gezeigten Konstruktion ähnlicher Muffen von F. & G. wieder. Als Schutz gegen Druckbelastung dient eine zweiteilige Bronzemuffe, an welche sich die Bleimuffe ohne Zwischenraum anschmiegt, und welche ebenso wie die Bleimuffe an den Bleimantel gelötet wird. Statt des Flanschrohres werden bei dieser Konstruktion die beiden Muffenkörper durch vier Stahlstangen miteinander verbunden, welche die Zugspannung von der Armierung des einen Kabels, unter vollständiger Entlastung der Bleimuffe, auf die Armierung des zweiten Kabels übertragen.

Endverschlüsse. Vieladrige Luftraumkabel werden in der Regel zuerst durch Bleiabschlußmuffen aufgeteilt; diese bestehen aus einem Stück und haben kreisförmige oder rechteckige Grundform, die letzteren dienen für Kabel mit höherer Adernzahl.

„Das zur Aufnahme des Hauptkabels bestimmte untere Ende der Muffen verengt sich halsförmig; der mittlere Teil wird durch einen Deckel aus Isolierstoff oder aus getränktem Eichenholz von dem auszugießenden oberen Teil der Muffe geschieden. Der Isolierdeckel ist mit Öffnungen zur Durchführung der Abschlußkabel versehen, die im mittleren Teil mit den Hauptkabeladern verspleißt werden. Zur Erzielung eines sicheren Abschlusses wird um den Isolierdeckel ein Kautschukring gelegt, so daß beim Ausgießen des Raumes über ihm Isoliermasse nicht in den Mittelraum eindringen kann... Den oberen Abschluß der Muffen bildet ein Deckel aus Zinkblech[2].“

Von den Bleiabschlußmuffen führen in Anlagen der Deutschen Reichspost in der Regel Abschlußkabel (z. B. mit trockenem Papier ohne Lufteinschluß isolierte Kabel) zu den eigentlichen Kabelendverschlüssen. Diese sind in vielen Ausführungsformen gebräuchlich. Sehr

[1] Müller, E.: Das Seekabel nach Ostpreußen. ETZ 1921, S. 333.
[2] Telegraphenbauordnung, Abschn. III, S. 29.

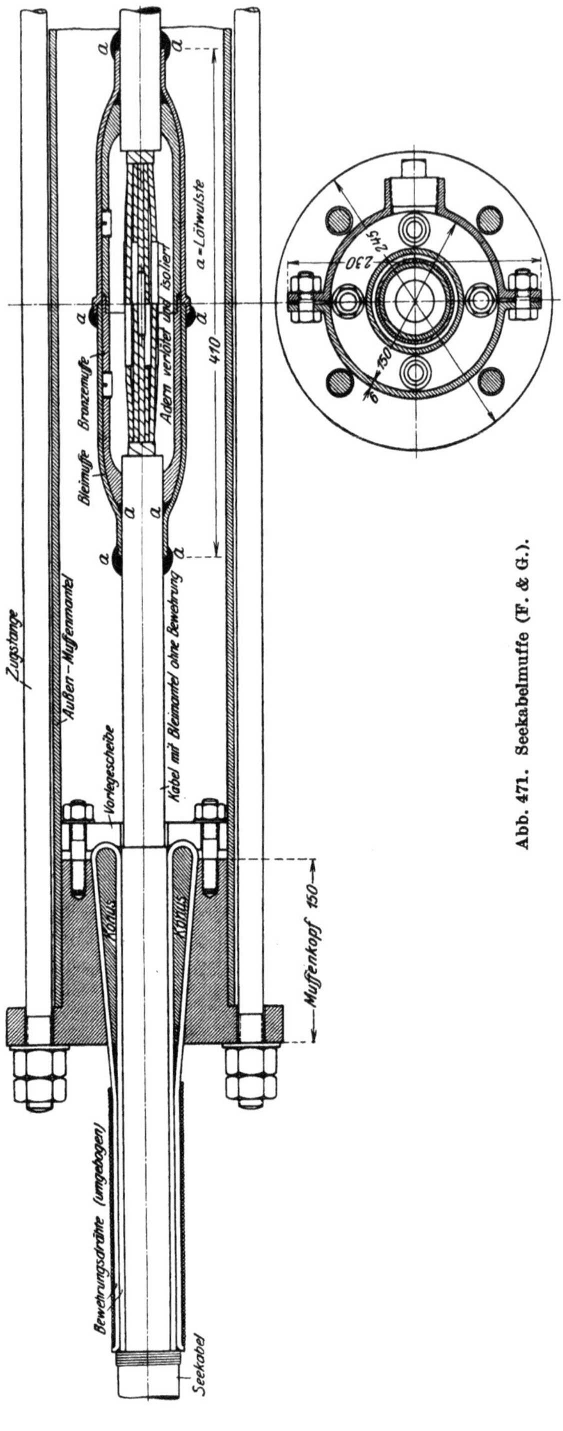

Abb. 471. Seekabelmuffe (F. & G.).

gut bewährt hat sich das von S. & H.[1] eingeführte Prinzip der Ölisolierung, wodurch die zwischen den Klemmen der abgehenden Leitungen auf der isolierenden Oberfläche des Endverschlusses (der Klemmplatte) auftretenden Kriechströme wirksam bekämpft werden und der Isolationszustand der Anlage von dem wechselnden Luftfeuchtigkeitsgehalt unabhängig unveränderlich gut bleibt.

Am häufigsten werden die sog. „Kastenendverschlüsse" verwendet, an welche die Teilnehmerkabel auch direkt, ohne Vermittlung von Bleiabschlußmuffen und besonderen Abschlußkabeln, herangeführt werden. Der Kastenendverschluß ist ein gußeiserner Kasten von länglicher Form, oben mit einer Haube, unten mit einer abgestumpften spitzen Öffnung zur Einführung des Kabels versehen. Als Seitenflächen dienen Hartkautschukplatten, in welche die Verbindungsklemmen ein-

[1] Ebeling, A. u. R. Deibel: Schaltapparate mit konstanter hoher Isolation für Schwachstromanlagen. ETZ 1912, S. 1006.

gesetzt sind. Im Innern des Kastens verbindet man die Kabeladern mit diesen Klemmen; dazu werden die Kabel abgestuft und den herzustellenden Verbindungen entsprechend abgebunden. Nachher werden die Kästen mit Isoliermasse vergossen.

3. Gefährdung des Kabels im Betrieb.

Auch bei der größten Sorgfalt in der Auswahl der Rohstoffe, bei der Fabrikation und bei der Montage besitzt das Kabel niemals eine absolute Betriebssicherheit. Schäden, welche dem Kabelnetz menschliche Hände, sei es mit oder ohne Absicht, zufügen, können natürlich automatisch nicht verhindert werden. Gegen Schädigungen durch Tiere ist ein Schutz in vielen Fällen möglich und wird auch angewendet. Es handelt sich meistens um Schäden durch Insekten; Luftkabel werden von Käferlarven angenagt, die ihre Eier in die so gebildeten Löcher legen, die Bleimäntel von Röhrenkabeln werden durch säurehaltige Ausscheidungen von Ameisen angefressen, Seekabel erleiden Angriffe durch Seetiere verschiedener Art, usw.[1]

Bodensenkungen[2], Wasserströmungen rufen Kabelfehler hervor, die nicht immer zu vermeiden sind. Man hat außergewöhnliche Kabelbeschädigungen beobachtet, an deren Möglichkeit bei der Verlegung der Kabel nicht gedacht wurde. So hat in einem Fall[3] Grundeis, welches sich bei mildem Winter um ein Flußkabel gebildet hat, das Kabel hochgehoben und dadurch alle Leitungen zerrissen. In einem anderen Fall[4] lagen zwei Telephonkabel auf einer Brücke in einem eisernen Rohr, das mit Wasser vollgelaufen war; nach Eintritt von Frost drückte das Eis die Luftraumkabel zusammen und machte sie unbrauchbar. In einem dritten Fall[5] nahm ein Zweigstrom eines einschlagenden Blitzes den Weg über eine mehrere Meter lange Eisenstrebe zur Erde, wühlte da eine 5 m lange Furche auf und erreichte ein in 70 cm Tiefe verlegtes Hochspannungskabel. Die Eisenstrebe wurde zerstäubt, das Hochspannungskabel an der Einschlagstelle auseinandergerissen, die Leitungsdrähte waren durchgeschmolzen, und 1 m weiter war der Bleimantel weit aufgetrieben.

Alle diese und ähnliche Fehler, Fehler infolge gewöhnlicher oder ungewöhnlicher mechanischer, chemischer, elektrolytischer, thermischer usw. Einflüsse, entstehen durch äußere Ursachen. Eine wichtige Gruppe

[1] ETZ 1904, S. 744; 1906, S. 682; 1908, S. 1227; 1914, S. 126; 1922, S. 919 usw.

[2] Gegen Kabelbeschädigungen durch Bodensenkungen, z. B. in bergbaulichen Gebieten, bietet das sog. „Dehnungskabel" der L. & S. (D. R. P. Nr. 429545 v. 31. 1. 1925) in zahlreichen Fällen wirksamen Schutz. In den Leiterlitzen dieses Kabels sind die Kerndrähte durch elastische Fäden oder durch streck- und stauchbare zylindrische Drahtspiralen ersetzt, während die verseilten Drähte der Litze keine geschlossene Lage bilden. Das Dehnungskabel läßt sich bis zu 1% seiner Länge dehnen oder stauchen und ersetzt vorteilhaft die früher üblich gewesene, nur eine Beweglichkeit von wenigen Zentimetern bietende „Dehnungsmuffe".

[3] ETZ 1906, S. 314. [4] ETZ 1911, S. 649.

[5] Mitt. d. V. El.-Werke, 1925, S. 540.

bilden diejenigen Durchschläge in Starkstromkabeln, deren Ursachen in den inneren Verhältnissen des Betriebes selbst liegen. Man war früher immer geneigt, den Durchschlag, wenn die Durchschlagstelle nur Brandspuren und keine Merkmale eines den Durchschlag erklärenden Vorganges gezeigt hat, auf Überspannungen zurückzuführen, wobei man unter Überspannung eine durch irgendwelche Betriebsvorgänge hervorgerufene, vorübergehend bestehende Spannung, die viel größer ist als die Betriebsspannung, verstanden hat. Diese Auffassung war lange Jahre hindurch vorherrschend, trotzdem es niemals gelungen war, an einem mit Spannung normal belasteten Kabel durch künstliche Maßnahmen eine Überspannung hervorzurufen, welche hinreichend hoch gewesen wäre, das Kabel durchzuschlagen[1]. Man hat, ohne über die Entstehung solcher Überspannungen viel nachzudenken, sich die Aufgabe gestellt, die Überspannungen, wenn sie auftreten, unschädlich zu machen. Diese Problemstellung führte zu zahlreichen Konstruktionen von Überspannungssicherungen, unter welchen die von E. Thomson angegebenen, von S. & H. nach dem Vorschlag von W. Oelschläger[2] verbesserten Hörnerblitzableiter eine besondere Bedeutung erlangt haben. Der Hörnerblitzableiter hat sich in verschiedenen Formen[3] und für verschiedene Zwecke, auch in Verbindung mit Kabelnetzen, bis heute erhalten und bewährt, jedoch ist er zur Verhütung von Kabeldurchschlägen ebensowenig wie alle anderen Überspannungsschutzvorrichtungen geeignet.

Ein Wandel der Ansichten hat sich, gestützt auf die Fortschritte der theoretischen Erkenntnisse[4], nur langsam vollzogen; der Anfang des Umschwunges fällt in das Jahr 1905, als Ch. P. Steinmetz die berühmt gewordenen Kabeldurchschläge im 11-kV-Netz der Manhattan-Hochbahn in New York[5] erklärt hat. Das Netz bestand aus

---

[1] Beobachtungen in den Ver. Staaten mit einem als Klydonograph bezeichneten Überspannungsmesser, der, an bestimmten Punkten einer Leitung eingeschaltet, die in diesen Punkten auftretenden Überspannungen registriert, sollen auf Grund einer zweijährigen Beobachtung in reinen 26- und 33-kV-Kabelnetzen zur Feststellung geführt haben, daß jeweils 3 bis 6 Stunden vor einem Kabeldurchschlag auf den damals noch gesunden Phasen Überspannungen von etwa 1,7-facher Höhe auftreten. Schlußfolgerungen können aus diesen Beobachtungen schon deshalb nicht gezogen werden, weil 1,7-fache Überspannungen dem Kabel keinen Schaden zufügen. Vgl. ETZ 1924, S. 753; 1926, S. 1167; 1927, S. 737, 1815; 1928, S. 68.

[2] Görges, H.: ETZ 1897, S. 216; D.R.P. 131548 v. 9. 6. 1901; ETZ 1903, S. 440.

[3] Hervorzuheben ist die Konstruktion der L. & S., bei welcher eine Hilfsfunkenstelle den gegenseitigen Abstand der Hörner wesentlich vergrößern läßt. Vgl. ETZ 1905, S. 194. Eine eingehende Behandlung der die Kabeltechnik unmittelbar nur wenig interessierenden Überspannungsfrage enthält das Buch „Hochspannungstechnik“ von A. Roth. Berlin: Julius Springer 1927.

[4] Von grundlegender Bedeutung waren die schon früher genannten Arbeiten: K. W. Wagner: Elektromagnetische Ausgleichsvorgänge in Freileitungen und Kabeln, Leipzig 1908, und M. Höchstädter: Die dielektrischen Eigenschaften moderner Hochspannungskabel. ETZ 1910, S. 467.

[5] El. Review 1905, S. 87; ETZ 1905, S. 930; Proc. Am. Inst. El. Engs. 1905, S. 855; ETZ 1907, S. 57.

Dreileiterkabeln, welche 8 Unterstationen mit dem 30000 kW erzeugenden Kraftwerk verbanden; der Nullpunkt des Systems war nicht geerdet.

„An dem Tage des Unfalles zeigten sich in 2 Unterstationen an den Spannungssicherungen und den Isolatoren lebhafte Funken; kurze Zeit darauf trat in einem Kabelkasten Kurzschluß von solcher Heftigkeit ein, daß der Deckel und das Straßenpflaster rund herum mit lautem Knall in die Luft geschleudert wurden. Gleichzeitig schlug eine Reihe von Speisekabeln an verschiedenen Stellen durch, bei mehreren Stromerzeugern wurden die Wicklungsköpfe durch den Kurzschlußstromstoß vollkommen verbogen, an einer Maschine traten Funken über eine Schlagweite von 152 mm auf ... In der folgenden Nacht entstand in einem bisher unversehrt gebliebenen Speisekabel Erdschluß und gleich darauf zwischen diesem und einem benachbarten Kurzschluß, beide Kabel brannten auf längere Strecke weg, die Leitungen zu den Spannungssicherungen wurden zerstört und diese selbst, sowie das umgebende Mauerwerk schwer beschädigt."

Nach der Erklärung von Steinmetz bildete den Ausgangspunkt der Zerstörungen ein — wie man heute sagt — intermittierender Erdschluß im Kabelkasten.

„Da das Entstehen und Erlöschen des Lichtbogens mit großer Geschwindigkeit erfolgt, so besitzen die Stromquellen ... nahezu rechteckige Gestalt...[1] Trifft daher eine derartige Stromwelle auf irgendwelche örtliche Hindernisse, z. B. Induktanzen, so entsteht an diesen Stellen eine sehr hohe EMK, die sich namentlich an den Geräten der Hochspannungsschalttafeln in starken Funkenentladungen äußert, die vielfach irrtümlich als ‚statische' bezeichnet werden ... Eine direkte Beschädigung erfolgte hierdurch noch nicht, aber ehe der Fehler gefunden werden konnte, hatte der Lichtbogen einen zweiten Leiter erreicht und somit Kurzschluß gemacht ... So waren in dem Lichtbogen etwa 100000 kW vorhanden, und diese Energie während 0,1 Sekunde aufgewendet ist gleichwertig der Explosion eines halben Pfundes Dynamit."

„Wäre es möglich gewesen, das schadhafte Kabel rechtzeitig ausfindig zu machen und abzuschalten, bevor die Isolation zwischen ihm und den Nachbarleitungen verbrannte, so hätte sich eine weitere Beschädigung aller Wahrscheinlichkeit nach vermeiden lassen. Doch wäre hierzu bei der großen Zahl der in Frage kommenden Kabel — es waren 35 — vielzuviel Zeit erforderlich gewesen."

Zur Verhütung derartiger Schäden hat Steinmetz ein Mittel vorgeschlagen, welches jedes vom Erdschluß betroffene Kabel automatisch abschaltet.

„Es besteht darin, den Nullpunkt des Netzes über einen Widerstand von geeigneter Größe an Erde zu legen. In diesem Fall wählte man solche von 6 Ohm, die zwei Minuten lang einen Strom von 1000 Amp. aufnehmen können. Entsteht jetzt an irgendeinem Leiter Erdschluß, so ist die Phasenspannung von 6300 Volt über den betreffenden Leiter und dem Widerstand kurzgeschlossen; sofort treten die selbsttätigen Höchststrom-Ausschalter in Tätigkeit und schalten das Kabel beiderseits ab, ehe irgendwelcher größerer Schaden entstehen kann."

Die späteren Fortschritte der Theorie führten zu den im dritten Abschnitt besprochenen Erkenntnissen, nach welchen ein Kabel auch bei relativ kleiner Spannungsbeanspruchung durchgeschlagen werden kann, wenn im Dielektrikum infolge einer übermäßigen, z. B. durch einen heftigen Kurzschlußstrom hervorgerufenen übermäßigen Erwärmung gewisse Veränderungen eintreten. In der überwiegenden

[1] Vgl. Abb. 45, S. 45. Für kleine Werte der allgemeinen Längeneinheit σ ist die Abflachung der rechteckigen Stirn noch sehr klein.

Mehrzahl der Fälle sind Kabeldurchschläge, die aus inneren Ursachen erfolgen, auf Fehlerquellen dieser Art zurückzuführen.

Die für die Kabeltechnik wichtigste Lehre des Manhattan-Unfalles war die Erkenntnis, daß ein plötzlich schadhaft gewordenes Kabelstück möglichst schnell abgeschaltet werden muß. Vorrichtungen, welche diese Ausscheidung schadhaft gewordener Kabel sofort nach Eintritt der Beschädigung automatisch ausführen, werden als Selektivschutzapparate bezeichnet.

Die erste Anordnung dieser Art war das Differentialschutzsystem von Merz und Price[1]. Zum Schutz eines Dreileiterkabels gehören sechs Stromwandler, zwei Differentialrelais, zwei von diesen betätigte Ölschalter und ein 3-adriges Hilfskabel. Am Anfang und am Ende einer jeden Phase der zu schützenden Kabelstrecke wird je ein Wandler eingeschaltet; die Primärwicklungen liegen in den Kabelphasen, die Sekundärwicklungen sind durch das Hilfskabel so untereinander verbunden, daß bei gleicher Phase des Stromes am Anfang und am Ende entgegengesetzt gerichtete EMKe induziert werden, deren absolute Beträge bei gleichen Werten des Stromes an beiden Enden der Strecke gleich groß sind. Die beiden Differentialrelais liegen in den Stromkreisen des Hilfskabels. Solange die Phasen des Kabels unverletzt sind, besteht die Gleichheit der beiden Stromwerte; die Relais sind somit stromlos und bleiben auch dann stromlos, wenn der stärkere Strom eines außerhalb der geschützten Kabelstrecke liegenden Kurzschlusses durch diese fließt. Tritt jedoch innerhalb der Kabelstrecke ein Kurzschluß oder ein Erdschluß auf, dann fließt infolge der eintretenden Stromgleichheit mindestens durch eine Phase des Hilfskabels und der Relais Strom und die Kabelstrecke wird an beiden Enden abgeschaltet.

Neben einigen Nachteilen elektrischer Natur, die hauptsächlich durch die relativ hohe Kapazität der Hilfskabelleiter hervorgerufen werden, haftet dem Merz-und-Price-Schutzsystem der Nachteil an, daß es durch die Notwendigkeit der Hilfskabel zu teuer wird. Eine Verbesserung des Systems erzielten Merz und Hunter durch die Konstruktion von Spalt-Leiterkabeln, bei welchen die zur Betätigung des Selektivschutzes notwendige Differentialwirkung durch Unterteilung des Kabelleiters selbst und die in den Leiterteilen fließenden Ströme herbeigeführt wird. Es sind später verschiedene Modifikationen des Systems, welche hauptsächlich in England benutzt werden, bekannt geworden[2].

Von den in England gebräuchlichen Spalt-Leiter-Schutzsystemen unterscheidet sich das von W. Pfannkuch angegebene Kabelschutzsystem der AEG[3] durch die Art der Unterteilung des Leiters und durch

[1] Engl. Pat. Nr. 3896 v. 16. 2. 1904; D.R.P. Nr. 166224 v. 31. 5. 1904. — Kuhlmann, K.: Moderne Schutzeinrichtungen gegen gefahrbringende Ströme in elektrischen Netzen. ETZ 1908, S. 331.

[2] Henderson, J. and C. E. Marshall: A. C. Protective Systems and Gear. London 1923.

[3] D.R.P. Nr. 280785 v. 7. 11. 1913; D.R.P. Nr. 334861 v. 19. 6. 1919.

die Einführung einer kleinen Spannungsdifferenz zwischen den Teilquerschnitten. Die Unterteilung besteht in der Einbettung einzelner sehr schwach isolierter Drähte, welche Teile des Leiters bilden, in die Decklage der Leiterlitze. Nach der Idee Pfannkuchs soll bei Zerstörungsvorgängen im Dielektrikum die schwache Isolierschicht der Deckdrähte von den kleinen Hilfsspannungen durchgeschlagen und dadurch eine Fehlerursache angekündigt werden, bevor diese einen vollständigen Kurzschluß herbeiführen könnte. Ein wirtschaftlicher Vorteil des Systems ist die einfache und billige Leiterkonstruktion, deren Anwendbarkeit durch die Höhe der Betriebsspannung nicht begrenzt wird.

Abb. 472. Schutzwandler des Pfannkuch-Kabelschutzsystems (AEG).

Das AEG-Schutzsystem wird allgemein zweistufig ausgeführt, die hochempfindliche Stufe beeinflußt ein Warnungssignal (z. B. Alarmglocke, Signallampe), die gröbere Stufe schaltet das Kabel im Falle eines Durchschlages sicher aus.

Die überwachende Spannungsdifferenz kann sowohl durch den Betriebsstrom (Serien-Stromwandler) als auch durch Fremdspannung erzeugt werden. Die hierfür notwendigen Apparate, Schutzwandler (Abb. 472) genannt, werden sowohl als ölgefüllte Kesselwandler wie auch als luftisolierte Durchführungswandler ausgeführt. Die Schaltung mit Fremderregung wird neuerdings bevorzugt wegen der Möglichkeit der Überwachung der Kabel auch im stromlosen und im vollständig abgeschalteten Zustande. Das Prinzip dieser Schaltung ist in der Skizze Abb. 473 dargestellt. In dieser sind die isolierten Drähte, die in zwei Gruppen (*1* und *3*) unterteilt und in den blanken Leiter *2* eingebettet sind, zu erkennen. Sie werden mit Hilfe der Sekundärwicklung *4* unter eine Spannungsdifferenz gegeneinander und gegen den Leiter *2* gesetzt. Die Wicklung *4* ist so ausgeführt, daß die Belastungsteilströme der isolierten Gruppen im Normalbetrieb kein Feld in dem Schutzwandlerkern erzeugen können, da sie sich gegenseitig in ihrer Wirkung aufheben. Die Primärwicklung *5* besitzt zwei Stufen *a* und *b*, die automatisch umschaltbar sind. Die zugeführte Erregungsenergie wird durch ein wattmetrisches Relais *6*, welches auf zwei Sekundärrelais *7* und *8* für Warnung und Auslösung arbeitet, überwacht. Diese drei Relais sind in einem gemeinsamen Gehäuse vereinigt. Die Erregerspannung wird für jede Phase aus der Verkettung der beiden anderen entnommen, um zu verhindern, daß bei Verschwinden der eigenen

Spannung infolge Erd- oder Kurzschluß die Erregung des Systems verschwindet. Die Schaltung am anderen Ende deckt sich mit der dargestellten, jedoch ist die Sekundärspannung in den Kontrollkreisen um 180° gegen die Spannung am Anfang verschoben.

Während die bisher erwähnten Selektivschutzsysteme besondere Konstruktionen der Kabel bzw. die Verlegung von Hilfskabeln er-

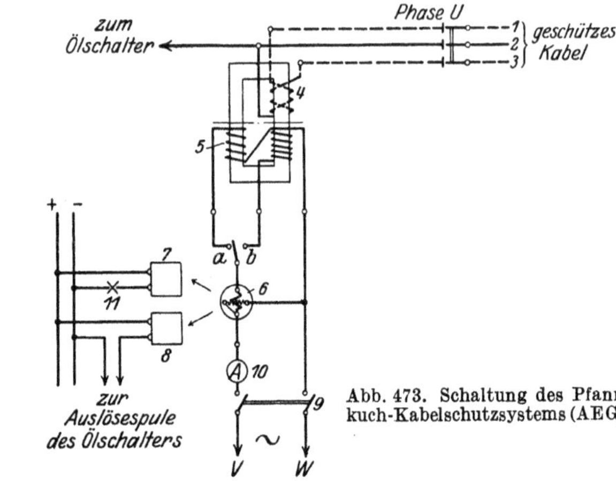

Abb. 473. Schaltung des Pfannkuch-Kabelschutzsystems (AEG).

fordern, sind andere Systeme bekannt, welche bei Kabeln beliebiger Bauart angeordnet werden können und keine Hilfsleitungen erfordern. Zu diesen gehören die nach dem sog. Impedanzprinzip gebauten Selektivrelais; das Prinzip ihrer Wirksamkeit erläutert andeutungsweise die Skizze in Abb. **474**, in welcher eine Ringleitung mit den Unter-

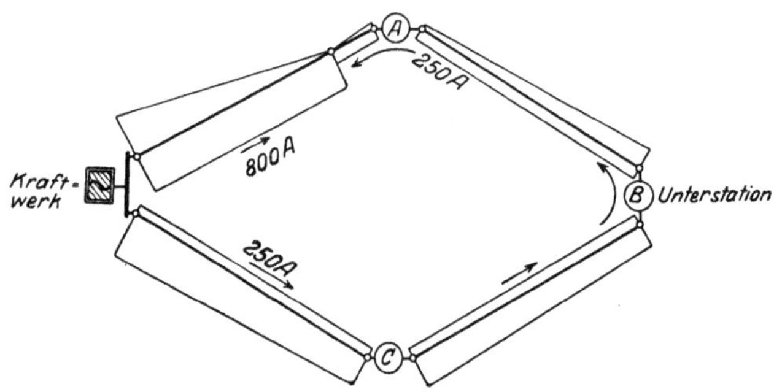

Abb. 474. Wirksamkeit des Selektivschutzsystems mit Relais nach dem Impedanzprinzip (Dr. Paul Meyer A.-G.).

stationen A, B und C, die von einem Kraftwerk aus gespeist werden, angenommen ist. Tritt an einer Stelle, z. B. zwischen Kraftwerk und Unterstation A, ein Kurzschluß ein, dann zeigen Strom und Spannung ihren in die Skizze graphisch eingetragenen Verlauf. Wie man sieht, nimmt die Spannung von der Kurzschlußstelle nach dem Kraftwerk hin zu; der Strom ist in den einzelnen Längenabschnitten konstant und verhält sich umgekehrt wie die Entfernungen zwischen Kraftwerk und

Kurzschlußstelle. Ist jeder Leitungsabschnitt an beiden Enden durch je ein Relais geschützt, dann wird der schadhaft gewordene Abschnitt an beiden Enden abgeschaltet, weil das Relais um so schneller auslöst, je kleiner die Spannung und je größer der Strom ist[1].

Sind an beiden Enden eines jeden Abschnittes Relais eingebaut, dann stehen je zwei Relais nahe beieinander und Strom und Spannung haben in ihnen dieselben Werte; damit in solchen Fällen nur das richtige Relais (z. B. in dem in der Abb. 474 dargestellten Fall das links stehende Relais der Unterstation A) auslöst, werden die Impedanzrelais mit sog. Energierichtungssystemen ausgerüstet, deren Wirksamkeit darin besteht, daß der Energiezufluß zum benachbarten Relais durch das der Kurzschlußstelle näher gelegene Relais verriegelt wird.

---

[1] Selektivschutz. Druckschrift der Firma Dr. Paul Meyer A.-G., Berlin.

Namenverzeichnis.

Sachverzeichnis.

Berichtigungen.

S. 10 Zeile 21 steht: Leitern, soll heißen: Leiter.
S. 16 „ 6 „ : welchem, „ „ : welcher.
S. 67 „ 5 „ : erstrecken, „ „ : erstreckten.
S. 104 Die Tabelle 17 hat folgenden Wortlaut:

Tabelle 17. Konstanten zur Berechnung von Belastungstabellen.

	Deutschland	England		Frankreich	Japan
		Erdkabel	Röhrenkabel		
Höchstzulässige Leitertemperatur . . . . . . °C	40—45	65	50	50	100
Angenommene Bodentemperatur . . . . . . °C	15—20	15	15	10	15
σ_n	40	340, 180 120, 90	—	200	324
σ_k	550	550, 750	550, 750	230	636
Verlegungstiefe . . . cm	80	46, 92[1]	—	—	92

S. 114 Zeile 30 steht: neben l, soll heißen: neben 1.
S. 201 „ 32 „ : kleinen, „ „. kleineren.
S. 345 „ 10 „ : größere, „ „ größte.
S. 352 „ 8 „ : Verlustwinkel, soll heißen: bei kleinen Verlustwinkeln.

Elektrische Festigkeitslehre. Von Prof. Dr.-Ing. A. Schwaiger, München. Zweite, vollständig umgearbeitete und erweiterte Auflage des „Lehrbuchs der elektrischen Festigkeit der Isoliermaterialien“. Mit 448 Textabbildungen, 9 Tafeln und 10 Tabellen. VIII, 474 Seiten. 1925.
Gebunden RM 27.—

Die physikalischen Grundlagen der elektrischen Festigkeitslehre. Von Assistent-Direktor N. Semenoff und Ingenieur Alexander Walther, Leningrad. Mit 116 Textabbildungen. VII, 168 Seiten. 1928.
Gebunden RM 16.50

Der heutige Stand der Erforschung der physikalischen Grundlagen der elektrischen Festigkeit geht klar und anschaulich aus dem Buche hervor. Von den drei Abschnitten, in die das Werk geteilt ist, handelt der erste von den experimentellen Methoden der Erforschung von elektrischen Feldern. Ein zweiter, mehr kurz referierender Abschnitt enthält Abhandlungen über das Vakuum als Isolator. Den Hauptumfang nimmt der dritte Teil ein, der den Durchschlag der festen Isolatoren behandelt.

Die Isolierstoffe der Elektrotechnik. Vortragsreihe, veranstaltet von dem Elektrotechnischen Verein E. V. und der Technischen Hochschule Berlin. Herausgegeben im Auftrage des Elektrotechnischen Vereins E. V. von Prof. Dr. H. Schering. Mit 197 Abbildungen im Text. IV, 392 Seiten. 1924.
Gebunden RM 16.—

Dielektrisches Material. Beeinflussung durch das elektrische Feld. Eigenschaften. Prüfung. Herstellung. Von Dr.-Ing. A. Bültemann, Dresden. Mit 17 Textabbildungen. VI, 160 Seiten. 1926.
RM 10.50; gebunden RM 12.—

Das Werk ragt weit hinaus über die uns bis jetzt zur Verfügung gewesenen Bücher über die gleiche Materie und bringt eine Arbeit über das Wesen der Isolierstoffe auf Grund ganz neuer Auffassungen... Ganz besonders wertvoll macht sich dieses Buch durch die ausführlichen Berichte über Isolierstoffe für die höheren Spannungen... Als Anhang ist eine Literaturschau beigefügt; diese ist sehr ausführlich gehalten und gewissenhaft zusammengestellt. Man kann also sicher sein, mit diesem Buche alles in die Hand zu bekommen, was auf diesem Gebiete erreichbar ist.

„Zeitschrift des Österreichischen Ingenieur- und Architekten-Vereins“.

Die Eigenschaften elektrotechnischer Isoliermaterialien in graphischen Darstellungen. Eine Sammlung von Versuchsergebnissen aus Technik und Wissenschaft. Von Dr. U. Retzow, Abteilungsleiter der AEG Fabrik für elektrische Meßinstrumente, Berlin. Mit 330 Abbildungen. VI, 250 Seiten. 1927. Gebunden RM 24.—

Die Materialprüfung der Isolierstoffe der Elektrotechnik. Herausgegeben von Walter Demuth, Oberingenieur, Vorstand des Mechan.-Techn. Laboratoriums der Porzellanfabrik Hermsdorf i. Th., unter Mitarbeit der Oberingenieure Hermann Franz und Kurt Bergk. Zweite, vermehrte und verbesserte Auflage. Mit 132 Abbildungen im Text. VIII, 254 Seiten. 1923.
Gebunden RM 12.—

Auskunftsbuch für die vorschriftsgemäße Unterhaltung und Betriebsführung von Starkstromanlagen. Von Prof. Dr.-Ing. E. h. G. Dettmar, Hannover. Mit 51 Abbildungen. VI, 273 Seiten. 1928. RM 9.60; gebunden RM 10.60

Wegweiser für die vorschriftsgemäße Ausführung von Starkstromanlagen. Im Einverständnis mit dem Verbande Deutscher Elektrotechniker herausgegeben von Prof. Dr.-Ing. E. h. G. Dettmar, Hannover. VI, 302 Seiten. 1927. RM 7.50; gebunden RM 8.75

Erläuterungen zu den Vorschriften für die Errichtung und den Betrieb elektrischer Starkstromanlagen einschließlich Bergwerksvorschriften und zu den Bestimmungen für Starkstromanlagen in der Landwirtschaft. Im Auftrage des Verbandes Deutscher Elektrotechniker herausgegeben von Dr. C. L. Weber, Geh. Regierungsrat. Sechzehnte, nach dem Stand vom 1. Juli 1928 vermehrte und verbesserte Auflage. IX, 330 Seiten. 1928. Unveränderter Neudruck 1929. RM 6.—

Erdströme. Grundlagen der Erdschluß- und Erdungsfragen von Dr.-Ing. Franz Ollendorff, Charlottenburg. Mit 164 Textabbildungen. VIII, 260 Seiten. 1928. Gebunden RM 20.—

Hochspannungstechnik. Von Dr.-Ing. Arnold Roth, Technischer Direktor der Ateliers de Constructions Electriques de Delle in Villeurbanne (Rhône), früher Leiter der Apparate- und Transformatoren-Versuchsabteilung von Brown, Boveri & Cie. in Baden (Schweiz). Mit 437 Abbildungen im Text und auf 3 Tafeln sowie 75 Tabellen. VIII, 534 Seiten. 1927. Gebunden RM 31.50

Das Buch stellt ein namentlich für Konstrukteure passendes Sammelwerk dar, in dem mit großem Fleiß im wesentlichen zusammengetragen ist, was die Literatur in bezug auf Formeln, Technologie und allgemeine Erfahrungen über Hochspannungsmaterial aufweist. Dazu kommt noch die ausgiebige Verwertung der Erfahrungen und Versuche des Verfassers aus seiner früheren Stellung als Leiter der Apparate- und Transformatoren-Versuchsabteilung von Brown, Boveri & Cie. in Baden. In der gleichzeitigen Behandlung der grundlegenden konstruktiven Elemente und ihrer tatsächlichen Verwendung und Arbeitsweise liegt die Bedeutung des Werkes.

Überströme in Hochspannungsanlagen. Von J. Biermanns, Chefelektriker der AEG-Fabriken für Transformatoren und Hochspannungsmaterial. Mit 322 Textabbildungen. VIII, 452 Seiten. 1926. Gebunden RM 30.—

Herzog-Feldmann, Die Berechnung elektrischer Leitungsnetze in Theorie und Praxis. Vierte, völlig umgearbeitete Auflage. Von Prof. Clarence Feldmann, Delft. Mit 485 Textabbildungen. X, 554 Seiten. 1927. Gebunden RM 38.—

GPSR Compliance

The European Union's (EU) General Product Safety Regulation (GPSR) is a set of rules that requires consumer products to be safe and our obligations to ensure this.

If you have any concerns about our products, you can contact us on ProductSafety@springernature.com

In case Publisher is established outside the EU, the EU authorized representative is:

Springer Nature Customer Service Center GmbH
Europaplatz 3
69115 Heidelberg, Germany

Batch number: 10682323

Printed by Printforce, the Netherlands